深入浅出 GAN
生成对抗网络
原理剖析与 TensorFlow 实践

廖茂文 潘志宏 著

人民邮电出版社
北京

U0346912

图书在版编目（CIP）数据

深入浅出GAN生成对抗网络：原理剖析与TensorFlow
实践 / 廖茂文，潘志宏著. -- 北京：人民邮电出版社，
2020.6
ISBN 978-7-115-51795-1

Ⅰ. ①深… Ⅱ. ①廖… ②潘… Ⅲ. ①机器学习—研
究 Ⅳ. ①TP181

中国版本图书馆CIP数据核字(2019)第259453号

内 容 提 要

本书从 Python 基本语法入手，逐步介绍必备的数学知识与神经网络的基本知识，并利用介绍的内容编写一个深度学习框架 TensorPy，有了这些知识作为铺垫后，就开始介绍生成对抗网络（GAN）相关的内容。然后，本书使用比较简单的语言来描述 GAN 涉及的思想、模型与数学原理，接着便通过 TensorFlow 实现传统的 GAN，并讨论为何一定需要生成器或判别器。接下来，重点介绍 GAN 各种常见的变体，包括卷积生成对抗网络、条件生成对抗网络、循环一致性、改进生成对抗网络、渐近增强式生成对抗网络等内容。

本书从模型与数学的角度来理解 GAN 变体，希望通过数学符号表达出不同 GAN 变体的核心思想，适合人工智能、机器学习、计算机视觉相关专业的人员学习使用。

◆ 著　　　　　廖茂文　潘志宏
责任编辑　俞　彬
责任印制　王　郁　马振武

◆ 人民邮电出版社出版发行　　北京市丰台区成寿寺路 11 号
邮编　100164　电子邮件　315@ptpress.com.cn
网址　https://www.ptpress.com.cn
北京鑫正大印刷有限公司印刷

◆ 开本：800×1000 1/16
印张：30.75
字数：731 千字　　　　　　　2020 年 6 月第 1 版
印数：1 – 2 500 册　　　　　2020 年 6 月北京第 1 次印刷

定价：99.00 元

读者服务热线：(010)81055410　印装质量热线：(010)81055316
反盗版热线：(010)81055315
广告经营许可证：京东工商广登字 20170147 号

推荐序

随着人工智能技术的迅速发展，图像识别、语音识别、机器翻译等技术正在改变着我们的生活方式。目前，生成对抗网络（GAN）在图像和计算机视觉领域应用非常活跃，它既可以生成让人类已经难以分辨的逼真图像，还可以实现图像修复、模糊图像高清化、视频生成。除此之外，GAN 还被应用于自然语言处理、信息安全等领域。

本书作者既有在企业一线的开发工程师，又有在应用型本科院校从教多年的教师，因而能基于丰富的开发经验和教学经验，精心设计内容，使之兼顾理论与实战。本书内容全面且有深度，介绍了传统 GAN、DCGAN、CGAN、CycleGAN、InfoGAN、SeqGAN 等各种不同类别的GAN 模型，并且从生成器、判别器、损失定义、具体训练逻辑等多个方面展开讨论，从数学层面去推导证实，突出不同类别 GAN 架构的底层思想。此外，本书利用 Tensorflow 深度学习框架实现各种不同类别的 GAN 模型，实战性强。无论是深度学习的学习者，还是已经具备深度学习基础想进行生成对抗网络项目实战与应用的读者，都能从书中获益。我衷心希望这本书能够帮助更多读者深入理解各种 GAN 模型的理论，并帮助他们更好地利用 GAN 解决实际项目中的问题，为人工智能应用型人才的培养发挥积极作用。

汤 庸 教授/学者网创始人
华南师范大学计算机学院院长
广东省服务计算工程研究开发中心主任

前　　言

生成对抗网络（GAN），在 2014 年被提出，随后便引起了大量深度学习研究人员与从业者的关注。GAN 以两个网络相互对抗的方式进行训练从而获得有价值的模型，相比于传统的无监督学习的思路，GAN 更加清晰易懂，并避开了传统无监督学习中遇到的困难，是这几年论文发表数最多的主题之一。据统计，至 2018 年年底，每 20 分钟就会有一篇 GAN 方面的论文。

目前，GAN 在图像和视觉领域运用是最广泛的，GAN 已经可以生成超高清的逼真图像，人类已经难以分辨出这些图像是生成的还是真实的，通过这种方法可以实现图像的修复、模糊图像高清化、马赛克去除、视频生成、为其他模型提供训练数据等，除此之外，GAN 还在自然语言处理、强化学习、音频视频以及安全领域大展手脚，可以看出 GAN 拥有巨大的研究与运用前景。

GAN 可以实现传统程序难以实现的目标，如马赛克去除、图像修复、逼真图像的生成等，笔者在编写实现不同 GAN 变体的过程中，常常会惊叹于其提供的各种巧妙的解决方法，在感受 GAN 魅力的同时，也感受到了其模型底层对应的数学之美。

国内关于 GAN 的书很少，没有原创的书籍，笔者结合多年的开发经验，编写了本书，以帮助读者快速学习生成对抗网络。

本书特色

1. 容易入门：本书会讨论线性代数、微积分、概率论、信息论等内容，尽力只提及后面内容需要的数学知识，并从原理角度去讲解这块内容，为后面篇幅做好铺垫。

2. 内容更深：介绍 GAN 的各种变体时，除了介绍架构以外，还会讲解目标函数为何要这样设计，并从数学层面去推导证实，可以说本书比较重视不同类别 GAN 架构的底层思想，并从数学上表示它。

3. 涉及面广：囊括了 GAN 的各个应用领域，包括传统 GAN、DCGAN、CGAN、ColorGAN、CycleGAN、StarGAN、DTN、XGAN、WGAN、WGAN-GP、SN-GAN、StackGAN-v1、StackGAN-v2、PGGAN 等 10 多个方向。

4. 实战性强：提供了很多代码，并给出运行结果。考虑到篇幅原因，并没有将每个类别的所有代码都放上去，而是主要讲解生成器、判别器、损失定义、具体训练逻辑等主要内容。

本书内容

本书分为 3 个部分。

第一部分（第 1～3 章）介绍背景知识，包括 Python 的基础用法和一些进阶技巧、线性代数积分、概率论、信息率、神经网络以及优化算法以及实现自己的深度学习框架 TensorPy。

第二部分（第 4 章和第 5 章）介绍 GAN 的基础知识，包括传统 GAN 的模型结构、数学原理以及 TensorFlow 实现方法，同时探讨为何不可以单独使用生成器或单独使用判别器进行图像生成。

第三部分（第 6～11 章）介绍各种 GAN 变体，包括 DCGAN、CGAN、ColorGAN、CycleGAN、StarGAN、DTN、XGAN、WGAN、WGAN-GP、SN-GAN、StackGAN-v1、StackGAN-v2、PGGAN、InfoGAN、VAE-GAN 等。

作者介绍

廖茂文：游戏 AI 研究员、高级工程师、中国人工智能学会高级会员。研究兴趣为自然语言处理、生成对抗网络、游戏 AI，曾参与多项机器学习项目。

潘志宏：高级工程师，中山大学新华学院"百名骨干教师"，中国人工智能学会高级会员、中国计算机学会会员。研究兴趣为机器学习、深度学习、物联网。主持和参与省市级、校级项目 10 余项，其中主持广东省普通高校青年创新人才项目、教育部产学合作协同育人项目各一项。发表论文 18 篇，其中 SCI、EI、北大核心期刊 12 篇，第一作者论文获得北大核心期刊优秀论文、东莞市计算机学会优秀论文。申请发明专利、实用新型专利共 8 项，其中已授权 3 项，获得软件著作权 3 项，已出版教材 3 部。指导学生获得国家级和省级竞赛奖项 50 余项，多次获得国家级和省级优秀指导教师奖。

本书读者对象

- ❑ 深度学习相关程序员
- ❑ 算法工程师
- ❑ 人工智能开发人员
- ❑ 游戏开发人员
- ❑ 计算机视觉开发人员
- ❑ 各类院校的学生
- ❑ 其他对 GAN 感兴趣的各类人员

目　　录

第 1 章　优雅 Python

本书选择 Python 作为主要的开发语言，原因其实很简单，首先，Python 的语法结构比较简单，即便读者没有接触过 Python，只要有其他编程语言的开发经验也非常容易上手 Python。其次，Python 是目前机器学习的主流语言，大多数知名的机器学习框架都支持 Python 语言。本书后面涉及深度学习与生成对抗网络的内容都会使用 TensorFlow 框架来构建相应的神经网络结构，而 TensorFlow 对 Python 来说是具有良好支持的框架。基于以上原因，我们选择 Python 作为本书主要的开发语言。

虽然 Python 具有众多优点，但其有个明显的缺点就是运行速度慢，这是因为通常深度学习会涉及大量的运算，所以，为了扬长避短，大多数机器学习框架底层都是用 C/C++等语言开发的，然后在这些底层逻辑之上使用 Python 进行封装，实现易用与快速运行这两个优点。

为了让读者方便理解本书后面的内容，本章先简单地介绍一下 Python。

1.1　Anaconda

首先 Python 有两个系列的版本，分别是 Python 2 与 Python 3。两个系列版本是相互不兼容的，造成这个现象的历史原因不多提及，读者只需知道通过 Python 3 编写的代码并不一定能通过 Python 2 运行，反之亦然。Python 2 的最高版本是 Python 2.7，官方会对其维护到 2020年，随后便不再支持。本书使用 Python 3 作为开发语言，具体的版本为 Python 3.6.7。

为了方便后面的开发，这里通过 Anaconda 的方式来安装 Python。Anaconda 是 Python 的免费增值开源发行版，它直接为我们安装好了各种用于科学计算的依赖库。如果我们直接地安装 Python 3，那么这些第三方依赖库还需自己手动去下载。在下载安装使用的过程中可能还会遇到依赖冲突等问题。为了避免这些问题带来的困扰，应直接下载并安装 Anaconda。Anaconda 同样分为以 Python 2 为基础的版本与以 Python 3 为基础的版本，这里推荐直接下载并安装以 Python 3 为基础的版本。

Anaconda 除了帮助我们预先安装了各种常用的科学计算的依赖库外，还提供了包管理和部署工具 conda。我们可以通过 conda 来创建一个专门用于开发深度学习项目的 Python 虚拟环境。

首先来聊一下所谓的 Python 虚拟环境，通常使用 Python 开发时，为了提高开发效率，都会使用各种第三方库，如科学计算库 numpy、scipy，图像处理库 pillow、opencv 等。随着编写项目的增加，就会在本地环境中安装各种各样的工具，此时就会显得混乱，难以管理。一个常见的情况就是，在开发项目 A 时使用了 1.0 版 B 库，此时开发一个新的项目也要使用 B 库，但版本要求是 2.0。如果升级 B 库，此前开发的项目 A 就可能会出现问题。如果不升级，新项目开发就遇到阻碍。为了避免这种情况，最好的做法就是单独创建不同的 Python 虚拟环境。每个虚拟环境都是一个独立的不会影响系统原本 Python 环境的空间，在这个空间中编写程序和安装依赖库都不会影响系统本身的 Python 环境以及其他 Python 虚拟环境，这样不仅方便管理，也避免了很多包冲突的问题。

下面使用 conda 来创建一个名为 tfpy36 的虚拟环境。

```
conda create -n tfpy36 python=3.6
```

这样 conda 就会为我们自动创建一个 Python 3.6 的虚拟环境，名为 tfpy36。如果无法直接使用 conda 命令，则需要对系统的环境变量进行相应的修改。

等待创建完成后，就可以进入该虚拟环境进行操作了。

❏　Mac/Linux 进入方式

```
#进入虚拟环境
source activate tfpy36
#退出虚拟环境
source deactivate
```

❏　Windows 进入方式

```
#进入虚拟环境
activate tfpy36
#退出虚拟环境
deactivate tfpy26
```

进入虚拟环境后，就可以在该虚拟环境中安装各种依赖库，以及使用该虚拟环境进行模型的开发了，这里直接通过 pip 来安装 TensorFlow，方便后面直接使用。

```
# 安装仅 CPU 版
pip install tensorflow==1.9
# 安装 GPU 版
pip install tensorflow-gpu==1.9
```

TensorFlow 迭代速度较快，在编写本书时，TensorFlow 版本为 1.9，所以这里推荐安装 1.9 版本的 TensorFlow，不同的系统在 TensorFlow 的安装上会有一些差异，可以参考官方提供的安装文档。

安装完成后，可以简单测试使用一下，首先通过 pip 安装增强式 Python 交互环境 IPython，pip install ipython，然后在命令行中输入 ipython 进入增强式 Python 交互环境，导入 TensorFlow

并进行一个简单的测试，以检查 TensorFlow 是否安装成功，具体代码如下。

```
In [1]: import tensorflow as tf
In [2]: a = tf.constant(1.0, tf.float32)
In [3]: b = tf.constant(2.0)
In [4]: sess = tf.Session()
2018-08-12 09:43:53.060073: I tensorflow/core/platform/cpu_feature_guard.cc:141] Your
CPU supports instructions that this TensorFlow binary was not compiled to use: AVX2 FMA
In [5]: print(a,b)
Tensor("Const:0", shape=(), dtype=float32) Tensor("Const_1:0", shape=(), dtype=float32)
In [6]: print(sess.run([a,b]))
[1.0, 2.0]
```

当开发比较复杂的项目时，通常会使用相应的 IDE 进行开发，这里推荐使用 PyCharm 作为 Python 的开发工具，下载安装后新建一个名为 tfgan 的项目，新建项目时 PyCharm 本身支持为该项目创建独立的 Python 虚拟环境，这里直接导入此前创建好的 Python 虚拟环境即可。如果每个项目都创建一个单独的虚拟环境，个人觉得太冗余与繁杂了。如果每个项目都创建一个虚拟环境，那么在每个项目都要重复安装常用依赖库的过程，比较好的做法是同类型项目使用同一个虚拟环境，如图 1.1 所示。

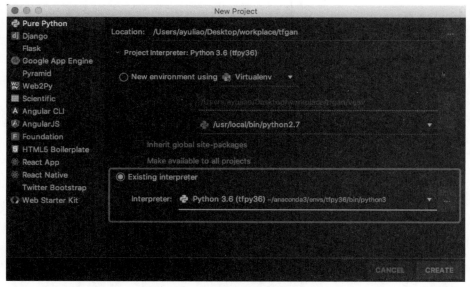

图 1.1 PyCharm 创建项目

如果是已经存在的项目，要使用 conda 创建的虚拟环境，则需要打开 PyCharm 的设置面板，进行图 1.2 所示的选择。

值得一提的是，Anaconda 通常将不同的虚拟环境都放置在根目录的 envs 文件夹下，所以在使用 conda 创建的虚拟环境时，导入 envs 目录不同 Python 虚拟环境 bin 目录下的 python 即可，具体如图 1.3 所示。

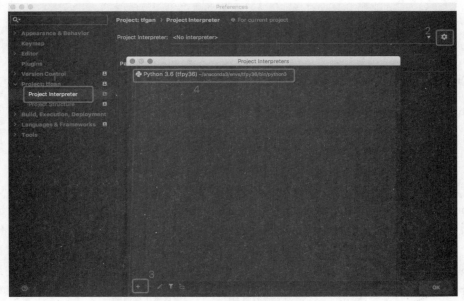

图 1.2　PyCharm 选择虚拟环境

图 1.3　bin 目录

1.2　Python 基础

Python 语言是一种动态语言，也是一种强类型语言。本节先简单地介绍一下 Python 常用的数据类型、流程控制与函数定义。只要学会了这些，你就可以开始编写程序了。

1.2.1　常用数据类型

Python 支持的基本类型有 int、float、bool、str 等，同时也提供几种标准数据，包括 list、tuple、dict、set。

首先来使用以下基本类型。

```
In:
a = 1
b = 1.
c = True
d = 'python'
print(type(a), type(b), type(c), type(d))

Out:
<class 'int'><class 'float'><class 'bool'><class 'str'>
```

其中 1.表示 float 类型，它其实是 1.0 的缩写。这里不再多介绍 int、float 与 bool 类型，但需要讲讲 str（字符串）类型。Python 对字符串有非常强大的支持，让我们可以很轻松地使用字符串，在 Python 中一个字符串可以看成是由多个字符元素组成的数组，我们可以使用下标以及切片的方式来操作字符串。

```
In:
print(d[0])
print(d[0:4])#切片

Out:
'p'
'pyth'
```

标准数据也是 Python 中常用的类型，从 list（列表）开始介绍，list 是一种有序的容器，该容器中的对象都是可变对象，我们可以对存入 list 中的元素进行增、删、改、查等操作。

```
In:
l = [1,1,2,2,3,4,5]
print(l[0])
print(l[0:4])
l.append(6)
l.remove(4)
print(l)

Out:
1
[1, 1, 2, 2]
[1, 1, 2, 2, 3, 5, 6]
```

从上面的操作代码可以看出，list 同样支持下标与切片取值的操作。在 list 中，可以存入重复的数据，其使用 append()方法存入数据，通过 remove()方法删除数据。

虽然 tuple（元组）与 list 类似，但是两者仍有较大的区别：一方面，list 用中括号表示，tuple 用小括号表示；另一方面，tuple 中的元素是不可变的，即无法修改。

```
In:
t = (1,1,2,2,3,4,5)
print( t[0])
t[0:4]
t[0]=6

Out:
1
(1, 1, 2, 2)
---------------------------------------------------------------------------
TypeError                                   Traceback (most recent call last)
<ipython-input-18-d83209c3a892> in <module>
----> 1 t[0]=6
TypeError: 'tuple' object does not support item assignment
```

从上面的操作代码可以看出，tuple 同样支持下标与切片操作，但 tuple 不支持增、删、改操作。

dict（字典）类型是 Python 中除 list 外最灵活的标准数据类型。list 是有序的容器，而 dict 是无序的容器，dict 通过 key 来获得对应的 value。

```
In:
d = {'name':'ayu','like':'python'}
d.get('name','') #查询
d['age']=28 #添加
print(d)
print(d.keys()) # 获取所有的 key
print(d.values()) #获取所有的 values

Out:
'ayu'
{'name': 'ayu', 'like': 'python', 'age': 28}
dict_keys(['name', 'like', 'age'])
dict_values(['ayu', 'python', 28])
```

可以看出，dict 同样支持增、删、改、查操作，只是 dict 通过 key 来进行操作，而 list 通过下标来进行。

set 类型是无序且不重复的容器，通常可以使用 set 对数据进行去重操作，其基本操作如下。

```
In:
s = {1,1,2,2,3,4,5}
print(type(s))
print(s)
s.add(6) #添加
s.discard(1) #删除
print(s)
```

```
Out:
set
{1, 2, 3, 4, 5}
{1, 2, 3, 4, 5, 6}
{2, 3, 4, 5, 6}
```

至此，Python 中关于数据类型的操作就介绍完了，这些都是 Python 中最基础的内容，更深入的内容请读者自行了解。

1.2.2　流程控制

非常简单地介绍完 Python 数据类型后，接着来介绍一下 Python 中的流程控制。流程控制主要分两类：一类是判断，另一类是循环。理论上而言，凭借判断与循环就可以编写任何程序了。

这里先从判断开始，在 Python 中主要使用 if 来实现判断（Python 中没有 switch/case 结构），使用方式如下。

```
num = 6
if num == 1:
    #do some thing
    print(num)
elif num > 10:
    # do some thing
    print(num)
else:
    # do some thing
    print(num)
```

Python 的语法糖与其他语言有比较大的差别，很多语言都使用{}将一个程序块括起来，而 Python 中使用相同个数的空格缩进表示一个程序块。例如，if 判断下的语句都需要相对于 if 判断语句本身多缩进 4 个空格，表示其下的语句是 if 判断的一个程序块。

上述 Python 代码就是常见的 if 判断代码，if 关键字或 elif 关键字后连接具体的判断条件。如果满足判断条件，则只需执行该条件下的代码逻辑。

Python 中的循环语法结构也类似，在 Python 中可以使用 for 关键字与 while 关键字来实现循环，两者效果是类似的。

```
mylist = [1,2,3,4,5]
# for 迭代
for i in mylist:
    # do some thing
    print(i)
i = 1
# while 循环
while i <= 5:
    # do some thing
```

```
        print(i)
        i += 1
```

在 Python 中虽然两者都可以实现循环，但还是有差异的。对 for 关键字而言，它执行的是迭代（iterate）操作，即按某种顺序逐个访问容器中的每一项的行为；而对 while 关键字而言，它执行的就是我们常说的循环（loop），即满足一定条件时，重复执行同一段代码的行为。

1.2.3　函数定义

当编写程序时，如果遇到一些需要重复使用的逻辑，就可以将其封装成一个函数，在需要使用的地方调用该函数即可，从而降低了代码的冗余度。

在 Python 中使用 def 关键字来定义函数，常见方式如下。

```
def add(x,y):
    return x+y
print(add(1,2))
```

上述代码中定义了名为 add() 的函数方法，该函数的作用就是返回两个参数的累加值，有时我们会给参数赋予默认的值。

```
def add(x,y=10):
    return x+y
print(add(1))
```

有时为了考虑通用性，不一定会传入 2 个值，还有传入 3 个或 4 个值等各种可能。这种不知道具体会传什么参数的方式可以使用*args 关键字与**kwargs 关键字，代码如下。

```
def add(*args, **kwargs):
    sum = 0
    for i in args:
        sum += i
    #循环获得 dict 中的值
    for k,v in kwargs.items():
        sum += kwargs.get(k,0)
    return sum
print(add(1,1,x=1,y=1))
```

从上述代码中可以看出，*args 会接收所有没有指定参数名的值，如一开始的两个 1，而**kwargs 会接收指定参数名的所有值。其中 args 其实是 list 类型，而 kwargs 则是 dict 类型，此时使用 for 循环取出 args 对象与 kwargs 对象中的值并累加，最后返回累加值。

1.3　Python 进阶

前面关于 Python 基础内容的讲解较为简单，接下来介绍 Python 中比较常用的进阶技巧，这些技巧在后面编写神经网络模型时都会使用到，在此做个铺垫。

1.3.1 生成式

Python 中列表与字典都可以通过生成式的方式来生成。

```
In:
l = [i for i in range(10) if i%2 == 0] #列表生成器
print(l)
print(type(l))
d = {k:v for (k,v) in [('a',1),('b',2)]} #字典生成器
print(d)
print(type(d))

Out:
[0, 2, 4, 6, 8]
list
{'a': 1, 'b': 2}
dict
```

可以发现，生成式的写法就是将使用 for 循环创建 list 或 dict 的逻辑代码缩短成一行。

1.3.2 可迭代对象与迭代器

为了加深对 for 关键字的理解，需要讨论一下 Python 中关键的概念——可迭代对象与迭代器。

在 Python 中，任意对象只要定义了__iter__方法或者定义了可以支持下标索引的__getitem__方法，它就是一个可迭代对象。可以通过内置的 dir()方法来查看某个对象是否定义了这两个方法中的一个，从而判断该对象是否为可迭代对象。其中 list 与 str 就是可迭代对象，在 Python 中还有很多可迭代对象，例如文件流 files、网络流 sockets 等。

任何对象只要定义了__iter__方法和__next__方法，它就是一个迭代器。由此可知，迭代器一定是可迭代对象。因为迭代器需要定义__iter__方法，而只要定义了__iter__方法，就可以认为该对象是可迭代对象。以 list 为例，通过 dir()方法查看 list 列表对象定义时，可以发现 list 定义了__iter__，则 list 就是一个可迭代对象。而迭代器相对于可迭代对象通常多定义了一个__next__方法，当然也有例外的情况（如可迭代对象没有定义__iter__方法，只定义了__getitem__方法的情况）。由于 list 中没有__next__方法，可知 list 不是一个迭代器，只是一个可迭代对象，当通过 next()方法调用 list 时，会因该 list 不是迭代器而报错。

```
In:
l = [1,2,3,4,5]
next(l)

Out:
---------------------------------------------------------------
TypeError                          Traceback (most recent call last)
<ipython-input-4-101c36968c6d> in <module>()
----> 1 next(l)
TypeError: 'list' object is not an iterator
```

接着我们来定义一个迭代器，只需在自定义对象中定义 __iter__ 方法和 __next__ 方法即可。

```
from itertools import islice
class Fib:
    '''
获得斐波那契数列
    '''
    def __init__(self):
        self.prev = 0
        self.curr = 1
    def __iter__(self):
        return self
    def __next__(self):
        value = self.curr
        self.curr += self.prev
        self.prev = value
        return value
f = Fib()
print(list(islice(f, 0, 20)))
```

一般而言，在定义迭代器时，会希望通过迭代器对象本身来取得其中的值，所以 __iter__ 方法只需返回迭代器自身。上述代码中定义了 Fib 类，该类实例化的对象是一个迭代器，通过该迭代器可以获得一个无限的斐波那契数列，这里使用了 islice 方法限制其只获取前 20 个数，其输出如下。

```
[1, 1, 2, 3, 5, 8, 13, 21, 34, 55, 89, 144, 233, 377, 610, 987, 1597, 2584, 4181, 6765]
```

每次运行 next() 方法获取迭代器中下一次的值时，next() 方法主要做了两件事：一是返回此次调用 next() 方法生成的返回结果，二是为下一次调用 next() 方法修改状态。当然实现一个斐波那契数列根本不需要动用迭代器，设计一下，用一个简单循环就可以了。那么为何还要有迭代器呢？因为使用迭代器省内存。如果你需要打印前 1000 万个斐波那契数，单纯地使用循环，就需要将这 1000 万个值都存到内存中，这会消耗大量的内存。如果使用迭代器，就不会出现大量消耗内存的情况。迭代器很懒、很健忘，只有在需要某值的时候才执行函数内的逻辑，返回相应的值，然后就将它忘了，这样就几乎不消耗内存了。当你需要读入大量数据对模型进行训练时，就可以通过这种方式减少内存的占用。

值得一提的是，for 兼容了两种机制：第一种就是上面提及的，对于有定义 __iter__ 方法的可迭代对象，for 会通过 __iter__ 方法来实现迭代；第二种就是一些指定了 __getitem__ 方法的可迭代对象。对于第二种可迭代对象，for 没有 __iter__ 方法可以调用，那么就会改用下标迭代的方式来实现迭代，一个具体的示例如下。

```
class myIterable(object):
    def __init__(self, mylist):
        self.mylist = mylist
    def __getitem__(self, item):
        return self.mylist[item]
l = myIterable([1,2,3])
for i in l:
```

```
    print(i)
```

上述代码可以输出如下内容。

```
1
2
3
```

1.3.3　生成器

前面我们了解了 Python 中的可迭代对象与迭代器，这有益于我们理解 Python 的生成器。在 Python 中生成器的定义很简单，就是用 yield 关键字的函数直接来定义一个生成器。

```
#生成器
def generator(n):
    for i in range(n):
        yield i+1
for i in generator(5):
    print(i)
```

在上述代码中，generator()方法就是一个生成器，一个明显的特征就是使用 yield 关键字替换常用的 return 关键字，其作用是返回 yield 关键字后面表达式的值，同时将程序中断，并保存程序运行到当前这一步的上下文。这一句话可能有点绕，拆分来看，yield 在这段代码中的作用就是返回 yield 关键字后面表达式的值，这里返回 $i+1$ 的值；中断程序，将程序运行停止在这一步；保存程序运行到这一步的上下文；在程序恢复运行时，使用此前保存好的上下文。需要注意的是，生成器中不允许使用 return 关键字。yield 关键字后面表达式的值不会在函数被调用时就立刻返回，而是当 next()方法被调用时才会返回。

使用生成器的一个明显的优势就是非常节省内存，它可以轻松地将十几 GB 的文件逐步读入程序中进行处理，非常适合深度学习中模型训练数据的读入。可以说生成器就是迭代器的另一种更加优雅的实现方式，生成器利用 yield 关键字实现了迭代器的所有功能，同时让代码变得更加简明。下面通过生成器的方式实现斐波那契数列的计算。

```
def Fib(prev, curr,n):
    while curr<n:
        yield curr
prev,curr = curr, prev+curr

for f in Fib(0,1,20):
    print(f)
```

可见，相比于迭代器的实现方式，生成器的代码明显简化了很多。

1.3.4　装饰器

装饰器是 Python 中比较特殊的用法，装饰器本质上就是一个利用闭包特性的 Python 函数，其作用是装饰已存在的函数。善用 Python 的装饰器可以很好地优化代码的结构。

下面举一个具体的例子——实现一个性能测试的装饰器，其核心功能是打印函数运行前和运行后的时间差，具体代码如下。

```
def speed_time(func):
    def print_time(*args, **kwargs):
        func_name = func.__name__
        t0 = time.perf_counter()
        res = func(*args, **kwargs)
        t1 = time.perf_counter()
print('%s run time is (%s), the res is (%s)' % (func_name,t1-t0, res))
    return print_time
```

在上述代码中，speed_time()函数的参数其实也是一个函数，该函数也就是被装饰的函数，speed_time()函数内部是 print_time()函数，该函数的逻辑就是打印被装饰函数运行的时间差。简单来看，speed_time()方法的作用就是将 func()被装饰函数替换成 print_time()函数。

简单使用一下，代码如下。

```
@speed_time
def for_10000():
    sum = 0
    for i in range(10000):
        sum += i
    return sum
for_10000()
```

可以获得的结果如下。

```
for_10000 run time is (0.0012948440271429718), the res is (49995000)
```

一般而言，装饰器是为了在不修改被装饰函数的情况下给被装饰函数添加一些新的功能，本质上是返回一个具有相应功能的新函数来代替被装饰函数。对于装饰器，不使用@关键字，直接使用 for_10000 = speed_time(for_10000)，效果是一样的，但显而易见的是使用@更加方便。

还需要注意的是装饰器的运行时间，函数装饰器会在导入模块时就立即执行，而被装饰的函数只有在明确调用时才会运行。在实际情况中，装饰器通常都在一个模块中定义，然后应用到其他模块上，那么在引用 import 时，装饰器就已经被调用了。

除上面实现的简单装饰器外，还有带参数的装饰器。带参数的装饰器可以实现更加复杂的逻辑，例如可以在装饰器中打印指定级别的日志，代码如下。

```
def logger(level):
    def decorate(func):
        def wrapper(*args, **kwargs):
            if level == 'warn':
                print('Warn Info')
            elif level == 'error':
                print('error Info')
```

```
            return func(*args)
        return wrapper
    return decorate
@logger(level='error')
def myname(name='ayuliao'):
print('My name is %s'%name)
myname()
```

输出结果如下。

```
error Info
My name is ayuliao
```

可以发现，所谓带参数的装饰器就是对原有装饰器的一个函数封装，并返回一个装饰器。解释器看到@logger(level='error')时，Python 能发现最外层封装，它会将参数传递给内部装饰器环境，@logger(level='error')等于@decorate。

实现装饰器的方式不局限于函数，类同样也可以实现一个装饰器，而且类装饰器的灵活性、封装性都比函数实现的装饰器好。

先写一个简单的类装饰器，用于打印日志，代码如下。

```
class Logger(object):
    def __init__(self, func):
        self._func = func
    def __call__(self):
        print(self._func.__name__ + ' is running')
self._func()
@Logger
def ayu():
    print('ayu')
ayu()
```

其运行结果如下。

```
ayu is running
ayu
```

从上述代码中可以看出，所谓的类装饰器，主要就是定义了__call__方法，当使用@调用类装饰器时，Python 解释器就会调用该方法。

1.4 小结

本章简单地介绍了 Anaconda 环境以及 Python 的相关内容，其中包括 Python 的基础内容和进阶内容。通过本章的学习，相信大家对 Python 有了一定的了解，这非常有益于大家理解后续章节的有关模型代码的编写内容。因为本书不是专门讨论 Python 的书籍，对于其中的很多细节并没有提及，如果想要进一步理解 Python，可以参考其他优秀的 Python 书籍。

第 2 章　优雅的数学

第 1 章简单地介绍了 Anaconda 以及 Python，重点讨论了 Python 的基本用法以及 Python 的一些高级语法特征。在后面的内容中，我们会通过 Python 编写与训练各种神经网络模型，所以大家需要在一定程度上掌握 Python，但仅仅掌握 Python 是不够的，还需要一定的数学知识才能明白模型构建与训练的原理，所以本章会简单讨论神经网络中常用的一些数学理念。

这些数学理念的背后其实都有着非常优雅的推导过程，但限于篇幅，这里不会讨论得非常细致，而是更加注重讲解推导的结果。

2.1　向量与矩阵

向量与矩阵是线性代数中非常基础的概念，同时也是深度学习中常见的概念。理解向量与矩阵中常见的数学规则及其背后的原理是深入理解深度学习的基础。

2.1.1　向量的概念

在神经网络中，向量算是一个基本的数据单位。我们可以用向量表示一个词，也可以用向量表示一个标签。一个向量由一列数值构成，向量中数值的顺序是有意义的，形式如下。

$$\vec{v} = \begin{bmatrix} x_1 \\ x_2 \\ \vdots \\ x_n \end{bmatrix}$$

我们可以从几何的角度直观地理解向量，如图 2.1 所示。

图 2.1 中有 3 个向量，其中向量 $\vec{i}$ 与向量 $\vec{j}$ 为单位向量，它们也是当前坐标系的基向量，向量 $\vec{i}$ 与向量 $\vec{j}$ 可以通过线性组合的方式构成当前坐标系中所有其他的向量，如向量[2,1]就可以由 $2\vec{j} + 1\vec{i}$ 构成。

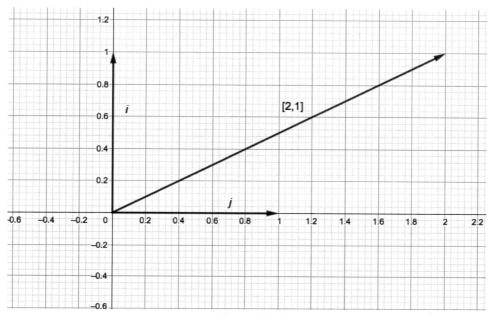

图 2.1　向量

当我们使用某些数值来描述一个向量时，这个向量具体的含义取决于当前正在使用的基向量，向量是具有方向与大小的。

前面介绍了基向量通过线性组合就可以获得当前坐标系中的所有向量，那么什么是线性组合呢？所谓线性组合，就是一些向量各自与一个标量相乘后再相加，最终得到的结构依旧是一个向量。线性组合的名字很直观，线性的多个向量组合在一起依旧是线性的向量，从中还可以引出一个名词，即张成空间。假设现在有两个向量$\vec{v}$与$\vec{w}$，则$\vec{v}$和$\vec{w}$所有线性组合构成的向量集合称为张成空间，其本质是一个向量的集合。

可以看出，两个向量构成的张成空间实际上就是这两个向量通过加法与乘法的基本运算可以获得的所有向量的一个集合。这个概念不失一般性，对于多个向量构成的张成空间，依旧这样。

2.1.2　向量的基本运算

本节主要直观地介绍向量的一些基本运算。一个向量由一组数值组成，通过向量的模来表示向量的大小，其计算方式为累加向量中所有元素的平方再开方，公式如下。

$$\|\vec{v}\| = \sqrt{x_1^2 + x_2^2 + \cdots + x_n^2}$$

向量的加法、减法以及标量乘法都是对向量中的每个元素进行操作。

❏　向量加法

$$\vec{a} + \vec{b} = \begin{bmatrix} a_1 + b_1 \\ a_2 + b_2 \\ \vdots \\ a_n + b_n \end{bmatrix}$$

❑ 　向量减法

$$\vec{a} - \vec{b} = \begin{bmatrix} a_1 - b_1 \\ a_2 - b_2 \\ \vdots \\ a_n - b_n \end{bmatrix}$$

❑ 　标量乘法

$$c\,\vec{a} = \begin{bmatrix} c\,a_1 \\ c\,a_2 \\ \vdots \\ c\,a_n \end{bmatrix}$$

向量的点积也称点乘，两个向量进行点积操作后获得的值是一个标量，公式如下。

$$\vec{a} \cdot \vec{b} = \begin{bmatrix} a_1 \\ a_2 \\ \vdots \\ a_n \end{bmatrix} \cdot \begin{bmatrix} b_1 \\ b_2 \\ \vdots \\ b_n \end{bmatrix} = \sum_{i=1}^{n} a_i b_i = a_1 b_1 + a_2 b_2 + \cdots + a_n b_n$$

因为点积是向量间的元素对应相乘的值累加，所以进行点积运算的向量的元素个数必须相等。向量的点积满足乘法交换律、分配律以及结合律，除此之外，向量的点积还满足柯西不等式。

（1）对两个非 0 的线性无关向量 $\vec{a}, \vec{b} \in \mathbf{R}^n$，有 $|\vec{a} \cdot \vec{b}| \leqslant \|\vec{a}\| \|\vec{b}\|$。

（2）当两个向量线性相关时，即 $\vec{a} = c\vec{b}$ 时，上述等式成立。

所谓线性相关，就是在多个向量组成的一个张成空间中，如果除去某个向量，该张成空间不会减小，那么除去的这个向量与张成空间中的其他向量就是线性相关的。反之，如果张成空间减小了，那么该向量与其他向量就是线性无关的，可以通过图 2.2 来直观理解。

从图 2.2 中可以看出，向量 $\vec{w}$、$\vec{a}$、$\vec{b}$ 都可以由基向量 $\vec{i}$、$\vec{j}$ 通过线性变换的方式获得，即除去向量 $\vec{w}$、$\vec{a}$、$\vec{b}$，张成空间不会变换，说明向量 $\vec{w}$、$\vec{a}$、$\vec{b}$ 是线性相关的。而如果除去向量 $\vec{i}$ 或 $\vec{j}$，张成空间就会从二维压缩到一维，张成空间发生了变化，说明向量 $\vec{i}$、$\vec{j}$ 是线性无关的。由此可以引出基向量的定义，即向量空间中的基向量是该张成空间的一个线性无关向量集。

从柯西不等式可以推导出三角不等式，如下。

$$\begin{aligned} \left\| \vec{a} + \vec{b} \right\|^2 &= (\vec{a} + \vec{b}) \cdot (\vec{a} + \vec{b}) \\ &= \|\vec{a}\|^2 + 2\vec{a}\vec{b} + \left\| \vec{b} \right\|^2 \\ &\leqslant \|\vec{a}\|^2 + 2\|\vec{a}\| \left\| \vec{b} \right\| + \left\| \vec{b} \right\|^2 \end{aligned}$$

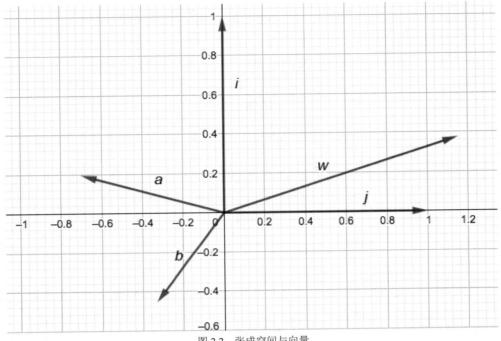

图 2.2　张成空间与向量

即推导出：

$$\|\vec{a} + \vec{b}\|^2 \leqslant (\|\vec{a}\| + \|\vec{b}\|)^2$$

三角不等式为

$$\|\vec{a} + \vec{b}\| \leqslant \|\vec{a}\| + \|\vec{b}\|$$

从几何角度讲，向量$\vec{a}$与向量$\vec{b}$的点积其实就是向量$\vec{a}$在向量$\vec{b}$上的投影，公式如下。

$$\vec{a} \cdot \vec{b} = \|\vec{a}\vec{b}\| \cos \theta$$

2.1.3　矩阵的概念

在神经网络中，矩阵是一个基本的运算单位，神经网络模型训练的过程其实就是在进行矩阵运算，我们可以通过矩阵来表示模型的读入数据，通过矩阵来表示模型各节点参数等。矩阵的形式如下。

$$\begin{bmatrix} a_{11} & a_{12} & \cdots & a_{1n} \\ a_{21} & a_{22} & \cdots & a_{2n} \\ \vdots & \vdots & \ddots & \vdots \\ a_{m1} & a_{m2} & \cdots & a_{mn} \end{bmatrix}$$

在讨论其他内容前，先来看一下方阵（squared matrix）这类特殊的矩阵。所谓方阵，其实就是行数与列数相等的矩阵，下面简单介绍一下 3 种方阵。

❑ 单位矩阵（identity matrix）。方阵的对角线元素固定为 1，方阵中其余元素等于 0，记为 I_n。

$$I_n = \begin{bmatrix} 1 & 0 & \cdots & 0 \\ 0 & 1 & \cdots & 0 \\ \vdots & \vdots & \ddots & \vdots \\ 0 & 0 & \cdots & 1 \end{bmatrix}$$

❑ 对角矩阵（diagonal matrix）。方阵的对角线元素可以为任意值，方阵中其余元素等于 0，单位矩阵是对角矩阵的一种特殊形式，记为 $\text{diag}(x_1, x_2, \cdots, x_n)$。

$$\text{diag}(x_1, x_2, \cdots, x_n) = \begin{bmatrix} x_1 & 0 & \cdots & 0 \\ 0 & x_2 & \cdots & 0 \\ \vdots & \vdots & \ddots & \vdots \\ 0 & 0 & \cdots & x_n \end{bmatrix}$$

❑ 三角矩阵（triangular matrix）。三角矩阵可以分为上三角矩阵和下三角矩阵。上三角矩阵就是方阵的对角线以及对角线以上的元素可以为任意值，方阵其余元素等于 0，记为 U。而下三角矩阵与之相反，方阵的对角线以及对角线以下的元素可以为任意值，方阵其余元素等于 0，记为 L。

上三角矩阵：

$$U = \begin{bmatrix} x_{11} & x_{12} & \cdots & x_{1n} \\ 0 & x_{22} & \cdots & x_{2n} \\ \vdots & \vdots & \ddots & \vdots \\ 0 & 0 & \cdots & x_{mn} \end{bmatrix}$$

下三角矩阵：

$$L = \begin{bmatrix} x_{11} & 0 & \cdots & 0 \\ x_{21} & x_{22} & \cdots & 0 \\ \vdots & \vdots & \ddots & \vdots \\ x_{m1} & x_{m2} & \cdots & x_{mn} \end{bmatrix}$$

从几何角度来看，矩阵可以理解为基向量线性变换的数值描述。对于一个向量而言，它的值取决于它所在的基。假设基向量为 $\vec{i} = [1,0]^T$ 和 $\vec{j} = [0,1]^T$，则定义出一个新向量 $\vec{x} = \vec{i} + \vec{j} = [1,1]^T$，现在有个二维矩阵，其值如下。

$$A = \begin{bmatrix} 1 & 2 \\ -3 & 0 \end{bmatrix}$$

那么可以将该二维矩阵的第一列看作是通过线性变换后的 $\vec{i} = [1,-3]^T$，第二列看作是通过线性变换后的 $\vec{j} = [2,0]^T$。当矩阵 A 与向量 $\vec{x}$ 相乘时，其实不必理会，因为向量 $\vec{x}$ 的值是取决于它所在的基的，现在基向量改变了，向量 $\vec{x}$ 的值自然改变了，其值依旧是向量 $\vec{i}$ 与向量 $\vec{j}$ 相加, 即 $\vec{x} = [3, -3]$, 这也是向量与矩阵相乘的结果。这种情况具有一般性, 所以可以认为矩阵是基向量线性变换的数值描述, 将其整理一下, 就可以获得矩阵的乘法公式。

$$\vec{x} = \alpha \vec{i} + \beta \vec{j}$$

基向量 $\vec{i}$ 与 $\vec{j}$ 经过矩阵线性变换后, 向量 $\vec{x}$ 与基向量的关系并没有改变, 但基向量本身变了, 所以由其构成的张成空间中所有向量的值也会发生相应的改变。

$$\vec{x} = \alpha \begin{bmatrix} a \\ c \end{bmatrix} + \beta \begin{bmatrix} b \\ d \end{bmatrix}$$

2.1.4 矩阵的运算

矩阵的运算大多比较直观, 这里简单介绍一下。

❏ 矩阵的加减法

两个矩阵中的所有元素分别做运算, 要求两个矩阵行数和列数相等, 公式如下。

$$X \pm Y = \begin{bmatrix} x_{11} \pm y_{11} & x_{12} \pm y_{12} & \cdots & x_{1n} \pm y_{1n} \\ x_{21} \pm y_{21} & x_{22} \pm y_{22} & \cdots & x_{2n} \pm y_{1n} \\ \vdots & \vdots & \ddots & \vdots \\ x_{m1} \pm y_{m1} & x_{m2} \pm y_{m2} & \cdots & x_{mn} \pm y_{mn} \end{bmatrix}$$

❏ 矩阵乘法

矩阵乘法要求第一个矩阵的列数与第二个矩阵的行数相等, 这是因为矩阵相乘其实就是第一个矩阵的行元素与第二个矩阵的列元素乘积之和, 具体如下。

$$X \times Y = \begin{bmatrix} x_{11} & x_{12} & x_{13} \\ x_{21} & x_{22} & x_{23} \end{bmatrix} \begin{bmatrix} y_{11} \\ y_{21} \\ y_{31} \end{bmatrix} = \begin{bmatrix} x_{11}\,y_{11} + x_{12}\,y_{21} + x_{13}\,y_{31} \\ x_{21}\,y_{11} + x_{22}\,y_{21} + x_{23}\,y_{31} \end{bmatrix}$$

从几何角度来看, 矩阵 X 可以看作变换后的基向量, 矩阵 Y 可以看作向量 $\vec{y}$。向量 $\vec{y}$ 原本的基向量为 $\vec{i} = [1,0,0]^T$、$\vec{j} = [0,1,0]^T$、$\vec{z} = [0,0,1]^T$, 则 $\vec{y} = y_{11}\vec{i} + y_{21}\vec{j} + y_{31}\vec{z}$。而矩阵 X 是新变化后的基向量, 即 $\vec{i} = [x_{11}, x_{21}]^T$、$\vec{j} = [x_{12}, x_{22}]^T$、$\vec{z} = [x_{13}, x_{23}]^T$。向量 $\vec{y}$ 由线性变换的基向量表示, 因此就获得了矩阵相乘的结果。如果矩阵 Y 的列数大于 2, 那么可以将其看成由多个向量组成的矩阵, 通过类似的方式, 可以获得矩阵间相乘的结果。

矩阵乘法并不满足交换律, 这个很好理解, 因为交换了, 基向量线性变换的结果就不相同了, 那么最后相乘获得的结果当然也就不相同, 但矩阵乘法满足如下定律。

$$(AB)C = A(BC)$$
$$\alpha(AB) = \alpha(A)B = A(\alpha B)$$
$$A(B + C) = AB + AC$$
$$(B + C)A = BA + CA$$

除了这个角度，通常还可以通过方程的方式来理解矩阵相乘。

❑　矩阵转置（transpose）

直观而言，矩阵转置就是将矩阵沿着它的对角线旋转对调一下，假设现在有一个 $n \times m$ 矩阵，那么该矩阵转置后，就会获得一个 $m \times n$ 矩阵，其具体公式如下。

$$A = (a_{ij})$$
$$A^{\mathrm{T}} = (a_{ji})$$

在上面的内容中，我们通常使用 $[x_1, x_2, \cdots]^{\mathrm{T}}$ 来表示一个向量，因为这样方便书面展示。

转置矩阵几个常用的公式如下。

$$(A^{\mathrm{T}})^{\mathrm{T}} = A$$
$$(A + B)^{\mathrm{T}} = A^{\mathrm{T}} + B^{\mathrm{T}}$$
$$(\alpha A)^{\mathrm{T}} = \alpha A^{\mathrm{T}}$$
$$(AB)^{\mathrm{T}} = B^{\mathrm{T}} A^{\mathrm{T}} \quad （注意顺序）$$
$$(A_1 A_2 \cdots A_n)^{\mathrm{T}} = A_n^{\mathrm{T}} \cdots A_2^{\mathrm{T}} A_1^{\mathrm{T}} \quad （注意顺序）$$

❑　逆矩阵（inverse matrix）

要想将矩阵求逆，首先要求该矩阵是个方阵，即矩阵的行数与列数相等。如果存在一个 $n \times n$ 的矩阵 A 和一个 $n \times n$ 的矩阵 B，矩阵 B 与矩阵 A 相乘的结果是 $n \times n$ 的单位矩阵 I_n，那么就称矩阵 B 是矩阵 A 的逆矩阵，公式如下。

$$AB = BA = I_n$$

从数学上可以证明，如果一个矩阵存在逆矩阵，那么该逆矩阵就是唯一的，例如存在一个 $n \times n$ 的矩阵 C，它与矩阵 A 相乘的结果也是 $n \times n$ 的单位矩阵，那么就可以推出

$$C = B = A^{-1}$$

逆矩阵的常用公式如下。

$$(A^{\mathrm{T}})^{-1} = (A^{-1})^{\mathrm{T}}$$
$$(A^{-1})^{-1} = A$$
$$(\alpha A)^{-1} = \frac{1}{\alpha} A^{-1}$$
$$(AB)^{-1} = B^{-1} A^{-1}$$

❑　矩阵的秩

矩阵中不相关的向量的最大个数就是矩阵的秩。从几何的角度来理解，一个矩阵中的每一列值都可以看成一个向量，这些向量中线性无关的个数就是矩阵的秩，也就是这些向量构成的张成空间的维度。这可能比较抽象，仔细回忆一下前文关于线性无关以及张成空间的内容比较

好理解。举个具体的例子，现在有一个矩阵 A。

$$A = \begin{bmatrix} 1 & 0 \\ 0 & 1 \end{bmatrix}$$

我们可以将矩阵 A 分为向量 $\vec{i} = [1,0]^T$ 与向量 $\vec{j} = [0,1]^T$，这两个向量是线性无关的，它们可以构成一个二维的张成空间，则矩阵 A 的秩为 2。如果矩阵 A 的形式如下。

$$A = \begin{bmatrix} 1 & -1 \\ 1 & -1 \end{bmatrix}$$

现在将矩阵 A 分为向量 $\vec{i} = [1,1]^T$ 与向量 $\vec{j} = [-1,-1]^T$，这两个向量是线性相关的，即除去其中一个向量，构成的张成空间没有什么变化。如果向量构成的张成空间是一根一维的线，则此时矩阵 A 的秩为 1。如果矩阵 A 的形式如下。

$$A = \begin{bmatrix} 0 & 0 \\ 0 & 0 \end{bmatrix}$$

将矩阵 A 的列拆分成向量后，构成的张成空间是一个点，即是 0 维的，则矩阵 A 的秩为 0。

这种理解方式并不完全严谨，上面将矩阵按列划分成向量，构成的是列秩，对应的还有行秩。实际上，矩阵的秩=矩阵的列秩=矩阵的行秩。

❑　矩阵的行列式

从几何角度来理解，可以将矩阵的行列式理解成该矩阵对基向量进行线性变换后，该基向量构成空间的面积的缩放比例。举个直观的例子，现在有两个基向量，分别是向量 $\vec{v} = [1,0]^T$ 与向量 $\vec{u} = [0,1]^T$，如图 2.3 所示。

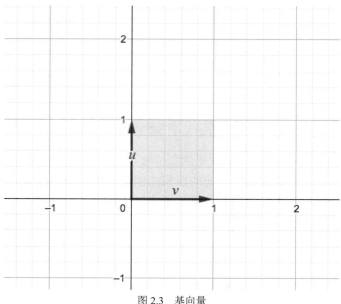

图 2.3　基向量

这两个向量构成的就是 1×1 的正方形，现在要计算矩阵 A 的行列式，具体 A 的值以及行列式计算如下。

矩阵 A：

$$A = \begin{bmatrix} 2 & 0 \\ 0 & 2 \end{bmatrix}$$

矩阵 A 的行列式：

$$A = \det \left(\begin{bmatrix} 2 & 0 \\ 0 & 2 \end{bmatrix} \right) = 4$$

将矩阵 A 中的每一行看作线性变换后的基向量，新的基向量构成的面积也为 4，如图 2.4 所示。

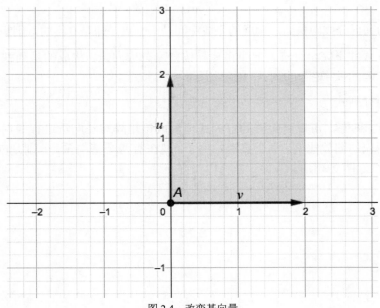

图 2.4　改变基向量

当然，行列式计算可能获得负值，这里的负值表示矩阵线性变换后基向量的方向与变换前相反，其绝对值依旧是基向量构成的空间的面积的缩放比例。如果行列式的值为 0，就代表着这个矩阵经过线性变换后，张成空间被压缩到更小的维度上，这点可以思考一下。

接着可以得到 2×2 矩阵的行列式计算公式。

$$\det \left(\begin{bmatrix} a & b \\ c & d \end{bmatrix} \right) = ad - bc$$

公式的来源可以通过图 2.5 直观地理解。

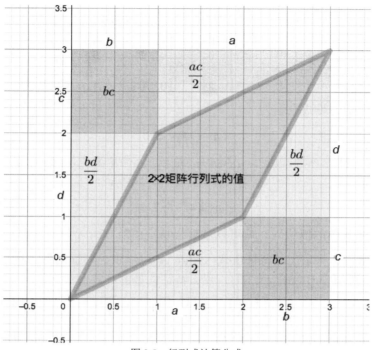

图 2.5 行列式计算公式

$$\det\left(\begin{bmatrix} a & b \\ c & d \end{bmatrix}\right) = (a+b)(c+d) - ac - bd - 2bc = ad - bc$$

虽然上面讨论的内容都是针对二维空间的，这是为了方便理解，但这些性质具有一般性，即在三维或更高维空间同样可以这样理解。在三维空间，矩阵行列式就是基向量构成空间的体积的缩放比例，三维的矩阵运算公式如下。

$$\det\left(\begin{bmatrix} a & b & c \\ d & e & f \\ g & h & i \end{bmatrix}\right) = a\det\left(\begin{bmatrix} e & f \\ h & i \end{bmatrix}\right) - b\det\left(\begin{bmatrix} d & f \\ g & i \end{bmatrix}\right) + c\det\left(\begin{bmatrix} d & e \\ g & h \end{bmatrix}\right)$$

矩阵的特征向量与特征值这两个概念比较抽象但又比较重要。我们都知道可以将矩阵看成基向量的线性变换，而由基向量构成的张成空间中，向量也会发生相应的线性变换。所谓的特征向量与特征值，就是对于一个矩阵 A 而言，它作用在一个向量 $\vec{v}$ 上，该矩阵对向量 $\vec{v}$ 造成的线性变换可以找到一个标量 λ 代替，即标量 λ 可以对向量 $\vec{v}$ 造成同样的线性变换效果，那么此时就可以说，对应矩阵 A，我们找到了它的特征向量（即向量 $\vec{v}$）特征值（即 λ），通过公式简单表示如下。

$$A\vec{v} = \lambda\vec{v}$$

其中，A 为矩阵，λ 为一个标量。这个公式有点麻烦，因为等号左边是矩阵与向量相乘，等号右边是标量与向量相乘。下面做个简单的变化，让公式两边的类型统一。我们可以将 λ 变换为一个对角矩阵，该对角矩阵与向量 $\vec{v}$ 相乘的结果与标量与向量相乘的结果一致，通常会使用单位矩阵来表示。

$$\lambda \Rightarrow \begin{bmatrix} \lambda & 0 & \cdots & 0 \\ 0 & \lambda & \cdots & 0 \\ \vdots & \vdots & \ddots & \vdots \\ 0 & 0 & \cdots & \lambda \end{bmatrix} = \lambda \begin{bmatrix} 1 & 0 & \cdots & 0 \\ 0 & 1 & \cdots & 0 \\ \vdots & \vdots & \ddots & \vdots \\ 0 & 0 & \cdots & 1 \end{bmatrix} = \lambda I$$

接着可以将最初的等式表示为

$$(\boldsymbol{A} - \lambda \boldsymbol{I})\vec{v} = \vec{0}$$

如果$\vec{v}$为非 0 向量，要让该等式成立，则$(\boldsymbol{A} - \lambda \boldsymbol{I}) = \vec{0}$。简单来说，$(\boldsymbol{A} - \lambda \boldsymbol{I})$矩阵与全零矩阵是等价的，那么就有

$$\det(\boldsymbol{A} - \lambda \boldsymbol{I}) = 0$$

此时将矩阵$\boldsymbol{A}$具体的值代入，就可以求解出特征值λ。

那么特征向量呢？将求出的特征值代入矩阵$\boldsymbol{A}$可以求出特征向量。举个例子，现在求出特征值等于 3，矩阵$\boldsymbol{A}$为$[[4,0]^\mathrm{T}, [1,3]^\mathrm{T}]$，那么特征向量的计算方式为

$$\left(\begin{bmatrix} 4 & 1 \\ 0 & 3 \end{bmatrix} - 3\begin{bmatrix} 1 & 0 \\ 0 & 1 \end{bmatrix}\right)\begin{bmatrix} x \\ y \end{bmatrix} = \begin{bmatrix} 0 \\ 0 \end{bmatrix}$$

你可以求解出多个$[x, y]$的值，你会发现这些值都分布在$y = x$的直线上，此时具体的某个$[x, y]$值就是一个特征向量，所有特征向量构成的集合就是特征空间，这里$y = x$的直线就是特征空间。

从另一个角度看，特征向量$\vec{v}$就是那些经过矩阵$\boldsymbol{A}$线性变换后依旧保持原来方向的向量，即$\boldsymbol{A}\vec{v}$与$\vec{v}$方向相同（共线）。当然对于一个矩阵而言，它不一定具有特征向量。

2.2　微积分

在深度学习中，各种训练优化算法的背后其实都是求导，而求导是微积分中的基本概念，所以本节就尝试简单地讨论一下微积分中一些常见的概念。

2.2.1　圆的面积

对于规则图形的面积求解比较简单，如正方形、长方形就是简单的宽乘以高，但对于不规则图形，该如何求解其面积呢？例如圆、带曲面的图形等。微积分可以解决不规则图形面积求解的问题，下面我们从圆开始。

圆的面积怎么求呢？很简单，公式如下。

$$S = \pi r^2$$

接着的问题是，这个公式怎么来的？怎么证明圆的面积就等于这个公式计算的值呢？这里

我们先不使用该公式来求圆的面积，尝试自己来解决这个问题。一个直观的想法就是将圆切割成很多个环，即一个圆的面积由多个环的面积相加得到，抽出其中一个环，将其从中间用剪刀剪开，会获得一个梯形，简单的变化一下，就可以获得一个长方形，如图 2.6 所示。

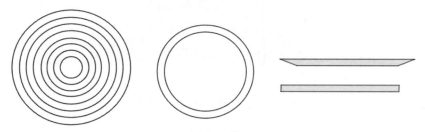

图 2.6　圆的变换

这个长方形的面积是可以计算的，我们将长方形的高记为h，它的宽其实就是环的周长，将其记为w，那么长方形的面积就为$w \cdot h$。而圆的面积就是多个这样的长方形面积的组合，将这些长方形并排组合在一起，就可以拼凑成一个宽为圆的半径r、高为圆的周长$2\pi r$的三角形。不难想象，当长方形分得越细时，长方形拼凑出来的三角形就越完整，最终这些长方形可以拼凑出一个完全准确的三角形，这个三角形的面积就是圆的面积。所以三角形的面积为

$$S = \frac{1}{2}r \cdot 2\pi r = \pi r^2$$

从而证明了一开始计算圆面积的公式是对的，其实在证明过程中我们就利用了微积分的核心思想，即将困难的问题转化为一个容易解决的小问题并最小化困难问题转成小问题时产生的误差，然后再将小问题的结果累积起来获得最初困难问题的结果。

2.2.2　古典微积分

在上面求圆面积的问题中，我们先将这个复杂问题化解为求一个个长方形面积的问题，再将这些长方形组合在一起，构成一个三角形，求得圆的面积，这就是微积分的思想。在求圆面积时，我们很幸运，最后获得的是一个三角形，但如果最后构成的不是一个规则图形呢？下面来讨论一下这种情况。

假设我们现在要求函数$f(x)$与x轴之间的面积，$f(x)$绘制出来的是条曲线，其包裹的面积是一个不规则的图形，如图 2.7 所示。

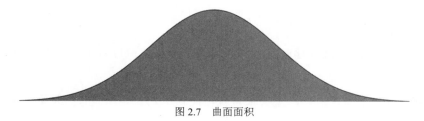

图 2.7　曲面面积

要求该图形的面积，按照此前求圆面积的方法，将其用多个长方形来表示，如图 2.8 所示。

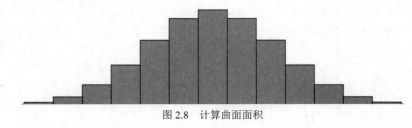

图 2.8 计算曲面面积

当然，长方形越多越好，即长方形的宽越小越好，如图 2.9 所示。

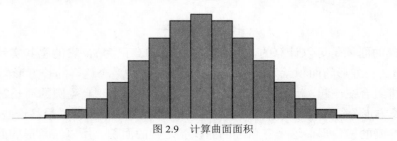

图 2.9 计算曲面面积

我们将 $f(x)$ 与 x 轴之间的不规则面积记为 $A(x)$，将长方形的宽记为 dx，将与 dx 对应的长方形的面积记为 $dA(x)$，表示 different Area，即如果增加了 x 轴的距离 dx，那么面积 $A(x)$ 就会相应增加 $dA(x)$，如图 2.10 所示。

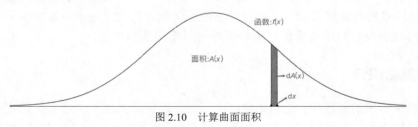

图 2.10 计算曲面面积

不难得出：

$$dA(x) \approx f(x)dx$$

$A(x)$ 变动的面积约等于一个长方形面积，该长方形的面积就等于高 $f(x)$ 乘以宽 dx，将其变化一下，就获得了面积 $A(x)$ 的导数。

$$f(x) \approx \frac{dA(x)}{dx}$$

当 dx 越接近 0 时，$f(x)$ 与 $dA(x)/dx$ 越相近。从该公式可以看出，函数 $f(x)$ 本身就是面积函数 $A(x)$ 的导数。

接着再来思考一下面积 $A(x)$，其实很直观，面积 $A(x)$ 就是所有长方形面积的和。

$$A(x) \approx \sum_{i=a}^{b} \mathrm{d}A(x) = \sum_{i=a}^{b} f(x)\mathrm{d}x$$

当dx越接近于 0，即长方形被划分得越细、越多，计算出的值就与$A(x)$越接近，考虑这个条件，将其替换成积分的写法。

$$A(x) = \int_a^b f(x)\mathrm{d}x$$

上述公式表示的意思是将 a 到 b 之间的$f(x)\mathrm{d}x$累加起来，这也是积分这个名称的由来，它有将微小的变化积累累加的含义。

到这里就可以看出，导数运算与积分运算是互逆的，可以相互推导，即面积函数$A(x)$的导数是构成该面积的函数$f(x)$，而$f(x)$的积分就是对应的面积函数$A(x)$。

下面举个具体的例子来加深对微分、导数以及积分的直观印象。假设我们要计算几个值，分别是汽车行驶的距离l、汽车行驶的速度v，一个基本的公式是 $l = vt$，即距离等于速度乘以时间。下面我们从微积分的角度来讨论一下距离与速度之间的关系，首先随意绘制出速度函数$v(t)$对应的曲线，其横坐标是时间t，表示行驶时间。纵坐标就是速度，即当前时间的速度，如图 2.11 所示。

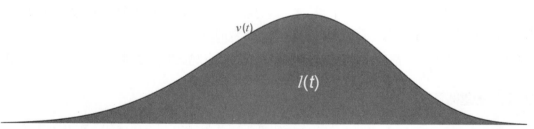

图 2.11　速度与时间的关系

速度函数$v(t)$与横轴间的面积就是距离，这点不难理解，其积分公式如下。

$$l(t) = \int_a^b v(t)\mathrm{d}t$$

即 a 时刻到 b 时刻，速度与时间乘积获得的移动距离的累加值，也就是每次移动的距离累加的和就是总的距离$l(t)$。

那如何从距离$l(t)$获得速度呢？其实就是求导，形式如下。

$$v(t) = l'(t) = \frac{\mathrm{d}l(t)}{\mathrm{d}t} = \frac{l(t + \Delta t) - l(t)}{\Delta t}$$

即这段时间移动的距离除以时间就获得相应的速度。

当然上面的讨论其实还不算特别严谨，它有几个问题：首先，如果通过导数运算对函数 $f(x) = x^2$ 求导，会有一些奇怪的现象。

$$
\begin{aligned}
\frac{\mathrm{d}(f(x))}{\mathrm{d}x} &= \frac{f(x + \mathrm{d}x) - f(x)}{\mathrm{d}x} \\
&= \frac{(x + \mathrm{d}x)^2 - x^2}{\mathrm{d}x} \\
&= \frac{x^2 + 2x\mathrm{d}x + (\mathrm{d}x)^2 - x^2}{\mathrm{d}x} \\
&= \frac{2x\mathrm{d}x + (\mathrm{d}x)^2}{\mathrm{d}x} \\
&= 2x + \mathrm{d}x \\
&= 2x
\end{aligned}
$$

在求导过程中，一开始 $\mathrm{d}x$ 为分母，这说明 $\mathrm{d}x$ 不可以为 0，但求最终结果 $2x + \mathrm{d}x$ 时却将 $\mathrm{d}x$ 约去了，因为 $\mathrm{d}x$ 越接近 0，值越接近真实值，那么就将 $\mathrm{d}x$ 看为 0 约去则可。这两种解释就发生了冲突，$\mathrm{d}x$ 一会儿为 0，一会儿为非 0，就像薛定谔的猫一样，一会儿是死的，一会儿是活的。

其次，因为假设 $\mathrm{d}x$ 是无限接近 0 的值，即 $\mathrm{d}x$ 为无穷小，计算出的值才与真实值接近，但无穷小这个基本假设违反了阿基米德公理，这就造成了历史上的第二次数学危机。

阿里米德公理：①给出任何一个数，都可以找到一个整数大于原来的数；②给出任何一个正数，都可以找到一个整数，该整数的倒数小于原来的数。

我们上面讨论的其实都是古典微积分，它更多的是从直观上进行推理，导致其理论并不严格。

2.2.3　重建微积分

古典微积分基于无穷小这样一个直观的假设，这使得微积分很好理解，但让其不够严谨。为了解决这个问题，极限被提出，当下的微积分都是基于极限重新建立起来的。

极限绕过了无穷小这个表述，换了一种说法，极限的严格定义为，函数 $f(x)$ 在点 x_0 的某一去心邻域内有定义，如果常数 A 对于任意的正数 ϵ 总存在正数 δ，使得当 x 满足不等式 $0 < |x - x_0| < \delta$ 时，对于函数值 $f(x)$ 满足不等式 $|f(x) - A| < \epsilon$，那么常数 A 就叫作函数 $f(x)$ 当 $x \to x_0$ 时的极限，记作：

$$
\lim_{x \to x_0} f(x) = A
$$

简单且直观来讲，极限依旧是用一个数值去逼近另外一个数值。使用极限来重新推导一下导数。

$$
\frac{\mathrm{d}(f(x_0))}{\mathrm{d}x} = \lim_{\Delta x \to 0} \frac{f(x_0 + \Delta x) - f(x_0)}{\Delta x}
$$

由极限重新定义的导数应当被看成一个整体，此时可以通过导数去求出微分。

$$\lim_{\Delta x \to 0} \frac{\Delta y}{\Delta x} = f'(x_0) \Rightarrow \lim_{\Delta x \to 0} \frac{\Delta y}{\Delta x} - f'(x_0) = 0$$

将式子变换一下：

$$\frac{\Delta y}{\Delta x} - f'(x_0) = a, \quad \lim_{\Delta x \to 0} a = 0$$

$$\Delta y = f'(x_0)\Delta x + a\Delta x$$

可以看出，Δy由两部分组成，其直观形式如图 2.12 所示。

图 2.12 中的直线是x点的切线，对于曲线
而言，横轴增加了Δx，曲线相应增加了Δy，
但对切线而言，横轴增加了Δx，切线增加了
$f'(x)\Delta x$，即切线的斜率$f'(x)$乘以横轴变化的
距离Δx，将$f'(x)\Delta x$记为dy，即$dy = f'(x)\Delta x$，
这样就得到dy。此时dy是一个函数，不是一
个数。做一下简单的变换，就可以从dy获得dx，
令$y = x$，那么就有$dy = 1\Delta x$，即$dy = \Delta x$，
这就获得dx的定义了。

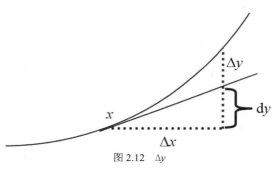

图 2.12 Δy

在讨论古典微积分时，我们先直观地给出了dy、dx的定义，然后再推导求得导数，在古
典微积分中导数是基于无穷小假设定义的，其微分是一个无穷小的值。与古典微积分不同的是，
极限微积分的导数是基于极限定义，其微分是一个函数。导数通常用于描述函数在某一点的变
化速率；微分通常用于描述函数从某一点到另一点的变化幅度，通常其极限为 0；积分通常用
于描述微分造成函数变化的累积值。

2.2.4 常用的公式

对微积分中微分、导数以及积分的讨论就到这里，当下古典微积分已不再被使用，但我们
依旧可以通过古典微积分的形式来理解微积分，从而进一步理解当下构建在极限之上的微积分。

在具体构建模型时，其实我们不会去在意微积分背后的这些数理逻辑，而是直接使用它，
所以需要了解一些基本的常用公式，下面就给出一些简单的公式。

❑ 导数公式

$$f(x) = x^n \Rightarrow f'(x) = \frac{d(f(x))}{dx} = nx^{n-1}$$

$$f(x) = \ln(x) \Rightarrow f'(x) = \frac{1}{x}$$

$$f(x) = n \Rightarrow f'(x) = 0$$

$$f(x) = n^x \Rightarrow f'(x) = n^x \ln(n)$$

$$f(x) = e^x \Rightarrow f'(x) = e^x$$

$$f(x) = \log_n x \Rightarrow f'(x) = \frac{1}{x\ln(n)}$$

$$f(x) = \sin x \Rightarrow f'(x) = \cos x$$

$$f(x) = \cos x \Rightarrow f'(x) = -\sin x$$

❑　导数四则运算

$$(u \pm v) = u' \pm v'$$

$$(uv)' = u'v + uv'$$

$$\left(\frac{u}{v}\right)' = \frac{u'v - uv'}{v^2}$$

❑　积分公式

$$\int a\,\mathrm{d}x = ax + C$$

$$\int x\,\mathrm{d}x = \frac{x^2}{2} + C$$

$$\int x^2\,\mathrm{d}x = \frac{x^3}{3} + C$$

$$\int \left(\frac{1}{x}\right)\mathrm{d}x = \ln|x| + C$$

$$\int e^x\,dx = e^x + C$$

$$\int a^x\,dx = \frac{ax}{\ln(a)} + C$$

$$\int \ln(x)\mathrm{d}x = x\ln(x) - x + C$$

$$\int \cos x\,\mathrm{d}x = \sin x + C$$

$$\int \sin x\,\mathrm{d}x = -\cos x + C$$

❑　积分四则运算

$$\int cf(x)\mathrm{d}x = c\int f(x)\,\mathrm{d}x$$

$$\int x^n \, dx = \frac{x^{n+1}}{n+1} + C$$

$$\int (f + g) \, dx = \int f \, dx + \int g \, dx$$

$$\int (f - g) \, dx = \int f \, dx - \int g \, dx$$

2.2.5 偏导数

前面讨论的内容针对的是一元函数，即只有一个自变量的函数。但现实生活中，我们经常会遇到多元函数，即函数拥有多个自变量，那么怎么求多元函数的导数呢？

对于多元函数而言，它的每一个点会有无穷多条切线，要描述多元函数的导数比较困难，而偏导数就是选择其中一条切线并求出它的斜率。具体而言，就是保留多元函数中的一个自变量，并将其他自变量看作是常量，再使用一元函数求导的方式求出保留的自变量对于多元函数的导数。举个具体的例子，现在有一个二元函数$f(x,y) = x^2 + xy + y^2$，对其求偏导。

固定y，只保留x作为自变量，其偏导为

$$\frac{\partial f}{\partial x} = 2x + y$$

固定x，只保留y作为自变量，其偏导为

$$\frac{\partial f}{\partial y} = x + 2y$$

此时将一个具体的点坐标代入，例如代入点$c(1,2,3)$，就有

$$\frac{\partial f}{\partial x} = 4$$

$$\frac{\partial f}{\partial y} = 5$$

此时就称函数f在点$c(1,2,3)$处关于x的偏导数是 4，关于y的偏导数是 5。

2.2.6 方向导数

在多元函数中，自变量有多个时，偏导数会选择一个自变量而将其他自变量当成常量来求导，其几何意义就是某点在其他方向不变的情况下，求导的自变量的变化率，但偏导数只能获得沿坐标轴方向的变化率。例如函数$f(x,y)$，求其偏导数，只能固定y自变量求该函数x轴的偏导数，即该函数x轴方向的变化率；或固定x自变量求该函数y轴的偏导数，即该函数y轴

方向的变化率。但我们有时不只是要函数沿坐标轴的变化率，而是要该函数任意方向的变化率，这就需要方向导数了。

　　下面以 $z = f(x, y)$ 函数为例来讨论方向导数。在 $z = f(x, y)$ 函数上有一个点 (x_0, y_0)，那么不难想象该点可以有无数条切线（因为 $z = f(x, y)$ 是三维的）。这些切线其实都是共面的，即所有的这些切线都在一个面上，将这个面称为切面，切面上所有的切线都可以在XOY平面上映射出一条射线，这条射线的方向就是方向向量的方向，映射出该射线的切线的斜率就是方向向量的大小，如图 2.13 所示。

　　图 2.13 中只绘制了该点的某一条切线，这条切线可以在XOY平面上映射出一条射线，该射线的方向就是方向向量的方向，这条切线的斜率就是方向导数的大小。因为该点有无数条切线，即一个切面；每个切线都可以映射出一条射线，即该点就拥有无数个方向向量，它们具有不同方向，如图 2.14 所示。

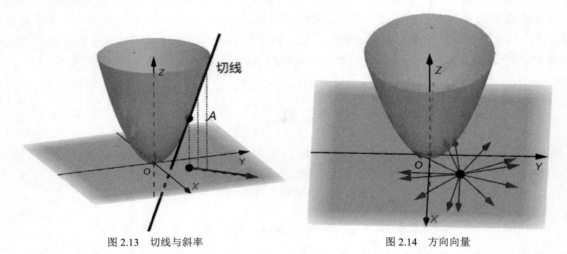

图 2.13　切线与斜率　　　　　　　　　　图 2.14　方向向量

　　怎么通过数学公式来表示呢？其实也简单，在图 2.14 中，我们将圆点的坐标记为 (x_0, y_0)，将射线看作方向向量，那么方向向量就可以表示为 $(x_0 + t\cos\theta, y_0 + t\sin\theta)$。之所以可以这样表示，可以回忆一下向量的内容，如果有两个基向量 $\vec{i}$、$\vec{j}$，要表示任意方向的单位向量，其实就是 $\vec{i}\cos\theta + \vec{j}\sin\theta$，方向向量的表示方式与单位向量的表示方式是相同的，其中，θ 表示方向向量与 x 轴的夹角，t 表示方向向量的大小，那么点 (x_0, y_0) 在某个方向的方向导数可以表示为

$$\lim_{t \to 0} \frac{f(x_0 + t\cos\theta, y_0 + t\sin\theta) - f(x_0, y_0)}{t}$$
$$= f_x(x_0, y_0)\cos\theta + f_y(x_0, y_0)\sin\theta$$
$$= \left(f_x(x_0, y_0), f_y(x_0, y_0) \right) \cdot (\cos\theta, \sin\theta)$$
$$= \left| \left(f_x(x_0, y_0), f_y(x_0, y_0) \right) \right| \cdot |(\cos\theta, \sin\theta)| \cos\alpha$$

其中，α表示$f_x(x_0, y_0), f_y(x_0, y_0)$与$(\cos\theta, \sin\theta)$之间的夹角，可以看出方向导数的公式其实就是对$(x_0, y_0)$求全导数。

全导数其实很好理解，它就是一元函数的导数在多元函数中换了一种说法，如现在有函数$z = f(x, y)$，其中$x = a(t)$，$y = b(t)$，那么z关于t的导数就称为全导数。不难看出，上面的方向导数就是函数z关于t的全导数，函数z具体为

$$\begin{cases} z = f(x, y) \\ x = x_0 + t\cos\theta \\ y = y_0 + t\sin\theta \end{cases}$$

神经网络中常用的梯度就是一个方向向量，某一个点的梯度就是该点方向导数最大的那个方向向量。上面的内容虽然都以$z = f(x, y)$为例，但具有一般性。

2.2.7 链式法则

链式法则是简化函数求导的一个工具，例如，现在要对$y = (x^2 + 1)^2$求导，很简单，将该函数展开，然后对每个部分求导即可。

$$y = (x^2 + 1)^2 = x^4 + 2x^2 + 1 \Rightarrow \frac{\mathrm{d}y}{\mathrm{d}x} = 4x^3 + 4x$$

但现在要求你对$y = (x^2 + 1)^{100}$求导，如果依旧使用上面的公式，那么求导过程就会变得非常繁杂，这里可以通过链式法则来简化该函数的求导。为了说明链接法则，依旧以$y = (x^2 + 1)^2$为例，将$y = (x^2 + 1)^2$拆成两部分，一部分为$y = u^2$，另一部分为$u = x^2 + 1$。将u代入公式中，重新构成函数y，$y = u^2$，此时的函数y称为复合函数。复合函数的一般形式为，y是u的函数，u是x的函数，其函数表示为

$$y = f(u), \quad u = g(x)$$

复合函数为

$$y = f(g(x))$$

链式法则为

$$\frac{\mathrm{d}y}{\mathrm{d}x} = \frac{\mathrm{d}y}{\mathrm{d}u} \cdot \frac{\mathrm{d}u}{\mathrm{d}x}$$

那么对于函数$y = (x^2 + 1)^2 = u^2$，其链式法则的形式为

$$\frac{\mathrm{d}y}{\mathrm{d}x} = \frac{\mathrm{d}y}{\mathrm{d}u} \cdot \frac{\mathrm{d}u}{\mathrm{d}x} = 2u2x = 2(x^2 + 1) \cdot 2x = 4x^3 + 4x$$

公式中的$\mathrm{d}u$是可以相互抵消的。上面的讨论虽然针对函数$y = (x^2 + 1)^2$，但链式法则具有一般性。

2.3　概率论

概率论是用于研究不确定性事件的一个数学分支，在深度学习中，概率的使用非常常见，因为深度学习经常处理具有随机性的数据。下面就简单地讨论一下概率论中常见的一些概念。

2.3.1　随机变量

首先来理解概率论中的基本概念——随机变量，所谓随机变量，就是一个随机实验结果的可能数值，即将随机事件映射成为相应的数值，直观理解如图 2.15 所示。

现在我们来做个实验，我们先给实验中的每个事件指定相应的数值，这些数值的集合称为随机变量。与代数中的变量定义不同，随机变量是一个数值集合，它可以随机地取数值集合中的值。例如我们做一个抛硬币的实验，该实验会产生两个随机事件，即抛出硬币正面朝上的事件和抛出硬币反面朝上的事件，分别给这两个事件指派一个数值，硬币正面朝上为 0，硬币反面朝上为 1，由 0 和 1 这两个数值组成的集合就是随机变量 $X = \{0,1\}$，随机变量 X 可以随机取 0 或 1，每个值可以有不同的可能性，即不同的概率，对抛硬币而言，0 与 1 的概率分别为 50%。

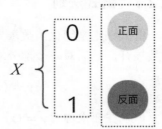

图 2.15　随机变量

接着讨论一下概率，所谓概率，就是一件事情发生的可能性。在现实生活中，很多事情难以准确地预测是否发生，概率可用于描述事情发生的可能性。例如抛硬币，我们很难确定地说，这一次抛出去的硬币一定是正面，但可以说抛出去硬币是正面的概率为 50%。再如掷骰子，骰子有 6 个面，即掷出去的骰子可能有 6 个结果，每个结果的概率为 $\frac{1}{6}$，将其进行如下公式化。

$$P(A) = \frac{A}{S}$$

其中，$P(A)$ 表示 A 事件发生的概率；A 表示 A 事件所包含的样本点个数；S 表示样本空间中的样本点数。

例如掷骰子掷出 6 点的概率，掷出 6 点这个事件只有 1 个，而整个样本空间为 6，那么就有

$$P(6) = \frac{1}{6}$$

上面讨论了实验、样本点以及样本空间，简单定义一下，所谓实验，就是进行某些行为，这些

行为会导致某些不确定的结果。这些不确定结果就称为样本点，而实验所造成的所有可能的样本点就构成了样本空间。依旧以掷骰子为例，掷骰子这个行为就是一个实验，它会产生不确定的结果，这个不确定结果就是一个样本点，掷骰子这个实验所有可能的样本点有 6 个，即分别掷出 1 到 6 不同的点数，这些样本点就构成了样本空间，对于掷骰子而言，其样本空间为{1,2,3,4,5,6}。

样本点的概念可能会与事件的概念相混淆，样本点是实验的一个可能的结果，而事件是实验的一个成果。例如掷骰子，假设骰子的 4 点是一个样本点，骰子的 6 点也是一个样本点，但是掷骰子拿到 4 点就是一个事件，掷骰子拿到 6 点也是一个事件，因为已经发生，结果确定了。事件也可以是多个单项结果的集合，又如，掷骰子拿到偶数的点数(2,4,6)也是一个事件。

随机变量按取值的不同，可以分为离散型随机变量和连续型随机变量。

（1）离散型随机变量的取值是离散的，直观而言，就是只能取某些数值。以掷骰子为例，掷骰子只可能获得 1、2、3、4、5、6 这 6 个值，而不可能取到 2.3 这个值。这 6 个数值组成的集合就是离散型随机变量，通过概率分布函数，可以将离散型随机变量描述为 $P(x_i) = p_i$。

（2）连续型随机变量的取值是连续的，直观而言，就是可以获取一个范围内的任意值，例如它可以获得 1～6 之间的任意值，即可以获得 2.3、4.5 之类的值。例如，人的身高可以是一个范围内的任意值，通过概率分布函数，可以将连续型随机变量描述为

$$f_x(x) = \frac{\mathrm{d}}{\mathrm{d}x}P(-\infty \leqslant X \leqslant x)$$

在随机变量的基础上，有几个常见的统计指标，分别是期望、方差与协方差，下面逐个讨论一下。

❑　期望（expected value）：可以直观地理解为随机变量的加权平均值。其公式如下。

$$E(X) = \begin{cases} \sum\limits_{i}^{n} p_i x, & X \text{ 是离散型随机变量} \\ \int x f_x(x)\,\mathrm{d}x, & X \text{ 是连续型随机变量} \end{cases}$$

举个离散型随机变量的例子，例如掷一个质量不均匀的骰子，其不同点的概率为 $\{1: 0.1, 2: 0.4, 3: 0.1, 4: 0.1, 5: 0.1, 6: 0.2\}$，那么它的期望就为点数的概率乘以点数。

$$E(X) = \sum pX = 0.1 + 0.8 + 0.3 + 0.4 + 0.5 + 1.2 = 3.3$$

掷一个质量不均匀的骰子的期望为 3.3。

❑　方差（variance）：用于度量随机变量的分散情况。其公式为

$$\mathrm{Var}(X) = E[X^2] - (E[X])^2$$

依旧以掷一个质量不均匀的骰子为例，其计算方差的公式为

$$\mathrm{Var}(X) = \sum x^2 p - \sum xp^2$$

即先把骰子每个数值的平方乘以相应的概率，获得x^2p，再将这些结果累加起来得$\sum x^2p$，最后减去期望值的平方，质量不均匀骰子不同点的概率依旧为$\{1: 0.1, 2: 0.4, 3: 0.1, 4: 0.1, 5: 0.1, 6: 0.2\}$，计算结果为

$$\text{Var}(X) = \sum x^2p - \sum{xp}^2 = 13.9 - 10.89 = 3.01$$

通过对方差开平方根可以获得相应的标准差（standard deviation），公式为

$$\sigma = \sqrt{\text{Var}(x)}$$

❑　协方差（convariance）：用于度量两个随机变量整体变化幅度和它们之间的相关关系，随机变量的方差是特殊的一种协方差，其公式如下。

$$\text{Cov}(X, Y) = E(XY) - E(X)E(Y)$$

期望、方差、协方差之间有几个常用的公式：

$$E(aX + bY) = aE(X) + bE(Y)$$

$$\text{Cov}(X, X) = \text{Var}(X)$$

$$\text{Var}(aX + bY) = a^2\,\text{Var}(X) + b^2\text{Var}(Y) + 2ab\text{Cov}(X, Y)$$

2.3.2　条件概率

事件可能是独立的，即该事件发生的概率不受其他事件的影响；也可以是相关的，即该事件发生的概率受其他事件影响。以取盒子中的球为例，在一个不透明的盒子里有颜色不同、其他都相同的球，共 5 个，其中白球 2 个，黑球 3 个。随机从盒子中拿出一个球然后放回，再拿出一个球，依此类推，这是一种有放回的拿球方法。因此随机拿到白球的概率是 2/5，因为是有放回的拿球，所以每一次拿球都是相互独立的，即每一次都是一个独立事件，事件发生的概率不受其他事件影响，随机拿了一次白球后，再随机拿一次白球，其概率依旧是 2/5。但如果每一次随机从盒子中拿球不再放回，那上一次拿球就会影响到下一次拿球，如第一次拿到了白球，此前盒子中只有 4 个球，下一次还要再拿到白球，其概率为 1/4，这就是关联事件，每个事件都与上一次事件有关联。

我们可以通过树图的方式来描述相关事件，依旧以从不透明盒子中随机取球为例，如图 2.16 所示。

第一次从盒子中取出白球的概率为 2/5，第二次还要取出白球的概率变成了 1/4。那现在的问题是，不放回地拿到两个白球的概率是多少？从树图中可以很直观地看出，不放回的从盒子中取两次球，其颜色都是白色的概率为$\frac{2}{5} \times \frac{1}{4} = \frac{1}{10}$，即第一次拿到白球的概率乘以第二次拿到白球的概率。将这个过程用数学公式来表示，记事件 A 为第一次从盒子中抽到白球的事件，那么$P(A) = \frac{2}{5}$。记事件 B 是第二次拿到白球的事件，从树图中可以看出，第二次拿到白球的概

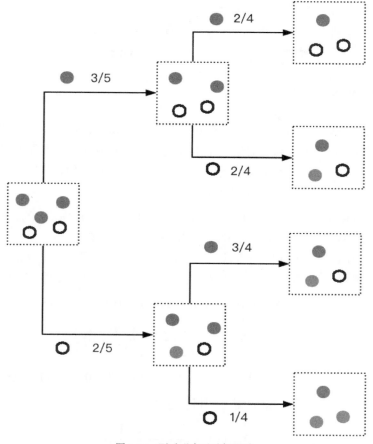

图 2.16　不透明盒子随机取球

率有两种：一种是第一次拿到白球，第二次也拿到白球，其概率为 1/4；另一种是第一次拿到黑球，第二次拿到白球，其概率为 2/4，这里选择第一种，可以通过"|"符号来表示在某事件发生的条件下发生另一个事件，那么，在第一次拿到白球的情况下，第二次也拿到白球表示为 $P(B|A) = \frac{1}{4}$，则两次都拿到白球表示为

$$P(A and B) = P(A \cap B) = P(A)P(B|A)$$

上式说明事件 A 和事件 B 同时发生的概率等于事件 A 的概率乘以在事件 A 发生条件下发生事件 B 的概率，当然这是相关事件的情况。如果是独立事件，那么 $P(A \cap B) = P(A)P(B)$。

其实 $P(B|A)$ 就是条件概率，观察条件概率 $P(B|A)$ 与事件 B 原本的概率 $P(B)$，它们的差异体现在事件 A 的发生是否会影响事件 B，即发生事件 A 这条信息对事件 B 是否发生有没有价值。其实很好理解，如果事件 A 的发生会影响事件 B 的发生，那么我们知道发生了事件 A 这个信息就是有价值的，因为知道了这个信息就知道了事件 B 发生的概率改变了，理解了这一

点，有助于理解后面要讲解的贝叶斯定理。

当然事件 A 与事件 B 同时发生的公式还可以变一下。

$$P(A \cap B) = P(A)P(B|A) = P(B)P(A|B)$$

2.3.3　贝叶斯定理

在讨论贝叶斯定理前，先来思考一个简单的例子。例如今天你想出门走走，但你发现早上的天气是多云，你已经知道 60% 的雨天的早上都是多云，但多云并不是罕见的天气，大约 30%的日子早上都是多云，而且这个月是旱季，一个月里只有 10% 的概率会下雨，如果下雨的概率大，你就不出门了，那么今天下雨的概率是多少？

通过前面简单的描述，我们知道了几点信息，分别是今天早上是多云的、雨天早上是多云的概率是 60%（即 $P(云|雨) = 0.6$），早上多云出现的概率为 30%（即 $P(云) = 0.3$），因为是旱季，这个月下雨的概率为 10%（即 $P(雨) = 0.1$）。那么，计算今天下雨的概率就是要计算在早上多云的情况下，今天会下雨的概率，即 $P(雨|云)$，简单推导一下便可以通过已有的条件计算出 $P(雨|云)$。

$$P(云 \cap 雨) = P(雨)P(云|雨) = 0.1 \times 0.6 \Rightarrow$$

$$P(雨|云) = \frac{P(云 \cap 雨)}{P(云)} = \frac{0.06}{0.3} = 0.2$$

这样就获得在早上多云的情况下，今天会下雨的概率为 20%，可知今天可以出门。

将 $P(雨|云)$ 的推导一般化，就获得了贝叶斯公式。

$$P(A|B) = \frac{P(A)P(B|A)}{P(B)}$$

变换一下贝叶斯公式：

$$P(A|B) = P(A)\frac{P(B|A)}{P(B)}$$

我们将 $P(A)$ 称为先验概率，将 $\frac{P(B|A)}{P(B)}$ 称为调整因子，将 $P(A|B)$ 称为后验概率。其实很好理解，所谓先验概率就是用概率表示我们的主观想法，这些想法通常是一些常识，在获得验证之前，我们就主观地认为它就是这样；而调整因子就是我们获得了一个新的信息，该信息会给原来的先验概率带来调整，调整后的概率就是后验概率。

贝叶斯定理的核心思想：新信息出现后，事件 A 发生的概率(后验概率) = 事件 A 发生的概率(先验概率)×新信息带来的调整(调整因子)。

通常我们会先定义出一个先验概率，然后再加入新的信息，该信息会增强或削弱先验概率，从而获得更接近事实的后验概率。回到上面今天下雨概率的问题，从贝叶斯定理的角度去思考，

其实就是我们根据经验先定义出在旱季这个月下雨的概率，即定义出先验概率$P(雨)$=0.1，然后加入"今天早上多云"这个新的信息，获得这个新信息带来的调整$P(云|雨)/P(云) = 2$，这个调整会增强先验概率，获得最终的后验概率，即在知道今天早上多云这个信息的情况下，依旧下雨的概率$P(雨|云)$。

最后提一下全概率，在样本空间 S 中有 3 个部分，分别是事件 A、事件 B 以及事件 A'，它们的关系如图 2.17 所示。

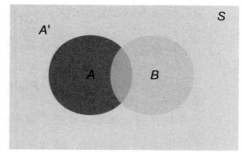

图 2.17　概率

从图 2.17 可以看出，$P(B)$由两部分构成，即$P(B) = P(B \cap A) + P(B \cap A')$。

从条件概率的内容可知：

$$P(B \cap A) = P(B|A)P(A)$$

那么$P(B)$可以用全概率公式来表示。

$$P(B) = P(B|A)P(A) + P(B|A')P(A')$$

在使用贝叶斯公式时，需要使用全概率来帮助运算。

2.3.4　常见的概率分布

（1）离散型随机变量的常见概率分布

❑ 0-1 分布：又称伯努利分布，是一种简单的分布。例如，执行某个事件，将事件发生的概率记为p，那么不发生的概率就为$1-p$。像这样，任何一个只有两种结果的随机现象都服从 0-1 分布，例如抛硬币，其概率分布函数为

$$f_x(x) = p^x(1-p)^{1-x} = \begin{cases} p, x = 1 \\ 1-p, x = 0 \end{cases}$$

0-1 分布的期望值$E(X) = \sum_{i=0}^{1} x_i f_x(x) = 0 + p = p$，方差为

$$\mathrm{Var}(X) = \sum_{i=0}^{1} x_i - E(X)^2 f_x(x) = (0-p)^2(1-p) + (1-p)^2 p = pq$$

❑ 二项分布：重复 n 次伯努利试验，每次试验间都是相互独立的，并且每次试验都只有两种可能的结果，这两种结果相互对立，即事件发生的概率为p，那么不发生的概率就为 $1-p$，重复 n 次这样的独立试验，则事件发生 k 次的概率为

$$f(k; n, p) = P(X = k) = C_n^k p^k (1-p)^{n-k}$$

二项分布的期望值$E(X) = np$，方差$\mathrm{Var}(X) = np(1-p)$。

- 几何分布：在 n 次伯努利试验中，试验 k 次才获得第一次成功的概率，也就是说前 $k-1$ 次都是失败的，第 k 次成功的概率，其概率分布函数为

$$P(X = K) = (1 - P)^{k-1} p$$

几何分布的期望值 $E(X) = \frac{1}{p}$，其方差 $\mathrm{Var}(X) = \frac{1-p}{p^2}$。

- 泊松分布：常用于描述单位时间内随机事件发生的次数的概率分布，其概率函数为

$$P(N(t) = n) = \frac{(\lambda t)^n \mathrm{e}^{-\lambda t}}{N!}$$

其中 P 表示概率；N 表示某种函数；t 表示时间；n 表示数量。

例如你搭建了一个网站，经过一段时间的观察，发现网站平均每分钟有 3 次访问，那么可以利用泊松分布求得该网站平均 2 分钟没有访问量的概率。因为平均每分钟有 3 个访问，所以 $\lambda = 3$，则：

$$P(N(2) = 0) = \frac{(3 \times 2)^0 \times \mathrm{e}^{-3 \times 2}}{0!} \approx 0.0025$$

类似的方式，可以利用泊松分布求接下来的 1 分钟，网站访问量大于或等于 2 的概率。

$$P(N(1) \geqslant 2) = 1 - P(N(1) = 0) - P(N(1) = 1) \approx 0.8$$

（2）连续型随机变量的常见概率分布

- 均匀分布：也称矩形分布，指在数轴上具有相同长度的间隔，其分布概率是相等的，均匀分布有两个参数 a 与 b，分别表示数轴上的最小值和最大值，均匀分布的概率密度函数为

$$f(x) = \begin{cases} \dfrac{1}{b-a}, & a < x < b \\ 0, & \text{其他} \end{cases}$$

- 正态分布：又称高斯分布，在实际生活中，很多随机变量大多服从正态分布，因此正态分布是应用非常广泛的一种分布。在我们构建模型时，通常也会假设模型中的随机扰动服从正态分布。若随机变量 X 符合一个数学期望为 u、方差为 σ^2 的正态分布，就将其记为 $N(u, \sigma^2)$，其中参数 u 决定正态分布概率密度曲线的中心位置，而方差 σ^2 决定正态分布概率密度曲线的平坦程度，方差越大，概率密度曲线越平缓，如图 2.18 所示。

正态分布概率密度函数为

$$f(x) = \frac{1}{\sqrt{2\pi}\sigma} \exp\left(-\frac{(x-u)^2}{2\sigma^2}\right)$$

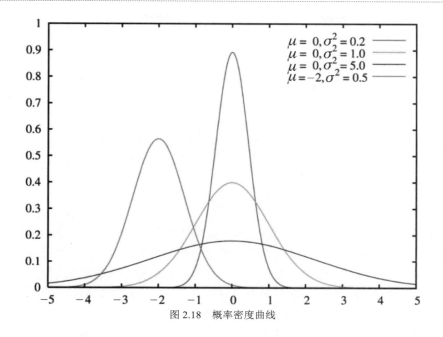

图 2.18 概率密度曲线

2.4 信息论

信息论研究的核心对象就是信息，那么，信息是什么？简单理解，信息就是消除某件事情不确定的一个量。在深度学习中，信息论被广泛运用，如常见的交叉熵损失就是信息论中的内容，下面简单讨论一下信息论相关内容。

2.4.1 信息熵

什么是信息？我们生活在所谓的信息时代，但很多人却不知道信息是什么？信息如何度量？这个问题被我们忽略了很久，因为信息就像氧气一样难以察觉，直到 1948 年香农在 *A Mathematic Theory of Communication* 论文中提出了信息熵（Entropy）的概念，我们才弄明白了信息是什么，以及信息如何度量等问题。

假设某一天，你的一个朋友跟你说："明天太阳会从东边升起。"你听到这句话应该会一脸平淡，因为太阳每天都会从东边升起，这已经是一个常识，而朋友再跟你说一遍，其实没有什么意义，因为这句话里没有什么信息。但如果朋友哪一天跑过来跟你说："明天的彩票买 142857 这个号码一定会中大奖。"这句话就有很大的意义了，因为哪个彩票号码可以中大奖是具有很大不确定性的，而朋友说的这句话将这些不确定性都消除了，即这句话中充满了信息，让你听了这句话，接收到话语中的信息后，消除了买彩票这件事情的不确定性，如图 2.19 所示。

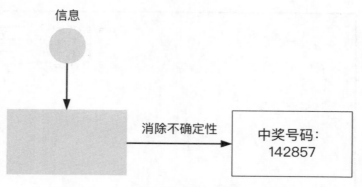

图 2.19　消除不确定性

　　从上面两个小例子可以看出，信息就是用于消除事物不确定性的，一条信息所具有的信息量与其不确定性有着直接的联系。当我们对某件事情很了解时，例如我们知道太阳每天都从东边升起，此时得知一条描述太阳从东边升起的信息对我们而言是没有信息量的。如果我们想要弄明白某件非常不确定的事情，例如明天彩票开奖的号码，此时就需要巨大的信息量。如果得知一条描述明天彩票中奖号码的信息，则这条信息对我们而言信息量是巨大的。那么怎么度量信息量这个"量"呢？信息有没有像距离、质量那样有米、千克等单位呢？

　　这就需要引出信息熵了，我们通常使用信息熵来度量一条信息的信息量。例如，你没看过 2018 年的世界杯，你想知道哪支球队是世界杯冠军，你去问你的一个球迷朋友，你朋友不愿意直接告诉你，叫你猜猜看，每猜错一次罚一元。你知道每届世界杯都有 32 支球队参赛，利用二分法的思想，你最多只要猜 5 次，就可以知道哪支球队是冠军，那么从不知道哪支球队是冠军这个不确定事件到确定某支球队是冠军这个确定性事件最多只要罚 5 元，即某支球队是冠军这条信息值 5 元。在信息论中，用比特作为单位来代替元，即某支球队是冠军这条信息值 5 比特，信息量的比特数和所有可能情况的对数函数相关，如 32 支球队的信息量为$\log_2 32 = 5$ 比特。

　　但如果你是个球迷，那么你肯定知道哪些球队很有希望获得冠军，此时可能不用猜 5 次，在第 3 或第 4 次就能猜出冠军球队了。因为每支球队获得冠军的概率是不相同的，此时某支球队是冠军的信息量就比 5 比特少，香农指出，它的准确信息量应该是

$$H = -(p_1 \log p_1 + p_2 \log p_2 + \cdots + p_{32} \log p_{32})$$

其中，$p_1, p_2, \cdots, p_{32}$ 表示 32 支球队获得冠军的概率。注：本书 log 函数的底数默认为 2，在模型原理的公式推导中，底数也可取其他。

　　香农将公式运算出的结果 H 称为信息熵，单位是比特，当 32 支球队夺冠概率相同时，H 就为 5 比特，将该公式一般化，就获得计算信息熵的公式。

$$H(x) = -\sum_{x \in X} P(x) \log P(x) = \sum_{x \in X} P(x) \log \frac{1}{P(x)}$$

当变量的不确定越大时，其信息熵也就越大，因为要弄清楚一件不确定性很大的事情，需要的信息量也就越大。

当然，并不是说知道了某件事情的一些信息就完全消除了这件事情的不确定性。例如你朋友只告诉你明天彩票中奖的其中几个号码1 * 28 **，那么这条信息会消除部分不确定性，而要使不确定的事情变得完全确定，就需要信息 I 大于事件中的不确信 U 才行，而当 I 小于 U 时，信息 I 只能消除一部分不确定性，即 $U' = U - I$，此时将 U' 看为新的不确定性。

2.4.2 条件熵

通过前面的讨论已经知道，信息的作用就是消除事件的不确定性，它的信息量是可以通过信息熵来度量的。但这些信息不一定直接作用在某件事情上，例如对应明天彩票中奖号码的事情，你朋友并没有直接告诉你中奖号码，而是告诉了其他一些与之相关的事情，例如明天中奖彩票号码的开奖人是谁等，获取了这些相关信息，同样可以帮助我们了解所关注的对象。另外举一个直观的例子，设想在古时候的西域，一个人骑着一匹白马，你会认为他是白马王子还是唐三藏？如果我们无法获得直接的信息（例如有人告诉我，他就是唐三藏），我们还可以通过一些相关信息来消除这件事的不确定性，例如我们看他穿着袈裟，周围还跟着孙悟空、猪八戒、沙和尚，通过这些相关信息，我们就可以消除这件事的部分不确定性。

为了描述相关信息也可以消除对象不确定性的现象，引出了条件熵（Conditional Probability）。假设有 X、Y 两个随机变量，其中 X 是我们想要了解的，知道了 X 的随机分布，通过信息熵公式，就可以获得 X 的信息熵。

$$H(x) = -\sum_{x \in X} P(x) \log P(x)$$

但它的不确定性太大了，假设我们除了知道 X 的概率分布，还知道 Y 的一些信息，包括 Y 与 X 同时出现的概率（即联合概率）和 Y 取不同值时 X 的概率分布（即条件概率），获取了这些信息，就可以得到 Y 条件下的条件熵。

$$H(X|Y) = -\sum_{x \in X, y \in Y} P(x, y) \log P(x|y)$$

Y 的相关信息确定后，就可以降低 X 的不确定性。当然，相关信息可能不止一个，可以是多个。

$$H(X|Y) = -\sum_{x \in X, y \in Y} P(x, y, z) \log P(x|y, z)$$

2.4.3 互信息

在条件熵中讨论时，相关信息可以帮助我们降低对象的不确定性，但这个相关描述过于模糊，那么，怎么样才算相关？是否可以量化相关信息的相关性？例如要猜某支球队能否获胜，当我们得知该球队的教练是谁，以及队员有谁，根据常识判断，这些似乎是该支球队能否获胜的相关信息。为了量化这些信息的相关性，需要引出互信息（Mutual Information）概念，它可以量化两个随机事件间的相关性。现在有两个随机事件 X 和 Y，它们的互信息可以通过下面的公式来描述。

两个随机事件 X 和 Y 是相互独立的：

$$I(X;Y) = \sum_{x \in X, y \in Y} P(x,y) \log \frac{P(x,y)}{P(x)P(y)}$$

如果是连续随机变量的情况，那么互信息的公式为

$$I(X;Y) = \int_y \int_x P(x,y) \log(\frac{P(x,y)}{P(x)P(y)})$$

通过数学上的推导，可以将互信息 $I(X;Y)$ 简化成下面的形式。

$$I(X;Y) = H(X) - H(X|Y)$$

从公式可知，所谓互信息就是事件 X 的信息熵减去在事件 Y 条件下发生事件 X 的条件熵，即在了解事件 Y 信息的前提下，对消除事件 X 不确定性所提供的信息量。

通过数学上的推导，互信息还可以等价表示为

$$\begin{aligned} I(X;Y) &= H(X) - H(X|Y) \\ &= H(Y) - H(Y|X) \\ &= H(X) + H(Y) - H(X,Y) \\ &= H(X,Y) - H(X|Y) - H(Y|X) \end{aligned}$$

2.4.4　相对熵（KL 散度）

除互信息外，还可以通过相对熵［Relative Entropy，也称 KL 散度(Kullback-Leibler Divergence)］来衡量相关性。但与互信息不同之处在于，相对熵用来衡量两个取值为正数的函数的相关性，其衡量对象是两个函数，其定义如下。

$$KL(f(x)||g(x)) = \sum_{x \in X} f(x) \log \frac{f(x)}{g(x)}$$

上式是离散的随机变量下相对熵的公式，而在连续的随机变量下，其公式为

$$KL(f(x)||g(x)) = \int f(x) \log \frac{f(x)}{g(x)} dx$$

通过相对熵（KL 散度）公式可以推导出下面几个结论（推导的具体过程不展示）。

（1）对于两个完全相同的函数，KL = 0。

（2）KL 值越大，两个函数之间的差异就越大。反之越小。

（3）对于概率分布或概率密度函数而言，如果这些函数取值均大于 0，那么可以通过 KL 值来度量两个随机分布之间的差异性。

需要注意的是，KL 散度是不对称的。

$$KL(f(x)||g(x)) \neq KL(g(x)||f(x))$$

因为 KL 散度的不对称性让它使用起来很不方便，为了方便实现（即让它对称），提出了一种新的相对熵计算方法。将上面的不等式两边分别取平均，就获得了对称的形式：

$$JS(f(x)||g(x)) = \frac{1}{2}[KL(f(x)||g(x)) + KL(g(x)||f(x))]$$

2.4.5 交叉熵

在相对熵中曾提到，如果是概率分布或概率密度函数且这些函数的取值均大于 0，那么相对熵可以用来衡量两个随机分布的差异性。除此之外，还可以使用交叉熵来衡量，交叉熵（Cross Entropy）主要用于衡量两个独立概率分布的差异性，其公式为

$$H(p, q) = \sum_i p(i) \frac{1}{\log q(i)} = -\sum_i p(i) \log q(i)$$

上式是离散的随机变量下交叉熵的公式，而在连续的随机变量下，其公式为

$$H(P, Q) = -\int_x P(x) \log Q(x) \, \mathrm{d}r(x) = E_p[-\log Q]$$

简单理解一下交叉熵的公式，假设有两个不同的概率分布 p 与 q，其中 p 是真实分布，q 是非真实分布，那么通过真实分布 p 来识别一个样本的信息量，即识别该样本所需的最小编码长度为

$$H(p) = -\sum_i p(i) \log p(i)$$

但如果我们采用错误的分布来衡量一个样本的信息量，即通过非真实分布 q 来识别该样本，则需要的最小编码长度为

$$H(p, q) = \sum_i p(i) \log \frac{1}{q(i)}$$

此时将 $H(p, q)$ 称为交叉熵，简单变化可以发现，交叉熵减去信息熵获得的冗余信息量，其形式就是两个随机分布的 KL 散度，即相对熵。

$$H(p, q) - H(p) = \sum_i p(i) \log \frac{1}{q(i)} - \sum_i p(i) \log \frac{1}{p(i)} = \sum_i p(i) \log \frac{p(i)}{q(i)} = D_{KL}(p \parallel q)$$

变化一下有

$$H(p,q) = H(p) + D_{KL}(p \parallel q)$$

即交叉熵 = 信息熵 + 相对熵（KL 散度）。

在搭建神经网络模型时，交叉熵经常用作模型的损失。常见的做法就是使用 softmax 函数将神经网络最后一个隐藏层输出的结果转换为概率分布，获得模型输出的概率分布后，可以使用交叉熵损失来估算模型输出的概率分布与真实概率分布的"距离"，即常说的损失。

通过上面对交叉熵的描述，可知 $H(p,q) \geqslant H(p)$，通过吉布斯不等式可以证明，当 $x > 0$ 时，$\ln x \leqslant x - 1$，从而可以推导出：

$$\sum_i p \log \frac{q}{p} = -\sum_i p \log \frac{q}{p} \geqslant \sum_i p \left(\log \frac{q}{p} - 1 \right) = 0$$

当且仅当随机分布 p 与 q 完全一致时成立，即 $p_i = q_i$。

吉布斯不等式：若 $\sum_{i=1}^{n} p_i = \sum_{i=1}^{n} q_i = 1$，且 $p_i, q_i \in (0, 1]$，则有 $-\sum_{i=1}^{n} p_i \log p_i \leqslant -\sum_{i=1}^{n} p_i \log q_i$，当且仅当 $p_i = q_i \forall i$ 时，$-\sum_{i=1}^{n} p_i \log p_i \leqslant -\sum_{i=1}^{n} p_i \log q_i$ 中的等号成立。该不等式由约西亚·吉布斯在 19 世纪提出。

2.5　小结

本章跟大家讨论了一些数学理念，数学是美丽的，通常可以使用一个简洁的公式解决现实生活中的大难题，此时你会感叹数学的简洁之美。在本章只跟大家简单地讨论神经网络建模过程中所需要的数学知识，方便大家阅读理解后面的内容，如果想深入地掌握、感受数学，这些是远远不够的，还需要多研究、多思考。

下一章会简单地讨论一下神经网络，理解神经网络中最重要的也是最常见的几个概念，这些知识对于我们理解生成对抗网络会显得很有帮助。

第3章　初识神经网络

通过前面两章的讨论，相信你已经学会了 Python 的一些技巧和相应的数学知识。这些知识会让你更容易理解神经网络，虽然本书的核心内容是生成对抗网络，但如果没有神经网络方面的基础知识，直接去讨论生成对抗网络会显得突兀。本章的主要内容是讨论神经网络的一些核心理念，如激活函数、损失函数、正则化、梯度下降算法、反向传播算法等。在本书后面的章节中，我们会尝试构建生成对抗网络以及它的多种变体，这就需要使用相应的框架。本书主要使用 TensorFlow 框架，所以本章还会讲解 TensorFlow 的核心概念，同时为了加深理解，会带领大家编写一个深度学习框架 TensorPy。

3.1　什么是神经网络

人工神经网络（Aritificial Neural Network）常简称为神经网络（Neural Network，NN），它是一种通过数学模型来模拟生物大脑神经网络以及生物大脑功能的技术。神经网络技术并不是近几年才出现的，早在 20 世纪，就已经有大批科学家研究和使用神经网络了。

下面我们从历史角度来初步了解神经网络，并讨论一下相较于传统的机器学习方法，神经网络具有哪些优势。

3.1.1　神经网络的历史

早在 1943 年，心理学家麦卡洛克（McCulloch）和数学家皮特斯（Pitts）就提出了 MP 模型。该模型将一个生物神经元的结构抽象简化成数学模型，给神经网络打下了基础，图 3.1 展示了生物神经元与 MP 模型。

图 3.1（a）所示为高中生物课介绍过的生物神经元，它由细胞体、树突、轴突、突触等组成。细胞体作为神经元的主体，可以通过细胞膜来控制细胞液中离子的浓度，从而让细胞内与细胞外的离子浓度不同，产生内负外正的静息电位。当细胞体接收到从树突传来的信号时，可以通过细胞膜控制细胞内离子浓度的形式来产生新的处理信号，这些信号会沿着轴突传递，一

直传递到该神经元的突触上，从而将新的信号传递给下一个神经元的树突。

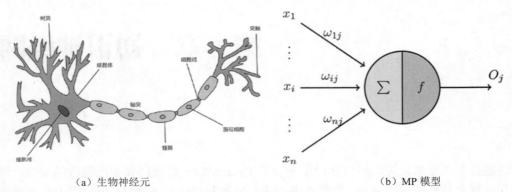

（a）生物神经元　　　　　　　　　　　　　（b）MP 模型

图 3.1　生物神经元与 MP 模型

图 3.1（b）所示的 MP 模型也一样，它会收到其他模型传递过来的信号$x_1, \cdots, x_i, \cdots, x_n$，这些信号会与相应的权重$w_{1j}, \cdots, w_{ij}, \cdots, w_{nj}$相乘，相乘后的信号加和后一起传给模型的"细胞体"。模型的细胞体就是一个函数，通过该函数计算后，生成一个新的信号O_j，接着将该信号传递给下一个模型。我们可以将多个 MP 模型按一定的方式组织起来，构成具有逻辑功能的神经网络。单个 MP 模型可以用下面公式表达。

$$O_j = f\left(\sum_{i=1}^{n} w_{ij} x_i\right)$$

我们一般将细胞体代表的函数称为激活函数，激活函数有很多种，目前常见的有 sigmoid 函数、Tanh 函数、ReLU 函数、Leaky ReLU 函数等，简单认识一下这几个函数。

❑　sigmoid 函数

sigmoid 函数表达式如下。

$$y = \frac{1}{1 + e^{-x}}$$

看上去有点复杂，将该函数绘制出来，就会发现这是一个很简单的函数，通过下面的 Python 代码绘制 sigmoid 函数图像，见图 3.2。

```
import numpy as np
import matplotlib.pyplot as plt
# jupyter 内显示图片
%matplotlib inline

x = np.linspace(-5,5)
y_sigmoid = 1/(1+np.exp(-x))
plt.plot(x,y_sigmoid)
plt.grid(True)
```

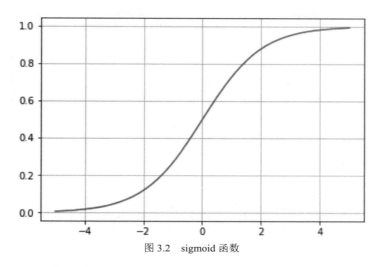

图 3.2　sigmoid 函数

sigmoid 函数的作用是将输入该函数的值压缩到 0～1，如果输入的是特别大的正数，它就会输出 1；如果输入的是非常大的负数，它会输出 0。这是 sigmoid 函数的特性，也是它的缺点。首先，如果输入的值非常大或非常小，通过 sigmoid 输出后，神经元的梯度接近于 0（目前先将梯度理解为曲线的斜率），从而导致神经元处于梯度消失的状态。如果大部分神经元都处于梯度消失状态，该神经网络将很难收敛。其次，sigmoid 函数的输出值在 0～1，导致输出的均值不是 0，这会对梯度计算产生影响。最后，sigmoid 要进行幂运算，比较耗费计算资源。

因为 sigmoid 有梯度消失、输出均值非 0 且计算耗费资源等问题，所以 sigmoid 函数已经较少作为复杂神经网络中隐藏层的激活函数了。

❑　Tanh 函数

Tanh 函数表达式如下。

$$y = \frac{e^x - e^{-x}}{e^x + e^{-x}}$$

同样通过 Python 代码绘制 Tanh 函数图像，见图 3.3。

```
x = np.linspace(-5,5)
y_tanh = (np.exp(x) - np.exp(-x))/(np.exp(x)+np.exp(-x))
plt.plot(x,y_tanh)
plt.grid(True)
```

Tanh 函数的结构与 sigmoid 函数类似，因此 Tanh 函数具有与 sigmoid 函数同样的问题，输入特别大的正数或特别大的负数容易让梯度过小，而且存在幂运算，更耗费计算资源。但 Tanh 函数的输出范围是 -1～1，输出均值为 0，所以略微比 sigmoid 函数优秀，但也较少作为激活函数使用在复杂神经网络的隐藏层中。

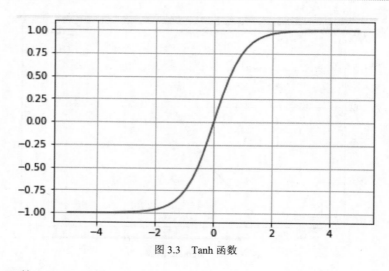

图 3.3　Tanh 函数

❑　ReLU 函数

ReLU 函数算是当下使用较多的激活函数，它逐渐取代了 sigmoid 函数与 Tanh 函数的位置，其表达式如下。

$$y = \begin{cases} x, & x \geqslant 0 \\ 0, & x < 0 \end{cases}$$

ReLU 函数非常简单，输入大于 0，就返回数值本身；输入小于 0 则返回 0。其函数图像如图 3.4 所示。

```
x = np.linspace(-5,5)
y_relu = np.array([0 if item<0 else item for item in x])
plt.plot(x,y_relu)
plt.grid(True)
```

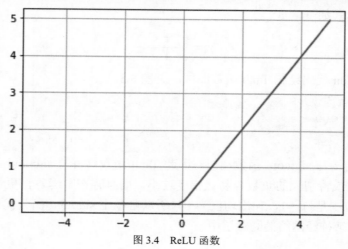

图 3.4　ReLU 函数

可以看出，ReLU 函数计算复杂度低，没有幂运算，使用 ReLU 作为激活函数可以加快神经网络的训练速度，让网络更快地收敛。当输入的值大于 0 时，无论输入的是多大的正数，其梯度都不会衰减，从而缓解了梯度消失的问题。但在训练过程中，输入数据小于 0，就会落入 ReLU 函数饱和区（ReLU 函数负半轴）。梯度为 0，则会导致权重无法更新。这就是著名的 Dead ReLU Problem，也称神经元死亡问题。

造成神经元死亡问题的原因一般有，该神经网络的参数初始化不合理或学习率（Learing Rate）太高，导致网络在训练过程中参数更新幅度太大，进入 ReLU 函数饱和区。那么对应的解决方法就是：①神经网络使用 MSRA 初始化；②设置合理的学习率。

ReLU 函数右边是线性的，不会对数据进行压缩。当神经网络层数较大、网络较复杂时，数据的幅度会随着层数的增加而不断增加，给网络训练带来了阻力。

为了解决 ReLU 函数负半轴饱和的问题，提出了 Leaky ReLU 函数，它是 ReLU 函数的改进版。简单地说，就是给负半轴加上固定的斜率，从而让负半轴不恒为 0，其公式如下。

$$f(x_i) = \begin{cases} x_i, & x_i \geqslant 0 \\ a_i x_i, & x_i < 0 \end{cases}$$

对应的函数图像如图 3.5 所示。

```
x = np.linspace(-5,5)
y_leaky_relu = np.array([0.2*item if item<0 else item for item in x])
plt.plot(x,y_leaky_relu)
plt.grid(True)
plt.show()
```

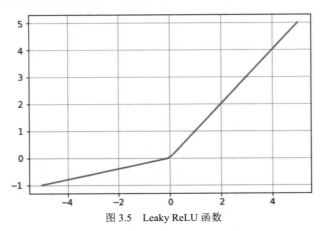

图 3.5　Leaky ReLU 函数

MP 模型虽然被提出来了，但由于当时计算资源有限，无法测试和使用 MP 模型。除此之外，MP 模型还缺乏对学习机制的描述，只是进行了简单的信息处理与传导。1940 年，心理学家 Donald Hebb 在其著作 *The Organization of Behavior* 中解释了大脑的学习过程，Hebb 认为学习知识的过程会让大脑中神经元间的突触产生变化。例如你学习编程时，大脑中的两个神经元总是相互放电、相互作用,此时在这两个神经元之间就会发生一些代谢变化,导致这两个神经元之间的连接增强,在你下次学习编程时,两个神经元之间相互放电的频率更高。如果两个神经元之间长时间没有相互作用,这两个神经元之间的连接就会逐渐变弱,直至消失。人们称这种思想为赫布法则。

MP 模型很好地抽象、简化了生物神经元,但无法通过一定的学习机制来调整模型上的参数,赫布法则的出现刚好弥补了这一缺陷。现在,赫布法则常被作为无监督神经网络的学习规则,广泛用于自组织神经网络、竞争网络中。

接着我们从数学角度简单讨论一下赫布法则是如何作用的。赫布法则更新模型权重参数的公式如下。

$$\Delta W_i = \eta f(W_j^T X) X$$

其中,W 表示模型的权重参数;η 表示模型的学习率,它是一个常数;T 表示激活阈值,只有输入的数值大于激活阈值,模型才会继续传递信号;ΔW 表示模型权重要更新的权值向量。

假设阈值 $T=0$,学习率 $\eta=1$,权重初始值 $W^0 = (1,2,3,4)^T$,输入样本 $X = (2,0,-1,1)$,激活函数 f 使用 ReLU 函数,使用赫布法则训练 MP 模型,具体操作计算如下。

先计算输入样本,要更新的权重向量为

$$\Delta W_1 = \eta \cdot \mathrm{ReLU}(W^{0T}X^T)X^T = 1 \cdot \mathrm{ReLU}\left((1,2,3,4) \cdot \begin{pmatrix} 2 \\ 0 \\ -1 \\ 1 \end{pmatrix}\right) \cdot \begin{pmatrix} 2 \\ 0 \\ -1 \\ 1 \end{pmatrix}$$

$$\Delta W_1 = 1 \cdot \mathrm{ReLU}(3) \cdot \begin{pmatrix} 2 \\ 0 \\ -1 \\ 1 \end{pmatrix} = (6,0,-3,3)^T$$

计算出要更新的权重向量后,直接相加,更新到旧的权重向量上。

$$W^1 = W^0 + \Delta W_1 = (7,2,0,7)^T$$

受到赫布法则的启发,1957 年,美国康奈尔大学航天实验室的 Frank Rosenblatt 提出了感知器,这是一种简单的单层前馈型神经网络。既然提到了前馈型神经网络,就先简单讨论一下神经网络的分类。我们通常按照数据信息流向将神经网络分为前馈型神经网络与反馈型神经网络,如图 3.6 所示。在前馈型神经网络中,数据信息从输入层到各隐藏层再到输出层,数据逐层前进,同层之间没有互连,各层之间也没有反馈,它是一种简单的网络结构。而在反馈型神经网络中,每个网络节点都可以处理数据信息,并且每个节点都具有输入与输出功能,同层之间一般都有连接,甚至与前层节点连接,常见的有 Boltzmann 机、Hopfield 网络、RNN 等。

前馈型与反馈型两种类型神经网络的主要区别如下。

(1)前馈型神经网络在同一层的神经元之间不会有连接,该层神经元只会接收上一层神经元传递的数据,处理后就传递给下一层,数据是逐层向后流动的。对于反馈型神经网络而言,各层之间神经元连接的关系比较复杂，除不同层神经元可以相互连接外，同层神经元之间也可相互连接，数据可以在同层之间流动，甚至反向向前流动。

（2）反馈型神经网络需要考虑时间这个维度，如 RNN、LSTM 等网络，其前一时间刻度的节点数值会影响当前时间刻度的节点数值，需要用动态方程来描述系统的模型。

（3）前馈型神经网络主要使用误差反向传播算法来更新网络节点的参数，计算过程比较繁杂，收敛速度较慢；而反馈型神经网络主要采用赫布法则，直接求解公式，一般情况下收敛速度快。

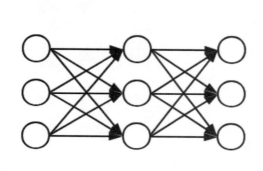 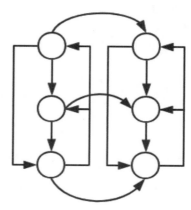

(a) 前馈型神经网络　　　　　　　(b) 反馈型神经网络

图 3.6　前馈型神经网络与反馈型神经网络

感知器属于前馈型神经网络，数据信息的输入、输出均是离散值，感知器中的神经元对输入数值进行加权运算后，再由激活函数进行非线性变换并将其最终结果输出。感知器将其神经元的输出与实际应有的输出做对比，获得两者的差作为学习信息，通过学习信息去更新模型参数，直到感知器的输出等于或接近期望输出。

因为感知器只有一层，导致它只能解决线性可分的数据。1969 年，Minsky 和 Papert 发表了 *Perceptron*，他们从理论上证明了单层感知器无法解决异或问题，从而合理地推导出单层感知器无法解决线性不可分的问题。这对感知器是一个重大的打击，因为大部分问题都是线性不可分的，同时传统机器学习算法的崛起让神经网络进入低潮。

感知器只有单隐藏层，它可以解决线性可分问题，如二分类问题，但无法解决线性不可分问题。

单隐藏层感知器可以解决线性可分问题，如图 3.7 所示。

单隐藏层感知器无法解决线性不可分问题，如图 3.8 所示。

直到 20 世纪 80 年代，随着 Hopfiled 网络、Boltzamnn 机等神经网络的提出，神经网络才逐渐回到人们的视野。1986 年，Rumellhart 等人提出了用于训练多层神经网络的反向传播算法，对神经网络的发展起到了很大的推进作用。到目前为止，反向传播算法依旧是神经网络中非常重要且常用的算法。进入 21 世纪，随着数据量呈指数级增大、数据结构更加复杂，使得很多情景下，浅层神经网络已经无法胜任相应的任务。2006 年，Jeffery Hinton 提出了 Deep Learing（深度学习）的概念，深层、复杂的神经网络结构开始步入历史舞台，在数据与算力充足的当下发挥着巨大作用。

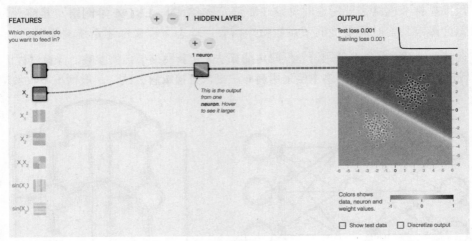

图 3.7　线性可分

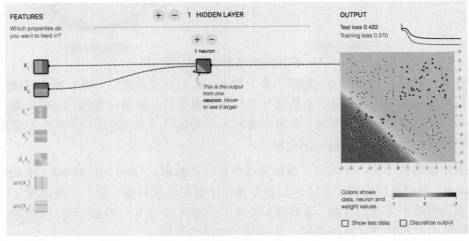

图 3.8　线性不可分

3.1.2　神经网络的优势

　　通过上面对神经网络历史发展的回顾，相信你已经了解了神经网络是什么，以及它是如何发展起来的，但你可能还有疑惑，例如神经网络相比于传统的机器学习算法有什么优势？这其实是一个值得讨论的问题。

　　传统机器学习算法，如支持向量机、随机森林等都是非常优秀的算法，它们的推导过程是清晰的。使用传统机器学习算法进行模型训练，它的训练过程是透明的，你可以比较清楚地了解训练过程中发生了什么，以及为什么会造成这样的结果，这点是当前神经网络所不具有的，即神经网络在训练过程中是不透明的。将复杂神经网络结构拆解成一个个的神经元，可以非常简单地理解这个神经元会对输入数据进行什么样的操作，但当几万个、几百万个甚至上千万个神经元连接成一个复杂的体系时，要理解它就没有那么容易了。换句话说，使用一个神经网络训练某些数据，最终获得了比较好的结果，但使用者本身也不知道为什么好。

简单来说，神经网络只是将许多线性变换和非线性变换叠加在一起。那么为什么不使用透明度高、可解释性好的传统机器学习算法呢？一个核心的原因就是传统机器学习算法很难实现学习数据集中的特征。

解决一个机器学习问题的一般步骤：通过数据预处理从数据集中提取出相应的特征集，再将提取出的特征集喂给相应的机器学习算法，训练，然后问题解决。很完美！但在现实中，很多任务面对的问题是我们不知道怎么做数据预处理，也不知道应该从数据集中提取哪些特征的。这些问题是严重的，因为整个计算机科学对数据特征表示都有较强的依赖，同样的机器学习算法，面对不同的特质表示，可能训练出两个准确率与性能有巨大差别的模型。这并不奇怪，而且在生活中，很多数据具有非常多的"变差因素"。例如老人和小孩说一句同样的话，虽然对我们人类而言这是相同的一句话，但对计算机而言，这两份数据有巨大的不同。如果不提取出这两份数据的共有特征，训练效果就会变得很差。因为传统机器学习算法面临数据特征难以获得的问题，所以很多问题无法直接使用传统机器学习算法解决。

但对神经网络而言，因为它可以叠加无限多的线性变换和非线性变换，所以理论上神经网络可以拟合任何函数。利用这个特性，再通过相应的优化算法进行训练，神经网络就可以挖掘出数据集中隐含的特征，解决数据集特征表示困难的巨大问题。通常我们将使用模型本身来挖掘数据的方法称为表示学习。对于一些简单的任务，表示学习在几分钟内就可以挖掘出数据集的特征表示；对于复杂任务，可能花上几小时或几个月，但相对于人工设计特征集要花费几年时间而言，已经是巨大的进步了。

3.2 神经网络中常见的概念

大致了解神经网络及其发展历程后，下面讨论神经网络中常见的概念，无论是对于理解本书后面的内容还是以后继续研究神经网络，理解这些概念都是必要的。本节主要讨论前向传播算法、损失函数、梯度下降与反向传播等内容，同时还会聊聊过拟合、欠拟合、正则化等在神经网络训练中扮演的角色。

3.2.1 前向传播算法

前向传播算法是前馈型神经网络中基本的算法，负责将神经网络中输入层的输入逐层加权运算传递到输出层。简单来讲，前向传播算法就是用激活函数变化输入矩阵与权重矩阵的相乘结果，并将变化结果作为本层的输出传递给下一层。

以一个简单的神经网络来解释前向传播算法，该神经网络结构如图 3.9 所示。

从图 3.9 中可以看出，该神经网络具有一个输入层，它由 3 个神经元组成；有一个隐藏层，它由 4 个神经元组成；最后就是输出层，它由 2 个神经元组成。

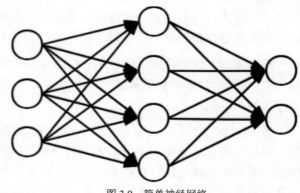

图 3.9　简单神经网络

首先，输入层会接收输入神经网络的数据，对其进行预处理，使输入数据成为三维的列向量,其原因是输入层只有 3 个神经元。

$$O_o = f(x)$$

其中，$f(x)$表示输入层的数据预处理函数；O_o表示输入层预处理后得到的三维列向量。

随后，O_o会与权重矩阵相乘，并与偏置项相加，其结果将传递给相应的激活函数。

$$O_1 = f(W_1 O_o + b_1)$$

其中，f函数表示隐藏层的激活函数；O_o表示输入层的输出数据，此处作为隐藏层的输入数据传入；W_1表示隐藏层的权重矩阵；b_1表示相应的偏置项；O_1表示隐藏层的输出。

从图 3.9 所示的神经网络结构可以看出，权重矩阵W_1是一个 4×3 的矩阵，偏置项b_1是一个 4×1 的矩阵。

最后，O_1作为输出层的输入，经过类似的运算，获得该神经网络的最终输出结果O_2。

$$O_2 = f(W_2 O_1 + b_2)$$

W_2为输出层的权重矩阵，从图 3.9 可以看出，它是一个2×4的矩阵，而对应的偏置项b_2就是2×1的矩阵。

通过上面的讨论，可以总结出前向传播算法普遍公式。

$$O_i = f(W_i O_{i-1} + b_i)$$

至此，前向传播的公式弄清楚了，但为什么要乘以权重矩阵？为什么要与偏置项相加？为什么要经过激活函数呢？

在前向传播算法中，使用上一层的输出O_{i-1}乘以权重矩阵W_i再加上偏置b_i，其中权重矩阵W_i和偏置b_i都是线性的，那么我们可以将其转换一下。

$$W_i O_{i-1} + b_i \Rightarrow y = ax + b$$

$y = ax + b$ 就是简单的一元线性函数。回忆一下神经网络的训练目的，就是学习不同的数据分布，拟合各种函数。为了拟合各种函数，神经网络需要具有变化为各种函数的能力，那么 a 的作用就是让一元线性函数实现各种基于原点的线性变换，此时线性变换受限于原点，所以加上 b，让它可以移动，从而脱离原点的束缚。换言之，权重矩阵的作用就是让神经网络实现基于原点的线性变换，而偏置项 b 则是让神经网络的线性变换脱离原点的束缚。但只实现任意的线性变换，还无法拟合非线性函数，所以加上非线性的激活函数，最终让神经网络拥有拟合任意线性函数和非线性函数的能力。

3.2.2 损失函数

当神经网络使用前向传播算法将输入层的数据逐层加权运算到输出层，获得最终输出结果后，下一步要做的就是获得学习信息，然后通过学习信息来更新神经网络中的参数，通常我们通过损失函数来获得学习信息。损失函数一般是非负实值函数，主要用来量化模型输出层输出的预测值与真实值之间的差距，训练神经网络的目的就是减少模型的预测值与真实值之间的差距（最小化损失函数）。预测值与真实值之间的差距越小，说明模型预测的效果越真实，模型性能越好。

损失函数有很多种，下面介绍常见的几种。

损失函数中的符号约定：X 表示神经网络的输入值集合 $x_1, x_2, \cdots, x_i$，其中 x_i 表示某个具体的输入值；$f(X)$ 表示神经网络输出的预测值集合，其中 $f(x_i)$ 表示某个具体的预测值；Y 表示真实值集合 $y_1, y_2, \cdots, y_i$；L 表示损失函数。

❑ 0-1 损失函数

0-1 损失函数是最简单的损失函数，如果神经网络输出的预测值与真实值完全相等，则认为没有损失（损失值为 0），否则就认为是完全损失（损失值为 1）。

$$L(Y, f(X)) = \begin{cases} 1, & Y \neq f(X) \\ 0, & Y = f(X) \end{cases}$$

0-1 损失函数的要求过于严格，对于一个比较好的神经网络模型而言，其预测值已经非常接近真实值。如果使用 0-1 损失函数，也会被判断为完全损失。因为没有完全相等，一般在使用 0-1 损失函数时不会那么严格，而是会设置一个阈值，只要预测值与真实值的差小于这个阈值，就认为没有损失。

❑ 平方损失函数

平方损失函数的损失就是真实值与预测值结果差值的平方和，两者差值越小，神经网络效果越好。

$$L(Y, f(X)) = \sum_{i=1}^{n} (Y - f(X))^2$$

使用平方损失函数可以让每个样本的损失都为正，这样进行累加操作时，损失之间不会相互抵消。而且因为平方的性质，对于大误差而言，损失会比小误差更大，从而导致大误差时，惩罚力度更大，模型参数更新更快，而且平方比较好计算，求一次导就成一元函数了。

但一般不会直接使用平方损失函数，而是将其转化为均方差（Mean Squared Error, MSE），MSE 损失函数公式如下。

$$L(Y, f(X)) = \frac{1}{n} \sum_{i=1}^{n} (f(X) - Y)^2$$

❏　对数损失函数

对数损失函数是以概率的方式来表示神经网络的损失，其公式如下。

$$L(Y, P(Y|X)) = -\log P(Y|X)$$

对数损失函数用了最大似然函数的思想，最大似然函数会在 5.1.1 节讲解，这里简单理解一下，在已知真实样本分布 Y 的情况下，找到最有可能导致 Y 这种分布的参数 X。换句话说，就是使用什么样的参数 X，才能使分布 Y 出现的可能性最高，目标就是最大化 $P(Y|X)$，因为 log 函数是单调递增的，所以目标就是最大化 $\log P(Y|X)$，当 $\log P(Y|X)$ 是最大值时，模型的损失就是最小的，所有 $\log P(Y|X)$ 前都要加负号。

❏　交叉熵损失函数

交叉熵的概念在 2.4.5 节介绍过，其本质是一种不确定性。不确定越小，损失越小，模型效果就越好；反之模型效果越差。在二分类情况下，其公式如下。

$$L(Y, f(X)) = -\frac{1}{n} \sum_{i=1}^{n} [y_i \log(f(x_i)) + (1 - y_i) \log(1 - f(x_i))]$$

二分类情况下，模型最后需要预测的结果只有两种情况，对于不同的类型，预测得到的概率分布为 $f(x_i)$ 和 $1 - f(x_i)$。

将二分类的情况扩展一下，获得多分类的交叉熵损失函数。

$$L(Y, f(X)) = -\sum_{i=1}^{n} y_i \log(f(x_i))$$

❏　指数损失函数

指数损失函数常用在个体学习器间有强依赖的集成学习算法中，如 AdaBoosting，其公式如下。

$$L(Y, f(X)) = e^{-Yf(x)}$$

3.2.3　梯度下降算法

我们获得了损失函数量化预测值与真实值之间的差距后，该如何最小化这个损失函数呢？

最常用的方法就是梯度下降算法。所谓梯度下降算法，简单而言，就是对于某个点找到一个具体的"方向"，该"方向"相对于其他"方向"具有最大的梯度，梯度下降就是让这个点往这个方向移动一小段距离。

那么所谓的"方向"究竟是什么？梯度又是什么？具体怎么移动？解决了这几个问题，就理解了梯度下降算法的核心思想，下面展开讨论一下。

首先明确一下梯度下降算法的作用，梯度下降算法是一种优化算法，其主要功能就是逐步逼近某个函数的最优值或局部最优值。为了简单理解，现在假设我们要使用梯度下降算法来优化一个简单的一元函数 $y = x^2$，其实我们都知道该函数的最小值是 0，即点在(0,0)的位置，那么，使用梯度下降算法怎么计算出点在(0,0)位置时，$y = x^2$ 函数值最小呢？

流程很简单，具体如下。

（1）随机选择一个落在 $y = x^2$ 上的一个点，如点(4,2)。

（2）计算该点切线的斜率，其实就是对 $y = x^2$ 求导，然后将横坐标 x 代入即可。

（3）沿斜率的反方向移动一部分距离。

（4）重复第 2、3 步，直到斜率为 0。

通过上面的流程，梯度下降算法经过多次迭代后，就会找到斜率最小的一个点。对于 $y = x^2$ 函数而言，斜率最小的一个点就是(0,0)。对于一元函数而言，可以认为函数的导数就是梯度下降算法中的梯度（导数即切线的斜率）。

通过上面的简单例子，梯度下降算法的核心思想也就明确了，随机找一个点，然后计算它的斜率，最后沿斜率的反方向移动这个点。

但在现实生活中，很多问题不是简单的一元函数，而是比较复杂的多元函数，对于多元函数，需要求其偏导数和方向导数。简单回顾一下偏导数与方向导数求解方法，所谓偏导数，就是对多元函数中的一个自变量求导，将其他自变量看成是常数项，这样就可以获得该函数关于这个自变量的偏导数。从几何角度上看，就是将高维空间压缩成一维空间求曲线的斜率，而方向导数就是高维空间中某点切线的斜率。对高维空间而言，该点所有的切线构成一个切平面，每条切线的斜率就是方向导数，因为平面上可以有无数条切线，那么也就对应着任意方向的方向导数。而梯度就是方向导数中最大的方向向量，理解了上一章的内容，梯度其实就很好理解了。梯度也是一个向量，具有方向和大小。

下面提一下梯度在数学上的定义，假设函数 $f(x, y)$ 在平面区域 D 内具有一阶连续偏导数，则对于任意点 $P(x_0, y_0) \in D$，都可以定义出一个向量 $f_x(x_0, y_0) \vec{i} + f_y(x_0, y_0) \vec{j}$，称为 $f(x, y)$ 在 P 点处的梯度，记为 $\nabla f(x_0, y_0)$。

弄明白梯度与方向后，接着就要理解怎么移动了。所谓移动，其实就是做减法运算，具体而言，先计算出多元函数的梯度，然后将梯度与学习率相乘，获得参数要更新的值。

　　下面使用梯度下降算法优化一个多元函数，以加深理解。这里直接使用平方损失函数作为要被优化的函数，来体会一下具体的数学运算过程，平方损失函数的公式如下。

$$L(Y, f(X)) = \frac{1}{n} \sum_{i=1}^{n} (f(X) - Y)^2$$

　　该公式针对的是整个预测结果集和真实结果集，为了方便理解，下面的推导取某个具体的预测结果和真实结果来计算平方损失，但公式不失一般性，简化如下。

$$L(y, f(x)) = \frac{1}{2} (y - f(x))^2$$

　　公式中多出一个1/2，其作用是在平方求导后会多出一个 2，此时将 2 约去，并不会影响公式的性质。接着计算损失函数L的梯度。

　　使用链式法则将损失函数L的梯度拆分为两部分。

$$\frac{\partial L}{\partial x} = \frac{\partial \left(\frac{1}{2} (y - f(x))^2 \right)}{\partial x} = \frac{\partial \left(\frac{1}{2} (y - f(x))^2 \right)}{\partial (f(x))} \cdot \frac{\partial (f(x))}{\partial x}$$

　　为了方便理解，使用变量替换一下，再进行导数求解。

$$\frac{\partial \left(\frac{1}{2} (y - f(x))^2 \right)}{\partial (f(x))} = \frac{\partial \left(\frac{1}{2} (a - b)^2 \right)}{\partial (b)} = f(x) - y$$

　　最终损失函数L的梯度转为如下形式。

$$\frac{\partial L}{\partial x} = -(y - f(x)) \cdot \frac{\partial (f(x))}{\partial x}$$

　　公式中之所以使用$-(y - f(x))$，是为了表示梯度下降法下降的方向是梯度的反方向，即负梯度。

　　如果神经网络的输出层使用了 sigmoid 函数作为激活函数，那么上式中的$f(x)$就是 sigmoid 函数，需要对 sigmoid 函数进行求导。

　　sigmoid 函数为

$$f(x) = \frac{1}{1 + e^{-x}}$$

　　使用链式法则简化 sigmoid 函数求导运算。

$$\frac{\partial (f(x))}{\partial x} = \frac{\partial (1 + e^{-x})^{-1}}{\partial (1 + e^{-x})} \cdot \frac{\partial (1 + e^{-x})}{\partial e^{-x}} \cdot \frac{\partial e^{-x}}{\partial x}$$

　　链式法则逐级求导后得：

$$\frac{\partial(f(x))}{\partial x} = \frac{1}{1+e^{-x}} \cdot \frac{1}{(1+e^{-x})^2} = f(x) - f(x)^2 = f(x)(1-f(x))$$

最终求解出损失函数 L 的梯度。

$$\frac{\partial L}{\partial x} = -(y-f(x))f(x)(1-f(x))$$

当然梯度下降算法也存在相应的问题，例如使用梯度下降算法优化函数时，出现梯度为 0 的情况。出现这种情况可能有多种原因，此时可能已经找到函数的最小值了，这是最好的一种情况；但往往遇到的情况是，找到了局部最小值而不是全局最小值，在复杂的高维函数中，这种情况发生的可能性非常大。通过代码可视化复现一下这种情况，如图 3.10 所示。

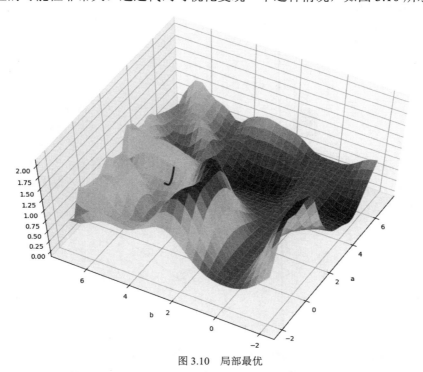

图 3.10　局部最优

根据梯度下降算法来最小化图 3.10 中模型所代表的函数，从图 3.10 中可以看出，梯度下降算法优化陷入了局部最小值，而真正的最小值在"山"的另一边。造成陷入局部最小问题的原因可能是起始点没有选择好，导致梯度下降算法一路向下奔，进入"死胡同"。如果调整一下起始点的位置，情况会不会好一些呢（见图 3.11）？

在图 3.11 中，我们将梯度下降的起始点调整到"山"的另一边，同样的训练代码，同样的训练轮数，因为起始点不同，导致最优化的结果不同，调整起始点后，使用梯度下降算法找到了该函数的全局最优。

　　在讨论梯度下降时,"山"作为函数模型抽象的概念很常见,优化模型就是想从山上下到山底,而且要求最快地下到山底。为此你需要观察相对于你当前所站的位置哪个方向是最陡峭的,然后你就往最陡峭的地方走,就可以最快地下山,但每次都走最陡峭的地方不一定会走到真正的山底,可能进入一个盆地(局部最优)把自己困住。造成这个问题的核心原因是你无法观察整个山,这座山通下山底的路可能比较缓和,而去盆地的路都很陡峭,那你根据之前的策略就会走到盆地,而无法到达山底。梯度下降算法也是一样,因为函数模型很复杂,你无法拥有全局视角,要解决走入盆地的问题,就只能从不同的地方开始下山,多走几次,以最好的那次为基准。有时模型太复杂,神经网络中具有几万甚至几十万参数的结构并不少见,你可能很难走到山底,所以你走到盆地也没有关系,只要这个局部最小值对应的损失函数值足够小,该局部最小值就可以被接受。

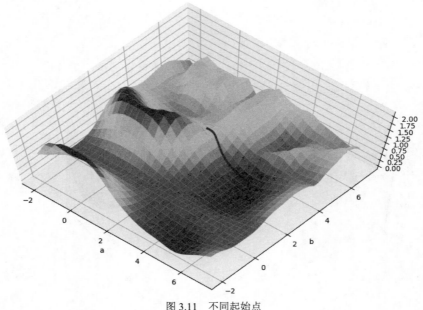

图 3.11　不同起始点

　　除起始点会影响最终的梯度下降效果外,学习率的影响也很关键,设置一个合适的学习率很重要。如果学习率设置得过低,在进行梯度下降时,更新模型参数的幅度过小,从而导致神经网络训练过慢。如果学习率设置得过高,在进行梯度下降时,就可能会发生震荡,每一步对模型参数的更新都太大,导致总是错过最小值。图 3.12 和图 3.13 显示了学习率对梯度学习率下降算法的影响。在图 3.12 中,将梯度下降算法的学习率设置为 1,该学习率太高,导致它无法下降到最低点;在图 3.13 中,将学习率调整为 0.1,使得梯度下降算法成功地找到了最小值。

　　当然不是说学习率设置得不好,梯度下降算法对任何模型都无法达到最小值,模型本身的结构、梯度下降的起始点与学习率之间是相互影响的。

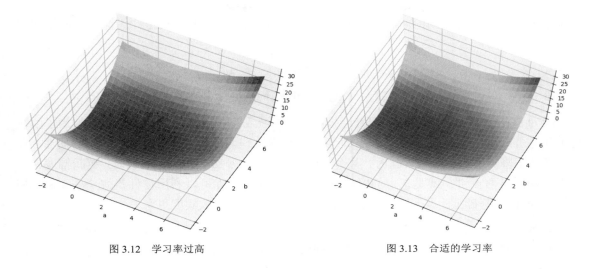

图 3.12 学习率过高   图 3.13 合适的学习率

3.2.4 各种梯度下降算法

到目前为止,对梯度下降算法的讨论都是理论上的,很多实际任务中遇到的问题都没有提及,例如常见的数值上溢和下溢、算法运算效率等。这些问题也可以暂时不用考虑,因为当下知名的深度学习框架都已经考虑了这些问题,下面简单介绍一下处理实际问题时会用到的梯度下降算法。

简单约定一下下面公式中的符号:$\nabla f(w_t)$表示目标函数计算出的梯度;w表示待优化参数;α表示学习率/步长;t表示迭代训练是第几轮。

❑ 随机梯度下降法(Stochastic Gradient Descent,SGD)

SGD 每次都随机使用一个样本进行梯度计算,并使用该梯度进行神经网络的参数更新。因为每次计算只针对一个样本,所以它的运算速度很快,但可能在梯度下降的过程中发生震荡,如果训练样本较多,那么 SGD 就要进行大量计算,并且 SGD 难以实现并行。总的来说,使用 SGD 虽然单次运算快了,但对于训练一个网络而言,其效率反而较低,而且训练时不怎么稳定。由于 SGD 每次都只使用单个样本进行训练,丧失了全局信息或局部信息,这使得 SGD 进行梯度下降时,更难以获得全局最小值。SGD 权重更新公式为

$$w_t = w_{t-1} - \alpha \nabla f(w_t, x_i, y_i)$$

❑ 小批量梯度下降算法(Mini-Batch Gradient Descent,MBGD)

MBGD 每次都会从训练数据中抽取一小部分数据作为样本来计算梯度,并使用该梯度来更新神经网络参数。想要获取全局最小值最好的方法就是获得模型的全局信息,从而知道模型哪个地方是低位,但要获取模型全局信息就需要选择整个训练集中的数据。当训练集数据量比较大时,要获得全局信息,就需要消耗大量算力,令人难以接受,所以折中的方法就是使用局部数据,这样既避免了像 SGD 使用单样本来进行计算会遇到的问题,也避免了使用

数据全集进行计算会遇到的问题。MBGD 的公式与 SGD 很相似，只是计算梯度时使用的数据量不同。

$$w_t = w_{t-1} - \alpha \, \nabla f(w_t, x_{i:i+n}, y_{i:i+n})$$

❑　带动量的随机梯度下降算法（SGD with Monentum，SGDM）

因为 SGD 在梯度下降过程中可能会发生震荡，导致 SGD 难以获得全局最小值。为了解决这个问题引入了一阶动量 Monentum，动量可以直观地理解为梯度下降时某一时刻的惯性。在使用梯度下降算法进行函数优化时，某个方向梯度较大，那么更新模型参数时，更新幅度就可以大一些。直白点讲，就是下山的时候遇到比较陡的坡，你可以利用惯性走快一些。SGDM 就是在 SGD 的基础上引入了动量，使得梯度较大时，模型参数幅度更大。

要理解 SGDM，就要理解一阶动量，将动量看作某一时刻的惯性只是为了方便理解，其实并不准确。一阶动量准确而言应该是各个时刻梯度向量的指数移动平均值，一阶动量公式如下。

$$m_t = \beta * m_{t-1} + (1 - \beta) \, \nabla f(w_t)$$

其中，m_t 表示第 t 轮的一阶动量；$\nabla f(w_t)$ 表示第 t 轮的梯度；β 表示经验值。

简单来讲，就是第 t 轮梯度下降的方向不仅由当前点的梯度方向来决定，还会受此前积累的梯度方向影响。如果 β 为 0.9，即经验值为 0.9，就表明第 t 轮梯度下降的方向主要受此前积累的梯度方向影响，并稍微偏向当前第 t 轮所计算出的梯度方向。即此前积累梯度所代表的向量与当前梯度向量做加法，获得的新向量，就是当前第 t 轮真正要走的梯度方向。SGDM 权重更新公式如下。

$$w_t = w_{t-1} - \alpha m_t$$

❑　AdaGrad 算法

前面几种梯度下降方法的学习率都是固定的，显然这是不太合理的。在复杂神经网络中，因为节点非常多，所以包含着大量的参数，但这些节点参数不一定在每次训练时都会使用到。对于网络中经常更新的参数，它已经积累大量的历史信息，所以不希望被某一次训练影响太大，避免此前通过多次训练积累起来的历史信息被某次训练时参数更新给覆盖，即学习率小一些。对于此前比较少更新的节点，这些节点上没有什么信息，所以希望它们能从某些偶然出现的样本上多学一点信息，即对于这些节点，希望某些训练时参数更新的幅度大一些，即学习率大一些。

为了实现这个需求，引入二阶动量的概念，二阶动量的出现代表着"自适应学习率"优化算法步入历史舞台。在 AdaGrad 算法中，二阶动量表示某节点从训练开始到现在所有梯度值的平方和，二阶动量公式如下。

$$v_t = \sum_{\tau=1}^{t} \left(\nabla f(w_t) \right)_\tau^2$$

其中，t表示当前轮；$\sum\limits_{\tau=1}^{t}$表示从第一轮到当前轮的总和。

AdaGrad 算法的权重更新公式如下。

$$w_t = w_{t-1} - \frac{\alpha}{\sqrt{v_t + \gamma}}$$

其中，v表示二阶动量；γ表示微小的正数。

❑ AdaDelta 算法

在 AdaGrad 算法中，二阶动量积累了到目前为止所有梯度，而且 AdaGrad 是单调递减的，这就会导致学习率变化过于激进，可能会造成梯度下降在找到最小值前训练提前结束。解决方法也很直接，既然积累所有的梯度不行，那就只积累最近一个时间窗口的梯度就好，AdaDelta 算法实现了这种修改，具体而言就是积累梯度的指数平均值，在 AdaDelta 算法中，二阶动量的公式为

$$v_t = \beta v_{t-1} + (1-\beta)\bigl(\nabla f(w_t)\bigr)_t^2$$

❑ Adam 算法

Adam 算法是当前用得较多的优化算法，简单而言，就是将前面的方法综合起来，同时使用一阶动量与二阶动量，Adam 权重更新公式如下。

$$w_t = w_{t-1} - \frac{\alpha m_t}{\sqrt{v_t + \gamma}}$$

其中，m表示一阶动量；v表示二阶动量。

使用 Adam 算法可以在模型刚开始训练时让学习率比较大，因为我们认为模型刚开始训练，梯度下降离最小值还有较远的距离，为了加快模型收敛速度，可以使用较大的学习率。当训练到一定程度时，就要调小学习率，因为此时认为梯度下降快要接近最小值了，小的学习率让我们逐步去接近最小值，避免错过。使用 Adam 算法进行梯度下降，如图 3.14 所示。

因为设立的初始学习率是一个比较大的值，所以一开始 Adam 算法梯度下降更新模型参数的幅度很大，可谓大开大合。当模型快要接近最小值时，Adam 算法对模型参数更新的幅度逐渐变小。

需要说明的一点是，所有梯度下降算法均不能保证找到模型的最小值。在真实任务中，因为神经网络很复杂，难以找到最小值，一般都是获取到一个可以接受的局部最小值。

到目前为止，各类梯度下降算法介绍完成，可以发现它们的执行步骤大致相同。我们可以抽离出这些步骤，从而得到优化一个函数大体的框架，使用这个框架，我们可以定义出自己的优化算法。

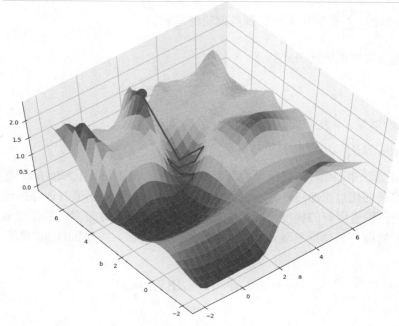

图 3.14　Adam 算法

对于训练中的每一轮而言，各类梯度下降算法的优化步骤大致如下。

（1）计算出目标函数对于当前参数的梯度：$g = \nabla f(w_t)$。

（2）根据历史梯度计算一阶动量 m 与二阶动量 v：$m_t = \phi(g_1, g_2, \cdots, g_t)$，$v_t = \psi(g_1, g_2, \cdots, g_t)$。

（3）计算当前轮要下降的梯度：$\nabla w_t = \dfrac{\alpha m_t}{\sqrt{v_t + \gamma}}$。

（4）使用要下降的梯度去更新，从而获得新的参数：$w_{t+1} = w_t - \nabla w_t$。

还有一点值得一提，虽然 Adam 算法是集大成者，但不一定适用于任何场景，很多论文中使用的梯度下降算法依旧是最普通的 SGD 算法。为什么会这样？回忆一下前面的内容，SGD 使用单个样本数据进行训练且学习率不变，这让梯度下降过程中发送震荡导致训练不稳定。而 Adam 算法是在 SGD 算法的基础上一步步修改过来的，其中经历了 SGDM，添加了一阶动量，经历了 AdaGrad、AdaDelta 等，添加了二阶动量，Adam 算法有机结合了这些算法的修改，但因为 Adam 算法依旧会在训练后期引起学习率的震荡，从而导致模型无法收敛，而 SGD 模型虽然速度慢，训练不稳定，但模型还是会逐渐收敛的。因为 Adam 算法的学习率主要由二阶动量控制，所以为了保证模型可以收敛，需要对二阶动量进行控制，通常做法是，将当前计算出的二阶动量与前一轮的二阶动量做对比，取较大者作为当前轮的二阶动量，从而避免二阶动量上下波动。

$$v_t = \max\left(\beta v_{t-1} + (1 - \beta)\left(\nabla f(w_t)\right)_t^w, v_{t-1}\right)$$

除了这个问题，对应复杂的神经网络模型，Adam 算法因为引入了动量，可能会错过最优值。实际上，任何一个优化算法都会遇到相应的问题，没有任何一个优化算法可以解决所有神经网络的优化问题。本质上还是要理解自己的训练数据，这也是很多论文依旧使用 SGD 的原因，因为他们对自己使用的训练数据有深入的理解，SGD 虽然也有很多相应的问题，但使用者可以对它进行调整，让它适合当前使用的训练数据，而 Adam 算法将这些工作都做完了，想要修改某些部分反而更加麻烦，所以很多研究人员喜欢控制度高的 SGD，可以将之修改成符合自己模型训练的算法。通俗点讲，现在很多手机都有自动美图功能，但摄影师依旧喜欢专业的相机，在照相时根据光线、角度调整相机参数，从而拍摄出优美的相片，这就需要你对光线、角度等知识有一定的把握，即对你的数据集有深入的了解。当然这不是说 Adam 算法不好，各有各的用武之地而已。

3.2.5　反向传播算法

反向传播算法（Back Propagation Algorithm，简称 BP 算法）也称误差反向传播算法。在讨论反向传播算法之前，先回顾一下训练一个神经网络的过程：首先使用前向传播算法让数据信息从输入层逐层传递到输出层，接着由输出层输出预测值，此时选择一个损失函数来量化神经网络输出层输出的预测值与真实值之间的差距（即损失），然后再通过梯度下降算法去最优化该损失函数，使得损失函数的损失小到可以接受的范围，即预测值接近或等于真实值，此时模型训练完成。那么反向传播算法用在何处呢？

因为反向传播算法这个概念，让很多人误解它是一种用于复杂神经网络训练的学习算法，但实际上，反向传播算法只是一种用于计算梯度的方法，而前面介绍的梯度下降算法才是用于进行学习的。在复杂神经网络的训练过程中，因为复杂神经网络一般具有多个隐藏层，且节点参数较多，所以要数值化地去求解这些节点上的梯度会耗费巨大的计算资源。而反向传播算法利用链式法则从后往前推导，让神经网络中节点的梯度计算变得简单，很好地解决了这个问题。梯度下降算法则使用反向传播算法计算出的梯度去更新神经网络中的参数，完成所谓的学习。

在前面介绍单层感知器时提过，Minsky 等人提出了单层感知器无法解决线性不可分的问题，后来随着多层感知器的提出，线性不可分问题被解决。但 Minsky 依旧不看好神经网络，认为神经网络只是理论上可解。之所以这样认为，是因为当时并没有提出反向传播算法，计算单个节点的梯度使用的是传统前向传播推导方法，这种方式虽然可以随意计算出梯度，但其计算量非常大，让神经网络难以训练，这使得稍微复杂点的神经网络只能在理论上证明可行，但现实中无法训练出好的模型。直到反向传播算法被提出，神经网络梯度计算困难的问题才被解决。

此外，很多人还认为反向传播算法仅适用于计算复杂神经网络中节点的梯度，这也是误解，理论上，反向传播算法可以用于计算任何函数的导数。

对于神经网络而言，反向传播算法的核心思想是，量化上一层中的各个神经元为当前层输出的结果产生的误差做了多少"贡献"。其实很好理解，输出层输出的预测值与真实值有较大的误差，这个误差怎么来的？当然是因为上一层的输出中包含了误差信息，这才导致输出层输出的值有误差，而上一层的误差又是从上上层传递过来的。误差逐层传递，反向传播算法就从输出层的误差开始逐层逆推，量化出每一层为上一层贡献了多少误差，即计算出每一层的梯度，然后再使用梯度下降算法消除这些梯度，这也是梯度下降算法强调下降的方向是负梯度方向的原因，而神经网络的训练过程就是循环上面算法的过程。

接着我们推导反向传播公式，虽然公式比较复杂，但都是一些简单的矩阵与导数知识，只要阅读了第 2 章，理解起来没有什么大问题。

反向传播算法是从后往前推导的，所以我们从最后一层（即神经网络的输出层）进行数学推导。大家不必害怕公式，它是美的，它用很简洁的形式描述一个现象，这个现象用一大段话可能都解释不清楚，而公式却轻松地将复杂的表示简化并蕴涵所有信息，这难道不是一种美吗？

为了方便理解，暂时使用单个样本进行公式推导。其中 x 表示单个输入样本；$f(x)$ 表示预测值；y 表示真实值。接着我们使用 δ 表示误差，i 表示层数，第 i 层就是输出层，那么输出层的误差就是误差函数的偏导。

$$\delta_i = \frac{\partial L\big(y, f(x)\big)}{\partial x}$$

将 x 替换为 o_{i-1}，表示第 $i-1$ 层的输出，也就是第 i 层的输入；o 表示某层的输出。

$$\delta_i = \frac{\partial L\big(y, f(o_{i-1})\big)}{\partial o_{i-1}} = -\big(y - f(o_{i-1})\big) \cdot \frac{\partial f(o_{i-1})}{\partial o_{i-1}}$$

上面公式的推导过程在梯度下降算法章节中详细介绍过，这里不再赘述。此时完成输出层误差 δ 的计算。

接着计算 $i-1$ 层的误差，即输出层的上一层的误差，表明隐藏层对最终误差的损失做了多大"贡献"。

$$\delta_{i-1} = \frac{\partial L\big(y, f(o_{i-1})\big)}{\partial o_{i-2}} = \frac{\partial L\big(y, f(o_{i-1})\big)}{\partial o_{i-1}} \cdot \frac{\partial o_{i-1}}{\partial o_{i-2}}$$

从而就有

$$\delta_{i-1} = \big(f(o_{i-1}) - y\big) \cdot \frac{\partial f(o_{i-1})}{\partial o_{i-1}} \cdot \frac{\partial o_{i-1}}{\partial o_{i-2}} = \delta_i \frac{\partial o_{i-1}}{\partial o_{i-2}}$$

继续对上面的公式进行展开操作，通过前向传播算法，我们可以获得 o_{i-1} 所代表的公式。

$$o_{i-1} = f(w_{i-1} o_{i-2})$$

其中，f表示激活函数。式中没有涉及偏置项，其原因是我们一般都将偏置项集成到权重矩阵中。将o_{i-1}代表的公式代入下面公式有

$$\frac{\partial o_{i-1}}{\partial o_{i-2}} = \frac{\partial f(w_{i-1} * o_{i-2})}{\partial o_{i-2}} = w_{i-1}\frac{\partial f(o_{i-2})}{\partial o_{i-2}}$$

从而获得δ_{i-1}最终的推导结果。

$$\delta_{i-1} = \delta_i w_{i-1}\frac{\partial f(o_{i-2})}{\partial o_{i-2}}$$

通过前向传播算法，可以使用最开始的输入值计算出o_{i-1}、o_{i-2}等值，同时也知道了每一层使用什么激活函数f，将这些值和函数代入上面的公式，就可以直接计算出δ_i与δ_{i-1}。不止这两层，神经网络中的其他层都可以通过同样的方式计算出误差。

因为更新的是每一层的权重w和偏置b，所以我们需要计算一下它们的偏导，相应的公式推导如下。

权重w的偏导：

$$\frac{\partial L\big(y, f(o_{i-1})\big)}{\partial w_{i-1}} = \frac{\partial L\big(y, f(o_{i-1})\big)}{\partial o_{i-1}} \cdot \frac{\partial o_{i-1}}{\partial w_{i-1}} = \delta_i \frac{\partial f(w_{i-1} * o_{i-2})}{\partial w_{i-1}} = \delta_i o_{i-2}\frac{\partial f(w_{i-1})}{\partial w_{i-1}}$$

因为权重w是已知常数，所以公式简化为

$$\frac{\partial L\big(y, f(o_{i-1})\big)}{\partial w_{i-1}} = \delta_i o_{i-2}$$

同理，偏置项的偏导如下。

$$\frac{\partial L\big(y, f(o_{i-1})\big)}{\partial b_{i-1}} = \delta_i$$

将上面的公式整理替换成矩阵的形式，在神经网络中，一层节点相当于一个矩阵，公式形式如下。

$$\delta_i = -\big(Y - f(O_{i-1})\big)\frac{\partial f(O_{i-1})}{\partial O_{i-1}}$$

$$\delta_{i-1} = \delta_i W_{i-1}\frac{\partial f(O_{i-2})}{\partial O_{i-2}}$$

$$\nabla_{W_{i-1}} L = \frac{\partial L\big(y, f(O_{i-1})\big)}{\partial W_{i-1}} = \delta_i O_{i-2}^{\mathrm{T}}$$

$$\nabla_{B_{i-1}} L = \frac{\partial L\big(y, f(O_{i-1})\big)}{\partial B_{i-1}} = \delta_i$$

那么更新模型参数的最简形式如下。

第 l 层的新权重等于该层旧的权重减去学习率乘以要更新的权重值。

$$W_l = W_l - \alpha \nabla W_l$$

对于偏置来说，与上式是一样的，第 l 层的新偏置等于该层旧的偏置减去学习率乘以要更新的偏置值。

$$B_l = B_l - \alpha \nabla B_l$$

3.2.6 过拟合与欠拟合

在前面介绍梯度下降与反向传播的内容中，曾反复提及训练模型的过程就是最小化损失函数的损失，这个描述并不准确，因为可能导致过拟合，使训练出的神经网络模型没有很好的泛化能力。

过拟合（Overfitting）一般指训练出的模型在训练集上有很好的表现，但在测试集上表现得却不理想。核心原因就是模型在训练时，将训练集的特征学习得太好，导致一些普遍的规律没有被模型吸纳，从而造成该模型在训练集上的损失函数损失非常小，但到测试集上效果就不行。

过拟合的反面就是欠拟合（Underfitting），它指训练的模型没有学习到训练集中的一般规律，模型作用于训练集，其损失函数的损失都比较大。

举例解释一下过拟合与欠拟合，所谓过拟合，就是考试前做了很多练习题，对于不理解的题，也强行背下它的答案，直到做得非常熟练，但上了考场，面对类似的新题目，却无法做对。而所谓欠拟合，就是你只是简单地看了下课本，没怎么做练习题，就认为自己会了，一上考场，发现自己几乎什么题都不会做。

为了训练出具有良好泛化能力的神经网络，只以降低损失函数的损失为目标并不可取，而应该最小化泛化误差。所谓泛化（Generalize），指的是可以从一个特殊的事件扩大为一般的事件，简单来讲，就是从特殊转变成一般的能力。对神经网络而言，泛化能力指的是模型不只作用于训练集可以获得不错的效果，对于一般的数据（即测试集），也可以获得不错的效果。过拟合就是模型泛化能力缺失的表现。

所谓泛化误差，就是神经网络模型作用在新的样本数据时产生的误差，这种误差由以下几部分组成。

（1）偏差：通过训练集训练出来的神经网络模型，其输出的预测值的期望与样本真实结构的差距。简单来讲就是度量训练出来的模型在训练集上的效果好不好，同时表现了学习算法本身的拟合能力好不好。这里的偏差其实就是损失函数的损失。

（2）方差：神经网络模型输出的预测值与该模型输出预测值的期望之间的误差。用于描述模型的稳定性，简单来讲，就是同样大小的训练集的变动会导致模型学习性能有多大的变化，量化了训练数据的扰动会对模型造成的影响。

（3）噪声：现实生活中的真实值与数据集中的实际标记。举一个简单例子，π是无限的，但计算机使用π时都是有限的，这就有了误差，数据集中的标记与真实的标记值也会存在这种误差。噪声本身是无法去除的，这就表达了训练模型时，使用任何优化算法所能达到的泛化误差的下界，因为噪声不可去除，优化算法只能最小化偏差和方差。

泛化误差 = 偏差 + 方差 + 噪声，因为噪声无法去除，所以最小化泛化误差主要取决于偏差和方差。偏差体现神经网络模型拟合能力的强弱，通常神经网络模型越复杂，参数越多，模型的拟合能力就越强，偏差就越小。当偏差较大时，模型输出的预测值与真实值之间有较大的差距，即欠拟合。而方差体现神经网络模型的稳定性，通常神经网络模型结构越简单，参数越少，模型越稳定，其方差越小。当方差较大时，神经网络模型对新的样本数据预测不稳定。我们将偏差小、方差大的情况视为过拟合。

要计算模型的泛化误差需要获得数据全集，数据全集包括训练数据、测试数据以及未来要使用的数据，显然我们是无法获取数据全集的，所以只能在理论上使用泛化误差。在实际使用上，我们一般用训练误差与测试误差来代替泛化误差，即使用训练集与测试集来计算偏差与方差。

3.3 动手实现深度学习框架 TensorPy

前面的内容，可以说将神经网络中最基本知识点的都介绍了一遍，这些内容是神经网络的基础，同样也是生成对抗网络的基础，但多数都从数学理论上进行讲解，过于硬核。本节通过代码的形式实现一个深度学习框架 TensorPy，在其中就会实现前面所介绍的内容，如前向传播、损失函数、反向传播、感知器等。自己动手实现深度学习框架，除实现前面提到的算法外，还可以让我们深入理解平常所使用的深度学习框架，如 TensorFlow，从而对深度学习的理解更深入一层。

3.3.1 实现计算图

目前绝大多数神经网络框架都会涉及计算图的概念，理由也很简单，让使用者可以使用高级编程语言（如 Python）构建自己的计算逻辑，形成一个计算图。当使用者运行代码时，框架会依据使用者设计的计算图逐步去运算，但是具体的运算过程发生在底层，对使用者而言是透明的，这样既让神经网络的构建变得快速（高级语言具有很多语法糖，可以快速编写计算图），又让神经网络训练变得快速（使用底层资源进行网络的逻辑计算，避免高级语言编译运行过慢的弊端）。这里我们首先来编写一个计算图，在编写之前，先理解计算图的结构。

　　计算图一般由多个节点按一定的规律连接而成，这些节点可以代表具体的数据，也可以代表具体的某种操作，节点之间有对应的输入输出关系。图 3.15 所示计算图的操作过程：将两个数据节点 a 与 b 输入乘法节点；该节点是一个操作节点，将输入的数据相乘，相乘后的结果又输出给下一个节点；下一个节点是一个加法节点，它接受了乘法节点的结果，同时结合数据节点 c，最后将输入的值做加法操作。

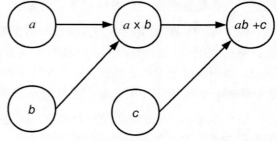

图 3.15　计算图（一）

　　当数据和操作比较少时，计算图看不出什么优势，但在设计复杂神经网络结构时，使用计算图会让整个网络结构清晰很多。

　　一般而言，计算图有两种不同的节点，分别是数据节点和操作节点，其中数据节点又分为占位符节点和变量节点。占位符节点表示其中的数据是由使用者输入的，而变量节点中的数据是模型在训练计算过程中获得的。对一个神经网络而言，变量节点就是该神经网络的参数，操作节点就是神经网络中具体的函数运算，如矩阵运行或相加运算。

　　接着我们通过代码来实现上面关于计算图的想法，首先我们创建一个名为 NeuralNetworks 的项目，其中创建一个名为 TensorPy 的包，接着就开始编写计算图，计算图代码如下。

```python
class Graph(object):
    '''
计算图
    '''
    def __init__(self):
        self.operations = [] #操作节点
        self.placeholders = [] #占位符节点
        self.variables = [] #变量节点
    def as_default(self):
        # 默认计算出图
        global _default_graph
        _default_graph = self
```

　　Graph 类表示计算图，该类的结构很简单，就是定义了 3 个 list，分别用于存储操作节点、占位符节点、变量节点，其中定义了 as_default()方法，用于获取全局变量_default_graph，该变量表示计算图。

　　计算图定义好后，接着定义操作节点。

```python
class Operation(object):
    '''
操作
    '''
    def __init__(self, input_nodes=[]):
        self.input_nodes = input_nodes # 输入该操作的节点
        # 消费者列表
```

```
            self.consumers = []
            for input_node in input_nodes:
                input_node.consumers.append(self)
        #加入默认计算图
        _default_graph.operations.append(self)
    def compute(self):
        pass
```

Operation 是操作类，也是比较关键的一个类，它有两个关键的变量。一个是 input_nodes 变量，表示该操作接收到的输入，如图 3.15 所示，乘法操作接收到数据节点 a 与 b，那么此时 a 与 b 节点就会出现在 input_nodes 中；另一个是 consumers 变量，表示消费者，即哪些变量使用了本操作。注意：此时消费者变量是在 input_node 内存空间下的。以图 3.15 为例，乘法操作接收到数据节点 a 与 b，a 与 b 节点就是乘法操作的 input_nodes，同时 a 与 b 节点也是乘法操作的消费者，即 a 与 b 节点的 consumers 变量会存储乘法操作节点。最后将 Operation 加入计算图中。

还需注意 Operation 操作类定义了 compute 方法，该方法交由继承 Operation 类的子类去实现具体的逻辑，即具体是什么操作。如果是加法操作，那么在 compute 方法中就是加法的逻辑；乘法操作就是乘法的逻辑。

当定义完操作节点，就可以定义数据节点了（即占位符节点与变量节点）。

```
class placeholder(object):
    '''
    占位符
    '''
    def __init__(self):
        self.consumers = []
        _default_graph.placeholders.append(self)
class Variable(object):
    '''
    变量
    '''
    def __init__(self, initial_value=None):
        self.value = initial_value
        self.consumers = []
        _default_graph.variables.append(self)
```

如果我们想通过上面编写的计算图代码去实现图 3.15 所示的计算图，除数据节点外，还要有两个操作节点，分别是乘法节点和加法节点。因为神经网络中，计算一般都是相对于矩阵而言的，所以这里就实现矩阵的乘法与矩阵的加法，使用 numpy 库来辅助我们实现这两个操作，具体代码如下。

```
class matmul(Operation):
    '''
    矩阵乘法运算
    '''
```

```
    def __init__(self,x,y):
        super().__init__([x,y])
    def compute(self,x_value, y_value):
        #矩阵间元素相乘
        return x_value.dot(y_value)
class add(Operation):
    '''
元素方式返回 x+y
    '''
    def __init__(self,x,y):
        super().__init__([x,y])
    #add 操作的具体逻辑
    def compute(self, x_value, y_value):
        return x_value + y_value
```

两个操作方法都调用了其父类 Operation 的__init__方法，用于记录 input_nodes 变量和 consumer 变量，两个操作方法中的 x_value 和 y_value 参数都是 np.ndarray 类型，所以可以通过 dot 方法实现矩阵相乘，通过加号实现矩阵元素逐个相加。

接着就可以实现图 3.15 所示的计算了，a 节点与 b 节点传入矩阵乘法操作，然后与 c 节点一起传入矩阵加法操作，逻辑简单，编写相应的代码如下。

```
tp.Graph().as_default()
a = tp.Variable([[2,1],[-1,-2]])
b = tp.Variable([1,1])
c = tp.placeholder()
#这里的操作只调用__init__方法进行相应的初始化，并没有进行真正的计算
y = tp.matmul(a,b)
z = tp.add(y,c)
print(z)
```

输出的结果为

```python
<TensorPy.operations.add object at 0x109db0a58>
```

回忆一下计算图的目的,计算图只是为了让用户可以通过高级语言来快速构建神经网络的架构，但不能运行，运行需要通过其他方式调用计算机底层资源进行，所以这里同样不能直接运行。其实从代码角度来看也很好解释，因为现在只调用了相应类的__init__方法，只是将类实例化而已，还没有进行真正的运算，通过这种方式模拟出单纯构建计算图是不允许直接运行的情景。

3.3.2　实现 Session 对象

在 TensorFlow 中，我们一般使用 Session 对象来运行计算图，该对象类似于计算图与真实计算之间的中间层。我们也来实现一个 Session 类来模拟这种机制，我们希望用户使用 Session

类中的 run()方法来执行计算图中相应的逻辑。

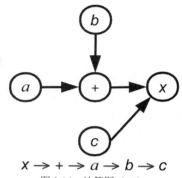

简单思考一下如何实现 run()方法？首先，run()方法的作用是按顺序执行用户编写好的计算图，因此需要计算图中的顺序，再去遍历整个计算图。在计算图中，数据节点只会有输出信息，那么遍历数据节点就相对简单，而操作节点既可以输出信息，又可以接收输入，而且接收的输入可能是多个，所以，在遍历操作节点时，要遍历输入操作节点中的节点，保持计算图操作的顺序，如图 3.16 所示。

$$x \rightarrow + \rightarrow a \rightarrow b \rightarrow c$$

图 3.16　计算图（二）

由图可见，a、b 数据节点传入加法操作节点中，再与数据节点 c 传入乘法操作节点中，遍历的顺序应该为 $x \rightarrow + \rightarrow a \rightarrow b \rightarrow c$。在代码实现上，可以使用递归算法来遍历，遍历计算图的代码如下。

```
def traverse_postorder(operation):
    nodes_postorder = []
    def recurse(node):
        if isinstance(node, Operation):
            for input_node in node.input_nodes:
                recurse(input_node) #递归调用，获得所有节点
        nodes_postorder.append(node)
    recurse(operation)
    return nodes_postorder#计算图中的节点
```

遍历获得了计算图操作顺序后，可以通过 run()方法来执行其中的逻辑，具体代码如下。

```
class Session(object):
    def run(self, operation, feed_dict={}):
        '''
计算操作的输出
        Session 对象会根据计算图进行相应的计算，我们只需要提供相应的 placeholder 数据即可
        param operation：要计算其输出的操作
        param feed_dict: placeholder 提供的数据
        return：返回最顶层操作的数值
        '''
        nodes_postorder = traverse_postorder(operation)
        for node in nodes_postorder:
            if isinstance(node, placeholder):
                #获得输入值，并输出
                node.output = feed_dict[node]
            elif isinstance(node, Variable):
                #变量的值本身就是输出
                node.output = node.value
            else:
                # 输入操作的节点
                node.inputs = [input_node.output for input_node in node.input_nodes]
                # compute()执行具体的操作逻辑
```

```
            node.output = node.compute(*node.inputs)
        if isinstance(node.output,list):
            # 转换为 ndarray 类型
            node.output = np.array(node.output)
    # 返回最顶层操作的数值
    return operation.output
```

run()方法中的逻辑比较简单，一开始先通过 traverse_postorder()方法获得计算图中的节点，然后再逐个进行相应的操作。如果是 placeholder 类型节点，就获取用户传入的输入并赋值给输出。如果是 Variable 类型节点，就直接将变量的值输出。如果是 Operation 节点，就获取输入到该操作的值，并调用具体操作的 compute()方法执行具体的操作逻辑。因为操作逻辑都是针对 np.ndarray 类型的变量进行的，所以 run()方法的最后就是转换数据节点的类型，将 list 转变成 np.ndarray 类型，方便进行矩阵运算。

编写好 Session 对象后，在此前构建计算图的代码中加上 Session 对象的调用，具体代码如下。

```
tp.Graph().as_default()
a = tp.Variable([[2,1],[-1,-2]])
b = tp.Variable([1,1])
c = tp.placeholder()
#这里的操作只调用__init__方法进行相应的初始化，并没有进行真正的计算
y = tp.matmul(a,b)
z = tp.add(y,c)
print(z)
session = tp.Session()
output = session.run(z, {c:[3,3]})
print(output)
```
输出
```bash
<TensorPy.operations.add object at 0x113f8cf28>
[6 0]
```
简单验证一下，计算结果正确。

$$\begin{pmatrix} 2 & 1 \\ -1 & -2 \end{pmatrix} \times \begin{pmatrix} 1 \\ 1 \end{pmatrix} + \begin{pmatrix} 3 \\ 3 \end{pmatrix} = \begin{pmatrix} 6 \\ 0 \end{pmatrix}$$

3.3.3 实现感知器前向传播算法

上面的代码已经将框架的骨架搭建好了，接着可以尝试使用前面编写的 TensorPy 来编写一个简单的感知器。

那么现在的目标就是编写一个单层感知器给一组二维数据做分类，这些二维数据散列在同一个平面上，我们想训练出一个感知器，它可以画出一条直线，从而将平面上不同颜色的数据分割开。

假设在一个二维平面上分布一系列红色或蓝色的圆点,而我们的目的是训练感知器绘制一条直线划分出这些红色和蓝色的圆点。既然是二维平面上的一条直线,那么它可以表示为 $y = ax + b$,将其转换为矩阵的模式 $y = \boldsymbol{W}^\mathrm{T} x + \boldsymbol{b}$,其中 $\boldsymbol{W}$ 表示权重矩阵;$\boldsymbol{b}$ 表示偏置项。那么分类平面上圆点的问题就可以转化为一个二分类问题,如果 $\boldsymbol{W}^\mathrm{T} x + \boldsymbol{b}$ 的值大于 0,就说明圆点在直线上方;而 $\boldsymbol{W}^\mathrm{T} x + \boldsymbol{b}$ 的值小于 0,则说明圆点在直线下方。那么现在要做的就是确定一条直线,让红点都在直线的一侧,而蓝点都在直线的另一侧。

在实际使用中,我们可能还想知道某个圆点输入某个类型的概率,这时就可以使用 sigmoid 函数,sigmoid 函数会将输入值压缩在 0~1,从而获得一个概率值。

到这里,感知器的大致结构也就理清了,该感知器有一个隐藏层,其公式为 $\boldsymbol{W}^\mathrm{T} x + \boldsymbol{b}$,隐藏层的激活函数使用 sigmoid 函数,实现将数值概率化。接着就来编写相应的代码,第一步当然是编写 sigmoid 函数对应的操作节点,sigmoid 函数在 3.1 节中已经具体讨论过,这里不再细说,直接看相应的操作节点代码。

```python
class sigmoid(Operation):
    '''
返回元素 x 的 sigmoid 结果
    '''
    def __init__(self, a):
        super().__init__([a])
    def compute(self, a_value):
        '''
计算 sigmoid 处理后的输出
        '''
        return 1 / (1 + np.exp(-a_value))
```

编写好 sigmoid 函数后,就可以使用了。先创建出相应的红点和蓝点,如图 3.17 所示。

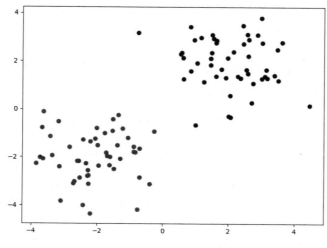

图 3.17 红点(左下)与蓝点(右上)

```
import numpy as np
import matplotlib.pyplot as plt
#创建一些集中于(-2,-2)的红点
# np.random.randn 返回服从标准正态分布的随机值
red_points = np.random.randn(50,2) - 2*np.ones((50,2))
#创建一些集中于(2，2)的蓝点
blue_points = np.random.randn(50,2) + 2*np.ones((50,2))
#把红点和蓝点都在图上画出来
plt.scatter(red_points[:,0], red_points[:,1], color='red')
plt.scatter(blue_points[:,0], blue_points[:,1], color='blue')
plt.show()
```

构建感知器的架构，代码如下。

```
tp.Graph().as_default()

X = tp.placeholder()
#权重矩阵
W = tp.Variable([
    [1,-1],
    [1,-1]
])
#偏置
b = tp.Variable([0,0])
p = tp.sigmoid(tp.add(tp.matmul(X,W),b))

session = tp.Session()
output_probabilities = session.run(p, {
    # np.concatenate 实现多个数组的拼接，蓝点数组在前，红点数组在后
    X:np.concatenate((blue_points, red_points))})

print(output_probabilities[:10])
```

至此感知器的架构就搭建好了，其实就是sigmoid($\boldsymbol{W}^{\mathrm{T}} * \boldsymbol{x} + \boldsymbol{b}$)。在这里，稍微设计一下权重矩阵，同时在使用 np.concatenate 方法拼接占位符X时，将蓝点数组放在前，红点数组放在后，因为蓝点集中于(2,2)，所以蓝点数组中对应的值一般都是大于 0 的。通过这样的设计，可以让蓝点数组与权重矩阵相乘时，返回的概率数组的第一维数值大于第二维数值，假设某个蓝点在(2,2)处，某个红点在(−2,−2)处，感知器的计算为

$$(2 \quad 2) \times \begin{pmatrix} 1 & -1 \\ 1 & -1 \end{pmatrix} = (4 \quad -4)，蓝点$$

$$(-2 \quad -2) \times \begin{pmatrix} 1 & -1 \\ 1 & -1 \end{pmatrix} = (-4 \quad 4)，红点$$

将蓝点的计算结果输入给 sigmoid 函数，就会获得[0.98201379, 0.01798621]，而红点正好相反，为[0.01798621, 0.98201379]。当传入一个新的点时，感知器就可以判断，该点是蓝点的概率大还是红点的概率大了。在代码的最后输出 X 中前 10 个点的概率，因为前 10 个点是蓝点数组，所以输出的数组中第一维要大于第二维，输出结果如下。

```
[[0.96240019 0.03759981]
 [0.95753634 0.04246366]
 [0.86680661 0.13319339]
 [0.96734683 0.03265317]
 [0.98433242 0.01566758]
 [0.97470039 0.02529961]
 [0.99628759 0.00371241]
 [0.98136134 0.01863866]
 [0.86912105 0.13087895]
 [0.92207032 0.07792968]]
```

到目前为止，感知器依旧无法自己学习如何对圆点进行分类，上面只是实现了感知器的前向传播算法，之所以能通过计算红点和蓝点的概率来分类红点和蓝点，也是因为我们人为地设置了合适的权重矩阵，而不是感知器自己学习得来的。要让感知器自己能分类红点和蓝点，就必须让感知器自己学习出合适的权重矩阵，因而需要使用到前面章节所介绍的损失函数、梯度下降算法与反向传播算法。

3.3.4 实现对数损失

为了让感知器自身学习出合适的权重矩阵，第一步就是定义出合适的损失函数，因此使用对数损失函数作为该感知器的损失函数。

在编写对数损失函数相关的代码前，先编写 softmax 函数。在前面通过感知器进行二分类时，我们使用 sigmoid 函数，但要通过感知器实现多分类时，sigmoid 函数就显得力不从心了，这时就需要使用 softmax 函数。同样编写一个操作节点执行 softmax 函数的逻辑。

```
class softmax(Operation):
    def __init__(self, a):
        super().__init__([a])
    def compute(self, a_value):
        '''
计算 softmax 函数处理后的值
        a_value 是输入值
        '''
        return np.exp(a_value) / np.sum(np.exp(a_value), axis=1)[:, None]
```

然后在感知器代码中，将 sigmoid 函数替换成 softmax 函数。

```
#p = tp.sigmoid(tp.add(tp.matmul(X,W),b))
p = tp.softmax(tp.add(tp.matmul(X,W),b))
```

接着就来实现对数损失函数的逻辑，首先回忆一下对数损失函数的公式。

$$L\big(Y, P(Y|X)\big) = -\log P(Y|X)$$

将这个矩阵类型的公式转变成自变量类型的公式。

$$J = L\big(Y, P(Y|X)\big) = -\sum_{i=1}^{N}\sum_{j=1}^{C} c_{ij} \cdot \log P_{ij}$$

从对数损失函数的公式中可以看出，它涉及负运算以及两层累加操作，其中单次累加都是针对某一维，接着还涉及矩阵点积操作与 log 运行操作。要实现对数损失函数，就必须先实现这些操作，下面一个一个来实现它们。

先实现负运算。

```
class negative(Operation):
    '''
逐个元素计算负数
    '''
    def __init__(self, x):
        super().__init__([x])
    def compute(self, x_value):
        return -x_value
```

接着实现矩阵沿某一维进行累加的操作。

```
class reduce_sum(Operation):
    '''
计算矩阵中元素沿某维度的总和
    '''
    def __init__(self, A, axis=None):
        '''
        A:矩阵
        axis: 某维度
        '''
        super().__init__([A])
self.axis = axis

    def compute(self, A_value):
        return np.sum(A_value, self.axis)
```

然后是矩阵点积运算。

```
class multiply(Operation):
    def __init__(self, x, y):
        '''
矩阵点积
        x:第一个乘数的输入节点
        y:第二个乘数的输入节点
        '''
        super().__init__([x, y])
    def compute(self, x_value, y_value):
        '''
乘法
        '''
        return x_value * y_value
```

最后是 log 运算。

```
class log(Operation):
```

```
    '''
    log 运算
    '''
    def __init__(self, x):
        super().__init__([x])
    def compute(self, x_value):
        return np.log(x_value)
```

因为使用 numpy 库，所以上面操作实现起来都比较简单。

接着就按照对数损失函数的形式通过上面编写好的操作来构建它。

```
#对数损失
J = tp.negative(tp.reduce_sum(tp.reduce_sum(tp.multiply(c, tp.log(p)),axis=1)))
```

这样就构建好损失函数的计算图了。

3.3.5 实现梯度下降算法与反向传播算法

确定并构建好相应的损失函数后，需要通过梯度下降算法来优化该损失函数，让损失函数的损失尽量小，因为单层感知器的结构比较简单（即方差小），模型稳定性相对较好，所以不容易发生过拟合。

回忆一下前面关于梯度下降算法与反向传播算法的内容，首先要明确，我们使用梯度下降算法来优化模型，而反向传播算法只是用于计算模型不同节点上的梯度。先来实现梯度下降算法。假设我们实现一个朴素的梯度下降算法，即用恒定学习率乘以该节点梯度来更新该节点的参数，具体代码如下。

```
class GradientDescentOptimizer(object):
    def __init__(self, learning_rate):
        self.learning_rate = learning_rate #学习速率
    def minimize(self, loss):
        learning_rate = self.learning_rate
        #Operation 操作子类
        class MinimizationOperation(Operation):
            def compute(self):
                # compute_gradients 计算梯度，grad_table 是dict，key-->node，value-->grad 梯度
                grad_table = compute_gradients(loss)
                # 遍历所有节点
                for node in grad_table:
                    if isinstance(node, Variable):
                        # 找到节点对应的梯度
                        grad = grad_table[node]
                        # 沿着负梯度的方向进一步迭代，模型参数减去学习速率乘以梯度，因为是
负方向，所以是减法
                        node.value -= learning_rate * grad
        #返回最小化损失操作类实例
        return MinimizationOperation()
```

先看总体结构，定义了一个专门的类用来实现梯度下降算法，其核心是 minimize()方法，在 minimize()方法中依旧定义了一个 Operation 操作，该操作就是用来更新模型中节点参数的，这样梯度下降也成为计算图中的一个节点。在 MinimizationOperation 类中，其逻辑就是通过compute_gradients()方法获得模型中所有参数节点对应的梯度，然后遍历这些节点，进行权重更新。每一轮训练都会调用 MinimizationOperation 操作类更新模型中的参数，以达到降低损失函数损失的目的。

接着就来编写反向传播算法的相关代码，在编写前，先明确几点，反向传播算法实质上是使用导数的链式法则，强调从后往前计算，这样做可以利用后面层计算好的梯度来简化当前层梯度的计算。假设有如图 3.18 所示的计算图。

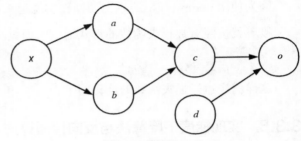

图 3.18　计算图（三）

计算输出节点o对输入x的偏导。

$$\frac{\partial o}{\partial x} = \frac{\partial o}{\partial c} \cdot \frac{\partial c}{\partial x} = \frac{\partial o}{\partial c}\left(\frac{\partial c}{\partial a} \cdot \frac{\partial a}{\partial x} + \frac{\partial c}{\partial b} \cdot \frac{\partial b}{\partial x}\right) = \frac{\partial o}{\partial c} \cdot \frac{\partial c}{\partial a} \cdot \frac{\partial a}{\partial x} + \frac{\partial o}{\partial c} \cdot \frac{\partial c}{\partial b} \cdot \frac{\partial b}{\partial x}$$

编写反向传播算法也是这样，使用广度优先搜索算法从代表损失的节点（如上面的节点o）开始搜索，每搜索到一个节点，就计算该节点与代表损失节点之间的梯度。计算梯度的具体操作分为两步。

（1）计算出代表损失节点关于当前搜索节点的消费节点的梯度。

（2）用该梯度乘以这个消费节点关于当前搜索节点的梯度。

以图 3.18 所示的计算图为例，代表损失节点为o，可以简单理解为输出层的节点，当前搜索到的节点是c，那么d的消费节点就是节点a与节点b，上面计算步骤对应的计算公式为

$$\frac{\partial o}{\partial a}, \frac{\partial o}{\partial b}$$（代表损失节点关于当前节点消节点的梯度）

$$\frac{\partial o}{\partial a} \cdot \frac{\partial a}{\partial c}, \frac{\partial o}{\partial b} \cdot \frac{\partial b}{\partial c}$$（再乘以消费节点关于当前搜索节点的梯度）

最后将这些梯度相加。

上面说得可能比较抽象，下面通过代码来直观感受一下。首先我们要编写对于计算图中每个操作节点相应的梯度计算方法，通过类装饰的方法来实现这个需求，定义一个类，并实现其__call__方法。

```
# operation 到对应梯度计算函数的映射
_gradient_registry = {}
class RegisterGradient(object):
    '''
```

```
装饰器，给 operation 注册梯度计算函数
    '''
    def __init__(self, op_type):
        self._op_type = eval(op_type)  #操作节点实例的内存地址
    def __call__(self, f):
        _gradient_registry[self._op_type] = f
        return f
```

该装饰器的作用是将梯度计算的方法与对应的操作节点实例相绑定，存到_gradient_registry 字典中。使用装饰器的方式如下。

```
@RegisterGradient('negative')
def _negative_gradient(op, grad):
    '''
计算 negative 的地图
    op: 单独处理的 negative Operation
    grad: 这个 negative Operation 的梯度
    '''
    return -grad
```

_negative_gradient 方法会与 negative 类绑定，如果计算图中存在 negative 类实例对应的操作节点，那么反向传播计算 negative 操作时，就会调用_negative_gradient 方法。每个操作节点都会有对应的计算梯度方法，这些方法都通过 RegisterGradient 类装饰器与对应的类实例绑定，因为篇幅有限，这里就不展示所有用于计算梯度方法对应的代码了。下面直接来看反向传播算法的代码。

```
def compute_gradients(loss):
    # grad_table[node]取出损失关于节点输出的梯度
    grad_table = {}
    # 初始损失值
    grad_table[loss] = 1
    # 从损失节点开始，反向进行广度优先搜索
    visited = set()
    queue = Queue()
    visited.add(loss)
    queue.put(loss)
    while not queue.empty():
        node = queue.get()
        # 如果节点不是损失节点
        if node != loss:
            # 计算损失关于节点输出的梯度
            grad_table[node] = 0
            # 遍历所有消费节点，广度优先，将这一层的消费者的梯度都计算完
            for consumer in node.consumers:
                # 取出损失关于消费节点的输出的梯度
                lossgrad_wrt_consumer_output = grad_table[consumer]
                # 取出根据关于消费者节点的输出的梯度，计算关于消费者节点的输入的梯度的函数
                consumer_op_type = consumer.__class__
                # bprop 为对应操作节点的具体类实例
                bprop = _gradient_registry[consumer_op_type]
                # 得到损失关于消费节点所有的输入的梯度
```

```
                                lossgrads_wrt_consumer_inputs = bprop(consumer,
                                                lossgrad_wrt_consumer_output)
                        if len(consumer.input_nodes) == 1:
                                # 如果消费节点只有一个输入节点, lossgrads_wrt_consumer_inputs 就是标量
                                grad_table[node] += lossgrads_wrt_consumer_inputs
                        else:
                                # 否则, lossgrads_wrt_consumer_inputs 是对各个输入节点的梯度的数组
                                # 取得该节点在消费节点的输入节点中的序列
                                node_index_in_consumer_inputs = consumer.input_nodes.index(node)
                                lossgrad_wrt_node = lossgrads_wrt_consumer_inputs[node_index
                                _in_consumer_inputs]
                                grad_table[node] += lossgrad_wrt_node
        # 把每个输入节点加入队列
        # 判断该节点有无 input_nodes 属性, 即有无输入
        if hasattr(node, 'input_nodes'):
                for input_node in node.input_nodes:
                        if not input_node in visited:
                                visited.add(input_node)
                                queue.put(input_node)
    # 返回所有关于已访问过节点的梯度
    return grad_table
```

代码看上去有点复杂，但核心逻辑很简单，从代表损失节点开始遍历，一开始就去获取代表损失节点的输入节点并加入相应的队列和 set 中，接着逐个遍历这些输入节点的消费者，并通过操作节点相应的梯度计算方法计算该节点的梯度，不断重复这个流程，直到节点队列为空，此时计算图就遍历完成，计算图中所有节点的梯度也计算完成。

具体的细节逻辑都标注在代码的注释中，你也可以使用 PyCharm 的 debug 功能去运行这份代码，在不理解的地方打下断点，一步一步去执行，看内存栈中输出的数据，理清其流程。总结一下，整个逻辑就是广度搜索计算图中的节点，并对节点进行相应的梯度运算。

到这里，损失函数、梯度下降算法与反向传播算法都编写完成，那么就通过这些功能来完善此前只具有前向传播功能的单层感知器。新的单层感知器不再通过人工的方式去设置权重矩阵，而是随机生成权重矩阵的参数，然后去训练感知器，让它去学习数据中的规律，从而实现分类红点和蓝点的目标，通过梯度下降算法更新出一个可以很好地完成任务的权重矩阵。

```
# 随机初始化权重
W = tp.Variable(np.random.randn(2, 2))
b = tp.Variable(np.random.randn(2))
# 搭建感知器
p = tp.softmax(tp.add(tp.matmul(X, W), b))
# 构建对数损失函数
J = tp.negative(tp.reduce_sum(tp.reduce_sum(tp.multiply(c, tp.log(p)), axis=1)))
# 最小化 operation 损失
minimization_op = tp.GradientDescentOptimizer(learning_rate=0.01).minimize(J)
feed_dict = {
    X: np.concatenate((blue_points, red_points)),
```

```
        c: [[1, 0]] * len(blue_points) + [[0, 1]] * len(red_points)
# 创建会话
session = tp.Session()
for step in range(100):
    J_value = session.run(J, feed_dict)
    if step % 10 == 0:
            print('Step:[%s], Loss:[%s]' % (step, J_value))
session.run(minimization_op, feed_dict)
W_value = session.run(W)
print('Weight matrix:\n', W_value)
b_value = session.run(b)
print('Bias:\n', b_value)
#绘制红点和蓝点
plt.scatter(red_points[:, 0], red_points[:, 1], color='red')
plt.scatter(blue_points[:, 0], blue_points[:, 1], color='blue')
#绘制直线
x_axis = np.linspace(-4, 4, 100)
y_axis = -W_value[0][0] / W_value[1][0] * x_axis - b_value[0] / W_value[1][0]
plt.plot(x_axis, y_axis)
plt.show()
```

感知器的代码很直观，一开始先构建出计算图，并创建相应的 placeholder 节点，接着随机初始化权重矩阵与偏置向量，并使用 softmax()方法搭建可以进行多分类的单层感知器，然后构建对数损失函数，并通过 GradientDescentOptimizer()类的 minimize()方法最小化该损失函数，学习率设置为 0.01。最后通过 Session 对象的 run()方法进行训练。为了直观，将通过训练获得的权重矩阵与偏置向量绘制成一条分割线，如图 3.19 所示。

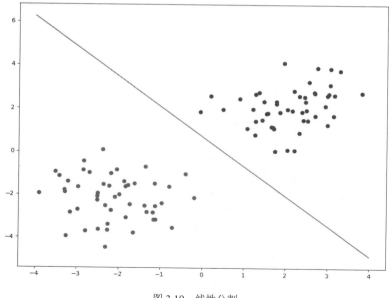

图 3.19　线性分割

训练后，权重矩阵与偏置向量的输出如下。

```
ight matrix:
 [[ 1.41939532 -1.30328116]
 [ 1.02482689 -1.22720116]]
Bias:
 [-0.71894304  0.19127161]
```

3.3.6　实现多层感知器

单层感知器实现完成，重要的不是实现了单层感知器，而是通过自己构建的深度学习框架 TensorPy 完成单层感知器，在实现 TensorPy 框架的过程中，可以说我们比较深入地理解了神经网络中的基础结构与算法。接着使用 TensorPy 实现一个多层感知器，解决单层感知器无法解决的线性不可分问题。

首先创建出分布在 4 个角落的红点和蓝点，如图 3.20 所示。通过 numpy 与 matplotlib 来简单实现这个效果。

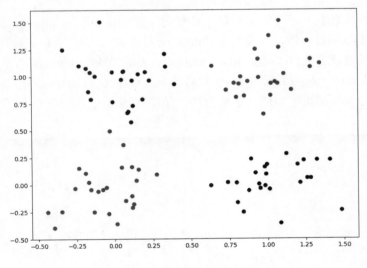

图 3.20　线性不可分散点图

```
# 在(0,0)和(1,1)处分别创建两簇红点
red_points = np.concatenate((
    0.2*np.random.randn(25,2) + np.array([[0,0]]*25),
    0.2*np.random.randn(25,2) + np.array([[1,1]]*25)
))
# 在(0,1)和(1,0)处分别创建两簇蓝点
blue_points = np.concatenate((
    0.2*np.random.randn(25,2) + np.array([[0,1]]*25),
    0.2*np.random.randn(25,2) + np.array([[1,0]]*25)
```

```
))
# 在图上标出红蓝点，4 个角都有，无法通过简单的二分类实现分割
plt.scatter(red_points[:,0], red_points[:,1], color='red')
plt.scatter(blue_points[:,0], blue_points[:,1], color='blue')
plt.show()
```

接着编写多层感知器，很简单，它比单层感知器的代码多了几句代码，用来创建一个隐藏层。

```
tp.Graph().as_default()
X = tp.placeholder()
c = tp.placeholder()
# 创建隐藏层
W_hidden = tp.Variable(np.random.randn(2, 2))
b_hidden = tp.Variable(np.random.randn(2))
p_hidden = tp.sigmoid(tp.add(tp.matmul(X, W_hidden), b_hidden))
# 创建输出层
W_output = tp.Variable(np.random.randn(2, 2))
b_output = tp.Variable(np.random.randn(2))
p_output = tp.softmax(tp.add(tp.matmul(p_hidden, W_output), b_output))
# 对数损失
J = tp.negative(tp.reduce_sum(tp.reduce_sum(tp.multiply(c, tp.log(p_output)), axis=1)))
# 最小化损失 operation
minimization_op = tp.GradientDescentOptimizer(learning_rate=0.03).minimize(J)
feed_dict = {
    X: np.concatenate((blue_points, red_points)),
    c:
        [[1, 0]] * len(blue_points)
        + [[0, 1]] * len(red_points)
}
# 创建 Session
session = tp.Session()
for step in range(1000):
    J_value = session.run(J, feed_dict)
    if step % 100 == 0:
        print('Step:[%s], Loss:[%s]' % (step, J_value))
session.run(minimization_op, feed_dict)
```

整个逻辑与单层隐藏层一样，就是使用 TensorPy 框架多创建了一个隐藏层，该隐藏层的权重矩阵与偏置向量依旧使用 numpy 来随机初始化服从标准正态分布的参数，并使用 sigmoid 函数作为隐藏层的激活函数。

接着就将训练出的多层感知器模型分类的结果可视化。

```
xs = np.linspace(-2, 2)
ys = np.linspace(-2, 2)
pred_classes = []
for x in xs:
    for y in ys:
        pred_class = session.run(p_output,
                                 feed_dict={X: [[x, y]]})[0]
```

```
            # argmax 返回最大值的索引
            pred_classes.append((x, y, pred_class.argmax()))
xs_p, ys_p = [], []
xs_n, ys_n = [], []
for x, y, c in pred_classes:
    if c == 0:
        xs_n.append(x)
        ys_n.append(y)
    else:
        xs_p.append(x)
        ys_p.append(y)
plt.plot(xs_p, ys_p, 'ro', xs_n, ys_n, 'bo')
plt.show()
```

可视化的逻辑与单层感知器有些不同，因为线性不可分问题不能通过单条直线划分来显示，所以使用色块的方式来表示多层感知器的划分情况。首先将通过 np.linspace 方法生成的 x、y 坐标传入多层感知器，并获得多层感知器输出层的输出（即 p_output），然后将输出结果的最大值对应的索引与坐标轴绑定，接着再通过这个索引来判断要给该区域绘制红色还是蓝色，可视化效果如图 3.21 所示。

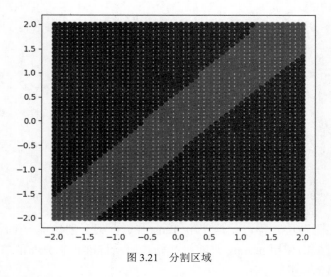

图 3.21　分割区域

训练时损失变化情况如下。

```
Step:[0], Loss:[137.504003134122]
Step:[100], Loss:[22.456315422327908]
Step:[200], Loss:[20.114600078248113]
Step:[300], Loss:[19.660302960574462]
Step:[400], Loss:[19.436186987212313]
Step:[500], Loss:[19.295458899905455]
Step:[600], Loss:[19.19654943402621]
Step:[700], Loss:[19.122262375818206]
```

```
Step:[800], Loss:[19.06394494116722]
Step:[900], Loss:[19.01668308069847]
```

对数损失函数对应的损失确实在减小，说明梯度下降算法与反向传播算法在发挥作用。至此 TensorPy 框架编写完成。

3.4 TensorFlow 简介

TensorFlow 是 Google 推出的一款神经网络框架，它支持多种编程语言以及多种平台，还支持使用 GPU 加速模型训练，并且为模型训练做了很多优化。目前 TensorFlow 可以说是最受欢迎的深度学习框架，它背后有 Google 的鼎力支持，本书中各种网络结构的构建与训练也都通过 TensorFlow 来完成。

本节介绍 TensorFlow 核心部分，不会面面俱到，而且 TensorFlow 目前依旧是高速发展的框架，所以有些 API 的调用可能会发生变更，但这并不影响对 TensorFlow 核心部分的理解，而更具体的细节请参考它的官方文档。

3.4.1 TensorFlow 安装与介绍

首先安装 TensorFlow，TensorFlow 分为 CPU 版和 GPU 版，CPU 版本的 TensorFlow 安装比较简单，但无法提供对 GPU 的支持。

CPU 版的安装步骤如下。

（1）打开命令行，进入 Anaconda 虚拟环境。

（2）pip 命令安装。

```
pip install --ignore-installed --upgrade tensorflow
```

GPU 版本的安装过程稍微繁杂一些，目前 TensorFlow 仅对 CUDA 有比较好的支持，所以要让 TensorFlow 使用 GPU，你需要准备一块 NVIDIA 的显卡。GPU 版 TensorFlow 安装步骤如下。

（1）到 NVIDIA 官方网站下载 CUDA，CUDA 是 NAIDIA 推出的使用 GPU 资源进行通用计算的 SDK。

（2）安装 CUDA 与相应的显卡驱动，显卡驱动一般会在下载的 CUDA 包中。

（3）安装 cuDNN，cuDNN 是 NVIDIA 提供的优化包，对 CNN 和 RNN 进行了高度优化，提高了其训练速度，需要注册 NVIDIA 账号申请使用并等待审核。

（4）pip 命令安装 GPU 版本的 TensorFlow。

```
pip install --ignore-installed --upgrade tensorflow-gpu
```

安装完后，简单地测试一下 TensorFlow 能否正常使用，进入 IPython 交互环境。

```
In [1]: import tensorflow as tf

In [2]: node1 = tf.constant(1)

In [3]: node2 = tf.constant(2)

In [4]: sess = tf.Session()
2018-08-31 21:11:48.842074: I tensorflow/core/platform/cpu_feature_guard.cc:141] Your
CPU supports instructions that this TensorFlow binary was not compiled to use: AVX2 FMA

In [5]: print(sess.run([node1, node2]))
[1, 2]
```

3.4.2　TensorFlow 基本概念

TensorFlow 使用计算图来描述神经网络的具体操作与结构，神经网络中的各种运算操作与参数变量在计算图中都是一个节点，节点与节点之间通过有向边连接。用户通过高级语言（如 Python）来构建一个合理的计算图，此时计算图还是一个空壳，需要向其中灌输数据，数据在计算图的边上流动，这些流动（flow）的数据称为张量（tensor），这也是 TensorFlow 框架命名的由来。回忆一下我们编写的 TensorPy 框架，其中的计算图与 TensorFlow 中的计算图类似。

在 TensorFlow 中还有一种边用于依赖控制，在这种边上是没有数据流动的，其主要作用是让这条边的起始节点执行完后再去执行目标节点，框架使用者可以通过这种边进行相应的条件控制，例如限制 TensorFlow 可以使用的最大内存。

计算图中的节点起始就是操作 Operation、变量 Variable 与占位符 placeholder，相信大家已经理解其中的含义。值得一提的是，Variable 变量一般用于存储神经网络模型中的参数，TensorFlow 允许该类型的张量将一些需要保留的数据存储到内存或显卡中，通常每一次执行神经网络对应的计算图后都会将 Variable 中的数据保存起来。同时，在网络训练过程中，这些 Variable 数据也可以被更新。

TensorFlow 中还有运算核（kernel）的概念，所谓 kernel 就是某个运算操作在某个具体硬件（CPU 或 GPU）中的实现，这样就分离了计算图的构建与模型训练时具体的执行。TensorFlow 使用计算图的原因也是如此，确保易用性的同时确保执行效率。

计算图是静态的，要想让 TensorFlow 运行计算图，就需要使用 Session 对象，Session 对象可以理解成永恒使用 TensorFlow 做模型训练时的 API 接口。用户可以通过 Session 对象的 run() 方法执行计算图，只需提出要计算的节点，同时提供运算该节点时需要的数据，TensorFlow 就会去寻找所有需要计算的依赖节点，并在底层高效地按顺序执行它们。

Session 对象实际上是 TensorFlow 的 client，client 通过 Session 对象与 master 以及多个

worker 相连接，而 worker 可以与多个硬件设备相连接，这也是 TensorFlow 执行分布式训练模型的原因。client 会将必要的数据通过 session 对象传递给 master，master 会控制所有的 worker 按流程去执行计算图。对于单机模式的 TensorFlow 而言，所谓的 client、master、worker 都在单台计算机的同一进程中，而对于分布式的 TensorFlow 而言，client、master、worker 会分布在不同设备的不同进程中，并通过一个集群调度系统管理各项任务。

TensorFlow 还对模型的训练运算做了很多优化，例如自动识别计算图中重复的计算，在运行前默认修改计算图，这种操作对用户来说是透明的，修改后的计算图功能不会变，但重复计算只会执行一次。例如 TensorFlow 会根据当前设备内存、显卡的使用情况适当调整执行顺序，以错开某些大数据同时存在内存中，对于显存比较小的 GPU，这种优化非常有必要。

3.4.3 TensorFlow 实现多层感知器

现在我们通过 TensorFlow 来实现多层感知器，其结构与此前通过 TensorPy 框架实现的多层感知器一样，两者代码也非常相似。

```python
# 在(0,0)和(1,1)处分别创建两簇红点
red_points = np.concatenate((
    0.2*np.random.randn(25,2) + np.array([[0,0]]*25),
    0.2*np.random.randn(25,2) + np.array([[1,1]]*25)
))
# 在(0,1)和(1,0)处分别创建两簇蓝点
blue_points = np.concatenate((
    0.2*np.random.randn(25,2) + np.array([[0,1]]*25),
    0.2*np.random.randn(25,2) + np.array([[1,0]]*25)
))


# 输入
X = tf.placeholder(dtype=tf.float64)
# 为训练分类创建 placeholder
c = tf.placeholder(dtype=tf.float64)

# 隐藏层
W_hidden = tf.Variable(np.random.randn(2, 2))
b_hidden = tf.Variable(np.random.randn(2))
p_hidden = tf.sigmoid(tf.add(tf.matmul(X, W_hidden), b_hidden))

# 输出层
W_output = tf.Variable(np.random.randn(2, 2))
b_output = tf.Variable(np.random.randn(2))
p_output = tf.nn.softmax(tf.add(tf.matmul(p_hidden, W_output), b_output))

# 对数损失函数
J = tf.negative(tf.reduce_sum(tf.reduce_sum(tf.multiply(c, tf.log(p_output)), axis=1)))
```

```
# 构建最小化优化器，GradientDescent
minimization_op = tf.train.GradientDescentOptimizer(learning_rate=0.01).minimize(J)

# 构建 placeholder 输入
feed_dict = {
    X: np.concatenate((blue_points, red_points)),
    c: [[1, 0]] * len(blue_points) + [[0, 1]] * len(red_points)
}

# 创建 session
session = tf.Session()

# 初始化 variable
session.run(tf.global_variables_initializer())

for step in range(1000):
    J_value = session.run(J, feed_dict)
    if step % 100 == 0:
        print('step:[%s], Loss:[%s]' % (step, J_value))
session.run(minimization_op, feed_dict)
```

代码结构函数的作用与使用 TensorPy 框架实现的多层感知器一样，不再分析。这里你可以仔细比较一下两者的差异，其实前面我们编写的 TensorPy 框架完全模仿了 TensorFlow，在编写 TensorPy 的同时，你也就理解了 TensorFlow。

我们将通过 TensorFlow 实现的多层感知器的训练结果利用与 TensorPy 感知器一样的可视化代码展示出来，可以发现结果相同。如图 3.22 所示。

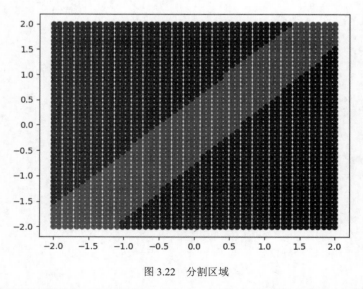

图 3.22　分割区域

在后面的神经网络编写中，不再使用 TensorPy，因为它缺失很多优化以及边界条件的考虑，例如它没有处理上溢与下溢。具体而言，所谓上溢，就是当很多特别大的值进行运算时，可能会因为该数超出了该变量类型的存储空间而变成无限大。而下溢就是很多接近零的参数被四舍五入为 0，对模型而言，接近零的值与 0 还是有很大差异的。上溢与下溢会让模型训练变得不稳定，而 TensorFlow 对每个函数操作都做了这方面的考虑，避免了这种情况的发生。

3.4.4 TensorBoard 可视化

在构建神经网络计算图进行模型训练时，我们可以可视化自己构建的计算图和整个训练过程吗？TensorBoard 可以帮你轻松实现这个需求。

TensorBoard 是 TensorFlow 官方推出的用于模型训练可视化的工具，它可以将神经网络模型中各种参数数据都通过可视化的形式展现出来，让你可以更加直观地理解自己构建的神经网络以及它的训练过程。TensorBoard 可以将标量、图片、音频、计算图等数据记录下来，并通过图表显示出来。

一般在使用 TensorFlow 构建比较复杂的神经网络并进行训练时，都会使用 TensorBoard 可视化该神经网络的结构，并在训练过程中观察诸如损失函数损失、模型准确率等关键数据的变化，从而方便我们调试、优化这个复杂的神经网络模型。

使用 TensorBoard 其实很简单，TensorFlow 已经为我们封装好了对应的方法。不同的数据类型使用不同的方法存储到日志文件中，然后通过 TensorBoard 去读取这些日志文件，TensorBoard 获得日志文件中相应的数据后，就会通过 Web 页面可视化地将其显示出来，方便我们通过浏览器直接观察神经网络的计算图结构，以及训练过程中数据的变化。

下面我们使用 TensorFlow 修改多层感知器的代码，将多层感知器中的权重、偏置、损失等参数都通过相应的方法记录到日志文件中，然后通过 TensorBoard 可视化显示出来。

为了在 TensorBoard 中直观地显示出计算图中的节点，一般会使用 with tf.name_scope()方法来定义命名空间。同样，为了方便 TensorBoard 显示，对于 placeholder 节点，也会使用 name 参数来命名。修改完的多层感知器代码如下。

```
import tensorflow as tf
import numpy as np
import matplotlib.pyplot as plt
'''
TensorFlow 实现多层感知器，与 TensorPy 简单对比
'''
# 在(0,0)和(1,1)处分别创建两簇红点
red_points = np.concatenate((
    0.2*np.random.randn(25,2) + np.array([[0,0]]*25),
     0.2*np.random.randn(25,2) + np.array([[1,1]]*25)
))
# 在(0,1)和(1,0)处分别创建两簇蓝点
blue_points = np.concatenate((
```

```python
        0.2*np.random.randn(25,2) + np.array([[0,1]]*25),
        0.2*np.random.randn(25,2) + np.array([[1,0]]*25)
))
# 计算变量均值、标准差等并记录下来
def variable_summaries(var):
    with tf.name_scope('summaries'):
        mean = tf.reduce_mean(var)
        tf.summary.scalar('mean', mean)#均值
        with tf.name_scope('stddev'):
            stddev = tf.sqrt(tf.reduce_mean(tf.square(var - mean)))
        tf.summary.scalar('stddev', stddev)#标准差
        tf.summary.scalar('max',tf.reduce_max(var))#最大值
        tf.summary.scalar('min', tf.reduce_min(var))#最小值
        tf.summary.histogram('historgram', var) #直方图
# 输入
X = tf.placeholder(dtype=tf.float64 ,name='X-input')
# 为训练分类创建 placeholder
c = tf.placeholder(dtype=tf.float64,name='c-input')
# 隐藏层
with tf.name_scope('hidden_layer'):
    with tf.name_scope('weights'):
        W_hidden = tf.Variable(np.random.randn(2, 2))
        variable_summaries(W_hidden)
    with tf.name_scope('biases'):
        b_hidden = tf.Variable(np.random.randn(2))
        variable_summaries(b_hidden)
    with tf.name_scope('wx_plus_b'):
        p_hidden = tf.sigmoid(tf.add(tf.matmul(X, W_hidden), b_hidden))
        #直方图
tf.summary.histogram('p_output', p_hidden)
# 输出层
with tf.name_scope('output_layer1'):
    with tf.name_scope('weights'):
        W_output = tf.Variable(np.random.randn(2, 2))
        variable_summaries(W_output)
    with tf.name_scope('biases'):
        b_output = tf.Variable(np.random.randn(2))
        variable_summaries(b_output)
    with tf.name_scope('wx_plus_b'):
        p_output = tf.nn.softmax(tf.add(tf.matmul(p_hidden, W_output), b_output))
tf.summary.histogram('p_output', p_output)
with tf.name_scope('log_entropy'):
    # 对数损失函数
    J = tf.negative(tf.reduce_sum(tf.reduce_sum(tf.multiply(c, tf.log(p_output)), axis=1)))
#记录标量
tf.summary.scalar('log_entropy', J)
with tf.name_scope('train'):
    # 构建最小化优化器, GradientDescent
```

```
    minimization_op = tf.train.GradientDescentOptimizer(learning_rate=0.01).minimize(J)
# 构建 placeholder 输入
feed_dict = {
    X: np.concatenate((blue_points, red_points)),
    c: [[1, 0]] * len(blue_points) + [[0, 1]] * len(red_points)
}


# 创建 session
session = tf.Session()
log_dir = r'/Users/ayuliao/Desktop/workplace/NeuralNetworks/logs2'
#记录整个计算图
train_writer = tf.summary.FileWriter(log_dir+'/train', session.graph)
test_writer = tf.summary.FileWriter(log_dir + '/test')
# 将之前定义的所有 summary 整合到一起
merged = tf.summary.merge_all()
# 初始化 variable
session.run(tf.global_variables_initializer())
saver = tf.train.Saver()
for step in range(1000):
    J_value = session.run(J, feed_dict)
    if step % 100 == 0:
        # 定义 TensorFlow 运行选项
        run_options = tf.RunOptions(trace_level=tf.RunOptions.FULL_TRACE)
        #获得当前轮训练数据元信息
        run_metadata = tf.RunMetadata()
        train_writer.add_run_metadata(run_metadata, 'step %03d' % step)
summary,J_value = session.run([merged, J], feed_dict,options=run_options, run_metadata=
run_metadata)
        train_writer.add_summary(summary, step)
saver.save(session, log_dir + '/model.ckpt', step)
        print('step:[%s], Loss:[%s]' % (step, J_value))
session.run(minimization_op, feed_dict)
train_writer.close()
test_writer.close()
```

仔细浏览多层感知器的代码，对于 placeholder 占位符使用了 name 参数，对于操作节点和变量节点，通过 with tf.name_scope 的方式限定命名空间。接着通过相应的方法将模型中的参数都记录下来，常用的方法有以下几种。

- ❑ tf.summary.scalar()：记录标量。
- ❑ tf.summary.image()：记录图像数据。
- ❑ tf.summary.histogram()：记录数据的直方图。
- ❑ tf.summary.distribution()：记录数据的分布图。
- ❑ tf.summary.FileWriter()：将前面记录的数据写入硬盘持久化保存，TensorBoard 会从这些文件中读取相应的数据来显示。因为 FileWriter()方法是异步执行的，所以你可以在训练模型的过程中使用，它不会减慢训练模型的速度。

一般的流程是，定义一个张量，并将其限定到某个命名空间中，再用相应的方法将其记录下来，例如上面记录对数损失函数的做法如下。

```
with tf.name_scope('log_entropy'):
    # 对数损失函数
    J = tf.negative(tf.reduce_sum(tf.reduce_sum(tf.multiply(c, tf.log(p_output)), axis=1)))
#记录标量
tf.summary.scalar('log_entropy', J)
```

记录完数据后，一般会通过 tf.summary.merge_all()方法将所有 tf.summary 都收集起来，再通过 tf.summary.FileWriter()方法实例出一个文件写入者。在实例化时，通常会将神经网络的整个计算图 session.graph 传入，就是让 FileWriter()将该网络的计算图写入日志文件中。最后，调用文件写入者的 add_summary()方法，将汇总结果 summary 写入日志文件。在上面代码中，每100 轮记录一次汇总结果 summary 和循环部署 step。

执行上面的代码，等待多层感知器训练结束，就可以执行 TensorBoard 程序来查看记录的数据，具体命令如下。

```
tensorboard --logdir=./logs
```

--logdir 用于指定 TensorFlow 日志文件所在的目录，TensorBoard 会自动读取该目录中的日志文件。下面来看看多层感知器的可视化效果，打开浏览器访问 127.0.0.1:6006，可以看到 SCALARS 标量标签下的可视化内容，该标签会展示所有通过 tf.summary.scalar()记录的数据，如图 3.23 所示。

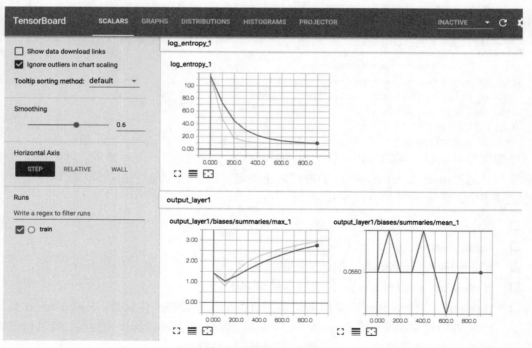

图 3.23　SCALARS 标签

　　由图可见，损失 log_entropy_1 从一开始的高位降到低位，说明多层感知器训练时，损失函数的损失逐渐减小。下面就是 output_layer1（即输出层的标量），其中展示了偏置与权重的均值、标准差、最大值、最小值等。

　　可以看到 GRAPHS 计算图标签下的可视化内容，该标签会展示初始化 tf.summary.FileWriter() 时传入的计算图，多层感知器的计算图如图 3.24 所示。

　　计算图中的每个节点都可以通过单击展开来看里面的具体信息，如图 3.25 所示。

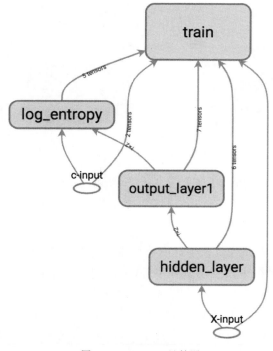

图 3.24　GRAPHS 计算图

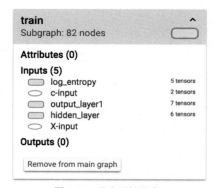

图 3.25　节点详情信息

　　通过这种方式，可以很清晰地理解自己构建的神经网络是怎么运行的。对于复杂的神经网络，理清其运行流程有助于我们去改进、调整它。然后看到 DISTRIBUTIONS 分布图，如图 3.26 所示。

　　在多层感知器的隐藏层中，我们使用 sigmoid 作为激活函数，该函数的输出范围是 0～1，看到图中 hidden_layer/wx_plus_b/p_output，该分布图的范围也是 0～1，通过这种方法，可以直观地了解神经网络中数据的变化情况。

　　在 TensorBoard 中，还可以将训练数据通过直方图进行显示，在 HISTOGRAMS 标签下。不再介绍 TensorBoard 其他细节，在后面的章节中，如果使用了某些没有介绍的内容，再单独进行介绍，如果你想了解更多内容，可以去 TensorBoard 官方网站。

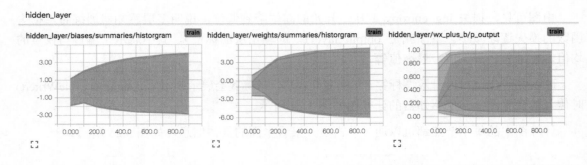

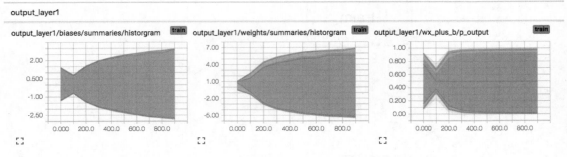

图 3.26 DISTRIBUTIONS 分布图

3.4.5 TensorFlow 模型保存方法

最后介绍 TensorFlow 模型保存的方法,对于训练复杂神经网络而言,这非常重要。对抗神经网络的诸多变种就挺复杂的,如果在训练过程中发生了意外事件,训练中断了,而此时又没有保存模型数据,那么此前的努力就白费了。对于复杂神经网络的训练需要较长的时间,如果训练到中途需要从头再来,是件很郁闷的事情,为了避免这种情况的发生,模型保存的方法就很重要。TensorFlow 提供了简单易用的 API,让我们可以轻松地保存训练时的数据,在多层感知器的代码中已经使用了相应的方法,这里系统地介绍一下。

在 TensorFlow 中主要通过 tf.train.Saver 类来实现神经网络模型的保存与读取,下面简单使用一下。

首先通过 tf.train.Saver 类将计算图中的所有变量存储起来。

```
import numpy as np
import tensorflow as tf
weight = tf.Variable(np.random.randn(2, 2))
biases = tf.Variable(np.random.randn(2))
#创建模型保存实例
saver = tf.train.Saver()
with tf.Session() as sess:
    sess.run(tf.global_variables_initializer()) #初始化所有变量
print('weight: ',sess.run(weight))
```

```
print('biases: ',sess.run(biases))
    path = saver.save(sess, 'save/model.ckpt')
    print('path:',path)
```

在上面代码中，先创建两个变量类型节点，分别是 weight 和 biases，接着通过 tf.train.Saver() 实例化用于模型保存的 saver。通常，在 Session.run()方法调用完后，将此次运行的 Session 对象整体通过 save()方法保存起来，Session 对象中就包含本轮模型训练的所有信息，对于复杂的神经网络训练，一般习惯每 100 轮做一次模型保存。这段代码的输出结果如下。

```
weight: [[-0.03896284  0.26106311]
 [ 0.57513271  1.38303664]]
biases: [-0.21374257  0.93411021]
path: save/model.ckpt
```

进入 save 目录，发现有 4 种类型的文件，它们具有不同的作用，简单了解一下。

❑ checkpoint 文件：用于维护由 tf.train.Saver 类保存的所有模型文件的文件名，它由 tf.train.Saver 类自动生成，一般不需要操作它。

❑ model.ckpt.data-xxxx-of-xxxx 文件：用于保存具体某一轮训练时模型中所有参数的数值。

❑ model.ckpt.index 文件：用于保存具体某一轮训练时模型中所有参数的参数名。

❑ model.ckpt.meta 文件：用于保存具体某一轮训练时当前模型的计算图结构。

复杂神经网络训练需要多轮，所以后 3 种类型的文件会生成多个。下面通过 tf.train.Saver 类来加载存储好的模型数据。

```
import tensorflow as tf
weight = tf.Variable(np.random.randn(2, 2))
biases = tf.Variable(np.random.randn(2))
saver = tf.train.Saver()
with tf.Session() as sess:
saver.restore(sess, 'save/model.ckpt')
print('weight: ', sess.run(weight))
print('biases: ', sess.run(biases))
```

加载数据使用 saver.restore()方法，只需指定保存时的目录，TensorFlow 就会将相应的模型文件读入并加载其中的数据，非常简单。加载模型数据的代码与保存时的代码类似，只是没有通过 sess.run(tf.global_variables_initializer())来初始化参数，而是直接从模型文件中获取这些参数，输出的值如下。

```
weight: [[-0.03896284  0.26106311]
 [ 0.57513271  1.38303664]]
biases: [-0.21374257  0.93411021]
```

3.5 小结

本章讨论了神经网络中比较核心的内容，如前向传播算法、梯度下降算法与反向传播算法，并带领大家动手编写自己的深度学习框架 TensorPy，将理论内容通过代码实践了一遍。通过这种方式，不仅内化介绍的算法，同时还熟悉了深度学习框架中常见的几个概念。接着通过 TensorPy 构建了单层感知器与多层感知器，并训练这两个网络，最后介绍了 TensorFlow 框架的核心概念与重要的用法。理解了本章的内容，对于读者阅读本书后面关于生成对抗网络的内容会更加游刃有余。

第4章 初识生成对抗网络

在上一章中，我们学习了神经网络和 TensorFlow 的一些基础知识与概念，并且分别通过 Python 和 TensorFlow 实现了简单的神经网络，相信大家对神经网络与 TensorFlow 已经有了初步的认识。有了这些前置知识，就可以讨论生成对抗网络了。

本章由浅入深地讲解生成对抗网络的内容，讨论这种网络的模型、架构以及它为什么要这么设计等。

4.1 什么是生成对抗网络

4.1.1 什么是 GAN

生成对抗网络，英文是 Generative adversarial network，简称 GAN，后面的内容中以 GAN 表示生成对抗网络。

要理解 GAN，首先要直观地明白什么是生成与对抗？

- ❏ 生成：产生一堆东西，例如产生一张图片、一段文字或一段视频，我们每时每刻都在"生成"。
- ❏ 对抗：这种现象在生活中随处可见，如羚羊与豹子对抗，豹子为了生存，要吃羚羊，而羚羊同样为了生存，要躲开豹子，两者为了活下来相互竞争，这就是一种对抗。我们每天为了升职加薪而不断奋斗也是与同事进行竞争、对抗。可以说 GAN 思想来自于生活。

与普通神经网络不同，GAN 由两个主要网络构成：一个是 Generator Network，称为生成网络或生成器；另一个是 Discriminator Network，称为判别网络或判别器。所有 GAN 网络的核心逻辑就是生成器和判别器相互对抗、相互博弈。上面说的可能有点抽象，举个常见的例子理解一下。

有两个角色：小吕和王老师。小吕是艺术学校的新生，目前绘画很差劲，但想学好绘画。

王老师是艺术学校的老师，看过很多优秀的画作，知道怎么教学生画出好画。

一天，小吕画了一幅自认为不错的画，交给王老师，王老师根据自己过去看过那么多好画的经验判断出小吕现在画得很差劲，于是王老师就告诉小吕：你这幅画画得不行，要大改，眼睛这里要改，头发这里也要改。为了作出更好的画，小吕听取了王老师的意见，改进自己的作画技巧，画出一幅新的画再交给王老师。王老师发现小吕画的画与自己印象中的好画还是有差距，于是又告诉小吕要改进哪里。小吕作画、王老师给出改进意见这个过程一直循环，直到小吕作出一幅画，王老师一看，与自己印象中的好画差不多，王老师的教导就结束了，此时小吕已经学会如何作出一幅好画了。

上面这个例子与真实的 GAN 的生成对抗过程有很多相似之处，小吕就是生成器，负责生成不同的画作；王老师就是判别器，负责判断生成器生成的画到底好不好。

生成器和判别器都有各自的任务。生成器的任务就是要作出可以获得判别器认可的画作，让判别器无法判断出生成器作的画与自己心中的好画差异在哪里。而判别器的任务是尽力判断出生成器作的画到底是不是好画，判断的标准就是自己心中的好画。

生成器和判别器执行任务的过程就是两个网络相互博弈、对抗的过程，而生成主要表现在两者博弈到最后，生成器可以生成出判别器无法判断好坏的数据，达到 GAN 的最终目的。

下面看几组 GAN 通过训练后产生的"好画"，有些图片足以以假乱真。

图 4.1 所示是 GAN 生成的卧室图。

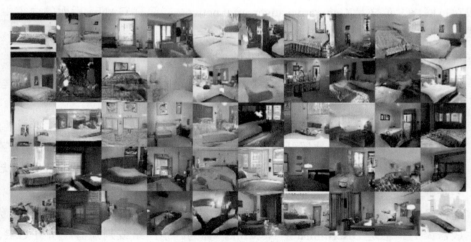

图 4.1　GAN 生成的卧室图

图 4.2 所示是 GAN 生成的真人头像。

图 4.2　GAN 生成的真人头像

4.1.2　GAN 使用范围

GAN 用途非常广泛，近年来，对 GAN 的研究也越来越多，如图 4.3 所示。

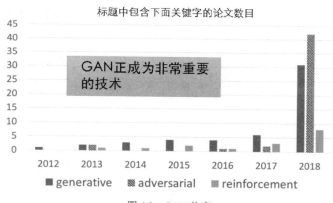

图 4.3　GAN 热度

图 4.3 统计了发布在 ICASSP 的论文中出现 generative（生成）、adversarial（对抗）和 reinforcement（强化）等几个词的论文数量，可以看出 generative、adversarial 这两个与 GAN 有直接关系的词在论文上出现的频率大幅提升，可见 GAN 的热度。

GAN 常见的用途就是生成非常真实的图片，可以为训练其他类型的神经网络提供数据源，如生成路况数据，让无人车在虚拟环境中测试，某些改良后的 GAN 可以生成超高清图片，甚至可以看到人脸上的毛孔，有了这个，你就可以生成高清海报了，为公司省下一笔广告费。

GAN 还可以用于声音领域，如将一个人的声音转变成另一个人的声音。当然单纯地转换声音，TTS 已经做得很好了。但使用 GAN 实现的声音转换，除将你的声音转成另外一个人的声音外，你的情绪依旧保留在新的声音中。除转换声音外，GAN 还可以用来去除噪声，让音源更加纯净。

在视频领域中，GAN 可以生成预测视频中下一帧的画面，我们以后有没有可能看到一部由 GAN 生成的电影？

因为 GAN 具有的一些特性，它在无监督学习和强化学习领域也独树一帜，这些在后面章节中会详细介绍。

GAN 的用途这么大，你对它的兴趣是否更浓厚了呢？

4.2　GAN 基本原理

上面对 GAN 的讲解只涉及皮毛，略微深究一下就会对以下问题充满疑惑：如 GAN 是怎么训练的；生成器怎么生成数据；判别器是怎么判断的，判断依据来自哪里等。

下面从模型结构方面深入了解 GAN，解决上面的疑惑。

4.2.1　GAN 模型详情

我们已经知道 GAN 就是一个叫生成器的东西和一个叫判别器的东西相互竞争，直到生成器可以生成出判别器无法判断其好坏的数据，那么整个流程具体是怎么样的呢？

下面以生成图片为例看一下 GAN 的简易模型，如图 4.4 所示。

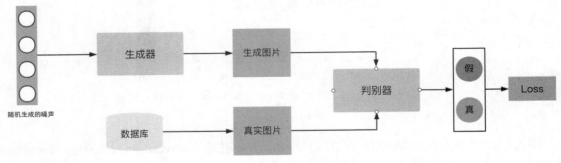

图 4.4　GAN 模型

从图 4.4 中的判别器开始看起，GAN 的训练一开始是训练判别器的，目的就是让判别器获得一个"标准"，也就是说，让判别器看一堆好的图片，从而知道好图究竟是怎么样的。这些图片可以来自于各种地方，一般你会将好的图片收集到数据库中，再从中抽取这些图片输入判别器。

训练完判别器后，判别器已经有"标准"，此时再来训练生成器，生成器的训练流程也比较简单。随便生成一组噪声给生成器即可，如生成符合正态分布的噪声，生成器会通过这些噪声生成一张图片，当然一开始这张图片是"惨不忍睹的"，这种图片过不了判别器这关。

生成图片后，判别器就会判断这张图片是来自于数据库的真实图片，还是来自于生成器的生成图片。如果判断是真实图片，就会给图片赋予一个较高的分数，如真实图片赋值为 1。如果判断是生成图片，就赋予图片一个较低的分数，如生成图片赋值为 0。同时还会产生一个损失。

你可能又会产生疑问，这里的损失是什么？怎么去优化这个损失呢？

我们知道，生成器的目标就是让判别器无法判断是生成图片还是真实图片。换种说法就是，生成器的目标是生成"真实的图片"，至少让判别器认为是真实的。生成器一开始生成的图片过于模糊抽象，判别器可以轻易地将其识别，生成器为了提高自己生成图片的能力，就要不断地学习，具体而言，就是找到自己生成的图片与真实图片的差距，然后弥补这个差距。

这里所谓的差距，其实就是损失，也就是在高维空间中生成图片的概率分布与真实图片概率分布的不同之处，具体而言就是两个概率分布的 JS 散度（Jensen-Shannon divergence），如图 4.5 所示。

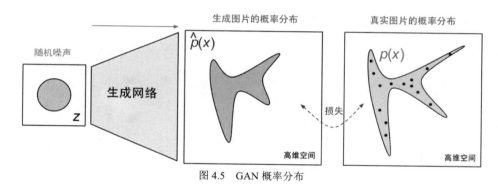

图 4.5 GAN 概率分布

而优化损失就是最小化生成图片的概率分布与真实图片的概率分布的 JS 散度，这个在后面的章节会细讲。图 4.5 中的损失只是针对生成器而言。判别器也有损失，它的损失由两部分构成：判别器给真实图片赋予的分数与目标分数（1 分）的差距；判别器给生成图片赋予的分数与目标分数（0 分）的差距。

因此又会引出一个问题：生成图片的概率分布是从生成器获得的，那么真实图片的概率分布又是从何而来？答案当然是判别器，真实数据的分布一开始是未知的，此时通过判别器去学习真实图片的分布，从而获得所谓"标准"。

还有一个细节单从 GAN 模型图中是看不来的，就是 GAN 的完整训练流程。要训练出一个可用的 GAN，一般都会反复训练多次，具体的次数因任务而定。

GAN 的大致训练流程如下（以训练 GAN 生成图片为例）。

第一步：初始化生成器和判别器，这些参数随机生成即可。

第二步：在每一轮训练中，执行如下步骤。

（1）固定生成器的参数，训练判别器的参数

a．因为生成器的参数被固定了，此时生成器的参数没有收敛，生成器通过未收敛参数生成的图片就不会特别真实。

b．从准备好的图片数据库中选择一组真实图片数据。

c．通过上面两步操作，此时就有了两组数据：一组是生成器生成的图片数据；另一组是真实图片数据。通过这两组数据训练判别器，让其对真实图片赋予高分，给生成图片赋予低分。

（2）固定判别器，训练生成器。

a．随机生成一组噪声喂给生成器，让生成器生成一张图片。

b．将生成的图片传入判别器中，判别器会给该图片一个分数（如 0.22），生成器的目标就是使这个分数更高，生成出判别器可以赋予高分的图片。

4.2.2　对抗的本质

继续深入 GAN，加深对训练过程的理解，GAN 的训练过程如图 4.6 所示。

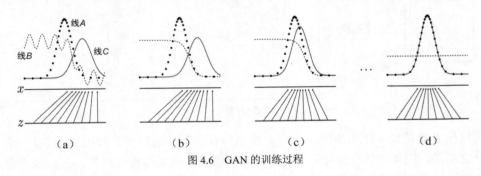

图 4.6　GAN 的训练过程

图 4.6 有以下 3 种线。

- ❑　线 A：真实数据的分布。
- ❑　线 B：判别器的判别分数。
- ❑　线 C：生成器生成的数据分布。

从图 4.6 中可以看出，一开始［图 4.6（a）］，代表真实数据分布的线 A 与代表生成数据分布的线 C 差异较大，此时代表判别器分数的线 B 可以比较准确地判断出真实数据和生成数据，它给真实数据赋予较高的分值，而给生成数据赋予较低的分值。随着 GAN 训练次数的增加，为了生成出可以让判别器赋予高分的数据，生成器生成数据的分布渐渐向真实数据的分布靠拢［图 4.6（b）、（c）］。当生成器完全学习到真实数据的分布情况时，判别器就无法区分它们了，无论是对真实数据还是生成数据，都赋予相同的分数［图 4.6（d）］。

在图 4.6 中，真实数据的分布是从判别器学习而来的，所以在训练 GAN 时要先训练判别器，让其获得真实数据的分布作为"标准"。

下面从数学角度来解释。

（1）从数据库中拿出真实数据 x，将其放到判别器 $D(x)$ 中，目标是让 $D(x)$ 输出的值接近 1。

（2）将随机噪声 z 输入生成器 $G(z)$，生成器希望判别器给自己生成的数据输出的值接近 1，即 $D(G(z))$ 输出接近 1；而判别器希望自己给生出数据输出的值接近 0，即 $D(G(z))$ 输出接近 0，如图 4.7 所示。

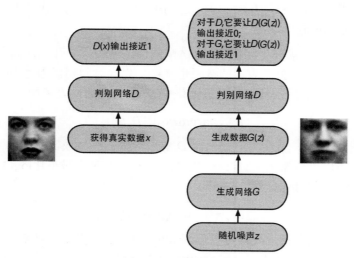

图 4.7　GAN 数学流程

GAN 公式如下。

$$\min_G \max_D V(D, G) = E_{x \sim P_{\text{data}}(x)}[\log D(x)] + E_{z \sim P_z(z)}[\log(1 - D(G(z)))]$$

理解 GAN 公式是进一步理解 GAN 的必经过程，所以下面就来简单讲讲该公式。一开始我们需要定义出判别器和生成器，这里就将 D 定义为判别器，G 定义为生成器。接着要做的就是训练判别器，让它可以识别真实数据，也就有了 GAN 公式的前半部分。

$$E_{x \sim P_{\text{data}}(x)}[\log D(x)]$$

其中，$E_{x \sim P_{\text{data}}(x)}$ 表示期望 x 从 P_{data} 分布中获取；x 表示真实数据，P_{data} 表示真实数据的分布。

前半部分的意思就是：判别器判别出真实数据的概率，判别器的目的就是要最大化这一项，简单地说，就是对于服从 P_{data} 分布的 x，判别器可以准确得出 $D(x) \approx 1$。

接着看 GAN 公式略微复杂的后半部分。

$$E_{z \sim P_z(z)}[\log(1 - D(G(z)))]$$

其中，$E_{z \sim P_z(z)}$表示期望 z 是从$P_z(z)$分布中获取；z 表示生成数据；$P_z(z)$表示生成数据的分布。

对于判别器 D 而言，如果向其输入的是生成数据，即$D(G(z))$，判别器的目标就是最小化$D(G(z))$，即判别器希望$D(G(z)) \approx 0$，也就是判别器希望$\log(1 - D(G(z)))$最大化。

但对生成器来说，它的目标却与判别器相反，生成器希望自己生成的数据被判别器打上高分，即希望$D(G(z)) \approx 1$，也就是最小化$\log(1 - D(G(z)))$。生成器只能影响 GAN 公式的后半部分，对前半部分没有影响。

现在已经可以理解公式 $V(D, G) = E_{x \sim P_{\text{data}}(x)}[\log D(x)] + E_{z \sim P_z(z)}[\log(1 - D(G(z)))]$，但为什么 GAN 公式中还有$\min_G \max_D$呢？

要理解$\min_G \max_D$，就需要先回忆一下 GAN 的训练流程。一开始，固定生成器 G 的参数专门去训练判别器 D。GAN 公式表达的意思也一样，先针对判别器 D 去训练，也就是最大化$D(x)$和$\log(1 - D(G(z)))$的值，从而达到最大化 $V(D, G)$的目的，表述如下。

$$D_G^* = \text{argmax}_D V(D, G)$$

当训练完判别器 D 后，就会固定判别器 D 的参数去训练生成器 G，因为此时判别器已经过一次训练了，所以生成器 G 的目标就变成：当$D = D_G^*$时，最小化$\log(1 - D(G(z)))$的值，从而达到最小化 $V(D, G)$的目的。表述如下：

$$G^* = \text{argmin}_G V(G, D_G^*)$$

通过上面分成两步的分析，我们可以理解$\min_G \max_D$的含义，简单来说，就是先从判别器 D 的角度最大化 $V(D, G)$，再从生成器 G 的角度最小化 $V(D, G)$。

上面公式讲解中，大量使用对数，对数函数在它的定义域内是单调增函数，数据取对数后，并不会改变数据间的相对关系，这里使用对数是为了让计算更加方便。

4.3　TensorFlow 实现朴素 GAN

前面讲解了那么多 GAN 的基础知识，我们已经比较深入地了解 GAN 了，但如果不动手将上面的理论知识融入实战中，你依旧无法内化上面的内容，所以接着就通过 TensorFlow 来实现一个朴素 GAN。

4.3.1　朴素 GAN 生成 MNIST 数据集

本节主要是使用一个最简单的 GAN，训练这个 GAN，使它可以生成与真实图片一样的手写数字图片。希望你已经理解了前面介绍的 GAN 内容，下面直接进行代码的编写。

（1）导入第三方库。

```
import tensorflow as tf
import numpy as np
import pickle
import matplotlib.pyplot as plt
```

使用 TensorFlow 来实现 GAN 的网络架构，并对构建的 GAN 进行训练；使用 numpy 来生成随机噪声，用于给生成器生成输入数据；使用 pickle 来持久化地保存变量；最后使用 matplotlib 来可视化 GAN 训练时两个网络结构损失的变化，以及 GAN 生成的图片。

（2）因为是要训练 GAN 生成 MNIST 手写数据集中的图片，需要读入 MNIST 数据集中的真实图片作为训练判别器 D 的真实数据，TensorFlow 提供了处理 MNIST 的方法，可以使用它读入 MNIST 数据。

```
from tensorflow.examples.tutorials.mnist import input_data
# 读入 MNIST 数据
mnist = input_data.read_data_sets('./data/MNIST_data')
img = mnist.train.images[500]
#以灰度图的形式读入
plt.imshow(img.reshape((28, 28)), cmap='Greys_r')
plt.show()
```

在上面的代码中，我们选择了 MNIST 中的第 500 个数据，并将其进行可视化，从而对 MNIST 数据集有一个直观的认识，并证明数据读入成功，如图 4.8 所示。

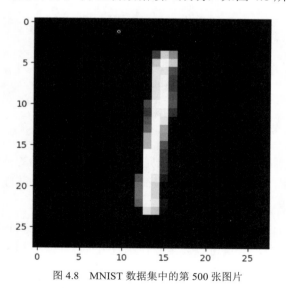

图 4.8　MNIST 数据集中的第 500 张图片

读入 MNIST 图片后，每一张图片都由一个一维矩阵表示，如图 4.8 所示。

```
print(type(img))
print(img.shape)
```

输出如下。

```
<class 'numpy.ndarray'>
(784,)
```

TensorFlow 在 1.9 版本后，input_data.read_data_sets 方法不会自动下载，如果本地没有 MNIST 数据集，就会报错，所以我们必须事先将它下载好。

接着定义用于接收输入的方法，使用 TensorFlow 的 placeholder 占位符来获得输入的数据。

```
def get_inputs(real_size, noise_size):
    real_img = tf.placeholder(tf.float32, [None, real_size], name='real_img')
    noise_img = tf.placeholder(tf.float32, [None, noise_size], name='noise_img')
    return real_img, noise_img
```

然后就可以实现生成器和判别器了，先来看生成器，代码如下。

```
def generator(noise_img, n_units, out_dim, reuse=False, alpha=0.01):
'''
生成器
 :paramnoise_img: 生成器生成的噪声图片
    :paramn_units: 隐藏层单元数
    :paramout_dim: 生成器输出的 tensor 的 size，应该是 32×32=784
    :param reuse: 是否重用空间
    :param alpha: leakeyReLU 系数
:return:
    '''
with tf.variable_scope("generator", reuse=reuse):
        #全连接
        hidden1 = tf.layers.dense(noise_img, n_units)
        #返回最大值
        hidden1 = tf.maximum(alpha * hidden1, hidden1)
        hidden1 = tf.layers.dropout(hidden1, rate=0.2, training=True)
        #dense: 全连接
        logits = tf.layers.dense(hidden1, out_dim)
        outputs = tf.tanh(logits)
        return logits, outputs
```

可以发现生成器的网络结构非常简单，只是一个具有单隐藏层的神经网络，其整体结构为输入层→隐藏层→输出层，一开始只是编写最简单的 GAN，在后面的高级内容中，生成器和判别器的结构会复杂一些。

简单解释一下上面的代码，首先使用 tf.variable_scope 创建了一个名为 generator 的空间，主要目的是实现在该空间中，变量可以被重复使用且方便区分不同卷积层之间的组件。

接着使用 tf.layers 下的 dense 方法将输入层和隐藏层进行全连接。tf.layers 模块提供了很多封装层次较高的方法，使用这些方法，我们可以更加轻松地构建相应的神经网络结构。这里使用 dense 方法，其作用就是实现全连接。

我们选择 Leaky ReLU 作为隐藏层的激活函数，使用 tf.maximum 方法返回通过 Leaky ReLU

激活后较大的值。

然后使用 tf.layers 的 dropout 方法，其做法就是按一定的概率随机弃用神经网络中的网络单元（即将该网络单元的参数置 0），防止发生过拟合现象，dropout 只能在训练时使用，在测试时不能使用。最后再通过 dense 方法，实现隐藏层与输出层全连接，并使用 Tanh 作为输出层的激活函数（试验中用 Tanh 作为激活函数生成器效果更好），Tanh 函数的输出范围是 $-1\sim1$，即表示生成图片的像素范围是 $-1\sim1$，但 MNIST 数据集中真实图片的像素范围是 $0\sim1$，所以在训练时，要调整真实图片的像素范围，让其与生成图片一致。

Leakey ReLU 函数是 ReLU 函数的变种，与 ReLU 函数的不同之处在于，ReLU 将所有的负值都设为零，而 Leakey ReLU 则给负值乘以一个斜率。

接着看判别器的代码。

```
defdiscirminator(img, n_units, reuse=False, alpha=0.01):
    '''
判别器
    :paramimg: 图片（真实图片/生成图片）
:paramn_units:
:param reuse:
:param alpha:
:return:
    '''
    with tf.variable_scope('discriminator', reuse=reuse):
        hidden1 = tf.layers.dense(img, n_units)
        hidden1 = tf.maximum(alpha * hidden1, hidden1)
        logits = tf.layers.dense(hidden1, 1)
        outputs = tf.sigmoid(logits)
        return logits, outputs
```

判别器的实现代码与生成器没有太大差别，稍有不同的地方就是，判别器的输出层只有一个网络单元且使用 sigmoid 作为输出层的激活函数，sigmoid 函数输出值的范围是 $0\sim1$。

生成器和判别器编写完成后，接着就来编写具体的计算图，首先做一些初始化工作，如定义需要的变量、清空 default graph 计算图。

```
img_size = mnist.train.images[0].shape[0]#真实图片大小
noise_size = 100 #噪声,Generator 的初始输入
g_units = 128#生成器隐藏层参数
d_units = 128
alpha = 0.01 #leaky ReLU 参数
learning_rate = 0.001 #学习速率
smooth = 0.1 #标签平滑
# 重置 default graph 计算图以及 nodes 节点
tf.reset_default_graph()
```

然后我们通过 get_inputs 方法获得真实图片的输入和噪声输入，并传入生成器和判别器进行训练，当然，现在只是构建 GAN 整个网络的训练结构。

```python
#生成器
g_logits, g_outputs = generator(noise_img, g_units, img_size)

#判别器
d_logits_real, d_outputs_real = discirminator(real_img, d_units)
# 传入生成图片, 为其打分
d_logits_fake, d_outputs_fake = discirminator(g_outputs, d_units, reuse=True)
```

上面的代码将噪声、生成器隐藏层节点数、真实图片大小传入生成器,传入真实图片的大小是因为要求生成器可以生成与真实图片大小一样的图片。

判别器一开始先传入真实图片和判别器隐藏层节点,为真实图片打分,接着再用相同的参数训练生成图片,为生成图片打分。

训练逻辑构建完成,接着就定义生成器和判别器的损失。先回忆一下前面对损失的描述,判别器的损失由判别器给真实图片打分与其期望分数的差距、判别器给生成图片打分与其期望分数的差距两部分构成。这里定义最高分为 1、最低分为 0,也就是说判别器希望给真实图片打 1 分,给生成图片打 0 分。生成器的损失实质上是生成图片与真实图片概率分布上的差距,这里将其转换为,生成器期望判别器给自己的生成图片打多少分与实际上判别器给生成图片打多少分的差距。

```
d_loss_real = tf.reduce_mean(tf.nn.sigmoid_cross_entropy_with_logits(
    logits=d_logits_real, labels=tf.ones_like(d_logits_real))*(1-smooth))
d_loss_fake = tf.reduce_mean(tf.nn.sigmoid_cross_entropy_with_logits(
    logits=d_logits_fake, labels=tf.zeros_like(d_logits_fake)
))
#判别器总损失
d_loss = tf.add(d_loss_real, d_loss_fake)
g_loss = tf.reduce_mean(tf.nn.sigmoid_cross_entropy_with_logits(
    logits=d_logits_fake, labels=tf.ones_like(d_logits_fake))*(1-smooth))
```

计算损失时使用 tf.nn.sigmoid_cross_entropy_with_logits 方法,它对传入的 logits 参数先使用 sigmoid 函数计算,然后再计算它们的 cross entropy 交叉熵损失,同时该方法优化了 cross entropy 的计算方式,使得结果不会溢出。从方法的名字就可以直观地看出它的作用。

损失定义好后,要做的就是最小化这个损失。

```
# generator 中的 tensor
g_vars = [var for var in train_vars if var.name.startswith("generator")]
# discriminator 中的 tensor
d_vars = [var for var in train_vars if var.name.startswith("discriminator")]
#AdamOptimizer 优化损失
d_train_opt = tf.train.AdamOptimizer(learning_rate).minimize(d_loss, var_list=d_vars)
g_train_opt = tf.train.AdamOptimizer(learning_rate).minimize(g_loss, var_list=g_vars)
```

要最小化损失,先要获得对应网络结构中的参数,也就是生成器和判别器的变量,这是最小化损失时要修改的对象。这里使用 AdamOptimizer 方法来最小化损失，其内部实现了 Adam 算法，该算法基于梯度下降算法，但它可以动态地调整每个参数的学习速率。

至此整个计算结果大致定义完成，接着开始实现具体的训练逻辑，先初始化一些与训练有关的变量。

```
batch_size = 64 #每一轮训练数量
epochs = 500 #训练迭代轮数
n_sample = 25 #抽取样本数
samples = [] #存储测试样例
losses = [] #存储 loss
#保存生成器变量
saver = tf.train.Saver(var_list=g_vars)
```

编写训练具体代码。

```
with tf.Session() as sess:
    # 初始化模型的参数
sess.run(tf.global_variables_initializer())
    for e in range(epochs):
        for batch_i in range(mnist.train.num_examples // batch_size):
            batch = mnist.train.next_batch(batch_size)
            #28 × 28 = 784
            batch_images = batch[0].reshape((batch_size, 784))
            # 对图像像素进行 scale，这是因为 Tanh 输出的结果介于(-1,1)之间，real 和 fake 图片共
            享 discriminator 的参数
            batch_images = batch_images * 2 -1
            #生成噪声图片
            batch_noise = np.random.uniform(-1,1,size=(batch_size, noise_size))
            #先训练判别器，再训练生成器
            _ = sess.run(d_train_opt, feed_dict={real_img: batch_images, noise_img
            :batch_noise})
            _ = sess.run(g_train_opt, feed_dict={noise_img:batch_noise})
        #每一轮训练完后，都计算一下 loss
        train_loss_d = sess.run(d_loss, feed_dict={real_img:batch_images, noise_img
        :batch_noise})
        # 判别器训练时真实图片的损失
        train_loss_d_real = sess.run(d_loss_real, feed_dict={real_img:batch_images,
noise_img:batch_noise})
        # 判别器训练时生成图片的损失
        train_loss_d_fake = sess.run(d_loss_fake, feed_dict={real_img:batch_images,
noise_img:batch_noise})
        # 生成器损失
        train_loss_g = sess.run(g_loss, feed_dict= {noise_img: batch_noise})
        print("训练轮数 {}/{}...".format(e + 1, epochs),
        "判别器总损失: {:.4f}(真实图片损失: {:.4f} + 虚假图片损失: {:.4f})...".format
(train_loss_d,
        train_loss_d_real,
        train_loss_d_fake),"生成器损失: {:.4f}".format(train_loss_g))
        # 记录各类 loss 值
```

```
losses.append((train_loss_d, train_loss_d_real, train_loss_d_fake, train_loss_g))
# 抽取样本后期进行观察
sample_noise = np.random.uniform(-1, 1, size=(n_sample, noise_size))
#生成样本，保存起来后期观察
gen_samples = sess.run(generator(noise_img, g_units, img_size, reuse=True),
feed_dict={noise_img:sample_noise})
samples.append(gen_samples)
# 存储 checkpoints
saver.save(sess, './data/generator.ckpt')
with open('./data/train_samples.pkl', 'wb') as f:
pickle.dump(samples,f)
```

一开始当然是创建 Session 对象，然后使用双层 for 循环进行 GAN 的训练，第一层表示要训练多少轮，第二层表示每一轮训练时，要取的样本量，因为一口气训练完所有的真实图片效率会比较低，一般的做法是将其分割成多组，然后进行多轮训练，这里 64 张为一组。

接着就是读入一组真实数据，因为生成器使用 Tanh 作为输出层的激活函数，导致生成图片的像素范围是-1～1，所以这里也简单调整一下真实图片的像素访问，将其从 0～1 变为-1～1，然后使用 numpy 的 uniform 方法生成-1～1 之间的随机噪声。准备好真实数据和噪声数据后，就可以丢入生成器和判别器了，数据会按我们之前设计好的计算图运行，值得注意的是，要先训练判别器，再训练生成器。

当本轮将所有的真实图片都训练了一遍后，计算一下本轮生成器和判别器的损失，并将损失记录起来，方便后面可视化 GAN 训练过程中损失的变化。为了直观地感受 GAN 训练时生成器的变化，每一轮 GAN 训练完都用此时的生成器生成一组图片并保存起来。训练逻辑编写完后，就可以让训练代码运行起来，输出如下内容。

```
训练轮数 1/500... 判别器总损失: 0.0190(真实图片损失: 0.0017 + 虚假图片损失: 0.0173)...
生成器损失: 4.1502
训练轮数 2/500... 判别器总损失: 1.0480(真实图片损失: 0.3772 + 虚假图片损失: 0.6708)...
生成器损失: 3.1548
训练轮数 3/500... 判别器总损失: 0.5315(真实图片损失: 0.3580 + 虚假图片损失: 0.1736)...
生成器损失: 2.8828
训练轮数 4/500... 判别器总损失: 2.9703(真实图片损失: 1.5434 + 虚假图片损失: 1.4268)...
生成器损失: 0.7844
训练轮数 5/500... 判别器总损失: 1.0076(真实图片损失: 0.5763 + 虚假图片损失: 0.4314)...
生成器损失: 1.8176
训练轮数 6/500... 判别器总损失: 0.7265(真实图片损失: 0.4558 + 虚假图片损失: 0.2707)...
生成器损失: 2.9691
训练轮数 7/500... 判别器总损失: 1.5635(真实图片损失: 0.8336 + 虚假图片损失: 0.7299)...
生成器损失: 2.1342
```

整个训练过程会花费 30～40 分钟。

4.3.2　训练与效果展示

训练完后，可视化训练中的数据变化，首先来看 GAN 训练中生成器和判别器损失的变化，代码如下,可视化结果如图 4.9 所示。

```
figfig,axax  = plt.subplots(figsize=(20,7))
losses = np.array(losses)
plt.plot(losses.T[0], label='Discriminator Total Loss')
plt.plot(losses.T[1], label='Discriminator Real Loss')
plt.plot(losses.T[2], label='Discriminator Fake Loss')
plt.plot(losses.T[3], label='Generator Loss')
plt.title("Training Losses")
plt.legend()
```

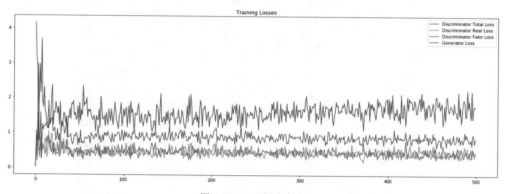

图 4.9 GAN 损失变化

从图 4.9 中可以直观地看出,在 GAN 一开始训练时,判别器和生成器的损失都是比较高的,训练到后面时,两者的损失就稳定在一个较低的区域了。

将生成器在最后一轮训练时生成的数据可视化一下,看看能不能明显地判断出这是真实图片还是生成图片。

```
with open('./data/train_samples.pkl', 'rb') as f:
    samples = pickle.load(f)
defview_img(epoch,samples):
    fig, axes = plt.subplots(figsize=(7,7), nrows=5, ncols=5, sharex=True,sharey=True)
    for ax,img in zip(axes.flatten(), samples[epoch][1]):
        ax.xaxis.set_visible(False)
        ax.yaxis.set_visible(False)
        im = ax.imshow(img.reshape((28,28)), cmap="Greys_r")
    plt.show()
view_img(-1,samples)
```

效果如图 4.10 所示。严格来说,其中有些图片还是较为模糊的,但也有些图片显得非常真实。

接着直观地感受一下 GAN 训练中生成器的变化,我们抽取 500 轮训练中的几轮变化,可视化其中每一轮生成器生成图片的效果。

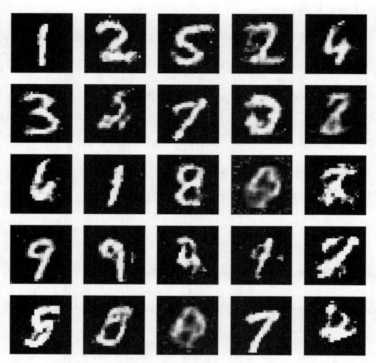

图 4.10　最后一轮输出图

```
defview_all():
    #从 0 开始抽取，每次隔 50
    epoch_index = [x for x in range(0,500,50)]
    show_imgs = []
    for i in epoch_index:
        show_imgs.append(samples[i][1])
    rows, cols = len(epoch_index) ,len(samples[0][1])
    fig, axes = plt.subplots(figsize=(30,20), nrows=rows, ncols=cols, sharex=True,sharey=True)
    index = range(0, 500, int(500/rows))
    for sample, ax_row in zip(show_imgs, axes):
        for img, ax in zip(sample[::int(len(sample)/cols)], ax_row):
            ax.imshow(img.reshape((28,28)), cmap='Greys_r')
            ax.xaxis.set_visible(False)
            ax.yaxis.set_visible(False)
plt.show()
```

生成图像的效果如图 4.11 所示。生成器一开始只会生成满是噪声的图片，随着训练次数的增加，生成器生成的图片越来越真实。

到这里我们就使用 TensorFlow 完成了一个最简单的 GAN，后面会使用 TensorFlow 实现各种 GAN 的变种，进一步感受 GAN 的魅力。

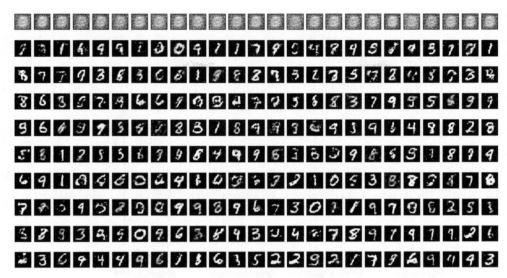

图 4.11　训练过程中生成图像的变化

4.4　关于 GAN 的几个问题

通过上面讲解 GAN 和实现朴素 GAN 的内容，相信大家已经对 GAN 有了全面且较深刻的理解，但理解得越深入，了解得越全面，对 GAN 的几个问题就越感到困扰。GAN 是什么？其实就是生成器和判别器相互对抗的一种网络架构。我们已经深入了解了生成器、判别器以及它们之间的关系，但为什么生成器生成数据时需要与判别器对抗呢？为什么一定要判别器的介入呢？换句话说，为什么生成器自己不直接生成出真实的数据？当然对于判别器也有类似的疑惑，判别器既然已经有了"标准"，为什么不自己直接生成数据呢？而是费尽心力地去教生成器，让它来生成数据？这不是南辕北辙吗？下面就来回答这两类问题。

4.4.1　为什么生成器 *G* 生成数据需要判别器 *D* 介入

为了系统地解释这个问题，我们先要理解结构化学习（Structured Learing），简单来讲。结构化学习的神经网络会输出一个"结构"，例如一个句子、一张图、一段音频等，而不像传统的回归分析或分类问题（回归分析通常输出一个标量，而分类问题通常输出一个类别）。

结构化学习要输出一个"结构"，因为"结构"可能的取值范围太大了，所以在训练时，结构化学习的神经网络不可能学习到所有的"结构"。以训练翻译模型为例，翻译模型输出的翻译句子在训练时大概率没有遇到过，这其实就要求翻译模型具有创造力，同时输出合理的"结构"，也要求模型具有大局观，可以从整体上理解自己创造出来的东西。

因为输出的是一个"结构",如输出的是一句话,这句话由一个个单词组成,只有明白了这些单词之间的关系,输出的这句话才能合理,即模型要有大局观,理解构成自己输出结构最小单元之间的关系,才能输出合理的"结构"。

大致明白了结构化学习后,回到一开始的问题,为什么生成器 G 生成数据需要判别器 D 介入?生成器直接生成较真实的数据不可以吗?其实是可以的。

怎么才能单纯地让生成器生成较真实的图片?构建一个普通的神经网络就好了。按传统的思路,准备好标注了编码的图片数据集,在该数据集中,每一张图片都有相对的编码,将标注好编码的图片数据集丢入神经网络中训练,输入一个图片编码,就会输出一张图片,最小化输出图片与该编码对应真实图片之间的损失,这就是标准的有监督学习,如图 4.12 所示。

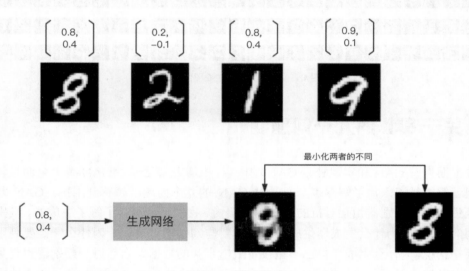

图 4.12 有监督学习

但问题是,怎么获得与图片对应的编码?随机生成,人工手动输入?都不现实,我们可以使用自编码器(auto-encoder)来解决这个问题。通过自动编码,我们可以获得图片的高维特征编码,其结构如图 4.13 所示。

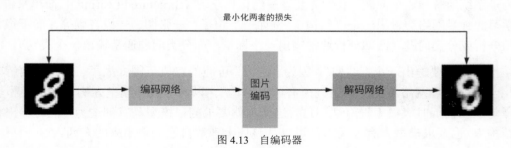

图 4.13 自编码器

输入一张真实的图片，通过编码网络，将图片转换成相应的图片编码，然后再利用解码网络，将图片编码回一张图片，最后通过训练，最小化输入图片和输出图片的损失，当训练完成后，就可以获得与输入图片特征相关的特征编码了。

可以发现，自编码器结构的后半部分就是我们要的生成器，通过一组编码获得一张图片，但依旧有些问题。自编码器对真实图片进行了训练，其中的解码器已经可以通过图片的编码解码出相应的图片，但不能输入随机的图片编码，因为随机的图片编码在训练中没有学过，解码时就可能产生混乱，从而生成一张噪声图片。

解决方法就是使用变分自编码器（Variational Auto-Encode，VAE），简单来说，它会对编码器添加约束，强迫编码器产生服从正态分布的图片编码。VAE 对真实图片进行训练后，解码器就能对符合正态分布的任意随机噪声进行解码，从而生成合理的图片，如图 4.14 所示。

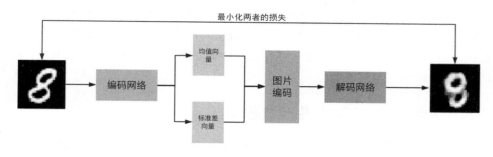

图 4.14　变分自编码器

回到问题，如果想通过生成器单独生成较真实的图片，可以通过 VAE 来训练真实图片，然后将它的解码网络当作生成器，此时生成器就可以单独生成图片了。

但 VAE 同样面临着一个严重的问题，就是没有大局观。VAE 的解码网络获得一个符合正态分布的随机输入后，就会构建相应的输出图片，其构建的流程就是一个像素一个像素往图片上填，但它并不能明白像素与像素之间的关系，虽然最终可以输出一张图片，但这种图片可能会存在问题，如图 4.15 所示。

使用 VAE 训练真实图片数字 0，想获得该图片的编码，VAE 要求输出图片与输入图片的损失尽量小，所以 VAE 会输出在数字 0 中多了一个小点的图片，因为它与原图片只有一个像素点不同，而另外一张图片却有 5 个像素点不同。很明显，0 中多一个小点的图片更符合 VAE 的要求，但在我们看来，0 中多了一个小点使得整张图片都很突兀，感觉不行，但另外一张，虽然比原本的图片多了 5 个像素，但在我们看来却可以接受，没感觉有多大的差别。

因为 VAE 没有大局观，它不能理解构成输出"结构"的组件之间的关系，这就导致 VAE 只能模仿真实数据的表层，无法理解真实数据中内部组件的关系。这其实是 VAE 网络结构上的缺陷，在同一层的神经单元无法相互影响，例如输出层要输出像素，输出层间的神经单元是没有连接的，如图 4.16 所示。

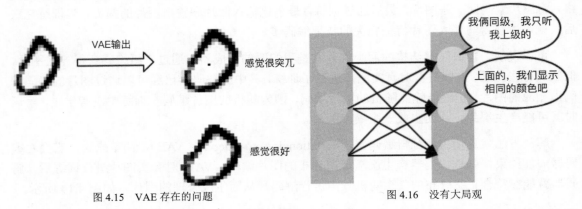

图 4.15　VAE 存在的问题　　　　　　　图 4.16　没有大局观

　　要解决这种结构上带来的问题，一种很暴力的方法就是让 VAE 网络结构更深一些。这样就可能让组件之间的关系在输出层的上层就表达好了，这也是为什么 VAE 在生成图片时，其网络结构都比 GAN 复杂，要生成的图片越复杂，VAE 的网络结构也要相应越复杂，这始终不是一个好的方法。

4.4.2　为什么判别器 D 不自己生成数据

　　解决了生成器是否可以单独生成数据的问题，接着就来看判别器为何不自己生成数据？这其实更耐人寻味，回忆 GAN 的训练过程，判别器会先学习真实图片的分布，从而获得"标准"。既然判别器已经知道好的图片是什么样子，为何不自己动手生成，反而去教生成器如何生成呢？其实判别器也是可以自己生成数据的，但会遇到一些问题，下面来详细讨论一下。

　　在 GAN 中判别器的作用其实很简单，获得一份数据，给这份数据打分。如果认为它是真实的数据，就给予高分；如果认为它是生成数据，就给予低分。要做到这一点，判别器自身就要有"标准"，其实就是一种全局观的表现，判别器要总览输入它的图片，从而进行判断。相对于生成器而言，判别器拥有大局观，可以理解输出结构组件与组件之间的关系。

　　假设现在已经拥有了一个可以判断真实图片和生成图片的判别器，那它如何单独生成图片？一个做法就是，穷举一定数量的像素下可以产生的所有图片，将这些图片都输入判别器，其中判别器打分最高的图片，就可以认为是判别器生成的图片。

　　用数学语言表示，就是将 X 范围内的所有 x 都穷举一遍并输入判别器 D 中，获得分数最高的 x，就是判别器生成的图片，记为 $\check{x}$，则有

$$\check{x} = \mathrm{argmax}_{x \in X} D(x)$$

　　例如，用判别器生成 25×25 大小的手写数字图片，那么就穷举 25×25 像素可以组成的所有图片，然后用判别器判断出得分最高的像素组合，从而获得一张图片，但是要穷举那么大的

数据量，可行吗？

先假设找到一种算法，让穷举这种想法可行，那么判别器是如何训练出可以判别出生成图片和真实图片这种能力的呢？也就是一开始的假设，我们假设已经有了这样的判别器，但现实是，我们并没有。

要训练出一个可以区分真实图片和生成图片的判别器，就需要真实图片和生成图片作为数据进行训练，生成图片从哪来？因为你现在要做的都是判别器单独生成图片，所以生成图片从判别器来，这就出现了"死锁"问题，训练判别器需要生成图片，而获得生成图片需要一个已训练好的判别器。

可否将通过随机噪声生成的图片交由判别器训练呢？可以，此时训练判别器通过的是真实图片和噪声图片，这样训练出来的判别器的判别能力就好很多，稍微好一点的图片（比噪声图片好很多），就给予高分。但在我们看来，判别器给予高分的图片与真实图片之间还有很大的差距。其实可以进行如下操作。

（1）一开始使用真实图片和随机生成的噪声图片训练出一个判别能力较差的判别器，通过穷举的方法获得判别器生成的图片（即计算 $\hat{x} = \text{argmax}_{x \in X} D(x)$ 这个公式），这些图片会比原始的噪声图片要好。

（2）使用真实图片和生成的图片来训练出一个判别器，此时的判别器的判别能力会比上一代好。

（3）循环这个过程，直到判别器生成的图片与真实图片没有太大的差异。

一个新的问题就是，为何训练出的判别器不能直接生成与真实图片差异较小的图片？穷举所有可能，获得判别器打分最高的那种可能作为判别器的生成数据，那么分数最高的应该就是与真实数据最接近的数据，此时生成的数据应该与真实数据非常接近才对，那么上面的算法就没有意义，因为无法进行第 3 步，毕竟真实图片与生成图片都一样了。

但实际上，数据分布在高维空间中，你通过生成数据和真实数据来训练判别器，判别器会给生成数据所对应的分布赋予低分，给真实数据所对应的分布赋予高分。但高维空间很广阔，其他区域在训练判别器时并没有涉及，这些部分判别器给予的分数可能比真实数据还要高，这种可能性较高，因为高维空间很大，那么此时生成的就是这部分分布对应的数据，它可能是比较模糊的图片，此时使用这些生成数据和真实数据一起再次训练判别器，让判别器将此前没有考虑的分布也考虑进去，压低它的分数。训练判别器就是循环这个过程。

训练判别器的方法明确了，但真的要进行穷举吗？

4.4.3 为什么选择 GAN

通过前面的讨论，我们知道单独使用生成器或判别器来生成图片都会面临一定的困难，简单总结一下。

（1）对生成器而言，它可以通过自编码器的网络结构轻松地生成数据，但是生成的数据只是对真实数据的简单模仿，原因就是生成器无法理解构成其输出结构的组件与组件之间的关系，丧失大局观。

（2）对判别器而言，它拥有大局观，可以把控组件与组件之间的关系，但生成数据并不总是可行的，特别是当判别器的网络结构较复杂时，穷举就会有很大的困难，这也会导致判别器无法训练。

但将生成器和判别器结合起来的 GAN 就解决了上面的问题，GAN 通过两个模型的优点互补了模型遇到的问题。通过判别器，让生成器有了大局观；通过生成器让判别器可以轻松地生成图片。两个模型通力合作，构成 GAN。

数学化的语言就是判别器利用生成器来求解 $\check{x} = \mathrm{argmax}_{x \in X} D(x)$，获得 $\check{x}$，生成器依旧以一个组件一个组件的形式生成结构数据，但通过判别器来学习组件之间的关系。

4.5　小结

本章一开始通过生活中的例子引入 GAN 的概念，让读者对 GAN 有了初步的概念后，再通过各种问题引导读者思考，通过解答问题逐步深入 GAN，让读者对 GAN 的理解经历直观理解→模型层面理解→数学层面理解→代码层面理解 4 个过程。阅读完本章内容，相信读者对 GAN 已经有了整体把握。如果你还想了解更深的细节，可以阅读 GAN 的论文 *Generative Adversarial Nets*。下一章会带领读者更进一步，理解支撑 GAN 的数学理论，感受公式推导证明的乐趣。

第5章　生成对抗网络的数学原理

上一章对 GAN 模型进行了深入的介绍，但还不够入木三分。本章尝试从数学的角度去剖析 GAN 的思想，通过相关的公式推导，让大家再次感受数学之美的同时加深对 GAN 的认知，下面进入数学之旅。

5.1　拟合真实分布

我们都知道 GAN 的一个重要运用就是生成逼真的图像。生成逼真图像在 GAN 出现之前就是一个重要的研究方向，本节简单讨论一下在 GAN 出现之前，图像生成工作是怎么实现的，再与当下 GAN 进行简单的对比，从而加深对 GAN 的理解。

首先从最大似然估计开始讨论，最大似然估计是机器学习中非常常见的用于估计模型参数的方法。

5.1.1　最大似然估计

最大似然估计（Maximum Likelihood Estimation，MLE）是一种利用已知信息，反向推导出最有可能产生这些信息的模型参数的方法。假设现在我手上有一些已知数据，这些数据是由一个模型产生的，但我不知道该模型的参数，那我就通过手上的已知数据去计算模型参数，将计算出的模型参数当作模型的正常参数。背后的思想就是，既然某些数据已经知道了，说明模型是最有可能产生这些数据的（已产生），所以通过这些数据反向推导出的模型参数就最有可能是模型的真实参数。

下面举一个常见的抽球例子来直观地解释最大似然估计。

假设有一个装有黑球与白球的不透明盒子，这些球除颜色外其余都相同，盒子中黑球和白球的比例未知。现在让你有放回地从盒子中抽取一个球，有放回地抽取是为了确保每次抽取都是一个独立事件，因为使用最大似然估计的前提条件是每个事件都是独立同分布的，所有每次抽取有放回是很重要的。现在你有放回地重复抽取了 10 次，其中 7 次是白球，3 次是黑球，问你不透明盒子里黑球与白球的比例是多少？一个直接的答案就是 3:7，即盒子中 30%是黑球，70%是白球。但这毕竟是个人主观的答案，能否通过数学理论证明盒子中球的比例很可能是 3:7 呢？我们可以使用最大似然估计来求取盒子中球的比例。

要使用最大似然估计，就先从数学上理解它。使用最大似然估计就要求其中的每个事件都是独立同分布的，假设$x_1, x_2, \cdots, x_n$事件是独立同分布的，现在有个模型产生了这些事件，模型的参数θ未知，那么模型产生这些事件的概率就可以表示为如下形式。

$$f(x_1, x_2, \cdots, x_n | \theta) = f(x_1 | \theta) \cdot f(x_2 | \theta) \cdot \cdots \cdot f(x_n | \theta)$$

现在我们想求出模型的参数θ，使用最大似然估计来求解。它的核心思想是，既然$x_1, x_2, \cdots, x_n$事件已经发生了，那么就认为具有确定参数的该模型最有可能产生$x_1, x_2, \cdots, x_n$，也就是认为，通过$x_1, x_2, \cdots, x_n$事件反推出最有可能产生这些事件的模型参数是合理的，因为在这个参数下，$x_1, x_2, \cdots, x_n$才最有可能发生。可能有点绕，直接看表达式。

$$L(\theta | x_1, x_2, \cdots, x_n) = f(x_1, x_2, \cdots, x_n | \theta) = \prod_{i=1}^{n} f(x_i | \theta)$$

这个表达式简明地表述了上面的一大段话，首先看到原本的公式$f(x_1, x_2, \cdots, x_n | \theta)$，它表示模型在一个参数$\theta$下产生了事件$x_1, x_2, \cdots, x_n$，此时模型参数是已知的。而$L(\theta | x_1, x_2, \cdots, x_n)$虽然与$f(x_1, x_2, \cdots, x_n | \theta)$相等，但含义却完全不同，它表示既然$x_1, x_2, \cdots, x_n$事件已经发生了，则说明模型最有可能产生这些事件，那么就可以通过这些已知的事件来求解未知的模型参数θ。

$f(x_1, x_2, \cdots, x_n | \theta)$是$\theta$已知，但事件$x_1, x_2, \cdots, x_n$未知；$L(\theta | x_1, x_2, \cdots, x_n)$是$\theta$未知，但事件$x_1, x_2, \cdots, x_n$已知。

为了简化计算，对公式两边取对数，方便后面求导计算，变换后公式如下。

$$\ln L(\theta | x_1, x_2, \cdots, x_n) = \ln \sum_{x_i}^{n} f(x_i | \theta)$$

$\ln L(\theta | x_1, x_2, \cdots, x_n)$成为对数似然，做除法运算，就可以获得平均对数似然。

$$\hat{e} = \frac{1}{n} \ln L(\theta | x_1, x_2, \cdots, x_n)$$

理解了最大似然估计的计算方法后，回到刚刚的抽球问题，只需要将相应的数值代入平均对数似然的公式，就可以得到两球的比例。

$$\hat{e} = \frac{1}{10} \ln L(\theta | x_1, x_2, \cdots, x_{10}) = \frac{1}{10} \ln[\theta^7 (1-\theta)^3] \quad \text{（独立事件概率相乘取对数）}$$

最大似然估计就是求取模型参数θ，使得出现抽中 7 次白球、3 次黑球的可能性最大，那么只需求导并令导数为 0 获取极值即可，该极值就是θ的值。换句话说，当θ为该值时，抽 10 次球，出现 7 次白球的可能性最大，具体求解如下。

$$\hat{e}'(\theta) = 7\theta^6(1-\theta)^3 - 3\theta^7(1-\theta)^2 = 0$$

$$7\theta^6(1-\theta)^3 = 3\theta^7(1-\theta)^2 \Rightarrow \theta = 0.7$$

通过上面计算，获得白球的概率为 0.7，但盒子中白球真的占 70% 吗？不一定，可能盒子里的白球只占 10%，只是你此时运气特别好，有放回地 10 次抽取总是抽中白球而已。这里要说明的是，最大似然估计计算出来的模型参数并不一定是真实的模型参数，可能因为抽样样本比较少，导致算出来的结果与真实情况大相径庭。它只是一种认为当前已有数据参数了，那么就认为模型最有可能产生这些数据，从而通过这些数据反推出的模型参数也是最有可能的一种估计方法。当抽样样本越来越多时，最大似然估计获得的结果才会越来越准确，即当 $n \to \infty$，$\theta' \to \theta$，其中 θ' 是最大似然估计结果，θ 是真实结果。

最大似然估计严谨的数学定义是，给定数据集 $\chi = x_1, x_2, \cdots, x_n$，一个待拟合的分布族 $p_\theta(x)$，求 $\hat{\theta}$ 使得似然 $L(\theta|\chi) = \log p_\theta(\chi)$ 最大。

在抽球问题中，我们通过求导获得极大值，计算后，获得唯一一个极值。但有些情况下，求导为 0 获得的极值不一定是唯一的，此时需要进一步去验证求出的所有值，这些值里面只有一个最大值。

当 $p_\theta(x)$ 是指数分布族时，$L(\theta|\chi)$ 导数为 0，其极值只有一个，该值就是最大值。证明如下。

指数分布族的概率密度函数为

$$p_\theta(x) = h(x)\exp\left(\theta^{\mathrm{T}} \cdot T(x) - A(\theta)\right)$$

其中，x 表示该分布密度函数的自变量；θ 表示一个参数向量；$T(x)$ 表示充分统计量（sufficient statistic）；$A(\theta)$ 表示配分函数（log partition function）且 $A(\theta)$ 是凸函数。

在最大似然问题中，$p_\theta(x)$ 如果是指数分布族，则满足指数分布族的概率密度函数，将其代入最大似然公式中，就获得如下公式。

$$L(\theta|\chi) = \log h(\chi) + \theta^{\mathrm{T}} \sum_{i=1}^{n} x_i - nA(\theta)$$

其中，$h(\chi) = \prod_{i=1}^{n} h(x_i)$ 是一个常数；$A(\theta)$ 是凸函数；则 $-A(\theta)$ 是凹函数；$\theta^{\mathrm{T}} \sum_{i=1}^{n} x_i$ 是一个线性函数；三者求和获得的 $L(\theta|\chi)$ 也是一个凹函数；对凹函数求导为 0，可以获得唯一一个极大值，完成证明。

一般而言，凸函数是向下凸的，形状像向下凹陷的碗状；而凹函数是向上凹，形状像一个小山丘。所以对凹函数求极值，获得的是最大值；对凸函数求极值，获得的是极小值。

5.1.2　最大似然估计拟合分布

简单讨论最大似然估计后，就可以尝试解答一开始的疑问了，即 GAN 没有提出之前，图像生成是怎么实现的?

在 GAN 中,要实现图像生成,其简单原理就是想让生成器学会真实图像在高维空间中的分布。在 GAN 没有出现前,这个想法就已经有了,即通过某种模型来拟合真实图像的分布,当某个模型拟合了真实图像在高维空间中的分布后,就可以通过这个模型来生成图像了。

现在的问题就变成如何找到可以拟合高维空间中图像分布的模型,这其实可以利用最大似然估计的思想。假设真实图像在高维空间中的分布为 $P_{\text{data}}(x)$,该分布我们无法准确地知道,因为我们无法获得所有真实图像,但可以通过抽样的方式来获得 $P_{\text{data}}(x)$ 大致的分布,接着定义一个模型 $P_G(x;\theta)$,假设该模型生成的数据服从正态分布,现在要做的就是通过训练计算出一个 θ 来最小化 $P_G(x;\theta)$ 分布与真实图像分布 $P_{\text{data}}(x)$ 之间的差异。

为了方便理解,通过数学语言来描述,首先从真实分布 $P_{\text{data}}(x)$ 中抽取一些样本 $x_1, x_2, \cdots, x_n$,这些样本都是真实图像,按最大似然估计的思想,即这些数据被抽取了出来,就说明这些数据最有可能从真实分布 $P_{\text{data}}(x)$ 中抽取出来。如果从 $P_G(x;\theta)$ 分布中抽取出了同样的样本,就可以说明 $P_G(x;\theta)$ 分布与真实图像分布 $P_{\text{data}}(x)$ 是相同或相似的。那么现在要做的就是计算出模型 $P_G(x;\theta)$ 中的 θ,让该模型生成数据的分布最有可能抽取出与 $P_{\text{data}}(x)$ 相同的样本,其实就是利用最大似然。

$$L = \prod_{i=1}^{n} P_G(x_i|\theta)$$

利用从真实分布 $P_{\text{data}}(x)$ 中抽取出来的样本来计算 $P_G(x;\theta)$,希望找到一个 θ,让 $P_G(x;\theta)$ 最有可能生成同样的样本,即最大化似然函数 L,可表达为如下公式。

$$\theta^* = \text{argmax}_\theta \prod_{i=1}^{n} P_G(x_i;\theta)$$

5.1.3　最大似然估计与 KL 散度的关系

通过前面的讨论已经知道,可以通过最大似然估计的方式来获得一个模型 $P_G(x;\theta)$ 用于生成图像,之所以可以用来生成图像,是因为经过最大似然估计后,可以获得一个 θ,让 $P_G(x;\theta)$ 拟合真实图像的分布。

为了更深入地理解,我们来推导一下上一节获得的最大似然公式。

$$\theta^* = \text{argmax}_\theta \prod_{i=1}^{n} P_G(x_i;\theta)$$

$$= \text{argmax}_\theta \prod_{i=1}^{n} \log P_G(x_i;\theta)$$

因为 x_i 是从 $P_{\text{data}}(x)$ 中抽取出来的,所以可以将上式表达为如下形式。

$$\theta^* \approx \text{argmax}_\theta E_{x \sim P_{\text{data}}}[\log P_G(x; \theta)]$$

将其以积分形式展开:

$$\theta^* \approx \text{argmax}_\theta \int_x P_{\text{data}}(x) \log P_G(x; \theta)\, dx$$

可以向公式中添加一项,该项与 $P_G(x; \theta)$ 无关,所以添加变换后的公式的最终的计算结果与未变化前是相同的。

$$\theta^* \approx \text{argmax}_\theta \int_x P_{\text{data}}(x) \log P_G(x; \theta)\, dx - \int_x P_{\text{data}}(x) \log P_{\text{data}}(x)\, dx$$

$$= \text{argmax}_\theta \int_x P_{\text{data}}(x) \left(\log P_G(x; \theta) - \log P_{\text{data}}(x)\right) dx$$

回忆一下 KL 散度(相对熵)的内容,不难发现,上面的公式就是 KL 散度的形式,那么最终的推导结果如下。

$$\theta^* \approx \text{argmax}_\theta \text{KL}(P_{\text{data}} \parallel P_G)$$

到这里可以直观地知道最大化似然函数 L,以计算出一个可以生成真实图像的模型 $P_G(x; \theta)$,其本质就是最小化真实分布 P_{data} 与生成分布 P_G 的相对熵。

5.2 生成对抗网络

前面讨论了以最大似然估计的方式来获得生成图像模型的方法,这种方法是可行的,但有比较大的约束,即 $P_G(x; \theta)$ 模型不能太复杂。例如 $P_G(x; \theta)$ 服从正态分布,那么通过最大似然估计的方式就可以计算出 $P_G(x; \theta)$,但如果 $P_G(x; \theta)$ 是一个非常复杂的分布,那么使用这种方式难以获得一个理想的模型。这种强制性的约束会造成各种限制,而我们希望的是 $P_G(x; \theta)$ 可以为任意分布,这就需要引出 GAN 了。

5.2.1 生成器拟合分布

在 GAN 中有两个主要的组成部分,分别是生成器与判别器。这里先讨论生成器,因为通过最大似然估计的方式能计算复杂分布的 $P_G(x; \theta)$,所以 GAN 的方法就是使用一个神经网络来完成这个事情,而这个神经网络就是生成器,因为神经网络可以拟合任意的分布,所以生成器不存在最大似然估计会遇到的问题。

对于 GAN 中的生成器而言,它会接收一个噪声输入,这个噪声输入可以来自于正态分布、均匀分布或其他任意分布,经过生成器复杂的神经网络变换,输出的数据可以组成一种复杂的分布,最小化这个分布与真实分布之间的差异即可。对于输入给生成器的数据分布不用太在意,因为生成器是一个复杂的神经网络,它有能力将输入的数据"改造"成各式各样的数据分布,如图 5.1 所示。

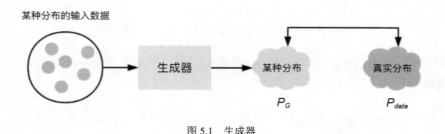

图 5.1 生成器

那么对生成器而言,它的目标函数为

$$G^* = \mathrm{argmin}_G \mathrm{Div}(P_G, P_{\mathrm{data}})$$

即最小化生成分布P_G与真实分布P_{data}之间的距离$\mathrm{Div}(P_G, P_{\mathrm{data}})$。

因为我们无法准确地知道生成分布P_G与真实分布P_{data}具体的分布情况,所以依旧使用采样的方式来解决这个问题,即从数据集中抽取一个样本,将抽取出的样本的分布看成是P_G与P_{data}的分布。这种做法背后的思想其实是大数定理,知道了两个分布后,就可以通过训练生成器来最小化两分布之间的距离了。

5.2.2 判别器计算分布的差异

生成器可以最小化生成分布P_G与真实分布P_{data}之间的距离,但如何定义这个距离,即生成器目标函数中的$\mathrm{Div}(P_G, P_{\mathrm{data}})$如何定义呢?

GAN 可以通过判别器来定义这两个分布的距离,简单回顾一下判别器,如图 5.2 所示。

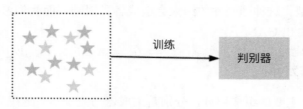

图 5.2 判别器

使用真实数据与生成数据来训练判别器,训练的目标是让判别器可以分辨出哪些数据是真实数据哪些数据是生成数据,即给真实数据打高分,给生成数据打低分,其公式为

$$V(G, D) = E_{x \sim P_{\mathrm{data}}}[\log D(x)] + E_{x \sim P_G}[\log(1 - D(x))]$$

对于从真实分布 P_{data} 中抽样的样本 x 就打高分，即最大化 $\log D(x)$；对于从生成分布 P_G 中抽样的样本 x 就打低分，即最大化 $\log(1 - D(x))$，那么判别器 D 的目标函数为

$$D^* = \text{argmax}_D V(D, G)$$

训练判别器就像训练一个二元分类器，其实质就是可以识别出真实数据与生成数据，如图 5.3 所示。

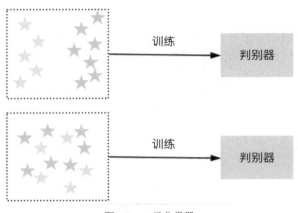

图 5.3　二元分类器

从图 5.3 可以看出，一开始，生成器还不会生成与真实图像很接近的生成图像，此时判别器做二分类就可以轻易地识别出输入的数据是真实数据还是生成数据，此时两种分布直接的相隔距离较大。但随着训练加多，生成数据与真实数据的分布会越来越接近，此时判别器无法将生成数据与真实数据完全区分开，两分布之间的距离相隔较小。

回到一开始的话题，生成器在训练时需要先定义出生成分布 P_G 与真实分布 P_{data} 之间的距离 $\text{Div}(P_G, P_{\text{data}})$，而两分布的之间距离可以由判别器来定义。

$$D^* = \text{argmax}_D V(D, G),$$

从而生成器可以获得新的目标公式。

$$G^* = \text{argmin}_G \text{Div}(P_G, P_{\text{data}}) \Longrightarrow G^* = \text{argmin}_G \max_D V(G, D)$$

5.2.3　GAN 的数学推导

通过前面的讨论，已经明白了生成器用来拟合真实分布，判别器用来测量真实分布与生成分布之间的距离，接着我们就来推导一下 $\text{argmin}_G \max_D V(G, D)$。

因为在训练生成器之前，先要有两分布之间距离的定义，所以这里就来推导 $\max_D V(G, D)$。

将判别器的目标函数变换成积分的形式。

$$V = E_{x \sim P_{\text{data}}}[\log D(x)] + E_{x \sim P_G}[\log(1 - D(x))]$$

$$= \int_x P_{\text{data}}(x) \log D(x)\, \mathrm{d}x + \int_x P_G(x) \log(1 - D(x))\, \mathrm{d}x$$

$$= \int_x [P_{\text{data}}(x) \log D(x) + P_G(x) \log(1 - D(x))]\, \mathrm{d}x$$

因为判别器希望 $V(G, D)$ 最大，其实就是要求上式的中间部分最大，即 $P_{\text{data}}(x) \log D(x) + P_G(x) \log(1 - D(x))$ 最大，为了简化计算，我们将 P_{data} 记为 a，将 $D(x)$ 记为 D，将 $P_G(x)$ 记为 b，则 $P_{\text{data}}(x) \log D(x) + P_G(x) \log(1 - D(x))$ 变换成如下形式。

$$f(D) = a \log(D) + b \log(1 - D)$$

要找到一个 D 使得 $f(D)$ 函数最大，求其导数为 0 的值即可。

$$\frac{\mathrm{d}f(D)}{\mathrm{d}D} = a \frac{1}{D} - b \frac{1}{1 - D} = 0$$

将上式进行简单的变化：

$$a \frac{1}{D} = b \frac{1}{1 - D}$$
$$a - aD = bD$$
$$D = \frac{a}{a + b}$$

令 a 与 b 替换原来的值，获得如下公式。

$$D^*(x) = \frac{P_{\text{data}}(x)}{P_{\text{data}}(x) + P_G(x)}$$

推导出 $\max_D V(G, D)$，就可以将推导出的值代入生成器的目标函数中。

$$V(G, D^*) = E_{x \sim P_{\text{data}}} \left(\log \frac{P_{\text{data}}(x)}{P_{\text{data}}(x) + P_G(x)} \right) + E_{x \sim P_G} \left(\log \frac{P_G(x)}{P_{\text{data}}(x) + P_G(x\acute{\text{U}})} \right)$$

将其变换为积分形式。

$$V(G, D^*) = \int_x P_{\text{data}}(x) \log \frac{P_{\text{data}}(x)}{P_{\text{data}}(x) + P_G(x)}\, \mathrm{d}x + \int_x P_G(x) \log \frac{P_G(x)}{P_{\text{data}}(x) + P_G(x)}\, \mathrm{d}x$$

做一些简单的变换：

$$V(G, D^*) = \int_x P_{\text{data}}(x) \log \frac{\frac{1}{2} P_{\text{data}}(x)}{\frac{P_{\text{data}}(x) + P_G(x)}{2}}\, \mathrm{d}x + \int_x P_G(x) \log \frac{\frac{1}{2} P_G(x)}{\frac{P_{\text{data}}(x) + P_G(x)}{2}}\, \mathrm{d}x$$

$$= -2 \log 2 + \int_x P_{\text{data}}(x) \log \frac{P_{\text{data}}(x)}{\frac{P_{\text{data}}(x) + P_G(x)}{2}}\, \mathrm{d}x + \int_x P_G(x) \log \frac{P_G(x)}{\frac{P_{\text{data}}(x) + P_G(x)}{2}}\, \mathrm{d}x$$

上面推导出的这个公式就是 JS 散度，回忆一下 JS 散度的公式。

$$M = \frac{1}{2}(P + Q)$$

$$JS(P \parallel Q) = \frac{1}{2}D(P \parallel M) + \frac{1}{2}D(Q \parallel M)$$

可以看出 $V(G, D^*)$ 用于类似的样式，所以可以将 $V(G, D^*)$ 简化一下。

$$V(G, D^*) = -2\log 2 + \mathrm{KL}\left(P_{\text{data}} \parallel \frac{P_{\text{data}} + P_G}{2}\right) + \mathrm{KL}\left(P_G \parallel \frac{P_{\text{data}} + P_G}{2}\right)$$
$$= -2\log 2 + 2JS(P_{\text{data}} \parallel P_G)$$

推导到这里就可以得出，生成器最小化 GAN 的目标函数就是最小化真实分布与生成分布之间的 JS 散度，即最小化两个分布的相对熵。

直观地展示一下上面的公式推导，这里使用简单的二维的函数图像来简化复杂分布的表示，如图 5.4 所示。

首先，对判别器而言，其目标函数为 $\max_D V(D, G)$，即找到函数的最高点，如图 5.4 中的圆点就是该分布的最高点。接着将该点代入生成器的目标函数，就可以获得一个高度 $V(G, D^*)$，该高度就是生成分布与真实分布的 JS 散度，生成器的目标就是最小化这个 JS 散度，而判别器的目标就是尽力测量出生成分布与真实分布的 JS 散度。

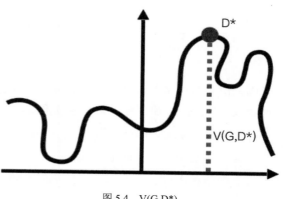

图 5.4　V(G,D*)

5.2.4　GAN 的本质

通过上面对 GAN 目标函数的推导，最终发现 GAN 的目标函数就是 JS 散度，那么 GAN 做的事情简单而言就是，通过判别器找到当前生成分布与真实分布的 JS 散度，然后再通过生成器生成数据构成新的生成分布，从而减小生成分布与真实分布之间的 JS 散度。

从生成器的角度看，它就是最小化 $\max_D V(G, D)$，将 $\max_D V(G, D)$ 记为 $L(G)$，那么生成器要做的就是对 $L(G)$ 函数做微分运算，计算出生成器参数要更新的值，然后通过梯度下降算法更新生成器的参数。

$$\theta_G = \theta_G - \eta \frac{\partial L(G)}{\partial \theta_G}$$

一个值得思考的问题是，$\max_D V(G, D)$ 可以微分吗？答案是可以。举个具体例子，假设现在有函数 $g(x) = \max\{f_1(x), f_2(x), f_3(x)\}$，对 $g(x)$ 求微分，就是对 $g(x)$ 中最大的那个函数求微分，其直观形式如图 5.5 所示。

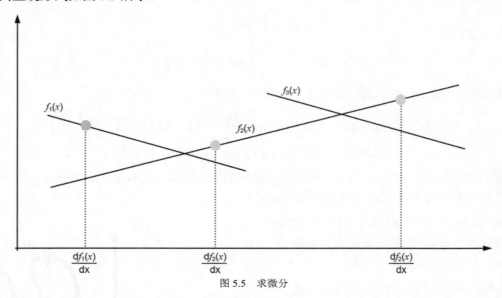

图 5.5　求微分

因为$g(x)$是由多个函数组成的，所有对$g(x)$求微分也就是对不同函数求微分，因为$g(x)$只选择函数中最大的，那么对于某个区域来说，就对该区域最大的函数求导即可，如图 5.5 所示。

同理，对于 GAN 中的$\max_D V(G, D)$也是一样，该函数求微分与普通函数求微分相似，用数学语言描述 GAN 的训练过程如下。

（1）固定生成器 G，训练判别器 D，获得$\max_D V(G, D)$。

（2）固定判别器 D，对$\max_D V(G, D)$做微分，从而计算出生成器参数要更新的值。

$$\theta_G = \theta_G - \eta \frac{\partial L(G)}{\partial \theta_G} = \theta - \eta \nabla L(\theta_G)$$

（3）往返上面两步，直到 GAN 收敛。

但在 GAN 的代码实现上，训练 GAN 时通常都会训练多次，如固定判别器 D，然后训练多次生成器，让生成器最小化 JS 散度。这就会产生一个疑问，如果固定判别器 D 后会训练多次生成器，那么生成器的参数就会被更新多次，这就导致函数$V(G, D)$发生了变化，而此时判别器 D 的参数是被固定的，那么对判别器而言，变化后函数$V(G, D)$所在的点不是最大值所在的点，直观形式如图 5.6 所示。

一开始，判别器计算出$\max_D V(G, D)$在D_0^*的位置，将该位置的值代入可以获得生成分布与真实分布的 JS 散度，即$V(G, D_0^*)$。然后再通过训练生成器来减少两分布之间的 JS 散度，训练生成器其实就是更新生成器上的各种参数，而更新生成器的参数就会导致目标函数$V(G, D_0^*)$发生变化，发生变化后的函数，其$\max_D V(G, D)$可能不在D_0^*所在的位置。如图 5.6 中变化后的函数，其$\max_D V(G, D)$获得的值应该为D_1^*，但因为训练时固定着判别器，所以依旧使用D_0^*，那么就无法获得生成分布与真实分布的 JS 散度，既然有这个问题，为什么还要这样训练呢？

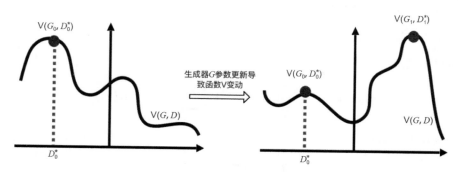

图 5.6　V(G,D)发生变化

通过上面的分布，可以知道每次改变生成器 G，整个函数就会改变，此时固定的判别器 D不一定再表示最大值$\max_D V(G, D)$，即无法获得两分布的 JS 散度。但实际上，依旧可以将当前判别器获得的值看成与 JS 散度非常相近的值，因为生成器 G 在每次训练时，不会相对于上一次有一个较大的变动，从而导致函数$V(G, D)$变化过大，此时依旧可以近似将D_0^*看成变动后函数$V(G, D)$最大值的近似值。当生成器 G 经过一定次数训练后，函数$V(G, D)$变化可能比较大，此时再训练判别器 D，即找出新函数的 JS 散度。

在理论推导上，判别器 D 可以推导计算出$\max_D V(G, D)$，但在实际实现上，该值不一定是最大值。判别器 D 本身也是一个神经网络，我们训练该网络，希望可以找到$\max_D V(G, D)$表示该函数最大的值，但因为函数$V(G, D)$可能比较复杂，判别器通常无法获得该函数的全局最优，而是获得该函数的局部最优。实际上在训练 GAN 网络时，并不会强制要求判别器 D 找到$V(G, D)$全局最大值，只要获得一个可以接受的局部最优解即可。

值得一提的是，因为我们无法确切地获得真实分布P_{data}与生成分布P_G的值，所以通过抽样的方式来获得样本，以样本的分布来近似地表示真实分布与生成分布，即$x_1 x_2, \cdots, x_n \in P_{\text{data}}(x)$、$x_1', x_2', \cdots, x_n' \in P_G(x)$，那么判别器的目标函数就可以变成如下形式。

$$\max_D V = E_{x \sim P_{\text{data}}}[\log D(x)] + E_{x \sim P_G}[\log 1 - D(x)] \Longrightarrow$$

$$\max_D V' = \frac{1}{n} \sum_{i=1}^{n} \log D(x_i) + \frac{1}{n} \sum_{i=1}^{n} \log\big(1 - D(x_i')\big)$$

换个角度看，判别器其实就是一个二元分类器，使用 sigmoid 激活函数作为最后一层的输出（sigmoid 输出的值在 0～1），$x_1 x_2, \cdots, x_n \in P_{\text{data}}(x)$是该二元分类器的积极样本，而$x_1', x_2', \cdots, x_n' \in P_G(x)$是该二元分类的消极样本，通过两种不同的数据来训练该分类器，从而最小化两分布的交叉熵损失，最小化两分布的交叉熵损失等价于最大化V'，即$\max_D V'$。

现在再回头来看 GAN 的算法，用数学语言描述如下。

（1）获得样本，真实样本 $x_1, x_2, \cdots, x_n \in P_{\text{data}}(x)$，噪声样本 $z_1, z_2, \cdots, z_n \in P_z(z)$，生成样本 $x_1', x_2', \cdots, x_n' \in P_G(x)$。

（2）固定生成器 G，训练判别器 D。

判别器目标函数：

$$\max_D V' = \frac{1}{n}\sum_{i=1}^{n}\log D(x_i) + \frac{1}{n}\sum_{i=1}^{n}\log\big(1 - D(x_i')\big)$$

更新判别器的参数：

$$\theta_D = \theta_D + \eta\nabla V'(\theta_D)$$

$\max_D V'$ 通常无法获得最大值，局部最优即可。

（3）固定判别器 D，训练生成器 G。

生成器目标函数：

$$V' = \frac{1}{n}\sum_{i=1}^{n}\log D(x_i) + \frac{1}{m}\sum_{i=1}^{n}\log\big(1 - D(G(z_i))\big)$$

因为前面一项与生成器没有关系，所以可以将 V' 简化为：

$$V' = \frac{1}{m}\log\big(1 - D(G(z_i))\big)$$

更新生成器的参数：

$$\theta_G = \theta_G - \eta\nabla V'(\theta_G)$$

通常我们会训练多次判别器 D 后才训练一次生成器，因为生成器参数更新太多，就会让 V' 函数发生较大的变化，从而导致生成器减小的不再是两分布的 JS 散度。

5.3　统一框架 F-GAN

经过上面的讨论，我们知道了通常使用 JS 散度来定义生成分布与真实分布之间的差异，训练生成器的本质就是减小两分布 JS 散度的过程。那么是否可以不使用 JS 散度而使用其他方式来定义两种分布的差异呢？本节就以这个问题为中心展开讨论，从而引出 GAN 的统一框架 F-GAN。

5.3.1　f 散度

我们从 f 散度开始讨论，f 散度本质上是一个函数，其公式如下。

$$D_f(P \parallel Q) = \int_x q(x) f\left(\frac{p(x)}{q(x)}\right) \mathrm{d}x$$

其中f表示$D_f(P \parallel Q)$的超参数。

当f函数满足下面两个条件时，我们就可以使用$D_f(P \parallel Q)$来简单地衡量两种概率分布之间的差异。

- ❑ f函数是一个凸函数。
- ❑ $f(1) = 0$。

简单解释一下为何满足上述两个条件后，f 散度可以用于衡量两概率分布之间的差异。

如果两概率分布 P 与 Q 完全相同，那么$D_f(P \parallel Q)$的值为 0，推导如下。

因为分布 P 与分布 Q 相同，则有

$$f\left(\frac{p(x)}{q(x)}\right) = f(1) = 0$$

那么可以轻易得到

$$D_f(P \parallel Q) = \int_x q(x)\left(\frac{p(x)}{q(x)}\right)\mathrm{d}x = \int_x q(x) \cdot 0 \cdot \mathrm{d}x = 0$$

其意义就是，如果两种概率分布相同，即这两种概率分布之间是没有差异的，那么用来衡量差异的$D_f(P \parallel Q)$就为 0。

如果两概率分布 P 与 Q 之间有差异，那么$D_f(P \parallel Q)$的值必然大于 0。在进行推导前，需要提一下 Jensen 不等式（詹森不等式），它是凸函数性质的一个基本应用，公式如下。

$$E(f(x)) \geqslant f(E(x))$$

简单而言就是函数的期望值会大于或等于期望值的函数。那么利用 Jensen 不等式就可以推导出当两概率分布 P 与 Q 之间有差异时，$D_f(P \parallel Q)$的值必然大于 0。

$$\int_x q(x)\left(\frac{p(x)}{q(x)}\right)\mathrm{d}x = E_{x \sim q(x)}\left[f\left(\frac{p(x)}{q(x)}\right)\right]$$

将$q(x)$消去，变换为

$$\int_x q(x)f\left(\frac{p(x)}{q(x)}\right)\mathrm{d}x \geqslant f\left(\int_x p(x)\,\mathrm{d}x\right)$$

对一个概率分布做积分，其实就是将该概率分布中的概率都累积在一起，其结果为 1，那么上式最终的形式为

$$\int_x q(x)f\left(\frac{p(x)}{q(x)}\right)\mathrm{d}x \geqslant f(1) = 0$$

其意义就是，如果两种概率分布不相同，即这两种概率分布之间是有差异的，那么用来衡量差异的$D_f(P \parallel Q)$就大于 0，等于 0 的情况只有两种概率分布相同时成立。

简单而言，f 函数如果满足上面的条件，就保证了 f 散度是非负的，而且当两个概率分布相同时，f 散度为 0，此时就可以使用 f 散度来衡量分布之间的差异。

我们可以将 f 函数写成不同的函数，就可以将 f 散度转变为常见的一些散度，如 KL 散度、逆 KL 散度。需要注意的是，这些函数需要满足凸函数且$f(1) = 0$的条件，例如将$f(x)$写成$x \log x$，那么$D_f(P \parallel Q)$的值就是 KL 散度。

$$D_f(P \parallel Q) = \int_x q(x) \frac{p(x)}{q(x)} \log\left(\frac{p(x)}{q(x)}\right) \mathrm{d}x$$

$$= \int_x p(x) \log\left(\frac{p(x)}{q(x)}\right) \mathrm{d}x$$

如果将$f(x)$写成$-\log x$，那么$D_f(P \parallel Q)$的值就是逆 KL 散度。

$$D_f(P \parallel Q) = \int_x q(x) \left(-\log\left(\frac{p(x)}{q(x)}\right)\right) \mathrm{d}x$$

$$= \int_x q(x) \log\left(\frac{p(x)}{q(x)}\right)$$

$f(x)$还可以写成其他多种形式，从而让$D_f(P \parallel Q)$值不同，具体如表 5.1 所示。

表 5.1　$f(x)$的多种形式对应的$D_f(P \| Q)$

距离名称	$D_f(P \| Q)$	对应的$f(x)$
总变差	$\frac{1}{2} \int \|p(x) - q(x)\| \mathrm{d}x$	$\frac{1}{2}\|x - 1\|$
KL 散度	$\int p(x) \log \frac{p(x)}{q(x)} \mathrm{d}x$	$x \log x$
逆 KL 散度	$\int q(x) \log \frac{q(x)}{p(x)} \mathrm{d}x$	$-\log x$
Pearson χ^2	$\int \frac{(q(x) - p(x))^2}{p(x)} \mathrm{d}x$	$(x - 1)^2$
Neyman χ^2	$\int \frac{(p(x) - q(x))^2}{q(x)} \mathrm{d}x$	$\frac{(1 - x)^2}{x}$
Hellinger 距离	$\int (\sqrt{p(x)} - \sqrt{q(x)})^2 \mathrm{d}x$	$(\sqrt{x} - 1)^2$
Jeffrey 距离	$\int (p(x) - q(x)) \log\left(\frac{p(x)}{q(x)}\right) \mathrm{d}x$	$(x - 1)\log x$
JS 散度	$\frac{1}{2} \int \left(p(x) \log \frac{2p(x)}{p(x) + q(x)} + q(x) \log \frac{2q(x)}{p(x) + q(x)}\right) \mathrm{d}x$	$-(x + 1)\log \frac{1 + x}{2} + x \log x$

5.3.2 凸共轭

对于每一个凸函数都可以找到一个与之对应的共轭函数，凸函数 $f(x)$ 与相应共轭函数 $f^*(t)$ 的关系为

$$f^*(t) = \max_{x \in \mathrm{dom}(f)}\{xt - f(x)\}$$

求解一个凸函数对应的共轭函数的常用方法是局部变分法。直观理解一下局部变分法，其实就是变量不同的 x，从而绘制出不同的直线，这些直线共同构成一个图像，选择这个图像中不同区域内的最大值构成的函数就是该凸函数对应的共轭函数。举一个具体的例子，假设凸函数 $f(x) = x\log x$，求解该凸函数的共轭函数，首先对 x 取几个值，如取 0.1、1、10 等，绘制出图像，如图 5.7 所示。

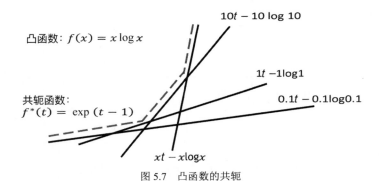

图 5.7　凸函数的共轭

因为赋予 x 一个固定的值后，$xt - f(x)$ 中唯一的变量就是 t 了，即 $xt - f(x)$ 变成了一元函数，其图像就是不同的直线，当取无数个不同的 x 值时，就可以画出无限多条直线，这些直线的上边缘(图中虚线)就是该凸函数的共轭函数。取所有的这些直线构成的图像最大值组成的函数就是凸函数 $f(x) = x\log x$ 对应的共轭函数 $f^*(t) = \exp(t - 1)$。当然从这种直观的方式可以知道该凸函数对应共轭函数图像的形状，但难以知道该共轭函数具体的函数形式，通过简单的推导可以获得共轭函数的函数形式。

共轭函数与凸函数 $x\log x$ 的关系为

$$f^*(t) = \max_{x \in \mathrm{dom}(f)}\{xt - x\log x\}$$

记 $g(x) = xt - x\log x$，要求得 $f^*(t)$，就需要固定 t 找到一个 x，使得 $g(x)$ 的值最大，这样就将问题转化为求导数为 0 时 x 的值的问题，推导如下。

$$g'(x) = t - \log x - 1 = 0$$
$$t - 1 = \log x$$
$$x = \exp(t - 1)$$

如果 x 取 $\exp(t-1)$，$g(x)$ 会最大，那么将此时的 x 值代入，就推导出 $f^*(t)$。

$$f^*(t) = \exp(t-1)t - \exp(t-1)(t-1) = \exp(t-1) = \mathrm{e}^{t-1}$$

表 5.2 中总结了一些常见凸函数对应的共轭函数。

表 5.2　常见凸函数对应的共轭函数

$f(u)$	对应的共轭函数 $g(t)$	$f'(\mathbb{D})$	激活函数
$\frac{1}{2}\|x-1\|$	t	$[-\frac{1}{2},\frac{1}{2}]$	$\frac{1}{2}\tanh(x)$
$x\log x$	e^{t-1}	$\mathbb{R}$	x
$-\log x$	$-1-\log(-t)$	$\mathbb{R}_-$	$-\mathrm{e}^x$
$(x-1)^2$	$\frac{1}{4}t^2+t$	$(-2,+\infty)$	e^x-2
$\frac{(1-x)^2}{x}$	$2-2\sqrt{1-t}$	$(-\infty,1)$	$1-\mathrm{e}^x$
$(\sqrt{x}-1)^2$	$\frac{t}{1-t}$	$(-\infty,1)$	$1-\mathrm{e}^x$
$(x-1)\log x$	$W(\mathrm{e}^{1-t})+\frac{1}{W(\mathrm{e}^{1-t})}+t-2$	$\mathbb{R}$	x
$-(x+1)\log\frac{1+x}{2}+x\log x$	$-\log(2-\mathrm{e}^t)$	$(-\infty,\log 2)$	$-\log(2-\mathrm{e}^x)$

共轭函数还有一个互为共轭的性质：$(f^*)^* = f$，即凸函数的共轭函数的共轭函数就是凸函数本身，公式如下。

$$f^*(t) = \max_{x\in\mathrm{dom}(f)}\{xt-f(x)\} \Leftrightarrow f(x) = \max_{x\in\mathrm{dom}(f^*)}\{xt-f^*(x)\}$$

5.3.3　f 散度与 GAN 之间的关系

前面讲了 f 散度、凸共轭的内容，这些内容与 GAN 有什么关系呢？下面就来揭露一下三者之间的关系。

通过凸函数与相应共轭函数互为共轭的关系变换一下 f 散度的公式，推导如下。

将 x 替换为 $\frac{p(x)}{q(x)}$，其凸函数与共轭函数关系为

$$f\left(\frac{p(x)}{q(x)}\right) = \max_{x\in\mathrm{dom}(f^*)}\left\{\frac{p(x)}{q(x)}t-f^*(t)\right\}$$

代入 f 散度公式中得：

$$D_f(P\parallel Q) = \int_x q(x)f\left(\frac{p(x)}{q(x)}\right)\mathrm{d}x$$

$$= \int_x q(x) \left(\max_{x \in \text{dom}(f^*)} \left\{ \frac{p(x)}{q(x)} t - f^*(t) \right\} \right) \mathrm{d}x$$

接着我们构造一个函数 D，$D(x) \in \text{dom}(f^*)$，它的作用是输入一个 x，输出相应的 t，将 f 散度的公式简单地变换一下。

$$D_f(P \parallel Q) \geqslant \int_x q(x) \left(\frac{p(x)}{q(x)} D(x) - f^*(D(x)) \right) \mathrm{d}x$$

$$= \int_x p(x) D(x) \mathrm{d}x - \int_x q(x) f^*(D(x)) \mathrm{d}x$$

如果函数 D 随便取值，那么它获得的值通常会比 $D_f(P \parallel Q)$ 小，而如果函数 D 取最大值，那么其预测出的 t 也就是最准确的，此时就可以将 $D_f(P \parallel Q)$ 写成如下形式。

$$D_f(P \parallel Q) \approx \max_D \int_x p(x) D(x) \mathrm{d}x - \int_x q(x) f^*(D(x)) \mathrm{d}x$$

$$= \max_D \{ E_{x \sim P}(D(x)) - E_{x \sim Q}[f^*(D(x))] \}$$

上式将积分形式变换成期望形式，原因依旧是我们无法获得 P 分布与 Q 分布的准确值，只能通过抽样的方式来获得 P 分布与 Q 分布的近似值，将其认为是 P 分布与 Q 分布本身。

将 P 记为 P_{data}，Q 记为 P_G，那么上面的公式就变为

$$D_f(P_{\text{data}} \parallel P_G) \approx \max_D \{ E_{x \sim P_{\text{data}}}(D(x)) - E_{x \sim P_G}[f^*(D(x))] \}$$

这个公式与 GAN 的目标函数非常相似，其实我们可以使用 f 散度的形式来更加一般化地表示出 GAN 的目标函数。传统的 GAN 中，训练生成器就是最小化两分布的 JS 散度，而通过 f 散度改写后，训练生成器最小化的是 f 散度，f 散度包含了 JS 散度这种情况，公式如下。

$$G^* = \text{argmin}_G D_f(P_{\text{data}} \parallel P_G)$$

$$= \text{argmin}_G \min_D \{ E_{x \sim P_{\text{data}}}(D(x)) - E_{x \sim P_G}[f^*(D(x))] \}$$

$$= \text{argmin}_G \min_D V(G, D)$$

即生成器的目的就是最小化 $D_f(P_{\text{data}} \parallel P_G)$。

简单总结一下，我们使用 f 散度将概率分布之间的差异定义到一个统一框架之中，通过凸共轭将 f 散度与 GAN 联系在一起，通过推导可以证明，只要找到一个符合 f 散度要求的函数，就能产生一个可以度量两分布之间差异的值，从而定义出不同的 GAN，它们具有不同的目标函数。

5.4 GAN 训练过程可视化

前面的讨论主要都集中在 GAN 的数学层面，而本节尝试通过可视化的形式来直接地展示

出 GAN 的训练过程，让大家对 GAN 整个训练过程有一个更加直观的理解，这里使用 GAN Lab 来实现 GAN 训练过程的可视化。

GAN Lab 是 Google 推出的一款简易的 GAN 可视化工具，它使用 TensorFlow.js 直接运行在浏览器上，不需要安装与配置相应的环境，只需通过浏览器打开即可，这里推荐使用 Chrome 浏览器来运行 GAN Lab。

GAN Lab 可视化只会在二维平面上展示，因为复杂的高维空间可视化比较难以实现与理解，所以在二维平面上可以很好地展示数据点的变化以及 GAN 的训练过程。

访问 GAN Lab 的地址，可以看到图 5.8 所示的情形。

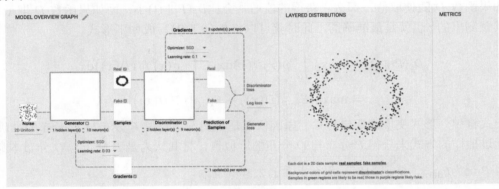

图 5.8　GAN Lab

其中，MODEL OVERIVEW GRAPH 用于展示 GAN 的模型结构以及训练过程中 GAN 模型的变化情况；LAYERED DISTRIBUTIONS 用于展示 GAN 的数据分布，其中绿点表示真实数据的概率分布，而训练时产生的紫点表示生成数据的概率分布；METRICS 用于表示 GAN 训练过程中各种指标的变化，例如生成器与判别器的损失、KL 散度、JS 散度的变化等。

下面就来使用 GAN Lab，单击"运行"按钮，让 GAN 去拟合圆形的真实数据分布，如图 5.9 和图 5.10 所示。

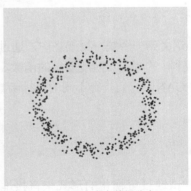

图 5.9　GAN 拟合真实数据分布（一）

图 5.10　GAN 拟合真实数据分布（二）

从图中可以看出，一开始生成器生成的数据分布与真实分布存在较大的差距，生成器生成的数据点上还有相应的线条，这些线条表示生成数据点的梯度，线条的大小表示梯度的大小，线条的方向表示梯度的方向。

获得的 GAN 模型图如图 5.11 所示。

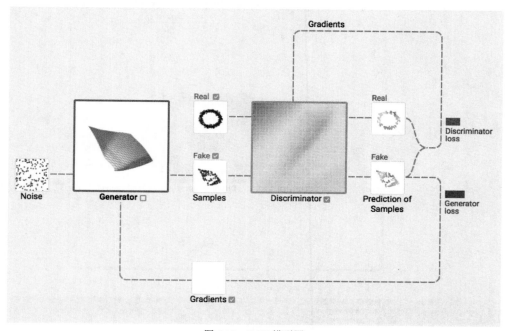

图 5.11　GAN 模型图

生成器从 Noise 中获得噪声数据，然后将数据输入给生成器生成 Fake 数据，Fake 数据与 Real 数据都输入给判别器，让判别器做二分类，识别出真实图像与生成图像，获得相应的损失，将获得的损失反向传播，计算出生成器与判别器中参数要更新的值。

为了更加细致地理解 GAN 的训练过程，可以单击"开始"按钮旁的"时钟"按钮，该按钮会将 GAN 训练的步骤细化，如图 5.12 所示。

在图 5.12 中，判别器的训练与生成器的训练都分为 5 步，判别器的 5 步如下。

（1）获得生成器生成的样本。

（2）判别器对样本进行分类。

（3）计算判别器的损失。

（4）计算判别器的梯度。

（5）基于梯度更新判别器中的参数。

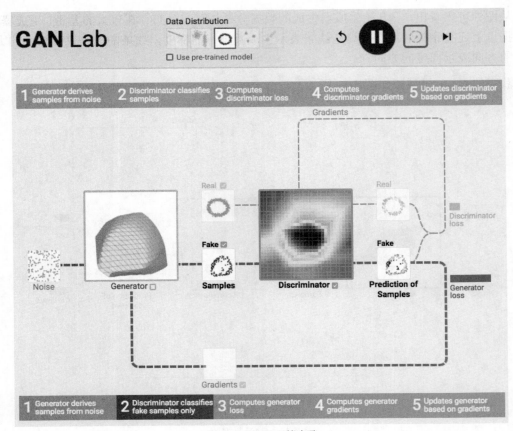

图 5.12　GAN 训练步骤

生成器的 5 步与判别器类似，不再细述。

除了这些，GAN Lab 还可以可视化 GAN 训练过程中生成器损失的变化情况以及 KL 散度、JS 散度的变化情况，如图 5.13 所示。

通过这些数据，可以比较直观地了解到当前 GAN 训练的状态。

有时我们想手动控制 GAN 的训练，例如下一轮想让 GAN 训练生成器。GAN Lab 提供了相应的功能，单击"时钟"按钮旁的"下一步"按钮，就可以控制 GAN 下一次训练时训练生成器还是判别器，或是两个都训练，如图 5.14 所示。

除此之外，GAN Lab 还允许自定义模型的各种超参数，如梯度下降使用什么算法、学习速率是多少、判别器与生成器隐藏层层数以及损失函数，都可以自定义，如图 5.15 所示。

最终，GAN 经过一定次数的训练实现了拟合真实数据分布的目的，此时 JS 散度是一个比较小的值，如图 5.16 所示。

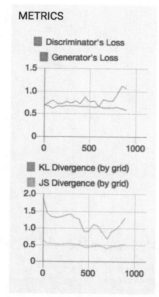

图 5.13 可视化 KL 散度与 JS 散度

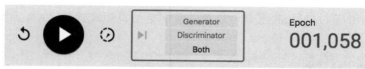

图 5.14 控制训练部分

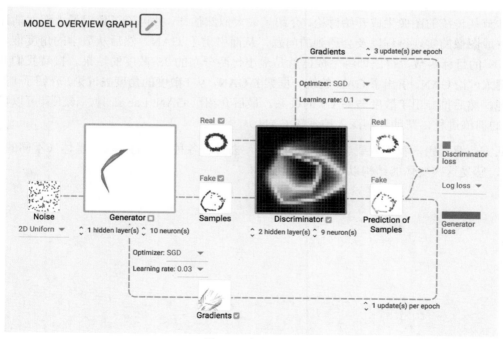

图 5.15 自定义参数

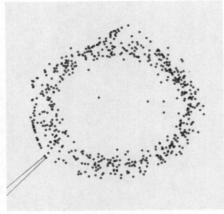

图 5.16　成功拟合真实数据分布

利用好 GAN Lab 工具可以帮助我们更加直观地感受 GAN 训练时所做的事情。

5.5　小结

本节从传统的图像生成开始讨论，介绍了最大似然估计，并讨论了使用最大似然估计的方式来生成图像的实现过程以及会遇到的问题，从而引出了 GAN。然后从数学的角度推导了原始 GAN 的目标函数，得出训练生成器就是最小化两分布的 JS 散度的结果。接着我们从更高的角度来讨论 GAN，引出了 GAN 的统一框架 F-GAN，从 f 散度的角度去讨论，介绍了 f 散度、凸共轭，然后推导出 f 散度与 GAN 的关系。最后介绍了 GAN Lab 工具，该工具可以可视化 GAN 的训练过程，帮助我们深入地理解 GAN。

从下一章开始，我们就要进入神秘的宇宙，去看看各种不同的 GAN 星体（不同的 GAN 变体），感受这些变体的结构以及设计思想。

第6章　卷积生成对抗网络

上一章我们从数学的角度讨论了 GAN 相关数学原理，明白了 GAN 损失的实质。通过前两章内容的讨论，朴素 GAN 的内容也就讨论完成，接下来就要开始 GAN 的星际之旅。这趟旅行会经过到目前为止发现的比较重要的 GAN 星体，需要理解这些星体的结构，第一个目标星体是卷积生成对抗网络（DCGAN）。

6.1　初识卷积神经网络

我们可以将卷积生成对抗网络看成是由卷积神经网络与生成对抗网络组合而成的，即将生成对抗网络的生成器、判别器网络结构都换成卷积神经网络这种网络结构。回忆之前使用 TensorFlow 实现朴素 GAN 的内容，朴素 GAN 的生成器和判别器网络都使用了最简单的只有一个隐藏层的神经网络，之前也提过，生成 MNIST 的数据中，对于某些图像，从人类的角度看还是有瑕疵，如果使用卷积神经网络结构，效果会好很多。下面我们一步步来，先理清卷积生成对抗网络的一部分——卷积神经网络。

6.1.1　什么是卷积神经网络

卷积神经网络（Convolutional Neural Network，CNN）是一种非常具有代表性的网络结构，特别擅长处理二维图像数据，当下与图像识别相关的网络结构中都可以看到 CNN 的影子。

在 CNN 出现之前，人们通过人工的方式收集图像的特征，用来做图像分类或识别，因为图像数据的特征难以采集，这种方式获得的模型不是很理想，误差较大。CNN 出现后，一个重要的特性就是不再需要对图像做人工的特征工程等复杂的预处理工作（不只 CNN，其实深度学习的一大优势就是不需要人为地做特征工程）。

因为要处理图像数据，CNN 的网络结构与普通的全连接网络结构不同，CNN 的部分层只实现了局部连接。下面来大致说说 CNN，让大家有个整体的概念。

首先，为什么 CNN 的网络结构不是全连接的？就是因为处理的是图像数据？是的，CNN

的结构对图像数据有一定的针对性。

对于一张图像，人类可以很快地识别出图像中的内容，但对于计算机来说，它们看到的只是一堆数字，根本不能直观地理解这些数学背后表示的图像。要让计算机可以识别图像，第一步要做的就是让计算机理解这些代表图像的数字，如图 6.1 所示。我们可以很快看出图中有 3 只短腿小狗，而计算机却不能。

图 6.1　人类和计算机眼中的图像对比

解决这个问题的灵感来自于生物本身，生物是怎么"理解"看见的世界的？对生物而言，眼球接收到的信息其实就是光线照射到物体上带来的像素信息，这些信息并没有直观告诉我们图像中有 3 只小狗，它只告诉我们这张图中有绿色的像素、黄色的像素、白色的像素，生物自身对这些底层信息进行了加工，获得了图像有 3 只小狗的认知，这些加工发生在生物的大脑。其中的关键点是，生物可以很轻松地通过一些很底层的基础信息获得对这些信息背后的具体认识，即只要有这些底层信息，如像素是什么颜色的，就可以理解整张图像的含义。

那么生物的大脑是怎么对这些数据进行加工的？答案很可能是分层加工的，先从眼球传入的基本信息中找到边缘信息，例如图像中的曲线、直线，获得边缘信息后，再从边缘信息中抽取更高一层的信息，如半圆、三角形等各种形状，获得这些信息后，再在这些信息之上抽取更高一层的信息，如获得眼睛、嘴巴等信息，直到最后，理解整张图像的意义。CNN 正是受此启发而来的，这也是 CNN 的中心思想之一——分层加工信息，从而获得更高层的信息。

1959 年，D.H.Hubel 和 T.N.Wiesel 做了一个实验，他们将被玻璃包裹的钨丝微电极插入麻醉猫的初级视皮层，用微电极记录神经元的放电情况，在麻醉猫前方的幕布上投射光带，发现光带处于某个空间角度时，神经元放电最为强烈。他们验证出，大脑中的一些神经元只有在特定方向光带存在时，才会放电。如一些神经元只对曲线有反应，另一些神经元对直线有反应，这些神经元只有在一起工作时，生物才能产生视觉感知。1962 年，他们将这些成果发表成一篇论文 *Receptive fields, binocular interaction and functional architecture in the cat's visual cortex*。

回到一开始的问题，因为 CNN 要对图像的基础信息进行分层加工，所以要使用局部连接的方式。局部连接带来的优势就是神经网络参数大幅减少，从而降低训练的困难程度。对比一下全连接和局部连接在处理图像数据时的差别，假设现在输入图像的大小为 100×100。

如果是全连接的网络结构，那么输入图像数据所代表的所有像素都要与隐藏层的每个节点进行全连接。如果隐藏层的节点数为10^4，那么输入层与隐藏层的权值参数就有$100×100×10^4 = 10^8$，这只是其中两层间的权值参数个数，已经比较庞大了。通过这种方式构建起来的网络，会因参数过多而难以训练，如图6.2所示。

如果是局部连接的网络，那么输入图像中的某一部分像素就会与隐藏层的某个节点相连接，如隐藏层中的每个节点都仅与输入图像中$10×10$的局部图像像素相连，那么输入层与隐藏层的权值参数就为$10×10×10^4 =10^6$，比全连接的网络结构减少了2个数量级的参数，如图6.3所示。

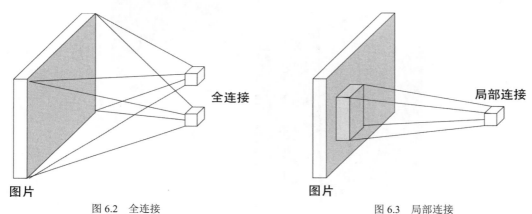

图6.2　全连接　　　　　　　　　　　　　　图6.3　局部连接

但就算使用局部连接的结构，10^6的参数个数还是有点多，CNN使用权值共享的方式将权值参数的个数再降低。如上面所述，隐藏层与$10×10$大小的局部图像相连，则有$10×10$个参数，然后CNN将这$10×10$个权值参数直接共享该隐藏层中其余的神经元，即10^4个神经元的权值参数都一样，这样无论隐藏层神经元数目是多少，要训练的参数个数都是$10×10$。

对于CNN中两层的权重参数个数而言，除考虑局部连接大小、权值共享外，还需要考虑"深度"。为了加深大家对局部连接和权重共享概念的理解，将"深度"这个概念暂时放置，先来讨论CNN识别图像的过程。

6.1.2　CNN识别图像过程

一张图像进入CNN网络结构的输入层后，一般遇到的第一层就是卷积层，卷积层的作用就是通过局部连接的方式获取图像上的信息。如何进行局部连接？你可以想象有一束手电筒的光照射在图像输入层上，被照射的区域称为感受野，感受野上的所有神经元会与卷积层上的某个神经元连接，实现局部连接，这束手电筒的光称为过滤器（filter）。

有些文章将过滤器与卷积核（kernel）当作相同的概念，这其实是有问题的，这两个概念差异较明显，过滤器是输入层所有通道上卷积核的集合。一般RGB图像有3个颜色通道，那么一个过滤器扫描RGB图像的动作，实际上是由3个颜色通道上的卷积核一起完成的，不同通道的卷积核进行完卷积操作后，汇聚成一个通道的结果，才是过滤器过滤的结果。下面为了方便理解，暂时不考虑过滤器第三个维度，如图 6.4 所示。

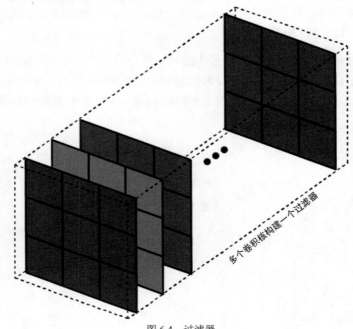

图 6.4　过滤器

　　过滤器的实质就是一个矩阵，过滤器扫描整张图像与卷积层上神经元进行连接的这个过程就叫卷积，实质就是矩阵的点积运算。扫描的过程涉及步长的概念，也就是每次扫描间运动的距离。上面的描述可能比较抽象，从图 6.5 中直观理解一下。

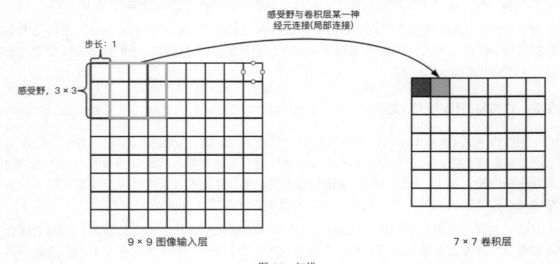

图 6.5　扫描

从图 6.5 可以看出，过滤器在图像上扫描，形成了 3×3 大小的感受野，那么过滤器的大小也为 3×3（过滤器还有第三个维度，这里暂时不考虑），感受野上的所有神经元与卷积层的单个神经元相连接，即是局部连接。过滤器会扫描整个图像，图中扫描了两次（第一次深色框、第二次浅色框），每次扫描的移动距离为步长，因为扫描整个图像时，使用的都是同一个过滤器，其上的参数是一样的，这样就实现了权重共享。

前面一直在提深度，这里讨论一下，过滤器其实是三维的，前面的内容为了方便理解，将其展示为二维。过滤器有深度这一概念，它的深度就是过滤层的深度。例如过滤器过滤图像输入层，图像的深度一般为 3（RGB 有 3 个颜色信道，所以图像深度为 3），那么过滤器的深度也就为 3。一个卷积操作可能涉及多个过滤器，每个过滤器大小深度都相同，只是权重参数不同。这些过滤器分别负责抽取不同的图像特征，每一个过滤器扫描完全部图像后，就会获得一个特征图谱（Feature Map），用来表示该过滤器获得的特征。卷积操作涉及的过滤器的个数乘以过滤器本身的深度就构成了卷积层的深度，如图 6.6 所示。

接着，如果下一层还是卷积层，就是同样的步骤，使用过滤器扫描该层数据，过滤器的深度是该层的深度，过滤器的长、宽自行决定。与上一层过滤器不同的是，这次过滤器扫描的数据抽象程度更高，如图 6.7 所示。

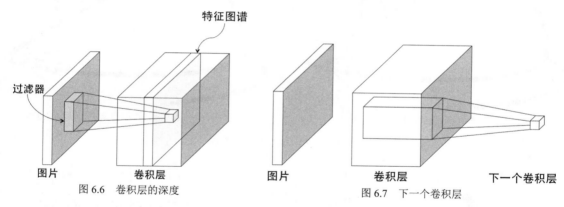

图 6.6　卷积层的深度　　　　　　　　图 6.7　下一个卷积层

从数学角度来看，CNN 识别图像的过程都是矩阵之间的点积运算，下面来讨论一下。假设有一个 7×7×3 大小的过滤器，该过滤器会抽取出图像中的曲线。需要强调是，可以将输入图像看成一个三维矩阵，而过滤器同样也是一个三维矩阵，过滤器扫描图像的过程，就是过滤器矩阵与感受野矩阵点积的过程。为了方便理解，依旧只看过滤器的前两维，如图 6.8 所示。

现在有一张老鼠的图像，过滤从左上角开始扫描，如图 6.9 所示。

扫描的具体细节就是，被扫描部分，即感受野所对应的矩阵与过滤器矩阵点积，因为感受野的图像与该过滤器可识别的图像很接近，两者点积会得到一个较大的值，表示图像的这部分特征被过滤器抽取了，如图 6.10 所示。

0	0	0	0	0	30	0
0	0	0	0	30	0	0
0	0	0	30	0	0	0
0	0	0	30	0	0	0
0	0	0	30	0	0	0
0	0	0	30	0	0	0
0	0	0	0	0	0	0

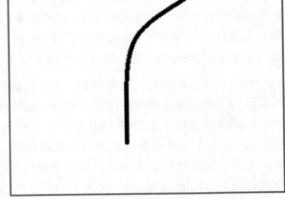

（a）过滤器的像素表示　　　　　　　（b）可视化曲线检测过滤器

图 6.8　过滤结果

（a）原始图像　　　　　　　　　（b）可视化过滤器在图像上进行过滤的过程

图 6.9　过滤器从左上角开始扫描

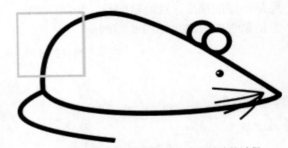

可视化感受野　　　　　感受野的像素表示　　　　　过滤器的像素表示

乘法和求和 = (50×30)+(50×30)+(50×30)+(20×30)+(50×30) = 6600（一个很大的数值）

图 6.10　过滤器点积运算

过滤器继续扫描图像，当它扫描到老鼠耳朵时，如果不是该过滤器可以识别的图像，则此时感受野矩阵与过滤器矩阵的点积会为一个较小的值，如图 6.11 所示。

图 6.11　过滤器点积运算

上面只是一种过滤器，一般还会有更多的过滤器去扫描图片，获得不同的特征，卷积层的深度就是过滤器的个数乘以过滤器的深度。

6.1.3　CNN 核心概念

CNN 中有多个较为重要的概念，本节来一一理清它们。对于一个传统的 CNN，它的结构一般为输入层→卷积层→卷积层→池化层→卷积层→池化层→全连接。但还有些关键点，如使用 ReLU 作为激活函数、过滤器扫描步长、填充操作等，下面逐个讨论。

先是卷积层，上面的内容其实大部分都是在讨论卷积层的卷积过程。简单来说，就是过滤器扫描上一层，与感受野做点积，获得的值就是该卷积层的值。过滤器只有相应的特征才会激活，获得一个较大的点积值，这相当于从上一层信息中抽取出更高维的信息。通常卷积层与下一层做局部连接时，都会经过 ReLU 激活函数。因为无论是卷积层还是后面要提的池化层，都是在做矩阵点积运算，这是最简单的线性变换。加上 ReLU 函数，会给 CNN 引入非线性的特征，同时使得 CNN 不会那么容易过拟合，整个卷积层的核心步骤如图 6.12 所示。

接着看到池化层（也称采样层），它存在的意义就是进一步减少要训练的参数。在神经网络中，如果存在大量参数，就会有难以训练和容易过拟合的问题。在池化层中可以有多种处理，常见的有最大池化处理和平均池化处理。通常就是选择一个过滤器和与过滤器长度相同的步长扫描上一层中的所有数据。如果使用最大池化处理，那么每一次只选取过滤器扫描到的区域内最大的一个数值作为池化层的值，如图 6.13 所示。如果使用平均池化处理，那么每一次就会计算过滤器扫描到的区域内的所有数值的一个平均值，将其作为池化层的值。对于 3×3 的过滤器，其步长也为 3，可使用最大池化处理。

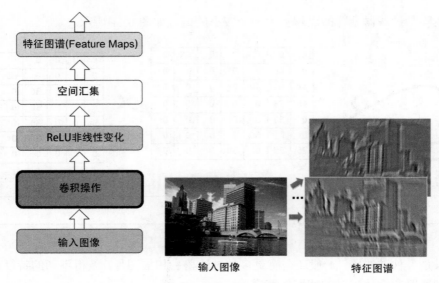

图 6.12　卷积层核心步骤

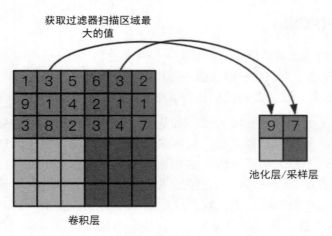

图 6.13　最大池化处理

　　不使用池化层，也可以达到减少训练参数的目的，做法就是加大卷积层过滤器扫描时的步长，默认的步长一般为 1，我们可以将其改为 3，那么卷积层的参数就会减小，如图 6.14 所示。

　　需要注意的是，步长不能随便设置，否则会出现感受野与上一层无法完全匹配的情况。例如上一层大小为9×9，将过滤器大小调节为4×4，此时如果将步长设为 4，感受野就无法匹配上一层所有区域。

　　还有一个比较重要的概念——填充，它的作用是让过滤器尽可能地从底层信息中抽取出更多高维信息，这是什么意思？假设一张图片，其大小是32×32×3，如果使用大小为5×5×3的过滤器，且过滤器扫描步长为1，通过该过滤器的扫描，输出的大小就是28×28×3。如果连续使用多个卷积，输出的尺寸大小可能降低得过快。在 CNN 前半部分，如果卷积操作后，尺寸过小，就会有丧失信息过度的问题，导致 CNN 网络的后半部分已经没有多少信息了。为了让 CNN 前半部分可以抽取出更多的信息，就可以使用填充，其实就是在图片周围填零，如图 6.15 所示。

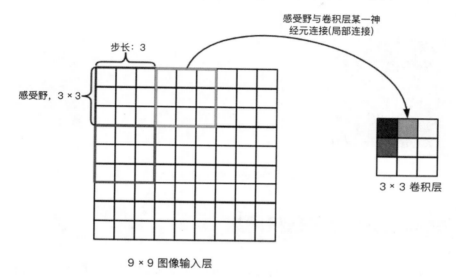

图 6.14　增大步长

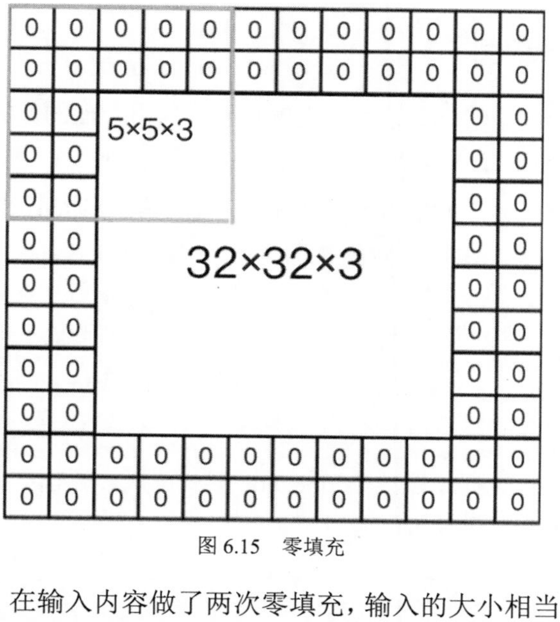

图 6.15　零填充

　　从图 6.15 可以看出，在输入内容做了两次零填充，输入的大小相当于36×36×3，使用5×5×3的过滤器过滤后，依旧可以得到32×32×3的输出，与真实的输入大小一致，过滤器抽取了更多信息。

　　还有一点需要提及，就是过滤器扫描上一层时，可以跳跃地扫描，而不一定需要连续的扫描，即过滤器只处理固定距离内的值，丢弃中间的数值，这种做法一般称为条纹卷积。使用条纹卷积的方法，过滤器可以输出比输入层大的输出层，如图 6.16 所示。

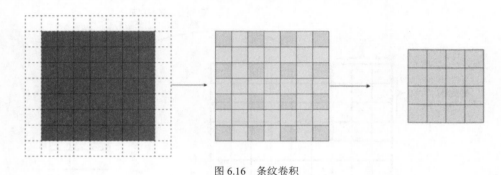

图 6.16　条纹卷积

6.2　TensorFlow 实现卷积网络

　　前面讲了那么多 CNN 的理论，下面就通过 TensorFlow 来构建一个具有两个卷积层的 CNN，训练该 CNN，使它可以分辨出 MNIST 数据集中的数字。

6.2.1　构建 CNN 计算图

　　要使用 TensorFlow 编写 CNN，第一步当然是要构建出合理的计算图，让 TensorFlow 在具体训练时，可以向计算图中输入数据。

　　因为训练 CNN 的目标是识别 MNIST 数据集，所以第一步依旧是导入 MNIST 文件，同样使用 TensorFlow 自带的处理 MNIST 数据集的工具，代码如下。

```
import tensorflow as tf
from tensorflow.examples.tutorials.mnist import input_data
# 读入MNIST数据，以独热形式读入
mnist = input_data.read_data_sets('./data/MNIST_data', one_hot=True)
img = mnist.train.images[500]
print(img.shape)
```

　　上面代码中，MNIST 数据集以独热 one_hot 形式读入，输出某张图片的形状是为了确定 MNIST 数据集被正常导入，获得如下输出。

```
Extracting ./data/MNIST_data/train-images-idx3-ubyte.gz
Extracting ./data/MNIST_data/train-labels-idx1-ubyte.gz
Extracting ./data/MNIST_data/t10k-images-idx3-ubyte.gz
Extracting ./data/MNIST_data/t10k-labels-idx1-ubyte.gz
(784,)
```

接着定义 placeholder 占位符，使之接收我们的输入。这里我们要输入 MNIST 的图片数据和该图片对应的标签，此前 CNN 的目标是识别出 MNIST 数据集中的数据，这实质上是一个分类任务——将图片分为不同的 10 类（MNIST 数据集只有 0～9 这 10 个不同数字的图片）。训练时，使用传统的有监督学习的思路就可以解决。

```
x = tf.placeholder(tf.float32,[None, 784])
y_ = tf.placeholder(tf.float32,[None, 10])
#784-->28×28
x_image = tf.reshape(x,[-1,28,28,1])
```

因为 MNIST 数据集中的图像数据是 784 位的一维数组，所以通过 reshape()重塑一下，转为 28×28 的矩阵。

接着就要构建权重和偏置：权重就是层与层之间连接边上的值，一般与本层的值相乘再经过激活函数，作用是让神经网络可以进行非线性变换；而偏置的作用是让网络具有“平移能力”，在初始化时，一般还会加入一些噪声，让模型看起来更随机一些，破坏其整体的对称性。因为权重和偏置在构建 CNN 成功前会使用多次，所以这里将其封装成相应的函数，方便后面使用。

```
def weight_variable(shape):
    '''
初始化权重
    '''
    initial = tf.truncated_normal(shape, stddev=0.1)
    return tf.Variable(initial)
def bias_variable(shape):
    '''
初始化偏置
    '''
    initial = tf.constant(0.1, shape=shape)
    return tf.Variable(initial)
```

上面代码中使用了 truncated_normal()方法和 constant()方法。truncated_normal(shape,mean,stddev)方法产生符合正态分布的张量，其中 shape 表示生成张量的维度，mean 表示正态分布的均值，stddev 则是正态分布的标准差。该方法是阶段性产生正态分布张量的，如果产生的整体分布的值与 mean 的差距大于 2 倍的标准差，就会重写生成。而 constant(value,shape)方法用于产生常量张量，value 是该常量的初始值，shape 同样是生成常量张量的形状，最终生成的值都传入 Variable()方法中（一般模型参数都是 Variable 类型变量，因为其值在训练过程中是持久化的）。

其实没有必要纠结使用 truncated_normal()方法生成还是使用 constant()方法来生成权重、偏置等模型参数，为了简便，也可以直接用 tf.zeros(shape)方法将参数初始化为 0，这里之所以使用上面两个方法，是因为就经验而言，更好一些。

接着开始实现卷积层和池化层，因为 CNN 是很常见的网络结构，所以 TensorFlow 已经提供了相应的方法供我们直接调用，以实现卷积层和池化层，这里的池化层使用最大池化算法。

同样，为了方便后面调用，将卷积层和池化层的操作再封装一层方法。

```
def conv2d(x, W):
    '''
实现卷积层
    '''
    return tf.nn.conv2d(x, W, strides=[1,1,1,1], padding='SAME')
def max_pool_2x2(x):
    '''
实现池化层
    '''
    #padding='SAME'表示通过填充 0，使得输入和输出的形状一致
    return tf.nn.max_pool(x, ksize=[1,2,2,1], strides=[1,2,2,1], padding='SAME')
```

上面代码中使用 conv2d()方法实现 CNN 的卷积层，CNN 是常见的网络结构，所以 conv2d()在 TensorFlow 构建网络模型中比较常用，conv2d()默认有 8 个参数，完整方法如下。

```
def conv2d(input, filter, strides, padding, use_cudnn_on_gpu=True, data_format="NHWC",
dilations=[1, 1, 1, 1], name=None)
```

具体参数解释如下。

- ❑ input 就是输入图像，要求是一个四维张量，不同维度有不同含义，形式为[batch, in_height, in_width, in_channels]。batch 表示训练时，一个 batch 中含有多少张图像；in_heigth、in_width 表示输入图像的高和宽；in_channels 表示图像的通道，MNIST 数据集中的图片是灰度图片，是单通道的。维度顺序由 data_format 决定。

- ❑ filter 表示过滤器，同样要求是一个四维张量，形式为[filter_height,filter_width,in_channels, out_channels]。filter_height、filter_width 分别表示过滤器的高和宽；in_channels 表示通道数，该值一般与上一层的通道数相同。例如上一层是 RGB 图像输入层，那么 filter 的 in_channels 就为 3；最后一个参数 out_channels 表示过滤器的个数，对应该卷积层的输出层的深度。

- ❑ strides 表示卷积操作时过滤器每一维的步长，要求是四维张量，strides 的每一维具体由 data_format 决定。

- ❑ padding 用于确定卷积时的填充方式，一般使用 SAME 零填充。

- ❑ use_cudnn_on_gpu 默认为 True，表示训练卷积层时优先使用 GPU。当然，如果你的运行环境中只有 CPU，这里设 True 也没关系。

- ❑ data_format 的值只能为 NHWC 或 NCHW，默认为 NHWC。表示 input 参数中四维张量的含义，NHWC 为[batch,height,width,channels]，NCHW 为[batch,channels,height, width]。data_format 的作用是兼容其他深度学习框架。TensorFlow 默认的数据组织方式是 channels_last（即 NHWC），但其他一些知名深度学习框架（如 Theano），它们的数据组织方式为 channels_first（即 NCHW）。

- ❑ dilations 表示条纹卷积时的条纹宽度，要求是一个四维的，默认是[1,1,1,1]。如果设置某个维度的值为 k，且 $k>1$，那么在该维度上，每个过滤元素之间将有 $k-1$ 个元素

被跳过，维度的顺序由 data_format 参数决定。需要注意：dilations 中对应 batch、channels 的维度必须为 1。

❑　name 表示卷积操作的名称，一般都用默认值 None。

通过对 conv2d() 方法中参数的介绍，回看上面实现卷积层的代码，就比较好理解了。接着看 max_pool() 最大池化方法，它有 6 个参数，下面简单介绍一下。

```
def max_pool(value, ksize, strides, padding, data_format="NHWC", name=None)
```

具体参数解释如下。

❑　value 是要进行池化操作的输入，要求是一个四维张量，形式为[batch,height,width, channels]。一般经过多次卷积后就会进行一次池化操作，即池化层常连接到卷积层后，所以输入一般都是卷积层输出的 feature map。维度顺序由 data_format 决定。

❑　ksize 表示池化窗口，同样要求是四维张量，形式为[batch, height,widht,channels]。一般 batch、channels 都会设为 1，因为这两个维度一般不做池化操作。维度的顺序依旧由 data_format 决定。

❑　strides 表示池化窗口在每一个维度上的步长，余下其他参数，与 conv2d() 方法中参数含义相同，不再细讲。

理解了 conv2d() 方法和 max_pool() 方法，具体构建卷积层和池化层的逻辑就很好理解了，下面开始构建两个卷积层和池化层。

```
# 第一个卷积层
W_conv1 = weight_variable([5,5,1,32])
b_conv1 = bias_variable([32])
h_conv1 = tf.nn.relu(conv2d(x_image, W_conv1) + b_conv1)
#池化层
h_pool1 = max_pool_2x2(h_conv1)
# 第二个卷积层
W_conv2 = weight_variable([5,5,32,64])
b_conv2 = bias_variable([64])
h_conv2 = tf.nn.relu(conv2d(h_pool1, W_conv2) + b_conv2)
#池化层
h_pool2 = max_pool_2x2(h_conv2)
```

先看到第一个卷积层的逻辑，创建权重 W_conv1 和偏置 b_conv1，对卷积层而言，权重其实就是作用于该卷积层上的过滤器，因为 data_format 参数是默认的 NHWC，所以该卷积层就要被 32 个5×5×1大小的过滤器扫描，过滤器有 32 个，那么获得的输出深度也就是 32。获得卷积层后，使用 ReLU 作为激活函数，给卷积层增加非线性变化，获得最终的特征图谱，最后将 ReLU 函数的值传递给池化层，完成池化操作。

第二个卷积层的逻辑与第一个完全相同，一个细节就是，第二个卷积层的输入通道为 32，与第一个卷积层的输出通道相同。

因为最终要实现的是分类任务，而卷积层、池化层等操作都是体现图像特征的，并没有涉及分类图像的逻辑，这个分类逻辑最后还是要使用全连接层和 Softmax 来实现。

```
# 全连接层
W_fc1 = weight_variable([7*7*64, 1024])
b_fc1 = bias_variable([1024])
h_pool2_flat = tf.reshape(h_pool2, [-1,7*7*64])
h_fc1 = tf.nn.relu(tf.matmul(h_pool2_flat, W_fc1)+b_fc1)
keep_prob = tf.placeholder(tf.float32)
h_fc1_drop = tf.nn.dropout(h_fc1, keep_prob)
```

全连接层的实质也是上一层的输出矩阵与全连接层的权重矩阵相乘，使用 matmul()方法即可，全连接层后使用 dropout 操作，避免网络过拟合。代码逻辑较简单，但为什么全连接层的权重矩阵是7×7×64呢？要回答这个问题，需要回头去看卷积层和池化层的代码，理解其背后的操作。

第一层卷积层，它的输入是 MNIST 图像矩阵，即28×28×1的矩阵，在卷积层的 conv2d() 方法中使用 padding='SAME'进行零填充，其填充的具体规则是什么？padding 参数有两个可选值，分别为 VALID 和 SAME，一般使用 SAME。

VALID 方式其实不会向输入矩阵中填充数据，而是采用丢弃的方式。具体规则如下。

$$\text{new\_height} = \text{new\_width} = \frac{(W - F + 1)}{S} \text{（结果向上取整）}$$

❑ new_height、new_width 分别是 VALID 操作后新的高、宽。
❑ W 是输入矩阵的宽、高，暂时只考虑宽与高相等的矩阵，矩阵宽与高不相等时规则也相同，但是要分别推到新的宽与高。
❑ F 表示过滤器矩阵的大小。
❑ S 表示过滤器的步长。

VALID 方式不会在原有的输入上添加新的元素，通过计算上面的公式，可以获得通过 VALID 方式处理后的输入矩阵大小。

SAME 方式常称为零填充，它会向输入矩阵周围填充空数据，是常用的一种填充方式，其具体规则如下。

$$\text{new\_height} = \text{new\_width} = \frac{W}{S} \text{（结果向上取整）}$$

获得高度上需要添加的像素个数：

$$\text{new\_height} = (\text{new\_height}) - 1 \times S + F - W$$

获得高度上要添加的像素个数后，计算矩阵上方与下方分别要计算的像素个数：

$$\text{top} = \frac{\text{need\_height}}{2} \text{（结果取整，矩阵上方需要填充的像素个数）}$$

$$down = need\_height - top（矩阵下方需要填充的像素个数）$$

同样的方式计算宽度两端需要填充的像素，公式同上。

回到代码，使用 SAME 方式，输入28×28×1 的矩阵，那么通过上面公式计算，SAME 方式会向该矩阵周围填充 2 层空元素，从而获得32×32×1 大小的矩阵。该矩阵经过5×5×1 的过滤器扫描后，获得的输出矩阵依旧是28×28×1 大小的矩阵，可以使用下面公式计算卷积层输出矩阵的大小。

$$O = \frac{W - K + 2P}{S} - 1$$

其中，O 表中该卷积层输出矩阵的大小；K 表示过滤器矩阵的大小；P 表示单边填充的大小；S 表示过滤器扫描的步长。

第一个卷积层之后，就是池化层，即将 28×28×1 输入池化层，池化层中没有使用填充操作，只是使用了2×2大小的窗口扫描输入矩阵，窗口移动的步长同样为2×2，池化层仅作用于宽、高这两个维度，其输出矩阵为14×14×1。然后进入第二个卷积层和池化层，其操作与第一个卷积层和池化层雷同，不再赘述，最终获得7×7×64矩阵，该矩阵需要与全连接层相连。这也就是全连接层权重矩阵为7×7×64的原因，全连接层的输出为 1024 维的列向量，要获得真正的分类结果，还需要加上最后的输出层，输出层的输出个数一般就是分类的个数。

```
#输出层
W_fc2 = weight_variable([1024, 10])
b_fc2 = bias_variable([10])
y_conv = tf.matmul(h_fc1_drop, W_fc2)+b_fc2
```

两层 CNN 的架构构建完成后，整体结构如图 6.17 所示（没有画出深度）。

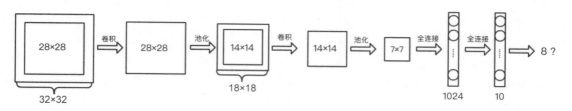

图 6.17　两层 CNN 的架构

接着需要定义 CNN 的损失和相应的优化逻辑，这里直接使用 softmax_cross_entropy_with_logits()方法来计算交叉熵损失，优化使用 TensorFlow 提供的 AdamOptimizer()方法，具体逻辑如下。

```
cross_entropy = tf.reduce_mean(
    tf.nn.softmax_cross_entropy_with_logits(labels=y_, logits=y_conv))
#也可以将 0.0001 写成 1e-4
train_step = tf.train.AdamOptimizer(0.0001).minimize(cross_entropy)
```

接着定义出准确率。

```
correct_prediction = tf.equal(tf.argmax(y_conv, 1), tf.argmax(y_,1))
accuracy = tf.reduce_mean(tf.cast(correct_prediction,tf.float32))
```

简单解释上面代码，使用 tf.argmax()方法找出横轴或竖轴下最大的值，axis=1 表示竖轴，CNN 模型的输出结果为 y_conv，它表示 CNN 判断输入图像是哪个数字的概率向量，如[(1:20%),(2:30%)…]。这里通过 tf.argmax()找到概率最大的一个数，该数就是 CNN 的识别结果，同样获取真实的结果，然后通过 tf.equal()方法判断两者是否相同，相同则返回 True，不相同则返回 False。如果相同，则表示 CNN 的识别结果与真实结果一致。

然后使用 tf.cast()方法将 correct_prediction 张量的类型从 bool 转成 float32，即 True 转为 1.0、False 转为 0.0，再通过 reduce_mean()方法计算一下平局数，这个平局数其实也代表着准确率，这么多张图像中，为 1 的占总量多少。

6.2.2　训练 CNN 网络

构建完计算图后，就可以开始训练代码，TensorFlow 通过 Session 对象向计算图中填充数据，完成训练，具体代码如下。

```
with tf.Session() as sess:
    sess.run(tf.global_variables_initializer())
    for i in range(20000):
        batch = mnist.train.next_batch(50)
        # 每100轮计算一次准确率
        if i%100 == 0:
            #训练时的精度
            train_accuracy = sess.run(accuracy, feed_dict={x:batch[0],y_:batch[1],
            keep_prob:1.0})
            print('step %d, training accuracy %g'%(i, train_accuracy))
        sess.run(train_step,feed_dict={x:batch[0], y_:batch[1], keep_prob:0.5})
    test_accuracy = sess.run(accuracy, feed_dict={x:mnist.test.images, y_:mnist.test.
labels, keep_prob:1.0})
    print('测试集准确率: %g'%test_accuracy)
```

首先构建一个 Session 对象，接着就是常见的训练代码：先用 global_variables_initializer()方法初始化一些张量，然后开始训练，每一轮训练 50 张图片，训练 20000 轮。具体的训练就是使用 sess.run()方法，例如要获得精度，就将计算图中定义好的 accuracy 精度传入，并提供计算它需要的数据，TensorFlow 就会自动根据你设计好的计算图来计算 accuracy。当程序运行完成，使用测试集数据来测试 CNN 的精度，输出如下。

```
step 19500, training accuracy 1
step 19600, training accuracy 0.98
step 19700, training accuracy 1
step 19800, training accuracy 1
step 19900, training accuracy 1
测试集准确率: 0.9927
```

6.2.3 Dropout 操作

在前面编码操作中，多次使用 Dropout 操作，有必要讨论一下其原理。在训练神经网络时，如果训练数据比较少，则比较容易出现神经网络过拟合。因为神经网络一般都会有较多的参数，如果数据量较少，神经网络通过参数多的优势可以快速拟合数据。此时就可以使用 Dropout 的方式来防止网络过拟合。

原理比较简单，造成过拟合的原因是参数多而训练数据少。如果可以轻松地增加训练数据，就不会遇到这样的问题。但是如果较难获取更多的训练数据来训练神经网络，那么就只能通过减少神经网络参数的方式来避免过拟合。Dropout 操作就是在神经网络训练时随机"丢弃"部分参数，让本次训练时参数没有那么多，强制网络使用更少的参数去拟合当前的训练数据，从而达到避免过拟合的效果，效果如图 6.18 和图 6.19 所示。

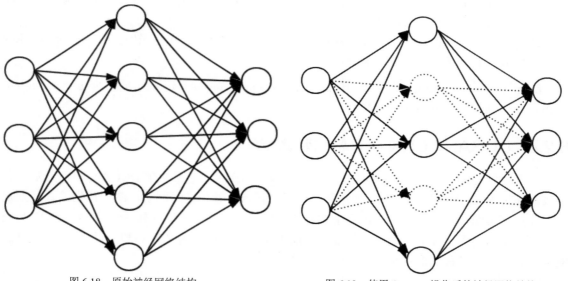

图 6.18　原始神经网络结构　　　图 6.19　使用 Dropout 操作后的神经网络结构

在 Dropout 操作中，所谓的"丢弃"，并不是真的直接删除该网络节点的参数。更准确的描述应该是，让该节点不参与本次训练，临时删除，节点的参数备份到内存中，等本次训练完成后，再从内存中取出，让网络恢复成完整的结构，接着再次随机选择某些节点临时删除。Dropout 操作就是一直重复上面的过程。

可以直观地感受到，因为 Dropout 操作，每次训练的神经网络的结构都可能不同。虽然每次训练时具体的结构不同，但实质上依旧是一个整体的结构，所以最终训练出来的神经网络，其节点中的参数依旧是相互影响的。相当于你使用不同的模型训练同一份数据，最终取所有模型数据的平均值。这样之所以有效，一个直观地解释就是，Dropout 操作训练时，不同网络结构之间的过拟合可以相互抵消，让最终平均所有模型后的模型过拟合程度不会太大。

而且，随机"丢弃"网络结构中的节点，让神经网络不能保证某两个节点每次训练时都同时出现，避免参数更新时依赖固定关系的节点，即避免了网络模型识别某些特征只在某些特定条件出现的情况下才有效果。

TensorFlow 提供了两种方法来实现 Dropout 操作，分别是 tf.layers.dropout()方法和 tf.nn.dropout()方法，两种方法在前面的章节都使用了，其区别如下。

□ tf.nn.dropout()拥有 keep_prob 参数，表示 Dropout 操作时将某个元素保留下来的概率；而 tf.layers.dropout()拥有的是 rate 参数，表示 Dropout 操作时丢弃某个元素的概率，即 keep_prob = 1－rate。

□ tf.layers.dropout()拥有 training 参数，如果将其设置为 True，tf.layers.dropout()方法进行 Dropout 操作，如果其值为 False，就认为当前不是训练状态，此时的输出值与输入值是相同的，即没有经过任何操作。而 tf.nn.dropout()无法区分当前状态是否为训练状态，只要使用，就进行 Dropout 操作。

□ tf.layers 是高层 API，在 TensorFlow 1.0 版本后才有；tf.nn 是底层 API，在 TensorFlow 第一个公开发布的版本中就存在。

Dropout 操作由 Hintion 在 2012 年发表的论文 *Improving neural networks by preventing co-adaptation of feature detectors* 中提出。

6.2.4　DCGAN：CNN 与 GAN 有机结合

终于回到 GAN 的范畴，前面之所以详细地讨论 CNN，是因为在 DCGAN 中，判别器和生成器都使用 CNN。具体而言，判别器使用了"正常"卷积神经网络，图片作为输入，判别出图片是真实图片还是生成图片，而生成器使用转置卷积神经网络（转置 CNN）。CNN 一般都以图像作为输入，提取图像中的特征，从而识别图像，而转置 CNN 却可以用于生成图像，网络的整个训练过程就像正常卷积神经网络的逆向过程。

DCGAN 整体思想与朴素 GAN 没有什么本质差异，但整体架构却与 GAN 不同，DCGAN 使用 CNN 来提升生成器生成图像的效果与判别器判别图像的能力。依旧使用此前直白的例子来解释，小吕作为艺术学校的学生，本身就具有较强的艺术天赋，一出手，就是一幅还算不错的画作，从普通人的角度看来，这已经是佳作了，但艺术学院藏龙卧虎，王老师自幼就看过很多闻名于世的画作，在他看来，小吕的画作还有很多瑕疵，于是进入了王老师指出画作瑕疵→小吕修改画作→画出王老师满意画作的过程。

与此前例子不同之处在于，小吕本身就具有很好的作画天赋，可以画出在普通人看来不错的画作，这都是转置 CNN 的功劳，它在处理图像数据上的优势给小吕带来了高于常人的天赋。而王老师高超的鉴别能力，也是靠 CNN，这让他与此前的王老师（由普通神经网络构成）有天壤之别。

因为判别器模型与正常的 CNN 结构类似，所以重点讨论生成器的转置 CNN，下面简单讨论一下转置卷积，为了方便理解，暂不考虑第三维。

现在输入一个3×3大小的矩阵，通过2×2过滤器进行普通的卷积操作，步长为1，不进行填充，那么卷积后的输出就是2×2大小的矩阵，如图 6.20 所示。

从矩阵运算的角度来看普通卷积的过程，首先3×3大小的矩阵被重塑成9×1的列向量，记为X，接着将2×2过滤器矩阵转为4×9矩阵，过滤器总共扫描 4 次，被扫描矩阵的大小为3×3，所以过滤器矩阵为4×9。

过滤器矩阵：

$$\begin{bmatrix} w_1 & w_2 \\ w_3 & w_4 \end{bmatrix}$$

过滤器扫描了 4 次3×3大小的矩阵，则过滤器矩阵可以转为如下矩阵，本次没有被扫描到的为 0。

$$C = \begin{bmatrix} w_1 & w_2 & 0 & w_3 & w_4 & 0 & 0 & 0 & 0 \\ 0 & w_1 & w_2 & 0 & w_3 & w_4 & 0 & 0 & 0 \\ 0 & 0 & w_1 & w_2 & 0 & w_3 & w_4 & 0 & 0 \\ 0 & 0 & 0 & 0 & w_1 & w_2 & 0 & w_3 & w_4 \end{bmatrix}$$

那么卷积的结果为

$$Y = CX = (4 \times 9) \times (9 \times 1) = (4 \times 1)$$

4×1的列向量可以重塑为2×2的输出矩阵，这就是普通的卷积过程。而转置卷积就是将 C 矩阵进行转置再与结果 Y 相乘，从而获得输入 X，当然这个 X 与真正的输入 X 不完全相同。

$$Y = C^{\mathrm{T}}X = (9 \times 4) \times (4 \times 1) = (9 \times 1)$$

转置卷积操作后，就从2×2大小的矩阵中获得3×3大小的矩阵，如图 6.21 所示。

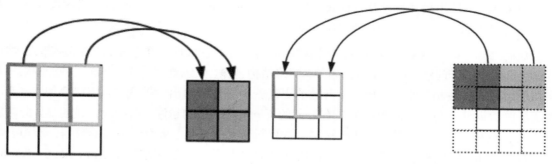

图 6.20　卷积　　　　　　　　图 6.21　转置卷积

整个生成器的转置 CNN 结构如图 6.22 所示，输入的是 100 维的列向量，重塑后，通过一层层的转置卷积操作，获得64×64×3的图片矩阵，完成生成图片目标。

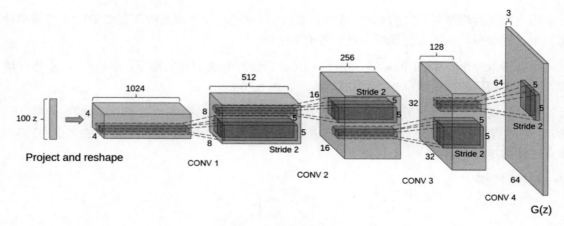

图 6.22　多层转置 CNN

DCGAN 除处理使用 CNN 作为判别器和生成器的主要结构外，还做了如下改进。

（1）判别器和生成器都没有使用池化层，在判别器中使用带有步长的过滤器来完成卷积操作，代替池化层缩减训练网络参数的功能，全局平均池化虽然会提高模型的稳定性，但会使网络收敛速度变缓慢。

（2）判别器和生成器都使用批量标准化操作来帮助模型收敛且避免模型过拟合。

（3）在生成器中，除最后一层要输出的图像使用 Tanh 作为激活函数，其余层都使用 ReLU 作为激活函数。

（4）在判别器中，所有层都使用 Leaky ReLU 作为激活函数。

6.2.5　Batch Normalization

DCGAN 中使用批量标准化（Batch Normalization，BN）技术，BN 技术在深度学习中是很常见的一种优化训练的技巧，下面简单讨论一下。

众所周知，神经网络层数越多、结构越深，其拟合训练数据分布的能力也就越强，当然过强就会面临过拟合问题。除过拟合问题外，网络结构越深，训练难度越大。在深层神经网络中，层与层之间的参数相互影响，每一层参数的更新就会导致其输出数据变化，层层叠加，就会出现底层的数据分布与高层的数据分布有很大的不同。网络结构越深，这种现象越明显，此时就需要高层不断重新计算参数，去适应底层参数更新带来的变化，从而让高层的数据分布拟合底层的数据分布，实现神经网络的目标，指向同样的样本标签。这种现象称为 Internal Convariate Shift（简称 ICS），一般的解决方法就是将学习速率调小。为了训练好一个神经网络，需要我们非常谨慎地设置合理的学习速率与模型的初始权重，这些超参数的设置没有什么准则，全靠经验。

　　BN 的提出就是为了解决 ICS 带来的困难，Batch Normalization 首先是 Batch，然后才是 Normalization。Batch 表示标准化操作是对一组数据进行的，而不是单个数据，其核心操作如图 6.23 所示。

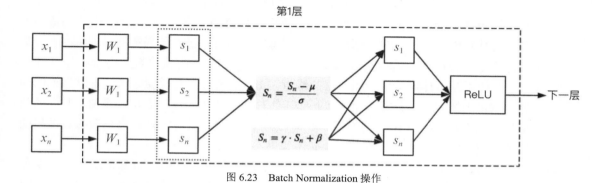

图 6.23　Batch Normalization 操作

　　Batch 的大小为 n，即输入 $X_1, X_2, \cdots, X_n$，与权重 W_1 相乘，获得相应的输出值 S_n。普通的神经网络结构中，获得输出值后，就会传递给相应的激活函数，通过激活函数处理后，就传递给下一层。但这里嵌入了 BN 操作，首先会计算出 $S_1, S_2, \cdots, S_n$ 对应的平均值 μ 和方差 σ，然后使用当前值 S_n 减去平均值 μ，再除以方差 σ 的平方加 ϵ 的开方，从而获得新的 S_n。其中 ϵ 只是一个微小的正数，避免方差 σ 为 0 的情况。此时计算出的 S_n 的分布一般会限制在均值为 0，方差为 1 的正态分布中，这会让网络的拟合能力下降。为了避免这种情况，引入 γ 与 β 这两个参数，这两个参数由模型训练时自己习得。两者的公式如下。

$$S_n = \frac{S_n - \mu}{\sqrt{\sigma^2 + \epsilon}}$$

$$S_n = \gamma \cdot S_n + \beta$$

　　如果出现 μ 与 β 相等、σ 与 γ 相等的情况，BN 操作就几乎什么都不用做，减的被加回来，除的被乘回来。如果出现这种情况，BN 的效果微弱。但 γ 与 β 和 μ 与 σ 还是有明显的不同之处，μ 与 σ 会受到输入数据的影响，因为均值和方差就是从这些输入数据中计算而来的；但 γ 与 β 不会，它是模型训练时自己学习而来的，只需初始化一下即可。顺带一提，在神经网络通过反向传播算法来更新网络参数时，BN 操作中相关的参数也是会被更新的。

　　BN 操作或 BN 层放在输入之前还是放在输出之后均可，但一般而言，BN 层都放在输出数据后、激活函数前，这样可以让输出数据更容易落在激活函数的"有效区域"内。以 Tanh 函数为例，Tanh 函数取值范围是-1～1，由于函数两端过于平坦，如果神经网络输入给 Tanh 函数的值过大或过小，就会遇到梯度爆炸或梯度弥散的问题，所以我们希望输入的值落在 Tanh 的中间区域，放在激活函数前的 BN 层可以实现这个效果。

　　上面已经知道神经网络训练时，BN 是怎么运作的了，那么测试时呢？测试神经网络与训练时不同，训练神经网络会使用一组数据进行训练，但测试通常是单个数据输入到训练好的神经网络中看效果。如果是单个数据，那么 BN 操作时均值 μ 与方差 σ 如何计算？常见有如下两种解决方法。

❑ 第一种方法，因为此时神经网络训练已经结束，那么网络中的参数就不会再发生改变，使用固定参数的神经网络计算整个训练数据的均值和方差，再使用计算出的均值和方差来完成神经网络的测试。这种方式在训练时一般行不通，因为在网络训练时，参数会改变，均值 μ 与方差 σ 又是从参数中计算得来的，那么每次参数改变都要重新计算一下。如果此时计算整个训练数据的均值与方差，就会有计算量过大、难以训练的问题，所以训练时，只计算一个 Batch 的均值与方差即可。这也要求一个 Batch 中的数据量不能太小，如果 Batch 数据量太小，计算出来的均值与方差与整个训练数据集的均值与方差差距过大，会导致 BN 操作效果不理想。

❑ 第二种方法，在训练神经网络时，将所有训练时的均值 μ 与方差 σ 都记录下来，要使用测试数据测试神经网络直接使用训练时最后几次的均值 μ 与方差 σ。这种方法比第一种方法常用，因为有时训练数据特别庞大，就算只计算一次训练数据，整体均值和方差也有很大的计算量。

下面总结一下 BN 带来的优势。

❑ BN 可以减缓 ICS 问题，使得在训练神经网络时可以使用更大的学习速率，让网络收敛得更快。

❑ BN 会使输入激活函数的数据作用在集合函数的"有效区域"，从而减少了梯度爆炸或梯度弥散等问题，特别是使用 sigmoid、Tanh、ReLU 等激活函数时。

❑ 神经网络受初始化参数的影响较小。

❑ BN 减少了训练神经网络时对正则化惩罚项的需求。

看到这些优点，你可能会想，所谓 BN 操作，其实就是一些简单的加、减、乘、除操作，为什么会带来这么多优点？BN 操作为什么有这些效果？核心就是

❑ BN 操作确保了神经网络中节点间的参数具有"伸缩不变性"。

❑ BN 操作确保了神经网络中输入数据具有"伸缩不变性"。

6.3　TensorFlow 实现 DCGAN 网络

前面的内容详细地介绍了卷积神经网络、转置卷积、DCGAN 中的改进和 BN，这些内容对于动手编写 DCGAN 网络是很有帮助的。下面就使用 TensorFlow 来编写一个 DCGAN 网络，其整体流程与此前编写朴素 GAN 类似，先编写生成器、判别器，再编写训练逻辑，同时将部分张量数据记录下来，用于 TensorBoard 可视化显示。

因为篇幅原因，本节只会展示 DCGAN 中的关键代码，其余部分可以去本书的 github 上下载浏览。

6.3.1 TensorFlow 实现 DCGAN 的生成器

在 DCGAN 中生成器使用转置 CNN 来实现，TensorFlow 将转置 CNN 封装成 conv2d_transpose() 方法，使用 conv2d_transpose() 方法就可以轻松实现转置 CNN，这让编写生成器的代码量大大减少，下面来看生成器的具体代码。

```python
#生成器
def generator(self, z):
    with tf.variable_scope("generator"):
        s_h, s_w = self.output_height, self.output_width
        s_h2, s_w2 = conv_out_size_same(s_h, 2), conv_out_size_same(s_w, 2)
        s_h4, s_w4 = conv_out_size_same(s_h2, 2), conv_out_size_same(s_w2, 2)
        s_h8, s_w8 = conv_out_size_same(s_h4, 2), conv_out_size_same(s_w4, 2)
        s_h16, s_w16 = conv_out_size_same(s_h8, 2), conv_out_size_same(s_w8, 2)
        # project 'z' and reshape
        # 原始输入经过权重和偏置处理后获得的输入 z_，h0_w 第一层权重，h0_b 第一层偏置
        self.z_, self.h0_w, self.h0_b = linear(
            z, self.gf_dim * 8 * s_h16 * s_w16, 'g_h0_lin', with_w=True)
        #输入重塑成 3×3×512 的矩阵
        self.h0 = tf.reshape(
            self.z_, [-1, s_h16, s_w16, self.gf_dim * 8])
        # 使用 BN 处理后，再使用 ReLU 激活函数
        h0 = tf.nn.relu(self.g_bn0(self.h0))
        #转置卷积
        self.h1, self.h1_w, self.h1_b = deconv2d(
            h0, [self.batch_size, s_h8, s_w8, self.gf_dim * 4], name='g_h1', with_w=True)
        h1 = tf.nn.relu(self.g_bn1(self.h1))

        h2, self.h2_w, self.h2_b = deconv2d(
            h1, [self.batch_size, s_h4, s_w4, self.gf_dim * 2], name='g_h2', with_w=True)
        h2 = tf.nn.relu(self.g_bn2(h2))

        h3, self.h3_w, self.h3_b = deconv2d(
            h2, [self.batch_size, s_h2, s_w2, self.gf_dim * 1], name='g_h3', with_w=True)
        h3 = tf.nn.relu(self.g_bn3(h3))

        h4, self.h4_w, self.h4_b = deconv2d(
            h3, [self.batch_size, s_h, s_w, self.c_dim], name='g_h4', with_w=True)
        return tf.nn.tanh(h4)
```

定义 generator() 方法来获得生成器。在该方法中，同样使用 variable_scope() 方法创建一个空间，方便后面生成器的参数重用，接着定义相关的高和宽。在训练时，我们定义 output_height 为 48，output_width 也为 48，其他值通过 conv_out_size_same() 方法获得相应值后除以 2，

conv_out_size_same()方法的代码如下。

```
def conv_out_size_same(size, stride):
    # ceil 返回数字的上入整数。
    return int(math.ceil(float(size) / float(stride)))
```

接着就开始构建生成器的第一层，第一层使用 linear()方法。该方法就是生成权重矩阵与偏置，然后与输入值进行简单的运算，其实质就是一个普通的连接层，linear()代码如下。

```
# 普通连接层，线性运算
def linear(input_, output_size, scope=None, stddev=0.02, bias_start=0.0, with_w=False):
    shape = input_.get_shape().as_list()
    with tf.variable_scope(scope or "Linear"):
        try:
            # random_normal_initializer 正态分布的张量生成器
            matrix = tf.get_variable('Matrix', [shape[1], output_size], tf.float32,
tf.random_normal_initializer(stddev=stddev))
        except ValueError as e:
            msg = "很可能是图像尺寸问题，你正确设置了-crop、-input_height、-output_heigh 吗? "
            e.args = e.args + (msg,)
            raise
        # constant_initializer 生成具有常数值的张量的初始化器。
        bias = tf.get_variable('bias', [output_size], initializer=tf.constant_
                               initializer(bias_start))
        if with_w:
            return tf.matmul(input_, matrix) + bias, matrix, bias
        else:
            return tf.matmul(input_, matrix) + bias
```

我们向 linear()中传入随机生成的噪声 z 和第一层的结构self.gf_dim * 8 * s_h16 * s_w16（即64×8×3×3，接着通过tf. reshape()方法重塑第一层self. z_矩阵，获得新的矩阵self.h0，其结构就为3×3×512，这样生成器的第一层就构建完成。

接着构建第二层，直接使用deconv2d()方法构建转置卷积层，deconv2d()方法的代码如下。

```
#转置卷积层
def deconv2d(input_,output_shape, k_h=5,k_w=5,d_h=2,d_w=2,stddev=0.02, name='deconv2d',
             with_w=False):
    with tf.variable_scope(name):
        # random_normal_initializer 生成服从正态分布的张量，stddev 正态分布的标准差
        w = tf.get_variable('w', [k_h, k_w, output_shape[-1], input_.get_shape()[-1]],
initializer=tf.random_normal_initializer(stddev=stddev))
        deconv = tf.nn.conv2d_transpose(input_, w, output_shape=output_shape, strides=
                                        [1, d_h, d_w, 1])
        # constant_initializer 生成具有常量值的张量
        biases = tf.get_variable('biases',[output_shape[-1]], initializer=tf.constant_
                                 initializer(0.0))
        deconv = tf.reshape(tf.nn.bias_add(deconv, biases), deconv.get_shape())
        if with_w:
```

```
                return deconv, w, biases
        else:
                return deconv
```

deconv2d()方法的逻辑比较简单，依旧先通过variable_scope()方法创建一个张量空间，接着通过get_variable()方法获得一个矩阵。因为get_variable()方法中设置了 initializer = tf.random_normal_initializer(stddev = stddev)，所以获得的矩阵服从正态分布。接着就是使用 conv2d_transpose()方法实现转置卷积操作，将初始化的权重矩阵传入作为过滤器矩阵。conv2d_transpose()方法的形式如下。

```
def conv2d_transpose(value,filter, output_shape,strides, padding="SAME"
,data_format="NHWC",name=None):
```

conv2d_transpose()方法中参数的含义与 deconv2d()方法中几乎相同，不再重复介绍。

定义完转置卷积操作后，再次使用 get_variable()方法获得一个具有常量值的张量作为偏置 biases，接着将转置卷积操作后获得的 deconv 矩阵与 biases 通过 tf.nn.bias_add()相加，再使用 tf.reshape 重塑，最后将重塑后获得的转置卷积矩阵返回即可。

回到 generator()方法中，生成器的第二层就通过 deconv2d()方法完成了。其中 h1 就是转置卷积操作后的矩阵，h1_w 是权重矩阵，也就是转置卷积操作时过滤器对应的矩阵，h1_b 对应该层的偏置。

构建好转置卷积矩阵后，使用 g_hn1()方法进行 BN 操作，再将 BN 操作后的值传递给 ReLU 激活函数。g_hn1()方法来自 self.g_bn1 = batch_norm(name='g_bn1')，所以来看一下 batch_norm 类的代码。

```
class batch_norm(object):
  def __init__(self, epsilon=1e-5, momentum = 0.9, name="batch_norm"):
    with tf.variable_scope(name):
      self.epsilon  = epsilon
      self.momentum = momentum
      self.name = name

  def __call__(self, x, train=True):
    # tf.contrib.layers.batch_norm实现 Batch Normalization
    return tf.contrib.layers.batch_norm(x,
                        decay=self.momentum,
                        updates_collections=None,
                        epsilon=self.epsilon,
                        scale=True,
                        is_training=train,
                        scope=self.name)
```

batch_norm 类使用_init_方法进行初始化，_call_方法将类实例当作函数来调用且不影响类实例本身的生命周期。在_call_中，调用 tf.contrib.layers.batch_norm()方法来实现 BN 操作，tf.contrib.layers.batch_norm()方法的参数众多，考虑到篇幅，这里只介绍目前使用的参数。

❑ inputs：输入张量，张量的维度必须大于二维，第一个表示一组 batch 中数据的个数，输入张量每一维代表的含义由 data_format 决定，data_format 默认为 NHWC。inputs 参数的要求不难理解，毕竟 BN 操作要计算输入数据的平均值和方差。

❑ decay：移动平均值的衰减系数，合理的衰减系数值应该接近于 1。如果 BN 在训练集表现很好，在验证集或测试集表现不理想时，可以尝试选择较小的筛选系数。

❑ epsilon：微小的正数，避免 BN 操作进行除方差操作时，方差为 0。

❑ scale：设置为 True，则表示 BN 操作时要乘以γ；设置 False 则不使用γ。

❑ is_training：模型是否在训练状态。如果在训练状态，会将训练时计算得出的平均值和方差记录到 moving_mean 与 moving_variance 中。如果不在训练状态，就会使用此前记录的 moving_mean 与 moving_variance（该方法在 Batch Normalization 章节讨论过）。

❑ scope：变量命名空间。

当 g_bn1()方法实现 BN 操作后，获得的数据传入 tf.nn.relu()方法，即 ReLU 激活函数，到这里便完成了 h1 转置卷积层的编写。后面的 h2、h3、h4 的编写方式与 h1 相同，都是使用 deconv2d()实现转置卷积操作，然后将转置卷积后获得的输出矩阵使用相应的方法进行 BN 操作，将 BN 操作后的结果输入激活函数，h2、h3 的激活函数使用 ReLU 函数，h4 使用 Tanh 函数。

6.3.2 TensorFlow 实现 DCGAN 的判别器

DCGAN 的生成器构建完成后，接着就编写 DCGAN 判别器。DCGAN 中判别器使用全卷积网络的结构，使用步长来代替池化层，并且除最后一层外，所有层的激活函数都使用 Leaky ReLU，下面来实现一下。

```
#判别器
def discriminator(self, image, reuse=False):
    with tf.variable_scope("discriminator") as scope:
        if reuse:
            # 重用空间中的变量
            scope.reuse_variables()

        h0 = lrelu(conv2d(image, self.df_dim, name='d_h0_conv'))
        h1 = lrelu(self.d_bn1(conv2d(h0, self.df_dim * 2, name='d_h1_conv')))
        h2 = lrelu(self.d_bn2(conv2d(h1, self.df_dim * 4, name='d_h2_conv')))
        h3 = lrelu(self.d_bn3(conv2d(h2, self.df_dim * 8, name='d_h3_conv')))
        h4 = linear(tf.reshape(h3, [self.batch_size, -1]), 1, 'd_h4_lin')

        return tf.nn.sigmoid(h4),h4
```

代码非常简单，首先通过 reuse 变量判断当下是否要重用 discriminator 空间中的变量，接着就是判别器全卷积网络的结构，使用 conv2d()实现卷积层，使用 lrelu()方法实现 Leaky ReLU

方法，分别看一下这两个方法的具体代码。

```
def lrelu(x, leak=0.2, name='lrelu'):
    return tf.maximum(x, leak*x)


#卷积层
def conv2d(input_, output_dim, k_h=5, k_w = 5, d_h=2, d_w=2, stddev=0.02,name="conv2d"):
    with tf.variable_scope(name):
        w = tf.get_variable('w', [k_h, k_w, input_.get_shape()[-1], output_dim])
        conv = tf.nn.conv2d(input_, w, strides=[1,d_h,d_w,1], padding='SAME')
        biases = tf.get_variable('biases',[output_dim], initializer=tf.constant_
                                          initializer(0.0))
        conv = tf.reshape(tf.nn.bias_add(conv, biases), conv.get_shape())
        return conv
```

Leaky ReLU 不必多讲，小于 0 的部分返回 leak × x 的值。

conv2d()方法其实也不必多讲，先获得权重矩阵 **w**，该矩阵作为过滤器矩阵；使用 tf.nn.conv2d()方法实现卷积操作；接着获得偏置 biases；将卷积操作的结果矩阵与偏置相加再重塑一下，返回重塑后的矩阵，则完了卷积层的操作。

6.3.3 获得测试样例

在训练过程中，我们想知道当前经过一定轮数训练后的生成器可以生成什么样的图像，方便直观地了解当前 DCGAN 的状态。要实现这个需求，只需要再使用一次生成器，将生成的图片保存到本地即可。为了避免此时生成对训练造成其他影响，我们需要固定当前生成器结构中的参数，具体代码如下。

```
#生成图片样例
def sampler(self, z):
    # 使用生成器空间中的变量
    with tf.variable_scope("generator") as scope:
        scope.reuse_variables()
        s_h, s_w = self.output_height, self.output_width
        s_h2, s_w2 = conv_out_size_same(s_h, 2), conv_out_size_same(s_w, 2)
        s_h4, s_w4 = conv_out_size_same(s_h2, 2), conv_out_size_same(s_w2, 2)
        s_h8, s_w8 = conv_out_size_same(s_h4, 2), conv_out_size_same(s_w4, 2)
        s_h16, s_w16 = conv_out_size_same(s_h8, 2), conv_out_size_same(s_w8, 2)
        h0 = tf.reshape(
            linear(z, self.gf_dim * 8 * s_h16 * s_w16, 'g_h0_lin'),
            [-1, s_h16, s_w16, self.gf_dim * 8])
        # train 为 False
        h0 = tf.nn.relu(self.g_bn0(h0, train=False))
        h1 = deconv2d(h0, [self.batch_size, s_h8, s_w8, self.gf_dim * 4], name='g_h1')
        h1 = tf.nn.relu(self.g_bn1(h1, train=False))
        h2 = deconv2d(h1, [self.batch_size, s_h4, s_w4, self.gf_dim * 2], name='g_h2')
        h2 = tf.nn.relu(self.g_bn2(h2, train=False))
```

```
        h3 = deconv2d(h2, [self.batch_size, s_h2, s_w2, self.gf_dim * 1], name='g_h3')
        h3 = tf.nn.relu(self.g_bn3(h3, train=False))
        h4 = deconv2d(h3, [self.batch_size, s_h, s_w, self.c_dim], name='g_h4')
        return tf.nn.tanh(h4)
```

结构其实就是生成器的结构,只不过网络结构中的参数使用的是 generator 空间中的参数,并且使用 BN 操作时,要表明当前不是训练状态,仅此而已。

6.3.4 构建 DCGAN 整体

上面分别编写了 generator()方法实现生成器、discriminator()方法实现判别器,接着就使用这两个方法来构建出一个完成的 DCGAN 结构。整体逻辑就是先使用 generator()方法和 discriminator()方法获得生成器和判别器的实例,再定义并最小化相应的损失,定义损失与最小化损失的方法都与实现朴素 GAN 时一样,下面来看具体的代码。

```
#构建 DCGAN 模型
def build_model(self):
    # 图片大小
    if self.crop:
        image_dims = [self.output_height, self.output_width, self.c_dim]
    else:
        image_dims = [self.input_height, self.input_width, self.c_dim]
    # 真实图片输入
    self.inputs = tf.placeholder(tf.float32, [self.batch_size] + image_dims, name=
                            'real_images')
    inputs = self.inputs
    self.z = tf.placeholder(tf.float32, [None, self.z_dim], name='z')
    # 直方图显示在 TensorBoard 中
    self.z_sum = histogram_summary('z',self.z)
    # 生成器
    self.G = self.generator(self.z)
    # 判别器
    self.D, self.D_logits = self.discriminator(inputs, reuse=False)
    # 生成器生成的样例
    self.sampler = self.sampler(self.z)
    # 判别器,判别生成图片
    self.D_, self.D_logits_ = self.discriminator(self.G, reuse=True)
    self.D_sum = histogram_summary("d", self.D)
    self.d__sum = histogram_summary("d_", self.D_)
    # 图像显示在 TensorBoard 中
    self.G_sum = image_summary("G", self.G)
    # 判别器判别真实图片的损失
    self.d_loss_real = tf.reduce_mean(
        tf.nn.sigmoid_cross_entropy_with_logits(logits=self.D_logits, labels=tf.ones
                                        _like(self.D)))
    # 判别器判别生成图片的损失
    self.d_loss_fake = tf.reduce_mean(
```

```
                tf.nn.sigmoid_cross_entropy_with_logits(logits=self.D_logits_, labels=tf.zeros_
                                                    like(self.D_)))
        # 生成器希望判别器判别自己生成图片的损失
        self.g_loss = tf.reduce_mean(
            tf.nn.sigmoid_cross_entropy_with_logits(logits=self.D_logits_, labels=tf.ones_
                                                    like(self.D_)))
        #使用 scalar_summary 记录损失的变量，后面就可以使用 TensorBoard 进行可视化显示
        self.d_loss_real_sum = scalar_summary("d_loss_real", self.d_loss_real)
        self.d_loss_fake_sum = scalar_summary("d_loss_fake", self.d_loss_fake)
        self.d_loss = self.d_loss_real + self.d_loss_fake
        self.g_loss_sum = scalar_summary("g_loss", self.g_loss)
        self.d_loss_sum = scalar_summary("d_loss", self.d_loss)
        t_vars = tf.trainable_variables()
        self.d_vars = [var for var in t_vars if 'd_' in var.name]
        self.g_vars = [var for var in t_vars if 'g_' in var.name]
        self.saver = tf.train.Saver()
```

上述代码中，先定义出要使用的张量，如 image_dims 图片维度、self.inputs 真实图片输入、self.z 噪声等，然后就通过 generator()方法构建生成器 self.G，通过 discriminator()方法构建判别器 self.D，通过 sampler()方法获得当前训练轮下生成器的测试实例，接着就构建生成器和判别器的损失。对判别器而言，它希望自己给真实图片赋值为 1，给生成图片赋值为 0，而生成器希望判别器给自己生成的图片赋值为 1，生成器和判别器相互对抗。在最小化损失上依旧使用 sigmoid_cross_entropy_with_logits()方法，一步搞定。

在代码中，使用 TersorBoard 相关的方法来记录 DCGAN 中某些重要张量的变化，例如生成器和判别器的损失、生成器此时可生成的图片等，将这些张量通过相应的方法记录下来，方便后期在 TensorBoard 上可视化显示。

6.3.5　训练 DCGAN

DCGAN 构建完成后，就可以编写训练逻辑了。训练时最小化损失依旧使用 Adam 算法，整体训练流程就是一组组数据进行最小化判别器和生成器损失的训练，TensorFlow 会根据构建好的计算图去填充相应的数据，激活相应的节点，具体代码如下。

```
def train(self, config):
    d_optim = tf.train.AdamOptimizer(config.learning_rate, beta1=config.beta1) \
        .minimize(self.d_loss, var_list=self.d_vars)
    g_optim = tf.train.AdamOptimizer(config.learning_rate, beta1=config.beta1) \
        .minimize(self.g_loss, var_list=self.g_vars)
    # 初始化
    try:
        tf.global_variables_initializer().run()
    except:
        tf.initialize_all_variables().run()

    self.g_sum = merge_summary([self.z_sum, self.d__sum,
```

```
                                    self.G_sum, self.d_loss_fake_sum, self.g_loss_sum])
    self.d_sum = merge_summary(
        [self.z_sum, self.D_sum, self.d_loss_real_sum, self.d_loss_sum])
    # Russell 输出是输出到 output 这个相对路径中，不然无法获得输出内容
    self.writer = SummaryWriter("./output/logs", self.sess.graph)
    sample_z = np.random.uniform(-1, 1, size=(self.sample_num, self.z_dim))
    sample_files = self.data[0:self.sample_num]
    # 获得生成器生成的 fake img
    sample = [
        get_image(sample_file,
                  input_height=self.input_height,
                  input_width=self.input_width,
                  resize_height=self.output_height,
                  resize_width=self.output_width,
                  crop=self.crop,
                  grayscale=self.grayscale) for sample_file in sample_files]
    if (self.grayscale):
        sample_inputs = np.array(sample).astype(np.float32)[:, :, :, None]
    else:
        sample_inputs = np.array(sample).astype(np.float32)
    counter = 1
    start_time = time.time()
    # 加载 checkpoint 文件
    could_load, checkpoint_counter = self.load(self.checkpoint_dir)
    if could_load:
        counter = checkpoint_counter
        print(" [*] Load SUCCESS")
    else:
        print(" [!] Load failed...")
    for epoch in range(config.epoch):
        self.data = glob(os.path.join(
            config.data_dir, config.dataset, self.input_fname_pattern))
        np.random.shuffle(self.data)
        batch_idxs = min(len(self.data), config.train_size) // config.batch_size
        for idx in range(0, int(batch_idxs)):
            batch_files = self.data[idx * config.batch_size:(idx + 1) * config.batch_size]
            batch = [
                get_image(batch_file,
                          input_height=self.input_height,
                          input_width=self.input_width,
                          resize_height=self.output_height,
                          resize_width=self.output_width,
                          crop=self.crop,
                          grayscale=self.grayscale) for batch_file in batch_files]
            if self.grayscale:
                batch_images = np.array(batch).astype(np.float32)[:, :, :, None]
            else:
                batch_images = np.array(batch).astype(np.float32)
```

```
batch_z = np.random.uniform(-1, 1, [config.batch_size, self.z_dim]) \
    .astype(np.float32)
# 更新判别器 D, 先训练判别器 D
_, summary_str = self.sess.run([d_optim, self.d_sum],
                               feed_dict={self.inputs: batch_images,
                               self.z: batch_z})
self.writer.add_summary(summary_str, counter)
# 更新生成器 G, 再训练生成器 G
_, summary_str = self.sess.run([g_optim, self.g_sum],
                               feed_dict={self.z: batch_z})
self.writer.add_summary(summary_str, counter)
# 再次训练生成器 G, 确保 d_loss 不为 0
_, summary_str = self.sess.run([g_optim, self.g_sum],
                               feed_dict={self.z: batch_z})
self.writer.add_summary(summary_str, counter)
errD_fake = self.d_loss_fake.eval({self.z: batch_z})
errD_real = self.d_loss_real.eval({self.inputs: batch_images})
errG = self.g_loss.eval({self.z: batch_z})
counter += 1
print("Epoch: [%2d/%2d] [%4d/%4d] time: %4.4f, d_loss: %.8f, g_loss: %.8f" \
    % (epoch, config.epoch, idx, batch_idxs,
        time.time() - start_time, errD_fake + errD_real, errG))
if np.mod(counter, 100) == 1:
    try:
        #sampler 生成图片
        samples, d_loss, g_loss = self.sess.run(
            [self.sampler, self.d_loss, self.g_loss],
            feed_dict={
                self.z: sample_z,
                self.inputs: sample_inputs,
            },
        )
        save_images(samples, image_manifold_size(samples.shape[0]),
                    './{}/train_{:02d}_{:04d}.png'.format(config.sample_
                        dir, epoch, idx))
        print("[Sample] d_loss: %.8f, g_loss: %.8f" % (d_loss, g_loss))
    except:
        print("one pic error!...")
if np.mod(counter, 500) == 2:
    self.save(config.checkpoint_dir, counter)
```

　　一开始同样定义一些张量，需要注意的是，self.writer 张量是 DCGAN 训练时日志的输出路径。因为后面训练 DCGAN 要使用 Russell 平台，所以这里的路径一定要输出到./output/这个相对路径上，如果你是在本地训练，日志的路径就没有什么特别的要求。

　　因为训练 DCGAN 需要花费比较长的时间，如果模型训练过程因意外中途中断，重头再训练就要很大的成本，所以每次训练前都加载此前训练时保留下的 checkpoint 模型文件，根据 checkpoint 模型文件接着中断处继续训练即可，不必再耗费大量时间成本。

训练 DCGAN 的核心在两层 for 循环中，看到第二层 for 循环 for idx in range(0, int(batch_idxs))，一开始通过 get_image 方法获得此轮要训练的一组图像，接着通过 np.random.uniform 生成噪声 batch_z，最后通过如下代码进行判别器 D 和生成器 G 的训练，并将训练的结果记录在 log 中。

```
# 更新判别器 D，先训练判别器 D
_, summary_str = self.sess.run([d_optim, self.d_sum],
                        feed_dict={self.inputs: batch_images, self.z: batch_z})
self.writer.add_summary(summary_str, counter)
# 更新生成器 G，再训练生成器 G
_, summary_str = self.sess.run([g_optim, self.g_sum],
                        feed_dict={self.z: batch_z})
self.writer.add_summary(summary_str, counter)
# 再次训练生成器 G，确保 d_loss 不为 0
_, summary_str = self.sess.run([g_optim, self.g_sum],
                        feed_dict={self.z: batch_z})
self.writer.add_summary(summary_str, counter)
```

DCGAN 的训练依旧先训练判别器再训练生成器。在训练复杂的 DCGAN 网络时，可能会因为判别器与生成器不均衡导致损失归 0，为了避免这种情况，每训练一次判别器，就相应训练两次生成器。

为了直观感受 DCGAN 训练过程中生成器生成图片的变化，我们每训练 100 轮便保存一次当前生成器可生成的图片，方便训练完后观察。

前面编写方法其实都是在 DCGAN 类下，训练 DCGAN 时，首先会实例化出 DCGAN 类实例，再调用其中的 train() 方法进行训练。为了有完整的思路，需要先看一下 main() 方法的代码，我们在 main() 中完成 DCGAN 实例化，并调用其训练方法进行训练。

```
#fensorflow 会自动调用 main()，并传递一个参数
def main(_):
    pp.pprint(flags.FLAGS.__flags)
    if FLAGS.input_width is None:
        FLAGS.input_width = FLAGS.input_height
    if FLAGS.output_width is None:
        FLAGS.output_width = FLAGS.output_height
    if not os.path.exists(FLAGS.checkpoint_dir):
        os.makedirs(FLAGS.checkpoint_dir)
    if not os.path.exists(FLAGS.sample_dir):
        os.makedirs(FLAGS.sample_dir)
    run_config = tf.ConfigProto()
    run_config.gpu_options.allow_growth = True
    with tf.Session(config=run_config) as sess:
        dcgan = DCGAN(
            sess,
            input_width=FLAGS.input_width,
            input_height=FLAGS.input_height,
            output_width=FLAGS.output_width,
```

```
                output_height=FLAGS.output_height,
                batch_size=FLAGS.batch_size,
                sample_num=FLAGS.batch_size,
                z_dim=FLAGS.generate_test_images,
                dataset_name=FLAGS.dataset,
                input_fname_pattern=FLAGS.input_fname_pattern,
                crop=FLAGS.crop,
                checkpoint_dir=FLAGS.checkpoint_dir,
                sample_dir=FLAGS.sample_dir,
                data_dir=FLAGS.data_dir)
        show_all_variables()
        if FLAGS.train:
            dcgan.train(FLAGS)
        else:
            if not dcgan.load(FLAGS.checkpoint_dir)[0]:
                raise Exception("[!] 没有 checkpoint 文件，请先 train，获得 checkpoint 后，
                        再进行 test")
        OPTION = 1
        #可视化
        visualize(sess, dcgan, FLAGS, OPTION)
if __name__ == '__main__':
    tf.app.run()
```

在 main()方法中，构建出 Session 对象，并在其中初始化 DCGAN 类实例。DCGAN 类中的参数通过用户输入获得，DCGAN 类实例化完成后，便调用 train()方法进行训练，最后通过 visulize()方法进行可视化，可视化的方式有两种，具体代码如下。

```
def visualize(sess, dcgan, config, option):
    image_frame_dim = int(math.ceil(config.batch_size**.5))
    if option == 0:
        z_sample = np.random.uniform(-0.5, 0.5, size=(config.batch_size, dcgan.z_dim))
        #生成图像
        samples = sess.run(dcgan.sampler, feed_dict={dcgan.z: z_sample})
        #保存图像
        save_images(samples, [image_frame_dim, image_frame_dim], './output/samples/test_
%s.png' % strftime("%Y-%m-%d-%H-%M-%S", gmtime()))
    elif option == 1:
        # values 是和 batch_size 等长的向量，从 0~1 递增
        values = np.arange(0, 1, 1./config.batch_size)
        #生成 z_dim 张图像
        for idx in range(dcgan.z_dim):
            print(" [*] %d" % idx)
            z_sample = np.random.uniform(-1, 1, size=(config.batch_size , dcgan.z_dim))
            #将 z_smaple 的第 idx 列替换成 values
            for kdx, z in enumerate(z_sample):
                z[idx] = values[kdx]
            samples = sess.run(dcgan.sampler, feed_dict={dcgan.z: z_sample})
            save_images(samples, [image_frame_dim, image_frame_dim], './output/samples/test_
arange_%s.png' % (idx))
```

编写完 DCGAN 的代码并有了整体思路后，就可以运行代码训练 DCGAN 了，使用下面命令运行 DCGAN 代码。

```
python -u main.py --input_height 96 --output_height 48 --dataset faces  --crop --train
--epoch 300 --input_fname_pattern "*.jpg"
```

命令中使用 faces 数据集，该数据集包含 33430 张动漫人物的头像，通过爬虫爬取相应网站的动漫人物，再通过 openCV 的人脸识别算法识别动漫人物的头像，将其剪切成 96×96 的头像图片。使用这些头像数据来训练 DCGAN，我们的系统通过训练后，DCGAN 的生成器可以生成较真实的动漫人物头像，如图 6.24 所示。

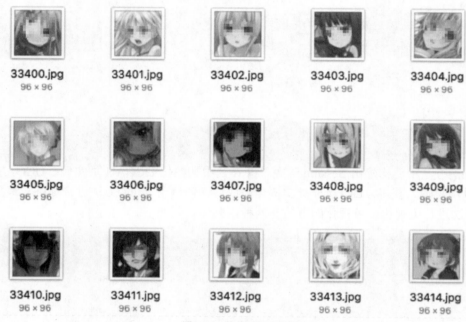

图 6.24　裁剪后的头像图片

如果代码没有错误，便会开始执行相关的训练逻辑，输出如图 6.25 所示。

```
discriminator/d_h3_conv/biases:0 (float32_ref 512) [512, bytes: 2048]
discriminator/d_bn3/beta:0 (float32_ref 512) [512, bytes: 2048]
discriminator/d_bn3/gamma:0 (float32_ref 512) [512, bytes: 2048]
discriminator/d_h4_lin/Matrix:0 (float32_ref 4608x1) [4608, bytes: 18432]
discriminator/d_h4_lin/bias:0 (float32_ref 1) [1, bytes: 4]
Total size of variables: 9086340
Total bytes of variables: 36345360
 [*] Reading checkpoints...
 [*] Success to read DCGAN.model-2
 [*] Load SUCCESS
Epoch: [ 0/300] [   0/ 522] time: 8.8686, d_loss: 3.09523678, g_loss: 0.08462968
Epoch: [ 0/300] [   1/ 522] time: 16.5782, d_loss: 2.71634603, g_loss: 0.30881536
Epoch: [ 0/300] [   2/ 522] time: 24.0295, d_loss: 4.94559097, g_loss: 0.00921742
Epoch: [ 0/300] [   3/ 522] time: 31.5888, d_loss: 1.12934566, g_loss: 0.82269430
Epoch: [ 0/300] [   4/ 522] time: 38.6614, d_loss: 5.82732105, g_loss: 0.00476911
```

图 6.25　代码正常执行

本节只展示了部分代码，还有很多辅助方法的代码因篇幅有限没有展示出来，要运行 DCGAN 需要完整的代码，大家可以去 Github 上下载。

6.3.6　RussellCloud 使用

DCGAN 的结构比较复杂，单纯使用 CPU 进行训练可能要花费 15～16 天的时间才能训练完 300 轮，显然训练时间太长了。为了缩短训练时间，需要使用 GPU 来提升训练速度。因为训练神经网络涉及大量的浮点数以及矩阵运算，CPU 并不擅长处理这类运算，而 GPU 却很适合，所以一般训练结构比较复杂的网络时都会使用 GPU 来加快训练速度。

但一个 GPU 的售价一般在 4000～5000 元，好一点的要 8000～9000 元甚至上万元。买回来后，你还需要自己维护设备，并且自己搭建开发环境，而且不是所有 GPU 都支持 TensorFlow。等你千辛万苦将环境搭建好了，可能还会遇到 GPU 与深度学习框架版本兼容的问题。

另一种方式就是租一台适配深度学习框架的 GPU 服务器，当然，你可能还是要自己配置深度学习开发环境，当然也可以直接租一间配置好的。很多云服务商都提供 GPU 服务器，如阿里云、腾讯云、华为云、百度云等，价格可以自己比较，不过一般一台配置比较低的服务器一个月都需要 2～3 元。

这里推荐使用按需租用 GPU 的方式，特别是不经常使用 GPU 的人，平台有很多，这里使用 RussellCloud，如图 6.26 所示。

图 6.26　RussellCloud

RussellCloud 是一个按需租赁 GPU 的平台，当然其功能不止是提供 GPU，还帮我们搭建好了各种主流的深度学习框架环境，其中就有 TensorFlow。除环境配置不需要我们操心外，它还提供数据集管理、版本控制等功能，比较强大。下面我们就使用 RussellCloud 平台来训练 DCGAN 网络。

首先当然是注册账号，注册完账号后，你需要根据自己的需求购买 GPU 用量包，例如你要使用 10 小时的 GPU，那就购买 10 小时的用量包。可能有人会担心，训练网络时，我们并不知道训练该网络具体需要多长时间，假设训练需要 11 小时，而你只有 10 小时的用量包，那么在平台上运行程序 10 小时后，程序会不会被立刻中断？从而导致训练数据丢失？并不会，平台是先使用后付费的。简单来说，你可以先欠费，例如上面的情况，运行完 11 个小时后，才会扣费，扣除了 10 小时，欠下 1 小时，你的数据依旧可以获取。

下面就开始使用 RussellCloud，使用前我们需要先弄明白几个问题。

问题一：平台如何运行代码？我们如何获取代码的日志输出？

问题二：本地训练 DCGAN 时需要使用数据集 faces，在平台上训练时该如何使用？

问题三：当 DCGAN 训练完后，我们如何获得其输出的数据，如 checkpoint 文件、训练时生成器生成的图片等？如何使用这些数据？

针对上述问题，解答如下。

解答一：首先你需要在 RussellCloud 上创建一个自己的项目。创建完项目后，你会获得该项目的 ID，接着你可以使用平台提供的 Python 第三方库 russell-cli 来将代码上传到该项目，上传完成后，就可以训练了。至于训练时的日志获取有两种方法：一种是通过 russell-cli 将日志传递到本地来查看；另一种是直接在平台的 web 界面上查看。

解答二：训练 DCGAN 代码时要使用数据集 faces，为了让代码在 RussellCloud 运行时也可以获得数据，我们需要将数据上传。上传的方式也很简单，先在平台上创建一个数据集，同样可以获得该数据集的 ID，使用 russell-cli 将本地数据上传到平台数据集上即可。

解答三：RussellCloud 采用数据与代码隔离的机制，这种机制的好处是，多份代码可以使用同一份数据，而不需要反复移动或反复上传。为了让数据与代码隔离，RussellCloud 会要求训练模型时产生的数据在规定的目录下，否则就不保存模型产生的数据。这点很重要，因为如果模型训练时，输出的数据没有保存，模型就相当于白训练了。

下面开始使用 RussellCloud，更直观地理解上面介绍的内容。

一开始先在本地 Python 中安装 RussellCloud 提供的第三方库 russell-cli，直接使用 pip 安装即可。

```
pip install -U russell-cli
```

安装完成后，打开 RussellCloud 官方网站，进入个人主页，创建自己的项目，如图 6.27 所示。

图 6.27　创建项目

项目创建完成后，你会获得该项目的唯一 ID，我们需要通过这个 ID 将代码上传到该项目下，如图 6.28 所示。

图 6.28　获得项目唯一 ID

接着打开命令行，使用 russell-cli，在使用前，你需要登录，命令如下（图 6.29）。

图 6.29　russell-cli 中登录

输入 "Y"，russell 会自动打开登录页面，页面上就会有账号的 Token，将 Token 复制到命令行，完成登录，如图 6.30 所示。

图 6.30　复制账号值 Token 并登录

接着你就可以将代码上传到 RussellCloud 上了。首先进入 DCGAN 代码所在的文件夹，然后在该文件夹下初始化 russell,初始化完成后,直接使用 russell 命令运行该代码,russell 在第一次运行代码时,会自动将代码上传到 RussellCloud 上,具体命令如下。

```
#初始化
russell init --id fe851859dfe04e829f3e3057393edce8
#让 russell 运行 DCGAN 代码
russell run --gpu --env tensorflow-1.9 --data ab50599737d84ca19dc7d0775052d0cb:faces
'python -u main.py --input_height 96 --output_height 48 --dataset faces --data_dir /input
--crop --train --epoch 300'
```

登录和训练结果分别如图 6.31 和图 6.32 所示。

图 6.31　登录成功

图 6.32　进行训练

解释一下 russell 运行 DCGAN 代码的命令:russell run 表示执行一段代码;--gpu 表示使用 GPU 执行这段代码,默认使用 CPU;--env 表示深度学习框架,这里使用 TensorFlow1.9 来运行;--data 表示训练时要使用的数据集。接着就是运行 DCGAN 代码的具体命令,该命令会在平台的服务器上执行,可以在 test 项目上看见上传的代码,如图 6.33 所示。

上面运行代码的命令使用了数据集,这个数据集是我们自己创建上传的。下面来看具体怎么做。

首先进入后台,单击创建数据集,如图 6.34 所示。

创建完成后,同样可以获得一个 ID 用于表示该数据集,如图 6.35 所示。

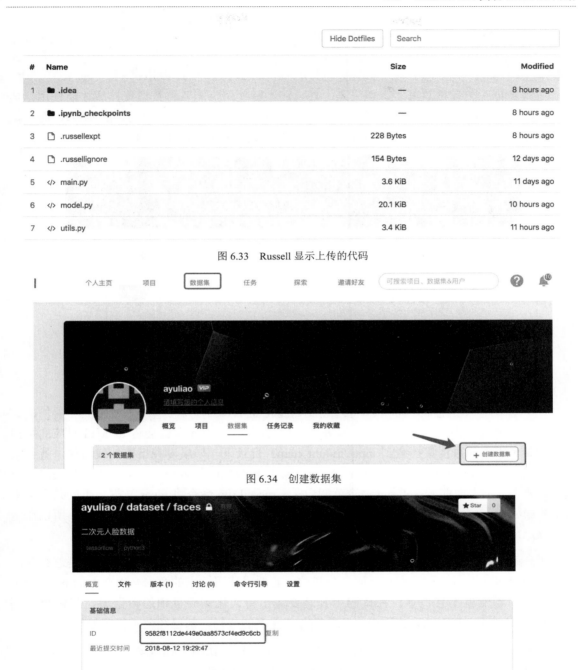

图 6.33 Russell 显示上传的代码

图 6.34 创建数据集

图 6.35 获得数据集的唯一 ID

接着就可以使用该 ID 来上传数据到相应的数据集中，与上传代码相似，命令如下。

#初始化数据集

```
russell data init --id <data_id>

#上传数据
russell data upload
```

等待数据上传完成就好了，但只是上传，还不能使用，需要将数据集挂载才能使用。挂载有两种方法。这里通过数据集版本 ID 来挂载数据集，注意这里使用的是版本 ID，而不是数据集 ID。一个数据集可以有多个版本，所以挂载时要挂载相应的版本，如图 6.36 所示。

图 6.36　复制版本 ID

命令如下。

```
russell run <command> --data <data_id>:<mount_name>
```

command 是你要求 RussellCloud 服务器运行的命令；--data 参数会将 data_id 对应的数据集下的某个版本的数据集挂载到/input/mount_name 目录下，如果没有指定挂载名称，就会默认挂载到/input/ <dataset_name>-<version>下。可以发现数据的挂载与平台运行项目是关联在一起的。观察一下上面的 russell run 命令就明白了，russell run 命令将 faces 数据集下的某个版本数据挂载到/input/faces 上。需要注意的是，因为输入数据的路径固定为/input/faces/，所以在运行 DCGAN 代码时，要给 data_dir 参数赋值为/input，data_dir 参数默认的值是./data。

还有最后一个关键点，就是 DCGAN 代码在 RussellCloud 上运行时，输出数据是怎么存储的？因为 RussellCloud 的数据与代码是分离的，它要求代码输出的数据必须在./output 这个相对目录下，不然就不会保存，在代码中凡是要输出持久化到硬盘中的数据集，其路径必须在./output 目录下。DCGAN 代码中，凡是持久化保存的代码，都已经做了相应处理。

下面正式开始使用 RussellCloud 来训练 DCGAN，依旧使用运行命令。

```
russell run --gpu --env tensorflow-1.9 --data ab50599737d84ca19dc7d0775052d0cb:faces
 'python -u main.py --input_height 96 --output_height 48 --dataset faces --data_dir /input
--crop --train --epoch 300'
```

等待 RussellCloud 使用 GPU 运行 DCGAN 代码，每一次让 RussellCloud 运行代码，RussellCloud 都会创建一个独立的任务表示本次运行。我们可以在后台看到任务运行的状态，同样可以使用命令行通过本次任务的 ID 来查看当前任务状态。

```
#查看任务 ID 对应任务的状态
russell status <task_id>

# 查看任务 ID 对应任务的日志
russell logs <task_id>
```

DCGAN 代码在 RussellCloud 上运行了 18 小时 48 分钟，我们来查看一下日志，通过上面查看日志的命令显示日志，如图 6.37 所示。

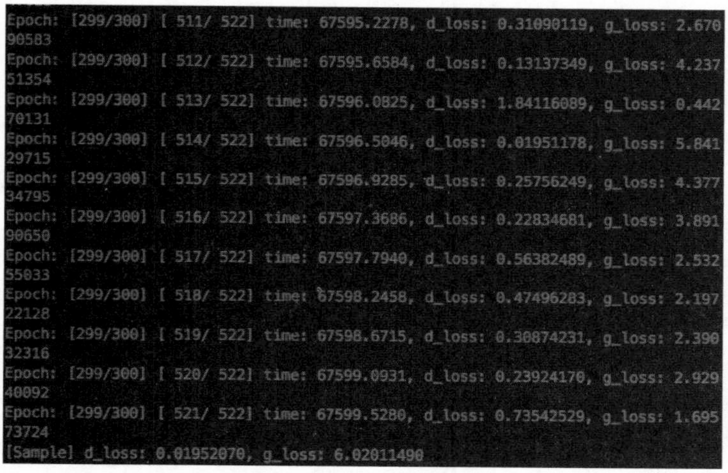

图 6.37　查看训练日志

从图 6.37 中可以看出，最后一次训练，判别器的损失为 0.73542529，生成器的损失为 1.69573724。使用本轮训练时得到的生成器生成样例图片，其判别器的损失为 0.01952070，生成器的损失为 6.02011490，说明在生成样例图片时，生成器还不算特别理想。

到这里，我们就通过 RussellCloud 平台训练好 DCGAN 代码了，除了命令行形式运行代码，RussellCloud 还支持通过 jupyter 直接运行代码。当然 jupyter 方式运行同样可以直接使用 GPU，加上--model jupyter 即可，默认是--mode cli。关于 RussellCloud 更详细的用法，可以查看 RussellCloud 官网提供的文档。

在 RussellCloud 平台中，每个任务只能从/input/<data_name>下读取数据，只能将数据集输出到/output/路径下。需要注意的是，input 目录在根目录下，所以/input/<data_name>是绝对路径，而 output 目录在 workspace 目录下，一般使用./output 作为相对路径。

6.3.7　结果展示

因为在 DCGAN 代码中，所有输出都指向./output，所以我们可以直接在 RussellCloud 的后台看到输出的数据，如图 6.38 所示。

| 概览 | 运行日志 | 性能监控 | 引用数据集 | 代码 | 输出 | 设置 | 重新运行 |

将为您保存至2018-09-12 12:35:30

9b4e18d8ce4d40678def6b8a426434af/output ｜ 6G　　　　　查看输出　　查看数据集

图 6.38　训练输出数据

下面抽取几张训练时生成器生成的样例图片来直观地了解 DCGAN 的训练情况。

第 1 轮训练后，生成器生成的样例图片如图 6.39 所示。

第 100 轮训练后，生成器生成的样例图片如图 6.40 所示。

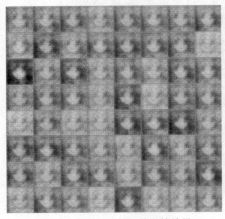

图 6.39　DCGAN 第 1 轮训练结果

图 6.40　DCGAN 第 100 轮训练结果

第 300 轮训练后，生成器生成的样例图片如图 6.41 所示。

在代码中，我们使用 TensorBoard，将重要的张量都记录下来了。下面通过 TensorBoard 可视化观察一下 DCGAN 的结构及其训练时判别器与生成器的损失变化。因为我们是在 RussellCloud 上训练的 DCGAN，所以 DCGAN 生成的日志文件也在 RussellCloud 上。但是现在 DCGAN 训练已经结束了，RussellCloud 上对应的任务也就解决了，此时我们无法访问该任务下的 output 文件夹，因为每个任务都是独立分离的。此外训练获得的日志文件大小为 6GB，我们不想将那么大的文件下载到本地再在本地使用 TensorBoard，这样太耗费时间。为了可以在 RussellCloud 上使用训练 DCGAN 时生成的文件，我们就将 output 下的文件打包成数据集，然后再开启一个新的任务来使用数据集，具体做法如下。

图 6.41　DCGAN 第 300 轮训练结果

先将此前运行 DCGAN 时生成的文件都转成一个数据集，名为 tf-DCGAN，从而获得数据集的 ID，然后我们通过 russell run 命令重新开启一个任务，将该数据集载入该任务。但仅这样还不行，RussellCloud 平台支持远程在线运行 TensorBoard，但我们无法通过 TensorBoard 的 logdir 命令来设置 TensorBoard 读取日志文件的路径。因为一般都是在训练模型的过程中使用 TensorBoard，这样方便观察模型中关键张量的变化，所以 RussellCloud 上的 TensorBoard 只会从/workspace/output 这个固定目录下读取日志文件，但此时我们是通过使用数据集将日志文件挂载到该任务的，所以数据集中的数据都在/input/tf-DCGAN/下，那么 TensorBoard 就无法读取到该数据。

我们可以使用软连接 ln 的方式来解决上面的问题。软连接 ln 命令是 Linux 中重要的命令，通过它相当于创建了快捷文件链接到相应的文件上，其优势就是不用移动大体型的文件，也可以实现不同地方使用同一份数据。当前遇到的问题正是软连接擅长的情景。

通过 russell 命令创建 jupyter 模型，并使用 tensorflow-1.4 版本，然后加上--tensorboard 表示开启 tensorboard（RussellCloud 平台上，1.4 版本以上的 tensorflow 才支持使用 TensorBoard），命令如图 6.42 所示。

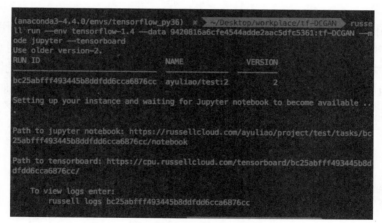

图 6.42　使用 TensorBoard

```
russell run --env tensorflow-1.4 --data <data_id>:<data_name> --mode jupyter --tensorboard
```

开启后，可以通过输出的地址去访问 jupyter 和 TensorBoard，此时访问 TensorBoard 是看不到数据集的，因为数据不在/workspace/output 目录下，先进入 jupyter，并创建命令行，可在命令行上进行软连接操作。需要注意的是，创建软连接时，日志文件名要以 events.out.tfevents 开头，这样 TensorBoard 才会自动识别并加载该文件，当然不修改日志文件名，直接用它创建软连接最方便，如图 6.43 所示。

完成软连接操作后，再访问 TensorBoard，就可以看到相应的可视化界面。判别器与生成器的损失如图 6.44 所示。

图 6.43　创建软连接

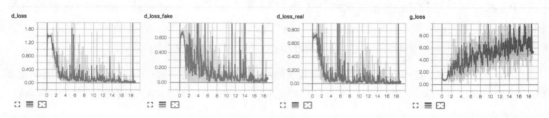

图 6.44　查看 TensorBoard

从图 6.44 中可以看出，判别器的损失降得比较低，说明此时判别器判别图像是真实的还是生成的比较准确，而生成器的损失还比较高，导致其损失较高的原因就是判别器判别能力太强，一强一弱造成生成对抗训练的效果不是特别好。但总体而言，生成器生成的图片也还可以。读者可以修改相应的代码，以提高生成器的能力。例如训练一次判别器同时训练 3～4 次生成器，以避免一强一弱过于明显的现象，让生成器和判别器的能力在同一个水平，实现较好的生成对抗训练。

最后来看一下 DCGAN 的整个计算图，如图 6.45 所示。

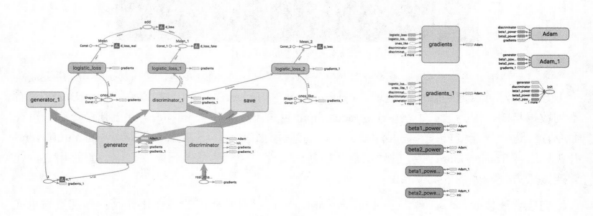

图 6.45　DCGAN 计算图

其实我们在训练 DCGAN 模型时就可以开启 TensorBoard，此时不使用软连接，因为在同一任务中训练 DCGAN 和使用 TensorBoard，DCGAN 生成的日志会在./output/目录下，TensorBoard 可以直接读取./output 目录下的日志文件进行可视化显示。

6.4 小结

本章比较详细地讨论了 CNN 这个常见的网络结构，以此引出了 DCGAN 的讨论。因为 GAN 常用于图像生成领域，所以很多 GAN 都由卷积层、转置卷积层等结构构成。通过本章对 CNN 中卷积或转置卷积的详细讨论，阅读后面的内容时会更加轻松。

在下一章中，我们将前往条件生成对抗网络所在的星域，了解其中几颗比较知名的星体。

第7章 条件生成对抗网络

上一章我们的飞船去了卷积生成对抗网络星球，除了解构成这个星球的神经网络与相应的公式外，我们自己也动手实现了一个，但要真正地生成一个星球需要花费大量的时间，为了不耽搁下一趟旅行，就使用 RussellCloud 来帮助我们训练模型，构造出一个真正的 DCGAN。了解了 DCGAN 后，下一趟旅程的目标星球就是条件生成对抗网络，相对于 DCGAN 来说，它多了条件约束这一概念，下面就深入了解一下这个神奇的星球吧。

7.1 如何实现图像间风格转换

在学习条件生成对抗网络前，先来想想这个问题——如何实现图像与图像之间风格的转换？这个问题又可以分化出多个图像处理问题，例如，如何给灰度图像上色？如何给图像去除马赛克？如何将图像中白天的景象转换为黑夜的景象？这些问题的核心就是一张图像如何转换成另一种风格？

7.1.1 传统神经网络的缺陷

一开始，可以先尝试一下用传统的神经网络来解决这个问题，也就是尝试用传统的有监督学习的方式来解决这个问题，具体怎么做呢？首先你要准备一个数据集，这个数据集的特殊之处在于你需要拥有具有不同风格的图像，例如你要实现给灰度图像上色，那么你就要有一张灰度图像 A 与另一张该灰度图像对应的彩色图像 B，拥有许多组这样的图像构成的数据集后，就可以进行有监督学习神经网络的训练了。

通常的做法是在数据集中抽取一张灰度图像，接着交给某个神经网络，该神经网络会根据输入的灰度图像输出一张图像，然后通过相应的损失函数计算出该神经网络输出的图像与该灰度图像对应的彩色图像之间的损失，通过梯度下降算法最小化这个损失，直到将损失降到可以接受的范围，就认为该神经网络训练完成了，如图 7.1 所示。

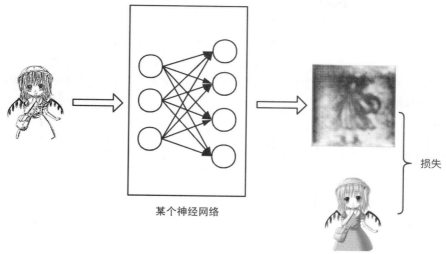

图 7.1　监督学习

这种方法可以实现图像间风格转换，但会有生成图像模糊的问题。使用图像数据训练神经网络，其实就是让神经网络拟合图像的空间分布，并适度学习其分布中的规律。通常一个数据集中有一些图像是类似的，对神经网络而言，它们的空间分布具有相似性，此时通过神经网络去训练它，就会学习到这些相似性，从而导致该神经网络输出模糊的图像数据。当我们使用该神经网络对一张图像进行风格转换时，该神经网络会认为这个图像对应的结果可能有多种不同的空间分布，这些不同的空间分布都比较相似，此时模型就会平均这些分布并将平均后的分布输出，这就会让输出的图像比较模糊。

这个问题其实具有普遍性。传统的有监督学习擅长学习一个输入对应单一映射的情况，如一张图像对应一种类别。但它并不擅长处理概率上一对多的情况，例如一种类别对应多张不同的图像，此时输入一种类别，有监督学习训练出的神经网络通常会输出多张图像的均值，导致输出的内容模糊。图像对图像在人看来是一对一，但图像对神经网络而言是一种空间分布，而且神经网络并不能完全复制图像空间中的所有分布以免过拟合，此时对有监督学习的神经网络而言，图像对图像就是多对多的关系。

7.1.2　普通 GAN 的缺陷

既然普通有监督学习会导致生成图像模糊的问题，那么能否构建一个普通的 GAN 来实现这个需求呢？假设先输入一堆噪声给生成器，让生成器生成图像，并将这些图像交由判别器判断其真实性，而判别器将数据集中彩色的图像都训练学习一遍，用"好的标准"对生成器打分，打分越高，说明生成器生成的图像越真实，打分较低则说明生成器还需要努力。

因为 GAN 有了判别器，避免了生成模糊图像的问题，但现在遇到一个更大的问题——普通的 GAN 无法控制生成器的输入内容。即生成器生成内容是随机的，判别器只会判断生成器生成数据的真实性，而不会判断生成器有没有生成规定的数据。

看到一开头的问题，我们希望实现图像的风格转换，即这张图像的不同风格。但生成器无法保证还是这张图像。核心原因就是对生成器而言，它与要转换的风格的图像一点联系都没有，它是直接从噪声中生成图像的，所以是随机的，而且判别器也没有提出这样的要求，其只是要求生成器生成的图像真实即可。

7.2　条件生成对抗网络

为了实现图像间风格转换且转换出的图像不会模糊，就需要使用条件生成对抗网络。

条件生成对抗网络（Conditional GAN，CGAN），简单理解就是在普通 GAN 的生成器与判别器上加了条件约束，如图像间风格转换。因此除给生成器喂随机生成噪声外，还需要将灰度图像也喂给生成器，要求生成器按灰度图像的分布来生成相应的图像，灰度图像对生成器而言就是一个条件约束。同样，对判别器而言，除将真实图像或生成图像传入外，还需要传入灰度图像这个条件约束，要求判别器判断生成的图像是否符合条件约束，如果生成了一张比较真实但与条件约束没有什么关系的图像，那么也判定为不合格。下面从网络结构、相应公式、训练流程等方面来全面了解一下 CGAN。

7.2.1　CGAN 详解

通过前面的描述已经对 CGAN 有了直观的理解，但可能还存在几个问题，如怎么将条件约束与噪声一起传入生成器？如何将条件约束与图像一起传递给判别器？生成器与判别器使用什么结构？

首先应明确 CGAN 生成器与判别器的输入。对生成器而言，首先要获得一组随机生成的噪声，其次是获得相应的条件约束，例如以一张灰度图像作为约束条件。当然该图像是不能直接输入的，需要进行一些预处理，我们将预处理的过程看成$\phi(x)$，图像经过预处理后，就可以获得相应的矩阵，此时再输入生成器。对判别器而言也是同样的流程，输入判别器的约束条件需要经过预处理得到 CGAN 对应的模型，如图 7.2 所示。

此时，相对普通的 GAN 而言，CGAN 就多了一些额外的要求。生成器要根据约束条件去生成相应的图像，所以生成器要接受约束条件，其次判别器除了判别生成器生成的图像是否真实外，还要判别生成器生成的图像与真实图像之间是否匹配，否则，就算生成了真实图像也无用。

下面来看一下它的目标函数，与普通 GAN 的目标函数非常相似。

$$\min_G \max_D V(D,G) = E_{x \sim P_{\text{data}}(x)}[\log D(x|y)] + E_{z \sim P_z(z)}[\log(1 - D(G(z|y)))]$$

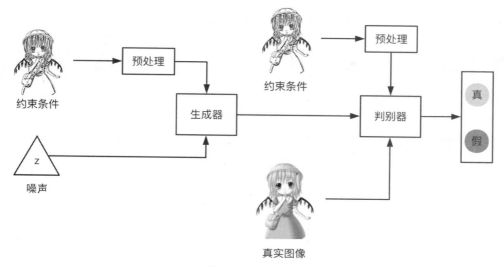

图 7.2 CGAN 结构

目标函数的意义与普通 GAN 也类似，简单描述一下，其中 D 表示判别器，G 表示生成器，x 表示从数据集 data 中获取的真实图像，y 表示经过预处理后的约束条件，z 表示随机噪声。对判别器 D 而言，它希望最大化目标函数，即 $D_G^* = \mathrm{argmax}_D V(D, G)$，要达到这个目的，就需要让 $D(x|y)$ 增大，让 $D\big(G(z|y)\big)$ 减小，也就是对在约束条件下的真实图像给予高的分数，对在约束条件下的生成图像给予低的分数。对生成器而言，它希望最小化目标函数，即 $G^* = \mathrm{argmin}_G V(G, D_G^*)$，要达到这个目标，就需要让 $D\big(G(z|y)\big)$ 变大，也就是让自己在条件约束下生成的图像在判别器中获得高分。最终两者形成生成对抗的关系。

7.2.2 CGAN 训练流程

下面来看看 CGAN 的训练流程，要明确的是，依旧是先固定生成器来训练判别器，让判别器先有一个"好的标准"，然后再固定判别器来训练生成器。

因此 CGAN 训练重复下面的步骤。

（1）从数据库中获取正面数据，就是真实图像与其匹配的条件约束 $(x_1, y_1), (x_2, y_2),$ $(x_3, y_3), \cdots, (x_n, y_n)$，例如真实图像与对应灰度图像、真实图像与对应的标签等。

（2）生成噪声数据 $z_1, z_2, z_3, \cdots, z_n$，与条件约束构成负面数据 $(z_1, y_1), (z_2, y_2), (z_3, y_3), \cdots,$ (z_i, y_i)。

（3）将正面数据与负面数据都输入判别器，训练判别器最大化目标函数 $\mathrm{argmax}_D V(D, G)$；固定判别器，将负面数据输入生成器，训练生成器最小化目标函数 $G^* = \mathrm{argmin}_G V(G, D_G^*)$。

因为有了 GAN 与 DCGAN 的基础，CGAN 的结构、目标函数与训练步骤都很容易理解，下面就通过 CGAN 来实现一个可以自动给图像上色的 GAN 网络，将其称为 ColorGAN。

7.3 ColorGAN 的实现

ColorGAN 通过 CGAN 来实现，判别器和生成器使用 DCGAN 的结构，训练数据使用 25000 张彩色动漫图像。大致流程是，读入彩色真实图像，作为判别器判别真实图像的标准，通过彩色图像生成线条图作为约束条件，要求生成器根据线条图像来生成对应的彩色图像。下面讨论具体的实现细节。

7.3.1 生成器与判别器的构建

首先来编写 ColorGAN 的生成器与判别器，因为使用的是 DCGAN 结构，即生成器使用转置卷积层构建网络结构来生成图像，判别器使用卷积层构建网络结构来判别图像，因为卷积结构非常适合处理图像数据。

如果直接套用 DCGAN 中的代码，就会遇到问题，因为生成器不仅要接收噪声数据，还要接收线条图像作为约束条件，需要对线条图像进行预处理，单纯由转置卷积构成的生成器并不能很好地对线条图像进行预处理。所以，生成器中除转置卷积结构外还需要卷积结构，两种结构构成类 U 型网络，条件约束对应的图像输入生成器，生成器通过卷积层抽取条件约束图像的特征向量，再通过转置卷积层利用获取的特性向量来生成图像，具体的结构如图 7.3 所示。

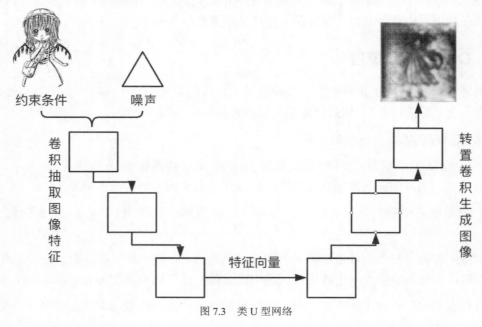

图 7.3 类 U 型网络

按照这个结构，我们首先来编写用于构建卷积层与转置卷积层的代码。

```python
# 卷积层
def conv2d(input_, output_dim,k_h=5, k_w=5, d_h=2, d_w=2, stddev=0.02,name="conv2d"):
    with tf.variable_scope(name):
        w = tf.get_variable('w', [k_h, k_w, input_.get_shape()[-1], output_dim],
                        initializer=tf.truncated_normal_initializer(stddev=stddev))
        conv = tf.nn.conv2d(input_, w, strides=[1, d_h, d_w, 1], padding='SAME')

        biases = tf.get_variable('biases', [output_dim], initializer=tf.constant_init
                        ializer(0.0))
        conv = tf.reshape(tf.nn.bias_add(conv, biases), conv.get_shape())
        return conv
# 转置卷积
def deconv2d(input_, output_shape,k_h=5, k_w=5, d_h=2, d_w=2, stddev=0.02,name="deconv2d",
with_w=False):
    with tf.variable_scope(name):
        w = tf.get_variable('w', [k_h, k_w, output_shape[-1], input_.get_shape()[-1]],
initializer=tf.random_normal_initializer(stddev=stddev))
        deconv = tf.nn.conv2d_transpose(input_, w, output_shape=output_shape, strides
            =[1, d_h, d_w, 1])
        biases = tf.get_variable('biases', [output_shape[-1]], initializer=tf.constant
                _initializer(0.0))
        deconv = tf.reshape(tf.nn.bias_add(deconv, biases), deconv.get_shape())
        if with_w:
            return deconv, w, biases
        else:
            return deconv
```

这两个方法与 DCGAN 中的方法相同，conv2d()方法中构建了过滤器 w，然后通过 tf.nn.conv2d() 方法实现一个卷积层，deconv2d()方法中同样构建了过滤器 w，再通过 tf.nn.conv2d_transpose() 方法实现一个转置卷积。通过这两个方法来构建生成器 G，生成器代码结构如下。

```python
def generator(self, img_in):
    with tf.variable_scope("generator") as scope:
        s = self.output_size
        s2, s4, s8, s16, s32, s64, s128 = int(s/2), int(s/4), int(s/8), int(s/16), int
        (s/32), int(s/64), int(s/128)
        '''
卷积结构抽取数据特征
        '''
        e1 = conv2d(img_in, self.gf_dim, name='g_e1_conv')
        e2 = bn(conv2d(lrelu(e1), self.gf_dim*2, name='g_e2_conv'))
        e3 = bn(conv2d(lrelu(e2), self.gf_dim*4, name='g_e3_conv'))
        e4 = bn(conv2d(lrelu(e3), self.gf_dim*8, name='g_e4_conv'))
        e5 = bn(conv2d(lrelu(e4), self.gf_dim*8, name='g_e5_conv'))
        '''
转置卷积结构生成图像数据
        '''
```

```
    self.d4, self.d4_w, self.d4_b = deconv2d(tf.nn.relu(e5), [self.batch_size, s16, s16,
self.gf_dim*8], name='g_d4', with_w=True)
        d4 = bn(self.d4)
        d4 = tf.concat(axis=3, values=[d4, e4])
    self.d5, self.d5_w, self.d5_b = deconv2d(tf.nn.relu(d4), [self.batch_size, s8, s8,
self.gf_dim*4], name='g_d5', with_w=True)
        d5 = bn(self.d5)
        d5 = tf.concat(axis=3, values=[d5, e3])
    self.d6, self.d6_w, self.d6_b = deconv2d(tf.nn.relu(d5), [self.batch_size, s4, s4,
self.gf_dim*2], name='g_d6', with_w=True)
        d6 = bn(self.d6)
        d6 = tf.concat(axis=3, values=[d6, e2])

    self.d7, self.d7_w, self.d7_b = deconv2d(tf.nn.relu(d6), [self.batch_size, s2, s2,
self.gf_dim], name='g_d7', with_w=True)
        d7 = bn(self.d7)
        d7 = tf.concat(axis=3, values=[d7, e1])
    self.d8, self.d8_w, self.d8_b = deconv2d(tf.nn.relu(d7), [self.batch_size, s, s, self.
output_colors], name='g_d8', with_w=True)
        #Tanh 函数
```

整个生成器分为两大部分，一是由卷积层构成的卷积网络，用于抽取输入数据中的特性；二是由转置卷积层构成的转置卷积网络，用于生成图像数据。在上面代码中，还使用 lrelu() 方法与 bn() 方法，分别对应 Leaky ReLU 函数与 BN 操作，相应的代码不再展示。这样就构建了生成器，接着构建判别器。判别器单纯地由卷积层组成，比较简单，代码如下。

```
def discriminator(self, image, y=None, reuse=False):
    '''
直接学习该概率分布空间，因为该概率分布空间中，已经包含了所有的信息
:param image:
:param y:
:param reuse:
:return:
    '''
    # image is 256 x 256 x (input_c_dim + output_c_dim)
    # 重用变量空间中的值
    with tf.variable_scope("discriminator") as scope:
        if reuse:
            tf.get_variable_scope().reuse_variables()
        else:
            assert tf.get_variable_scope().reuse == False
        # h0 is (128 x 128 x self.df_dim)
        h0 = lrelu(conv2d(image, self.df_dim, name='d_h0_conv'))
        # h1 is (64 x 64 x self.df_dim*2)
        h1 = lrelu(self.d_bn1(conv2d(h0, self.df_dim*2, name='d_h1_conv')))
        # h2 is (32 x 32 x self.df_dim*4)
        h2 = lrelu(self.d_bn2(conv2d(h1, self.df_dim*4, name='d_h2_conv')))
```

```
# h3 is (16 x 16 x self.df_dim*8)
h3 = lrelu(self.d_bn3(conv2d(h2, self.df_dim*8, d_h=1, d_w=1, name='d_h3_conv')))
h4 = linear(tf.reshape(h3, [self.batch_size, -1]), 1, 'd_h3_lin')
#sigmoid 函数
return tf.nn.sigmoid(h4), h4
```

判别器就是 4 层卷积层，使用步长来代替池化层，结构比较简单，最后使用 sigmoid 函数将判别器输出的结果映射到 0~1 之间。

7.3.2 图像数据预处理

至此，ColorGAN 的核心部件生成器与判别器就构建好了，接着就来对要训练的图像进行预处理，因为数据集中只有彩色真实图像数据，没有与之对应的线条图，所以需要使用代码来生成。这里使用 OpenCV3 来实现这个需求，OpenCV 有 2 与 3 两个不同的版本，两个版本之间有一定的差别，版本 3 中添加了很多新的功能，以及对原本旧的功能做了改进，修改了部分的接口。这里使用 OpenCV 版本 3 进行开发，建议读者也使用 OpenCV3，下面出现的 OpenCV 就代表 OpenCV3。

OpenCV 为多种语言提供了 API，其中当然包括 Python，安装 OpenCV 的过程比较简单，pip 直接安装即可。

```
pip install opencv-python
```

如果遇到安装问题，请自行尝试解决，安装完 OpenCV 后，就可以对图像进行绘图处理了，下面就来实现将彩色真实图像转换为对应线条图的逻辑。

```
import cv2 #导入 OpenCV
import matplotlib.pyplot as plt
filename = 'imgs/5114_62.jpg'
img = cv2.imread(filename)
# 转换为灰度图
img_gray = cv2.cvtColor(img, cv2.COLOR_BGR2GRAY)
base_edge = cv2.adaptiveThreshold(img_gray,
                                  255,
                                  cv2.ADAPTIVE_THRESH_MEAN_C,
                                  cv2.THRESH_BINARY,
                                  blockSize=7,
                                  C=5)
print(base_edge.shape)
plt.imshow(base_edge)
plt.axis('off')
plt.show()
```

可以看出，代码很简单，最核心的方法就是 cv2.adaptiveThreshold()，下面仔细介绍一下该方法。

adaptiveThreshold()方法用于自适应二值化，其核心思想是通过对比输入图像的像素 I 与某个比较值 K，根据比较结果对输入图像的像素 I 进行处理。输入图像中不同的像素对应的比较值 K 不同，比较值 K 等于以像素 I 为中心的一块区域内计算出的值减去差值 C 得来。比较值 K 的具体计算方法由使用者传入的值来定，通常为 ADAPTIVE_THRESH_MEAN_C 或 ADAPTIVE_THRESH_GAUSSIAN_C。

❑ ADAPTIVE_THRESH_MEAN_C 表示计算以像素 I 为中心的区域的平均值，再使用这个平局值减去差值 C 获得最终的比较值 K。

❑ ADAPTIVE_THRESH_GAUSSIAN_C 表示通过高斯分布加权获得一个值，再通过该值减去差值 C 获得最终的比较值 K。

像素 I 与比较值 K 进行对比后获得结果，根据传入的类型参数进行判断。如果处理，则类型参数通常为 THRESH_BINARY 或 THRESH_BINARY_INV。

❑ THRESH_BINARY 表示两者比较后，如果像素 I 大于比较值 K，就将像素 I 对应的值设为最大值，反之则被设为 0。

❑ THRESH_BINARY_INV 表示两者比较后，如果像素 I 小于比较值 K，就将像素 I 对应的值设为最大值，反之则被设为 0。

该方法提供了如下参数。

```
def adaptiveThreshold(src, maxValue, adaptiveMethod, thresholdType, blockSize, C, dst=None):
```

❑ src：要进行自适应二值化操作的灰度图像。

❑ maxValue：像素 I 与比较值 K 比较后要设置的那个最大值。

❑ adaptiveMethod：计算方法，ADAPTIVE_THRESH_MEAN_C 或 ADAPTIVE_THRESH_GAUSSIAN_C。

❑ thresholdType：比较类型，THRESH_BINARY 或 THRESH_BINARY_INV。

❑ blockSize：以像素 I 为中心的区域的大小。

❑ C：差值。

上面的代码运行的结果如图 7.4 所示。

修改一下代码，直观地验证一下上面讨论的 adaptiveThreshold() 的内容，我们将差值 C 分别设置为 9 和 1，看不同差值会带来什么不同结果，如图 7.5 所示。

可以看出 C=9 时，生成的线条图的线条更纤细，整体看上去更清晰。而 C=1 时，生成的线条图的线条更粗，而且有很多其他杂质。造成这个差别是因为 C 改变了，例如变成 9，差值的增大会导致比较值 K 减小，从而像素 I 大于 K 的可能性更大，在使用 THRESH_BINARY 的情况下，像素 I 大于 K 就会被设为最大值，即 255。在灰度图像中，0 代表黑色，而 255 代表白色，这就造成只有在图像边缘中的元素才有可能被设为 0。当 C 变成 1 时，道理是一样的。

理解了这个，就可以写一个脚本，在 ColorGAN 读入一组真实图像时，将真实图像转成对应的线条图再一起用于训练。

图 7.4 自适应二值化

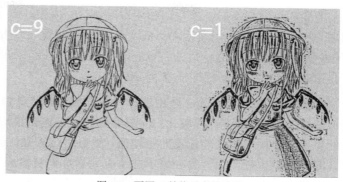

图 7.5 不同 C 差值对应的结果

为了提升生成器生成的效率，这里也不再单纯地使用随机生成噪声作为生成器的生成材料，而是使用具有颜色暗示的模糊图像当作噪声输入生成器。具体的逻辑就是，先随机除去真实图像中的部分像素，然后再将除去元素后的图像进行最均值滤波操作，获得一张模糊的图像，代码如下。

```
from random import randint
filename = 'imgs/5114_62.jpg'
#读入原始图像
cimg = cv2.imread(filename,1)
cimg = np.fliplr(cimg.reshape(-1,3)).reshape(cimg.shape)
#随机切割并模糊化
for i in range(30):
    randx = randint(0,205)
    randy = randint(0,205)
    cimg[randx:randx+50, randy:randy+50] = 255 #将像素设置为255，即白色
blur = cv2.blur(cimg,(100,100))
plt.figure(figsize=(40,20))
plt.axis('off')
plt.subplot(131)
plt.imshow(cimg)
plt.title('img1')
plt.subplot(132)
plt.imshow(blur)
plt.title('img2')
```

代码主要分为两部分。第一部分是读入原始图像，通过 imread()方法读入。imread()的第一个参数 filename 是图像文件的路径；第二个参数"1"表示 IMREAD_COLOR，即将图像转为 3 通道 BGR 样式的彩色图像。imread()的第二个参数可以设置多种不同值，最常用的是下面 3 种。

❑ IMREAD_UNCHANGED=-1：不做任何处理，直接返回原始图像。

❑ IMREAD_COLOR =1：将图像转换为 BGR 样式的彩色图像。

❑ IMREAD_GRAYSCALE =0：始终将图像转换为单通道灰度图像。

需要注意：OpenCV 的接口使用的是 BGR 模式，而 matplotlib.pyplot 的接口使用的却是 RGB 模式。所以当我们使用 OpenCV 接口读入图像，却要使用 matplotlib.pyplot 显示图像时，要做矩阵反转，否则显示出的图像有较大的差异。这里通过 np.fliplr()实现矩阵反转，该方法不会移动列，只是让行进行折叠翻转。

第二部分是通过 randint 随机选择一些图像像素将其值设置为 50，除去部分图像信息，然后再使用 blur()方法进行模糊化。blur()方法的核心逻辑很简单，它会使用卷积框扫描整张图像，并计算出卷积框中所有的像素的平均值，然后用该值来代替卷积框中的元素，卷积框设置得越大，图像就越模糊，因为卷积框中的所有元素都被替换成平均值了。这里使用 100×100 的卷积框来处理图像，会生成非常模糊的图像，使用该图像来代替单纯的随机噪声，让生成器获得颜色提示，变得更高效。

代码效果如图 7.6 所示。

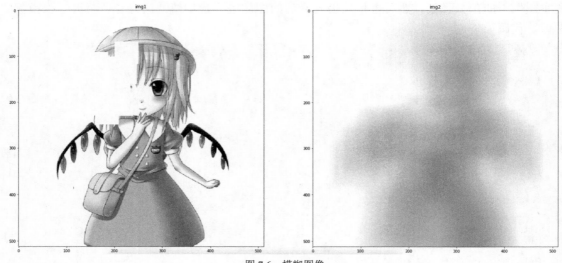

图 7.6　模糊图像

7.3.3　ColorGAN 训练学习

理解生成器如何抽取图像特征以及进行图像预处理后，就可以编写 ColorGAN 的训练逻辑了。在编写核心的训练逻辑前，先来编写读取图像的方法。理解图像读入代码后，对应的结构对于理解代码来说比较关键，具体的代码如下。

```
def get_image(image_path):
    return transform(imread(image_path))
def transform(image, npx=512, is_crop=True):
    cropped_image = cv2.resize(image, (256,256))
    return np.array(cropped_image)
def imread(path):
```

```
readimage = cv2.imread(path, 1)
return readimage
```

ColorGAN 通过 get_image()获得经过矩阵反转并重塑成大小为[256,256]的图像矩阵。

接着就来构建 ColorGAN 的整体结构。首先定义各种输入数据对应的 placeholder，如线条图像、模糊图像与真实图像的 placeholder，然后通过这些数据实例化生成器与判别器，接着定义生成器与判别器的损失，再通过 Adam 算法更新生成器与判别器的参数，实现最小化损失的目的，具体代码如下。

```
# 线条图像
self.line_images = tf.placeholder(tf.float32, [self.batch_size, self.image_size, self.
image_size, self.input_colors])
# 模糊图像
self.color_images = tf.placeholder(tf.float32, [self.batch_size, self.image_size,
self.image_size, self.input_colors2])
# 真实图像
self.real_images = tf.placeholder(tf.float32, [self.batch_size, self.image_size, self
.image_size, self.output_colors])
# 连接，line_images 是线条图，作为生成器的条件约束，color_images 是模糊图像，作为生成器的随机噪声
combined_preimage = tf.concat(axis=3, values=[self.line_images, self.color_images])
# 生成图像
self.generated_images = self.generator(combined_preimage)
# combined_preimage 是生成器的输入，同样也输入判别器，其中有条件约束信息与噪声信息，噪声中有颜色信息
self.real_AB = tf.concat(axis=3, values=[combined_preimage, self.real_images])
self.fake_AB = tf.concat(axis=3, values=[combined_preimage, self.generated_images])
# 训练判别器判别真实图像与条件约束，判断为真
self.disc_true, disc_true_logits = self.discriminator(self.real_AB, reuse=False)
# 训练判别器判断生成图像与条件约束，判断为假
self.disc_fake, disc_fake_logits = self.discriminator(self.fake_AB, reuse=True)
#判别器，给真实图像打高分，给生成图像打低分
self.d_loss_real = tf.reduce_mean(tf.nn.sigmoid_cross_entropy_with_logits(logits=disc
_true_logits, labels=tf.ones_like(disc_true_logits)))
self.d_loss_fake = tf.reduce_mean(tf.nn.sigmoid_cross_entropy_with_logits(logits=disc
_fake_logits, labels=tf.zeros_like(disc_fake_logits)))
self.d_loss = self.d_loss_real + self.d_loss_fake
# 对生成器而言，希望自己生成的图像判别器可以打高分
self.g_loss = tf.reduce_mean(tf.nn.sigmoid_cross_entropy_with_logits(logits=disc_fake
_logits, labels=tf.ones_like(disc_fake_logits))) \
                + self.l1_scaling * tf.reduce_mean(tf.abs(self.real_images - self.
generated_images))
# 图像显示在 TensorBoard 中
self.G_sum = tf.summary.image("generated_images", self.generated_images)
self.D_sum = tf.summary.histogram("d_loss_fake", self.d_loss_fake) #直方图
self.g_loss_sum = tf.summary.scalar("g_loss", self.g_loss) #标量
self.d_loss_sum = tf.summary.scalar("d_loss", self.d_loss)
# 获得生成器与判别器的变量，使用 Adam 算法进行训练
t_vars = tf.trainable_variables()
self.d_vars = [var for var in t_vars if 'd_' in var.name]
```

```
    self.g_vars = [var for var in t_vars if 'g_' in var.name]
    self.d_optim = tf.train.AdamOptimizer(0.0002, beta1=0.5).minimize(self.d_loss, var_list=
self.d_vars)
    self.g_optim = tf.train.AdamOptimizer(0.0002, beta1=0.5).minimize(self.g_loss, var_list=
self.g_vars)
```

可以看到，代码中有几个关键点。首先定义了 3 种图像的 placeholder，其中线条图像与模糊图像通过 tf.concat() 方法进行连接，其中 axis 参数指定连接矩阵中的第几维，这里对第三维进行连接；然后将连接生成的新矩阵作为生成器的输入，在这个新矩阵中，就有线条图像对应的约束条件信息与模糊图像对应的噪声信息，这两个信息确定后，生成器就可以通过它的 U 型网络进行解码再编码，从而获得与约束条件相匹配的图像。

接着将连接生成的新矩阵 combined_preimage 分别与真实图像和生成图像连接构成新的矩阵。因为 combined_preimage 中包含了条件约束的信息，所以可以将它分别与真实图像和生成图像做连接，然后再交由判别器训练。

接着就是传统的训练逻辑了，通过 sigmoid_cross_entropy_with_logits() 方法定义出生成器与判别器相应的交叉熵损失，并使用 AdamOptimizer() 方法进行训练。

了解 ColorGAN 整体架构后，接着来看具体的训练逻辑。我们编写了 train() 方法用于训练，整体逻辑就是先读入一组图像，然后将这一组图像转换成线条图与模糊图像，这样就获得了线条图、模糊图像与真实图像。所有数据凑齐后，就可以通过构建好的 ColorGAN 进行训练，将需要的数据通过 Session 对象的 run() 方法传入，具体代码如下。

```
def train(self):
    if not os.path.exists('./output/results'):
                                            os.makedirs('./output/results')
                                            self.loadmodel()
    data = glob(r'/input/ColorImg/*.jpg') #RussellCloud
    print(data[0])
    base = np.array([get_image(sample_file) for sample_file in data[0:self.batch_size]])
    base_normalized = base/255.0
    # 图片转线图，再用来配对训练
    base_edge = np.array([cv2.adaptiveThreshold(cv2.cvtColor(ba, cv2.COLOR_BGR2GRAY),
255, cv2.ADAPTIVE_THRESH_MEAN_C, cv2.THRESH_BINARY, blockSize=7, C=5)
                    for ba in base]) / 255.0
    base_edge = np.expand_dims(base_edge, 3)
    base_colors = np.array([self.imageblur(ba) for ba in base]) / 255.0
    ims("./output/results/base.png",merge_color(base_normalized, [self.batch_size_sqrt,
self.batch_size_sqrt]))
    ims("./output/results/base_line.jpg",merge(base_edge, [self.batch_size_sqrt, self
.batch_size_sqrt]))
    ims("./output/results/base_colors.jpg",merge_color(base_colors, [self.batch_size_
sqrt, self.batch_size_sqrt]))
    self.g_sum = tf.summary.merge([self.G_sum, self.g_loss_sum])
    self.d_sum = tf.summary.merge([ self.D_sum,  self.d_loss_sum])
    self.writer = tf.summary.FileWriter("./output/", self.sess.graph)
```

```
        datalen = len(data)
        for e in range(2000):
                for i in range(datalen // self.batch_size):
                        batch_files = data[i*self.batch_size:(i+1)*self.batch_size]
                        # 获取真实图片并重塑成 (256, 256)
                        batch = np.array([get_image(batch_file) for batch_file in batch_files])
                        batch_normalized = batch/255.0 #对真实图片做平滑处理
                        # adaptiveThreshold 自适应阈值分割，要求传入的图像是四维的
                        batch_edge = np.array([cv2.adaptiveThreshold(cv2.cvtColor(ba, cv2.
COLOR_BGR2GRAY), 255, cv2.ADAPTIVE_THRESH_MEAN_C, cv2.THRESH_BINARY, blockSize=9, C=2)
for ba in batch]) / 255.0
                        batch_edge = np.expand_dims(batch_edge, 3)
                        batch_colors = np.array([self.imageblur(ba) for ba in batch]) / 255.0
                        summary, d_loss, _ = self.sess.run([self.d_sum, self.d_loss, self.d_optim],
 feed_dict={self.real_images: batch_normalized, self.line_images: batch_edge, self.color_
images: batch_colors})
                        self.writer.add_summary(summary, self.counter)
                        summary, g_loss, _ = self.sess.run([self.g_sum, self.g_loss, self.g_
optim], feed_dict={self.real_images: batch_normalized, self.line_images: batch_edge,
self.color_images: batch_colors})
                        self.writer.add_summary(summary, self.counter)
        print("%d: [%d / %d] d_loss %f, g_loss %f" % (e, i, (datalen//self.batch_size), d_loss,
g_loss))
                        if i % 100 == 0:
                                recreation = self.sess.run(self.generated_images, feed_dict={self.
real_images: base_normalized, self.line_images: base_edge, self.color_images: base_colors})
        ims("./output/results/"+str(e*100000 + i)+".jpg",merge_color(recreation, [self.batch_
size_sqrt, self.batch_size_sqrt]))
                        if i % 500 == 0:
        self.save("./output/checkpoint", e*100000 + i)
```

对于 train()方法而言，一开始需要创建使用的文件夹。注意：因为后面我们会使用 RussellCloud 进行训练，要求项目输出的路径与当前项目在同一目录下的 output 文件夹。接着调用 loadmodel()方法来实例化模型保存者 saver 或加载已有模型，接着就进入训练流程。在第二层 for 循环中，一开始先通过 get_image()方法读入一组图像数据，然后将这组图像转成线条图像与模糊图像，接着在调用 sess.run()方法最小化判别器与生成器损失时，将这些数据传入。最后每 100 轮保存一下当下生成器生成图像的结构，每 500 轮保存一下 ColorGAN 对应模型。

到这里 ColorGAN 的核心代码就展示完成了，因为篇幅有限，不再展示其余辅助性代码。

7.3.4 ColorGAN 训练结果

因为 ColorGAN 的结构比较复杂，非 GPU 环境训练要花费大量时间，所以依旧使用 RussellCloud 进行训练。在将代码上传到 RussellCloud 运行前，先检查一下代码的输出与输入

是否符合相应的要求。因为 ColorGAN 要使用动漫图像数据，所以第一步就是通过 russell data upload 将数据上传。上传完成后，可以通过正常步骤上传并运行代码，具体的命令如下。

```
russell run --gpu --env tensorflow-1.4 --data 0204756825764f3cb2b39be7390cbf4d:ColorImg
--tensorboard 'python main.py train'
```

该命令表示使用 GPU 服务器运行代码，运行的 TensorFlow 版本为 1.4，并挂载了相应的 data，并且开启了 tensorboard，这样在训练过程中就可以直接进入 tensorboard 观察关键数据的变化了。

ColorGAN 代码在服务器上运行了 13 小时，代码中要求训练 2000 轮，但这里因为时间关系，只训练了 20 轮，但 ColorGAN 模型也有了一定的效果。

先来直观地看一下 ColorGAN 的效果。

ColorGAN 训练 3 小时后，生成器生成的图片如图 7.7 所示。

图 7.7　训练 3 小时候的结果

ColorGAN 训练 13 小时后，效果如图 7.8 和图 7.9 所示。

图 7.8　训练 13 小时的结果（一）

图 7.9　训练 13 小时的结果（二）

接着进入 TensorBoard 看一下生成器与判别器对应的损失。

判别器损失如图 7.10 所示。

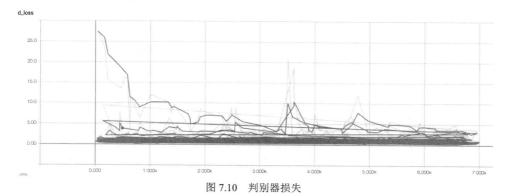

图 7.10　判别器损失

判别器的损失从一开始大于 25 的高点降到接近 0 的地方，在接近 0 处之所以有那么多重叠的部分，是因为 TensorBoard 在绘图时对应的节点没有控制好，这个 bug 已经在代码中修改，虽然绘图显示有点小问题，但并不影响使用。

生成器损失如图 7.11 所示。

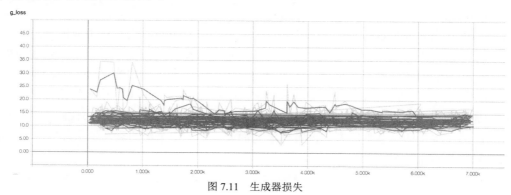

图 7.11　生成器损失

生成器的损失从 25 降到 10，因为判别器一直在进步，导致生成器只能卡在损失为 10 左右的位置。这并不是说生成器损失为 10，该生成器就没有任何意义了，此时判别器已经是"名师"了，生成器在"名师"手中拿到 10 分，与从前在普通人手里拿到 10 分相比，虽然都是 10 分，但意义是不同的，因为判别标准更严格了。

ColorGAN 整个计算结果如图 7.12 所示。

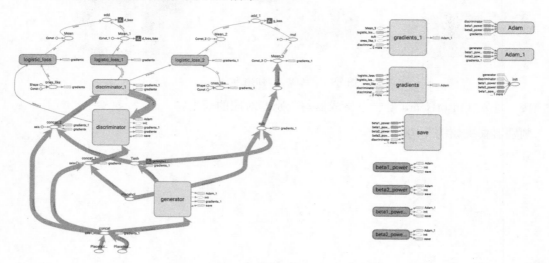

图 7.12　ColorGAN 计算图

现在我们将结束项目运行，一旦运行的项目结束，RussellCloud 中对应的任务也就结束了，此时就不能再通过代码访问此次任务中的任何数据了。但如果想重新加载训练好的模型并对线条图上色呢？因为 RussellCloud 单次任务间分隔的特性，所以要实现重新加载训练好的模型，只能将上次任务中生成的模型输出为数据集，挂载到下一次的任务中。因为可能还需要使用训练时的数据，所以该任务通过挂载到同一任务中，并开始 jupyter-notebook 来使用它们，一个任务挂载多个数据集的命令如下。

```
russell run --env tensorflow-1.4 --data a104b65c410e4dcbaec46619ac2201e3 --data
0204756825764f3cb2b39be7390cbf4d --tensorboard --mode jupyter
```

此时再通过 jupyter-notebook 编写相应的代码加载模型中的参数，让生成器使用此前的参数生成一张新的图像。其流程还是一样的，即先创建读取图像的方法，并定义好生成模糊图像的方法，这些方法的代码都是类似的，不再细讲。读取方法和创建模糊图像的方法明确后，接着就是加载模型了，此时原本代码中加载模型的路径可能不是/input/中相应的路径，为了代码可以正确加载模型，采用以下两种方式：一种就是修改上一次运行时使用的代码，但这种方式不够优雅；另一种是通过继承的方式来实现模型加载，定义一个新的类，继承此前的 Color 类，并重写其模型加载的方法，具体代码如下。

```
# 继承 Color
```

```
class ColorAyu(Color):
    def __init__(self, imgsize=256, batchsize=4):
        super(ColorAyu, self).__init__(imgsize, batchsize)
    def loadmodel(self, load_discrim=True):
        self.sess = tf.Session()
        self.sess.run(tf.global_variables_initializer())
        if load_discrim:
            self.saver = tf.train.Saver()
        else:
            self.saver = tf.train.Saver(self.g_vars)
        # 加载 checkpoint 文件
        could_load, checkpoint_counter = self.load("/input/ColorGANImg-1/checkpoint")
        if could_load:
            self.counter = checkpoint_counter
            print(" [*] Load SUCCESS")
        else:
            self.counter = 0
            print(" [!] Load failed...")
    def load(self, checkpoint_dir):
        print(" [*] Reading checkpoint...")
        model_dir = "model"
        checkpoint_dir = os.path.join(checkpoint_dir, model_dir)
        ckpt = tf.train.get_checkpoint_state(checkpoint_dir)
        if ckpt and ckpt.model_checkpoint_path:
            ckpt_name = os.path.basename(ckpt.model_checkpoint_path)
            self.saver.restore(self.sess, os.path.join(checkpoint_dir, ckpt_name))
            counter = int(next(re.finditer("(\d+)(?!.*\d)", ckpt_name)).group(0))
            return True, counter
        else:
            return False, 0
c = ColorAyu(512, 1)
# 加载模型
c.loadmodel(False)
```

代码中主要修改了加载模型的路径，然后在调用 loadmodel()方法时，传入 False，让其加载生成器模型相应的参数。

接着编写几个辅助方法，让生成器生成图片更加简单。

```
def get_img_info(filename):
    img = [get_image(filename), ]
    base = np.array(img)
    base_edge = np.array([cv2.adaptiveThreshold(cv2.cvtColor(ba, cv2.COLOR_BGR2GRAY),
255, cv2.ADAPTIVE_THRESH_MEAN_C,
                                                cv2.THRESH_BINARY, blockSize=7, C=5)for
ba in base]) / 255.0
    base_edge = np.expand_dims(base_edge, 3)
    base_colors = np.array([imageblur(ba) for ba in base]) / 255.0
    print('img shape:', img[0].shape)
    print('base shape:', base.shape)
    print('base_edge shape:', base_edge.shape)
```

```
print('base_colors shape:', base_colors.shape)
    return img, base, base_edge, base_colors
def gen_img(img_path):
    img, base, base_edge, base_colors = get_img_info(img_path)
    generated = c.sess.run(c.generated_images, feed_dict={c.line_images: base_edge,
c.color_images: base_colors})
    return img, generated[0],base, base_edge, base_colors
def show_img(img,img_gen,lines_img,cmap=None):
plt.figure(figsize=(60, 30))
plt.subplot(131)
plt.imshow(img)
plt.subplot(132)
plt.imshow(lines_img, cmap=cmap)
plt.subplot(133)
plt.imshow(img_gen)
plt.show()
```

get_img_info()方法主要用于返回图像相关的数据信息,包括真实图像、模糊图像、线条图像等的数据信息, gen_img()方法主要是将 get_img_info()方法返回的图像信息输入生成器,从而获得生成图像,最后通过 show_img()方法来展示真实图像、线条图像与生成图像等的效果。

选择一张动漫图像,上传到 RussellCloud 数据集中,使用模型生成的效果如图 7.13 所示。

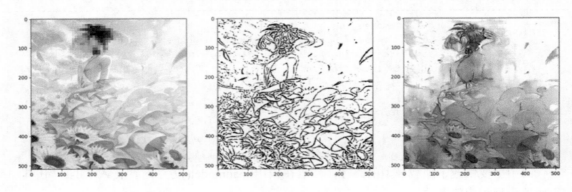

图 7.13 使用 ColorGAN

7.3.5 图像转图像的讨论

上面已经实现并训练好了自动上色模型 ColorGAN,它可以将线条图像转成彩色图像,即实现了图像间两种风格的转换。其实 ColorGAN 中 GAN 结构的部分具有一般性,只需要修改图像预处理部分的代码,ColorGAN 就能完成其他图像风格转换的任务,例如去除马赛克。准备一张没有打马赛克的图片,然后通过 OpenCV 将图片某个区域打码,即模糊化,其中原图像就是真实图像,打码的图像为约束条件,此时再生成全模糊的图像作为噪声,这样就获得了所有需要的数据。将全模糊图像与打码图像拼接交由生成器的 U 型网络处理生成图像,再通过判别器判别生成图像是否真实以及是否与打码图像匹配,这样就构成了相应的 GAN 网络,训练这个 GAN

网络获得的模型就可以对图像去除马赛克了。值得一提的是，马赛克的算法简单来说是随机无序且不可逆地抹除像素中的色彩信息，从而实现图像模糊的效果。去除马赛克的 GAN 并不是逆向运算的马赛克算法，而是直接"想象"出合理的色彩信息并将其填充上去而已，并没有做算法的逆向运算，所以去除马赛克后的图像并不一定是原本的图像，只是很相似而已。

当然，生成器使用 U 型网络构成的 CGAN 具有一般性，并不是只能用于去除马赛克或给图像上色，任何图像风格的转换都可以通过这个框架去实现，只需要准备好真实图像和与之配对的约束图像即可。

7.4　实现文字转图像

上一节主要讨论了使用 CGAN 实现同一张图像的风格转换，除了使用图像作为 CGAN 的约束条件外，可否使用文字来构成 CGAN 的约束条件呢？答案是肯定的，本节就来讨论通过一个标签或通过一句话作为 CGAN 的约束条件，让 CGAN 生成与该标签或该语句相关的图像。

7.4.1　独热向量

在开始讨论前，习惯性地思考一下，是否可以通过普通神经网络来实现使用文字生成对应图像的需求呢？答案是可以，依旧按照传统的流程，准备好标注的数据，其中一个标签或一句话对应一张图像。这里以标签为例，将标签输入（例如汽车），然后让神经网络输出一张图像，再计算该图像与标注答案间的损失，通过梯度下降法最小化该损失即可。但传统神经网络会产生图像模糊的问题，例如标签"汽车"可能对应着多种不同的汽车图像，当我们通过训练好的普通神经网络生成汽车图像时，该神经网络就会平均所有可能的结果，导致生成图像模糊。

接着我们尝试通过 CGAN 来实现文字转图像的需求，CGAN 的整体结构、目标函数与训练流程在上一节中已经比较详细地讲解了，这里不再重复。这里与图像风格转换不同的是怎样预处理文字数据，以及将文字转化成 CGAN 可以"理解"的约束条件。简单来说，就是文字向量化。

文字向量化的方式有很多种，它们分别用于单个词的向量化、单个句子的向量化、单个段落的向量化，向量化的难度逐级增高。这里先讨论通过独热向量表示单个词的方法。

独热向量是一种将词向量化的最简单的方法，例如现在数据集中共用 10 个词 $x_1, x_2, \cdots, x_{10}$，那么独热向量就是创建长度为 10 的行向量去表示数据集中的词。具体的表示方法：x_1 在数据集中是第一个词，那么向量的第一个位置置 1，其余置 0；x_2 在数据集中是第二个词，那么向量的第二个位置置 1，其余置 0。

$$x_1 = [1,0,0,0,0,0,0,0,0,0]$$

$$x_2 = [0,1,0,0,0,0,0,0,0,0]$$

对应向量中只有一个位置会被激活，这就是独热向量表示法。很简单，不必再多言。

7.4.2　fashion-mnist 数据集

后面我们会编写一个简单的文字转图片的 CGAN，其中使用的训练数据集便是 fashion-mnist 数据集。该数据集算是 MNIST 数据集的一个替代品，因为 MNIST 手写数据过于简单，很多时候体现不出深度神经网络与传统机器学习算法之间的差距，所以才出现 fashion-mnist 数据集。

fashion-mnist 数据集也称潮流数据集，涵盖了来自 10 种类别的共 7 万个不同商品的正面图片，其中有 T 恤、卫衣、长裙、裤子、鞋子等各种物品，该数据集中的图像都是 28×28 的灰度图像，这些图像分别对应着 10 个类别标签，整个数据集被分为 6 万个训练数据与 1 万个测试数据。可以看出，除了数据内容不同，其他都与 MNIST 数据集相同，简单来讲，可以用于处理 MNIST 数据集的代码，通常也可以直接用在 fashion-mnist 数据集上。

不同标签对应的图像类别如表 7.1 所示。

表 7.1　不同标签对应的图像类别

标签	对应的图片类别
0	T-shirt/top（T 恤）
1	Trouser（裤子）
2	Pullover（套衫）
3	Dress（裙子）
4	Coat（外套）
5	Sandal（凉鞋）
6	Shirt（汗衫）
7	Sneaker（运动鞋）
8	Bag（包）
9	Ankle boot（踝靴）

fashion-mnist 下载地址：https://github.com/zalandoresearch/fashion-mnist

下载完成后，获得如表 7.2 所示 4 个文件。

表 7.2　文件名及内容

文件名	内容
train-images-idx3-ubyte.gz	训练图像
train-labels-idx1-ubyte.gz	训练图像对应的标签
t10k-images-idx3-ubyte.gz	测试图像
t10k-labels-idx1-ubyte.gz	测试图像对应的标签

7.4.3 FashionCGAN 判别器和生成器

数据准备完成，文字预处理的方法也理解了，接着就可以动手编写相应的代码了。创建一个新的 CGAN 项目，名为 FashionCGAN。在编写 FashionCGAN 的判别器与生成器前，先编写处理 fashion-mnist 图片数据与标签数据的方法，简单而言就是将图像读入，将标签转为相应的独热向量，具体代码如下。

```
from tensorflow.examples.tutorials.mnist import input_data
fashionmnist = input_data.read_data_sets(r'data/fashion-mnist/data/fashion',one_hot=True)
img = fashionmnist.train.images[:10]
train_img.reshape = img.reshape(len(img),28,28,1)
labels = fashionmnist.train.labels
```

因为 fashion-mnist 的格式与 MNIST 完全相同，所以可以直接使用 TensorFlow 提供的 input_data 接口，使用 input_data 方法传入 fashion-mnist 数据集所在的路径，并将 one_hot 设置为 True，这样就完成了图像的读入与标签向量化。

接着来编写 FashionCGAN 的判别器与生成器，先来看生成器，具体代码如下。

```
def generator(self, z, y, is_training=True, reuse=False):
    with tf.variable_scope("generator", reuse=reuse):
        z = tf.concat([z, y], 1) #合并噪声与标签 y
        net = tf.nn.relu(bn(linear(z, 1024, scope='g_fc1'), is_training=is_training,
                scope='g_bn1'))
        net = tf.nn.relu(bn(linear(net, 128 * 7 * 7, scope='g_fc2'), is_training=is_
                training, scope='g_bn2'))
        net = tf.reshape(net, [self.batch_size, 7, 7, 128])
        net = tf.nn.relu(
bn(deconv2d(net, [self.batch_size, 14, 14, 64], 4, 4, 2, 2, name='g_dc3'), is_training=
        is_training,
            scope='g_bn3'))
        out = tf.nn.sigmoid(deconv2d(net, [self.batch_size, 28, 28, 1], 4, 4, 2, 2,
                    name='g_dc4'))
        return out
```

生成器的结构很简单，一开始通过 tf.concat()方法连接噪声矩阵与标签矩阵，让生成器获得约束条件，接着是两个全连接层，其通过 linear()方法实现，全连接层输出的数据通过 BN 处理后传递给 ReLU 激活函数，然后就连着两层转置卷积网络。

接着看判别器的具体代码。

```
def discriminator(self, x, y, is_training=True, reuse=False):
    with tf.variable_scope("discriminator", reuse=reuse):
        y = tf.reshape(y, [self.batch_size, 1, 1, self.y_dim])
        x = conv_cond_concat(x, y) #合并
        net = lrelu(conv2d(x, 64, 4, 4, 2, 2, name='d_conv1'))
        net = lrelu(bn(conv2d(net, 128, 4, 4, 2, 2, name='d_conv2'), is_training=is_
                training, scope='d_bn2'))
        net = tf.reshape(net, [self.batch_size, -1])
```

```
            net = lrelu(bn(linear(net, 1024, scope='d_fc3'), is_training=is_training,
                scope='d_bn3'))
            out_logit = linear(net, 1, scope='d_fc4')
            out = tf.nn.sigmoid(out_logit)
            return out, out_logit, net
```

判别器的代码也很简单，一开始同样是连接真实图像数据与条件约束矩阵，因为图像数据矩阵与条件约束矩阵的维度并不相同，所以需要先对条件约束矩阵扩维再连接。具体逻辑在 conv_cond_concat() 方法中，代码如下。

```
def conv_cond_concat(x, y):
    x_shapes = x.get_shape()
    y_shapes = y.get_shape()
    return tf.concat([x, y*tf.ones([x_shapes[0], x_shapes[1], x_shapes[2], y_shapes
                    [3]])], 3)
```

图像数据矩阵与条件约束矩阵连接完成后，就是常见的判别器结构，开头由两个卷积层组成，随后连接两个全连接层，最后通过 sigmoid 激活函数，输出一个 0～1 的分数。

判别器与生成器构建完成后，就可以构建 CGAN 结构了。

```
    def build_model(self):
        # 图像形状
        image_dims = [self.input_height, self.input_width, self.c_dim]
        bs = self.batch_size #一组作为训练数据
        # 图像
self.inputs = tf.placeholder(tf.float32, [bs] + image_dims, name='real_images')
        # 图像标签
self.y = tf.placeholder(tf.float32, [bs, self.y_dim], name='y')
        # 噪声
self.z = tf.placeholder(tf.float32, [bs, self.z_dim], name='z')
        #生成器
        G = self.generator(self.z, self.y, is_training=True, reuse=False)
        #判别器
        D_real, D_real_logits, _ = self.discriminator(self.inputs, self.y, is_training=
        True, reuse=False)
        D_fake, D_fake_logits, _ = self.discriminator(G, self.y, is_training=True,
        reuse=True)
        d_loss_real = tf.reduce_mean(
            tf.nn.sigmoid_cross_entropy_with_logits(logits=D_real_logits, labels=tf.
ones_like(D_real)))
        d_loss_fake = tf.reduce_mean(
            tf.nn.sigmoid_cross_entropy_with_logits(logits=D_fake_logits, labels=tf.
zeros_like(D_fake)))
        #判别器损失
    self.d_loss = d_loss_real + d_loss_fake
        #判别器损失
    self.g_loss = tf.reduce_mean(
            tf.nn.sigmoid_cross_entropy_with_logits(logits=D_fake_logits, labels=tf.
ones_like(D_fake)))
```

```
        t_vars = tf.trainable_variables()
        d_vars = [var for var in t_vars if 'd_' in var.name]
        g_vars = [var for var in t_vars if 'g_' in var.name]
        with tf.control_dependencies(tf.get_collection(tf.GraphKeys.UPDATE_OPS)):
            #Adam 算法
self.d_optim = tf.train.AdamOptimizer(self.learning_rate, beta1=self.beta1) \
.minimize(self.d_loss, var_list=d_vars)
self.g_optim = tf.train.AdamOptimizer(self.learning_rate*5, beta1=self.beta1) \
.minimize(self.g_loss, var_list=g_vars)
        #生成例子图像
self.fake_images = self.generator(self.z, self.y, is_training=False, reuse=True)
        #记录到 TensorBoard
        d_loss_real_sum = tf.summary.scalar("d_loss_real", d_loss_real)
        d_loss_fake_sum = tf.summary.scalar("d_loss_fake", d_loss_fake)
        d_loss_sum = tf.summary.scalar("d_loss", self.d_loss)
        g_loss_sum = tf.summary.scalar("g_loss", self.g_loss)
self.g_sum = tf.summary.merge([d_loss_fake_sum, g_loss_sum])
self.d_sum = tf.summary.merge([d_loss_real_sum, d_loss_sum])
```

构建 CGAN 结构的代码很常见，首先是定义数据，接着通过数据构建生成器与判别器，然后定义两者的损失，构成生成对抗关注。损失定义完后，就定义优化方法，依旧使用 Adam 算法。最后再通过 TensorBoard 将必要数据记录下来。

7.4.4　训练 FashionCGAN

因为篇幅原因，就不展示 FashionCGAN 训练的逻辑代码以及其他辅助性代码了，直接开始训练。训练用的是 FashionCGAN 数据集，使用 CPU 就可以完成训练，这里让代码训练 11 轮，看一下具体的效果，指定看标签 9 对应的图像（即踝靴），图 7.14 所示分别是运行了第 1 轮、第 5 轮和第 10 轮的效果图。

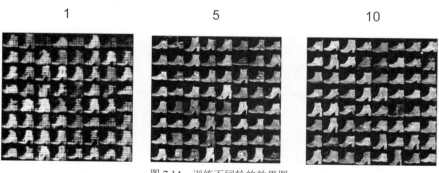

图 7.14　训练不同轮的效果图

可以看出，效果很不错，进入其 TensorBoard，看一下损失的变化。先看判别器的损失变化，如图 7.15 所示。可以看见判别器的损失呈下降趋势，最后，判别器的损失开始震荡，说明此时判别器已经无法判断出生成图像与真实图像的差异了。

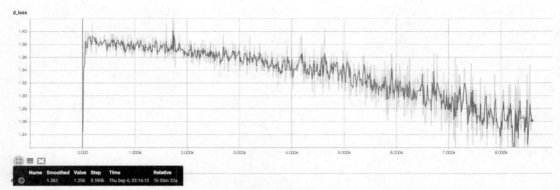

图 7.15　判别器损失变化

生成器的损失变化如图 7.16 所示。生成器的损失虽然呈上升趋势，但损失值较小，而且在最后，生成器的损失同样开始震荡，说明生成器生成的图像已经很接近真实图像了。

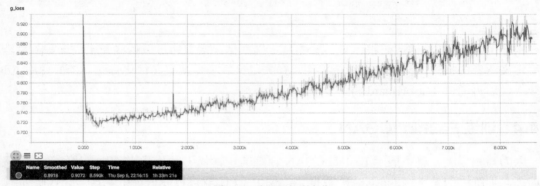

图 7.16　生成器损失变化

FashionCGAN 的计算图如图 7.17 所示。

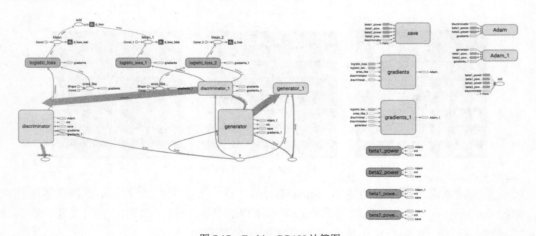

图 7.17　FashionCGAN 计算图

7.5 实现句子转图像

上一节实现了一个简单的标签转图像，也可以理解为一个词转一个图像。通过使用独热向量来表示一个词，简单地实现词转图像的效果，那可否扩展到一句话生成一个图像呢？当然可以，但如果直接使用独热向量来表示这句话，那么句子转图像模型生成的图像与其几乎没有关系，下面来简单讨论一下句子转图像应当怎么实现？

7.5.1 word2vec 技术

在 FashionCGAN 中，我们使用了独热向量，这是一种非常简单的表示形式，虽然它容易实现，但也有很大的不足，主要会引起词汇鸿沟问题。首先来理解词汇鸿沟，现在有几个词，分别是美丽、漂亮、好看，人类可以轻易地看出这几个词是具有相近含义的。但通过独热向量表示后，这种相近关系就完全丧失了，对计算机而言，这三者完全没有关系，丧失了词汇间深层的含义，这就是词汇鸿沟。

当然有些文章还会提到维度灾难问题，即当数据集很大时，通过独热向量的方式表示数据集中的词汇会导致数据集构成的矩阵维度过多，难以计算。例如现在有 100 万个词构成的数据集，其中每个词的向量都是 100 万维，该数据集构成的矩阵就是 100 万乘以 100 万。矩阵虽然很大，但是可以使用简单的方式进行压缩，而且独热向量的计算也非常简单，实质上就是独热向量构成的矩阵与其他矩阵相乘，也可以直接理解成查表操作。

为了解决这个问题，就需要有一种新的表示方式，既不用那么大的向量，又可以表示出词汇之间深层的关系。word2vec 就是将词汇转化为这种表达方式的一种思想，它会训练整个数据集中的数据，从而训练出每个词对应的黏稠向量，这些黏稠向量可以通过欧式距离来计算词汇之间的相似度，即这种表示方式可以获得词汇间深层的关系。word2vec 背后涉及严谨的数学理论，因为本书核心内容是 GAN，所以就不花较大篇幅去深挖 word2vec，这里简单讨论一下，作为后面内容的铺垫。

word2vec 中有两种模型，分别是 CBOW 模型（Continuous Bag-of-Words Model）和 Skip-Gram 模型（Continuous Skip-Gram Model）。

CBOW 模型是通过周围的词来预测中间的词，而 Skip-Gram 模型是通过中间的词来预测周围的词，两个模型都可以看作简单的单层神经网络模型。

先看 CBOW，其简易模型如图 7.18 所示。

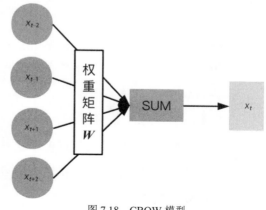

图 7.18 CBOW 模型

CBOW 训练模型的大致步骤如下。

（1）输入周围的词，通过独热向量表示$x_{t-2}, x_{t-1}, \cdots, x_{t+i}$。

（2）进行映射，即输入词代表的独热向量与权重矩阵 W 相乘，因为输入词是读入向量，所以会从权重矩阵 W 中"切割"出对应的维度。

（3）连接这些维度，即进行简单的 SUM 操作。

（4）连接后的向量不会直接输出，而是与该层权重矩阵相乘，再经过一个激活函数，激活后的值传递给 softmax 函数转换成概率（模型图中没有画出这些辅助步骤）。

（5）计算输出的概率向量与真实的中心词对应的独热向量之间的损失。

（6）通过优化算法最小化这个损失，然后重复这些步骤。

CBOW 模型训练过程中，为了最小化输出向量与真实向量之间的损失，需要不断调整 CBOW 模型中的参数，当模型收敛后，权重矩阵 W 中的参数就是我们需要的词向量。通过 word2vec 的 CBOW 模型，我们获得了这个数据集对应的词向量了，即模型的权重矩阵 W。

通过词向量模型，可以预测不同词的近似程度，如图 7.19 所示。训练后获得了黏稠的词向量，将这些词向量映射到空间中，就可以看出词与词之间的关系，如图 7.19 中，得出 king-queen 与 man-woman 间或国家与城市间的对应关系，如 China 对应着 Beijing。

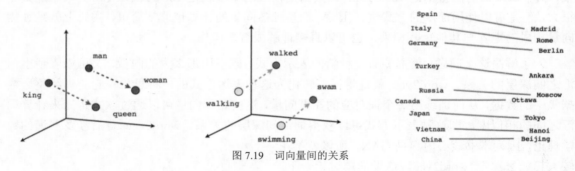

图 7.19　词向量间的关系

接着来看 Skip-Gram 模型，Skip-Gram 模型与 CBOW 模型训练步骤非常相似，不同之处在于 Skip-Gram 通过中心词来预测周围的词，其简易模型结构如图 7.20 所示。

Skip-Gram 模型训练步骤如下。

（1）输入中心词的独热向量表示。

（2）进行映射，即中心词与权重矩阵 W 相乘。

（3）经过一层隐藏层，计算得出一个向量，通过 softmax 将数值向量转换为概率向量。

（4）计算出概率向量与真实概率$x_{t-2}, x_{t-1}, \cdots, x_{t+i}$之间的损失，再通过优化算法最小化该损失。

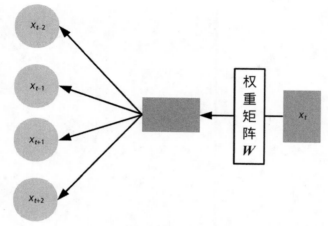

图 7.20 Skip-Gram

因为 CBOW 模型与 Skip-Gram 模型训练都比较耗时,为了提升训练速度,提出了层次 softmax 和负例采样。层次 softmax 利用 Huffman 编码树算法来编写输出层的向量,当计算某个词时,只需要计算路径上所有的非叶子节点词向量的权重就可以了,将计算量降低到树的深度,这是很巧妙的设计。而负例采样就很直接了,只需保证出现频次越高的词越容易被采样到,然后对数据进行采样即可,大大减少了数据的计算量。

我们可以通过 gensim 库来使用 word2vec,gensim 提供了很多与语言处理相关的算法与工具,其中就包括 word2vec。首先需要预处理一下自己的文本数据集,将文本中的特殊符号和各种噪声去除,然后就可以通过下面代码读入数据集,并利用 word2vec 进行训练。

```
from gensim.models import word2vec
sentences = word2vec.LineSentence(u'./zh.wiki')
model = word2vec.Word2Vec(sentences,size=400,window=5,min_count=5,workers=4)
model.save('./WikiModel')
```

核心就是 word2vec.Word2Vec() 方法。我们将数据集 sentences 传入,并设置 400 维的权重矩阵,其实也是最终训练出来的词向量模型的维度;将窗口设置为 5,以 CBOW 为例,即一次性向模型输入连续的 5 个词,抽取中间的词作为中心词,利用其他词作为输入。同时这里使用 min_count 设置了词汇最少出现次数为 5 次,如果词汇出现少于 5 次,就认为该词可能是错别字或极少使用的词,就不进行训练。这里的数据使用的是中文维基百科的数据,训练后,加载模型简单使用,效果如图 7.21 所示。

在代码中,计算了"男人"与"女人"的相似度,也计算了数据集中与"推荐"最相近的几个词。

word2vec 训练出来的黏稠词向量之所以可以表示出词与词之间深层的关系,是因为人类语言是符合统计分布规律的,某些词经常与另一些词搭配使用,我们可以通过周围的词来描述这个词。通过周围的词来描述中心词也是 word2vec 思想的精髓。

```
In [1]: from gensim.models import word2vec

In [2]: model = word2vec.Word2Vec.load('./WikiModel')

In [3]: model.similarity(u'男人',u'女人')
      3   0.86426675667638653

In [4]: words = model.most_similar(u'推荐')

In [5]: for word in words:
   ...:       print word[0],word[1]

引荐 0.669701635838
举荐 0.618684947491
自荐 0.580385446548
力荐 0.558289170265
延揽 0.539546132088
邀请 0.536512732506
提拔 0.523660600185
赏识 0.517698049545
引介 0.513268709183
介绍 0.504368901253
```

图 7.21　使用 word2vec

在 FashionCGAN 中，因为标签是 0～9，它们之间相互独立，所以在训练时使用独热向量也没有太大关系，但当使用具体标签的时候，如"杜鹃"与"玫瑰"，词之间的关系与差异就要明确，这时就需要使用 word2vec 了。大家可以自行尝试一下，通过 word2vec 训练出词向量模型，然后通过这个模型获得某个标签对应的向量，将该向量作为约束条件。并不只有word2vec 这一种计算可以实现词转为黏稠向量，类似的工具还有 GloVe、FastText 等。

7.5.2　RNN、LSTM 与 GRU

前面讨论了 word2vec 技术，它可以让词转换成黏稠向量且保存了词的内涵，但对于句子却力不从心，而我们的目标是实现句子转图像，所以要实现句子的向量化。虽然句子是由词组合而成的，但如果单纯地通过黏稠词向量拼接成句子向量，就无法让模型理解句子与句子之间的差异，举一个最简单的例子，"我爱你"与"你爱我"由同样的词组合而成，但表达的内容却完全不同。所以不能单纯通过词向量堆叠，还要考虑到构建句子中词的序列。

不要忘记最终的目标是实现句子转图像，CGAN 要通过一个句子作为约束条件，那就需要对句子进行预处理，即将句子向量化，要合理地向量化一个句子，就需要一些自然语言处理相关的知识，所以本节简单地讨论这方面的内容。

因为句子的序列是有意义的，所以理解与处理这些序列信息就很重要，而 RNN 正是一种擅长处理序列数据的网络结构。下面就来讨论一下 RNN 以及它的两种变体 LSTM 与 GRU，先来看 RNN。

对一个人而言,他对当下发生任务的理解基于他以前的经验与知识,即他从前经历或记忆过的内容。那么,为了让神经网络可以理解当下某个任务,是否也可以让其通过记住当下任务发生前的信息来帮助它理解当下任务呢?即记住之前的信息来帮助理解当下要完成的事情,RNN 这个网络结构可以让神经网络记住当前时间点之前的信息。

循环神经网络(Recurrent Neural Network,RNN)比普通神经网络多了时间这个维度,即它可以利用不同时间节点上的信息来帮助当前时间节点做判断,其单个神经元及展开图如图 7.22 所示。

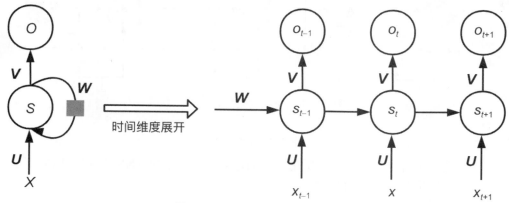

图 7.22 RNN 单个神经元及展开图

从图 7.22 中可以比较清晰地理解什么叫 RNN 多了一个时间维度,其中 x 是输入,s 是隐藏层的值,输出值是 o。图中有 3 个不同的权重,输入到隐藏层神经节点的权重为 U,隐藏层到输出节点的权重为 V,而时间维度上的权重为 W。从时间维度上展开的图,可以看出,隐藏层 s 的值不止取决于当前时间下的输入 x,还需要看上一个时间节点中隐藏层的值,上一层隐藏层的值与权重 W 相乘再加上当前输入的 x 与权重 U 相乘,得到当前时间点隐藏层的值,可以通过两个简单的公式将其形象地表达出来。

$$o_t = g(V_{st})$$
$$s_t = f(U_{x_t}) + W_{s_{t-1}}$$

代入可得:

$$o_t = g(V_{S_t}) = g\left(f\left(U_{x_t} + Wf(U_{x_{t-1}} + W_{S_{t-2}})\right)\right)$$

可以看出,RNN 的输出值 o_t 与前面不同时间点的多次输入 x_{t-i} 和多次记忆 s_{t-i} 有关。也正是这种结构,赋予了 RNN 可以记忆的能力。这里所谓的记忆,就是之前的输入,数值化后依旧可以传播到当前时间点,并对当前时间点的输出有影响。

当然,RNN 毕竟不是人,所以,除可以向过去索要信息外,它还可以向未来要信息。一个常见的任务是要预测时间点 t 下的某个事物,但该事物发生在未来,即 $t+i$ 时刻下,那么要比较准确地进行预处理，只有过去的信息是不够的。所以要获得未来的信息，简单来说，就是先记住未来的信息，可以通过双向 RNN，其结构如图 7.23 所示。

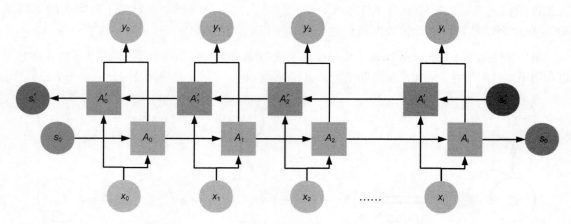

图 7.23　双向 RNN

第一次看会感觉有点复杂，但本质是一样的，只是比普通的 RNN 多了未来时间这个维度而已，可以简单地推断出下面的公式。

输出 $\boldsymbol{y}_t$ 等于过去的记忆 s_t 加未来的记忆 s_t'。

$$\boldsymbol{y}_t = g\left(V_{S_t} + V_{s_t'}'\right)$$

过去的记忆：

$$s_t = f\left(U_{x_t} + W_{S_{t-1}}\right)$$

未来的记忆：

$$s_t' = f\left(U_{x_t}' + W_{S_{t+1}'}'\right)$$

RNN 除了可以在时间维度上扩展，在空间维度上同样可以扩展，扩展方式跟普通神经网络相同，即堆叠多个隐藏层加深网络结构的深度，变成深度循环神经网络。

还有一点值得一提，上面讨论 RNN 的内容指的是 Recurrent Neural Network（循环神经网络），但除循环神经网络外，Recursive Neural Network（递归神经网络）的缩写也是 RNN，它与循环神经网络是不同的。循环神经网络强调的是时间维度上的变化，使用的是 BPTT 算法（Back Propagation Through Time）来计算梯度（本质依旧是 BP 算法），而递归神经网络是用于描述更复杂信息结构的一种神经网络，例如信息中存在树结构关系或图结构关系时，其计算梯度的算法为 BPTS 算法（Back Propagation Through Structure）。

RNN 虽然可以记住不同时间节点的信息，但传统的 RNN 结构还有比较大的缺陷，最致命的问题就是梯度弥散与梯度爆炸。为了简单理解为什么会有这样的缺陷，先来看一下 RNN 结构的简化图，如图 7.24 所示。

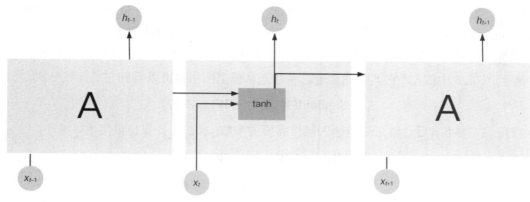

图 7.24 RNN 细节

图 7.24 中去除了大部分细节，但依旧可以看出，当前时间点 t 的输出受前一次时间点输出 h_{t-1} 与当前输入 x_t 的影响，其中使用 tanh 作为激活函数，那么它对应的公式为

$$h_t = \tanh(W_h x_t + W_h h_{t-1} + b)$$

当使用反向传播算法对 RNN 梯度进行求导时，通过链式法则可以发现，RNN 节点的梯度是连乘的形式。那么，当很多项小于 1 时，进行连乘操作，计算出的梯度就会非常接近 0，即发生梯度弥散；而当很多项大于 1 时，连乘就会获得一个很大的梯度值，即发生梯度爆炸。梯度爆炸可以通过 Gradient Clipping 等方法对梯度进行裁剪，防止梯度爆炸，但对于梯度弥散，RNN 就无能为力了，这也是 RNN 无法记忆较长时间前信息的根本原因。

为了解决这个问题，就提出了长短期记忆神经网络（Long Short-Term Memory，LSTM），其提出了闸门机制来控制记忆流，选择性地忘记某些信息和加深某些信息的记忆。它可以避免梯度弥散的问题，本质原因是，对它进行求导时，其梯度是累加的形式，这就不会有连乘时遇到的问题。下面来简单讨论一下 LSTM，如图 7.25 所示。

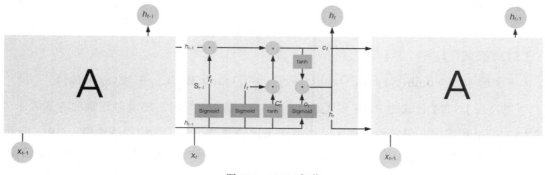

图 7.25 LSTM 细节

它的内部结构比普通 RNN 复杂了点，但拆开来看也很好理解，首先看到输入部分，它接收 3 种不同的输入，分别是 c_{t-1}、h_{t-1}、x_t。其中 c_{t-1} 是 cell state，也叫主线，它其实就是所谓的记忆，LSTM 使用 cell state 贯穿整个时间段，然后通过闸门机制去调整 cell state 中的信息。h_{t-1} 是 hidden state，它的作用主要是与当前的输入 x_t 进行简单的运算来获得闸门信号，通过这些信号来更新 cell state，更新操作可以分为 3 步，分别是遗忘操作、输入操作、更新。

看到图 7.26 中的 f_t，它其实就是遗忘参数，从模型图中也可以看到它的计算公式。

$$f_t = \mathrm{Sigmoid}(\boldsymbol{W}_f h_{t-1} + \boldsymbol{W}_f x_t + b_f)$$

获得遗忘参数 f_t 后，就来获得输入操作需要的参数 i_t 和 C_t'，计算也很简单。

$$i_t = \mathrm{Sigmoid}(\boldsymbol{W}_i h_{t-1} + \boldsymbol{W}_i x_t + b_i)$$

$$C_t' = \tanh(\boldsymbol{W}_C h_{t-1} + \boldsymbol{W}_C x_t + b_c)$$

从图中可以很直观地看出，无需多解释，接着 f_t、i_t、C_t' 会合并到 cell state 中。图中的点表示矩阵点积计算，加号表示矩阵相加，那么新的 cell state 计算公式如下。

$$c_t = f_t \cdot c_{t-1} + i_t \cdot C_t'$$

这样就将要忘记的信息通过遗忘操作添加到 cell state 中，而要加深记忆的也通过输入操作添加到 cell state 中，经过这些操作后的 cell state 就是当前任务认为比较重要的信息。这些信息会继续传递到下一个时间节点，这也是 cell state 称为主线的原因，也就是记忆存储的地方。但除输出 cell state 外，LSTM 中的节点还需要输出 hidden state，本节点的 hidden state 输出什么值由 o_t 与 c_t 共同决定，从图中也可以看出这个关系，所以下面来计算一下 o_t 与要输出的值 h_t。

$$o_t = \mathrm{Sigmoid}(\boldsymbol{W}_0 h_{t-1} + \boldsymbol{W}_0 x_t + b_0)$$

最终输出 hidden state：

$$h_t = o_t \cdot \tanh(c_t)$$

下面将普通 RNN 公式与 LSTM 公式进行对比。

普通 RNN：

$$h_t = \tanh(\boldsymbol{W}_h x_t + \boldsymbol{W}_h h_{t-1} + b)$$

LSTM 公式：

$$h_t = o_t * \tanh(c_t) = o_t \cdot \tanh\big(f_t \cdot c_{t-1} + i_t \cdot \tanh(\boldsymbol{W}_C h_{t-1} + \boldsymbol{W}_C x_t + b_c)\big)$$

可以发现 LSTM 公式比 RNN 多了相加运算，这避免求导后，梯度以连乘的方式表示。

LSTM 虽然不错，但参数太多了，训练起来比较费神，为了加快训练速度，GRU 应运而生。大量试验证明，对于 GRU 闸门机制而言，虽然它的参数比 LSTM 少，但效果与 LSTM 相当，训练速度更加快速，所以 GRU 被大量使用。下面简单讨论一下 GRU，直接来看 GRU 的结构，如图 7.26 所示。

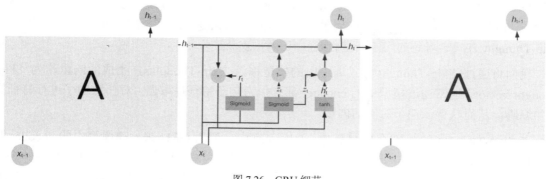

图 7.26 GRU 细节

将图 7.26 仔细与原始的 LSTM 结构图（图 7.25）进行比较，可以发现 GRU 少了 cell state 和一次 sigmoid 运算，而是使用了另外两个概念，分别是图中 r_t 代表的 reset gate（重置门控）与 z_t 代表的 update gate（更新门控），从图中可以很简单地得出下面的公式。

$$r_t = \text{Sigmoid}(\boldsymbol{W}_r h_{t-1} + \boldsymbol{W}_r x_t + b_r)$$

$$z_t = \text{Sigmoid}(\boldsymbol{W}_z h_{t-1} + \boldsymbol{W}_z x_t + b_z)$$

通过 reset gate 获得"重置"之后的数据 h'_t。

$$h'_t = \tanh(\boldsymbol{W}_h x_t + r_t \cdot h_{t-1})$$

更新 h'_t，即更新网络的"记忆"。

$$h_t = (1 - z_t)h_{t-1} + z_t h'_t$$

通过 update gate 将相应的数据更新到 h_t 中，update gate 其实替代了 LSTM 中的遗忘操作与输入操作。从公式中可以看出，z_t 表示网络要记忆的概率，也就相当于输入操作，那么 $1 - z_t$ 自然就表示要忘记 z_t 后还要记忆的概率，也就是遗忘操作。这里的 z_t 与 $1 - z_t$ 是联动的，即对传入的数据而言，会记住多少，就会忘记多少，以保持一种平衡的状态。

RNN、LSTM 与 GRU 的讨论就到这里，因为篇幅有限，所以很多细节都没有提及，大家如果有兴趣可以自行深挖。

7.5.3 Skip-Thought Vector

回归到最初的问题，实现句子转图像。到目前为止，我们已经讨论了常见的词向量生成方法 word2evc，已经擅长处理序列数据的各种模型，但依旧没有提及如何将句子合理地向量化，下面开始这方面的讨论。

我们可以通过 Skip-Thought 技术来实现句子向量化，Skip-Thought 是一种通用句子编码器，它通过无监督学习的方式训练出一个 encoder-decoder（编码器-解码器），借鉴了 word2vec 中 Skip-Gram 模型的思想。通过这个 encoder-decoder 就可以实现预测这一句话的上一句话和下一句话，可以实现将语义以及语法属性一致或相似的句子映射到相似的向量上，即通过 Skip-Thought 方式学习到的句子向量包含了句子深层的含义。

我们将通过 Skip-Though 方式训练出的模型称为 Skip-Thoughts，生成的向量称为 Skip-Thought Vector。通常通过模型中的 encoder 部分作为句子特征提取器，对任意句子进行特征提取并编码，从而获得该句子对应的向量。

在 Skip-Thought 的初始论文 *Skip-Thou Vectors* 中，使用 GRU 来构建模型中的 encoder 和 decoder，当 Skip-Thought 开始预测句子时，encoder 部分会编码输入的句子，并将最后一个词的 hidden state（即 GRU 中的h_t）作为 decoder 的输入来生成预测句子中的词，通过利用 GRU 的结构获取句子的时序特征，如图 7.27 所示。

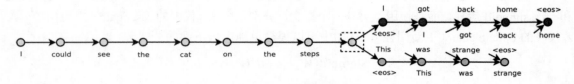

图 7.27　GRU 获取句子时序特征

输入 "I could see the cat on the steps"，通过 encoder 提取特征并编码后，将最后一个词的 hidden state 作为 decoder 的输入，因为 hidden state 中记忆了目前为止 GRU 认为重要的内容，decoder 会利用 hidden state 中的信息生成这个句子的上一句话与下一句话。

当然，要实现 Skip-Thought 模型可以编码任意一句话，还存在一个比较严重的问题，就是如果要编码的这句话中的某些词在训练 Skip-Thought 模型时没有出现过，此时 encoder 如何编码表示这个从未出现过的词？

为了解决这个问题，引出了词汇转移训练，这个想法出自 *Exploiting Similarities among Languages for Machine Translation*，在该论文中，作者认为不同语言在各自的语言空间分布是类似的，如图 7.28 所示。

左边是英语的词汇分布，右边是西班牙语的词汇分布，虽然两种语言不同，但相近意思的词在各自的语言空间中分布是相似的，所以只需要训练出一个词汇转移矩阵 W（即权重矩阵 W），使得输入词汇 X 通过 W_x 变化后获得一个接近词汇 z 的向量，就实现了不同语言的翻译。

$$\min \sum_{i=1}^{n} \left\| W_{x_{i-z_i}} \right\|^2$$

利用同样的思想，可以通过一个特别大的词汇数据训练出一个词汇模型，然后再与 Skip-Thought 模型做词汇转移训练，获得一个映射关系。当 Skip-Thought 遇到训练中未登录的词时，就可以通过大的词汇模型找到该词对应的向量，再通过词汇转移模型映射到 Skip-Thought 中，这样就可以对未登录的词进行训练了，通常称这种技术为词汇扩展。

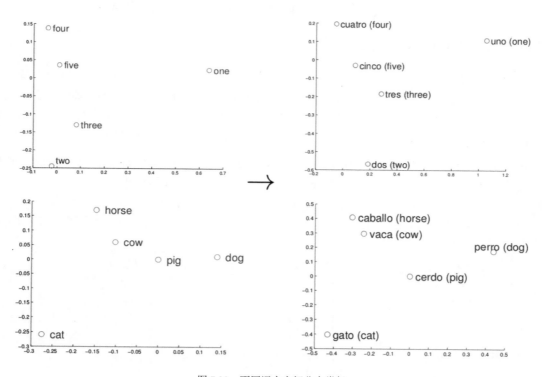

图 7.28　不同语言空间分布类似

下面通过一张图来理顺一下目标与当前讨论内容之间的关系，如图 7.29 所示。

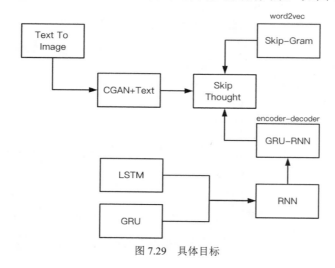

图 7.29　具体目标

因为句子是约束条件，所以合理地向量化一个句子就非常重要，否则 CGAN 无法依据句子来生成相应的图片，为了合理地向量化句子，引出了 NLP（自然语言处理）的部分内容，下面我们就开始从代码层面去理解 Skip-Thought 和 Text to Image 这个任务。

7.5.4　实现 Skip-Thought

理解了 Skip-Thought 后，就通过 TensorFlow 来实现一个 Skip-Thought，大体的步骤是，定义出 encoder 与两个 decoder，一个 decoder 用于预测上一句话，另一个 decoder 用于预测下一句话，encoder 和 decoder 都使用 GRU 来实现，训练的逻辑与普通神经网络一样，定义 decoder 预测出的语句与真实语句之间的损失，然后通过优化算法最小化这个损失即可。

因为构建 encoder 与 decoder 使用的是 GRU 结构，所以，在编写 encoder 与 decoder 代码前，先来了解一下如何编写 GRU。在 TensorFlow 中实现 GRU 非常简单。

```
cell = tf.nn.rnn_cell.GRUCell(num_units=self.num_units)
```

这样就创建出一个 GRU 网络了，为了加深理解，来看一下 GRUCell 这个类初始化时可选的参数。

```
@tf_export("nn.rnn_cell.GRUCell")
class GRUCell(LayerRNNCell):
    def __init__(self,
                 num_units,
                 activation=None,
                 reuse=None,
                 kernel_initializer=None,
                 bias_initializer=None,
                 name=None,
                 dtype=None):
```

❑　num_units：隐藏层神经元的个数。

❑　activation：激活函数，默认使用 Tanh 作为激活函数。

❑　reuse：是否重用该空间中的变量。

❑　kernel_initializer：权重矩阵与投影矩阵的初始值。

❑　bias_initializer：偏差的初始值。

❑　name：该层的名称。

❑　dtype：该层的类型。

通常我们只关心 GRUCell 中的 num_units 参数。这样就定义好了 GRU，接着就来初始化 GRU 的 state，并定义 GRU 网络的运行方式。

```
#获得零填充张量
inital_state = cell.zero_state(batch_size, tf.float32)
#动态方式运行 RNN
_, final_state = tf.nn.dynamic_rnn(cell, encode_emb,
                                   initial_state=inital_state,sequence_length=length)
```

在上面代码中，首先通过 cell.zero_state()方法来获得零填充的张量；然后调用 tf.nn.dynamic_rnn()方法计算构建好的网络中的各种参数，将 cell（即 GRU 实例）传入该方法中，并传入 GRU 网络要接收的数据 encode_emb；接着就是初始化 initial_state，这里使用零填充来初始化网络的 state，最后一个 sequence_length 参数表示动态训练的长度，因为在构建一个 batch 数据时，会将一个 batch 中的数据填充成同样的长度以方便训练，为了提高训练速度，可以通过 sequence_length 指定要训练数据的长度，这样就可以将填充部分的数据除去，只训练有价值的部分。

通过上面 3 行代码，TensorFlow 就会构建好一个单层的 GRU 网络，如果想构建多层网络，可以使用 tf.nn.rnn_cell.MultiRNNCell()方法，不再细讲。这里就通过简单的单层 GRU 网络来构建 encoder 与 decoder，代码如下。

```python
#encoder 编码器
def gru_encoder(self, encode_emb, length, train=True):
    batch_size = self.batch_size if train else 1 #训练数据
    with tf.variable_scope('encoder'):
        cell = tf.nn.rnn_cell.GRUCell(num_units=self.num_units)
        # 获得零填充张量
        inital_state = cell.zero_state(batch_size, tf.float32)
        # 动态 RNN
        _, final_state = tf.nn.dynamic_rnn(cell, encode_emb,
                                        initial_state=inital_state, sequence
                                        _length=length)
    return inital_state, final_state
#decoder 解码器
def gru_decoder(self,decode_emb, length, state,scope, reuse=False):
    with tf.variable_scope(scope):
        cell = tf.nn.rnn_cell.GRUCell(num_units=self.num_units)
        # sequence_length 有效长度，避免计算填充的内容
        outputs, final_state = tf.nn.dynamic_rnn(cell, decode_emb,
                                        initial_state=state, sequence_length=
                                        length)
    x = tf.reshape(outputs, [-1, self.num_units])
    w, b = self.softmax_variable(self.num_units, len(self.vocab), reuse=reuse)
    logits = tf.matmul(x,w) + b
    prediction = tf.nn.softmax(logits, name='redictions')
    return logits, prediction, final_state
```

其实 encoder 与 decoder 的结构很类似。先看 gru_encoder()方法，在该方法中，先通过 GRUCell 构建 GRU 网络，再创建零填充张量，用于初始 GRU 的状态，接着通过 dynamic_rnn 的方式来计算 GRU 网络中的参数，返回最后一个节点的状态 final_state。gru_decoder()方法也是类似，通过 GRUCell()方法构建网络，但此时不再通过零填充来初始化网络了，因为 decoder 的初始值是 encoder 中最后一个节点的 hidden state，即 gru_encoder 方法中的 final_state，它会通过 gru_decoder 方法的 state 参数传入；然后依旧使用 dynamic_rnn 方法来计算该 GRU 网络

中的各种参数，然后将获得的结果 outputs 重塑成张量 x，再与权重 w 进行矩阵乘法运算，之所以要重塑，是因为 outputs 原本是三维的张量，而权重 w 是二维张量；最后将计算结果传递给 softmax()方法，获得最终的预测结果，即一个概率向量。

构建完 encoder 与 decoder 后，接着就可以定义两者的损失了，代码如下。

```
def _loss(self, logits, targets, scope='loss'):
    with tf.variable_scope(scope):
        y_one_hot = tf.one_hot(targets, len(self.vocab))
        y_reshaped = tf.reshape(y_one_hot, [-1, len(self.vocab)])
        # 交叉熵损失
        loss = tf.reduce_mean(tf.nn.softmax_cross_entropy_with_logits(logits=logits,
            labels=y_reshaped))
    return loss
```

构建损失的方法很直接，将目标转为独热向量后，直接将预测的概率向量与独热向量做交叉熵损失的运算，取一下均值，就获得了损失。得到损失后，通过优化算法来优化该损失，代码如下。

```
def _optimizer(self, loss, scope='optimizer'):
    with tf.variable_scope(scope):
        grad_clip = 5
        tvars = tf.trainable_variables() #获得模型所有参数
        # 对梯度进行剪枝操作，避免梯度爆炸
        grads,_ = tf.clip_by_global_norm(tf.gradients(loss, tvars), grad_clip)
        op = tf.train.AdamOptimizer(self.learning_rate) #Adam 算法
        optimizer = op.apply_gradients(zip(grads, tvars))
    return optimizer
```

在_optimizer 中使用了 tf.clip_by_global_norm()方法来对梯度进行剪枝，避免梯度爆炸。该方法的背后就是 Gradient Clipping，具体的效果就是让模型参数更新的幅度限制在一个合适的范围，避免损失发生震荡。Gradient Clipping 具体的步骤如下。

（1）设置一个边界值 clip_gradient，大于该边界值，就需要对梯度进行剪枝处理。

（2）在反向传播算法计算节点的梯度后，不再直接通过梯度来更新节点的参数，而是对所有节点的梯度求平方和 global_norm，比较 global_norm 与 clip_norm 的大小。

（3）如果 global_norm > clip_norm，则计算缩放因子 scale_factor=clip_gradient / sumsq_gradient，sumsq_gradient 越大，scale_factor 就会越小。

（4）将所有节点的梯度乘以该缩放因子，得到最终要更新的梯度值，通过该值更新节点的参数。

再看回 tf.clip_by_global_norm()方法，它的所有参数如下。

```
tf.clip_by_global_norm(t_list, clip_norm, use_norm=None, name=None)
```

t_list 就是梯度，这里我们通过 tf.gradients()方法对损失与所有节点参数进行求导，即计算出所有节点对应的梯度值。clip_norm 是剪枝比率，其内部具体的计算逻辑是 t_list[i] * clip_norm / max(global_norm, clip_norm)，其中 global_norm 就是所有梯度的平方和，如果 clip_norm >

global_norm，就不进行剪枝，最终该方法会返回剪枝后的梯度值和一个所有张量的全局范数。

然后定义 AdamOptimizer 优化器，使用 Adam 算法来将梯度更新到节点参数上，因为已经计算出各节点的参数了，所有不必像此前那样使用 minimize()方法，直接使用 apply_gradients()方法将梯度应用到变量上就可以了。minimize()方法实际上就是 compute_gradients()方法与apply_gradients()方法的简单结合体。

构建好 encoder、decoder，也定义了 decoder 的损失以及优化算法，接着就可以通过定义好的结构来构建 Skip-Thought 模型，具体代码如下。

```python
def build_model(self):
    # 输入
    self._inputs()
    #embedding, 即映射
    self._embedding()
    # 编码器
    self.initial_state, self.final_state =self.gru_encoder(self.encode_emb, self.encode_length)
    # 解码器，预测前一句
    self.pre_logits, self.pre_prediction, self.pre_state = self.gru_decoder(self.decode_pre_emb, self.decode_pre_length, self.final_state,
                                                            scope='decoder_pre')
    # 后一句 decoder
    self.post_logits, self.post_prediction, self.post_state = self.gru_decoder(self.decode_post_emb, self.decode_post_length, self.final_state,
                                                            scope='decoder_post',
                                                            reuse=True)
    '''
    损失
    '''
    # 前一句话的损失
    self.pre_loss = self._loss(self.pre_logits, self.decode_pre_y, scope='decoder_pre_loss')
    self.pre_loss_sum = scalar_summary("pre_loss", self.pre_loss)
    # 后一句话的损失
    self.post_loss = self._loss(self.post_logits, self.decode_post_y, scope='decoder_post_loss')
    self.post_loss_sum = scalar_summary("post_loss", self.post_loss)
    '''
    优化
    '''
    # 对前一句话预测与损失进行优化
    self.pre_optimizer = self._optimizer(self.pre_loss, scope='decoder_pre_op')
    # 对后一句话预测与损失进行优化
    self.post_optimizer = self._optimizer(self.post_loss, scope='decoder_post_op')
```

首先定义输入，用于获得各种需要的值，接着将输入获得的值进行嵌入计算，然后就可以使用嵌入计算获得的值来构建 encoder 与 decoder。decoder 要构建两个：一个用于预测输入语句的前一句话；另一个用于预测后一句话。这两个预测都对应一个损失，所以要定义出两个损失，这里通过 TensorBoard 将这两个损失都记录下来，方便训练时观察损失的变化，接着就将损失交给优化函数进行最小化。

模型构建完后，就可以编写训练代码了。为了理解训练代码，就需要理解怎么读入句子数据并传递给模型，下面简单地讨论一下句子数据的读取。

我们使用中国四大名著之一的《红楼梦》作为训练数据，大致的流程如下。

（1）读入整个文件为一个 list，使用一个固定的符号，如 "\\\\"，替换常用于句子结尾的标点符号，如句号、感叹号等，然后通过给固定符号来分割整个文件，这样就获得了句子数据。

（2）观察每个句子出现的次数，将出现过于频繁的句子剔除，这些频繁出现的句子通常是一些语气用语。

（3）将剔除后的句子拼接成一个新的 list，再分割出每个字，然后将每个字与它在 list 中的下标构成一个字典。这样一句话就可以替换成一个向量了，这句话中的每个字都替换成该字在字典中的下标值。

（4）遍历句子 list，获得每个句子的上一句与下一句，构建映射关系，例如 3 个 list，同样的下标，在 3 个 list 中分别表示当前句子、上一句与下一句。

（5）通过 embedding，获得句子向量对应的映射值，这些映射值，就是要输入给模型训练的值。

因为篇幅原因，这里只展示 embedding 相关的代码，其余代码都是简单的文本处理与 list、set、dict 等基本类型操作，embedding 代码如下。

```
def _embedding(self):
    with tf.variable_scope('embedding'):
                        self.embedding = tf.get_variable(name='embedding', shape=
[len(self.vocab), self.embedding_dim],
                                initializer=tf.random_uniform_initializer(-0.1, 0.1))
        # word2vec 中的切割映射
        self.encode_emb = tf.nn.embedding_lookup(self.embedding, self.encode, name=
'encode_emb')
        self.decode_pre_emb = tf.nn.embedding_lookup(self.embedding, self.decode_pre_x,
name='decode_pre_emb')
        self.decode_post_emb = tf.nn.embedding_lookup(self.embedding, self.decode_post_x,
name='decode_post_emb')
```

在上面的代码中，self.embedding 是要被映射的一个矩阵；self.encode 是词向量，这个词向量就是通过上面介绍的方法获得的，其形式为[[252,3058, …],[322,426, …]]这样的二维数组，二维数组中的每个数组都是一句话的向量表示。有了这个向量表示和要被映射的矩阵 self.embedding，就可以通过 tf.nn.embedding_lookup()方法实现映射操作，所谓映射操作，其实就是获取 self.embedding 指定的某一行，以[252,308, …]为例，就是获取 self.embedding 矩阵中的第 252 行和 308 行。这样就获得了一句话 embedding 后的向量表示，将这个向量表示输入encoder 与 decoder，就可以进行训练了。

理解了句子数据的读取与向量化，就可以来看训练代码了。

```
def train(self):
    model_path = './output/skipThought.model'
    self.build_model()
    # 在保存 TensorFlow 中的 RNN/LSTM 模型的时候，需要在 LSTM 模型建立之后再定义 saver
    self.saver = tf.train.Saver()
    with tf.Session() as sess:
    self.writer = SummaryWriter("./output/logs", sess.graph)
    self._sum = merge_summary(
            [ self.pre_loss_sum, self.post_loss_sum])
        step = 0
        sess.run(tf.global_variables_initializer())
        new_state = sess.run(self.initial_state)
        for epoch in range(self.epoch):
            # 训练数据生成器
            batches = self.story.batch()
            for encode_x, decode_pre_x, decode_pre_y, \
                decode_post_x, decode_post_y, encode_length, \
                decode_pre_length, decode_post_length in batches:
                if len(encode_x) != self.batch_size: continue
                feed = {
self.initial_state:new_state,
self.encode: encode_x,
self.encode_length: encode_length,
self.decode_pre_x: decode_pre_x,
self.decode_pre_y: decode_pre_y,
self.decode_pre_length: decode_pre_length,
self.decode_post_x: decode_post_x,
self.decode_post_y: decode_post_y,
self.decode_post_length: decode_post_length
                }
                # 训练
                _, pre_loss, _, _, post_loss, new_state,summary_str = sess.run(
                    [self.pre_optimizer, self.pre_loss, self.pre_state,
                     self.post_optimizer, self.post_loss, self.post_state,self._sum],
                    feed_dict=feed)
                self.writer.add_summary(summary_str, step)
                print(' epoch:', epoch,
                    ' step:', step, ' pre_loss', pre_loss,
                    ' post_loss', post_loss)
                step += 1
            self.saver.save(sess, model_path, global_step=step)
```

上面代码的核心就是通过 self.story.batch()方法获取了训练文件中各语句的向量表示，encode_x 表示当前句子的向量表示，decode_pre_x 与 decode_pre_y 都表示前一句话的向量表示，decode_post_x 与 decode_post_y 表示后一句话的向量表示。这些都是原始的句子向量表示，其中 encode_x、decode_pre_x 与 decode_post_y 会传递给_embedding 方法做映射，获得句子映射后的向量，这些向量会传递给 encoder 与 decoder，获得预测的值，再与没有经过映射操作的向量 decode_pre_y 与 decode_post_y 做比较，计算两者之间的损失，并最小化该损失。

　　介绍完 Skip-Thought 模型比较核心的代码，其余辅助代码就不再展示。运行这份代码，通过《红楼梦》训练出相应的 Skip-Thought 模型，因为数据集比较小，模型结构比较简单，训练速度比较快，这里训练了 25 轮。打开 TensorBoard，看一下两个 decoder 的损失。

　　预测前一句话的 decoder 对应的损失，如图 7.30 所示。

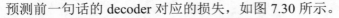

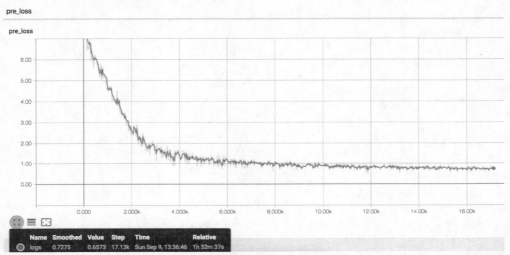

图 7.30　预测前一句话的 decoder 损失

　　预测后一句话的 decoder 对应的损失，如图 7.31 所示。

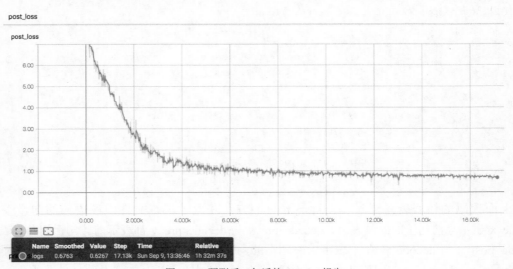

图 7.31　预测后一句话的 decoder 损失

两者的损失都从高位降到低位，说明模型正常训练。

Skip-Thought 计算图如图 7.32 所示。

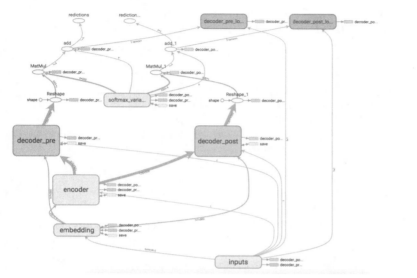

图 7.32　Skip-Thought 计算图

接着我们来使用一下这个模型，编写一个训练模型的方法，用它来生成下一句话。

```python
def gen(self):
    # 输入
    self._inputs()
    # embedding，即映射
    self._embedding()
    # 编码器
    self.initial_state, self.final_state = self.gru_encoder(self.encode_emb, self.encode
                                        _length,train=False)
    # 后一句 decoder
    self.post_logits, self.post_prediction, self.post_state = self.gru_decoder(self.
decode_post_emb,
    self.decode_post_length,
    self.final_state,
    scope='decoder_post')
        saver = tf.train.Saver()
        with tf.Session() as sess:
            sess.run(tf.global_variables_initializer())
            new_state = sess.run(self.initial_state)
            # 加载最后一个模型
            # saver.restore(sess, tf.train.latest_checkpoint('.'))
            saver.restore(sess, tf.train.latest_checkpoint('./output/'))
            # saver.restore(sess, tf.train.latest_checkpoint('/input/skipthoughtmodel/'))
```

```
            encode_x = [[self.story.word_to_int[c] for c in '宝玉归来家中']]
            samples = [[] for _ in range(self.sample_size)]
            samples[0] = encode_x[0]

            for i in range(self.sample_size):
                    decode_x = [[self.story.word_to_int['<GO>']]]
                    while decode_x[0][-1] != self.story.word_to_int['<EOS>']:
                            feed = {self.encode: encode_x, self.encode_length: [len(encode_
x[0])], self.initial_state: new_state,
    self.decode_post_x: decode_x, self.decode_post_length: [len(decode_x[0])]}
                            predict, state = sess.run([self.post_prediction, self.post_
                            state], feed_dict=feed)
                            int_word = np.argmax(predict, 1)[-1]
                            decode_x[0] += [int_word]
                    samples[i] += decode_x[0][1:-1]
                    encode_x = [samples[i]]
                    new_state = state
                    print(''.join([self.story.int_to_word[sample] for sample in samples[i]]))
```

逻辑其实很简单，先创建输入与 embedding，接着就构建 encoder 与 decoder，encoder 的 train 要设置为 False，然后就是传统的训练流程，只不过先通过 saver 的 restore 方法加载此前训练好的模型，我们定义好 encoder 要编码的话，然后使用 decoder 进行解码，将获得的状态结果存入 list 中，最后构建成一句话显示出来。

输入"宝玉归来家中"给 encoder，decoder 预测下一句的结果如下。

```
宝玉归来家中宝钗见宝玉睁着眼说
王夫人便命贾兰出去接待
贾政进去
只见王夫人怒容满面说
众人不解
唯有袭人心里悲痛
回到房中纳闷
只见袭人和尚在院内呢
唬得王夫人抱了贾珍叫他坐下
邢夫人拉着手
邢夫人等不免哭起来
邢夫人回禀
邢夫人等在后院门口口歪着
…
```

因为数据量比较小，所以生成的效果并不是十分理想。但也可以看出，就算是很小的训练数据集，Skip-Thought 也理解了语句中的部分含义，生成不是十分流畅但也不是完全不具有意义的句子。

7.5.5　实现句子转图像

前面我们讨论并实现了 Skip-Thought，训练出了一个简单的模型，使用 Skip-Thought 模型的 encoder 就可以将一句话编码成具有意义的句子向量，通过这个句子向量就可以实现句子转图像的目标了。

本节不会再从头实现一个句子转图像的新项目，因为所有的理论与代码在前面的内容中都有所提及，这里讨论一下整体的实现思路。首先你需要准备一个数据集，这个数据集需要有配对的句子与相应的图像；然后可以通过 Skip-Thought 将所有的句子都编码成向量，将所有的句子向量集合成一个矩阵，然后再持久化地保存起来，例如使用 numpy 的 saver 方法将句子矩阵数据保存为 npy 文件；同理将图像数据读入，图像数据本身就是一个矩阵，将多个矩阵集合成一个高维矩阵，同样持久化保存起来。唯一需要注意的是，保存的句子矩阵与图像矩阵之间的对应关系不能改变，这样才能正确地训练。

有了句子矩阵对应的 npy 文件与图像矩阵对应的 npy 文件后，就可以使用创建的 CGAN 网络进行训练了，生成器使用 U 型结构还是普通的多层转置卷积结构主要看输入的数据，如果你使用模型图像作为噪声输入的话，就可以使用 U 型结构，反之普通的多层转置卷积即可。

相对于普通的 CGAN，这里可以改进一下判别器，我们已经知道，判别器除判断图像是生成图像还是真实图像外，还需要判断图像是否与条件约束相匹配，通常的写法如下。

```
# 生成图像
fake_image = self.generator(self.z, self.y, is_training=True, reuse=False)
# 真实图像
D_real, D_real_logits, _ = self.discriminator(self.inputs, self.y, is_training=True,
                                reuse=False)
D_fake, D_fake_logits, _ = self.discriminator(fake_image, self.y, is_training=True,
                                reuse=True)
d_loss_real = tf.reduce_mean(
  tf.nn.sigmoid_cross_entropy_with_logits(logits=D_real_logits, labels=tf.ones_like
(D_real)))
d_loss_fake = tf.reduce_mean(
  tf.nn.sigmoid_cross_entropy_with_logits(logits=D_fake_logits, labels=tf.zeros_like
(D_fake))
```

从代码中可以看出，判别器对生成图像与条件约束打低分，但判别器除了可以给这种情况打低分，还可以给真实图像与不匹配的条件约束打低分。

```
# 生成图像
fake_image = self.generator(t_z, t_real_caption)
#真实图像与条件约束
disc_real_image, disc_real_image_logits   = self.discriminator(t_real_image, t_real_caption)
#条件约束与不匹配的真实图片
disc_wrong_image, disc_wrong_image_logits   = self.discriminator(t_wrong_image, t_
real_caption, reuse = True)
#生成图片与条件约束
disc_fake_image, disc_fake_image_logits   = self.discriminator(fake_image, t_real_
caption, reuse = True)
#判别器损失
d_loss1 = tf.reduce_mean(tf.nn.sigmoid_cross_entropy_with_logits(logits=disc_real_
image_logits, labels=tf.ones_like(disc_real_image)))
```

```
    d_loss2 = tf.reduce_mean(tf.nn.sigmoid_cross_entropy_with_logits(logits=disc_wrong_
image_logits,labels=tf.zeros_like(disc_wrong_image)))
    d_loss3 = tf.reduce_mean(tf.nn.sigmoid_cross_entropy_with_logits(logits=disc_fake_
image_logits, labels=tf.zeros_like(disc_fake_image)))
```

上面的代码中，多了 t_wrong_image 这种输入，t_wrong_image 是真实的错误图片，获得错误图片的方法也很简单，随便从图像矩阵中取一个与当前图片不匹配的图像即可。简单讨论一下判别器多出的这一判断的优势，首先要明确，就算判别器没有多加这个条件，通过生成对抗训练后，生成器依旧可以生成与条件匹配的图像。这是因为判别器打高分的目标很明确，即只有真实的图像以及与之匹配的条件约束才能打高分，这样生成器就会去拟合真实图像与匹配条件约束组成的空间分布，多轮训练后，生成器就可以增加约束条件与随机噪声生成合理的图像。但当图像结构比较复杂时，例如图像中的颜色和景物比较多，生成器要拟合这种复杂的空间分布比较困难，模型收敛也更加困难，而且较复杂的真实图像间，图像中的物体大小和形状都相似，只是颜色不同，就对应着不同的约束条件，例如黄芯红色花瓣与红芯黄色花瓣对应着不同的图像，但空间分布有一定的相似性，此时生成器就容易生成与约束条件不匹配的图像。因此对判别器多加一条真实图像与条件约束不匹配的情况可以减少生成器生成错误的相似图像的情况。当然对 fashion-mnist 这种简单图像数据集，判别器加不加这个判断都没有什么差别。

整体而言，句子生成图像的 CGAN 结构可以通过图 7.33 来直观表示。

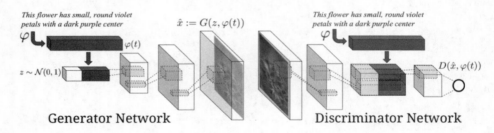

Generator Network   **Discriminator Network**

图 7.33　句子生成图像

这里我们就不再编写训练了，可以看一下其他人的训练结果，其词向量使用 Skip-Thought 来生成，只不过使用 Theano 框架来实现 Skip-Thought，除了生成 Skip-Thought，还使用 word2vec 训练大量的词汇获得一个大规模的词汇模型，并通过转移训练的方式将 word2vec 训练出的词汇模型映射到 Skip-Thought 中。作者将训练好的模型提供出来，我们可以直接下载使用，然后使用这些句子模型，就可以将约束条件合理向量化，用于生成对应的图像，具体效果如图 7.34～图 7.36 所示。

The flower shown has yellow anther red pistil and bright red petals.

图 7.34　句子生成图像（一）

The petals on this flower are white with a yellow center.

图 7.35　句子生成图像（二）

This flower has a lot of small round pink petals.

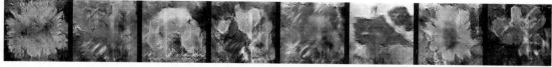

图 7.36　句子生成图像（三）

具体的内容可以参考如下链接。

- ❏ Skip-Thought 模型生成：https://github.com/ryankiros/skip-thoughts#getting-started，使用 Theano 训练模型，提供下载。
- ❏ Text to Image 文字转图像：https://github.com/paarthneekhara/text-to-image，使用了 Skip-Thought 模型，训练的图像数据以及配套的描述语句都提供下载。

7.6　小结

　　本章主要讨论条件生成对抗网络，条件生成对抗网络本身的结构并不复杂，只是生成器与判别器要多处理一个约束条件。但真正的问题是，如何合理地表示这些约束条件，如果约束条件同样是一张图像，那么可以通过卷积神经网络的方式来提取约束条件对应图像的特征信息，即生成器使用了 U 型结构的网络，一半是多层卷积，另一半是多层转置卷积，这样就解决了约束条件是图像的问题，通过这方面的讨论，我们编写并训练了 ColorGAN 来实现图像自动上色。

　　还有一种常见的情况是，约束条件是文字，简单的文字可能是一个词或一个标签，这种情况可以通过简单的独热向量或者使用 word2vec、FastText 等将词转化为具有意义的黏稠向量，通过这方面的讨论，我们编写了 FashionCGAN。接着比较系统地讨论如何将复杂的文字表示，例如一个句子，进行合理地向量化，为了考虑句子间词汇的时序（即本身词汇的意义），介绍了 RNN、LSTM 与 GRU，并引出了 Skip-Thought，然后我们通过 TensorFlow 和单层 GRU 实现了一个简单的 Skip-Thought，并训练出相应的模型。这样就解决了句子向量化的问题，其实就解决了使用句子作为约束条件，使用 CGAN 生产图像的问题。

第8章 循环一致性

上一章飞船停在了条件生成对抗网络星球，发现这颗星球本身的结构相对简单，就是为判别器与生成器多加了一个约束条件，困难的地方在于如何正确地表示出约束条件，让生成器与判别器可以有效地获得其中的信息。我们主要讨论了两种情况，分别是约束条件为图像时如何处理以及约束条件，以及为文字时如何处理，以这两个问题为中心引出了第 7 章的讨论。

本章我们将暂别条件生成对抗网络星球，去往具有循环一致性的 GAN 星球，主要路线上有 CycleGAN、StarGAN、DTN 以及 XGAN，下面就来领略一下这些星球的景观吧。

8.1 以无监督的方式实现风格转换

在第 7 章中，我们实现了 ColorGAN，实际上这类网络的实现会遇到匹配数据的问题，对于自动上色、颜色变化或消除马赛克等问题要寻找匹配的数据相对简单——其实就是对原图像做一些处理获得与之配对的图像，但对于其他更广泛的图像风格转换任务而言，寻找匹配的数据就显得困难且费时。例如现在要实现普通照片风格的图像转成著名画作的图像，就需要找到与这张普通照片风格图像一样的著名画作作为匹配数据，寻找少量配对数据可能不是大难题，问题就在于，数据量太少，获得的训练模型容易过拟合，缺少泛化能力。

如果没有匹配数据的要求，传统的监督学习方法就不可行了吗？下面我们来讨论一下。首先依旧是面对当前的任务，监督学习会怎么做？走老流程！首先是准备好训练数据，此时训练数据分为两组：一组是原图像；另一组是目标图像。现在我们想通过将原图像输入给 GAN 训练然后直接获得目标图像，其实这种方法是可行的，我们将原图像称为 Domain X（即 X 域），将目标图像称为 Domain Y（即 Y 域），现在的问题就是通过 GAN 实现图像从 Domain X 转成 Domain Y，该 GAN 的架构如图 8.1 所示。

首先是通过 Domain Y 中的图像训练判别器，让判别器知道要给什么样的图像打高分；然后将 Domain X 中的图像作为生成器的输入，而不再是输入随机噪声；生成器获得 Domain X 中的图像输入后，输出相应的生成图像，此时将生成图像传递给判别器。生成器希望自己生成的图像会获得高分，而判别器希望自己可以准确分辨出生成图像，即给生成图像低分，这样就构成了生成对抗的关系。训练这个网络，最终就会实现从 Domain X 风格的图像转变成 Domain Y 风格的图像，这两个 Domain 的图像没有任何匹配关系。

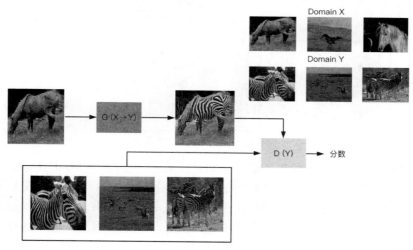

图 8.1 域转换 GAN

　　这种方法只有在生成器和判别器神经网络结构比较浅，两个 Domain 中图像风格差异不大的情况下才能获得较好的实现效果。究其原因，其实也很直观，对于输入生成器的图像，浅层生成器不会进行太大的改动，只会对图像风格进行轻微调整，很难出现输入一张马的图像而生成一张汽车图像的情况。浅层生成器模型参数较少，对图像修改能力有限，其本身的结构让它可以生成与原始图像略微不同的图像，从而实现了非匹配图像的训练，获得了图像风格转换的能力。

　　如果 GAN 的生成器与判别器网络结构比较深时，那么这种直接使用 GAN 的方式就难以生成与输入内容相关的图像。这也很好理解，在较复杂的 GAN 结构中，生成器与判别器都比较复杂。判别器的作用依旧是给生成图像打低分，给真实图像打高分；而生成器此时接收了 Domain X 的输入，因为结构比较复杂，就有能力对图像进行较大幅度的改动，此时生成器为了实现让判别器给自己的生成图像打高分的目标，很有可能无视输入的数据而去尽力配合判别器，到最后，训练出来的生成器可以生成较真实的图像，但这个图像可能跟输入的图像没有什么关系，可以理解为生成器完全将输入的图像作为噪声来处理了，如图 8.2 所示，生成器生成与输入无关但可以让判别器打高分的图像。

　　再明确一下这个问题，即 GAN 网络结构比较复杂时，训练出来的生成器模型生成的图像内容与输入给生成器的图像内容无关，那么解决问题的核心就是如何让生成的图像内容与输入的图像内容有关联，其实有多种方法。

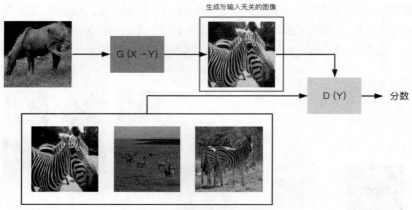

图 8.2　生成与输入无关的图像

　　为了让生成图像与输入图像相关联，我们可以利用一个预训练好的图像编码器，如通过 CNN 构建一个编码器。该图像编码器会生成输入图像的特征编码以及生成器生成图像的特征编码，优化这两个图像的特征编码，让两者的损失尽可能地小。这其实就要求生成器生成的图像不能与输入图像差别太大，即实现了输入图像与生成图像的关联，这种结构直观的形式如图 8.3 所示。

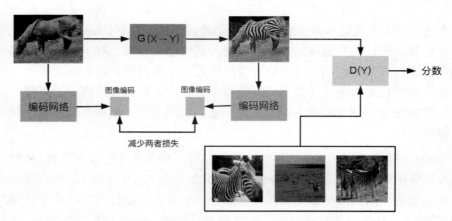

图 8.3　减少生成图像与真实图像的损失

　　要获得一个预训练的图像编码器有点麻烦，有没有更轻松的方法呢？当然有，这就是本章的主角之一——CycleGAN。

8.2　CycleGAN

　　我们可以通过 CycleGAN 解决生成器生成图像与输入图像无关的问题，其核心思想就是循环一致性，下面一步步来深入讨论所谓的循环一致性以及 CycleGAN。

8.2.1 CycleGAN 的架构与目标函数

为了让生成图像与输出图像关联，除了使用编码器，还有一种直观的方式就是使用另外一个生成器将上一个生成器生成的图像转换回去。准确描述一下，现在要实现 Domain X 的图像转换成 Domain Y 的图像，我们可以使用生成器 G(X→Y)实现这个目标，但可能会出现生成图像与输入无关的问题，此时再使用一个生成器 G(Y→X)，将刚刚生成的图像转回去，最小化输入图像与 G(Y→X)生成器生成图像之间的损失即可，如图 8.4 所示。

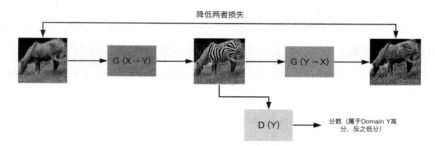

图 8.4　生成图像转回原图

因为要最小化输入图像与 G(Y→X)的损失，那么就要求 G(X→Y)生成的图像不会与最初输入的图像有太大的差异，否则通过 G(Y→X)生成器转换回去获得的图像就与最初输入图像有较大的不同。

再多加一个这样的结构，就可以构成 CycleGAN，如图 8.5 所示。

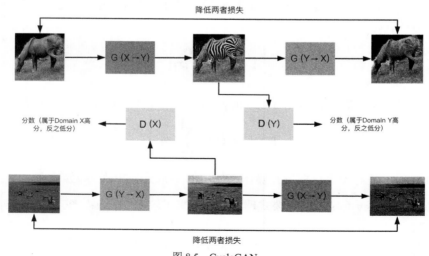

图 8.5　CycleGAN

在 CycleGAN 中有两个生成器与两个判别器，核心思想就是循环一致性，即原始输入 A 通过生成器 G_{ab} 获得图像 B 后，可以获得与图像 A 相同 Domain 的图像 C，最终保证 A 与 C 一致，这就相当于让图像循环了一周回到起点并且保持一致。

从 CycleGAN 的架构图中可以看出，CycleGAN 生成器的总损失由 4 部分组成：首先是两个判别器构成的两个损失，它们会"指导"生成器怎么去生成更加逼真的图像，当然这里的逼真针对于目标域；其次就是两个循环损失，它们会"指导"生成器生成的图像与输入图像尽可能地接近。

整体地理解了 CycleGAN 架构后，就来看看它的目标函数，为了方便表示，我们将从 Domain X 中的图像转成 Domain Y 中的图像的生成器称为 G，从 Domain Y 中的图像转成 Domain X 中图像的生成器称为 F，将判别图像是否属于 Domain X 且图像是否真实的判别器称为 D_X，将判别图像是否属于 Domain Y 且图像是否真实的判别器称为 D_Y。

首先来理清循环一致性所对应的损失，即 cycle-consitency loss，CycleGAN 为了保证循环一致，会有如下表示。

从 Domain X 中的图像转为 Domain Y 中的图像时为

$$x \Rightarrow G(x) \Rightarrow F\big(G(x)\big) \approx x$$

从 Domain Y 中的图像转为 Domain X 中的图像时为

$$y \Rightarrow \mathrm{F}(y) \Longrightarrow G\big(F(y)\big) \approx y$$

将其通过数学公式的形式表达如下。

$$L_{\mathrm{cyc}}(G,F) = E_{x \sim P_{\mathrm{data}}(x)}\big[\parallel F\big(G(x)\big) - x \parallel_1\big] + E_{y \sim P_{\mathrm{data}}(y)}\big[\parallel G\big(F(x)\big) - y \parallel_1\big]$$

式中涉及 1-范数，简单提一下，1-范数分为向量 1-范数和矩阵 1-范数。向量 1-范数表示向量中元素绝对值之和。

$$\parallel x \parallel_1 = \sum_{i=1}^{n} |x_i|$$

矩阵 1-范数也称列和范数，表示所有矩阵的列向量中元素绝对值之和最大的那个值。

$$\parallel X \parallel_1 = \max_j \sum_{i=1}^{m} |a_{i,j}|$$

在 $L_{\mathrm{cyc}}(G,F)$ 中是对图像数据进行操作，使用的 1-范数为矩阵 1-范数。

将 cycle-consitency loss 对应的公式理清后，就来了解 GAN loss，它其实就是普通 GAN 对应的损失函数。

对于由 G 与 D_Y 组成的 GAN 而言，它的损失函数为

$$L_{\text{GAN}} = (G, D_Y, X, Y) = E_{y \sim P_{\text{data}}(y)}[\log D_Y(y)] + E_{x \sim P_{\text{data}}(x)}\left[\log\left(1 - D_Y(G(x))\right)\right]$$

由 F 与 D_x 组成的 GAN 有类似的损失函数，这样就构成了 CycleGAN 总的损失函数，即把这 3 个部分加起来，最终目标函数为

$$L = (G, F, D_x, D_y) = L_{\text{GAN}}(G, D_Y, X, Y) + L_{\text{GAN}}(F, D_x, Y, X) + \lambda L_{\text{cyc}}(G, F)$$

由于传统的 GAN 生成图像质量不高并且在模型训练时不稳定，CycleGAN 为了避免这两个问题，使用了最小二乘 GAN（Least Square GAN，LSGAN）中的目标函数来替代传统 GAN 的目标函数，即使用平方差作为损失而不是 Log 似然。LSGAN 的详细内容会在下一节进行详细讨论，这里只需要理解 LSGAN 就是替换了传统 GAN 的损失函数——将其替换成最小二乘损失，其公式为

$$L_{\text{LSGAN}}(G, D_Y, X, Y) = E_{y \sim P_{\text{data}}(y)}[(D_Y(y) - 1)^2] + E_{x \sim P_{\text{data}}(x)}\left[D_Y(G(x))^2\right]$$

使用 LSGAN 可以让 CycleGAN 的模型训练更加稳定。

8.2.2 CycleGAN 做的改变

为了让模型训练更加稳定，相比此前的 GAN 模型，CycleGAN 做了以下改变。

（1）用 Instance normalization（IN）代替 Batch normalization（BN）。

（2）目标损失函数使用 LSGAN 平方差损失代替传统的 GAN 损失。

（3）生成器中使用残差网络，以更好地保存图像的语义。

（4）使用缓存历史图像来训练生成器，减小训练时的震荡，让模型更加稳定。

下面来逐个讨论这些改变。

❑ IN

首先来看第一点改变。为什么要使用 IN 代替 BN？这其实是一个直观的观察与实验的结果，两者最大的不同之处在于，BN 对一批图像做了标准化操作，而 IN 只针对某一张图像做标准化操作。

从实验结果上看，在 GAN 这类生成式的任务中，IN 的效果及效率都要高于 BN。效率不必多讲，计算一张图像必然比计算一批图像要快。可为什么 IN 效果会更好？这其实与 GAN 这类生成式的任务本身有关，当我们训练 GAN 网络时，如果使用 BN，它会计算一个批里所有图像中像素的均值和标准差，即图像与图像之间相互存在影响。但对于 GAN 这类任务而言，它们生成的图像风格是比较独立的，如果让其相互产生影响，就容易生成模糊的图像，所以让所生成的图像之间相互独立可能是一种更好的做法，而 IN 满足这个要求，IN 仅对单张图像中的像素求均值与标准差，不存在相互影响的情况，所以更适合处理 GAN 这类生成式任务。

这并不是说 IN 比 BN 好，只是在大多数情况下，IN 对于生成式的任务而言更加适合，而 BN 在图像、视频等分类任务上要比 IN 适合。

❏　LSGAN

接着来讨论 LSGAN，为了理清关系，我们先从 sigmoid 函数的决策边界开始讨论，然后讨论最小二乘法，到最后再来聊聊 LSGAN 的优势。

决策边界这个概念常出现在逻辑回归问题中，简单理解就是一个分类边界。这个边界可以是直线，也可以是高维空间中的曲面，在边界的一边是一类，在边界的另一边是另一类。这个分类边界本质上就是一个函数：将未知类别的数据传入给该函数，函数输出它所属的类别。sigmoid 函数也是这样的一个分类函数，可以简单地推导一下。

$$h(x) = y = \frac{1}{1 + e^{-x}}$$

结合样本数据的矩阵 x，将需要求解的假设函数参数 θ 代入 sigmoid 公式中。

$$h_\theta(x) = \frac{1}{1 + e^{-\theta^T x}}$$

sigmoid 函数原本的性质为，当 $x = 0$ 时，$y = 0.5$；当 $x > 0$ 时，$y > 0.5$；当 $x < 0$ 时，$y < 0.5$。因此不难推断出公式。

$$f(n) = \begin{cases} 1, y \geq 0.5, \theta^T X_b \geq 0 \\ 0, y < 0.5, \theta^T X_b < 0 \end{cases}$$

理论上，当 $\theta^T X_b = 0$ 时，分类既可以是 0，也可以是 1，只不过我们在这里将 $y = 0.5$ 时的情况归类到 1。此时就获得了 sigmoid 函数的决策边界。

$$\theta^T X_b = 0$$

以二分类为例，可以将上式展开。

$$\theta_0 + \theta_1 X_1 + \theta_2 X_2 = 0$$

简单变换一下，获得二分类的决策边界：

$$X_2 = \frac{-\theta_0 - \theta_1 X_1}{\theta_2}$$

可以看出，θ_0 就是截距，θ_1 和 θ_2 是系数，该公式其实是一条直线。

对于 GAN 的判别器而言，它其实就是在做一个二分类任务，将输入判别器的图像进行打分并分类。传统 GAN 中，判别器的最后一层通常也是 sigmoid 函数，可以回看第 6 章中 DCGAN 的相关内容，其判别器的代码如下。

```
# 判别器
def discriminator(self, image, reuse=False):
    with tf.variable_scope("discriminator") as scope:
        if reuse:
```

```
            # 重用空间中的变量
scope.reuse_variables()
        h0 = lrelu(conv2d(image, self.df_dim, name='d_h0_conv'))
        h1 = lrelu(self.d_bn1(conv2d(h0, self.df_dim * 2, name='d_h1_conv')))
        h2 = lrelu(self.d_bn2(conv2d(h1, self.df_dim * 4, name='d_h2_conv')))
        h3 = lrelu(self.d_bn3(conv2d(h2, self.df_dim * 8, name='d_h3_conv')))
        h4 = linear(tf.reshape(h3, [self.batch_size, -1]), 1, 'd_h4_lin')
        #使用 simgoid 函数
        return tf.nn.sigmoid(h4),h4
```

最后一层使用 sigmoid 函数给图像分类打分，即存在一个决策边界，直观形式如图 8.6 所示。

普通 GAN 中的判别器通常使用 sigmoid 函数作为最后一层，而 sigmoid 函数交叉熵损失很容易达到饱和状态（饱和即梯度为 0），导致该函数容易忽略数据点到决策边界的距离，也就是 sigmoid 函数不会惩罚离决策边界较远的数据点。sigmoid 易饱和，情况如图 8.7 所示。

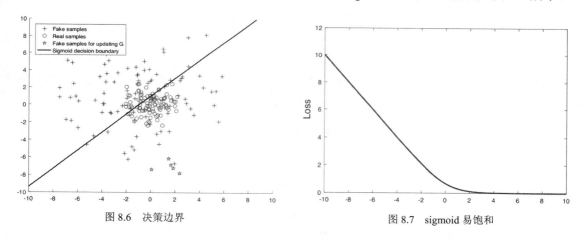

图 8.6　决策边界　　　　　　　　　图 8.7　sigmoid 易饱和

简而言之，判别器只关注输入的图像数据是否获得正确的标注（即是否判断正常），如果正确，就不再理会，这就导致生成器生成的一些数据被判别器误判为真实数据，在传统 GAN 使用交叉熵损失的情况下，这些生成数据就不会再得到优化。从另一个角度看，因为判别器只关注分类是否正常，而不关注数据与决策边界的距离，判别器的梯度很容易优化到接近 0 的位置，导致生成器很难再从判别器中获得有价值的损失信息，从而不知道怎么进一步优化生成图像。

总结一下，在传统的 GAN 中使用交叉熵作为损失函数，会导致生成器不再优化那些被判别器判别为真实图像的图像，即使这些图像离真实图像还有比较远的距离，这就导致生成器生成的图像质量不高。而 LSGAN 的提出就是为了解决传统 GAN 中生成图像不理想以及训练过程中不稳定的问题，先从最小二乘法开始讨论。

现在有一组人，用同一把尺子对某个物体进行测量，测量的结果略微不同，这可能是由于有些人不够细心或者其他一些原因，现在我们想获得真实值需要怎么做？假设这一组的测量结果为 $y_1, y_2, \cdots, y_7$，那么要获得真实值最常用的方法就是求均值，即 $\frac{1}{7}\sum\limits_{i=1}^{7} y_i$，但这种做法有什么依据呢？为何我们会认为求均值就可以获得真实值。其实可以使用最小二乘法来解释，首先将测量出的结果绘制到平面图中，再绘制一条直线，我们假设这条直线就是需要的真实值，如图 8.8 所示。

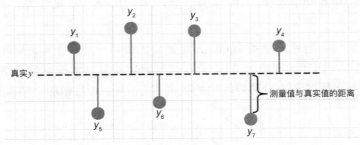

图 8.8　最小二乘法

我们可以计算出测量点到真实值之间的距离，即所谓的误差，因为距离是长度，所以要取绝对值，为了方便后续计算，通常用平方来代替绝对值。

$$|y - y_i| \implies (y - y_i)^2$$

轻松获得总误差。

$$\sum (y - y_i)^2$$

如果误差是随机的，这些误差应该围绕着真实值上下波动，那么让总误差最小的那个 y 就是真实值了，这就是最小二乘法的核心思想。

$$\min \sum (y - y_i)^2$$

我们对其求 y 导，并令导数为 0，获得其最小值处的 y。

$$\frac{\partial \sum (y - y_i)^2}{\partial y} = 2\sum (y - y_i) = 0$$

最终推出一开始求均值公式。

$$2\sum (y - y_i) = (y - y_1) + (y - y_2) + \cdots + (y - y_7) = 0 \implies 7y = y_1 + y_2 + \cdots + y_7$$

而 LSGAN 就是使用最小二乘来作为损失函数，替换传统 GAN 的交叉熵损失，LSGAN 的损失函数如下。

$$\min_D V_{\text{LSGAN}}(D) = \frac{1}{2} E_{x \sim P_{\text{data}}(x)}[(D(x) - b)^2] + \frac{1}{2} E_{z \sim P_z(z)}\left[\left(D(G(z)) - a\right)^2\right]$$

$$\min_G V_{\text{LSGAN}}(G) = \frac{1}{2} E_{z \sim P_z(z)}\left[\left(D(G(z)) - c\right)^2\right]$$

在判别器 D 的目标函数中，给真实数据与生成数据分别编码 b 与 a，通常 $b=1$ 表示它为真实数据，$a=0$ 表示它为生成数据。这其实就是最小二乘的思想，我们想最小化判别器判别真实数据与 1 的误差，以及最小化判别器判别生成数据与 0 的误差，从整体看就是最小化整个公式。

在生成器 G 的目标函数中，给生成数据编码为 c，通常 $c=1$，对于生成器而言，我们想最小化生成器生成数据与 1 的误差，即生成器可以成功欺骗判别器从而获得高分。

也就是将上面的公式转为如下形式。

$$\min_D V_{\text{LSGAN}}(D) = \frac{1}{2} E_{x \sim P_{\text{data}}(x)}[(D(x) - 1)^2] + \frac{1}{2} E_{z \sim P_z(z)}[(D(G(z)))^2]$$

$$\min_G V_{\text{LSGAN}}(G) = \frac{1}{2} E_{z \sim P_z(z)}[(D(G(z)) - 1)^2]$$

为什么这么简单的修改可以解决图像生成质量不佳、训练不稳定的问题？

回想造成这些问题的原因，是交叉熵损失无法让生成器继续生成那些被判别器判别为真实图像的图像，即便这些图像距离真实图像还有很远的距离。而使用最小二乘的方式可以获取图像离决策边界的距离，同时让较远的数据获得与距离成正比的惩罚项，这样判别器的梯度要接近于 0，就必须让生成器图像接近真实图像所在的位置，如图 8.9 所示。

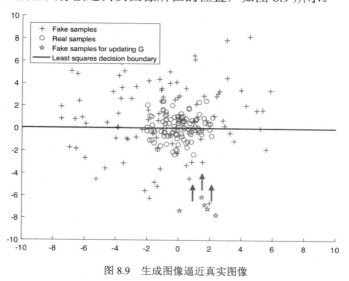

图 8.9　生成图像逼近真实图像

除了这点外，最小二乘的损失函数不容易到达饱和状态，如图 8.10 所示。

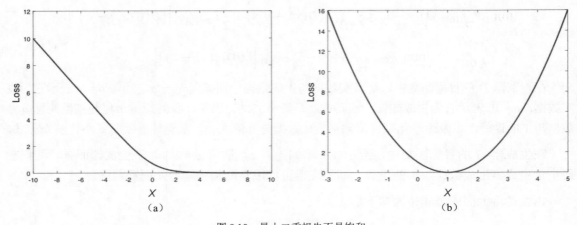

图 8.10　最小二乘损失不易饱和

图 8.10（a）为 sigmoid 函数交叉熵损失的变化，图 8.10（b）是最小二乘损失的变化。可以看出，最小二乘损失只有一点达到饱和状态。

在 LSGAN 中 $b = 1$、$a = 0$、$c = 1$ 并不是唯一的有效值，通过公式的推导，还可以从理论上证明其他有效值。下面来尝试推导一下，并尝试从数学的角度来解释一下 LSGAN 改进之处。

在第 5 章中，我们详细地讨论了原始 GAN 的数学原理，这里不再展开，直接使用其中的结果。原始 GAN 判别器最优解为

$$D_G^*(x) = \frac{P_{\text{data}}(x)}{P_{\text{data}}(x) + P_q(x)}$$

当判别器为最优时，生成器的目标函数可以推导出如下公式。

$$C(G) = 2\text{JS}\left(P_{\text{data}}(x) \parallel P_q(x)\right) - 2\log 2$$

当 $P_{\text{data}}(x)$ 与 $P_q(x)$ 在高维空间中时，两者分布不会重叠，此时 JS 为常数 $\log 2$，则 $C(G) = 0$，LSGAN 利用最小二乘代替交叉熵，解决了 $C(G) = 0$ 的情况，我们可以推导一下。

首先固定生成器 G，来训练判别器 D。

$$
\begin{aligned}
\min_D V_{\text{LSGAN}}(D) &= \frac{1}{2} E_{x \sim P_{\text{data}}(x)}\left[(D(x) - b)^2\right] + \frac{1}{2} E_{z \sim P_z(z)}\left[(D(G(z)) - a)^2\right] \\
&= \frac{1}{2} \int_x P_{\text{data}}(x)\left[(D(x) - b)^2\right]\mathrm{d}x + \frac{1}{2} \int_z P_z(z)\left[(D(G(z)) - a)^2\right]\mathrm{d}z
\end{aligned}
$$

为了方便继续推导，假设 $x = G_z$，则可以推导出 $z = G^{-1}(x)$，则 $\mathrm{d}z = [G^{-1}(x)]'\mathrm{d}x$，我们

记 $P_g(x) = P_z[G^{-1}(x)][G^{-1}(x)]'$。

代入后得

$$\min_D V_{\text{LSGAN}}(D) = \frac{1}{2}\int_x P_{\text{data}}(x)[(D(x)-b)^2]\text{d}x + \frac{1}{2}\int_x P_g(x)[(D(x)-a)^2]\text{d}x$$

$$= \frac{1}{2}\int_x \left[P_{\text{data}}(x)(D(x)-b)^2 + P_g(x)(D(x)-a)^2\right]\text{d}x$$

最小化 $\min_D V_{\text{LSGAN}}(D)$ 即求其导数为 0 的解。

$$\frac{\partial}{\partial D(x)}\left[P_{\text{data}}(x)(D(x)-b)^2 + P_g(x)(D(x)-a)^2\right] = 0$$

$$2P_{\text{data}}(x)(D(x)-b) + 2P_g(x)(D(x)-a) = 0$$

$$D(x)\left[P_{\text{data}}(x) + P_g(x)\right] = bP_{\text{data}}(x) + aP_g(x)$$

此时得到最优解

$$D^*(x) = \frac{bP_{\text{data}}(x) + aP_g(x)}{P_{\text{data}}(x) + P_g(x)}$$

其中 a 和 b 分别是生成数据的编码与真实数据的编码。

在判别器最优时，来推导生成器的目标函数，具体推导如下。为了方便表示，记 $P_{\text{data}}(x)$ 为 $P_d(x)$。

$$2\text{CG} = E_{x\sim P_d}[(D^*-c)^2] + E_{x\sim P_g}[(D^*-c)^2]$$

$$= E_{x\sim P_d}\left[\left(\frac{bP_d(x)+aP_g(x)}{P_d(x)+P_g(x)}-c\right)^2\right] + E_{x\sim P_g}\left[\left(\frac{bP_d(x)+aP_g(x)}{P_d(x)+P_g(x)}-c\right)^2\right]$$

$$= \int_x P_d(x)\left(\frac{(b-c)P_d(x)+(a-c)P_g(x)}{P_d(x)+P_g(x)}\right)^2\text{d}x$$

$$+ \int_x P_g(x)\left(\frac{(b-c)P_d(x)+(a-c)P_g(x)}{P_d(x)+P_g(x)}\right)^2\text{d}x$$

$$= \int_x \frac{\left((b-c)P_d(x)+(a-c)P_g(x)\right)^2}{P_d(x)+P_g(x)}\text{d}x$$

假设上式满足 $b-c=1$ 与 $b-a=2$，可以简单推出 $a-c=-1$，将这些结果代入上式，可得

$$2CG = \int_x \frac{P_d(x)\left(-P_g(x)\right)^2}{P_d(x) + P_g(x)}\mathrm{d}x$$

$$= \int_x \frac{\left(2P_g(x) - \left(P_d(x) + P_g(x)\right)\right)^2}{P_d(x) + P_g(x)}\mathrm{d}x$$

这样就拼凑出了皮尔森卡方散度。

$$2C(G) = x^2_{\text{pearson}}\left(P_d + P_g \parallel 2P_g\right)$$

也就是说，满足 $b - c = 1$ 与 $b - a = 2$ 时，优化 LSGAN 就等价于优化皮尔森卡方散度，此时除非 $P_d(x)$ 与 $P_g(x)$ 的分布完全相同，否则 $C(G) \neq 0$，这就解决了原始 GAN $C(G) = 0$ 的问题。

到这里，就可以知道 LSGAN 的目标函数有两种形式：一种是直观的，即 $b = 1$，$a = 0$，$c = 1$；另一种只需 a、b、c 满足 $b - c = 1$ 与 $b - a = 2$ 即可。在后面的编码中，我们使用直观的形式。

关于 LSGAN 的讨论就到这里了，接着来讨论一下 CycleGAN 生成器中所使用的残差网络。

❑　残差网络

残差网络其实就是输入数据交由特征提取层获得特征数据后传递给输出层，并且将部分输入数据直接传递给输出层，如图 8.11 所示。

残差网络的目的是保留输入数据部分特征，这种方法很直接，既然要保留输入数据的部分特征，那就将部分输入数据直接作用在输出层。当然，如果所有数据都直接作用到输出层是不合理且没什么意义的，所以输入的数据会通过特征提取层提取特征，再将特征数据传递给输出层。

CycleGAN 中生成器使用这种结构就是为了加强输入数据与输出数据之间的关系，这样生成的内容就不会与输入的内容有太大的差异，也方便另外一个生成器将其转换为原来的输入图像。

❑　缓存历史图像

还有一点值得提及，就是 CycleGAN 的判别器训练时，不再直接使用当前生成器生成的图像，而是使用缓存的历史图像来训练，所谓缓存的历史图像，其实就是此前生成器生成的图像，通过图 8.12 可以直观地理解。使用缓存历史图像来训练生成器，可以减小训练时的震荡，让模型更加稳定。

传统的 GAN 训练过程中，判别器都使用当前轮生成器生成的图像做训练，但这也可能导致判别器"忘记"此前的工作，只关注当前最新的生成图像，即对此前生成器生成的图像丧失判断能力，只关注当下生成器生成的图像。但判别器应该有能力识别出到目前为止生成器在此前任何时间点生成的图像的能力。基于这个观点，引入缓存历史图像的方式，通过随机一张历史图像来训练判别器，让判别器持有可以判别任意时间点生成器生成图像的能力。

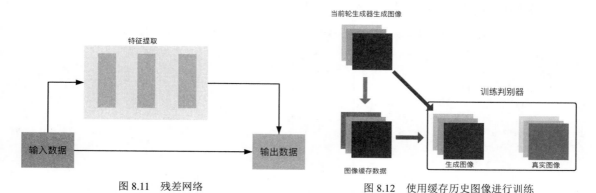

图 8.11　残差网络　　　　　　　　　图 8.12　使用缓存历史图像进行训练

在 CycleGAN 具体实现中，因为训练是针对单张图像的，所以使用 list 来存储图像，每次训练判别器时，从该 list 中随机取出一张图像交由判别器去判别。

8.2.3　TensorFlow 实现 CycleGAN 生成器与判别器

通过上面的讨论，已经比较深入地了解 CycleGAN 了，接着我们就来编写一个 CycleGAN 网络，先从该网络的生成器与判别器开始。

因为生成器与判别器中使用 IN 操作、卷积与转置卷积，所以先从这个几个部件开始编写。

IN 的实现方式与 BN 操作类似，以同样的方法求均值μ、方差σ、γ与β，只是不再是多张图像S_n，而是只针对单张图像S。

$$S = \frac{S - \mu}{\sqrt{\sigma^2 + \epsilon}}$$

$$S = \gamma \cdot S + \beta$$

实现上面公式的具体代码如下。

```
# 实例规范
def instance_norm(x):
    with tf.variable_scope("instance_norm"):
        epsilon = 1e-5
        # 均值，方差
        mean, var = tf.nn.moments(x, [1, 2], keep_dims=True)
        # γ
        scale = tf.get_variable('scale',[x.get_shape()[-1]],
            initializer=tf.truncated_normal_initializer(mean=1.0, stddev=0.02))
        # β
```

251

```
        offset = tf.get_variable('offset',[x.get_shape()[-1]],initializer=tf.constant_
            initializer(0.0))
        out = scale*tf.div(x-mean, tf.sqrt(var+epsilon)) + offset
        return out
```

如果还存有疑惑，可回看 6.2.5 节 BN 的内容。

接着编写卷积层与转置卷积层，已经实现过多次，细节无需多讲，代码如下。

```
# 卷积
def conv(inputconv, o_d=64, f_h=7, f_w=7, s_h=1, s_w=1, stddev=0.02, padding="VALID",
name="conv2d", do_norm=True, do_relu=True, relufactor=0):
    with tf.variable_scope(name):
        conv = tf.contrib.layers.conv2d(inputconv, o_d, f_w, s_w, padding, activation_
fn=None, weights_initializer=tf.truncated_normal_initializer(stddev=stddev),biases_initializer=
tf.constant_initializer(0.0))
        if do_norm:
            conv = instance_norm(conv)
        if do_relu:
            if(relufactor == 0):
                conv = tf.nn.relu(conv,"relu")
            else:
                conv = lrelu(conv, relufactor, "lrelu")
        return conv
# 转置卷积
def deconv(inputconv, outshape, o_d=64, f_h=7, f_w=7, s_h=1, s_w=1, stddev=0.02, padding=
"VALID", name="deconv2d", do_norm=True, do_relu=True, relufactor=0):
    with tf.variable_scope(name):

        conv = tf.contrib.layers.conv2d_transpose(inputconv, o_d, [f_h, f_w], [s_h,
s_w], padding, activation_fn=None,
    weights_initializer=tf.truncated_normal_initializer(stddev=stddev),biases_initializer=
tf.constant_initializer(0.0))
        if do_norm:
            conv = instance_norm(conv)
        if do_relu:
            if(relufactor == 0):
                conv = tf.nn.relu(conv,"relu")
            else:
                conv = lrelu(conv, relufactor, "lrelu")
        return conv
```

在卷积层与转置卷积层的实现代码中，值得一提的是，每一层多了两个 if 控制，其中一个控制是否进行 IN 操作，另一个控制是否使用激活函数。这点比较重要，因为使用 LSGAN 作为损失时，判别器不再像传统 GAN 那样使用 sigmoid 作为激活函数，而是不再使用激活函数，直接返回线性运算的结果。

接着就来构建判别器与生成器了，先从简单的判别器开始编写。

```
def discriminator(inputdisc, name="discriminator"):
```

```
with tf.variable_scope(name):
    f = 4

    x = conv(inputdisc, ndf, f, f, 2, 2, 0.02, "SAME", "conv_1", do_norm=False,
        relufactor=0.2)
    x = conv(x, ndf*2, f, f, 2, 2, 0.02, "SAME", "conv_2", relufactor=0.2)
    x = conv(x, ndf*4, f, f, 2, 2, 0.02, "SAME", "conv_3", relufactor=0.2)
    x = conv(x, ndf*8, f, f, 1, 1, 0.02, "SAME", "conv_4",relufactor=0.2)
    # 不使用任何激活函数，直接返回线性函数 LSGAN
    x = conv(x, 1, f, f, 1, 1, 0.02, "SAME", "conv_5",do_norm=False,do_relu=False)
    return x
```

判别器使用 5 个卷积层，结构比较简单，最后一层没有使用激活函数及 IN 操作，直接返回线性操作后的结果。

生成器的结构略微比判别器复杂点，因为使用了残差网络的结构。先来编写一个专门用于创建残差网络的方法，代码如下。

```
def resnet_blockresnet_block(input, dim, name="resnet"):
    with tf.variable_scope(name):
        out_res = tf.pad(input, [[0, 0], [1, 1], [1, 1], [0, 0]], "REFLECT")
        out_res = conv(out_res, dim, 3, 3, 1, 1, 0.02, "VALID","c1")
        out_res = tf.pad(out_res, [[0, 0], [1, 1], [1, 1], [0, 0]], "REFLECT")
        out_res = conv(out_res, dim, 3, 3, 1, 1, 0.02, "VALID","c2",do_relu=False)
        #输入直接传递到输入层
        return tf.nn.relu(out_res + input)
```

代码逻辑简单，使用 tf.pad 对数据进行了填充操作，填充的形式为 REFLECT，然后再使用卷积层对填充后的数据进行卷积操作，接着就是重复构建一次相同的操作。需要注意的是，输入数据 input 与卷积层获取的特征一起传递给输入层，这样可以让输入与输出的数据有更强的关联性。

接着通过残差网络、卷积层与转置卷积层一起构建生成器，代码如下。

```
def generator(inputgen, name="generator"):
    with tf.variable_scope(name):
        f = 7
        ks = 3
        pad_input = tf.pad(inputgen,[[0, 0], [ks, ks], [ks, ks], [0, 0]], "REFLECT")
        x = conv(pad_input, ngf, f, f, 1, 1, 0.02,name="conv_1")
        x = conv(x, ngf*2, ks, ks, 2, 2, 0.02,"SAME","conv_2")
        x = conv(x, ngf*4, ks, ks, 2, 2, 0.02,"SAME","conv_3")
        for i in range(1,10):
            x = resnet_block(x, ngf * 4, "resnet_"+str(i))
        x = deconv(x, [batch_size,128,128,ngf*2], ngf*2, ks, ks, 2, 2, 0.02,"SAME","conv_4")
        x = deconv(x, [batch_size,256,256,ngf], ngf, ks, ks, 2, 2, 0.02,"SAME","conv_5")
        x = conv(x, img_layer, f, f, 1, 1, 0.02,"SAME","conv_6",do_relu=False)
        # 添加 tanh 函数
        out_gen = tf.nn.tanh(x,"tanh_1")
        return out_gen
```

　　生成器的结构比较复杂，但 TensorFlow 封装得特别好，所以并不需要写多少代码。因为生成器要接收图像数据作为输入，所以一开始当然是要通过卷积层来获取图像数据中的特征信息，但为了避免损失输入层中的一些基本信息，如图像的形状、图像中的景物，所以不再使用深层的卷积网络，而是通过残差网络来代替。生成器的结构类似于 U 型结构，只是部分层被残差网络结构替代。

　　在上述代码构建的生成器中，一开始使用 3 个卷积层来对图像的基本信息进行提取，接着使用 9 个残差网络，再进一步提取图像信息同时保留输入的数据特征，然后使用 2 个转置卷积层，最后再连接一个卷积层，获得的图像矩阵经过 Tanh 函数激活，获得最终的图像输出。

8.2.4　TensorFlow 搭建与训练 CycleGAN

　　编写完生成器与判别器后，就可以通过生成器与判别器来构建 CycleGAN 的网络结构了，代码如下。

```
    def model_setup(self):
        self.input_A = tf.placeholder(tf.float32, [batch_size, img_width, img_height,
img_layer], name="input_A")
        self.input_B = tf.placeholder(tf.float32, [batch_size, img_width, img_height,
img_layer], name="input_B")
        self.fake_pool_A = tf.placeholder(tf.float32, [None, img_width, img_height,
img_layer], name="fake_pool_A")
        self.fake_pool_B = tf.placeholder(tf.float32, [None, img_width, img_height,
img_layer], name="fake_pool_B")
        self.global_step = tf.Variable(0, name="global_step", trainable=False)
        self.num_fake_inputs = 0
        self.lr = tf.placeholder(tf.float32, shape=[], name="lr")
        with tf.variable_scope("Model") as scope:
            #A --> B'
            self.fake_B = generator(self.input_A, name="g_AB")
            #B --> A'
            self.fake_A = generator(self.input_B, name="g_BA")
            self.rec_A = discriminator(self.input_A, "d_A")
            self.rec_B = discriminator(self.input_B, "d_B")
            scope.reuse_variables() # 重用空间中的变量
            self.fake_rec_A = discriminator(self.fake_A, "d_A")
            self.fake_rec_B = discriminator(self.fake_B, "d_B")
            # B' --> A_cyc
            self.cyc_A = generator(self.fake_B, "g_BA")
            # A' --> B_cyc
            self.cyc_B = generator(self.fake_A, "g_AB")
            scope.reuse_variables()
            #生成图缓存中获取的损失图片
            self.fake_pool_rec_A = discriminator(self.fake_pool_A, "d_A")
            self.fake_pool_rec_B = discriminator(self.fake_pool_B, "d_B")
```

一步步来看，一开始通过 placeholder 来构建数据的输入，input_A 与 input_B 主要用于获得 Domain A 与 Domain B 中图像的输入，而 fake_pool_A 与 fake_pool_B 主要用于获取缓存在历史图像库中的不同 Domain 的历史图像，用它来训练判别器。

接着就使用编写好的 generator()方法与 discriminator()方法来实例化相应的生成器与判别器，实例化本身是很轻松的事情，需要注意的是 Domain 要清晰，才可构建出 CycleGAN。

在上面的代码中，我们实例化了 fake_A、fake_B、cyc_A 与 cyc_B 这 4 个生成器，fake_A 会以 Domain B 中的图像作为输入获得 Domain A 风格的生成图像，fake_B 则相反；cyc_B 会以 Domain A 中的生成图像作为输入生成 Domain B 的风格图像，cyc_A 则相反。即 fake_A 与 cyc_B 构成一个循环，fake_B 与 cyc_A 构成一个循环，通过这两个循环，就可以获得相应的循环一致性损失。

接着来看判别器，我们实例化了 rec_A、rec_B、fake_rec_A、fake_rec_B、fake_pool_rec_A 与 fake_pool_rec_B 这 6 个判别器。rec_A 与 rec_B 用于判别图像是否是真实图像，fake_rec_A 与 fake_rec_B 用于判别生成器生成的图像，而最后的 fake_pool_rec_A 与 fake_pool_rec_B 用于判别缓存历史图像库中的生成图像。

实例化生成器与判别器后，接着就来构建相应的损失，我们将构建损失的代码拆解成多份来看。首先来构建生成器的损失，生成器的损失由两大部分构成，分别是循环一致性损失和生成图像与真实图像之间的损失。先来构建循环一致性损失，代码如下。

```
cyc_loss = tf.reduce_mean(tf.abs(self.input_A-self.cyc_A)) + tf.reduce_mean(tf.abs
(self.input_B-self.cyc_B))
```

分别计算 Domain A 真实图像与循环生成的图像 cyc_A 之间的差值和 Domain B 真实图像与循环生成的图像 cyc_B 之间的差值，两个差值之和求平均就获得循环一致性损失 cyc_loss。

接着编写生成器损失的另一部分，即生成图像与真实图像之间的损失。

```
self.disc_loss_A = tf.reduce_mean(tf.squared_difference(self.fake_rec_A,1))
self.disc_loss_B = tf.reduce_mean(tf.squared_difference(self.fake_rec_B,1))
```

该损失的计算使用了最小二乘法，通过 tf.squared_difference()方法获得 fake_rec_A 与 1 之间的平方差，通过同样的方式获得 fake_rec_B 与 1 的平方差，fake_rec_A 与 fake_rec_B 是接收生成图像 fake_A 与 fake_B 的判别器。那么损失 disc_loss_A 与 disc_loss_B 就很好理解，即生成器想让判别器对自己生成的图像给予高分，当前判别器给予分数与最高分（1 分）之间的差距就是真实图像与生成图像之间的损失。

将两个损失结合在一起，就获得生成器的总损失。权重系数 10，表示 cyc_loss 更重要一些。

```
self.g_loss_A = cyc_loss*10 + self.disc_loss_B
self.g_loss_B = cyc_loss*10 + self.disc_loss_A
```

接着来看判别器的损失，判别器的损失与此前相同，由两部分构成，分别是它对生成图像判别的损失以及它对真实图像判别的损失。唯一的不同之处在于，判别器判别的生成图像不一定是当前轮生成器生成的图像，而是从历史缓存中随机获取的一张生成图像，其损失代码如下。

```
self.d_loss_A=(tf.reduce_mean(tf.square(self.fake_pool_rec_A))+tf.r
educe_mean(tf.squared_difference(self.rec_A,1)))/2.0
self.d_loss_B=(tf.reduce_mean(tf.square(self.fake_pool_rec_B))+tf.r
educe_mean(tf.squared_difference(self.rec_B,1)))/2.0
```

　　回想一下 LSGAN 判别器的损失公式，其实很直观。判别器希望对历史生成图像的判别分数越低越好，那么其损失就是当前给历史生成图像的分数与最低分（0 分）之间的差距；同样判别器希望对真实图像的判别分数越高越好，那么，其损失就是当前给真实图像的分数与最高分（1 分）之间的差距。

　　这样生成器与判别器的损失就构建完成，接着就是使用优化算法来优化它了，这里依旧使用 Adam 算法，代码如下。

```
optimizer = tf.train.AdamOptimizer(self.lr, beta1=0.5)
self.model_vars = tf.trainable_variables()
#所有的变量
d_A_vars = [var for var in self.model_vars if 'd_A' in var.name]
g_A_vars = [var for var in self.model_vars if 'g_A' in var.name]
d_B_vars = [var for var in self.model_vars if 'd_B' in var.name]
g_B_vars = [var for var in self.model_vars if 'g_B' in var.name]
#优化器
self.d_A_trainer = optimizer.minimize(self.d_loss_A, var_list=d_A_vars)
self.d_B_trainer = optimizer.minimize(self.d_loss_B, var_list=d_B_vars)
self.g_A_trainer = optimizer.minimize(self.g_loss_A, var_list=g_A_vars)
self.g_B_trainer = optimizer.minimize(self.g_loss_B, var_list=g_B_vars)
```

　　接着就来编写训练代码，依旧是老流程，两层 for 循环，第一个 for 表示要训练多少个 epoch，第二个 for 表示当前 epoch 下训练整个数据集需要多少轮。接着依旧拆分来看。

　　首先我们训练生成器。

```
_, fake_B_temp, summary_str,g_loss_A = sess.run([self.g_A_trainer, self.fake_B, self.
g_A_loss_summ, self.g_loss_A],feed_dict={
self.input_A:self.A_input[idx], self.input_B:self.B_input[idx], self.lr:curr_lr})
```

　　这里可能会存有疑惑，通常而言都是先固定生成器来训练判别器，但这里因为判别器要使用历史缓存图像进行训练，如果一开始就训练判别器的话历史缓存还没有任何图像，所以这里先固定判别器来训练生成器，这样历史缓存中就可以先获得生成图像。

　　其实先训练生成器依旧可以让 GAN 模型收敛，只是浪费了第一次训练。因为先训练的是生成器，此时判别器还没有好的标准，所以对于生成的图片，只能随机打分。如果给 1 分，那么生成器此次就不会得到损失，进入下一层迭代。如果给 0 分则正好，因为一开始生成器生成的图像肯定很不理想，所以有一个大的损失也不错。

　　获得生成器生成的图像后，并不直接交给判别器去训练，而是存入缓存图像库中。先看一下缓存图像库相应的方法，代码如下。

```
def fake_image_pool(self, num_fakes, fake, fake_pool):
if(num_fakes < pool_size):
```

```
          fake_pool[num_fakes] = fake
          return fake
    else :
       p = random.random()
       if p > 0.5:
           random_id = random.randint(0,pool_size-1)
           temp = fake_pool[random_id]
           fake_pool[random_id] = fake
           return temp
       else :
           return fake
```

逻辑很简单，使用 list 来存储生成器生成的图像，如果 list 已经存满，就随机计算一个概率。如果概率大于 50%，就从缓存库中取历史生成图像返回；反之，则直接返回当前生成器生成的图像。在每次训练完生成器获得生成图像后，都调用该方法，将生成图像传入，获得其返回的图像，这个图像可能是历史生成图像，也可能是当前生成器生成的图像。

```
fake_B_temp1 = self.fake_image_pool(self.num_fake_inputs, fake_B_temp, self.fake_images_B)
```

训练判别器所需要的图像确定后，就可以训练判别器了。

```
_, summary_str,d_loss_B = sess.run([self.d_B_trainer, self.d_B_loss_summ,self.d_loss_B],
feed_dict={ self.input_A:self.A_input[idx], self.input_B:self.B_input[idx], self.lr:curr_
lr, self.fake_pool_B:fake_B_temp1})
```

接着以同样的方式训练另外一个生成器与判别器。

```
_, fake_A_temp, summary_str,g_loss_B = sess.run([self.g_B_trainer, self.fake_A, self.g_
B_loss_summ,self.g_loss_B],feed_dict={
   self.input_A:self.A_input[idx], self.input_B:self.B_input[idx], self.lr:curr_lr})
   fake_A_temp1 = self.fake_image_pool(self.num_fake_inputs, fake_A_temp, self.fake_images_A)
   _, summary_str ,d_loss_A= sess.run([self.d_A_trainer, self.d_A_loss_summ,self.d_loss_A],
          feed_dict={
   self.input_A:self.A_input[idx], self.input_B:self.B_input[idx], self.lr:curr_lr, self.
fake_pool_A:fake_A_temp1})
```

我们来编写一下调用训练方法的逻辑。

```
def main():
    model = CycleGAN()
    if to_train:
model.train()
    elif to_test:
        model.test()
if __name__ == '__main__':
main()
```

到这里，CycleGAN 的核心部分就编写完成，因为篇幅的原因，其余辅助性的代码就不再展示。这里我们训练 CycleGAN 来实现马与斑马相互转换的效果，训练 200 个 epoch，每一个 epoch 中循环 1000 多轮。这里同样使用 RussellCloud 帮助我们训练模型，首先要将 horse2zebra 数据集上传到 RussellCloud，然后将代码上传运行，同时记得加载 horse2zebra 数据集，相应运行命令如下。

```
russell run --gpu --env tensorflow-1.4 --data ddfe893004b148d5884c4dbf61cd7fc8
--tensorboard 'python main.py'
```

8.2.5　效果展示

下面来看一下 CycleGAN 在 RussellCloud 平台上训练了 17 小时后的效果，依旧先来看生成器与判别器的损失。

d_A_loss 用于判别图像是否是 Domain A 中的真实图像，如图 8.13 所示。

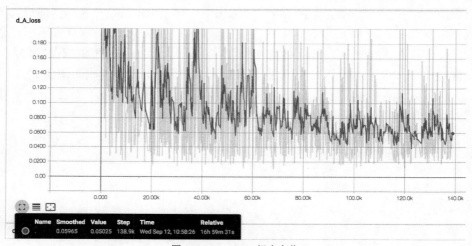

图 8.13　d_A_loss 损失变化

d_B_loss 用于判别图像是否是 Domain B 中的真实图像，如图 8.14 所示。

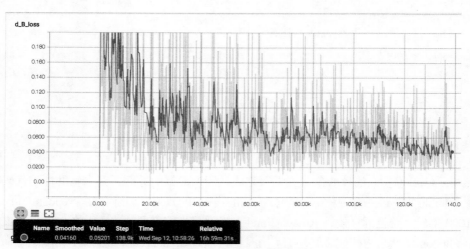

图 8.14　d_B_loss 损失变化

从图 8.13 和图 8.14 中可以看出，判别器的损失降到非常低，接着来看一下生成器的损失。

g_A_loss 用于描述生成器 Domain A 到 Domain B 的损失，如图 8.15 所示。

g_B_loss 用于描述生成器 Domain B 到 Domain A 的损失，如图 8.16 所示。

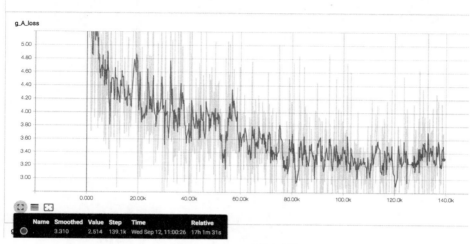

图 8.15　g_A_loss 损失变化

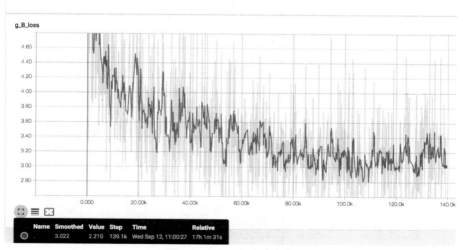

图 8.16　g_B_loss 损失变化

从图 8.15 和图 8.16 中可以看出，两个生成器的损失都降到 2～4。

下面来看一下直观的效果图。

图 8.17 为马转换成斑马再转回马的效果，图 8.17（a）为原始输入马，图 8.17（b）为马转换成斑马，图 8.17（c）为斑马转换回马。

(a)　　　　　　　　(b)　　　　　　　　(c)

图 8.17　马转斑马再转回马

图 8.18 为斑马转换成马再转回斑马的效果,图 8.18(a)为原始输入斑马,图 8.18(b)为斑马转换成马,图 8.18(c)为马转换回斑马。

(a)　　　　　　　　(b)　　　　　　　　(c)

图 8.18　斑马转马再转回斑马

可以直观地感受出,马转换成斑马的效果还可以,但斑马转换成马效果就有些不理想了,很多斑马转马的图像,中间生成的“马”依旧有明显的斑马花纹,如图 8.19 所示。

(a)　　　　　　　　(b)　　　　　　　　(c)

图 8.19　不理想的效果

可以看出图 8.19(b)中生成的所谓的“马”其实更像斑马。思考一下造成这种现象的原因,对于生成器而言,它希望自己修改很少的参数就可以获得判别器的高分,所以它会慢慢地修改图像。如果获得高分,生成器就不会进一步修改了,因为判别器打高分后已经没有什么指导信息给生成器了。

　　除这个问题外，研究人员还发现 CycleGAN 的生成器可能会故意隐藏信息，即为了从判别器那里获得高分，将一些图像信息隐藏，让人类看不出来，但图像中可能依旧存在这样的信息，如图 8.20 所示。

图 8.20　CycleGAN 隐藏信息

　　图 8.20（c）是输入的图像，这是一张卫星建筑图，中间转成类似地图样式的图像，然后再将地图样式的图像转回卫星建筑图。关注方框部分，可以看出，在输入图像中，方框中有黑点，但转换成地图样式后，方框中的黑点消失了，这没有问题，问题在于，通过地图样式图像转回卫星图后，黑点又出现了，而且对应得非常精准。CycleGAN 的生成器模型通过对大量训练数据进行训练，在输入图像中没有相关数据的情况下，很难生成非常精准的对应图像，所以一种可能就是 CycleGAN 的生成器学会了如何隐藏图像中的信息，让人类无法看出来，但信息其实依旧在图像中，这样通过另一个生成器重构回原始的输入图像时，就会精准出现输入图像的一些细节。当然这个问题当前在学术上依旧没有被证实，只是一种合理的推断。

　　最后来看一下 CycleGAN 的计算图，如图 8.21 所示。

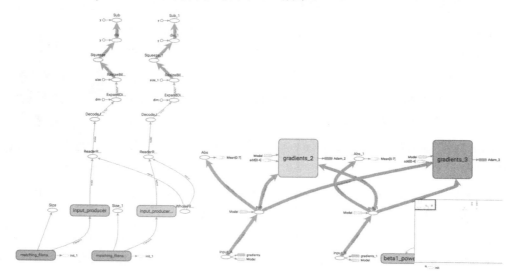

图 8.21　CycleGAN 计算图

8.3　StarGAN

在上一节，我们讨论了 CycleGAN，明白了所谓的循环一致性，通过 CycleGAN 我们可以实现将 Domain A 中的图像转成 Domain B 中的图像，也可以反过来，从 Domain B 转成 Domain A。那可不可以实现多域转换，而不只是局限于两个域内呢？例如我想实现 4 个域内图像风格相互转换，要实现这个目标，通过 CycleGAN 这种方式就需要创建 12 个生成器，如图 8.22 所示。

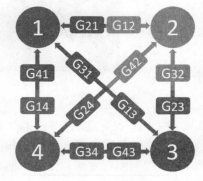

图 8.22　12 个生成器

训练 12 个生成器显然非常麻烦，而且这种工作不一定有效，因为每个生成器都只能利用训练数据集中两个域的信息，并不能充分利用整个数据集中的信息。数据不充分利用可能会导致这种方法训练出的多个生成器生成的图像质量不理想，同时这种方式无法一同训练来自不同数据集的域。

StarGAN 的提出就是为了解决多数据集在多域间图像转换的问题，StarGAN 可以接收多个不同域的训练数据，并且只需训练一个生成器，就可以拟合所有可用域中的数据，很优雅地解决上面的问题。

下面就来系统地讨论一下 StarGAN。

8.3.1　StarGAN 的结构与目标函数

StarGAN 只需训练一个生成器就可以解决多域转换的问题，该生成器可以直接接收多个域的训练数据，从而训练出可以生成不同域风格图像的模型，其直观构造如图 8.23 所示。

接着来看 StarGAN 的训练流程，简单来讲，其实就是条件生成对抗+循环一致性，具体如图 8.24 所示。

在图 8.24 中，主要分为图 8.24（a）～（d）共 4 大部分，拆分来看。

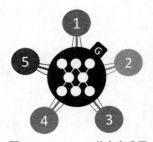

图 8.23　StarGAN 单个生成器

图 8.24（a）部分，表示训练判别器，将真实图像与生成图像传递给判别器判别，判别器会判别图像的真假，同时它还会判别该图像来自哪个域。

图 8.24（b）部分，表示训练生成器，与 CGAN 类似，这里除输入图像之外，还输入该图像想转换的目标域，这个目标域类似于约束条件，它要求生成器尽力去生成该目标域中的图像。

图 8.24（c）部分，表示循环一致性的过程。如果单纯地使用条件去控制生成器生成，那

么生成器就会生成满足条件但可能与输入图像没什么关联的数据。为了避免这种情况，便使用循环一致性的思想，即将此前生成器生成的图像与此前生成器输入图像所在的域作为此次生成器的输入，此时获得的生成图像与上一个生成器输入的图像越接近越好，即两者损失越小越好。

图 8.24（d）部分，表示训练判别器，即将生成器生成的图像交给判别器，让判别器判别图像的真假以及图像所在的域是否正确，这里会产生两个损失，一个是图像是否真实的损失，另一个是图像对应的域是否正确的损失，这两个损失都要最小化。

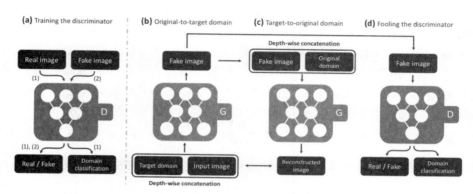

图 8.24　StarGAN 训练流程

简单总结一下，为了让生成器实现多域图像的互相转换，生成器必须接收输入图像以及要转换的目标域两种信息，此时的目标域信息就相当于生成器的条件约束。为了避免生成器生成图像与输入图像毫无关系，使用循环一致性损失。StarGAN 生成器的核心思想其实就是约束条件加循环一致性。

我们知道关于条件约束，一个比较关心的问题就是如何合理地表示？StarGAN 中通过类似独热向量的方法来表示不同的域或者多个域，如图 8.25 所示。

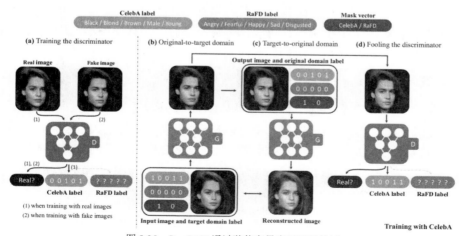

图 8.25　StarGAN 通过独热向量表示不同的域

仔细看图 8.25，图的最上方是不同数据集拥有的标签，其中 CelebA 数据集拥有 Black、Blond、Brown、Male、Young 这 5 个标签，RaFD 同样拥有 5 个标签，因为涉及多个不同数据集的多个域，所以要使用 Mask vector。这个概念出自 StarGAN 的论文，其实很简单，因为涉及多个数据集，所以需要表示现在要用哪个数据集中的标签向量，图中使用的是 CelebA 数据集的多域向量，这也是 StarGAN 可以训练多个数据集的原因，使用 Mask vector 可以让模型忽略未知的标签以及关闭特定数据集提供的标签。

看到图 8.25（b）～（d），首先输入一张真实图像，因为 Mask vector 的关系，所以只有 CelebA 对应的标签向量生效，那么生成器的目标是将输入的图像转为黑头发的年轻男性，即 (1,0,0,1,1) 标签向量的表示，接着会将生成图像与原始的输入图像所在的域一起输入生成器反向生成，即生成棕色头发的年轻人 (0,0,1,0,1)，接着就可以计算出两者的损失并最小化它。而判别器会接收最初生成器生成的黑头发年轻男性图作为输入，判断该图像是否真实且判断它来自于哪些域，然后判断最小化图像是否真实，以及计算所在域的损失是否正确。

训练流程理清后，接着就来看看它的目标函数。首先构建对抗性损失，公式如下。

$$L_{adv} = E_x[\log D_{src}(x)] + E_{x,c}[1 - D_{src}(G(x,c))]$$

它其实与原始 GAN 中损失的含义类似，对生成器而言，它要最小化这个公式，即最大化 $D_{src}(G(x,c))$；对判别器而言，它要最大化这个公式。值得注意的是，生成器生成图像时，除了传入图像数据 x，同时还传入域的标签向量 c。

因为有标签向量，所以对于判别器而言，除了要判断图像是否真实，还需要判断该图像是否符合标签向量对应的域中代表的样式。我们构建一个标签向量分类损失，用于描述生成图像的标签向量与目标标签向量之间的差距。

判别器标签向量损失：

$$L_{cls}^r = E_{x,c'}[-\log D_{cls}(c'|x)]$$

在公式中，c' 表示真实图像所在的标签向量。对判别器而言，它要最小化 L_{cls}^r，这样判别器就可以判别出真实图像各种样式所对应的标签向量了。

生成器标签向量损失：

$$L_{cls}^f = E_{x,c}[-\log D_{cls}(c|G(x,c))]$$

在公式中，c 表示生成器的目标标签向量。生成器会接收真实图像输入以及目标标签向量，对生成器而言，它要最小化 L_{cls}^f，这样生成器就可以生成符合目标标签向量所对应样式的图像。

为了确保生成器生成的图像与生成器接收的图像有关联，还需要定义循环一致性损失，公式如下。

$$L_{rec} = E_{x,c,c'}[\| x - G(G(x,c),c') \|_1]$$

其中 $G(G(x, c), c')$ 表示生成器先获取原始图像输入 x 生成符合目标标签向量 c 的图像，接着再将生成图像传递给生成器，要求生成器生成符合原始图像样式所对应的标签向量，通过这样的循环生成，就获得了与原始图像类似的生成图像，此时最小化该生成图像与原始图像之间的损失即可。

一个域其实对应着图像中的一种样式，例如褐色头发属于 Domain A，黑色头发属于 Domain B，多个域直接构成一个标签向量。

将上面几个损失组合一下，就获得了判别器与生成器的最终目标函数。

判别器的最终目标函数：

$$L_D = -L_{\text{adv}} + \lambda_{\text{cls}} L_{\text{cls}}^r$$

生成器的最终目标函数：

$$L_G = L_{\text{adv}} + \lambda_{\text{cls}} L_{\text{cls}}^f + \lambda_{\text{rec}} L_{\text{rec}}$$

判别器与生成器都最小化自己的目标函数，StarGAN 模型就会收敛。

8.3.2   TensorFlow 构建 StarGAN 模型

StarGAN 理论内容讨论完成，我们来构建一个 StarGAN 模型，因为这一块模型构建的代码比较长，所以将其拆分来看。

首先需要将拥有训练 StarGAN 模型的数据读入，为了方便控制，单独定义了一个 Image 类来管理与训练图像相关的一些方法，这里使用 CelebA 作为训练集。CelebA 是著名的名人人脸数据集，其中包含 10177 个名人身份的 202599 张人脸图像，而且这些图像都做好了各种标记，其中就有我们需要的图像样式的标签，如头发颜色、是否年轻、男性还是女性等。我们编写了 preprocess 方法来读入数据，代码如下。

```
#读入标签文件
self.lines = open(os.path.join(data_path, 'list_attr_celeba.txt'), 'r').readlines()
#加载数据
def preprocess(self) :
  all_attr_names = self.lines[1].split() #标签文件
  for i, attr_name in enumerate(all_attr_names) :
  self.attr2idx[attr_name] = i
  self.idx2attr[i] = attr_name
  lines = self.lines[2:]
  random.seed(1234)
  random.shuffle(lines)
  for i, line in enumerate(lines) :
        split = line.split()
        filename = os.path.join(self.data_path, split[0])
        values = split[1:]
```

```
            label = []
            for attr_name in self.selected_attrs :
                    idx = self.attr2idx[attr_name]
                    if values[idx] == '1' :
                            label.append(1.0)
                    else :
                            label.append(0.0)
            #前 2000 张作为测试数据
            if i <2000 :
                    self.test_dataset.append(filename)
                    self.test_dataset_label.append(label)
            else :
                    self.train_dataset.append(filename)
                    self.train_dataset_label.append(label)
            # ['./dataset/celebA/train/019932.jpg', [1, 0, 0, 0, 1]]
    self.test_dataset_fix_label = create_labels(self.test_dataset_label, self.selected_attrs)
    self.train_dataset_fix_label = create_labels(self.train_dataset_label, self.selected_attrs)
    print('\n CelebA loading over...')
```

　　preprocess 方法逻辑其实并不复杂，首先通过读入的图像标签数据构建了两个字典，接着设置一个种子，再通过该种子将存储标签数据的 list 打乱，接着变量该 list，并做了一些简单的逻辑操作，最终获得了图像的具体路径，以及该图像所对应的标签向量。当然这些标签向量中的标签所对应的图像所在域的样式是我们定义好的，即 selected_attrs 变量，它表示标签向量中标签的样式。

　　接着我们通过 TensorFlow 提供的读入数据的 API 将这些数据读入，并随机选择图像作为每一次训练的数据，代码如下。

```
#训练数据
train_dataset = tf.data.Dataset.from_tensor_slices((Image_data_class.train_dataset,
Image_data_class.train_dataset_label, Image_data_class.train_dataset_fix_label))
#最终的测试数据
test_dataset = tf.data.Dataset.from_tensor_slices((Image_data_class.test_dataset,
Image_data_class.test_dataset_label, Image_data_class.test_dataset_fix_label))
# 最终的训练集
train_dataset = train_dataset.\
    apply(shuffle_and_repeat(train_dataset_num)).\
apply(map_and_batch(Image_data_class.image_processing, self.batch_size, num_parallel_
batches=8, drop_remainder=True))
#最终的测试集
test_dataset = test_dataset.\
    apply(shuffle_and_repeat(test_dataset_num)).\
apply(map_and_batch(Image_data_class.image_processing, self.batch_size, num_parallel_
batches=8, drop_remainder=True))
```

　　tf.data.Dataset 与 tf.data.Iterator 是 TensorFlow 引入的两个新的 API，它们常用于读入模型所需要的数据，通过 tf.data.Dataset.from_tensor_slices()方法从内存中创建数据来源后，我们还在其上使用了 shuffle_and_repeat()方法与 map_and_batch()方法。

为了方便从数据源中读取数据，使用 make_one_shot_iterator()方法将数据源转成一个可迭代对数，这样我们就可通过迭代操作来获取数据源中的数据集了，例如使用 get_next()方法获取数据源中下一个数据。

```
#变成iterator，方便迭代读取
train_dataset_iterator = train_dataset.make_one_shot_iterator()
test_dataset_iterator = test_dataset.make_one_shot_iterator()
self.x_real, label_org, label_fix_list = train_dataset_iterator.get_next()
label_trg = tf.random_shuffle(label_org) # Target domain labels，随机打乱原域获得目标域
```

其中，x_real 表示输入的真实图像，label_org 表示该真实图像所对应的标签向量。因为我们希望生成器可以任意生成多个域之间的图像，所以这里通过随机打乱原始标签向量的形式获得新的标签向量，让生成器在训练过程中生成随机标签向量所表示的图像。

接着就开始编写生成器与判别器。先编写生成器的结构，StarGAN 生成器的结构其实与 CycleGAN 生成器的结构类似，由卷积层进行图像特征的提取，接着连接着残差网络，保证输入数据与输出数据有较大的关联，然后通过转置卷积来生成相应的矩阵，最后通过一个卷积层将其转成图像，具体代码如下。

```
def generator(self, x_init, c, reuse=False, scope="generator"):
    channel = self.ch
    c = tf.cast(tf.reshape(c, shape=[-1, 1, 1, c.shape[-1]]), tf.float32)
    c = tf.tile(c, [1, x_init.shape[1], x_init.shape[2], 1])
    x = tf.concat([x_init, c], axis=-1)
    with tf.variable_scope(scope, reuse=reuse):
        x = conv(x, channel, kernel=7, stride=1, pad=3, use_bias=False, scope='conv')
        x = instance_norm(x, scope='ins_norm')
        x = relu(x)
        # 下采样，图像特征的提取
        for i in range(2):
            x = conv(x, channel*2, kernel=4, stride=2, pad=1, use_bias=False, scope=
            'conv_'+str(i))
            x = instance_norm(x, scope='down_ins_norm_'+str(i))
            x = relu(x)
            channel = channel * 2
        # 残差网络
        for i in range(self.n_res):
            x = resnet_block(x, channel, use_bias=False, scope='resblock_' + str(i))
        # 上采样，转置卷积
        for i in range(2):
            x = deconv(x, channel//2, kernel=4, stride=2, use_bias=False, scope=
'deconv_'+str(i))
            x = instance_norm(x, scope='up_ins_norm'+str(i))
            x = relu(x)
            channel = channel // 2
        x = conv(x, channels=3, kernel=7, stride=1, pad=3, use_bias=False, scope='G_logit')
        x = tanh(x)
        return x
```

生成器要生成传入标签向量所对应的图像，标签向量就如同一个约束标签，既然已经通过向量形式表示好了，那么我们就按此前在 CGAN 中使用的方法，通过 tf.concat()方法将标签向量与图像矩阵连接在一起，再交由生成器去生成图像，生成器其余部分不再多介绍。

接着来编写判别器的代码。

```
def discriminator(self, x_init, reuse=False, scope="discriminator"):
        with tf.variable_scope(scope, reuse=reuse) :
            channel = self.ch
            x = conv(x_init, channel, kernel=4, stride=2, pad=1, use_bias=True,
            scope='conv_0')
            x = lrelu(x, 0.01)
            for i in range(1, self.n_dis):
                    x = conv(x, channel * 2, kernel=4, stride=2, pad=1, use_bias=True,
                    scope='conv_' + str(i))
                    x = lrelu(x, 0.01)
                    channel = channel * 2
            c_kernel = int(self.img_size / np.power(2, self.n_dis))
            logit = conv(x, channels=1, kernel=3, stride=1, pad=1, use_bias=False,
            scope='D_logit')
            c = conv(x, channels=self.c_dim, kernel=c_kernel, stride=1, use_bias=
                    False, scope='D_label')
            c = tf.reshape(c, shape=[-1, self.c_dim])
            return logit, c
```

判别器的主体结构就是卷积层，只是 StarGAN 的判别器除了要判断图像是否真实，还要判断该图像是否符合标签向量的要求。判别器获取图像对应标签向量的形式很直接，就是通过卷积操作获得标签向量，值得注意的是，判别器最后的输出没有经过任何激活函数。

编写好生成器与判别器后，就来实例化它们，具体代码如下。

```
# 真实图片+目标域 ==>生成目标域图像
x_fake = self.generator(self.x_real, label_trg) # real a
# 循环生成，生成图片+原始域 ==>转回原域图像
x_recon = self.generator(x_fake, label_org, reuse=True) # real b
# 判别器，输入真实图像 ==>图像分数 real_logit 以及图像所对应的标签
real_logit, real_cls = self.discriminator(self.x_real)
# 输入生成图像，重用真实图像时学好的参数 ==>生成图像的分数以及图像所对应的标签
fake_logit, fake_cls = self.discriminator(x_fake, reuse=True)
```

8.3.3　构建 StarGAN 的损失

构建好判别器与生成器后，接着就来构建具体的损失函数，为了让 GAN 训练更加稳定，生成的图像更加逼真，这里使用 WGAN-GP 的方式来构建对抗损失。WGAN 及它的改进版 WGAN-GP 会在下一章具体讨论，这里暂时了解即可。

首先来构建生成器的对抗损失，即生成图像与真实图像之间的损失。

```
g_adv_loss = generator_loss(loss_func=self.gan_type, fake=fake_logit)
```

其中 gan_type 表示损失函数的定义方式，这里使用 WGAN-GP 的方式来构建对抗损失，fake_logit 是判别器给生成图像打出的分数，generator_loss()方法中的逻辑与 WGAN-GP 有较强的关联，这里暂时不去讨论细节，在下一章会从数理逻辑及代码层面讨论 WGAN-GP 的内容。

接着构建生成器的标签向量损失。

```
g_cls_loss = classification_loss(logit=fake_cls, label=label_trg)
```

我们专门封装出 classification_loss()方法来计算标签向量的损失，其中 fake_cls 为判别器对输入的生成图像所对应标签向量的判断，label_trg 是生成器生成该图像的目标标签向量，fake_cls 与 label_trg 之间的差距就是生成器标签向量的损失。classification_loss()方法的具体代码如下。

```
def classification_loss(logit, label) :
    loss = tf.reduce_mean(tf.nn.sigmoid_cross_entropy_with_logits(labels=label,
            logits=logit))
    return loss
```

很直观，其中 logit 就是预测的标签向量，label 就是目标标签向量，然后计算两者的交叉熵损失并求平均。

继续构建生成器的循环一致性损失。

```
g_rec_loss = cyc_loss(self.x_real, x_recon)
```

其中 x_real 表示真实图像，x_recon 表示生成器循环生成的图像，循环一致性损失即计算输入的真实图像与生成器循环生成的图像之间的损失，直接看 cyc_loss 方法的具体代码。

```
def cyc_loss(x, y):
    loss = tf.reduce_mean(tf.abs(x - y))
    return loss
```

循环一致性损失即计算两者的绝对值之差再求平均，最后将 3 种损失相加，就获得生成器最终的损失。

```
self.g_loss = self.adv_weight * g_adv_loss + self.cls_weight * g_cls_loss + self.rec_
weight * g_rec_loss
```

其中 adv_weight、cls_weight 与 rec_weight 都是超参数，表示不同损失对生成器的权重。

接着以类似的方式来构建判别器的损失。

```
# 判别器的损失——对抗损失
d_adv_loss = discriminator_loss(loss_func=self.gan_type, real=real_logit, fake=fake_
        logit) + GP
# 判别器的损失——标签向量损失
d_cls_loss = classification_loss(logit=real_cls, label=label_org)
self.d_loss = self.adv_weight * d_adv_loss + self.cls_weight * d_cls_loss
```

接着构建优化器用于优化判别器与生成器的损失。

```
t_vars = tf.trainable_variables()
G_vars = [var for var in t_vars if 'generator' in var.name]
```

```
    D_vars = [var for var in t_vars if 'discriminator' in var.name]
    self.g_optimizer = tf.train.AdamOptimizer(self.lr, beta1=0.5, beta2=0.999).minimize
(self.g_loss, var_list=G_vars)
    self.d_optimizer = tf.train.AdamOptimizer(self.lr, beta1=0.5, beta2=0.999).minimize
(self.d_loss, var_list=D_vars)
```

接着就是循环训练 StarGAN 模型，这里使用一些技巧，如学习速率线性衰变，在模型刚开始训练时，学习速率比较大，当模型训练较长时间后，将学习速率减小，具体代码如下。

```
# 学习速率线性衰变
lr = self.init_lr if epoch < self.decay_epoch else self.init_lr * (self.epoch - epoch) /
(self.epoch - self.decay_epoch)
```

接着就是在循环中训练判别器与生成器，这里依旧先训练判别器再训练生成器。

```
# 训练判别器
    _, d_loss, summary_str = self.sess.run([self.d_optimizer, self.d_loss, self.d_summary_
loss], feed_dict = train_feed_dict)
    #记录判别器变化
    self.writer.add_summary(summary_str, counter)
    # 训练生成器
    g_loss = None
    if (counter - 1) % self.n_critic == 0 :
        real_images, fake_images, _, g_loss, summary_str = self.sess.run([self.x_real,
self.x_fake_list, self.g_optimizer, self.g_loss, self.g_summary_loss], feed_dict = train_
        feed_dict)
        #记录生成器变化
        self.writer.add_summary(summary_str, counter)
        past_g_loss = g_loss
```

训练的逻辑依旧很直观，通过 Session 对象的 run 方法计算判别器与生成器所需要的数值，通过 feed_dict 参数提供相应的训练数据即可。

完整的代码还有很多细节，如图像保存、模型保存、TensorBoard 的使用、训练数据处理等，因为篇幅有限就不全部展示出来了。

定义好训练逻辑后，我们就可以训练 StarGAN，依旧使用 RussellCloud 来帮助我们训练，步骤如下。

（1）上传 CelebA 数据集到 RussellCloud。

（2）上传并运行 StarGAN 的代码，同时挂载数据集，开启 TensorBoard 模式，方便训练中观察。

此时有些不同之处在于，我们不再直接通过 russell run 命令来运行 StarGAN 代码，以进行模型的训练，而是开启 jupyter 模式，具体命令如下。

```
    russell run --gpu --env tensorflow-1.9 --data ae09b6074f694d358cf03b81a9b3cf80:celetA
--mode jupyter
```

这样 russell 会开启 jupyter 模式，我们可以在 jupyter 模式下开启服务器的命令行，在命令行上运行模型代码。例如我们想看一下训练过程中，模型生成的图像，因为 RussellCloud 中每个任务都是独立的，所以，只能在当前任务中看到训练模型时的输出数据。而此前如果我们要看任务的数据集，则是在模型运行完，任务结束后，将此次任务生成的数据转成相应的数据集，然后开启新的任务去挂载查看。这其实没有什么问题，只是有时我们想在训练过程中看模型生成的数据，为了实现这个目的，就可以通过 jupyter 模型来训练模型。

首先进入 jupyter 的 Terminal，如图 8.26 所示。

接着使用 nohup 命令来训练 StarGAN。

图 8.26　进入 Terminal

```
nohup python -u main.py > output/train.log &
```

其中 nohup 命令会将 Python 程序不挂断地运行，这样就算 SSH 链接断开了，通过该 SSH 开启的 Python 程序依旧会运行，但它没有让程序在后台运行，而此时我们通常将 Python 程序的输出都重定向地输出到对应的 log 文件夹中，此前程序在前台运行对我们而言没有什么意义，因为它不会在前台打印或显示任何东西，所以将其放置在后台运行最为合适，可以使用&命令将 Python 程序放置在服务器后台运行，再通过 jobs 命令来查看进程状态，通过 tail 命令查看日志文件的内容。需要注意的是，Python 运行 main.py 时加了-u 参数，该参数会强制 Python 的输出不存入缓存，而是直接写入指定的日志文件。如果没有-u 参数，日志文件可能为空，因为输出都被 Python 写入缓存之中，下面举个简单的例子。

```
后台不挂断运行 test.py
ayuliao> nohup python -u test.py > train.log &
[1] 18683
查看进程状态
ayuliao> jobs
[1]  + running    nohup python -u test.py > train.log
进入日志文件目录，动态查看日志文件内容
ayuliao > tail -f train.log
0
1
2
3
...
```

tail 通过-f 参数可以动态地查看日志文件的内容，即 Python 程序写入日志文件中的新内容可直接查看到。

在训练过程中，我们还可以通过命令行查看模型生成数据的情况，以及通过 jupyter notebook

来查看模型训练过程中产生的测试图像。

通过命令行查看 StarGAN 生成了哪些数据，如图 8.27 所示。

```
root@StarGAN:workspace $ cd output/
root@StarGAN:output $ ls
ccheckpoint  logs  results  samples
root@StarGAN:output $ cd samples/
root@StarGAN:samples $ ls
StarGAN_celebA_wgan-gp_6resblock_6dis
root@StarGAN:samples $ cd StarGAN_celebA_wgan-gp_6resblock_6dis/
root@StarGAN:StarGAN_celebA_wgan-gp_6resblock_6dis $ ls
fake_000_01000.png  fake_000_10000.png  fake_001_09000.png  real_000_02000.png  real_001_01000.png  real_001_10000.png
fake_000_02000.png  fake_001_01000.png  fake_001_10000.png  real_000_03000.png  real_001_02000.png  real_002_01000.png
fake_000_03000.png  fake_001_02000.png  fake_002_01000.png  real_000_04000.png  real_001_03000.png  real_002_02000.png
fake_000_04000.png  fake_001_03000.png  fake_002_02000.png  real_000_05000.png  real_001_04000.png  real_002_03000.png
fake_000_05000.png  fake_001_04000.png  fake_002_03000.png  real_000_06000.png  real_001_05000.png  real_002_04000.png
fake_000_06000.png  fake_001_05000.png  fake_002_04000.png  real_000_07000.png  real_001_06000.png  real_002_05000.png
fake_000_07000.png  fake_001_06000.png  fake_002_05000.png  real_000_08000.png  real_001_07000.png  real_002_06000.png
fake_000_08000.png  fake_001_07000.png  fake_002_06000.png  real_000_09000.png  real_001_08000.png
fake_000_09000.png  fake_001_08000.png  real_000_01000.png  real_000_10000.png  real_001_09000.png
root@StarGAN:StarGAN_celebA_wgan-gp_6resblock_6dis $
```

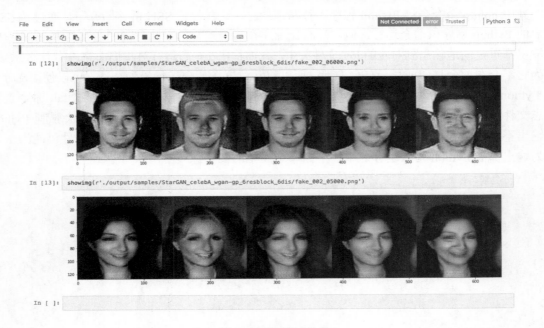

图 8.27　查看 StarGAN 生成的数据

通过 jupyter notebook 可视化 StarGAN 训练过程中产生的图像，如图 8.28 所示。

图 8.28　查看直观效果

8.3.4　效果展示

先来看一下判别器与生成器总损失的变化情况。判别器总损失变化如图 8.29 所示。生成器总损失变化如图 8.30 所示。

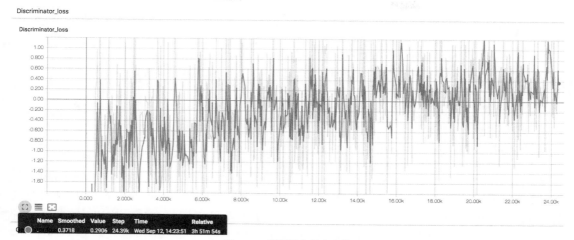

图 8.29　判别器总损失变化

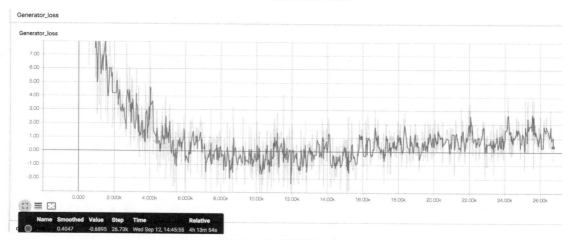

图 8.30　生成器总损失变化

图 8.29 与图 8.30 所示判别器与生成器的损失都是训练了 4 小时的情况，可以看出，使用 WGAN-GP 后，判别器的损失波动幅度较大，生成器的损失被压到一个较低的位置，同时可以发现判别器与生成器的损失都有到负数的情况，这也是因为使用了 WGAN-GP。图中展示的是总损失，它们是由多个损失构成的，我们同样通过 TensorBoard 记录这些损失，但这里就不全部展示了。

等 StarGAN 训练结束后，可以通过它的训练模型来对新的图像进行多域的转换，下面来简单使用一下，看看效果。首先当然是编写模型加载的方法。

```
def load(self, checkpoint_dir):
    import re
    print(" [*] Reading checkpoints...")
    #checkpint 文件所在路径
```

```
        checkpoint_dir = os.path.join(checkpoint_dir, self.model_dir)
        ckpt = tf.train.get_checkpoint_state(checkpoint_dir)
        if ckpt and ckpt.model_checkpoint_path:
            ckpt_name = os.path.basename(ckpt.model_checkpoint_path)
            #加载 checkpoint 文件
            self.saver.restore(self.sess, os.path.join(checkpoint_dir, ckpt_name))
            counter = int(next(re.finditer("(\d+)(?!.*\d)", ckpt_name)).group(0))
            print(" [*] Success to read {}".format(ckpt_name))
            return True, counter
        else:
            print(" [*] Failed to find a checkpoint")
            return False, 0
```

接着就编写调用方法，整体逻辑与训练时一样，先定义出一个 placeholder 用于接收测试图像的输入，然后通过生成器接收输入的测试图像以及目标标签向量，定义完后，再通过 Session 对象的 run 方法将数据输入获得生成器的生成图像，并将图像保存起来，具体代码如下。

```
    self.custom_image = tf.placeholder(tf.float32, [1, self.img_size, self.img_size, self.
img_ch], name='custom_image')
    custom_label_fix_list = tf.transpose(create_labels(self.custom_label, self.selected_
attrs), perm=[1, 0, 2])
    self.custom_fake_image = tf.map_fn(lambda x : self.generator(self.custom_image, x,
reuse=True), custom_label_fix_list, dtype=tf.float32)
    # 加载模型
    self.saver = tf.train.Saver()
    self.checkpoint_dir = r'/Users/ayuliao/Desktop/GAN/8/model/checkpoint'
    could_load, checkpoint_counter = self.load(self.checkpoint_dir)
    self.result_dir = os.path.join(self.result_dir, self.model_dir)
    check_folder(self.result_dir)
    #生成测试图像
    for sample_file in test_files:
      print("Processing image: " + sample_file)
      sample_image = np.asarray(load_test_data(sample_file, size=self.img_size))
      image_path = os.path.join(image_folder, '{}'.format(os.path.basename(sample_file)))
      fake_image = self.sess.run(self.custom_fake_image, feed_dict = {self.custom_image :
              sample_image})
      fake_image = np.transpose(fake_image, axes=[1, 0, 2, 3, 4])[0]
      save_images(fake_image, [1, self.c_dim], image_path)
```

输出结果如图 8.31 所示。

最左边的图是输入的真实图像，随后都是生成的图像，这些图像对应着不同的域，它们分别代表黑色头发、金色头发、棕色头发、性别、是否年轻。可以看到，生成的图像质量还是很不错的。

这里只使用了 CelebA 数据集中的多个域作为训练数据，以类似的方式，还可以使用多个数据集的多个域作为训练数据，这样生成图像时，就可以有更多选择了。

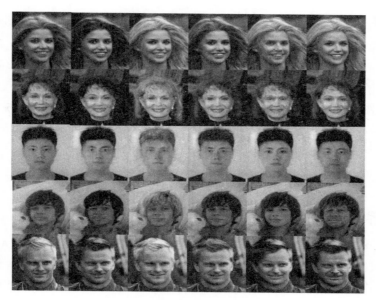

图 8.31 StarGAN 效果

8.4 语义样式不变的图像跨域转换

在前面的内容中，主要讨论了 CycleGAN 与 StarGAN 这两种网络，两种网络虽然不同，但主要的功能是一致的，即实现图像的跨域转换。CycleGAN 通过训练多个生成器实现不同域之间图像的转换，而 StarGAN 通过训练一个生成器实现了多个不同域之间图像的转换，两者都利用了循环一致性的思想。

虽然都有不错的效果，但这种跨域停留在像素级别，无法抽离出图像中的高级特征进行跨域，简单而言，对于差异很大的图像，CycleGAN 与 StarGAN 这类像素级跨域 GAN 无法得到理想的效果，往往会产生非常模糊的图像。例如，现在要实现真实人脸转换为漫画人脸且保留其中的相似性，真实人脸与漫画人脸之间有较大的差异，如果通过 CycleGAN 来训练这两堆不匹配且差异较大的数据，然后使用训练出的生成器来实现真实人脸转漫画人脸，其效果如图 8.32 所示。

图 8.32 CycleGAN 真实人脸转卡通人脸

从图 8.32 可以看出，CycleGAN 生成的漫画人脸十分模糊，根本无法识别其中的内容。

差距较大的两个域要实现跨域，像素级的跨域模型思路是不可取的。为了保证跨域时输入的原始图像与生成的图像之间是有关联的，循环一致性的思想依旧发挥作用，只是其用法以及目标与像素级别的跨域模型不相同。此时我们更关注图像间语义样式上的一致性，即输入的真实图像与生成的图像在高维的图像特征上具有相似性，即语义样式具有相似性。例如实现真实人脸转漫画人脸，不再要求真实人脸与漫画人脸在色彩、形状等表面层次的特征具有相似性，而要求真实人脸与生成的漫画人脸在表情、神态上具有相似性。

下面我们来简单讨论在语义样式不变的情况下实现图像跨域转换的思路与实现方式。

8.4.1　Domain Transfer Network 介绍

跨域转换网络（Domain Transfer Network，DTN）提出其实早于 CycleGAN，是较早利用 GAN 与循环一致性的思想来实现图像跨域转换的模型。DTN 的核心思路是降低输入图像语义特征与生成图像语义特征之间的损失，这种做法让 DTN 可以实现差异较大的图像线性回归。

先来讨论一下 DTN 的模型结构与目标函数，首先是 DTN 的模型结构，如图 8.33 所示。

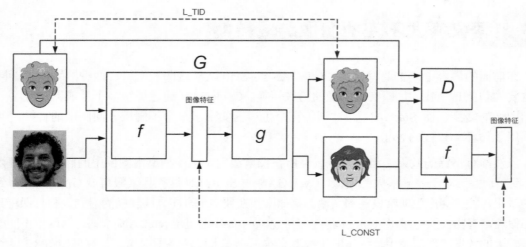

图 8.33　DTN 结构

从整体来看，DTN 由一个生成器与一个判别器构成。先看到生成器 G，从图 8.33 中可以看出，生成器由特征提取器 f 与图像生成器 g 构成，当一张图像输入生成器时，特征提取器 f 就会提取输入图像的图像特征，这其实就是图像的语义样式；获得这些特征后，再使用图像生成器 g 去生成图像，该生成器的结构很像此前提过的 U 型生成器。

对生成器而言，它有两种图像输入。第一种输入是源域图像，即真人人脸，然后生成具有相似语义信息的目标域图像，即漫画人脸。为了确保生成的漫画人脸与真人人脸具有语义相似性，我们会将生成器生成的漫画人脸再一次交给特征提取器 f，让特征提取器 f 提取出来的特征与此前特征提取器提取的真人人脸特征进行比较，最小化两者的损失，即最小化 L_{CONST}，这是为了让真实人脸图像与漫画人脸图像的特征相互匹配。生成器的第二种输入是漫画人脸，然后依旧生成漫画人脸，最小化生成的漫画人脸与输入漫画人脸之间的损失，即最小化 L_{TID}，这是为了让生成器学会漫画人脸的图像特征。

接着看到判别器，从图 8.33 中可以看出，判别器接收了 3 种不同的输入，分别是真实漫画人脸、输入漫画人脸生成的漫画人脸以及输入真人人脸生成的漫画人脸，判别器会判断输入的图像是否逼真，逼真则打高分，反之则打低分。

DTN 直观的模型结构就介绍到这里，接着来讨论一下它的目标函数。其实从 DTN 模型结构图就可以直观地看出 DTN 的目标函数。

先从判别器开始，判别器具有 3 种输入，它对应的公式如下。

$$L_D = -E_{x \in s} \log D\left(1 - g(f(x))\right) - E_{x \in t} \log D\left(1 - g(f(x))\right) - E_{x \in t} \log D(x)$$

公式很直观，其中 $f(x)$ 表示图像经过特征提取器 f 后提取出的图像特征，$g(f(x))$ 表示图像生成器 g 使用图像特征 $f(x)$ 生成相应的图像，而 x 是最初的原始图像。公式表明了判别器要对这 3 种不同的图像输入进行判别。虽然有两个 $g(f(x))$，但它们来自不同的域，一个来自源域 s，另一个来自目标域 t。对判别器而言，它希望最小化该公式。

接着从生成器的角度来看目标公式，与生成器有关联的损失函数有多个，先从 L_{TID} 与 L_{CONST} 开始，从 DTN 的模型结构图可以看出它们的公式，L_{CONST} 如下。

$$L_{\text{CONST}} = \sum_{x \in s} d(f(x), f(g(f(x))))$$

L_{CONST} 是 DTN 中非常重要的一个损失，它表示图像特征之间的误差，最小化 L_{CONST} 就可以让源域图像的特征与目标域图像的特征相互靠近。最理想的情况就是实现当源域图像经过特征提取器 f 提取特征后可以获得目标域的图像特征，这样通过目标域的图像特征就可以生成目标域的图像，即生成合适的漫画人脸，公式里的 d 表示 MSE 均方差损失。

为了让生成器学习到目标域图像中的特征，生成器还要构建出图像重构损失 L_{TID}，公式如下。

$$L_{\text{TID}} = \sum_{x \in t} d_2(x, G(x))$$

它的目标是最小化真实图像与生成的目标图像之间的损失，这里的 d_2 同样表示 MSE 均方差损失。

当然，对于生成器而言，除 L_{CONST} 与 L_{TID} 外，还有一个最基本的对抗损失，生成器的对抗损失如下。

$$L_{\text{GANG}} = -E_{x \in s} \log D(g(f(x))) - E_{x \in t} \log D(g(f(x)))$$

生成器希望判别器可以给自身生成的图像打高分，即最小化L_G。至此就可以构建出生成器的总损失了，公式如下。

$$L_G = L_{\text{GANG}} + \alpha L_{\text{CONST}} + \beta L_{\text{TID}} + \gamma L_{\text{TV}}$$

公式的前面 3 项都已经介绍过了，接着来简单讨论一下第四项L_{TV}。全变分（Total Variation，TV），它的主要作用是在图像复原和图像去噪中保持图像的光滑，消除图像复原过程中可能产生的伪影。简单看一下添加全变分后图像复原的结果与没有添加全变分时图像复原的结果，如图 8.34 所示。

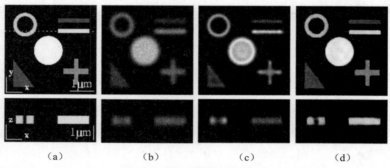

图 8.34　添加全变分的图像效果

在图 8.34 中，图 8.34（a）是原始图像；图 8.34（b）是在原始图像上加了噪声的图像；图 8.34（c）是没有进行全变分操作后复原的图像，可以看出没有添加全变分的复原图像有比较严重的伪影；图 8.34（d）是使用全变分操作后复原的图像，观察复原的图像与原图是否接近，当然使用全变分操作可能会让复原的图像过于光滑，原图像中的一些细节在复原后会会丢失。

全变分背后有复杂的数理逻辑作为支持，这里不做深入讨论，直接取其结论来使用，公式如下。

$$L_{\text{TV}}(z) = \sum_{i,j} ((z_{i,j+1} - z_{i,j})^2 + (z_{i+1,j} - z_{i,j})^2)^{\frac{B}{2}}$$

到这里，DTN 的模型结构及其判别器与生成器的目标函数都已讨论完成。

8.4.2　DTN 代码结构

理清了 DTN 的结构以及目标函数后，就可以尝试将其通过代码实现出来，这里使用 SVHN 数据集与 MNIST 数据集作为 DTN 的训练数据集。MNIST 数据集不必多讲，这里简单介绍一下 SVHN 数据集，SVHN 是一个收集于真实世界的门牌号数据集，具有 10 个类别，其中 0 表示图像中的门牌号为 10，1 表示门牌号为 1，2 表示门牌号为 2，依此类推，9 表示门牌号为 9。

SVNH 数据集中的数据有两种形式：第一种是原始图像，但会带有边框将对应标签的门牌号框选出来；第二种是类似于 MNIST 数据集中数据的标签，都是 32×32 大小的图像，以相应的门牌号为中心，一些图像中会含有干扰物。我们使用第二种形式的图像，其直观的形式如图 8.35 所示。

我们希望通过 DTN 实现将 SVHN 数据集中的图像转成对应的 MNIST 图像，可以看出源域与目标域图像之间的差异是比较大的。下面我们来编写 DTN 相应的代码来实现 SVHN 图像转 MNIST 图像。

图 8.35 SVHN 数据集

首先来编写 DTN 的生成器与判别器，生成器由特征提取器与图像生成器两部分构成。这里使用转置卷积层来构建特征提取器，使用卷积层来构建图像生成器，两者合并在一起就是生成器，具体代码如下。

```python
#图像解码器，获得图像特征
def f(self, x, bn=False, activation=tf.nn.relu):
    with tf.variable_scope("f", reuse=tf.AUTO_REUSE):
        x = tf.image.grayscale_to_rgb(x) if x.get_shape()[3] == 1 else x   # (batch_
            size, 32, 32,   3)
        x = self.conv_bn(x, 64, [3, 3], 2, "same", activation, bn, "conv1") # (batch_
            size, 16, 16, 64)
        x = self.conv_bn(x, 128, [3, 3], 2, "same", activation, bn, "conv2") # (batch_
            size, 8, 8, 128)
        x = self.conv_bn(x, 256, [3, 3], 2, "same", activation, bn, "conv3") # (batch_
            size, 4, 4, 256)
        x = self.conv_bn(x, 128, [4, 4], 2, "valid", tf.nn.tanh, bn, "conv4") # (batch_
            size, 1, 1, 128)
        return x
#通过特征生成图像
def g(self, x, bn=False, activation=tf.nn.relu):
    with tf.variable_scope("g", reuse=tf.AUTO_REUSE):
        # (batch_size,   4,   4, 512)
        x = self.conv_t_bn(x, 512, [4, 4], 2, "valid", activation,    bn, "conv_t1")
        # (batch_size,   8,   8, 256)
        x = self.conv_t_bn(x, 256, [3, 3], 2, "same", activation,    bn, "conv_t2")
        # (batch_size, 16, 16, 128)
        x = self.conv_t_bn(x, 128, [3, 3], 2, "same", activation,    bn, "conv_t3")
        # (batch_size, 32, 32,   1)
        x = self.conv_t_bn(x,   1, [3, 3], 2, "same", tf.nn.tanh, False, "conv_t4")
        return x
#生成器
def G(self, x):
    return self.g(self.f(x))
```

我们封装了 conv_bn 来实现卷积操作与 BN 操作，封装了 conv_t_bn 来实现转置卷积操作与 BN 操作，将两者直接联系在一起就构成了最终的生成器。

接着来看判别器的代码，判别器的结构依旧简单。

```
#判别器
def D(self, x, bn=False, activation=tf.nn.relu):
    with tf.variable_scope("D", reuse=tf.AUTO_REUSE):
        # (batch_size, 16, 16, 128)
        x = self.conv_bn(x, 128, [3, 3], 2, "same", activation,   bn, "conv1")
        # (batch_size,  8,  8, 256)
        x = self.conv_bn(x, 256, [3, 3], 2, "same", activation,   bn, "conv2")
        # (batch_size,  4,  4, 512)
        x = self.conv_bn(x, 512, [3, 3], 2, "same", activation,   bn, "conv3")
        # (batch_size,  1,  1,   1)
        x = self.conv_bn(x,   1, [4, 4], 2, "valid", tf.identity, False, "conv4")
        #将一个张量展平
        x = tf.layers.flatten(x)
        return x
```

接着来构建 DTN 的各种损失函数，先实例化需要的各种张量。

```
# 源域
f_xs            = self.f(self.xs)
self.g_f_xs     = self.g(f_xs)
D_g_f_xs        = self.D(self.g_f_xs)
f_g_f_xs        = self.f(self.g_f_xs)

# 目标域
f_xt            = self.f(self.xt)
g_f_xt          = self.g(f_xt)
D_g_f_xt        = self.D(g_f_xt)
D_xt            = self.D(self.xt)
f_g_f_xt        = self.f(g_f_xt)
```

f_xs 为源域图像对应的图像特征；g_f_xs 为图像生成器根据源域图像特征生成的图像；D_g_f_xs 为判别器给该生成图像的判别分数，f_g_f_xs 为图像特征提取器对生成图像提取出的图像特征。目标域张量的意义与源域的相似。

张量定义好后，就来构建具体的损失。首先构建判别器的损失，因为比较简单，所以直接给出整块代码。

```
# 判别器损失
loss_D_g_f_xs   = tf.reduce_mean(tf.nn.sigmoid_cross_entropy_with_logits(
  logits=D_g_f_xs, labels=tf.zeros_like(D_g_f_xs))) #低分
loss_D_g_f_xt   = tf.reduce_mean(tf.nn.sigmoid_cross_entropy_with_logits(
  logits=D_g_f_xt, labels=tf.zeros_like(D_g_f_xt))) #低分
loss_D_xt       = tf.reduce_mean(tf.nn.sigmoid_cross_entropy_with_logits(
  logits=D_xt, labels=tf.ones_like(D_xt))) #高分
self.loss_D_xs  = loss_D_g_f_xs
self.loss_D_xt  = loss_D_g_f_xt + loss_D_xt
```

loss_D_g_f_xs 表示判别器给生成器根据源域生成的图像打的分数，对于判别器而言，它希望给生成的图像打尽量低的分值。loss_D_g_f_xt 表示判别器给生成器根据目标域生成的图像打的分数，判别器同样希望给予低分。loss_D_xt 表示判别器给输入的真实图像打的分数，判别器希望它给真实图像打高分，最后将源域与目标域的判别器损失分开成相应的两个张量。

相对于判别器而言，生成器的损失就比较繁杂，首先构建生成器的对抗损失，代码如下。

```
# 生成器对抗损失
loss_GANG_D_g_f_xs = tf.reduce_mean(tf.nn.sigmoid_cross_entropy_with_logits(
        logits=D_g_f_xs, labels=tf.ones_like(D_g_f_xs)))
loss_GANG_D_g_f_xt = tf.reduce_mean(tf.nn.sigmoid_cross_entropy_with_logits(
        logits=D_g_f_xt, labels=tf.ones_like(D_g_f_xt)))
```

对于生成器而言，无论它是根据源域还是根据目标域，生成器都希望自己生成的图像可以让判别器打高分，这样就与判别器形成了对抗。

接着来构建L_{CONST}特征循环一致性损失，代码如下。

```
# MSE 均方差损失
def d(self, x, y):
    return tf.reduce_mean(tf.square(x - y))

loss_CONST_xs       = self.d(f_xs, f_g_f_xs)
loss_CONST_xt       = self.d(f_xt, f_g_f_xt)
```

特征的循环一致性损失比较直观，计算输入图像的图像特征与相应的生成图像的图像特征之间的损失即可，最小化两者的损失，可以让源域的语义样式与目标域的语义样式越来越接近，最终可以生成比较理想的图像。

然后定义L_{TID}图像重构损失，代码如下。

```
# MSE 均方差损失
def d2(self, x, y):
    return tf.reduce_mean(tf.square(x - y))
loss_TID             = self.d2(self.xt, g_f_xt)
```

图像重构损失同样很直观，计算目标域的图像输入以及生成器生成的相应图像之间的损失即可，最小化该损失，可以让生成器更好地学到目标域中的图像特征。

最后定义L_{TV}全变分对应的损失。

```
# 全变分模型
def tv(self, x):
    return tf.reduce_mean(tf.image.total_variation(x))
loss_TV_xs           = self.tv(self.g_f_xs)
loss_TV_xt           = self.tv(g_f_xt)
```

将上面的各种损失相加，就构成生成器的总损失。

```
# 源域生成器总损失
self.loss_G_xs            = loss_GANG_D_g_f_xs + a*loss_CONST_xs + c*loss_TV_xs
```

```
# 目标域生成器总损失
self.loss_G_xt          = loss_GANG_D_g_f_xt + a*loss_CONST_xt + b*loss_TID + c*loss_TV_xt
```

其中的 a、b、c 是权重超参数，表示不同损失对生成器的重要程度。当我们将所有损失都定义好后，就可以通过优化算法来最小化这些损失了。

```
t_vars = tf.trainable_variables()
d_vars = [v for v in t_vars if "D" in v.name]
g_vars = [v for v in t_vars if "g" in v.name]
if self.f_adaptation_flag:
    g_vars.extend([v for v in t_vars if "f" in v.name])
with tf.variable_scope("xs", reuse=False):
    optimizer_d_xs = tf.train.AdamOptimizer(self.lr)
    optimizer_g_xs = tf.train.AdamOptimizer(self.lr)
    update_ops = tf.get_collection(tf.GraphKeys.UPDATE_OPS)
    with tf.control_dependencies(update_ops):
        self.train_op_d_xs = optimizer_d_xs.minimize(self.loss_D_xs, var_list=d_vars)
        self.train_op_g_xs = optimizer_g_xs.minimize(self.loss_G_xs, var_list=g_vars)
with tf.variable_scope("xt", reuse=False):
    optimizer_d_xt = tf.train.AdamOptimizer(self.lr)
    optimizer_g_xt = tf.train.AdamOptimizer(self.lr)
    update_ops = tf.get_collection(tf.GraphKeys.UPDATE_OPS)
    with tf.control_dependencies(update_ops):
        self.train_op_d_xt = optimizer_d_xt.minimize(self.loss_D_xt, var_list=d_vars)
        self.train_op_g_xt = optimizer_g_xt.minimize(self.loss_G_xt, var_list=g_vars)
```

优化的代码比较常见，在 TensorFlow 中就是通过相应的 API 方法将优化目标以及相应的模型参数传入即可，不再过多解释。

下面直接来编写模型的训练代码，通过 Session 对象的 run 方法来计算此前定义好的生成器损失及判别器损失。

```
if (batch + 1) % self.params["eval_every_num_update"] == 0:
    op = [self.summary_op_xs, self.loss_D_xs, self.loss_G_xs]
    summary_op_xs, loss_D_xs, loss_G_xs = self.sess.run(op, feed_dict)
    self.summary_writer.add_summary(summary_op_xs, batch)
    self.logger.info("[Source] [%d/%d] d_loss: %.6f, g_loss: %.6f" \
    % (batch + 1, self.params["max_batch"], loss_D_xs, loss_G_xs))
if (batch + 1) % self.params["eval_every_num_update"] == 0:
    op = [self.summary_op_xt, self.loss_D_xt, self.loss_G_xt]
    summary_op_xt, loss_D_xt, loss_G_xt = self.sess.run(op, feed_dict)
    self.summary_writer.add_summary(summary_op_xt, batch)
    self.logger.info("[Target] [%d/%d] d_loss: %.6f, g_loss: %.6f" \
    % (batch + 1, self.params["max_batch"], loss_D_xt, loss_G_xt))
```

这样就获得了当前轮生成器与判别器的具体损失，以类似的方法调用此前定义的优化方法。

```
if self.flip_gradient_flag:
    # 最小化所有损失（源域+目标域）
    self.sess.run(self.train_op_all, feed_dict)
else:
```

```
    # 分开优化
    for _ in range(self.params["d_update_freq_source"]):
        self.sess.run(self.train_op_d_xs, feed_dict)
    for _ in range(self.params["g_update_freq_source"]):
        self.sess.run(self.train_op_g_xs, feed_dict)

if self.flip_gradient_flag:
    self.sess.run(self.train_op_all, feed_dict)
else:
    for _ in range(self.params["d_update_freq_target"]):
        self.sess.run(self.train_op_d_xt, feed_dict)
    for _ in range(self.params["g_update_freq_target"]):
        self.sess.run(self.train_op_g_xt, feed_dict)
```

至此 DTN 代码的核心部分就编写完成，还有很多辅助代码便不再展示。DTN 将 SVHN 数据集中的图像转成对应的 MNIST 图像，效果如图 8.36 所示。可以看出，效果还是很不错的，门牌号都生成了对应的手写数字。

图 8.36　DTN 效果

8.4.3　XGAN 介绍

接着来讨论一下 XGAN，XGAN 是 2018 年 4 月由 Google 团队提出的一种语义样式不变的图像跨域转换 GAN，之所以叫 XGAN，除比较酷之外，是因为其模型结构就像一个 X，这里简单地讨论一下 XGAN 的模型结构以及它的目标函数。

XGAN 的提出是为了解决固定编码器在两个域之间存在较大的域位移时不具有一般性的问题，XGAN 论文指出 DTN 就面临着这个问题。

XGAN 的核心思想与 DTN 类似，都利用循环一致性保证了多域之间的语义特征具有相似性，下面先从 XGAN 模型结构的角度来探讨一下。

XGAN 是 D_1 域与 D_2 域上的两个自编码器，每个域内分别有一个编码器以及一个解码器，如图 8.37 所示。

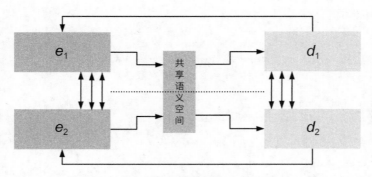

图 8.37　每个域对应编码器与解码器

在图 8.37 中，使用e_1表示D_1域的编码器，使用d_1表示D_1域的解码器，两者构成该域的自编码器，获得D_1域中图像的语义特征，对于D_2域也是类似的。需要注意的是，编码器e_1与编码器e_2最后几层的模型参数是相关联的，这样可以让编码器编码不同的域空间图像时产生有关联性的语义特征，解码器d_1与解码器d_2最开始几层的模型参数也是相关联的，其作用依旧是让两个域可以产生具有关联性的语义特征。

为了加强两个域中图像语义特征的关联性，XGAN 定义出了L_{dann}域对抗性损失，最小化域对抗性损失会将两个域中图像的特征嵌入同一个子空间中，弥合两个域之间语义特征的差异，这样就强化了两个域中图像语义特征的关联性，直观形式如图 8.38 所示。

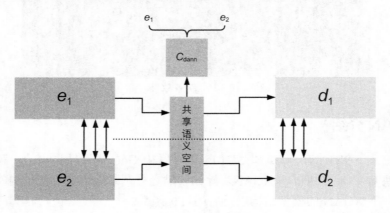

图 8.38　L_{dann}域对抗性损失

从图 8.38 中可以看出，不同域中的图像依旧通过编码器编码获得图像的语义特征，然后通过解码器解码图像的语义特征，复原出图像，不同域中的编码器会编码获得自身域中图像的语义特征。现在会训练出一个类似判别器的二分类模型C_{dann}，该二分类模型会尽力去判别此时语义空间中的语义特征是由D_1域中的e_1编码器编码获得的，还是由D_2域中的e_2编码器编码获得的。即C_{dann}的目的是分辨出不同的语义特征来自于哪个域，而e_1编码器与e_2编码器的目的是降低C_{dann}分类的准确率，让C_{dann}分辨不出此时的语义特征来自于哪个域，这样就实现了e_1编码器与e_2编码器可以编码出类似的语义特征来表示不同的域中的图像。

但这只能保证两个域的图像之间生成的语义特征在表型上具有相似性，不能表明两个表型上相似的语义特征向量在不同的域中表示相同的含义。例如，现在两个域有一个相同的语义向量，该语义向量在D_1域表示黑头发大眼睛的人有点儿生气，而在D_2域可能就表示金头发小眼睛的人在开心地笑，两个域由编码器生成的语义向量虽然相似，但在不同的域表示不同的内在含义。为了让两个域的语义特征的内在含义具有关联，就需要使用循环一致性的思想。XGAN利用循环一致性的思想定义出L_{sem}语义一致性损失，其直观形式如图 8.39 所示。

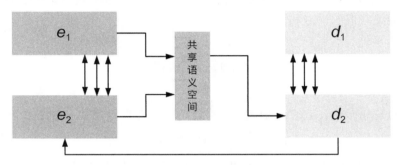

图 8.39　L_{sem}语义一致性损失

从图 8.39 中可以直观地看出，D_1域的图像先通过编码器e_1编码获得语义特征，然后由D_2域的解码器d_2解码语义特征复原图像，此时再将复原的图像交由编码器e_2编码获得语义特征，最小化复原图像与原始输入图像的语义特征，这样就可以让两个域的语义特征在内在含义上具有关联性。

当然最后还有一个最常见的对抗损失，即生成器希望判别器给自己生成的图像打高分，直观形式如图 8.40 所示。

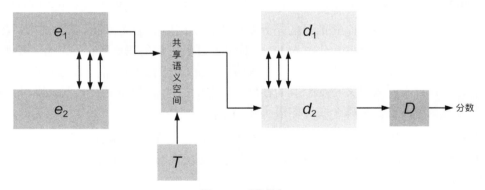

图 8.40　对抗损失

输入图像由编码器e_1编码，再由解码器d_2解码获得复原图像，此时将复原图像交由判别器判别。判别器的目的是给解码器复原的图像打低分，给真实的图像打高分，而编码器与解码器构成的生成器希望判别器给自己生成的图像打高分，从而构成生成对抗关系。这里还有一个额外的教师损失L_{teach}，该损失是可选的，它是一个预训练的语义特征嵌入模型，我们可以从中获取一些先验知识，以辅助 XGAN 的训练。

接着从数学角度来看 XGAN，结合上面对 XGAN 模型的描述来理解 XGAN 的损失函数。首先定义L_{rec}图像的重构损失，即一个域中图像通过编码解码复原后，复原的图像与原始的输入图像之间的损失，公式如下。

$$L_{\text{rec},1} = E_{x \sim PD_1}\big(\parallel x - d_1\big(e_1(x)\big) \parallel_2 \big)$$

这里使用了 2-范数，与 1-范数类似，2-范数也分为向量 2-范数与矩阵 2-范数。向量 2-范数表示向量元素绝对值的平方和再开方，其公式如下。

$$\parallel x \parallel_2 = \sqrt{\sum_{i=1}^{n} x_i^2}$$

矩阵 2-范数，也称谱范数，它表示$\mathbf{A}^{\mathrm{T}}\mathbf{A}$矩阵的最大特征值的平方根，公式如下。

$$\parallel A \parallel^2 = \sqrt{\lambda_1} \text{（为}\mathbf{A}^{\mathrm{T}}\mathbf{A}\text{的最大特征值）}$$

$L_{\text{rec},1}$公式中处理的是图像矩阵，所以其 2-范数指的是矩阵 2-范数，$L_{\text{rec},1}$针对的是D_1域，对应D_2域具有同样的$L_{\text{rec},2}$。对自编码器而言，它希望重构损失越小越好，如此一来，它重构的图像与原始输入的图像越来越相近，这进一步说明编码器可以从图像中抽取出合理的语义特征来表示图像。

接着来定义域对抗性损失L_{dann}，最小化该损失可以让两个域的语义特征更加相近，其公式如下。

$$\min_{\theta \in 1, \theta \in 2} \max_{\theta_{\text{dann}}} L_{\text{dann}} = E_{PD_1}\phi\big(1, C_{\text{dann}}(e_1(x))\big) + E_{PD_2}\phi\big(1, C_{\text{dann}}(e_2(x))\big)$$

其中C_{dann}是一个二分类模型，它的目的是分辨出来自不同域的语义特征，在公式中，来自D_1域的语义特征，二分类模型会将其分类为 1，而对于来自于D_2域的语义特征，二分类模型会将其分类为 2。公式中的θ表示模型参数，一开头的最小化和最大化表示C_{dann}经过训练希望可以最大限度地提高其对不同域语义特征分类的精度，即最大化L_{dann}，而编码器e_1与e_2则尽力让C_{dann}无法分辨出语义特征来自于哪个域，即最小化L_{dann}。

接着来定义循环语义一致性L_{sem}，循环语义一致性对 XGAN 而言是非常重要的一个损失，它的作用是让 XGAN 的编码器可以提取出有意义且语义上与复原图像具有一致性的语义特征，其公式如下。

$$L_{\text{sem},1 \to 2} = E_{x \sim PD_1} \parallel e_1(x) - e_2\big(g_{1 \to 2}(x)\big) \parallel$$

该公式表示D_1域的输入图像通过D_1域的编码器e_1提取的语义特征与D_2域的复原图像通过D_2域的编码器e_2提取的语义特征之间的损失，最小化该损失可以让两个域的语义特征在其内在含义上具有关联性。

接着来定义教师损失L_{teach}，该损失是可选的，它的主要作用是将某些先验知识结合在模型中，当然，前提是这些先验知识对模型是有效的。换句话说，我们可以直接从 T 中获取图像特征级的信息，同时可以将共享的语义空间限制在一个更有意义的子区域，其公式如下。

$$L_{\text{teach}} = E_{x \sim PD_1} \| T(x) - e_1(x) \|$$

到这里，我们就可以获得 XGAN 的总损失了，将上面定义的损失全部相加即可，公式如下。

$$L_{\text{XGAN}} = L_{\text{rec}} + w_d L_{\text{dann}} + w_s L_{\text{sem}} + w_g L_{\text{dann}} + w_t L_{\text{teach}}$$

其中w_d、w_s、w_g、w_t表示不同损失对 XGAN 总损失的重要程度。XGAN 就简单地讨论到这里，在其论文中给出了 DTN 与 XGAN 使用相同参数训练同一组数据的结果比对图，如图 8.41 所示。

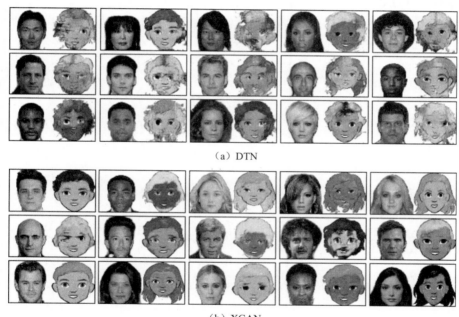

（a）DTN

（b）XGAN

图 8.41　DTN 与 XGAN 对比

从图 8.41 中可以看出 XGAN 有更好的效果，当然这并不能说明 DTN 一无是处，毕竟两者的核心思想是相同的。

8.5　小结

在本章中，我们讨论了循环一致性这种思想在 GAN 中的使用。简单来说，循环一致性其实是自监督的一种思路，即模型自己监督自己生成的效果，当然 GAN 本身也可以认为是一种自监督，即判别器监督生成器。

我们从图像风格转换开始讨论，引出了 CycleGAN，它可实现不匹配数据之间的图像转换，但因为它只能实现两域之间的跨域图像转换，在面对多域图像转换时显得繁杂，从而引出了 StarGAN，它只需训练一个生成器，便可以实现多个不同数据集在多个不同域之间的图像转换。

但 CycleGAN 与 StarGAN 的图像跨域转换都停留在像素级别，对于风格差异较大的图像，则难以获得理想的效果，从而引出了图像语义一致性的概念，接着便讨论了 DTN 与 XGAN 这两种强调语义一致性的 GAN 网络。

下一章我们将返回母星学习如何改善传统 GAN，这是为了能在之后的 GAN 星际旅行中更好地理解不同的 GAN 星球。

第9章 改进生成对抗网络

上一章主要讨论了循环一致性思想在 GAN 中的使用以及相应 GAN 变体的实现方法，包括 CycleGAN、StarGAN、DTN、XGAN 等。但渐渐地，我们发现，有些 GAN 星球的损失不再使用 f 散度来衡量，而是使用其他方式，如实现 CycleGAN 时使用了最小二乘损失（Least Square GAN），实现 StarGAN 时使用了 Wasserstein 距离，即 WGAN-GP。本章主要讨论这些损失对原始 GAN 的改进之处及其简单的数学原理，同时还会讨论一些较为著名的改进方法。

本章我们的飞船返回母星基地，开始学习 WGAN、WGAN-GP、SNGAN、Loss-Sensitive GAN 等内容，有了这些知识后，探索 GAN 太空的旅行会变得更加广阔、有趣。

9.1 传统 GAN 存在的问题

9.1.1 梯度消失

既然要讨论改进，当然先要知道传统的 GAN 哪里存在问题，这样我们才能对症下药。回忆一下传统 GAN 的目标函数。

$$V(D,G) = E_{x \sim P_{\text{data}}(x)}[\log D(x)] + E_{z \sim P_z(z)}[\log(1 - D(G(x)))]$$

为了方便后面表示，这里将 $P_{\text{data}}(x)$ 记为 P_r，表示真实数据的概率分布；将 $P_z(z)$ 记为 P_g，表示生成数据的概率分布。通过本书第 5 章关于 GAN 数学方面的讨论，你已经可以知道，判别器 D 的最优解可以推导为

$$D_G^*(x) = \frac{P_r(x)}{P_r(x) + P_G(x)}$$

将判别器 D 的最优解代入生成器 G 中，可以获得生成器 G 的最优解。

$$\max_D V(D,G) = \text{KL}\left[P_r \parallel \frac{P_r + P_g}{2}\right] + \text{KL}\left[P_g \parallel \frac{P_r + P_g}{2}\right] - 2\log 2$$

当生成器 G 是最优时，就有$P_r(x) = P_G(x)$，即生成数据分布与真实数据分布相同，此时生成器可以生成以假乱真的数据。当$P_r(x) = P_G(x)$时，就可以将上式简化。

$$C(G) = \max_D V(D, G) = 2\text{JS}[P_r \parallel P_g] - 2\log 2$$

传统 GAN 中训练生成器其实就是减小真实分布P_r与生成分布P_g的 JS 散度，从而达到让生成器可以生成以假乱真的图像的目的。但要使用 JS 散度来表示两分布之间的距离，是有前提条件的，即两分布是有重叠部分的，且重叠部分不可忽略，这个前提条件的来源是对分布不重叠部分，KL 散度可能不存在。该条件同样经过严谨的数据推导证明，这里不深究，感兴趣的读者可以阅读 Wasserstein GAN 的论文。

要使用 JS 散度表示概率分布的距离，需要满足分布之间有重叠部分的要求，但 GAN 中生成器生成数据的概率分布与真实数据的概率分布几乎是没有重叠部分的，或两分布重叠部分是可以被忽略的。这就造成了一个严重的问题，即使用 JS 散度是无法表示 GAN 中生成数据分布与真实数据分布之间的距离的。

当然这都是在判别器 D 最优这个条件下推导出生成器最优时的情况，换句话说，当判别器越接近最优时，最小化生成器的损失也就会越接近最小化真实分布P_r与生成分布P_g之间的 JS 散度。而因为在 GAN 中真实分布与生成分布通常是不重叠的或重叠部分可忽略的，所以 JS 散度无法衡量两分布之间的距离，即判别器无法指导生成器进一步优化来生成更逼真的图像。

简单从数学角度来推导一下这个结论，对于任意一个 x，都只有 4 种可能。

- $P_r(x) = 0, P_G(x) = 0$。
- $P_r(x) \neq 0, P_G(x) \neq 0$。
- $P_r(x) = 0, P_G(x) \neq 0$。
- $P_r(x) \neq 0, P_G(x) = 0$。

简单地将这 4 种情况都代入生成器 G 最优时的公式中，即代入公式$C(G)$中，推导如下。

- $P_r(x) = 0, P_G(x) = 0 \rightarrow$代入公式$C(G)$，分母为 0，对 JS 散度没有贡献。
- $P_r(x) \neq 0, P_G(x) \neq 0 \rightarrow$代入公式$C(G)$，重叠部分可以忽略，对 JS 散度没有贡献。
- $P_r(x) = 0, P_G(x) \neq 0 \rightarrow$代入公式$C(G)$，$\text{JS}[P_r \parallel P_g] = \log 2$，$C(G) = 0$。
- $P_r(x) \neq 0, P_G(x) = 0 \rightarrow$代入到公式$C(G)$，$\text{JS}[P_r \parallel P_g] = \log 2$，$C(G) = 0$。

从上面推导可以得到的结论是，无论真实分布P_r与生成分布P_g距离多远或距离多近，只要两分布没有任何重叠或重叠部分可以忽略，那么 JS 散度的值就恒为$\log 2$，而生成器的梯度$C(G)$就恒为 0。换句话说，当判别器最优时，生成器无法获得任何梯度信息，导致训练生成器也无法降低其损失，也就无法进一步生成更逼真的图像。直观理解如图 9.1 所示。

在二维空间中，生成分布P_g与真实分布P_r没有重叠部分，那么 JS 散度是无法度量两分布之间的距离的。从图 9.1 中可以看出，GAN 刚开始训练时，P_{g_0} 与 P_r 的距离 d_0 是比较大的，此时 JS 散度的值为 $\log 2$；训练一段时间后，$P_{g_{50}}$ 与 P_r 的距离为 d_{50}，它比 d_0 的值要小，即此时 $P_{g_{50}}$ 比 P_{g_0} 要好，但 JS 散度却依旧是 $\log 2$，即对 JS 散度而言，两者是一样差的；除非两分布出现重叠部分，即 $P_{g_{100}}$ 与 P_r 重合，此时 JS 散度直接从 $\log 2$ 降为 0。

但上述描述是无法实现的，因为 JS 散度认为 P_{g_0} 与 $P_{g_{50}}$ 是一样差的，此时就不会提供梯度给生成器，让生成器从 P_{g_0} 优化到 $P_{g_{50}}$，即训练会卡在 P_{g_0} 处，难以进一步优化。

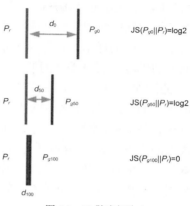

图 9.1　JS 散度恒为 log2

从另一个角度来看，判别器就是一个二元分类器，因为两个概率分布之间不存在重叠部分或重叠部分可以忽略，所以判别器可以轻易地将两种分布分开，即使用 sigmoid 函数对真实数据输出 1，对生成数据输出 0，而 simgoid 函数两端是很平缓的，难以获得一个梯度，生成器很难使用这么小的梯度去进一步优化自身的参数。

这也是本书前半部分中，建议训练 GAN 时，不要把判别器训练得太好的理由，太好则容易发生梯度消失。当然也不能训练得太差，太差判别器就难以分辨出真实数据与生成数据，最佳的情况就是将判别器训练得不好不差，但这个度其实很难把握，这也就是 GAN 难以训练的原因。

但还有一个问题需要思考，因为 GAN 中的生成分布与真实分布之间难以有重叠部分或重叠部分可以忽略，所以 JS 散度会恒为 $\log 2$，导致生成器获得的梯度为 0，那么 GAN 中生成分布与真实分布不重叠或重叠部分可以忽略的可能性有多大？非常大。严谨的原因是，当真实数据分布 P_r 与生成数据分布 P_g 的支撑集是高维空间中的低维流形时，P_r 与 P_g 重叠部分测度为 0 的概率为 1。这里提及支撑集、流形、测度等概念，简单解释一下。

- ❑　支撑集（support）：函数非零部分的子集，如 ReLU 函数的支撑集就是 $(0,\infty)$，而一个概率分布的支撑集就是所有概率密度非零部分的集合。
- ❑　流形（manifold）：高维空间中曲线、曲面概念的拓广，可以从低维空间来理解流形，三维空间中一个二维曲面就是一个二维流形，因为其本质维度（intrinsic dimension）只有 2，一个点在二维流形上移动只有两个方向的自由度，同理三维空间或二维空间中的一条曲线称为一维流形。流形本身也是一个学科体系，这里对流形的描述只是直观的描述，严谨而言，所谓流形一般可以认为是局部具有欧氏空间性质的空间。
- ❑　测度（measure）：高维空间中长度、面积、体积概念的拓广，可以直观地理解为"超体积"。

上述的严谨原因是可以通过严格的数据公式推导证明的，这里从直观的角度解释该原因。

在 GAN 中，生成器通常是从一个低维空间分布随机采样一个噪声，再通过神经网络训练，获得一个高维空间的输出，当生成器经过一定的训练后，固定了自身的参数，此时虽然可以由该生成器生成高维的样本，但其本身可能产生的变化已经被低维随机分布给限制了，其本质维度还是低维的维度。假设采样的低维空间维度为 100 维，生成输出的高维空间维度为 4096 维（64×64 的图像），那么当训练完生成器获得一组固定的参数后，生成 4096 维样本可能的变化已经被输入的 100 维噪声给限制住了，其本质维度是 100 维的，即生成器生成的样本概率分布的支撑集就是 4096 维空间中构建的 100 维的低维流形。考虑到神经网络非线性变化可能会将输入数据降为 0，最终 4096 维空间中的低维流形通常会低于输入的维度，即低于 100 维，其结果就是生成的样本数据无法填充整个高维空间。讨论到这里就可以直观地知道 GAN 是满足真实数据分布P_r与生成数据分布P_g的支撑集是高维空间中的低维流形这个条件的。

只要满足了这个条件，就不难理解P_r与P_g重叠部分测度为 0 的概率为 1。从三维空间来理解，在三维空间中随便画两条曲线，这两条曲线之间存在重叠部分的概率是非常小的，几乎为 0，虽然两条曲线之间存在交叉点的概率不行，但相对于曲线而言，交叉点比曲线还低一个维度，所以交叉点的重叠是可以忽略的。换言之，两条曲线之间不存在重叠部分的概率非常接近 1。推广到高维空间，如果满足了真实数据分布P_r与生成数据分布P_g的支撑集是高维空间中的低维流形这个条件，那么真实数据分布与生成数据分布之间测度为 0 的概率为 1（可以想象一维曲线在 100 维空间中存在重叠部分的可能性）。

通过上面的讨论得知了传统 GAN 会遇到的第一个严重的问题，即当使用的判别器越接近最优，最小化生成器损失就越近似于最小化 JS 散度。但在 GAN 中，其生成数据分布与真实数据分布之间极大概率不存在不可忽略的重叠部分，所以无论两分布的真实距离是多少，JS 散度的值都恒为$\log 2$，导致生成器的梯度近似为 0，从而无法通过训练进一步优化生成器。一句话总结就是传统 GAN 会遇到梯度消失问题。

要解决 GAN 梯度消失问题，一个直观的想法就是让两分布有不可忽略的重叠部分，这样使用 JS 散度也可以正常地训练 GAN。其中一种解决方法就是直接给生成数据和真实数据加上噪声，强行让生成数据的分布与真实数据的分布在高维空间中产生重叠部分，一旦存在不可忽略的重叠，JS 散度就可以发挥真正的效果，让生成数据的分布与真实数据的分布越靠近。在具体实现的过程中，会对添加上生成数据与真实数据的噪声进行模拟退火（simulated annealing），慢慢减小噪声的方差，直到生成数据分布与真实数据分布本身有不可忽略的重叠部分时，就可以完全移除噪声。此时 JS 散度依旧可以产生有意义的梯度，从而进一步优化生成器，拉近生成数据分布与真实数据分布之间的距离。通过这种方法，就可以放心地训练 GAN，不必过于担心梯度消失的问题。

通过这种方式改进后，GAN 的目标函数变为

$$\min L_D(P_{r+\epsilon}, P_{g+\epsilon}) = -E_{x \sim P_{r+\epsilon}}[\log D^*(x)] - E_{x \sim P_{g+\epsilon}}\big[\log(1 - D^*(x))\big]$$

$$= 2\log 2 - 2JS\big(P_{r+\epsilon} \parallel P_{g+\epsilon}\big)$$

公式中的$P_{r+\epsilon}$表示加噪声后的真实数据分布，$P_{g+\epsilon}$表示加噪声后的生成数据分布。但这种做法并不能从本质上解决 GAN 的问题，算是一种工程 ticks。

9.1.2 模式崩溃

除了梯度消失这个问题，传统 GAN 还面临着模式崩溃（mode collapse）的问题，其直观表现就是生成器生成的样本多样性不足，如图 9.2 所示。

从图 9.2 中可以看出，某一张动漫人物的头像出现多次，如果继续训练该 GAN，在之后，GAN 可能还会生成更多相同或相近的图像，即发生了模式崩溃，造成生成数据多样性不足。依旧通过数学推导来讨论一下 GAN 发生模式崩溃的原因。

由前面的推导可知，在判别器最优时，生成器的最优解为

$$E_{x \sim P_r}[\log D^*(x)] + E_{x \sim P_g}[\log(1 - D^*(x))] = 2\mathrm{JS}[P_r \parallel P_g] - 2\log 2$$

在 GAN 原始论文中，作者 Lan Goodfellow 提出了一个改进方法，使用$E_{x \sim P_g}[-\log D(x)]$来代替原始的$E_{x \sim P_g}[1 - \log D(x)]$。通过这样的改动，在实验上发现训练 GAN 的生成器会更加简单些，直观解释一下，可视化显示$-\log(D(x))$函数与$\log(1 - D(x))$函数，如图 9.3 所示。

图 9.2　模式崩溃问题

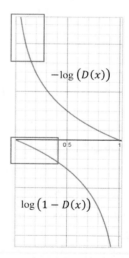

图 9.3　$-\log(D(x))$函数与$\log(1 - D(x))$函数

从图 9.3 中可以直观地看出，两函数的整体梯度方向是相同的，但在函数的一开头，$-\log(D(x))$函数梯度变化的速度明显比$\log(1 - D(x))$函数梯度变化快很多，使用$-\log(D(x))$可以让生成器在一开始就获得比较大的梯度，从而让 GAN 训练变得简单些。但有学者实验表明，使用没有改变的$\log(1 - D(x))$函数依旧可以训练出 GAN。

这里提及$E_{x \sim P_g}[-\log D(x)]$，是因为它与 GAN 发生模式崩溃具有一定的关系。下面来推

导一下。

首先通过推导，将下面 KL 散度转换成包含 D^* 的形式。

$$\text{KL}\big(P_g \parallel P_r\big) = E_{x \sim P_g}\left[\log \frac{P_g(x)}{P_r(x)}\right]$$

$$= E_{x \sim P_g}\left[\log \frac{P_g(x)/P_r(x) + P_g(x)}{P_r(x)/P_r(x) + P_g(x)}\right]$$

$$= E_{x \sim P_g}\left[\log \frac{1 - D^*(x)}{D^*(x)}\right]$$

$$= E_{x \sim P_g}[\log(1 - D^*(x))] - E_{x \sim P_g}[\log D^*(x)]$$

注意式中 KL 散度括号中的顺序，P_g 在前，P_r 在后。将式中的项移位一下，获得如下公式。

$$E_{x \sim P_g}[-\log D^*(x)] = \text{KL}\big(P_g \parallel P_r\big) - E_{x \sim P_g}[\log(1 - D^*(x))]$$

其中 $E_{x \sim P_g}[\log(1 - D^*(x))]$ 可以替换一下，推导如下。

将原始 GAN 生成器最优解的公式中的项位移一下，可得：

$$E_{x \sim P_r}[\log D^*(x)] + E_{x \sim P_g}[\log(1 - D^*(x))] = 2\text{JS}(P_r \parallel P_g) - 2\log 2$$

$$E_{x \sim P_g}[\log(1 - D^*(x))] = -E_{x \sim P_r}[\log D^*(x)] + 2\text{JS}(P_r \parallel P_g) - 2\log 2$$

将其代入 $E_{x \sim P_g}[-\log D^*(x)]$ 等式中。

$$E_{x \sim P_g}[-\log D^*(x)] = \text{KL}\big(P_g \parallel P_r\big) - 2\text{JS}(P_r \parallel P_g) + 2\log 2 + E_{x \sim P_r}[\log D^*(x)]$$

观察一下上面的公式，可以发现后两项与生成器 G 无关，那么生成器 G 的目标函数就为

$$L_G = \text{KL}\big(P_g \parallel P_r\big) - 2\text{JS}(P_r \parallel P_g)$$

训练生成器其实就是让生成器最小化 L_G，但这个目标函数存在两个严重的问题。

第一个问题，最小化 L_G 相当于要最小化生成数据分布 P_g 与真实数据分布 P_r 的 KL 散度，同时又要最大化真实数据分布 P_r 与生成数据分布 P_g 的 JS 散度。这相当于目标函数中的两项，一个要减小 P_r 与 P_g 的距离，另一个要增大 P_r 与 P_g 的距离，从而导致梯度不稳定，导致 GAN 的训练变得不稳定。

第二个问题，KL 散度是不对称的，即 $\text{KL}(P_g \parallel P_r) \neq \text{KL}(P_r \parallel P_g)$，以 $\text{KL}(P_g \parallel P_r)$ 为例，$\text{KL}(P_g \parallel P_r)$ 对不同错误的惩罚力度是不一样的，推导如下。

- 当 $P_g(x) \to 0, P_r(x) \to 1$ 时，有 $\text{KL}\big(P_g \parallel P_r\big) = P_g(x)\log \frac{P_g(x)}{P_r(x)} \to 0$，即生成器没能生成真实样本，KL 散度接近 0，生成器获得的惩罚很小（即梯度很小）。

- 当 $P_g(x) \to 1, P_r(x) \to 0$ 时，有 $\text{KL}\big(P_g \parallel P_r\big) = P_g(x)\log \frac{P_g(x)}{P_r(x)} \to \infty$，即生成器生成了样本，但这个样本不真实，此时 KL 散度接近于正无穷，生成器获得的惩罚巨大。

其中，第一种错误，KL 散度接近 0，生成器的惩罚很小，对应着生成器缺乏多样性的现象；第二种错误，KL 散度接近正无穷，生成器的惩罚很大，对应着生成器缺乏准确性。因为第二种惩罚的力度远大于第一种错误，所以生成器更愿意生成一些重复的数据，不再去追求多样性，因为要生成多样性的图像，一开始必然要受到比较大的惩罚，没有必要，而这最终就造成了 GAN 的模式崩溃现象，GAN 大量产生类似图像，缺乏多样性。

简单总结就是，最小化生成器的目标函数等价于，既要缩小真实数据分布与生成数据分布的距离，又要增大真实数据分布与生成数据分布之间的距离。这是不合理的，该目标函数会导致 GAN 训练时梯度不稳定，以及 GAN 训练时容易模式崩溃，导致生成的数据多样性不足。

在更好的优化方法出现之前，人们对这种现象的解决也非常直接暴力，多训练几个 GAN 生成器模型。例如训练出 25 个生成器模型，这样就算每个生成器模型都生成很多重复的数据也没关系，至少有 25 个数据样本是不重复（从每个生成器生成的数据中抽取一个样本出来）的，但这种方法治标不治本。

9.2 Wasserstein GAN

Wasserstein GAN 的提出就是为了解决传统 GAN 遇到的梯度消失、训练时梯度不稳定以及模式崩溃等问题。回忆一下上一节中关于这 3 个问题的讨论，追根溯源，它们都与 KL 散度、JS 散度有关系，即原始 GAN 选择使用 KL 散度、JS 散度来衡量生成数据分布与真实数据分布之间的距离是有问题的，这些问题都可以通过数据推导证明出来。为了解决传统 GAN 遇到的问题，Wasserstein GAN 提出使用 Wasserstein 距离来衡量两分布之间的距离，完全抛弃 KL 散度与 JS 散度。

9.2.1 EM 距离

Wasserstein 距离也称为 EM 距离（Earth Mover's Distance，推土距离），直观地来理解一下 EM 距离。假设数据 P 分布在一维空间中的某个点，数据 Q 同样也分布在一维空间中的某个点，两组数据分布之间的距离为 d，如图 9.4 所示。

现在将这两组数据想象成两堆土，而你开着一个推土机将土堆 P 上的土推到土堆 Q 上，往返多次，直到将土堆 P 上的土全部都推到土堆 Q 上，此时推土机移动的总距离的平均值就是 EM 距离。上面谈论的土堆就是一组数据分布，而推动的土就是一组数据分布中的部分数据，这部分数据会被"推动到"另一个数据分布中。简单而言，所谓的 Wasserstein 距离或 EM 距离其实就是将源数据分布中的所有数据"推动到"目标数据分布上时，每次移动数据所产生距离的总和。

上面的情况比较简单，当两组数据分布比较复杂时，EM 距离怎么计算呢？通常要将分布比较复杂的一组数据移动到另一组分布同样复杂的数据时，会有多种移动方式，如图 9.5 所示。要将分布 P 上的数据移动到分布 Q 上，此时就有多种方法将数据从分布 P 移动到分布 Q。

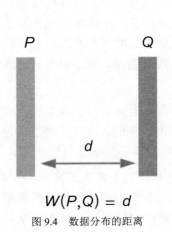

$$W(P,Q) = d$$

图 9.4 数据分布的距离

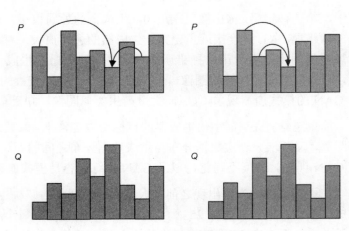

图 9.5 分布 P 上的数据移动到分布 Q

图 9.5 中就展示了两种，通常将每一种方法都称为一个 moving plans，穷举所有的 moving plans，计算出所有 moving plans 将数据从分布 P "推动到" 分布 Q 时产生的总代价，选取最小的总代价作为两分布的 EM 距离。

每一种 moving plans 都表示一种将数据从分布 P 移动到分布 Q 的方式，这种方式可以使用一个矩阵直观地表示出来，如图 9.6 所示。

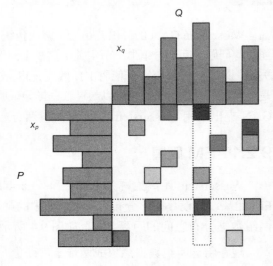

图 9.6 中的矩阵表示这种 moving plans 移动数据的具体方式，矩阵中的每一个方块表示移动的数据，颜色越深，表示此时移动的数据越多，即推的土越多，方块的位置表示将数据从分布 P 的某个位置移动到分布 Q 的某个位置。图中有两个虚线框，其中横向的虚线框表示将横轴的数据累加起来就获得了分布 P 中当前位置的数据量，而纵向的虚线框表示将纵轴的数据累加起来就获得了分布 Q 中当前位置的数据量，而整个矩阵其实就表示分布 P 不同位置要移动多少数据到分布 Q 的不同位置中。我们记 x_p 为分布 P 中不同

图 9.6 moving plans

位置数据的数据量，记 x_q 为分布 Q 中不同位置数据的数据量，记 γ 为当前 moving plans 代表的矩阵，那么就可以推导出当前 moving plans 将数据从分布 P 移动到分布 Q 的总代价。

$$B(\gamma) = \sum_{x_p x_q}^{n} \gamma(x_p, x_q)\|x_p - x_q\|$$

其中 $\gamma(x_p, x_q)$ 表示具体的推土行为，即此次推土要将分布 P 的多少数据推到分布 Q，然后

再计算出当前推土的距离，即此时推土中，将数据从分布 P 推动到分布 Q 的距离$\|x_p - x_q\|$。每一次推土的行为所移动的数据量与移动的距离相乘获得此次移动的代价，将每次移动的代价累加，则获得 moving plans 的总代价。

而所有 moving plans 的总代价中最小的值，就是分布 P 与分布 Q 的推土距离。

$$W(P,Q) = \min_{\gamma\in\Pi}B(\gamma)$$

公式中使用Π表示两种分布所有可能的 moving plans，而γ只是其中的一种 moving plan，该公式表示穷举所有的 moving plans 所产生的总代价，获得最小的代价作为两分布的 EM 距离。

在一开始的一维简单分布的例子中，我们说 EM 距离是每次移动数据所产生距离的总和，因为这个例子很简单，每一次移动的数据量可以是相同的，所以，为了方便理解，就可以简单地将移动的代价认为就是移动的距离。而复杂的分布，每次移动数据时，除距离不同外，其移动的数据量也可能不同，所以每一次移动的代价就是此次移动的数据量与此次移动距离的乘积。

读到这里，你可能会存有疑惑，因为 Wasserstein 距离或 EM 距离的常见定义应该为如下公式。

$$W(P,Q) = \inf_{\gamma\in\Pi(P,Q)}E_{(x,y)\sim\gamma}[\|x - y\|]$$

该公式的其实与上面提及的 EM 距离公式具有相同的含义，其中$\Pi(P,Q)$表示分布 P 与分布 Q 组合起来的所有可能的联合分布的集合，换句话说，$\Pi(P,Q)$中每个分布的边缘分布都是分布 P 和分布 Q。γ表示某种可能的联合分布，可以从γ采样出不同分布的样本 x 与 y，从而可以计算出样本x与y距离的期望值$E_{(x,y)\sim\gamma}[\|x - y\|]$。

可以直观地把$E_{(x,y)\sim\gamma}[\|x - y\|]$理解为在该 moving plan 下把土从土堆 P 推到土堆 Q 所要付出的代价，而 EM 距离就是所有可能的距离期望值的下界，用$\inf_{\gamma\in\Pi(P,Q)}$表示这个思想，inf符号表示取下界，换而言之，EM 距离$W(P,Q)$就是最优路径规划下的最小消耗。

相比于 KL 散度或 JS 散度，EM 距离的优势在于，就算两个数据分布之间没有重叠或重叠的部分可以被忽略，依旧可以正常地衡量两个数据分布的距离，从而避免了梯度消失、梯度不稳定以及模式崩溃等问题，可以通过图 9.7 来直观理解。

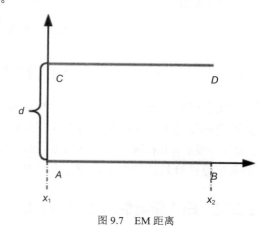

图 9.7 EM 距离

在二维空间中存在两个分布，分别是分布P_1与分布P_2，P_1在线段 AB 上均匀分布，类似的，P_2在线段 CD 上均匀分布，可以通过修改参数d来控制两分布的距离，在这个情景下，就可以推导出如下结果。

当参数$d \neq 0$时有

$$\begin{aligned}
\mathrm{KL}(P_1 \parallel P_2) &= \int_{x_1}^{x_2} P_1(x) \log \frac{P_1(x)}{P_2(x)} \mathrm{d}x \\
&= \int_{x_1}^{x_2} P_1(x) \log \frac{P_1(x)}{P_2(x) \to 0} \mathrm{d}x
\end{aligned}$$

从而可得：

$$\mathrm{KL}(P_1 \parallel P_2) = +\infty$$

对于 JS 散度，当参数 $d \neq 0$ 时，

$$\begin{aligned}
\mathrm{JS}(P_1 \parallel P_2) &= \frac{1}{2}\left[\int_{x_1}^{x_2} P_1(x) \log \frac{P_1(x)}{\frac{P_1(x)+P_2(x)}{2}} \mathrm{d}x + \int_{x_1}^{x_2} P_2(x) \log \frac{P_2(x)}{\frac{P_1(x)+P_2(x)}{2}} \mathrm{d}x \right] \\
&= \frac{1}{2}\left[\int_{x_1}^{x_2} P_1(x) \log 2 \, \mathrm{d}x + \int_{x_1}^{x_2} P_2(x) \log 2 \, \mathrm{d}x \right] \\
&= \log 2
\end{aligned}$$

同理，当参数 $d = 0$ 时可以推导出：

$$\mathrm{KL}(P_1 \parallel P_2) = 0$$

$$\mathrm{JS}(P_1 \parallel P_2) = 0$$

简单总结一下，可得：

$$\mathrm{KL}(P_1 \parallel P_2) = \begin{cases} +\infty, & d \neq 0 \\ 0, & d = 0 \end{cases}$$

$$\mathrm{JS}(P_1 \parallel P_2) = \begin{cases} \log 2, & d \neq 0 \\ 0, & d = 0 \end{cases}$$

从上面推导可以知道，KL 散度与 JS 散度是突变的，要么是最大值，要么是最小值，这就会造成梯度消失，从而无法为生成器提供有效的梯度，让整个网络变得难以收敛。而 EM 距离在 $d = 0$ 或 $d \neq 0$ 的情况下，其值都是 $|d|$，即 $W(P_1, P_2) = |d|$，EM 距离是平滑的，所以可以为生成器提供有效的梯度，让整个网络随着训练而收敛。

9.2.2　EM 距离使用在 GAN 上

那么 GAN 的目标函数要怎么修改，才是使用 EM 距离来度量生成分布与真实分布之间的距离呢？只需要将判别器的目标函数改为如下形式即可。

$$V(G, D) = \max_{D \in 1\text{-Lipschitz}} \left\{ E_{x \sim P_{\mathrm{data}}}[D(x)] - E_{x \sim P_G}[D(x)] \right\}$$

判别器的目的就是给从真实分布中抽样出来的数据打高分，给从生成分布抽样出来的数据打低分，即给从 P_{data} 出来的数据打高分，给从 p_G 出来的数据打低分。

从判别器的公式中可以看出多了 1-Lipschitz 这个约束条件。先来了解一下 Lipschitz 函数，Lipschitz 函数定义如下。

$$\|f(x_1) - f(x_2)\| \leqslant K \|x_1 - x_2\|$$

这个公式其实很好理解，即要求输入的变化乘以 K 倍要大于输出的变化，这其实就要求输入变化不能导致输出变化太大，不然就无法符合上面的不等式，换而言之，输出变化不能太快，从而保证了函数是平滑的。当倍数 $K = 1$ 时，就称此时的 Lipschitz 函数为 1-Lipschitz。

那如何才能保证训练判别器时，判别器的目标函数服从 1-Lipschitz 约束呢？如果没有 1-Lipschitz 这个约束，那么训练的逻辑其实就是常见 GAN 的训练逻辑，但此时却多出了 1-Lipschitz 约束。

在 WGAN 论文中，其实没有直接解决这个问题，而是采取添加限制的方式来让判别器目标函数尽量平滑，这种方式称为 Weight Clipping，其核心是事先定义出判别器参数更新后的一个范围 $(-c, c)$。当判别器在训练时，模型的参数 w 会被更新。如果更新后的 $w > c$，那么将 w 的值设置为 c，即 $w = c$；如果更新后的 $w < -c$，那么 $w = -c$。通过这种方式，粗暴地将判别器参数更新后的值限制在 $(-c, c)$，从而希望达到判别器的目标函数平滑变化的目的，这种方法是有效的，但并不能严格地让判别器的目标函数服从 1-Lipschitz 约束。

这其实也是科学研究中常见的做法，在对某个领域的内容做研究时，并不一定要将研究过程中遇到的所有问题都一次性解决了，对于部分没有解决的方法，可以在工程上通过其他方式实现近似的效果，让已解决的部分成功地运作。

相对于传统的 GAN，使用 EM 距离的 WGAN 只改动了 4 点。

（1）判别器最后一层去掉 sigmoid。

（2）生成器与判别器的损失不再取 log。

（3）训练判别器时，每次参数更新后的值限制在一个范围 $(-c, c)$。

（4）不使用基于动量的梯度优化算法，推荐使用 RMSProp 或者 SGD 算法。

前两点的其实就是不再使用 JS 散度，而第三点用于在工程实训上保证判别器的目标函数平滑。最后一点其实是在实验中发现的，当使用 Adam 之类涉及动量的梯度下降算法时，判别器的损失可能会出现大幅度抖动现象，而使用 RMSProp 或 SGD 算法后，这个问题就不会出现。

9.2.3 EM 距离与判别器的关系

在上一节中，我们讨论了 EM 距离以及判别器的目标函数。

$$V(G, D) = \max_{D \in 1\text{-Lipschitz}} \{ E_{x \sim P_{\text{data}}}[D(x)] - E_{x \sim P_G}[D(x)] \}$$

但并没有讨论其中的关系，即不知道为什么判别器使用该目标函数后，就使用了 EM 距离来度量生成数据分布与真实数据分布之间的距离。因为涉及比较多的数学推导，所有单独拿一节来讨论 EM 距离与判别器目标函数之间的关系，你需要有一定线性规划方面的数学知识。

首先，通过前面的讨论，我们知道 Wasserstein 距离或 EM 距离的定义。

$$W(P, Q) = \inf_{\gamma \in \Pi(P, Q)} E_{(x, y) \sim \gamma}[\|x - y\|]$$

其中，$\Pi(P, Q)$ 表示 P、Q 所有可能的联合概率分布的集合，即所有可能的 moving plans；$\gamma(x, y)$ 表示 P 出现 x 同时在 Q 中出现 y 的概率，即在 P 分布中从 x 的位置移动 $\gamma(x, y)$ 的"土"到 Q 分布中的 y 位置，γ 的边缘概率分布就是 P 与 Q。

现在记 $\boldsymbol{\Gamma} = \gamma(x, y)$，$\boldsymbol{D} = \|x - y\|$，其中 $\boldsymbol{\Gamma}, \boldsymbol{D} \in R^{|*|}$，那么 EM 距离就可以简写成如下形式。

$$EMD(P, Q) = \inf_{\gamma \in \Pi} < \boldsymbol{D}, \boldsymbol{\Gamma} >_F$$

其中 $<, >_F$ 是内积符号。

当 $\boldsymbol{D} = \|x - y\|$ 时，计算两分布之间 EM 距离的问题就变成了线性规划问题。所谓线性规划就是研究在线性约束条件下线性目标函数的极值问题的数学理论与方法，描述线性规划问题最常用、最直观的就是标准型，标准型包括 3 个部分。

❑ 一个需要极大化的线性函数，如 $c_1 x_1 + c_2 x_2$。
❑ 以下形式的问题约束：

$$a_{11} x_1 + a_{12} x_2 \leqslant b_1$$
$$a_{21} x_1 + a_{22} x_2 \leqslant b_2$$
$$a_{31} x_1 + a_{32} x_2 \leqslant b_3$$

❑ 非负变量，如：

$$x_1 \geqslant 0$$
$$x_2 \geqslant 2$$

对于一些简单的分布，可以直接用线性规划问题的方式来直接求解，但在实际问题上，分布通常都是非常复杂的，此时想使用线性规划问题的方式来求解就变得不实际。

为了方便理解，从简单的一维分布开始推导分析，因为求解 EM 距离的问题转变成了线性规划问题，所以要满足线性规划问题标准型上面提及的 3 个部分。假设现在可以将 $\boldsymbol{\Gamma}$ 与 $\boldsymbol{D}$ 这两个矩阵一维展开成 x 与 c，即 $x = \text{vec}(\Gamma), c = \text{vec}(D)$，那么此时就构建出了一个需要极大化的线性函数 $z = c^T x$，其中 $c \in R^n$，找到 x 以最小化代价 z，同时 x 要满足以下形式的约束条件 $\boldsymbol{AX} = b$，其中 $\boldsymbol{A} \in R^{m*n}$，$b \in R^m$，$x \geqslant 0$。为了得到 $\boldsymbol{AX} = b$ 这个约束条件，A 需要设置为 $m \times n$ 的矩阵，b 需要设置为 $[P, Q]^T$，挑出 x 中适当位置的值获得两个边缘分布。

x、c、b 是一维矩阵，A 是多维矩阵，最小化 $z = c^T X$ 其实就是 $\inf_{\gamma \in \Pi} < \boldsymbol{D}, \boldsymbol{\Gamma} >_F$ 的另一种

表示，即 z 是 EMD 的另一种表示，请不要被绕晕了。

因为有$\boldsymbol{\Gamma}$与 $\boldsymbol{D}$ 矩阵可以一维展开的假设，所以整个问题是比较简单的，随机变量都分布在一维且有有限个离散的状态，所以可以使用线性规划的方法直接求解。但面对现实的问题时，通常是没有这个假设条件的，即随机变量可能是上千甚至上万维的，此时直接计算是不切实际的。

由于我们的目标其实是最小化z，并利用z求分布 Q，而不一定要求出$x(\Gamma)$，所以可以利用神经网络能拟合任意函数的思路对z进行关于 Q 的梯度下降优化。

$$\nabla_P EMD(P,Q)$$

因为$b=[P,Q]^{\mathrm{T}}$，即 P 包含在优化的约束条件中，所有无法直接进行梯度下降优化。每一个线性规划问题都会有一个对偶问题，既然无法继续推导该线性规划问题，那就尝试推导与其等价的对偶问题。

原始问题：最小化$z=c^{\mathrm{T}}X$，问题约束条件为$\boldsymbol{A}x=b$且要求非负变量$x\geqslant 0$；转成与之对应的对偶问题：最大化$\tilde{z}=b^{\mathrm{T}}y$，问题约束条件为$\boldsymbol{A}^{\mathrm{T}}y\leqslant c$。

在该线性规划的对偶问题中，引入了y作为未知变量，将最小化问题转成了最大化问题，而$\tilde{z}$则看作z的下界，通过数学推导可以证明$\tilde{z}$的最大值逼近于z的最小值，即如下关系。

$$z=c^{\mathrm{T}}x\geqslant y^{\mathrm{T}}\boldsymbol{A}x=y^{\mathrm{T}}b=\tilde{z}$$

对偶问题的目标就是找到一个y^*使得$\tilde{z}^*=b^{\mathrm{T}}y^*$最大，此时$\tilde{z}^*$就是两个分布的 EM 距离，将$y^*$定义成$y^*=[f,g]^{\mathrm{T}}$，其中$f,g\in R^d$，则 EM 距离就可以表示为如下形式。

$$\mathrm{EMD}(P,Q)=f^{\mathrm{T}}P+G^{\mathrm{T}}Q$$

对偶问题如图 9.8 所示。

$$\underbrace{\left[\begin{array}{ccc|ccc|c|ccc}\boldsymbol{D}_{1,1} & \boldsymbol{D}_{1,2} & \cdots & \boldsymbol{D}_{2,1} & \boldsymbol{D}_{2,2} & \cdots & \cdots & \boldsymbol{D}_{n,1} & \boldsymbol{D}_{n,2} & \cdots\end{array}\right]}_{\boldsymbol{c}^{\mathrm{T}}}$$

$$\boldsymbol{y}\left\{\left[\begin{array}{c} f(x_1) \\ f(x_2) \\ \vdots \\ f(x_n) \\ \hline g(x_1) \\ g(x_2) \\ \vdots \\ g(x_n) \end{array}\right]\right. \quad \left.\left[\begin{array}{ccc|ccc|c|ccc}
1 & 1 & \cdots & 0 & 0 & \cdots & \cdots & 0 & 0 & \cdots \\
0 & 0 & \cdots & 1 & 1 & \cdots & \cdots & 0 & 0 & \cdots \\
\vdots & \vdots & \ddots & \vdots & \vdots & \ddots & \cdots & \vdots & \vdots & \ddots \\
0 & 0 & \cdots & 0 & 0 & \cdots & \cdots & 1 & 1 & \cdots \\
\hline
1 & 0 & \cdots & 1 & 0 & \cdots & \cdots & 1 & 0 & \cdots \\
0 & 1 & \cdots & 0 & 1 & \cdots & \cdots & 0 & 1 & \cdots \\
\vdots & \vdots & \ddots & \vdots & \vdots & \ddots & \cdots & \vdots & \vdots & \ddots \\
0 & 0 & \cdots & 0 & 0 & \cdots & \cdots & 0 & 0 & \cdots
\end{array}\right]\right\}\boldsymbol{A}$$

图 9.8　对偶问题

回想一下该对偶问题的约束条件$\boldsymbol{A}^{\mathrm{T}}y\leqslant c$，这里我们将向量$f$与向量$g$的值写为函数$f$与函数$g$的值，那么该约束条件就可以表达为$f(x_i)+g(x_j)\leqslant D_{ij}$。因为下标相同时$D_{ij}$的值为 0，所以

当 $i = j$ 下标相等时，$g(x_j) \leqslant -f(x_i)$。因为 P 与 Q 都是非负分布，所以为了最大化 $\tilde{z}$，就需要 $\sum\limits_i f_i + g_i$ 尽可能大。当 $g = -f$ 时，求得 $\sum\limits_i f_i + g_i$ 的最大值为 0，如图 9.9 所示。

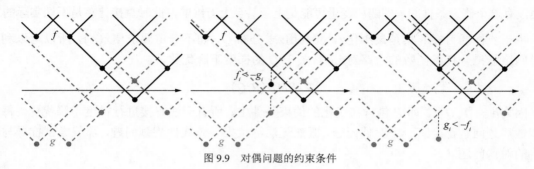

图 9.9　对偶问题的约束条件

从图 9.9 中可以看出，对偶问题的约束条件对于每个 $f \neq g$ 的优化换算都存在净损失，图中实线描绘了 f 的上限，虚线描绘了 g 的上限。

当 $g = -f$ 时，约束条件就变为 $f(x_i) - f(x_j) \leqslant D_{ij}$ 或 $f(x_j) - f(x_i) \geqslant -D_{ij}$，因为 $f(x_i)$ 的值与线段是相关联的，所以这些线段向上和向下的斜率是有限的。这里我们可以通过 Euclidian（欧几里得）距离计算出 f 的斜率限制在 -1 与 1 之间，这种约束其实就是上一节提及的 Lipschitz 连续性约束。对于任意连续分布，这种性质依旧成立（同样可以推导证明）。由于 f 的斜率限制在 -1 与 1 之间，所以 Lipschitz 连续约束的表达方式为 $\|f\|_{L \leqslant 1}$，从而推导出 EM 距离在对偶问题中的最终形式。

$$\mathrm{EMD}(P, Q) = \sup\nolimits_{\|f\|_{L \leqslant 1}} E_{x \sim P} f(x) - E_{x \sim Q} f(x)$$

其中 sup 表示上界（supremum），$f(x)$ 可以使用神经网络来拟合，这样 EMD 公式就变成了 GAN 中判别器的目标函数，在判别器中，使用神经网络拟合判别器函数 $D(x)$，$D(x)$ 与 $f(x)$ 没有什么差别，改写一下上式，就变成了判别器的目标函数。

$$V(G, D) = \max\nolimits_{D \in 1-\mathrm{Lipschitz}} \{ E_{x \sim P_{\mathrm{data}}}[D(x)] - E_{x \sim P_G}[D(x)] \}$$

9.2.4　TensorFlow 实现 WGAN

上面讨论了那么多理论层的东西，相信我们对 WGAN 已经有了一定程度的理解，接着就来尝试使用 TensorFlow 实现一个 WGAN。这里我们使用 fashion-mnist 数据集，因为 fashion-mnist 数据集与 MNIST 数据集有同样的结构，所以我们可以直接使用 TensorFlow 提供的方法快速进行处理，将注意力集中在模型的编写上。首先我们读入 fashion-mnist 数据集，并将数据与 label 区分处理，代码其实在前面章节已经有所提及。

```
from tensorflow.examples.tutorials.mnist import input_data
fashionmnist = input_data.read_data_sets(r'/Users/ayuliao/Desktop/GAN/data/fashion-mnist/
```

```
data/fashion',one_hot=True)
    train_img = fashionmnist.train.images
    self.data_X = train_img.reshape(len(train_img), 28, 28, 1)
    self.data_y = fashionmnist.train.labels
    # get number of batches for a single epoch
    self.num_batches = len(self.data_X) // self.batch_size
```

接着就按照流程来编写判别器与生成器，因为 fashion-mnist 数据集比较简单，所以判别器与生成器的结构不必太复杂，先来看判别器。

```
def discriminator(self,x ,is_training=True, reuse=False):
    with tf.variable_scope("D",reuse=reuse):
        # conv+lrelu
        net = lrelu(conv2d(x, 64, 4,4, 2,2, name='d_conv1'))
        # conv+bn+lrelu
        net = lrelu(bn(conv2d(net, 128, 4, 4, 2, 2, name='d_conv2'),
                        is_training=is_training, scope='d_bn2'))
        # 重塑，用于全连接
        net = tf.reshape(net, [self.batch_size, -1])
        net = lrelu((bn(linear(net, 1024, scope='d_fc3'),
                        is_training=is_training, scope='d_bn3')))
        out_logit = linear(net, 1, scope='d_fc4')
        out = tf.nn.sigmoid(out_logit)
        return out, out_logit,net
```

看到判别器的代码，其结构已经很清晰，使用两个卷积层和两个全连接层。需要注意的是，这里返回没有经过 sigmoid 函数处理的值 out_logit，后面我们会使用该值来计算判别器的损失。

接着看生成器的代码。

```
def generator(self, z, is_training=True, reuse=False):
    with tf.variable_scope("G", reuse=reuse):
        net = tf.nn.relu(bn(linear(z, 1024, scope='g_fc1'),
                            is_training=is_training, scope='g_bn1'))
        net = tf.nn.relu(bn(linear(net, 128*7*7, scope='g_fc2'),
                            is_training=is_training, scope='g_bn2'))
        #转置卷积
        net = tf.reshape(net, [self.batch_size, 7, 7, 128])
        net = tf.nn.relu(
bn(deconv2d(net, [self.batch_size, 14,14,64],4,4,2,2,name='g_dc3'),
            is_training=is_training,scope='g_bn3')
        )
        out = tf.nn.sigmoid(deconv2d(net, [self.batch_size, 28,28,1],4,4,2,2,name=
'g_dc4'))
        return out
```

生成器的结构同样简单，一开始是两个全连接层接收随机噪声，然后通过两个转置卷积层来生成图像。

接着就可以构建整个网络，这里只展示主要的细节，首先当然是调用判别器和生成器对应的方法获得相应的输出。

```
# 真实图像->判别器
D_real, D_real_logits, _ = self.discriminator(self.inputs, is_training=True, reuse=False)
# 生成器
G = self.generator(self.z, is_training=True, reuse=False)
# 生成图像 ->判别器
D_fake, D_fake_logits, _ = self.discriminator(G, is_training=True,reuse=True)
```

首先传入真实图像给判别器，获得真实图像相应的输出，然后调用生成器生成图像，接着将生成的图像再次传递给判别器，获得生成图像相应的输出，接着就可以通过输出的值定义出网络结构的损失。

```
d_loss_real = - tf.reduce_mean(D_real_logits)
d_loss_fake = tf.reduce_mean(D_fake_logits)
self.d_loss = d_loss_real + d_loss_fake
self.g_loss = - d_loss_fake
```

定义损失的逻辑就是构建生成器与判别器对抗关系逻辑，可以看出真实图像损失 d_loss_real 取 D_real_logits 平均值的负值，而生成图像损失 d_loss_fake 却取 D_fake_logits 平均值的正值，即对判别器而言，它希望真实图像的分数越高越好，而生成图像的分数越低越好。d_loss_real 与 d_loss_fake 共同构成了判别器的损失，即对判别器而言，它希望 self.d_loss 这个整体越小越好，而生成器希望 self.g_loss 越大越好，这其实就构成了对抗关系。

接着依旧是常见的步骤，分别获取判别器与生成器中所有的参数，然后使用 Adam 算法来更新模型中的参数。

```
t_vars = tf.trainable_variables()
d_vars = [var for var in t_vars if 'd_' in var.name]
g_vars = [var for var in t_vars if 'g_' in var.name]
with tf.control_dependencies(tf.get_collection(tf.GraphKeys.UPDATE_OPS)):
self.d_optim= tf.train.AdamOptimizer(self.learning_rate, beta1=self.beta1)\
.minimize(self.d_loss, var_list=d_vars)
self.g_optim = tf.train.AdamOptimizer(self.learning_rate*5, beta1=self.beta1)\
.minimize(self.g_loss, var_list=g_vars)
```

前面的内容其实就是一个传统 GAN 的流程，似乎与 WGAN 没有关系，也没有看到使用 EM 距离的地方。其实 WGAN 的结构与传统的 GAN 非常像，通过上面的理论分析，我们已经知道 WGAN 其实就对传统 GAN 做了 4 点改进，而对 EM 距离的使用，其实就是让判别器的参数服从 1-Lipschitz 约束。在 WGAN 中用 Weight Clipping 的方式来实现这一目标，而在 TensorFlow 中实现 Weight Clipping 是非常简单的，一行代码即可实现该逻辑。

```
#Weight Clipping
self.clip_D = [p.assign(tf.clip_by_value(p, -0.01, 0.01)) for p in d_vars]
```

上面使用列表生成的方式对判别器的所有参数 d_vars 都进行了裁剪，裁剪范围是（-0.01，0.01）。简单介绍下 TF 方法，其中 tf.clip_by_value(A, min, max)主要用于将张量 A 中的每一个元素都压缩到 min 与 max 之间，如果元素的值小于 min，则让该元素的值等于 min，如果元素的值大于 max，则让该元素的值等于 max，而 tf.assign(A, new_number)方法的作用就是将张量 A 的值变为 new_number 的值，即重新赋值。

通过这一句代码，我们就实现了 WGAN 中的 Weight Clipping，将判别器更新后的参数限制到一个范围，粗暴地让判别器服从 1-Lipschitz 约束，从而让 GAN 避免了传统 GAN 中会遇到的问题。

接着比较重要的部分就是训练逻辑了，其余的加载预训练模型，以及保存数据到 Summary 中方便后期使用 TensorBoard 查看的逻辑就不展示了，直接看训练逻辑，部分训练逻辑的代码如下。

```
for epoch in range(start_epoch, self.epoch):
    # get batch data
    for idx in range(start_batch_id, self.num_batches):
        #一组数据
        batch_images = self.data_X[idx * self.batch_size:(idx + 1) * self.batch_size]
        batch_z = np.random.uniform(-1, 1, [self.batch_size, self.z_dim]).astype(np.float32)
        # update D network
        _, _, summary_str, d_loss = self.sess.run([self.d_optim, self.clip_D, self.
                d_sum, self.d_loss],
                                                    feed_dict={self.inputs: batch_
                images, self.z: batch_z})
        self.writer.add_summary(summary_str, counter)
        # update G network
        if (counter - 1) % self.disc_iters == 0:
            _, summary_str, g_loss = self.sess.run([self.g_optim, self.g_sum, self.g_loss],
                                                    feed_dict={self.z: batch_z})
            self.writer.add_summary(summary_str, counter)
        counter += 1
```

首先从 self.data_X 中获取一组数据，同时生成一组噪声 batch_z，然后将这些数据交由判别器与生成器进行训练。需要注意的是，训练判别器时，要记得训练 self.clip_D，即执行 Weight Clipping 操作。

WGAN 还有很多辅助性的代码，这里不再展示，直接来训练一下，因为处理的数据以及 WGAN 的模型结构都比较简单，所以直接在本地使用 CPU 来进行训练，训练了 25 轮，判别器与生成器的损失变化如图 9.10 和图 9.11 所示。从图 9.10 中可以看出，判别器的损失逐渐达到 0，即判别器已经难以分辨出真实图像与生成图像。

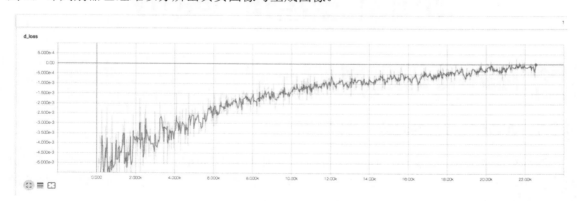

图 9.10　判别器损失

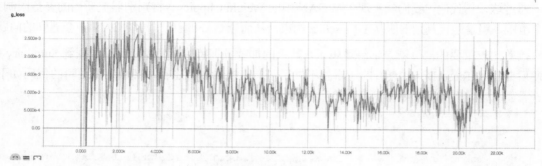

图 9.11　生成器损失

整个 WGAN 的计算图如图 9.12 所示，这里没有显示全，只展示了重要的结构部分。

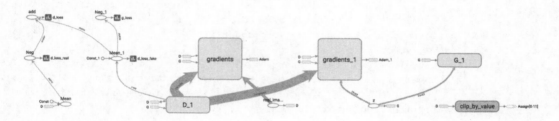

图 9.12　WGAN 的计算图

WGAN 具体的训练结果如图 9.13 所示。

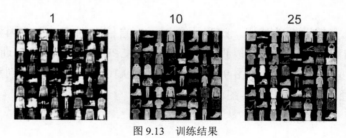

图 9.13　训练结果

9.3 Improved WGAN（WGAN-GP）

9.3.1　WGAN 存在的问题

在约束的 WGAN 论文中，对判别器目标函数加上了 1-Lipschitz 约束，但并没有直接解决这个问题，而是使用将判别器参数更新后的值限制在$(-c, c)$范围内的方式，强行地让判别器的目标函数变得平滑。

WGAN-GP 论文中指出了 WGAN 会遇到训练困难、收敛缓慢的问题，而造成这些问题的就是 Weight Clipping。

假设现在 Weight Clipping 定义的范围为[−0.01,0.01]，那么训练过程中就确保了判别器的参数平滑地改变，从而间接地实现了 Lipschitz 约束。对于判别器本身而言，其实就保证判别器对于两个略微不同的输入数据不会有太大不同的判断，但在 GAN 实际的训练中，通常希望判别器返回的损失可以尽量拉大真实数据与生成数据之间的分数差距，而 Weight Clipping 策略会限制判别器中每个参数的取值范围。

判别器为了实现返回的损失可以拉大真实数据与生成数据分数差距以及模型自身的参数被限制在固定范围的两个目标，就容易"走极端"。简单而言，如果 Weight Clipping 定义的范围是[−0.01,0.01]，那么判别器的参数要么取最大值，要么取最小值，WGAN-GP 论文通过实验验证了这个想法，如图 9.14 所示。判别器的参数几乎都集中在最大值0.01与最小值−0.01上。

判别器参数两极化分布就导致判别器本身变成了一个简单二值化神经网络，丧失了其强大的拟合能力，无法充分地利用传入的数据，导致传递给生成器梯度的质量也变差很多，从而造成生成器生成的图像并没有那么理想。

除这个问题外，Weight Clipping 还容易造成梯度消失和梯度爆炸。如果我们将限制范围设得小一些，那么梯度反向传播时，每经过一层网络，梯度就会变小一些，当经过多层网络后，梯度就呈指数级衰减，即发生梯度消失；反之，如果将限制范围设得大一些，每经过一层网络，梯度就会相应变大一些，经过多层网络后，梯度就会呈指数级增长，即梯度爆炸。只有当这个限制范围设得正合适时，判别器才能返回正常的梯度给生成器。直观理解如图 9.15 所示，当设置不同的 Weight Clipping 范围时，导致不同层的梯度不同。图 9.15 中横轴表示判别器中的第几层，纵轴表示梯度大小。

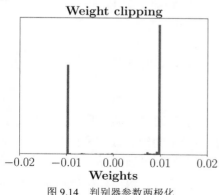

图 9.14 判别器参数两极化

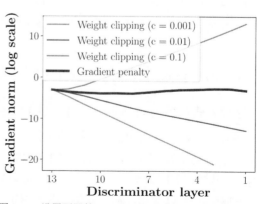

图 9.15 设置不同的 Weight Clipping 导致不同层梯度不同

然而，在实际项目中，这个合适的范围可能很狭窄，这就需要大量的试验测试才能找到一个比较合适的限制范围，让模型的训练变得复杂。

9.3.2　gradient penalty

WGAN-GP 的提出就是为了解决 WGAN 遇到的问题，不再使用 WGAN 中 Weight Clipping 的方式来粗暴地限制参数范围。WGAN-GP 提出的解决方法如下，首先可以数学推导证明出，当判别器 D 服从 1-Lipschitz 约束时，等价于判别器 D 在任意地方的梯度都小于 1，公式表达如下。

$$D \in 1 - \text{Lipschitz} \Leftrightarrow \|\nabla_x D(x)\| \leqslant 1 \text{ for all } x$$

现在已知两者是等价的，那么当直接实现让判别器 D 服从 1-Lipschitz 约束比较困难时，可以实现这种等价方式，即判别器 D 对于所有的输入 x，其梯度都小于 1，那么可以将判别器的目标函数修改成如下形式。

$$V(G, D) \approx \max_D \left\{ E_{x \sim P_{\text{data}}}[D(x)] - E_{x \sim P_G}[D(x)] - \lambda \int_x \max(0, \|\nabla_x D(x)\| - 1) \, dx \right\}$$

当判别器 D 的梯度大于 1 时，$\max_D \{ E_{x \sim P_{\text{data}}}[D(x)] - E_{x \sim P_G}[D(x)] \}$ 就要减去 $\lambda \int_x \max(0, \|\nabla_x D(x)\| - 1) \, dx$，确保判别器 D 的梯度小于 1。公式中的 $\lambda \int_x \max(0, \|\nabla_x D(x)\| - 1) \, dx$ 的作用其实很像一个正则项，惩罚梯度更新时大于 1 的行为。

这其实就要求判别器 D 的所有输入对应 $\nabla_x D(x)$ 都要小于 1，但要获得所有的 x 是不可能的，我们无法遍历整个数据空间抽取出其中的所有数据。为了解决这个问题，一个简单的做法就是事先定义出惩罚样本抽取数据的空间分布 P_{penalty}，只要求从 P_{penalty} 中抽取的样本数据 x 对应的 $\nabla_x D(x)$ 小于 1 即可，该空间外的数据就不再理会。

因为无法获得整个空间分布中所有的 x，即无法确保所有 x 的 $\nabla_x D(x)$ 都小于 1，退而求其次，定义出分布 P_{penalty}，确保分布 P_{penalty} 中 x 对应的 $\nabla_x D(x)$ 都小于 1，那么目标函数最终如下。

$$V(G, D) \approx \max_D \left\{ E_{x \sim P_{\text{data}}}[D(x)] - E_{x \sim P_G}[D(x)] - \lambda E_{x \sim P_{\text{penalty}}}[\max(0, \|\nabla_x D(x)\| - 1)] \right\}$$

这种方式被称为 gradient penalty（梯度惩罚）。

接着的问题是分布 P_{penalty} 应该在整个空间中的哪个位置？通过实验发现，抽取生成数据空间分布与真实数据空间分布之间的样本来满足 $\nabla_x D(x)$ 小于 1 的约束效果是比较好的，即分布 P_{penalty} 设置在生成数据空间分布与真实数据空间分布之间效果是比较好的，可以从生成数据空间中抽样一个数据点，从真实数据空间中同样抽样一个数据点，将两点连接成线，多个这样的连线构成的空间就是 P_{penalty}，如图 9.16 所示。

其实这在直观上也比较好理解，因为生成数据空间分布与真实数据空间分布之间的距离就取决于两个分布之间的空间，而与空间中的其他分布没有什么直观的联系。

还有一点值得一提，就是在实际使用 WGAN-GP 时，将 $\max(0, \|\nabla_x D(x)\| - 1)$ 替换为 $(\|\nabla_x D(x)\| - 1)^2$ 会有更好的效果，而且可以避免一些问题，这个结论同样是多轮实验中总结的。

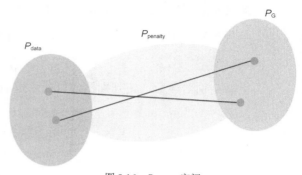

图 9.16　P_{penalty} 空间

相对于传统 GAN 的算法，WGAN 或 WGAN-GP 对其进行了简单的修改，为了直观地感受传统 GAN 算法与 WGAN、WGAN-GP 算法之间的差异，这里先回顾一下传统 GAN 算法。

传统 GAN 算法在每一轮循环中，都做如下操作。

（1）先固定生成器参数，训练判别器。

a．从真实数据空间 P_{data} 中抽取 m 个样本 $x_1, x_2, \cdots, x_m$。

b．从噪声空间中随机获取噪声数据 z_i，交由生成器生成相应的生成数据样本。

$$\widetilde{x_1}, \widetilde{x_2}, \cdots, \widetilde{x_m}, \tilde{x}_i = G(z_i)$$

c．更新判别器参数，使判别器的目标函数最大化。

$$\tilde{V} = \frac{1}{m}\sum_{i=1}^{m}\log D(x_i) + \frac{1}{m}\sum_{i=1}^{m}\log\bigl(1 - D(\tilde{x}_i)\bigr)$$

$$\theta_d \leftarrow \theta_d + \eta\tilde{V}(\theta_d)$$

（2）再固定判别器参数，训练生成器。

a．从噪声空间中随机获取噪声数据 z_i，然后生成器使用 z_i 来生成数据。

b．更新生成器参数，使生成器的目标函数最小化。

$$\tilde{V} = \frac{1}{m}\sum_{i=1}^{m}\log(1 - D(G(z_i)))$$

$$\theta_g \leftarrow \theta_g - \eta\tilde{V}(\theta_g)$$

每一轮训练，通常先训练判别器 K 次，然后相应地训练一次生成器。

传统 GAN 的内容不必多讲，直接来看 WGAN 或 WGAN-GP 改进后的算法流程，WGAN 或 WGAN-GP 算法在每一轮循环中，都做如下操作。

（1）先固定生成器参数，训练判别器。

a．从真实数据空间P_{data}中抽取 m 个样本$x_1, x_2, \cdots, x_m$。

b．从噪声空间中随机获取噪声数据z_i，交由生成器生成相应的数据样本。

$$\widetilde{x_1}, \widetilde{x_2}, \cdots, \widetilde{x_m}, \widetilde{x_i} = G(z_i)$$

c．更新判别器参数，使判别器的目标函数最大化。

$$\tilde{V} = \frac{1}{m}\sum_{i=1}^{m} \log D(x_i) + \frac{1}{m}\sum_{i=1}^{m} \log D(\widetilde{x_i})$$

$$\theta_d \leftarrow \theta_d + \eta\nabla\tilde{V}(\theta_d)$$

判别器神经网络的最后一层不再使用 sigmoid 激活函数，如果是 WGAN，那么判别器参数更新后的值要被限定到一个固定的范围$(-c, c)$中，即 Weight Clipping；如果是 WGAN-GP，则参数更新时增加一个惩罚项，惩罚项中的数据采样于惩罚空间P_{penalty}。

（2）再固定判别器参数，训练生成器。

a．从噪声空间中随机获取噪声数据z_i，然后生成器使用z_i来生成数据。

b．更新生成器参数，使生成器的目标函数最小化。

$$\tilde{V} = -\frac{1}{m}\sum_{i=1}^{m} \log D\big(G(z_i)\big)$$

$$\theta_g \leftarrow \theta_g - \eta\nabla\tilde{V}(\theta_g)$$

同样，每一轮训练，通常先训练判别器 K 次，然后相应地训练一次生成器。

9.3.3　TensorFlow 实现 WGAN-GP

在上面的内容中，我们从理论的角度讨论了 WGAN-GP，在对 WGAN-GP 有一定的理解后，就可以尝试动手来编写它。这里同样使用 fashion-mnist 数据集作为训练数据，而且生成器与判别器的结构与 WGAN 中的结构一致，所以就不再展示处理数据以及生成器与判别器的代码，直接看定义损失的逻辑。

```
D_real, D_real_logits, _ = self.discriminator(self.inputs, is_training=True, reuse=False)
G = self.generator(self.z, is_training=True, reuse=False)
D_fake, D_fake_logits, _ = self.discriminator(G, is_training=True, reuse=True)
# 判别器损失
d_loss_real = - tf.reduce_mean(D_real_logits)
d_loss_fake = tf.reduce_mean(D_fake_logits)
self.d_loss = d_loss_real + d_loss_fake
```

```
# 生成器损失
self.g_loss = - d_loss_fake
```

可以看到，判别器与生成器的损失与 WGAN 中是一样的，唯一与 WGAN 有较大不同的地方，就是 WGAN-GP 中使用 Gradient Penalty 来替代 WGAN 中的 Weight Clipping。下面将 gradient penalty（梯度惩罚）的逻辑拆分成多块来理解。

先回忆一下 WGAN-GP 中判别器的目标函数。

$$V(G,D) \approx \max_D \left\{ E_{x \sim P_{\text{data}}}[D(x)] - E_{x \sim P_G}[D(x)] - \lambda E_{x \sim P_{\text{penalty}}}[\max(0, \|\nabla_x D(x)\| - 1)] \right\}$$

我们暂时只关心 $-\lambda E_{x \sim P_{\text{penalty}}}[\max(0, \|\nabla_x D(x)\| - 1)]$。从这一部分很容易就可以写出梯度惩罚的代码。

```
self.d_loss += self.lambd * gradient_penalty
```

其中 self.lambd 表示公式中的 λ，通常是一个固定值，而 gradient_penalty 表示 $E_{x \sim P_{\text{penalty}}}[\max(0, \|\nabla_x D(x)\| - 1)]$，那么梯度惩罚的核心就是计算出 gradient_penalty。

观察 $E_{x \sim P_{\text{penalty}}}[\max(0, \|\nabla_x D(x)\| - 1)]$，我们首先要思考，如何表示 $x \sim P_{\text{penalty}}$，即从生成数据与真实数据之间的空间分布中抽取样本用来计算，其简单实现如下。

```
alpha = tf.random_uniform(shape=self.inputs.get_shape(), minval=0., maxval=1.)
differences = G - self.inputs
interpolates = self.inputs + (alpha * differences)
```

其中 differences 就是生成数据与真实数据之间的差值，将 differences 乘以一个随机变量 alpha 再加上真实数据的值，就获得了生成数据与真实数据之间空间分布中的一个样本值，将这个样本传入生成器，就获得 $E_{x \sim P_{\text{penalty}}} D(x)$，代码如下。

```
_,D_inter, _ = self.discriminator(interpolates, is_training=True, reuse=True)
```

其中 D_inter 就是 $E_{x \sim P_{\text{penalty}}} D(x)$ 对应的变量值，有了该值之后，就可以使用 TensorFlow 提供的 gradients() 方法来计算梯度。

```
gradients = tf.gradients(D_inter, [interpolates])[0]
```

单纯地获得梯度是不够的，我们还需要计算该梯度矩阵对应的 1-范数，即 $\|\nabla_x D(x)\|$，1-范数的计算方法这里再提及一下。

$$\|A\|_1 = \max_j \sum_{i=1}^{m} |a_{i,j}|$$

那么 $\|\nabla_x D(x)\|$ 的计算方法也就如上式所示，具体代码如下。

```
slopes = tf.sqrt(tf.reduce_sum(tf.square(gradients), reduction_indices=[1]))

gradient_penalty = tf.reduce_mean( (slopes - 1.) ** 2)
```

首先使用 tf.square() 方法计算梯度的平方，这其实是为了方便计算；然后使用 tf.reduce_sum() 方法计算梯度张量某一维度的和，reduction_indices 参数表示某一维度；最后使用 tf.sqrt() 方法计算张量的平方根，抵消一开始的平方运算。通过这样的计算，就获得了 $\|\nabla_x D(x)\|$，随后就

可以计算出最终要惩罚的梯度了。

梯度惩罚完整的逻辑代码如下。

```
alpha = tf.random_uniform(shape=self.inputs.get_shape(), minval=0., maxval=1.)
differences = G - self.inputs
interpolates =  self.inputs + (alpha * differences)
_,D_inter, _ = self.discriminator(interpolates, is_training=True, reuse=True)
gradients = tf.gradients(D_inter, [interpolates])[0]
slopes = tf.sqrt(tf.reduce_sum(tf.square(gradients), reduction_indices=[1]))
gradient_penalty = tf.reduce_mean( (slopes - 1.) ** 2)
self.d_loss += self.lambd * gradient_penalty
```

判别器获得经过梯度惩罚的损失后，接下来的逻辑就与 WGAN 一样了，即分别抽取判别器与生成器的张量，然后使用 Adam 优化算法进行更新。

模型结构构建好后，就是训练了，训练代码如下。

```
# 更新判别器 D 网络
_, summary_str, d_loss = self.sess.run([self.d_optim, self.d_sum, self.d_loss],
                                                    feed_dict = {self.inputs:
batch_images, self.z:batch_z})
                self.writer.add_summary(summary_str, counter)
                # 更新生成器，设置每训练多少次判别器更新一次生成器
                if (counter - 1)%self.disc_iters == 0:
                    batch_z = np.random.uniform(-1, 1, [self.batch_size, self.z_dim]).
                    astype(np.float32)
                    _, summary_str, g_loss = self.sess.run([self.g_optim, self.g_sum,
                    self.g_loss],
                                                    feed_dict={self.z: batch_z})
                self.writer.add_summary(summary_str, counter)
            counter += 1
```

同样因为训练数据以及模型结构都比较简单，所以直接在本地 CPU 上进行训练，总共训练 22 轮，同样先来观察一下判别器与生成器损失的变化，分别如图 9.17 和图 9.18 所示。

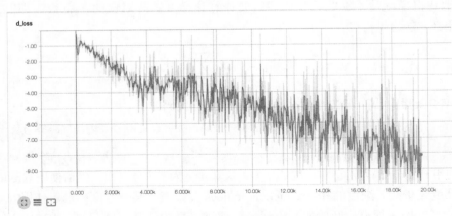

图 9.17　判别器总损失

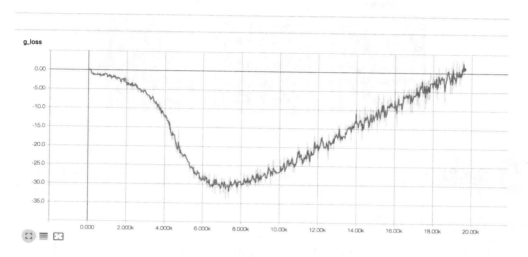

图 9.18 生成器总损失

WGAN-GP 整个网络的计算图如图 9.19 所示。

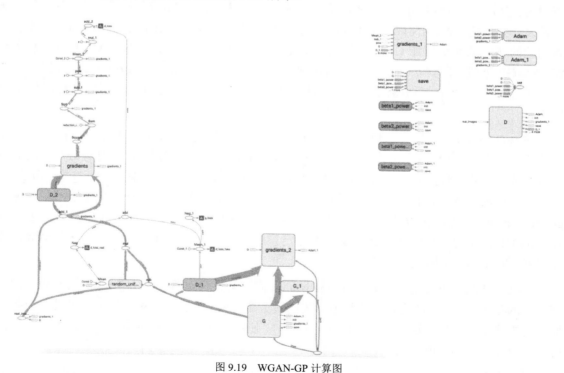

图 9.19 WGAN-GP 计算图

WGAN-GP 第 1 轮、第 10 轮以及第 22 轮的训练结果如图 9.20 所示。

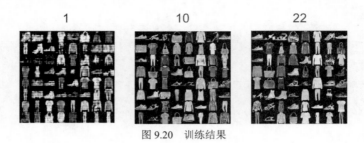

图 9.20　训练结果

9.4 SN-GAN

9.4.1　SN-GAN 介绍

前面讨论了 WGAN 以及 WGAN-GP，接着我们来讨论一下 SN-GAN。我们都知道，传统 GAN 存在训练难、梯度不稳定等各种问题。WGAN 使用 Wasserstein 距离代替传统 GAN 中的 JS 距离，并使用 Weight Clipping 权重剪枝的方法让判别器参数更新后的值限制在一个范围内，从而确保判别器的目标函数是平滑的，实现服从 Lipschitz 约束的效果，但这种方法会带来一些问题。WGAN-GP 提出 gradient penalty（梯度惩罚）方法来避免 Weight Clipping 会遇到的问题，从而实现让 GAN 训练更加稳定，效果更加好的目标。SN-GAN 的做法其实与 WGAN-GP 类似，同样增加了一个正则化项，称为 Spectral Normalization（光谱标准化），该正则项会作用于整个判别器的参数上，从而实现判别器在训练过程中可以提供稳定梯度的效果。

在 WGAN-GP 一节中，已经讨论了普通 WGAN 会遇到的问题，同样 WGAN-GP 也会有相应的问题，在 WGAN-GP 中使用 graident penalty 的方法来限制判别器，但这种方法只能对生成数据分布与真实数据分布之间的分布空间的数据做梯度惩罚，无法对整个空间的数据做惩罚。这会导致随着训练的进行，生成数据分布与真实数据分布之间的空间会逐渐变化，从而导致 graidetn penalty 正则化方式不稳定，在实验中，当我们使用一个比较大的学习效率去训练 WGAN-GP 网络时，WGAN-GP 表现并不稳定。而且因为 WGAN-GP 涉及比较多的运算，所以训练 WGAN-GP 网络也比较耗时。

SN-GAN 的提出使用 Spectral Normalization 方法来让判别器 D 满足 Lipschitz 约束，简单而言，SN-GAN 只需要改变判别器权值矩阵的最大奇异值。这种方法可以最大限度地保留判别器权值矩阵中的信息，这个优势可以让 SN-GAN 使用类别较多的数据集作为训练数据，依旧可以获得比较好的生成效果。

从一个更高的角度去看，无论是 WGAN 的 Weight Clipping 方法，还是 WGAN-GP 的 gradient penalty 方法，都是要让判别器 D 服从 Lipschitz 约束，都会有信息损耗。WGAN 中 Weight Clipping 方法算是改变判别器权值矩阵的最大奇异值，这会造成较多信息损失；WGAN-GP 的 gradient penalty 方法只对真实数据分布与生成数据分布之间的空间分布做梯度惩罚，并非作用于全网络，这种做法同样会有信息损失。

奇异值是矩阵里的概念，一般通过奇异值分解定理求得。设 A 为 $m×n$ 阶矩阵，$q=\min(m,n)$，$A×A$ 的 q 个非负特征值的算术平方根叫作 A 的奇异值。

从 SN-GAN 论文中的实际效果来看，SN-GAN 是目前仅有的可以使用单个生成器与判别器从 ImageNet 数据集（其中的图像具有非常多的类别）生成高质量图像的 GAN 模型，WGAN、WGAN-GP 等 GAN 模型在多类别图像中都无法生成高质量图像。其中一个可能原因就是，在训练过程中，WGAN、WGAN-GP 等 GAN 模型丧失了较多的原始信息。

简单而言，SN-GAN 具有如下优势。

（1）以 Spectral Normalization 方法让判别器 D 满足 Lipschitz 约束，Lipschitz 的常数 K 是唯一需要调整的超参数。

（2）整体上 SN-GAN 只改变判别器权值矩阵的最大奇异值，从而可以最大限度地保留原始信息。

（3）具体训练模型时，使用 power iteration（迭代法），加快训练速度，可比 WGAN-GP 快许多。WGAN-GP 慢的原因是使用 gradient penalty 后，模型在梯度下降的过程中相当于计算两次梯度，计算量更大，所以整体训练速度就变慢了。

9.4.2   Spectral Normalization 方法与 SN-GAN

下面我们尝试从数学角度来讨论 Spectral Normalization 方法以及 SN-GAN。

首先简单思考一下 GAN 的判别器为什么要加上 Lipschitz 约束。对于一个普通的判别器，它对某个输入数据打分其实就是一个数据前向传播的计算过程，其前向传播计算公式如下。

$$f(x,\theta) = W^{L+1}a_L(W^L(a_{L-1}(W^{L-1}(\cdots a_1(W^1x)\cdots))))$$

其中参数 $\theta = \{W^1,\cdots,W^L,W^{L+1}\}$ 表示判别器中参数权值集合，而参数 a_1 表示非线性激活函数，上式并没有考虑偏置项，但这并不影响后面的推导。

为了方便公式的推导，使用矩阵表达的方式来改写一下，那么判别器的前向传播计算就可以简化为下式。

$$D(x,\theta) = A(f(x,\theta))$$

其中 A 表示激活函数。

因为判别器的目标是尽可能地区分出真实数据与生成数据，所以我们要最大化判别器的目标函数 $\max_D V(G,D)$，在固定生成器参数后，可以解出判别器的最优解。具体的推导内容在前面的章节中多次提及，这里不再展示详细的推导细节。

$$D_G^*(x) = \frac{P_{\text{data}}(x)}{P_{\text{data}}(x) + P_G(x)}$$

因为传统 GAN 中，判别器最后一层的激活函数为 sigmoid 函数，所有上式也就可以写为

$$\text{sigmoid}\big(f^*(x)\big) = \frac{P_{\text{data}}(x)}{P_{\text{data}}(x) + P_G(x)}$$

其中，$f^*(x)$表示判别器最后一层没有经过激活函数处理的输出，接着可以将 sigmoid 函数的表达式$\frac{1}{1 + e^{-x}}$代入，继续推导出$f^*(x)$的解。

$$f^*(x) = \log P_{\text{data}}(x) - \log P_G(x)$$

此时对$f^*(x)$中的x求导。

$$\nabla_x f^*(x) = \frac{1}{P_{\text{data}}(x)} \nabla_x P_{\text{data}}(x) - \frac{1}{P_G(x)} \nabla_x P_G(x)$$

可以发现，如果没有添加一些限制条件，该导数可以是无限的，即会一直优化判别器，直到判别器的能力远大于生成器，这就导致 GAN 难以继续训练优化了。这个问题的一个解决方法就是让判别器服从 Lipschitz 约束，即要求判别器的目标函数是平滑的，即$\arg\max_{\|f\|_{\text{Lip}} \leqslant K} V(G, D)$。

在继续推导前，先讨论一下 Lipschitz 约束的作用。

Lipschitz 约束并不只能使用在 GAN 上，对于常见的监督学习网络，都可以利用 Lipschitz 约束的思想，增强神经网络模型的抗扰动能力以及泛化能力。什么是抗扰动能力？一个著名的反例就是对抗样本攻击，如图 9.21 所示，对于一张熊猫的图像，神经网络认为 57.7% 的可能是熊猫，这其实是正确的判断，加上一些随机噪声后，神经网络就认为该图像 99.3% 是长臂猿，但对于人而言，这张还是熊猫的图像。

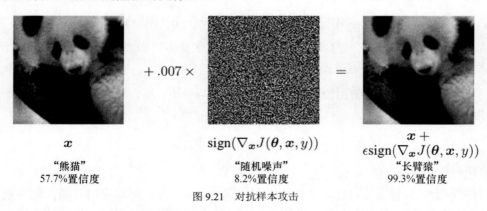

x　　　　　　　　　　$\text{sign}(\nabla_{\boldsymbol{x}} J(\boldsymbol{\theta}, \boldsymbol{x}, y))$　　　　　　$\boldsymbol{x} + \epsilon \text{sign}(\nabla_{\boldsymbol{x}} J(\boldsymbol{\theta}, \boldsymbol{x}, y))$

"熊猫"　　　　　　　　"随机噪声"　　　　　　　　"长臂猿"
57.7%置信度　　　　　　8.2%置信度　　　　　　　99.3%置信度

图 9.21　对抗样本攻击

如果一个神经网络模型没有较强的抗扰动能力，那么对于一个数据，添加了轻微的干扰数

据，模型输出的结果就会与正确结果有很大的差距。

前面讨论到，让模型服从 Lipschitz 约束可以增强其抗扰动能力。将 Lipschitz 约束运用到一个模型上形式很简单，即我们希望一个模型，当其输入从 x 变为 $x + \Delta x$ 时，相应的输出也从 $f_w(x)$ 变为 $f_w(x + \Delta x)$，我们希望当 Δx 很小时，$\|f_w(x + \Delta x) - f_w(x)\|$ 的差值也很小，这样就能保证模型是平滑的，从而增强了其抗扰动能力，公式表示如下。

$$\|f_w(x_1) - f_w(x_2)\| \leqslant C \cdot \|x_1 - x_2\|$$

其中，f 表示激活函数；w 表示权重；C 表示一个常数。

按照前面讨论，为了让模型的抗扰动能力增强，可以要求模型服从 Lipschitz 约束，换而言之，就是 x_1 与 x_2 之间的差距越小，$f_w(x_1)$ 与 $f_w(x_2)$ 之间的差距也越小，因此就要最小化参数 C。

为了去除公式中存在的干扰项，需要继续简化一下，为了便于理解，这里使用简单的全连接公式来改写上式。

$$\|f(Wx_1 + b) - f(Wx_2 + b)\| \leqslant C \cdot \|x_1 - x_2\|$$

为了让模型输入充分地接近，具体而言，就是 x_1 与 x_2 之间的差值越小，可以使用一阶项近似地表示上式左边。

$$\left\|\frac{\partial f}{\partial x} W(x_1 - x_2)\right\| \leqslant C \cdot \|x_1 - x_2\|$$

因为希望公式左边不大于右边，那么 $\frac{\partial f}{\partial x}$ 必然存在一个上界，可以使用上界所代表的常数来替换 $\frac{\partial f}{\partial x}$，因为是一个固定的常数，我们暂时可以忽略它，最终简化得到的公式为

$$\|W(x_1 - x_2)\| \leqslant C \cdot \|x_1 - x_2\|$$

此时的目标依旧未变，即最小化参数 C，从而保证模式函数是平滑的。

接着就要考虑一下可以通过什么方式保证其平滑，因而涉及范数的概念，前面蜻蜓点水地提过范数。首先来考虑相对简单的 F 范数，F 范数（Frobenius 范数）即矩阵元素绝对值的平方和再开平方，公式如下。

$$\|W\|_F = \sqrt{\sum_{i=1}^{m} \sum_{j=1}^{n} w_{ij}^2}$$

利用柯西不等式，可以推导出：

$$\|Wx\| \leqslant \|W\|_F \cdot \|x\|$$

其中，$\|Wx\|$、$\|x\|$ 都是向量的范数，该公式可以拓展成 $\|W(x_1 - x_2)\| \leqslant C \cdot \|x_1 - x_2\|$，即 $\|W\|_F$ 为参数 C 的一个具体值。

前面已经多次提及，为了让模型更好地服从 Lipschitz 约束，即让模型更加平滑，就应当最小化参数C。我们可以将C^2作为一个惩罚项代入普通监督模型的损失函数中，以此来让模型更加平滑。

$$\text{loss} = \text{loss}(y, f_w(x)) + \lambda C^2$$

将$\|W\|_F$代入上式。

$$\text{loss} = \text{loss}(y, f_w(x)) + \lambda \|W\|_F^2$$

$$= \text{loss}(y, f_w(x)) + \lambda \left(\sum_{i=1}^{m} \sum_{j=1}^{n} w_{ij}^2 \right)$$

这其实就是一个l_2正则项。从而得出一个结论，即一个神经网络模型增加l_2正则项后，模型的泛化能力以及抗扰动能力会更强，这也符合常识，前面的内容就是从数学的角度证明了这个常识背后的机理。

但这与 Spectral Normalization 方法以及 SN-GAN 有什么关系呢？之所以提及 F 范数，只是为了更好地理解下面内容所做的一个铺垫。SN-GAN 中使用 Spectral Normalization 的方式非常简单，就是判别器的所有权重都进行除以谱范数的操作，即$\frac{W}{\|W\|_2}$，这样做之所以有效的原理其实与 F 范数是相同的。

谱范数，又称 2-范数，其实已经在前面内容提及，其表示式为

$$\|W\|_2 = \sqrt{A^{\mathrm{T}} A}$$

所谓谱范数，其实就是$A^{\mathrm{T}} A$矩阵最大特征值的开方。

谱范数$\|W\|_2$也是参数C的一个具体的值，它同样可以代入普通监督模型的损失函数中，从而让该模型更加平滑，这其实就是 Spectral Norm Regularization（谱正则化）。

$$\text{loss} = \text{loss}(y, f_w(x)) + \lambda \|W\|_2^2$$

在一开始关于传统 GAN 的推导中，我们已经知道，如果 GAN 不加上 Lipschitz 约束，判别器就会被无限优化，导致判别器与生成器能力之间失衡，造成 GAN 难以训练，而 WGAN、WGAN-GP 都通过不同的方式让 GAN 的判别器服从 Lipschitz 约束，但都有各自的问题。其中 WGAN-GP 梯度惩罚的方式可以满足比较多的情况，但训练比较慢，随着训练的进行，梯度会出现波动。还有一个值得关注的问题，就是对于类别数据训练，WGAN-GP 得不到比较理想的效果，这是因为梯度惩罚的方式只针对生成数据分布与真实数据分布之间的空间分布中的数据进行梯度惩罚，无视其他空间。这种方式使得它难以处理多类别数据，多类别数据在空间分布时，真实数据的空间分布是多样的，此时 WGAN-GP 就不知道将哪里分为惩罚空间，从而得不到比较好的效果。

对 SN-GAN 而言，它只是将谱正则化的思想运用到 GAN 中，从而提出谱归一化，通过谱

归一化的方式让 GAN 满足 1-Lipschitz 约束。可以简单推导，首先对于矩阵范数，有如下几个性质：

- 相容性，$\|AB\| \leqslant \|A\|\|B\|$。
- 齐次性，$\|aA\| = |a| \cdot \|A\|$。

为了让 GAN 更稳定，需要让判别器的目标函数更加平滑，对于输入数据中细微的变化不敏感，公式如下。

$$\frac{\|f_\theta(x+\xi) - f(x)\|_2}{\|\xi\|_2} = \frac{\left\| W_{\theta,x}(x+\xi) - \left(\left(W_{\theta,x}(x) \right) + b_{\theta,x} \right) \right\|_2}{\|\xi\|_2} = \frac{\|W_{\theta,x}\xi\|_2}{\|\xi\|_2} \leqslant \sigma(W_{\theta,x})$$

其中，θ 表示模型中的参数；θ 表示隐藏层输入与隐藏层输出的差值，符号表示为 $h_{\text{in}} \mapsto h_{\text{out}}$。而 $\sigma(W_{\theta,x})$ 就是前面提及的参数 C，为了让判别器模型更加平滑，就要最小化 $\sigma(W_{\theta,x})$。

此时对于判别器的权值矩阵 A 而言，目标就变为下式。

$$\sigma A = \max_{\xi \in R^n, \xi \neq 0} \frac{\|A\xi\|_2}{\|\xi\|_2}$$

因为 ξ 表示隐藏层输入与隐藏层输出的差值，所以可以将上式改写为

$$\sigma A = \max_{h:h \neq 0} \frac{\|Ah\|_2}{\|h\|_2} = \max_{\|h\|_2 \leqslant 1} \|Ah\|_2$$

这其实就是求矩阵的最大奇异值，如果每一层 g 输入 h 时，对应的就是 $g(h) = Wh$，没有考虑偏置，利用矩阵范数的相容性，就有如下性质。

$$\|g_1 \cdot g_2\|_{\text{Lip}} \leqslant \|g_1\|_{\text{Lip}} \cdot \|g_1\|_{\text{Lip}}$$

利用该性质就可以观察到对于判别器 D 而言 $\|f\|_{\text{Lip}}$ 的上界。

$$\|f\|_{\text{Lip}} \leqslant \|h_L \to W_{L+1}h_L\|_{\text{Lip}} \cdot \|h_{L-1} \to W_L h_{L-1}\|_{\text{Lip}} \cdot \cdots \cdot \|a_1\|_{\text{Lip}}\|h_0 \to W_1 h_0\|_{\text{Lip}} = \prod_{l=1}^{L+1} \sigma(W_l)$$

其中参数 W 表示判别器模型的权重，接着将参数 W 代入 $\overline{W} := W/\sigma(W)$ 中获得一个新值（其中 := 用于将公式左边定义成一个符号，用该符号表示公式右边的式子），此时就可得到

$$\sigma(W_l) \to \sigma(\overline{W}_{SN}(W)) = 1$$

那么 $\|f\|_{\text{Lip}}$ 不等式就变为

$$\|f\|_{\text{Lip}} \leqslant \prod_{l=1}^{L+1} \sigma(W_l) = 1$$

通过上面推导证明，当我们对判别器的权重都做 $\overline{W} := W/\sigma(W)$ 运算，这种做法被称为谱归一化，通过谱归一化操作后，判别器就会服从 1-Lipschitz 约束，这种服从是严格的，具体而言，$\sigma(W)$ 其实就是权重矩阵的谱范数 $\|W\|_2$，最终谱归一化就可以表示为 $\overline{W} := W/\|W\|_2$。

SN-GAN 整体思想如上所述，但因为直接计算谱范数 $\|W\|_2$ 是比较耗时的，所以为了让训练模型时速度更快，就需要使用一个技巧。power iteration（幂迭代）方法通过迭代计算的思想可以比较快速地计算出谱范数的近似值。

因为谱范数 $\|W\|_2$ 等于 $W^T W$ 的最大特征根，所有要求解谱范数，就可以转变成求 $W^T W$ 的最大特征根，使用 power iteration 的方式如下。

所谓 power iteration 就是通过下面的迭代格式进行迭代计算。

$$v \leftarrow \frac{W^T u}{\|W^T u\|}, u \leftarrow \frac{Wv}{\|Wv\|}$$

迭代若干次后，就可以求得谱范数的近似值。

$$\|W\|_2 \approx u^T W v$$

至此就可以理清楚 SN-GAN 使用谱归一化的训练过程了。

（1）为每一层 $l = 1, \cdots, L$ 初始化 $\widetilde{u}_l$ 随机向量，$\widetilde{u}_l \in R_{d_t}$。

（2）对于其中的每一层，都进行如下运算。

a．利用 power iteratiom 方法来计算 W 对应谱范数的近似值。

迭代格式为

$$\widetilde{v}_l \leftarrow \frac{(W_l)^T \widetilde{u}_l}{\|(W_l)^T \widetilde{u}_l\|_2}$$

$$\widetilde{u}_l \leftarrow \frac{(W_l)^T \widetilde{v}_l}{\|(W_l)^T \widetilde{v}_l\|_2}$$

迭代若干次后

$$\sigma(W_l) = \|W\|_2 \approx \widetilde{u_l^T} W_l \widetilde{v}_l$$

b．计算出 W 新的值。

$$\overline{W}_l^{SN}(W_l) = \frac{W_l}{\sigma(W_l)}$$

c．利用 SGD 优化算法在 mini-batch 数据集 D_M 上更新 W_l，学习率为 α，具体公式如下。

$$W_l \leftarrow W_l \leftarrow \alpha \nabla_{W_l} \phi(\overline{W}_l^{SN}(W_l), D_M)$$

从另一个角度看，无论是 WGAN、WGAN-GP，还是 SN-GAN，其目标都是使用一种方

法让 GAN 的判别器服从 Lipschitz 约束。WGAN 使用 Weight Clipping 的方法，太过暴力，会出现相应的问题；针对这些问题，WGN-GP 提出 gradient penalty 来避免 Weight Clipping 带来的问题，但因为无法对判别器全空间取样，所以 gradient penalty 只能惩罚一小部分空间分布中的数据，通常是真假数据分布之间的空间，这让 WGAN-GP 难以对类别较多的数据进行训练；而 SN-GAN 提出谱归一化的方法，将判别器中所有的参数都替换成$W/\|W\|_2$，实现对判别器全空间的约束。SN-GAN 的巧妙之处在于直接构造出特殊的判别器，该判别器无论传入什么数据都能服从 Lipschitz 约束，这让 SN-GAN 以多类别数据作为训练数据依旧有不错的效果。

9.4.3 TensorFlow 实现 SN-GAN

在前面我们已经相继实现了 WGAN、WGAN-GP，这里同样尝试使用 TensorFlow 来实现 SN-GAN，依旧使用简单的 fashion-mnist 数据集作为训练数据，除了它非常好处理外，也让我们更加关注模型结构与改进算法本身。SN-GAN 的整个架构与 WGAN 或 WGAN-GP 没有明显区别，只是多了 Spectral Normalization 逻辑，既然如此，我们就先实现 Spectral Normalization 逻辑。

首先回忆一下前面关于 Spectral Normalization 的讨论，Spectral Normalization 方法的核心就是对判别器中的每个参数都做$W/\|W\|_2$运算，因为直接计算$\|W\|_2$比较费时，所以采用 power iteratiom 方法计算出近似值，从而加快训练的速度。理清楚后，就来实现一下，具体代码如下。

```
def spectral_norm(w, iteration=1):
    w_shape = w.shape.as_list()
    w = tf.reshape(w, [-1, w_shape[-1]])
    u = tf.get_variable('u', [1, w_shape[-1]], initializer=tf.truncated_normal_
initializer(), trainable=False)
    u_hat = u
    v_hat = None
    for i in range(iteration):
        '''
        power iteration
        Usually iteration = 1 will be enough
        '''
        # tf.transpose Transposes `a`. Permutes the dimensions according to `perm`
        v_ = tf.matmul(u_hat, tf.transpose(w))
        v_hat = l2_norm(v_)
        u_ = tf.matmul(v_hat, w)
        u_hat = l2_norm(u_)
    sigma = tf.matmul(tf.matmul(v_hat, w), tf.transpose(u_hat))
    w_norm = w / sigma
    with tf.control_dependencies([u.assign(u_hat)]):
```

```
        w_norm = tf.reshape(w_norm, w_shape)
    return w_norm
```

在 spectral_norm()方法中，首先会重塑一下传入的权重矩阵，可以是判别器的权重矩阵；然后通过 tf.get_variable()方法获得张量 **u** 初始的随机值，该张量主要用于实现 power iteration；接着就是 power iteration 的逻辑，通过多次迭代后，获得张量 **u_hat** 与张量 **v_hat**；然后通过这两个张量计算出 $\|W\|_2$ 的近似值 sigma。这里只迭代了一次，这是因为简单的 GAN 结构与训练数据迭代一次就足够了，最后进行简单的除法操作，得到通过谱归一化处理的权重 w_norm。

在 power iteration 的逻辑中使用了 l2_norm()方法，该方法代码如下。

```
def l2_norm(v, eps=1e-12):
    return v / (tf.reduce_sum(v ** 2) ** 0.5 + eps)
```

编写完 spectral_norm()方法后，就要将其用在 GAN 中的不同结构上，实现对 GAN 的谱归一化，当前 GAN 的主要结构就是卷积层、转置卷积层以及全连接层这 3 个结构，将 spectral_norm()方法使用到这些结构上，实现谱归一化卷积层的权重，代码如下。

```
# 使用了 SN 谱归一化处理
def sn_conv2d(input_, output_dim, k_h=5, k_w=5, d_h=2, d_w=2, stddev=0.02, name="conv2d_sn",
use_bias=False):
    with tf.variable_scope(name):
        w = tf.get_variable('w', [k_h, k_w, input_.get_shape()[-1], output_dim],
                            initializer=tf.truncated_normal_initializer(stddev=stddev))
        bias = tf.get_variable("bias", [output_dim], initializer=tf.constant_
            initializer(0.0))
        conv = tf.nn.conv2d(input_, spectral_norm(w), strides=[1, d_h, d_w, 1],
            padding='SAME')
        if use_bias:
            conv = tf.nn.bias_add(conv, bias)
        return conv
```

sn_conv2d()方法整体其实与没有使用谱归一化的操作没有太大不同，核心就是传入 tf.nn.conv2d()方法的权重，通过 spectral_norm()方法处理，使用了经过谱归一化操作的权重。同理，全连接层也是类似操作。

```
def sn_linear(input_, output_size, scope=None, stddev=0.02, bias_start=0.0, with_w=False):
    shape = input_.get_shape().as_list()
    with tf.variable_scope(scope or "Linear"):
        matrix = tf.get_variable("Matrix", [shape[1], output_size], tf.float32,
tf.random_normal_initializer(stddev=stddev))
        bias = tf.get_variable("bias", [output_size],
                    initializer=tf.constant_initializer(bias_start))
        if with_w:
            return tf.matmul(input_, spectral_norm(matrix)) + bias, matrix, bias
        else:
            return tf.matmul(input_, spectral_norm(matrix)) + bias
```

对应转置卷积层就不需要进行谱归一化操作了，因为通常转置卷积层是用于构建生成器的，对应生成器的权重参数并不需要进行谱归一化操作。

定义好使用谱归一化操作的卷积层和全连接层后，就可以定义相应的生成器与判别器了。其结构与 WGAN-GP 相似，先看判别器，代码如下。

```
def discriminator(self, x, is_training=True, reuse=False):
    with tf.variable_scope("D", reuse=reuse):
        # conv+lrelu
        net = lrelu(sn_conv2d(x, 64, 4, 4, 2, 2, name='d_conv1'))
        # conv+bn+lrelu
        net = lrelu(bn(sn_conv2d(net, 128, 4, 4, 2, 2, name='d_conv2'),
                       is_training=is_training, scope='d_bn2'))
        # 重塑，用于全连接
        net = tf.reshape(net, [self.batch_size, -1])
        net = lrelu((bn(sn_linear(net, 1024, scope='d_fc3'),
                        is_training=is_training, scope='d_bn3')))
        out_logit = sn_linear(net, 1, scope='d_fc4')
        out = tf.nn.sigmoid(out_logit)
        return out, out_logit, net
```

判别器同样由两个卷积层与两个全连接层组成，只是卷积层与全连接层都使用了谱归一化操作。然后看到生成器的代码。

```
def generator(self, z, is_training=True, reuse=False):
    with tf.variable_scope("G", reuse=reuse):
        net = tf.nn.relu(bn(linear(z, 1024, scope='g_fc1'),
                            is_training=is_training, scope='g_bn1'))
        net = tf.nn.relu(bn(linear(net, 128 * 7 * 7, scope='g_fc2'),
                            is_training=is_training, scope='g_bn2'))
        # 转置卷积
        net = tf.reshape(net, [self.batch_size, 7, 7, 128])
        net = tf.nn.relu(
bn(deconv2d(net, [self.batch_size, 14, 14, 64], 4, 4, 2, 2, name='g_dc3'),
           is_training=is_training, scope='g_bn3')
        )
        out = tf.nn.sigmoid(deconv2d(net, [self.batch_size, 28, 28, 1], 4, 4, 2, 2,
              name='g_dc4'))
        return out
```

生成器的结构与 WGAN 和 WGAN-GP 完全一致，不再细述。

生成器与判别器定义完成，就可以构建整个 GAN 了，其中比较重要的一步就是定义生成器与判别器的损失，这里直接使用交叉熵损失来定义生成器与判别器的距离，首先定义出计算损失对应的方法。

```
def discriminator_loss(real, fake):
    real_loss = tf.reduce_mean(tf.nn.sigmoid_cross_entropy_with_logits(labels=tf.ones_
like(real), logits=real))
```

```
        fake_loss = tf.reduce_mean(tf.nn.sigmoid_cross_entropy_with_logits(labels=tf.zeros_
like(fake), logits=fake))
        loss = real_loss + fake_loss
        return loss, real_loss, fake_loss
    def generator_loss(fake):
        loss = tf.reduce_mean(tf.nn.sigmoid_cross_entropy_with_logits(labels=tf.ones_like
(fake), logits=fake))
        return loss
```

接着再调用定义好的 discriminator_loss()方法与 generator_loss()方法获得相应的损失。

```
# 真实图像->判别器
D_real, D_real_logits, _ = self.discriminator(self.inputs, is_training=True, reuse=False)
# 生成器
G = self.generator(self.z, is_training=True, reuse=False)
# 生成图像 ->判别器
D_fake, D_fake_logits, _ = self.discriminator(G, is_training=True, reuse=True)
self.d_loss,d_loss_real,d_loss_fake = discriminator_loss(real=D_real_logits, fake=
            D_fake_logits)
self.g_loss = generator_loss(fake=D_fake_logits)
```

损失定义好后，就是老流程，先分别获得判别器与生成器中的参数，再使用 Adam 优化算法更新这些参数，实现训练 GAN 的目的，代码如下。

```
''' Training '''
t_vars = tf.trainable_variables()
d_vars = [var for var in t_vars if 'd_' in var.name]
g_vars = [var for var in t_vars if 'g_' in var.name]
# 优化器
with tf.control_dependencies(tf.get_collection(tf.GraphKeys.UPDATE_OPS)):
self.d_optim = tf.train.AdamOptimizer(self.learning_rate, beta1=self.beta1) \
.minimize(self.d_loss, var_list=d_vars)
self.g_optim = tf.train.AdamOptimizer(self.learning_rate * 5, beta1=self.beta1) \
.minimize(self.g_loss, var_list=g_vars)
```

接着就是常见的训练流程，通过 sess.run()方法传入数据进行训练，同样是先训练判别器，再训练生成器，具体代码如下。

```
    _, summary_str, d_loss = self.sess.run([self.d_optim, self.d_sum, self.d_loss],feed_
dict={self.inputs: batch_images, self.z: batch_z})
    self.writer.add_summary(summary_str, counter)
    # update G network
    if (counter - 1) % self.disc_iters == 0:
        _, summary_str, g_loss = self.sess.run([self.g_optim, self.g_sum, self.g_loss],
eed_dict={self.z: batch_z})
    self.writer.add_summary(summary_str, counter)
    counter += 1
```

因为 SN-GAN 结构简单，使用的训练数据也简单，所以直接放在本地运行，训练 20 轮，先来看判别器与生成器训练时损失的变化，分别如图 9.22 和图 9.23 所示。

SN-GAN 计算图如图 9.24 所示。

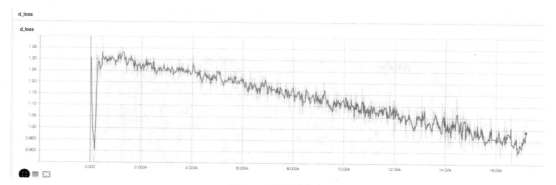

图 9.22 判别器损失

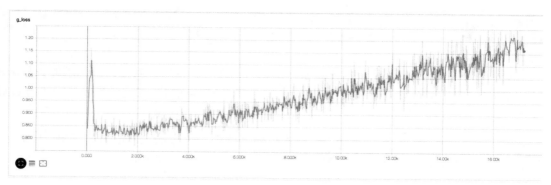

图 9.23 生成器损失

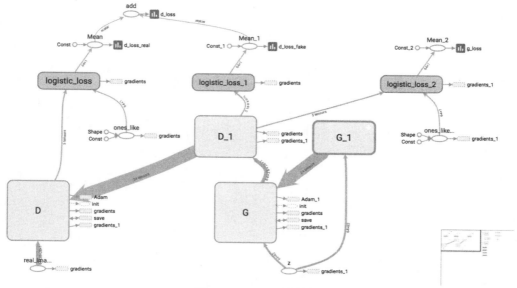

图 9.24 SN-GAN 计算图

SN-GAN 第 1 轮、第 10 轮以及第 20 轮的训练结果如图 9.25 所示。

图 9.25　训练结果

9.5　小结

在本章中，我们讨论了传统 GAN 会遇到的各种问题，并给出了当前比较常用的几种解决方法，包括 WGAN、WGAN-GP 以及 SN-GAN，尽量从原理层面讨论了这几种方法对传统 GAN 的改进之处以及本身可能具有的一些问题。

了解这些改进方法后，我们将在下一章中使用其中的一些方法，讨论通过 GAN 生成高清的图像，其中一种思想就是渐近式地生成。走！继续踏上我们的星际之旅。

第 10 章　渐近增强式生成对抗网络

在上一章，我们回到了母星，并学习了如何改进 GAN，主要从数学、代码角度讨论了 WGAN、WGAN-GP 以及 SN-GAN。其实对于传统 GAN，还有很多改进方法，上一章中只讨论了一部分，知识的海洋是无穷尽的，需要大家去探索。

补充了这些知识后，我们就可以继续踏上星际之旅了，这次的目的地是渐近增强式生成对抗网络，在这趟路途中，我们会遇到 StackGAN-v1、StackGAN-v2 以及 PGGAN 等星体。

10.1　堆叠式生成对抗网络 StackGAN

传统结构的 GAN 可以简单地完成生成图像任务，但这些图像通常都是 64×64 或 128×128 的，如果是更大一些的图像就难以获得理想的效果。一个直观的原因就是生成大图像需要学习更多的信息，要让 GAN 一口气学会大量的信息比较困难，造成的结果就是 GAN 在生成大图像时会产生扭曲或虚化等不自然现象。而 StackGAN 的出现则让 GAN 实现了生成较为理想的"大"图像，StackGAN 可以根据一段文本描述生成 256×256 大小的图像，StackGAN 细分为两个版本，即 StackGAN-v1 与 StackGAN-v2，下面来简单讨论一下。

10.1.1　StackGAN-v1

传统结构的 GAN，通常由一个判别器与一个生成器构成，两者相互对抗，从而让生成器可以生成自然逼真的图像。这种类型的生成器在生成简单或者小尺寸图像时可以获得不错的效果，但当我们需要获得更大的自然图像时，这种简单的 GAN 就难以实现。既然一个判别器与一个生成器难以实现生成大尺寸的自然图像，那多个判别器与多个生成器组合起来使用呢？

这其实就是 StackGAN 的核心思想，既然单个判别器与生成器难以获得大尺寸自然图像，那就使用两个判别器与两个生成器分层来生成，每一层由一个判别器与一个生成器构成。通常一个 StackGAN 由两层构成，第一层主要负责生成小尺寸的模糊图像，让生成器的"注意力"

集中在图像的边缘以及整体结构上，而不是一口气就学会图像中的细节；然后将第一层生成的具有图像整体结构的模糊图像传递给下一层的生成器，该生成器以上一层的模糊图像为基础，在其之上进行图像的生成。对于第二层的生成器而言，它直接获得了图像边缘、形状等大体信息，就不必再花费精力去生成这些整体上的内容了，而是将"注意力"集中在图像的细节上，从而实现生成大尺寸图像的目的。

值得一提的是，StackGAN 不只是单纯的双层结构，也是一个 Conditional GAN，它可以使用一句话作为条件约束，生成器可以依据语句中的内容生成相应的图像。这种以一句话作为约束条件的情况在第 7 章已经详细提及，核心在于如何使用合适的方式表示一句话从而包含这句话中语言的内在含义，让生成器可以根据句子中出现的条件生成符合条件的图像，当前常见的方法大致有 char-CNN-RNN 与 skip-thought 两种。使用其中一种方式获得句子对应的向量表示，作为生成器的约束条件，但 StackGAN 并没有像此前章节中提及的 Conditional　GAN 那样，直接将句子对应的向量与噪声 z 简单地拼接后拿来使用。

StackGAN-v1 网络的结构如图 10.1 所示。

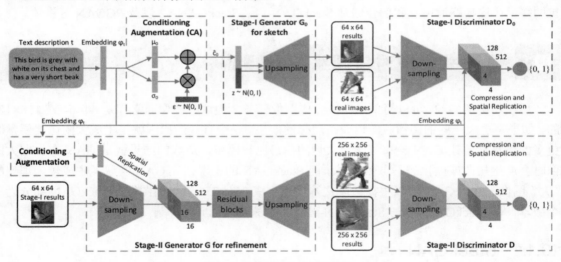

图 10.1　StackGAN-v1 网络结构

先将注意力放到第一层，如果单看第一层，这其实就是一个 Conditional GAN。我们通过 char-CNN-RNN 或 skip-thought 方法将输入的句子作为对应的文本编码向量，但不会直接使用该向量作为约束条件，因为 char-CNN-RNN 或 skip-thought 方法都是非线性的，即文本向量是通过非线性方式生成的，这就可能导致将文本向量输入生成器的潜在变量（神经网络隐藏层的参数变量）中会出现一定的偏差，而生成器通常又会通过多次转置卷积操作将潜在变量不连续地变大，即一个像素点对应生成下一层的多个像素点，这就可能导致 GAN 学习的不稳定。简单而言，就是直接使用文本编码向量会造成生成器潜在变量出现偏差，这种偏差会被多次进行转置卷积操作，从而导致 GAN 整体在训练过程中不稳定。

为了解决这个问题，StackGAN-v1 的论文中提出了 Conditioning Augmentation technique 方法，即约束条件增强技术。该方法的名字虽然有点吓人，但本质很简单，既然直接使用文本编码不可行，那就间接使用。从 StackGAN-v1 的结构图中可以看出，对于通过相应方法获得的文本编码 embeddingφ_t，StackGAN-v1 并没有直接将其作为约束条件，而是使用一个简单的全连接层将φ_t分成了某个高斯分布的期望μ与方差σ^2，从而可以构成该高斯分布，即$N(\mu(\varphi_t), \sum(\varphi_t))$，然后从该高斯分布中随机抽取数据作为条件约束，具体公式为

$$\widehat{c_0} = \mu_0 + \sigma_0 \odot \epsilon$$

其中，$\odot$表示逐元素乘积；ϵ表示从$N(0, I)$中随机抽取的一个随机数。

Conditioning Augmentation technique 这种做法可以增强模型的鲁棒性，当训练数据扰动时，模型依旧可以输出预期的结构，则该模型具有一定的抗扰动性（即所谓的鲁棒性）。这其实也很符合直觉，从文本编码向量中构成的高斯分布（获得条件约束）与预先准备好的高斯分布（获得噪声 z）可以构成各种各样的输入组合，通过多样性输入数据训练出的模型具有一定的鲁棒性。

同时，为了避免 GAN 在训练过程中出现过拟合，在生成器训练时加入相应的正则项。

$$D_{\text{KL}}\left(N\left(\mu(\varphi_t), \sum(\varphi_t) \right) \| N(0, I) \right)$$

不难看出，该正则项其实就是标准高斯分布与条件高斯分布之间的KL距离，添加这种具有随机性的正则项，有利于模型对于同一句话可以产生满足条件约束但形状或姿势不同的图像，实现生成器生成图像的多样性。

需要注意的是，StackGAN 中的生成器不再使用常用的转置卷积，而是使用多个上采样加上卷积核大小为 3×3 的卷积层组成，这样可以避免棋盘效应。棋盘效应是转置卷积操作会遇到的一个问题，在下一小节中，我们会详细讨论棋盘效应的内容。

StackGAN-v1 第一层的生成器会生成 64×64 大小的模糊图像，该生成图像会交由该层的判别器识别，同时判别器还要判别 64×64 大小的真实图像。回忆此前的 GAN，可以发现，生成器生成图像的大小与要交由判别器判别的真实图像大小是一致的，这可以让判别器产生具有价值的梯度给生成器。

StackGAN-v1 第一层中判别器与生成器的损失函数如下。

$$L_{D_0} = E_{(I_0, t) \sim P_{\text{data}}}[\log D_0(I_0, \varphi_t)] + E_{z \sim P_z, t \sim P_{\text{data}}}[\log(1 - D_0(G_0(z, \widehat{c_0}), \varphi_t))]$$

$$L_{G_0} = E_{z \sim P_z, t \sim P_{\text{data}}}[-\log D_0(G_0(z, \widehat{c_0}), \varphi_t)] + \lambda D_{\text{KL}}\left(N\left(\mu_0(\varphi_t), \sum_0(\varphi_t) \right) \| N(0, I) \right)$$

其中，I_0表示真实图像，t表示文本向量。

从判别器的损失函数不难看出，其实就是一个条件 GAN 的损失函数，只是生成器不直接

使用原始文本向量作为原始条件，而是使用经过 Conditioning Augmentation technique 处理的 $\hat{c}_0$。生成器的损失函数类似，只是多了一个正则项，用于避免生成器过拟合。

接着看到 StackGAN-v1 的第二层，第二层的整个结构与第一层类似，直接将第一层生成的 64×64 大小的模糊图像以及第一层的约束条件传入生成器中，对于第二层生成器而言，64×64 大小的模糊图像代替了随机噪声 z，通过残差网络（redisual blocks 残差块）与上采样的结构来生成图像。同样这里的上采样不直接使用转置卷积，避免棋盘效应。

通过 StackGAN-v1 第二层的操作就可以获得 256×256 大小的自然图像了。回忆一下整个流程，StackGAN 中的生成器就是一个渐近增强的过程。因为大尺寸图像具有的信息较多，让生成器一口气学习那么多信息很困难，判别器对抗时容易陷入能力不平衡的情况，导致简单的 GAN 难以生成大尺寸的自然图像。而渐近增强的思想在于分而治之，先生成一个具有图像中大体信息的小图像，再通过小图像中提供的信息进一步生成图像中的细节，将生成器要生成一个大图像的困难问题分解成两个比较简单的任务，逐步完成，从而实现生成一个大图像的目标。

StackGAN-v1 第二层中判别器与生成器的损失函数如下。

$$L_D = E_{(I,t) \sim P_{\text{data}}}\big[\log D(I, \varphi_t)\big] + E_{s_0 \sim P_{G_0}, t \sim P_{\text{data}}}\big[\log\big(1 - D(G(s_0, \hat{c}), \varphi_t)\big)\big]$$

$$L_G = E_{s_0 \sim P_{G_0}, t \sim P_{\text{data}}}\big[\log\big(1 - D(G(s_0, \hat{c}), \varphi_t)\big)\big] + \lambda D_{\text{KL}}\left(N\left(\mu_0(\varphi_t), \sum_0(\varphi_t)\right) \| N(0, I)\right)$$

第二层中的判别器与生成器的损失函数与第一层是一致的，只是第二层的生成器 G 使用的是第一层生成的模糊图像 s_0 作为输入，其他并没有差别。

因为 StackGAN-v2 是 StackGAN-v1 的改进版，后面的内容会讨论如何实现 StackGAN-v2，所以这里就不再实现 StackGAN-v1，简单看一下论文中给出的效果，如图 10.2 所示。

图 10.2 StackGAN-v1 效果

10.1.2 棋盘效应

在前面的内容中提及了棋盘效应，本节来简单地讨论一下。

如果我们将一些 GAN 生成的图像放大到像素级别，就可以发现一个奇怪的现象，像素点之间都有明显的颜色边界，导致从整体来看就像一个棋盘图案，这些棋盘图案在颜色深的图像中更加突出，这就是棋盘效应，如图 10.3 所示。

图 10.3　棋盘效应

通常由人类获得的真实图像，如相机拍摄出的图像，放大到像素级别，像素与像素之间的颜色是平滑过渡的，不会出现棋盘效应。那为何由 GAN 生成的图像就会存在棋盘效应呢？答案就是 GAN 使用了转置卷积来生成图像。

回忆一下转置卷积操作，直观而言，转置卷积就是将一个像素点转成多个像素点的过程，如果我们没有控制好转置卷积时卷积核大小、输出窗口大小与步长，就容易在下一层产生重叠部分。具体而言，当进行转置卷积操作时，卷积核大小与输出窗口的大小不能被步长整除，就会产生重叠部分，通过图 10.4 来直观理解一下。

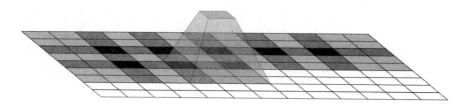

图 10.4　产生重叠部分

图 10.4 中正在进行一次常规的转置卷积操作，通过上层的每个像素来生成下一层的像素，下一层的像素中，其颜色深度是不同的。一个像素点只受到一次转置卷积操作的话，其颜色是浅灰色，而有些像素点却受到多次转置卷积操作，其颜色是深黑色，这些深浅不一的像素点就构成一个棋盘图案。

通常，一个 GAN 要生成一张图像会用到多次转置卷积操作，这些转置卷积操作之间相互影响，上一层的棋盘图案会影响到下一层，导致最终生成的图像会有比较明显的棋盘图案，如图 10.5 所示。

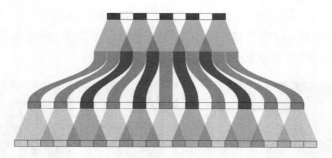

图 10.5　明显的棋盘图案

从理论上而言，神经网络结构可以通过学习权重来避免棋盘效应，但这在实践中难以实现。除这种权重参数难以学习外，强行让神经网络学习具有这种特性的参数也会抑制神经网络生成图像的能力，对 GAN 而言，抑制了生成器的生成能力。

此前通常使用步长为 1 的转置卷积层来作为最后一层，这种做法可以有效地减轻棋盘效应，但依旧无法完全避免棋盘效应。为了完全避免棋盘效应的出现，可以使用两种方法。

第一种方法就是计算好每一次转置卷积操作时卷积核大小、输出窗口大小与步长的关系，确保每一层都可以被整除，通过这样的设计，就可以避免转置卷积产生棋盘图案，如图 10.6 所示。

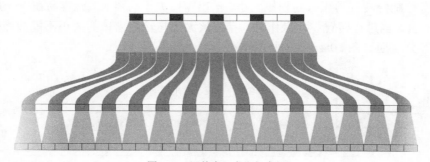

图 10.6　调整窗口大小与步长

这种想法其实很直接，既然问题出在卷积核大小、输出窗口大小与步长的关系上，那就提前设计好这 3 者的关系。

第二种方法就是使用缩放卷积来代替转置卷积实现上采样。所谓缩放卷积操作，其实很简单，就是先通过最近邻差值法或双线性插值法来填充图像，然后再通过卷积操作对填充后的图像进行采样，如果采样后的图像尺寸大于填充前的图像尺寸，则实现上采样的效果。这种方法虽然简单，效果却很明显，如图 10.7 所示。

图 10.7 中，第一幅艺术画（图 10.7a）的生成使用的是常见的转置卷积操作，可以看出，其中像素锯齿化很明显，即具有明显的棋盘图案；而第二幅艺术画（图 10.7b）的生成使用了缩

放卷积操作，不难看出，第二幅艺术画已经没有明显的棋盘图案了。

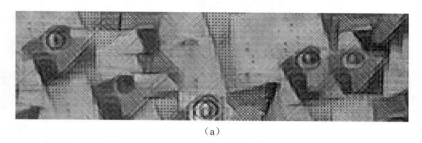

（a）

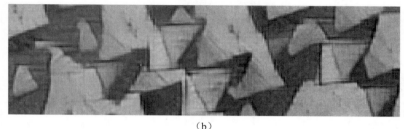

（b）

图 10.7　缩放卷积

10.1.3　StackGAN-v2

StackGAN-v2 其实就是 StackGAN-v1 的改进，也称为 StackGAN++，其整体目的是实现通过一句话生成相应的大尺寸高清图像，相对于 StackGAN-v1 而言，StackGAN-v2 在结构上已经有比较大的不同，主要从 3 个方面对 StackGAN-v1 进行了优化。

（1）StackGAN-v2 不再分层，其中生成器采用树状结构，由多个可以生成不同尺寸图像的生成器共同构成，这些生成器分别对应着一个判别器，实现图像的连贯生成。

（2）同时使用 conditional loss（条件损失）与 unconditional loss（非条件损失）。非条件损失即直接使用噪声 z 与文本编码 c 合并的向量去生成图像，让判别器获得该生成图像的损失，不加条件约束的限制。

（3）引入 Color-consistency regularization（色彩一致性正则项），该正则项可以使生成器在接收到相同输入时生成图像的颜色更加一致，从而提高生成图像的质量。

这里同样先从结构上来理解 StackGAN-v2，其结构如图 10.8 所示。

整个结构分为两部分：左边的部分主要描绘了 StackGAN-v2 中生成器的细节；而右边的部分就是判别器的细节。非常清晰，我们先看生成器的结构，首先这里使用 Conditioning Augmentation technique 方法来获得文本编码向量c，然后该文本编码向量再与噪声 z 合并成一个大的向量作为生成器的输入，这种做法与 StackGAN-v1 相同。

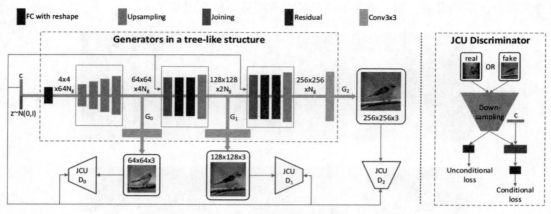

图 10.8　StackGAN-v2 结构

整体来看，生成器是一个树状结构，但这个大的生成器其实是由 3 个小的生成器组成的，这 3 个生成器可以生成不同尺寸的图像。从结构图中可以看出，第一个生成器负责生成尺寸为 64×64×3 的图像，第二个生成器在第一个生成器生成的图像基础上生成尺寸为 128×128×3 的图像，最后一个生成器在第二个生成器的基础上生成尺寸为 256×256×3 的图像。

每个不同尺寸的生成器都有相应的判别器，每个判别器都会使用条件损失与非条件损失作为生成器的指导信息，在生成器的结构图中，就是所谓的 JCUD（Joint Conditional and Uncondition Distribution）。值得提及的是，生成器中的上采样使用的是缩放卷积操作，而不是转置卷积，从而避免了生成图像的棋盘效应。

接着看到判别器的结构，即图中的右半部分，在该论文中，将使用条件损失与非条件损失的判别器称为 JCU Discriminator。JCU 判别器的结构其实比较简单，它会接收真实图像与生成图像作为输入，然后返回条件损失与非条件损失，两个损失的差别就是有没有使用条件约束 c。其中条件损失可以约束生成器，让生成器尽量生成符合条件的生成图像，而非条件损失则让生成器可以生成多种逼真的图像，两种损失结合使用，可以让生成器生成符合约束条件的图像的同时，保持生成图像的多样性。

同时使用了条件损失与非条件损失的 StackGAN-v2，其目标函数与 StackGAN-v1 的目标函数有较大的不同。

判别器的目标函数，由两部分组成，第一个括号内的公式表示非条件损失，第二个括号内的公式表示条件损失。

$$L_{D_i} = \left\{-E_{x_i \sim P_{\text{data}_i}}[\log D_i(x_i)] - E_{s_i \sim P_{G_i}}[\log(1 - D_i(s_i))]\right\} +$$
$$\left\{-E_{x_i \sim P_{\text{data}_i}}[\log D_i(x_i, c)] - E_{s_i \sim P_{G_i}}[\log(1 - D_i(s_i, c))]\right\}$$

生成器的目标函数也由非条件损失与条件损失两部分构成。

$$L_{G_i} = \left\{ -E_{s_i \sim P_{G_i}} [\log D_i(s_i)] \right\} + \left\{ -E_{s_i \sim P_{G_i}} [\log D_i(s_i, c)] \right\}$$

在 StackGAN-v2 中还对不同尺寸的生成器使用了 Color-consistency regularization（色彩一致性正则项），该正则项的目的是让不同尺寸的生成器生成的图像具有相似的基本结构和颜色分布，通过该正则项对生成器的约束，可以使得不同尺寸生成器在面对相同输入时，生成的图像在颜色上更加一致，从而达到改善生成器生成图像质量的目的。

简单讨论一下色彩一致性正则项在数学上的实现方式，首先可以令 $x_k = (R, G, B)^T$ 表示生成器生成图像中的像素，通过 x_k 可以定义出该生成图像的像素均值与协方差。

生成图像的像素均值：

$$\mu = \frac{\sum_k x_k}{N}$$

生成图像的像素协方差：

$$\Sigma = \frac{\sum_k (x_k - \mu)(x_k - \mu)^T}{N}$$

公式中的 N 是生成图像中像素个数。色彩一致性正则项的目的就是最小化不同尺寸的生成图像之间的 μ 与 $\sum$ 的差异，以促进生成器生成颜色更加一致的图像，具体的定义为

$$L_{C_i} = \frac{1}{n} \sum_{j=1}^{n} \left(\lambda_1 \parallel \mu_{s_i^j} - \mu_{s_{i-1}^j} \parallel_2^2 + \lambda_2 \parallel \sum_{s_i^j} - \sum_{s_i^j} \parallel_F^2 \right)$$

其中，n 是批量大小，$\mu_{s_i^j}$ 和 $\sum_{s_i^j}$ 是第 i 个生成器生成的第 j 个样本的均值和协方差。根据经验，通常会将 λ_1 设为 1，将 λ_2 设为 5。

通过上面的方式获得色彩一致性正则项后，就可以将其添加到生成器的损失函数中，如添加到第 i 个生成器的损失函数中，定义如下。

$$L'_{G_i} = L_{G_i} + \alpha L_{C_i}$$

通过多次实验结果来看，对于无条件约束的生成器而言，色彩一致性正则项具有比较大的作用，而对于具有强烈的文本向量约束的条件生成器，则不怎么需要色彩一致性正则项。

10.1.4　TensorFlow 实现 StackGAN-v2

经过前面几节对 StackGAN 的讨论，我们已经了解了 StackGAN 的必要知识，接着就可以利用上面讨论的理论知识来编写一个 StackGAN 了，这里尝试编写 StackGAN-v2。整个流程依旧是先了解生成器与判别器的代码结构，然后通过组合生成器与判别器构建出 StackGAN-v2 的整体结构，并定义出生成器与判别器的损失，然后就是使用常用的 Adam 优化算法来训练 StackGAN-v2。

编写一个完整的 StackGAN-v2 还是比较复杂的,因为 StackGAN 属于 Conditional GAN,使用文本语句作为约束。这就涉及 NLP 的内容,将文本语句编码成有意义的向量,前面的内容也有提及,具体而言,就是使用大量文本数据通过 char-CNN-RNN 与 skip-thought 方法训练出语言模型,使用该模型就可以将一句话转换成有价值的文本向量。本节主要讨论 StackGAN-v2 中 GAN 结构代码的实现,对应文本编码方面的内容不会过多讨论。

对于这种结构比较复杂的模型,会分步处理。首先是构建要用于训练的数据,因为 StackGAN-v2 的生成器是由多个不同尺寸的生成器构成的树状结构,这些生成器生成的图像尺寸是不相同的,所以训练数据也要准备同一张图像不同尺寸的数据,这些不同尺寸的真实图像会输入给不同尺寸的判别器,生成器与判别器两两对应,实现有效的对抗训练。这里将使用 TFRecord 文件格式来存储原始的训练数据,本节不会讨论 TFRecord,相关的内容会在下一节 TensorFlow 数据处理中讨论,本节先假定已经拥有处理好的 TFRecord 数据文件了,将注意力放到 StackGAN-v2 结构本身。

首先来编写 StackGAN-v2 的生成器结构,StackGAN-v2 中的树状生成器由多个小生成器串联构成,所以先来实现这些小生成器。回忆一下上一小节中 StackGAN-v2 的结构图,其中大的树状生成器由 3 个小生成器构成,这些小生成器的主要结构在 StackGAN-v2 结构图中也都清晰地展示了出来,这里以该结构图为指导,编写这些 GAN。为了方便读者阅读,这里再贴一次 StackGAN-v2 的结构图,如图 10.9 所示。

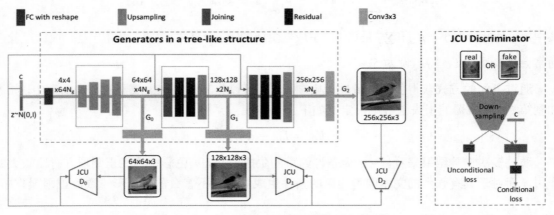

图 10.9　StackGAN-v2 结构图

从图 10.9 中可以看出,第一个小 GAN 的主要结构就是上采样层 Upsampling。传统的 GAN 中通常使用转置卷积实现上采样层,这里使用缩放卷积的方式来实现上采样,从而避免棋盘效应。缩放卷积实现上采样的代码如下。

```
def resize(self, net, dims):
    return layers.resize(net, dims, self.data_format)
def conv3x3_block(self, net, filters):
```

```
        return layers.conv3x3_block(net, filters, self.data_format)
# 缩放卷积操作进行上采样
def upsample(self,net,output_shape):
    filters = output_shape[-1]
    height  = output_shape[1]
    width   = output_shape[2]
    with tf.name_scope('upsample_%d_%d_%d' % (height, width, filters)):
        #改变图像尺寸(缩放)
        net = self.resize(net, [height, width])
        # 卷积操作
        net = self.conv3x3_block(net, filters)
        return net
```

缩放卷积的逻辑很简单，首先通过 layers.resize()方法调整图像的尺寸，然后再调用 layers.conv3×3_block()方法进行卷积操作，该卷积操作使用 3×3 大小的卷积核。其中 layers.resize() 方法使用了 tf.image.resize_nearest_neighbor()方法，该方法可以通过最近邻插值法来填充图像的大小，将图像变大。而 layers.conv3x3_block()方法实现代码如下。

```
import tensorflow.contrib.slim as slim
def conv3x3_block(net, filters, data_format):
    with tf.name_scope('conv3x3_block'):
        net = slim.conv2d(net, filters*2, kernel_size=3, stride=1, padding='same')
        net = slim.batch_norm(net)
        net = glu(net, data_format)
        return net
```

在 conv3×3_block()方法中使用了 3 个方法，其中前两个方法比较熟悉：slim.conv2d()方法用于实现卷积操作，slim.batch_norm()方法用于实现 BN 操作。两个方法的具体逻辑不再细讲，值得一提的是，两个方法都是 Slim 模块中的方法，Slim 模块是 TensorFlow 在 2016 年推出的模块，主要作用就是减少用 TensorFlow 构建神经网络的代码量，将重复的代码封装起来，并提供多个已编写好的知名模型，方便直接使用，在不使用 Keras、TensorLayer 等高层框架的前提下，依旧可以编写出简洁的代码。

conv3x3_block()中的最后一个方法就是 glu()方法，GLU（Gated linear unit）是一种基于门机制（Gate Mechanism）的激活单元，这里所谓的 Gate Mechanism 就是 RNN 或 LSTM 中的门机制，用于控制数据的运算。当前比较知名的是基于 Gate Mechanism 的激活单元 GTU（Gated Tanh Unit）与 GLU，其中 GTU 将 Gate Mechanism 思想结合到 Tanh 激活函数中，而 GLU 则是将 Gate Mechanism 思想结合到 ReLU 激活函数中，两者的表达式分别为

$$f_{GTU}(X) = \tanh(XW + b) \cdot O(XV + c)$$

$$f_{GTU}(X) = (XW + b) \cdot O(XV + c)$$

对 Tanh、ReLU、GTU 与 GLU 这 4 个不同的激活单元在 WikiText-103 数据集（左半边图）和 Google Billion Word 数据集（右半边图）上进行实验，不同的激活单元在不同数据集上的学习曲线如图 10.10 所示。

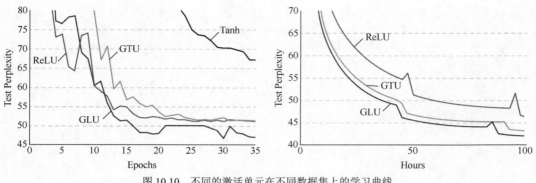

图 10.10　不同的激活单元在不同数据集上的学习曲线

两图具有相同的纵轴 Test Perplexity（困惑度），Perplexity(PPL)是 NLP 领域中常用于衡量语言模型好坏的指标，它的基本思想是根据每个词来估计一句话可能出现的概率，并使用句子本身的长度做正规化（normalize）。通常当我们使用训练集训练出一个语言模型后，会将该语言模型作用于测试集中，此时测试集中的句子都是正常的句子，则句子的概率越大，此时 Perplexity（困惑度）就越小，表示语言模型越好。Perplexity 公式为

$$PP(W) = P(w_1 w_2 \cdots w_N)^{-\frac{1}{N}}$$

$$= \sqrt[N]{\frac{1}{P(w_1 w_2 \cdots w_N)}}$$

$$= \sqrt[N]{\prod_{i=1}^{N} \frac{1}{P(w_i | w_1 w_2 \cdots w_{i-1})}}$$

从图中可以看出，带有 GLU 的模型收敛速度更快、Perplexity 更小。当然从图中还可以看出 Gate mechanism 对模型的影响，对比带有 GTU 模型的学习曲线与带有 Tanh 模型的学习曲线，就可以看出，使用 GTU 的模型的 Perplexity 明显小于使用 Tanh 的模型，而 GTU 只是比 Tanh 函数多了 sigmoid Gate，用于实现 Gate mechanism。这其实也让 GTU 与 Tanh 一样面临着梯度消失的问题，而 ReLU 与 GLU 却不会有这样的问题，因为 ReLU 与 GLU 拥有线性的通道，计算量小，而且不易让梯度消失。从右边的图可以看出，相同的训练时间下，使用 GLU 激活单元的模型，其 Perplexity 小于使用 ReLU 模型的 Perplexity，即使用 GLU 会获得更好的效果。

通过上面简单的讨论，可以发现在语言模型中使用 GLU 作为激活函数是具有一定优势的。在 StackGAN-v2 中，通过约束条件增强技术获得模型的输入向量，这些输入向量是具有语义的，所以使用 GLU 作为激活函数是不错的选择。

定义完上采样方法后，接下来就很轻松了，调用上采样方法构成第一个小生成器，代码如下。

```
# 第一个小生成器
def G0(self, net):
    with tf.variable_scope('G0'):
        net = self.upsample(net, [-1, 8, 8,   32*self.Ng])
        net = self.upsample(net, [-1, 16, 16, 16*self.Ng])
        net = self.upsample(net, [-1, 32, 32, 8*self.Ng])
        net = self.upsample(net, [-1, 64, 64, 4*self.Ng])
        G0  = self.to_image(net)
        return G0, net
```

第一个小生成器由 4 个上采样层构成，通过 4 次缩放卷积操作上采样后，就可以生成 64×64 大小的图像；生成器最后使用 to_image()方法，该方法会生成相应的图像 G_0 并输入给对应尺寸的判别器；而 net 则会传递给下一个小生成器，从而实现多个生成器串联成一个大的树状生成器，to_image()方法的代码如下。

```
def to_image(self,net):
    net  = slim.conv2d(net, 3, kernel_size=3, stride=1, padding='same')
    net  = tf.nn.tanh(net)
    return net
```

接着看到 StackGAN-v2 结构图中第二个小生成器的结构，该生成器也主要由 4 个部分构成，第一部分主要是将上一个小生成器的输出与条件约束进行连接构成一个完整的输入，然后使用两个残差网络层处理输入的数据，最后使用上采样的方式获得该生成器的生成数据。

先来实现第二个小生成器的 Joining 连接层，连接上一个小生成器的输出与条件约束，具体代码如下。

```
def joint_conv(self, net, z, filters):
    with tf.name_scope('joint_conv'):
        net_shape = net.get_shape().as_list()
        print(net, z)
        if self.data_format == 'NCHW':
            channels = net_shape[1]
            height   = net_shape[2]
            width    = net_shape[3]
            z = tf.expand_dims(z, -1)
            z = tf.expand_dims(z, -1)
            z = tf.tile(z, [1, 1, height, width])
            net = tf.concat([net, z], 1)
        else:
            height   = net_shape[1]
            width    = net_shape[2]
            channels = net_shape[3]
            z = tf.expand_dims(z, 1)
            z = tf.expand_dims(z, 1)
            z = tf.tile(z, [1, height, width, 1])
            net = tf.concat([net, z], -1)
        print(net)
        net = self.conv3x3_block(net, filters)
```

```
        return net
```

joint_conv()方法接收 net、z、filters 这 3 个参数，分别表示上一个小生成器的输出、约束条件向量以及卷积核个数。整个方法的主要逻辑就是连接 net 张量与 z 张量，并使用此前定义的 conv3×3_block()方法进行卷积操作。

具体的细节会因 self.data_format 数据结构的不同而不同（self.data_format 是自定义的参数，启动代码时传入不同的值，以不同的逻辑处理数据）。主要步骤都是先使用 tf.expand_dims()方法增加条件约束 z 的维度；然后使用 tf.tile()方法进一步拓展条件约束，tf.tile(input, multiples, name=None)会接收 3 个参数，其中 input 表示传入的要进行扩展的张量，而 multiples 参数则表示在对应维度上要复制的次数，即 input 张量第 i 维的数据会被复制 multiples[i]次；最后通过 tf.concat()方法将变换后的条件约束矩阵与上一个生成器输出的矩阵 net 进行连接，并将连接后生成的矩阵传入 conv3×3_block()方法进行卷积处理。

经过 joint_conv()方法处理后的数据接着会传递给残差网络层。残差网络的结构在前面已经介绍过多次，简单而言，就是输入的数据经过多层卷积操作后，获得的输出数据再与未做卷积处理的输入数据累加在一起，这种结构可以保存数据中大量的信息，有益于模型的训练，残差网络的具体代码如下。

```
def residual_block(self, x, filters):
    with tf.name_scope('residual_block'):
        with slim.arg_scope([slim.conv2d], stride=1, padding='same'):
            Fx  = slim.conv2d(x, filters*2, kernel_size=3)
            Fx  = slim.batch_norm(Fx)
            Fx  = self.glu(Fx)
            Fx  = slim.conv2d(Fx, filters, kernel_size=3)
            Fx  = slim.batch_norm(Fx)
            return Fx + x
```

通过上面编写好的方法就可以轻易地构建出第二个小生成器。

```
def G1(self, net, z):
    with tf.variable_scope('G1'):
        net = self.joint_conv(net, z, 64)
        net = self.residual_block(net, 64)
        net = self.residual_block(net, 64)
        net = self.upsample(net, [-1, 128, 128, 2*self.Ng])
        G1  = self.to_image(net)
        return G1, net
```

第二个小生成器的结构就实现了，回顾一下，joint_conv()方法实现将上一个小生成器最后一层的输出与条件约束连接并做卷积操作，获得的输出数据再通过两层残差网络处理，保留图像中大量的信息，通过残差网络处理后的数据交由 umsample()上采样方法处理，获得该生成器的输出，最后当然同样通过 to_image()方法生成相应的图像数据方便同样大小的判别器处理。

从 StackGAN-v2 的结构图中可以看出，第三个小生成器与第二个小生成器具有同样的结构，所以通过同样的逻辑就可以编写出第三个小生成器，代码如下。

```
def G2(self, net, z):
    with tf.variable_scope('G2'):
        net = self.joint_conv(net, z, 32)
        net = self.residual_block(net, 32)
        net = self.residual_block(net, 32)
        net = self.upsample(net, [-1, 256, 256, 1*self.Ng])
        G2  = self.to_image(net)
        return G2, net
```

第三个小生成器通过前面两个小生成器叠加生成 StackGAN-v2 的最终的结果，即 256×256 的高清图像。

核心思路就是渐进式的生成器，先生成简单的小图，再通过小图一步步生成大图，最后获得理想的图像。从整体的角度来看刚刚编写的 3 个小生成器，三者其实连接在一起，构成一个大的生成器，即所谓的树状生成器。

编写完生成器后，接着就来编写判别器，因为树状生成器在不同的阶段会生成不同的大小以及质量的图像，那么也就有与之对应的判别器判别不同大小的图像，下面分别来实现不同尺寸的判别器。

通常判别器都由多个卷积层组成，这里也不例外，为了方便编写，通常将判别器中通用的结构编写成对应的方法，这里将多个卷积层构成一个通用方法。

```
def encode_x16(self, net):
    with tf.name_scope('encode_x16'):
        with slim.arg_scope([slim.conv2d], kernel_size=4, stride=2, padding='same'):
            net = slim.conv2d(net, self.Nd)
            net = tf.nn.leaky_relu(net)
            net = slim.conv2d(net, 2*self.Nd)
            net = slim.batch_norm(net)
            net = tf.nn.leaky_relu(net)
            net = slim.conv2d(net, 4*self.Nd)
            net = slim.batch_norm(net)
            net = tf.nn.leaky_relu(net)
            net = slim.conv2d(net, 8*self.Nd)
            net = slim.batch_norm(net)
            net = tf.nn.leaky_relu(net)
            return net
```

在 encode_x16()方法中，使用 slim.conv2d()方法实现卷积操作，使用 slim.batch_norm()方法实现批量归一化操作，使用 tf.nn.leaky_relu()方法实现 Leaky Relu 函数作为激活函数，该方法整体上封装了 3 层卷积层。

接着就可以使用 encode_x16()方法快速构建判别器，首先来构建对应第一个小生成器的判别器。

```
def D0(self, Im0, scope=None):
    with slim.arg_scope([slim.conv2d, slim.batch_norm], data_format=self.data_format):
        with tf.variable_scope(scope or 'discriminator/D0', reuse=tf.AUTO_REUSE)
            as D0_scope:
```

```
            net = self.add_noise(Im0)
            net = self.encode_x16(net)
            logits = self.logits(net)
            return logits, D0_scope
```

该判别器变量空间重定义为 D0_scope，需要注意一下，计算损失时会通过重用判别器变量空间的方式实现重用该判别器。在 D0 判别器中，Im0 即传入的图像。一开始先通过 add_noise() 方法为图像加入一些噪声，达到让相似图像都获得相似输出的结果，这可以加强模型的泛化能力；接着就调用 encode_x16() 方法，构建出 D0 判别器的主体；最后通过 logits() 方法返回判别器最终给出的分数。logits() 方法具体的代码如下。

```
def logits(self, net):
    with tf.name_scope('logits'):
        net = slim.conv2d(net, 1, kernel_size=4, stride=4, padding='same')
        net = tf.nn.sigmoid(net)
        return tf.reshape(net, [-1])
```

在 logits() 方法中，使用 slim.conv2d() 方法实现输出维度为 1 的卷积层，然后使用 sigmoid() 方法作为激活函数，将判别器打出的分数限定在 0～1。

接着就来实现第二个判别器 D1，整个逻辑与判别器 D0 是一样的，具体代码如下。

```
def D1(self, Im1, scope=None):
    with slim.arg_scope([slim.conv2d, slim.batch_norm], data_format=self.data_format):
        with tf.variable_scope(scope or 'discriminator/D1', reuse=tf.AUTO_REUSE) as
        D1_scope:
            net = self.add_noise(Im1)
            net = self.encode_x16(net)
            net = self.downsample(net, 16*self.Nd)
            net = self.conv3x3_block(net, 8*self.Nd)
            logits = self.logits(net)
            return logits, D1_scope
```

在判别器 D1 中，同样使用 add_noise() 方法向输入数据中添加噪声，使用 encode_x16() 方法实现多个卷积层。但毕竟第二个生成器生成的图像比第一个生成器生成的图像大了不少，所以需要使用更多卷积层进一步地抽象输入的数据。这里将卷积操作的方法封装成 downsample() 方法，该方法代码如下。

```
def downsample(self, net, filters):
    with tf.name_scope('downsample'):
        net = slim.conv2d(net, filters, kernel_size=4, stride=2, padding='same',
                    biases_initializer=None)
        net = slim.batch_norm(net)
        net = tf.nn.leaky_relu(net)
        return net
```

最后一个判别器 D2 的结构与 D1 是相同的，只是具有更多个卷积层，不再多讲，代码如下。

```
def D2(self, Im2, scope=None):
    with slim.arg_scope([slim.conv2d, slim.batch_norm], data_format=self.data_format):
        with tf.variable_scope(scope or 'discriminator/D2', reuse=tf.AUTO_REUSE)
```

```
        as D2_scope:
            net = self.add_noise(Im2)
            net = self.encode_x16(net)
            net = self.downsample(net, 16*self.Nd)
            net = self.downsample(net, 32*self.Nd)
            net = self.conv3x3_block(net, 16*self.Nd)
            net = self.conv3x3_block(net, 32*self.Nd)
            logits = self.logits(net)
            return logits, D2_scope
```

至此，StackGAN-v2 的生成器与判别器就构建完成，随后就可以构建相应的损失函数了。简单回忆一下前面关于 StackGAN-v2 损失方面的内容，对于生成器而言，它的损失主要由判别器给予判断的条件损失以及色彩一致性正则项带来的损失构成；对于判别器而言，它的损失主要就是条件损失与非条件损失。下面一步步来实现这些损失。

首先，我们先实例化编写好的生成器与判别器，代码如下。

```
G0, G1, G2, G_scope = generator(z)
D_R0, D0_scope = discriminator.D0(R0)
D_R1, D1_scope = discriminator.D1(R1)
D_R2, D2_scope = discriminator.D2(R2)
D_G0, _        = discriminator.D0(G0)
D_G1, _        = discriminator.D1(G1)
D_G2, _        = discriminator.D2(G2)
```

接着先定义生成器的损失函数，生成器的损失由两部分构成：一部分就是 GAN 常见的损失，生成器希望自己生成的图像判别器可以给予高分，即希望判别器给予 1 分，具体代码如下。

```
def G_loss(G_logits):
    return tf.reduce_mean(tf.nn.sigmoid_cross_entropy_with_logits(logits=G_logits,
labels=tf.ones_like(G_logits)))
```

除了该损失外，StackGAN-v2 中的生成器还有色彩一致正则项带来的损失。回忆一下色彩一致正则项的内容，要计算色彩一致正则项的损失，首先需要先计算生成图像的像素均值与生成图像的像素协方差，为了方便阅读，再次展示对应的公式如下。

生成图像的像素均值：

$$\mu = \frac{\sum_k x_k}{N}$$

生成图像的像素协方差：

$$\Sigma = \frac{\sum_k (x_k - \mu)(x_k - \mu)^{\mathrm{T}}}{N}$$

通过代码来实现一下，先实现生成图像像素均值的计算，具体代码如下。

```
def image_mean(img):
    with tf.name_scope('image_mean'):
        img_shape = img.get_shape().as_list()
        channels  = img_shape[1]
```

```
pixels    = img_shape[2] * img_shape[3]
mu = tf.reduce_mean(img, [2, 3], keepdims=True)
img_mu = tf.reshape(img - mu, [-1, channels, pixels])
return mu, img_mu, pixels
```

简单而言，就是利用 tf.reduce_mean()方法直接计算对应维度像素的均值。类似的，利用
TensorFlow 实现像素协方差，代码如下。

```
def image_covariance(img_mu, pixels):
    with tf.name_scope('image_covariance'):
        cov_matrix = tf.matmul(img_mu, img_mu, transpose_b=True)
        cov_matrix = cov_matrix / pixels
        return cov_matrix
```

其中 tf.matmul()方法实现矩阵的相乘，transpose_b 设置为 True，表示在相乘前，矩阵乘法
中的第二个矩阵先进行转置处理。

计算出生成图像的像素均值与协方差后，就可以计算色彩一致损失了，这里使用 MSE（均
方误差）的形式来定义色彩一致损失，StackGAN-v2 中的色彩一致损失并不是标准的 MSE 形式，
但也类似。所以，此处为了方便实现，便直接使用 MSE 来定义色彩一致损失，整体代码如下。

```
def colour_consistency_regularization(G1, G0, data_format):
    with tf.name_scope('cc_regularization'):
        lambda_1 = 1.0
        lambda_2 = 5.0
        alpha    = 50.0
        if data_format == 'NHWC':
            G0 = layers.nhwc_to_nchw(G0)
            G1 = layers.nhwc_to_nchw(G1)
        # 生成图像的像素均值
        mu_si1_j, G0_mu, G0_pixels = image_mean(G0)
        mu_si_j, G1_mu, G1_pixels  = image_mean(G1)
        # 生成图像的像素协方差
        cov_si1_j = image_covariance(G0_mu, pixels=G0_pixels)
        cov_si_j  = image_covariance(G1_mu, pixels=G1_pixels)
        # Color-consistency regularization
        L_ci  = lambda_1 * tf.losses.mean_squared_error(mu_si_j, mu_si1_j)
        L_ci += lambda_2 * tf.losses.mean_squared_error(cov_si_j, cov_si1_j)
        return alpha * tf.reduce_mean(L_ci)
```

这样就编写好构成生成器损失的两大部分了，调用一下，定义出树状生成器的 3 个总损失，
然后再将这 3 个损失累加，获得树状生成器的最终损失，代码如下。

```
with tf.variable_scope('G0'):
    # GAN loss
    L_G0 = losses.G_loss(D_G0)
with tf.variable_scope('G1'):
    # GAN loss
    L_G1 = losses.G_loss(D_G1)
    # 色彩一致正则化
```

```
        L_G1 += losses.colour_consistency_regularization(G1, G0, data_format=data_format)
    with tf.variable_scope('G2'):
        # GAN loss
        L_G2  = losses.G_loss(D_G2)
        # 色彩一致正则化
        L_G2 += losses.colour_consistency_regularization(G2, G1, data_format=data_format)
# 树状生成器总损失
    with tf.variable_scope('G'):
        L_G  = L_G0 + L_G1 + L_G2
```

生成器损失定义完成后，接着就来编写判别器的损失。判别器的损失同样由两部分构成，分别是条件损失（生成器的 GAN 损失其实也就是条件损失）与非条件损失。先来看一下条件损失，代码如下。

```
def false_labels(labels):
    return tf.random_uniform(tf.shape(labels), .0, .3)
def true_labels(labels):
    return tf.random_uniform(tf.shape(labels), .8, 1.2)
def D_loss(D_logits, G_logits):
    output  = tf.reduce_mean(tf.nn.sigmoid_cross_entropy_with_logits(logits=D_logits,
labels=true_labels(D_logits)))
    output += tf.reduce_mean(tf.nn.sigmoid_cross_entropy_with_logits(logits=G_logits,
labels=false_labels(G_logits)))
    return output
```

对于判别器而言，它希望自己可以给真实图像高分，这里将高分定义在 $0.8 \sim 1.2$ 的随机分数，而对于生成图像，它希望自己打低分，即在 $0 \sim 0.3$ 的分数，这样就定义好条件损失了。对于条件损失，判别器除要判断输入数据是否真实，还要判断输入数据是否符合条件。

接着定义非条件损失，相对条件损失而言，非条件损失更加简单，而非条件损失判别器只需判断图像是否真实即可。

这里使用 WGAN-GP 的方式来定义非条件损失，WGAN-GP 在上一章已经详细地讲解过。这里简单回忆一下，WGAN-GP 使用 gradient penalty 的方式来让判别器服从 Lipschitz 约束，因为无法对全样本空间都做 gradient penalty，所以选择生成图像空间与真实图像空间之间的空间来做 gradient penalty，那么首先实现从该空间抽取对应样本的代码。

```
# 从约束空间中抽取样本
def interpolates(real_batch, fake_batch):
    with tf.name_scope('interpolates'):
        real_batch = slim.flatten(real_batch)
        fake_batch = slim.flatten(fake_batch)
        alpha = tf.random_uniform([tf.shape(real_batch)[0], 1], minval=0., maxval=1.)
        # 真实数据与生成数据之间的差异,也就是真实数据与生成数据之间的空间
        differences  = fake_batch - real_batch
        # 真实数据加上差异,就构成了 WGAN-GP 的样本
        return real_batch + (alpha*differences)
```

有了约束空间中抽取出来的样本后，就可以计算 gradient penalty 了，具体代码如下。

```
def lambda_gradient_penalty(logits, diff):
    with tf.name_scope('lambda_gradient_penalty'):
        #tf.gradients()实现 ys 对 xs 求导
        gradients = tf.gradients(logits, [diff])[0]
        slopes    = tf.sqrt(tf.reduce_sum(tf.square(gradients), reduction_indices=[1]))
        # gradient penalty
        gradient_penalty = tf.reduce_mean((slopes-1.)**2)
        return 10*gradient_penalty
```

调用一下刚刚编写好的这两个方法，获得最终的 gradient penalty。

```
# WGAN-GP 梯度惩罚
def wasserstein_loss(real_batch, fake_batch, discrim_func, discrim_scope):
    with tf.name_scope('wasserstein_loss'):
        # WGAN-GP 的插值样本
        diff = interpolates(real_batch, fake_batch)
        # 重塑插值样本的形状，让其与真实样本一致
        diff_reshaped = tf.reshape(diff, tf.shape(real_batch))
        # 使用判别器判断插值样本的损失，判别器的参数使用旧的参数，即 discrim_scope
        interp_logits, _ = discrim_func(diff_reshaped, discrim_scope)
        # gradient penalty
        return lambda_gradient_penalty(interp_logits, diff)
```

需要注意的是，判别器判别约束空间样本时使用的是旧参数，至此就实现了 gradient penalty，对应的公式如下。

$$\lambda E_{x \sim P_{\text{penalty}}}[\max(0, \| \nabla_x D(x) \| - 1)]$$

可以看出，这里并没有实现一个完整的 WGAN-GP，而只是实现了其 gradient penalty，为了简化模型的构建，就不再单独定义一个损失了，而是将其与条件损失结合成一个损失，具体代码如下。

```
with tf.variable_scope('D0'):
    # 条件损失
    L_D0   = losses.D_loss(D_R0, D_G0)
    # 非条件损失
    L_D0_W = losses.wasserstein_loss(R0, G0, discriminator.D0, D0_scope)
    L_D0  += L_D0_W
with tf.variable_scope('D1'):
    L_D1   = losses.D_loss(D_R1, D_G1)
    L_D1_W = losses.wasserstein_loss(R1, G1, discriminator.D1, D1_scope)
    L_D1  += L_D1_W
with tf.variable_scope('D2'):
    L_D2   = losses.D_loss(D_R2, D_G2)
    L_D2_W = losses.wasserstein_loss(R2, G2, discriminator.D2, D2_scope)
    L_D2  += L_D2_W
```

至此就将 StackGAN-v2 中生成器的损失与判别器的损失都定义好了，接着就可以编写优化逻辑。这里依旧使用 Adam 优化算法来优化 StackGAN-v2 网络，首先通过老方法获得所有结构对应节点的参数权值。

```
G_vars  = [var for var in trainable_vars if 'generator' in var.name]
D0_vars = [var for var in trainable_vars if 'discriminator/D0' in var.name]
D1_vars = [var for var in trainable_vars if 'discriminator/D1' in var.name]
D2_vars = [var for var in trainable_vars if 'discriminator/D2' in var.name]
```

接着定义一个方法来实现对这些结构进行优化。

```
def create_train_op(loss, learning_rate, var_list, global_step):
    # 指数衰减法
    exp_learning_rate = tf.train.exponential_decay(learning_rate,
                                                   global_step,
                                                   decay_steps=10000,
                                                   decay_rate=0.96)
    optimizer = tf.train.AdamOptimizer(learning_rate=exp_learning_rate,
                                       beta1=0.5,
                                       beta2=0.999)
    return optimizer.minimize(loss,
                              var_list=var_list,
                              global_step=global_step,
                              colocate_gradients_with_ops=True)
```

为了实现快速训练，在 create_train_op()方法中使用了 tf.train.exponential_decay()方法来定义学习速率。该方法在模型训练的一开始会使用较大的学习速率以实现快速迭代，目的在于快速地得到一个比较好的解，随着模型训练的进行，该方法会逐步减小学习速率，从而实现模型训练的稳定。这很符合直觉，因为通常在模型训练的开始，此时离较好的解有比较大的距离，较大的学习速率可以快速地接近较优解；当训练一段时间后，已经离较优解比较近了，如果此时学习速率较大，容易错过该解，从而造成训练的震荡。所以训练一段时间后，需要逐渐减小学习速率，缓慢地接近较优解。

通过 tf.train.exponential_decay()实现指数衰减的方式定义学习速率后，接近就使用 tf.train.AdamOptimizer()方法实现 Adam 优化算法，并使用该学习速率，最后使用 minimize()方法最小化相应的损失。

create_train_op 优化方法实现后，只需调用该方法即可，代码如下。

```
D0_train = create_train_op(L_D0,
                           global_step=D0_global_step,
                           learning_rate=D_lr,
                           var_list=D0_vars)
D1_train = create_train_op(L_D1,
                           global_step=D1_global_step,
                           learning_rate=D_lr,
                           var_list=D1_vars)
D2_train = create_train_op(L_D2,
                           global_step=D2_global_step,
                           learning_rate=D_lr,
                           var_list=D2_vars)
#流程控制
with tf.control_dependencies([D2_train, D1_train, D0_train]):
```

```
G_train = create_train_op(L_G,
                          global_step=G_global_step,
                          learning_rate=G_lr,
                          var_list=G_vars)
```

上述代码比较简单，其中使用 tf.control_dependencies()方法进行流程控制，该方法的主要作用是在执行某些 operate 或 tensor 前，一些 operate 或 tensor 必须先执行，使用在这里的作用就是在对生成器进行优化前，必须已经执行了优化判别器的操作。

到这里，已经实现了 StackGAN-v2 的生成器与判别器结构，以及这些结构对应的损失和优化方法。随后的逻辑就是常见的训练运行逻辑了，考虑篇幅原因，就不再展示。

10.2　TensorFlow 数据处理

在本书前面的内容中，编写了多个不同的模型，这些模型都使用 TensorFlow 提供的机制来读入数据，但都没有具体地讨论相关的内容，所以本节就简单地讨论一下 TensorFlow 读入数据的机制。目前 TensorFlow 有 3 种方式获得数据。

（1）使用 placeholder 读取数据。

（2）使用 Queue 方式读取数据。

（3）使用 tf.data 来读取数据。

10.2.1　placeholder 读取数据

使用 placeholder 来读取数据是最常见的方式，对于小数据或内存中的变量数据可以使用 placeholder 的方式传递给训练的模型。具体方法为 tf.placeholder(dtype, shape, name)，该方法会在内存中创建一块空间用来存放传入的数据，简单举例如下。

```
import tensorflow as tf
import numpy as np
x = tf.placeholder(tf.float32, shape=(1024, 1024))
y = tf.matmul(x, x)
with tf.Session() as sess:
    rand_array = np.random.rand(1024, 1024)
    print(sess.run(y, feed_dict={x: rand_array}))
```

这种方式是最简单的获取数据方式，不再细讲。

10.2.2　Queue 方式读取数据

使用 Queue 队列来读取数据的方式，有些文章也称为 TensorFlow 的输入流水线，其整体结构如图 10.11 所示。

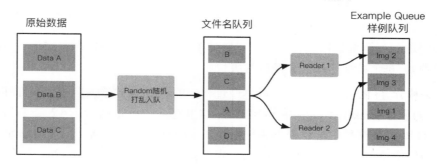

图 10.11 Queue 队列

这种方式读入数据主要分为两个阶段：第一个阶段会从存储介质中读取原始数据所对应的文件名，并将读取的文件随机打乱存入文件名列表；第二个阶段就是 Reader 从文件名列表中读取一个具体的文件，同时让该文件从文件名列表中出列。Reader 可以有多个，即多个 Reader 同时从文件名列表中读取文件中的数据，Reader 读入的具体数据会存入样例列表，从样例列表中抽取（出队）一组数据就构成用于训练模型的数据，TensorFlow 提供了相应 API 来完成这套流程。

在使用这套 API 来构建数据读入队列前，先来介绍一下 TFRecord 文件格式。TFRecord 文件格式是 TensorFlow 推荐的一种二进制文件格式，基于 Protobuf（同样是 Google 推出的一种数据格式），使用 TFRecord 文件格式可以更好地利用系统内存，并在 TensorFlow 中更加方便地处理数据。

当我们将原始数据集中的输入转为 TFRecord 文件时可以发现，原始数据集中的一个样本数据通常就是 TFRecord 文件中的 tf.train.Example 元素。实际上 tf.train.Example 就是 TFRecord 文件的基本元素，每个 Example 元素都包含一个或多个 Features，这些 Features 存储着原始数据中对应样本的特征，Example 元素中每个 Features 都包含一个键值对，其中存放着实际数据中的特征名与对应的实际值，一个 tf.train.Example 实例如下。

```
features {
  feature {
    key: "students"
    value { bytes_list {
      value: "Ting"
      value: "ayu"
    }}
  }
  feature {
    key: "fraction"
    value { float_list {
      value: 9.9
      value: 7.6
    }}
```

```
        }
    }
```

上面实例是一个学生数据集特征，一个样本有两个特征，分别是 students（学生名）与 fraction（分数），每个特征都是一个键值对类型。

这里先来构建 TFRecord 文件，然后再通过相应的 API 构建读入队列，从 TFRecord 文件中读入数据。为了与 StackGAN-v2 中的内容对应，这里构建一个 StackGAN-v2 要使用的 TFRecord 文件，即该 TFRecord 文件中可以提供 3 种不同大小的真实图像数据，用于训练 StackGAN-v2 中的判别器与生成器。这里简单地准备了 31 张图像，其原始大小为 96×96，现在要读入这些图像数据，改变其形状，将其变为大小分别为 64×64、128×128 与 256×256 的图像数据并存入一个 TFRecord 文件中，方便 StackGAN-v2 训练时直接使用。下面来编写一下相关的代码。

TensorFlow 提供了 TFRecordWriter()方法来生成 TFRecord 文件，具体代码如下。

```python
import tensorflow as tf
from glob import glob
import cv2
# 生成整数的属性
def _int64_feature(value):
    return tf.train.Feature(int64_list=tf.train.Int64List(value=[value]))
# 生成器字符串行的属性
def _byter_feature(value):
    return tf.train.Feature(bytes_list=tf.train.BytesList(value=[value]))
filename = 'record/outputimg.tfrecords'
writer = tf.python_io.TFRecordWriter(filename)
for img_path in glob('img/*.jpg'):
    img = cv2.imread(img_path)
    # 缩放图片，并转成字节
    img64 = cv2.resize(img, (64,64)).tostring()
    img128 = cv2.resize(img, (128,128)).tostring()
    img256 = cv2.resize(img, (256,256)).tostring()
    label = 0
    example = tf.train.Example(features=tf.train.Features(
        feature = {
            'image_64':_byter_feature(img64),
            'image_128': _byter_feature(img128),
            'image_256': _byter_feature(img256),
            'label': _int64_feature(label)
        }
    ))
    # 将 Example 写入 TFRecord
    writer.write(example.SerializeToString())

writer.close()
print('data processing success')
```

在代码中，一开始便使用 tf.python_io.TFRecordWriter()方法创建写入 TFRecord 文件的

实例，然后使用 opencv 来读入图像数据，并将读入的图像数据 resize 成需要的大小，获得对应大小的数据后，接着就将这些数据存入 TFRecord 文件中。这里使用 tf.train.Example()方法与 tf.train.Features()方法来构建 TFRecord 文件，两个方法分别对应着 TFRecord 文件中的 Example 元素与 Example 元素中的 Features。在该代码中，为了方便将 label 设置为 0，在实际的 StackGAN-V2 项目中，label 应该对应着该图像数据的文字描述。获得 example 实例后，就可以将该实例写入文件了。

整个流程还是比较清晰的，简单概括一下。

（1）使用 tf.python_io.TFRecordWriter()方法创建 TFRecordWriter 实例。

（2）使用 tf.train.Example()方法与 tf.train.Features()方法创建 Example 与 Feature 对象。

使用上述代码创建好一个 TFRecord 文件后，接着就可以通过 TensorFlow 构建数据读取队列来使用该 TFRecord 文件了。回忆一下读入队列的结构图，一步步来实现它，首先实现从 TFRecord 文件这个原始数据中读入文件名到文件名队列，使用 tf.train.string_input_producer()方法即可，代码如下。

```
filename = 'record/outputimg.tfrecords'
# 创建文件名队列
filename_queue = tf.train.string_input_producer([filename])
```

有了文件名队列后，需要定义 Reader 来从文件名队列中获取文件名，并解析出对应的数据。这里分两步来实现，第一步是定义 Reader 获取文件名并通过该信息读入数据，具体代码如下。

```
# 创建 Reader
reader = tf.TFRecordReader()
# 读取对应的数据
_, serialized_example = reader.read(filename_queue)
```

读取到数据后，第二步就是解析读取的数据，首先需要定义解析的规则，因为 Reader 只简单地将 TFRecord 文件中的 Example 元素读取进来，但 Example 中 Feature 的结构并不知道，需要我们定义，这就是解析规则。有了解析规则后，就可以获得每个 Example 中对应的数据了，具体代码如下。

```
# 解析规则
features = tf.parse_single_example(
    serialized_example,
    features={
        'image_64': tf.FixedLenFeature([], tf.string),
        'image_128': tf.FixedLenFeature([], tf.string),
        'image_256': tf.FixedLenFeature([], tf.string),
        'label': tf.FixedLenFeature([], tf.int64),
    }
)
# 解析数据
img64 = tf.decode_raw(features['image_64'], tf.uint8)
img64 = tf.reshape(img64, [64, 64, 3])
```

```
img128 = tf.decode_raw(features['image_128'], tf.uint8)
img128 = tf.reshape(img128, [128, 128, 3])
img256 = tf.decode_raw(features['image_256'], tf.uint8)
img256 = tf.reshape(img256, [256, 256, 3])
label = tf.cast(features['label'], tf.int32)
```

接着我们想通过多个 Reader 线程的方式来读取数据，此时就需要使用 tf.train.Coordinator() 方法创建 Coordinator 协调者，Coordinator 协调者可以管理 Session 会话中的多个线程，如可以实现同时停止多个工作进程。有了 Coordinator 后，就可以使用 tf.train.start_queue_runners()方法来启用多个 Reader 实例，这里会将从 TFRecord 文件中读取到的文件通过 PIL 库的相关方法保存到本地，具体代码如下。

```
savepath = 'imgres/%d_%s.jpg'
with tf.Session() as sess:
    init_op = tf.global_variables_initializer()
    sess.run(init_op)
    coord = tf.train.Coordinator()
    threads = tf.train.start_queue_runners(coord=coord)
    for i in range(20):
        img_64, img_128, img_256, _label = sess.run([img64, img128, img256, label])
        img_64 = Image.fromarray(img_64, 'RGB')
        img_64.save(savepath%(i, '64'))
        img_128 = Image.fromarray(img_128, 'RGB')
        img_128.save(savepath % (i, '128'))
        img_256 = Image.fromarray(img_256, 'RGB')
        img_256.save(savepath % (i, '256'))
    coord.request_stop()
    coord.join(threads)
```

运行上述代码，从 TFRecord 文件中读取数据并保存到本地，效果如图 10.12 所示。

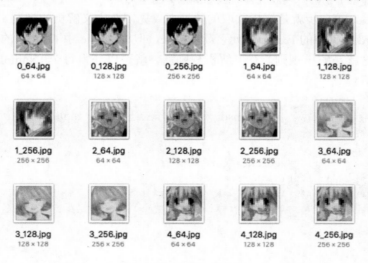

图 10.12　TFRecord 文件读取数据

10.2.3　tf.data 读取数据

有没有感觉比较繁杂？为了简化构建数据读入队列流程，TensorFlow 在 1.3 版本后推出了 tf.data 接口，使用该接口下的方法可以通过简单几步实现数据的读入。

tf.data 接口在 TensorFlow 1.3 版本上，其完整的导入路径为 tf.contrib.data，而在 1.4 之后的版本，导入路径变为 tf.data。使用 tf.data 非常简单，理解 tf.data.Dataset 与 tf.data.Iterator 即可，tf.data.Dataset 用来表示一系列元素，其中每个元素可以对应一个或多个 Tensor，通常使用 tf.data.Dataset 表示一个数据集；而 tf.data.Iterator 的作用就是从 tf.data.Dataset 定义的数据集中获取数据。简单而言，使用 tf.data 来读取数据可以分为 3 步。

（1）通过 tf.data.Dataset 创建 Dataset 实例。

（2）创建 Iterator 实例。

（3）使用 Iterator 读取数据。

简单实际一些，这里通过 tf.data 接口读取 31 张图像的图像数据，具体的需求是，读入并打乱这些图像数据，组成 10 张为一组的训练样本，重复训练 2 个 epoch。这是个常见的需求，简单实现一下。

首先通过 tf.data.Dataset.from_tensor_slices()方法来构建 Dataset 数据集，代码如下。

```
imglist = glob('img/*.jpg')
imgs = tf.constant(imglist)
labels = tf.constant([i for i in range(len(imglist))])
dataset = tf.data.Dataset.from_tensor_slices((imgs, labels))
```

tf.data.Dataset 有多个方法创建数据集，from_tensor_slices()是其中一个，该方法的作用是切割传入的 Tensor 的第一个维度，从而生成对应的数据集，举个具体的例子。

```
dataset = tf.data.Dataset.from_tensor_slices(np.random.uniform(size=(10, 2)))
```

其中 np.random.uniform(10, 2)会生成一个形状为（10,2）的矩阵，将该矩阵数据传入 from_tensor_slices()方法，该方法会切割矩阵的第一个维度，最终生成的数据集包含 10 个元素，每个元素的形状为（2,）。from_tensor_slices()方法还可执行 tuple 或 dict 形式。

```
dataset = tf.data.Dataset.from_tensor_slices(
    {
        "datas": np.random.uniform(size=(10, 2)),
        "labels": np.array([i for i in range(10)])
    }
)
```

此时 from_tensor_slices()方法就会获得 10 个元素，每个元素的形式为{"datas":[0.78881761, 0.60620843],"labels":1.0}。

定义 dataset 实例后，需要对数据集中的数据做一些变化，例如修改读入的图像数据形状，

tf.data.Dataset 支持这类操作，称为 Transformation（转型），常用的 Transformation 有 map()方法、batch()方法、shuffle()方法与 repeat()方法。

- ❑　map()方法：接收一个函数对象为参数，其作用是将 Dataset 数据集中的每个元素都作为该函数的参数输入，将该函数返回的结果作为新的元素，用于构成新的 Dataset。
- ❑　batch()方法：将多个元素组合成 batch，方便模型训练。
- ❑　shuffle()方法：打乱 dataset 中的元素，其中 buffer_size 参数表示打乱时使用 buffer 的大小。
- ❑　repeat()方法：将数据序列重复的同时，通过训练一个模型需要训练多个 epoch，使用 repeat()方法将数据序列重复相同的次数，方便模型的训练。

这里需要将原始 96×96 的图像修改为 64×64 的图像，使用 map()方法并编写相应的处理方法，代码如下。

```
def _read_img(imgpath, label):
    # 读入数据
    img_str = tf.read_file(imgpath)
    # 获得图像
    img_decoded = tf.image.decode_jpeg(img_str)
    # resize 图像大小
    img64 = tf.image.resize_images(img_decoded, (64, 64))
    return img64, label
dataset = dataset.map(_read_img)
```

这里使用_read_img 方法来修改图像的大小，具体的逻辑都在注释里。需要注意的是，这里不能直接使用 PIL 或 opencv 等库，因为 imgpath 是 tensorflow.python.framework.ops.Tensor 类型，不能直接使用第三方图像处理来处理。

接着将 dataset 数据集打乱并重复两次。

```
dataset = dataset.shuffle(buffer_size=1000).batch(10).repeat(2)
```

此时数据集就准备好了，接着就来使用一下该数据集。使用 make_one_shot_iterator()方法创建 Iterator，然后就可以通过 get_next()方法来获取 dataset 数据集中的数据了。

```
iterator = dataset.make_one_shot_iterator()
one_element = iterator.get_next()
```

make_one_shot_iterator()创建的 Iterator 是最简单的，该 Iterator 只能将数据集中的数据从头到尾读取一次，即不能重复读取数据集中的数据，当数据集中没有数据时，还需要调用 get_next()方法来获取数据，否则会报出 tf.errors.OutOfRangeError 异常，可以通过 try...except 语句来简单处理这种情况。

最后可以创建一个 Session 对象，运行起来看一下具体的效果。

```
with tf.Session() as sess:
    try:
```

```
        while True:
            img,label = sess.run(one_element)
            print(img.shape)
    except tf.errors.OutOfRangeError:
        print("end!")
```

运行的结果如下。

```
(10, 64, 64, 3)
(10, 64, 64, 3)
(10, 64, 64, 3)
(1, 64, 64, 3)
(10, 64, 64, 3)
(10, 64, 64, 3)
(10, 64, 64, 3)
(1, 64, 64, 3)
end!
```

10.3 渐近增长生成对抗网络 PGGAN

通过上面的讨论，已经比较全面地理解 StackGAN 网络了，但即使是 StackGAN-v2 生成的图像，也不算特别高清，如果想让 GAN 生成 1024×1024 级别的图像要如何做呢？这就需要使用 PGGAN(Progressive Growing of GANs)。

10.3.1 PGGAN 介绍

传统 GAN 要生成高分辨率的图像是很困难的，除难以学习大量的信息外，随机元素对高分辨图像生成的影响也更加突出，从而容易造成 GAN 训练不稳定，因此生成 1024×1024 级别的高清图像，传统的 GAN 难以实现。在前面的内容中，提及 StackGAN 可以生成 256×256 级别的高清图像，但离 1024×1024 级别还有一定的距离，但 StackGAN 的渐近增强式学习训练数据中的信息的思路是可以借鉴的，即不必一口气直接生成 256×256 大小的图像，而是分步来实现，先生成小图像，然后再以小图像作为输入生成大一点的图像，一步步逼近 256×256 的图像。PGGAN 的基本思路也是一样的，即先训练生成小图像，然后逐步添加网络结构，从而实现生成高分辨的大图像，这也是它称为 Progressive Growing of GAN 的原因。PGGAN 的直观结构如图 10.13 所示。

从图 10.13 中可以看出，PGGAN 一开始只生成 4×4 大小的图像，随着网络结构的增加，逐渐提高生成图像的分辨率。这种增量形式的训练可以让 GAN 网络一开始将注意力集中在图像的大体分布上，随着训练的进行，GAN 的注意力从图像的大体分布转移到图像的细节上，这样就避免让 GAN 同时学习图像所有尺度的信息导致的训练困难。

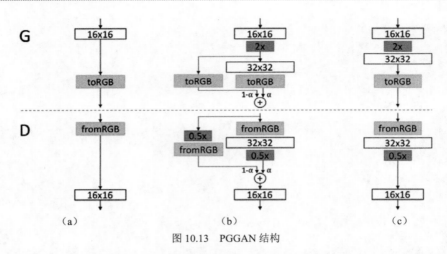

图 10.13　PGGAN 结构

　　需要注意的是，在 PGGAN 训练的过程中，生成器与判别器相当于彼此的镜像结构，两者是同时增长的，而且在整个训练过程中，生成器与判别器现有的所有结构都是可训练的。当有新加的层加入原本的生成器与判别器中时，除了训练新加入的层，此前旧的层依旧是可训练的，而不是只训练新加入的层。

　　为了让生成器可以生成高分辨率的图像，PGGAN 除在结构上采用渐近增加的方式外，还提出了 5 个改进点。

　　（1）使用 Transition Process（平滑过渡）的方式来训练新加入的层，避免训练时产生模型的震荡。

　　（2）使用小批量标准差方法（Minibatch Standard Deviation，MSD）来减缓 GAN 的模式崩溃现象。

　　（3）采用卷积操作+上采样的方式代替转置卷积操作，避免棋盘效应。

　　（4）采用 He Initialization 方式来初始化模型中的权重。He Initialization 非常适合用于初始化使用 ReLU 及其变种的网络结构。

　　（5）提出 Pixel Normalization 方法来减缓由生成器与判别器不健康竞争造成的损失信号越界的问题。

　　下面具体来讨论一下这 5 个改进点。

10.3.2　PGGAN 的改进点

❑　Transition Process

　　首先是 Transition Process（平滑过渡）。PGGAN 为了生成高分辨的图像，采用增加网络结构的方式来一步步生成最终的目标图像，但如果单纯地将新的网络结构加入旧的网络结构，就容易造成训练的震荡。原因其实很直观，在新的结构添加前，我们已经对旧的网络结构进行了一定程度地训练，此时旧的网络结构的节点上具有不同的权值，如果将一个空白权值的网络结构直接加入旧的网络，就会导致训练时，旧网络结构上已有的有意义的权值会被新加入的网络结构影响，因为新加入的网络层的节点权值是无意义的，那么此时网络结构生成的数据与真实的数据偏差就会很大。无论对生成器而言还是对判别器而言，这种大损失带来的梯度更新会直接影响此前旧结构中已有的权值，让这些有意义的权值发生较大的变动，需要再次花费大量精力再次将其训练回有意义的权值。

从上面直观的描述可以看出，直接将新的网络结构加入当前网络会导致当前网络有意义的权值受到比较大的影响，整体来看，直接添加网络结构的方式会导致模型产生震荡。为了减缓这种现象，PGGAN 使用 Transition Process 方法，该方法的基本原理就是设置一个权重 α，新增加的网络结构对整体输入的影响取决于权重 α。在新网络层刚加入时，权重 α 是趋于 0 的，此时新加入的网络层对模型整体影响很小；随着训练的进行，权重 α 会增加并逐渐逼近 1，从而让新加入的网络结构对整体模型有一定的影响。通过权重 α 平滑逼近 1 的方式，实现新加入的网络层对模型整体的影响是平滑递增的，这就避免了训练时出现模型震荡的问题，直观如图 10.14 所示。

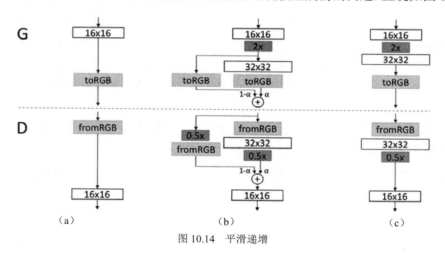

图 10.14　平滑递增

图 10.14 中的 toRGB 表示将特征向量投影成 RGB 颜色的图层，从而获得一张图像，而 fromRGB 则相反，fromRGB 会将图像中的 RGB 信息转化为相应的特征向量，两者都使用 1×1 大小的卷积核。从图 10.14（b）中可以看出，新增加了 32×32 大小的网络层，该层通过 toRGB 生成图像，一开始的权重 α 是比较小的，该权重 α 会随着训练的进行而逐渐增大，在权重 α 增大到 1 之前，模型整体的输出取决于最后一层的输出与此前网络结构的输出。相较于最后一层，对于生成器而言，此前的网络结构生成的图像大小是不够的，PGGAN 使用了最近邻插值法（nearest neighbor filtering）来增大此前结构输入的图像，让其与通过新增加的网络层生成的图像大小一致，此前的网络结构生成图像的权重是 $1 - \alpha$，随着循环的进行会趋于 0，最终随着

训练的进行，就获得了图 10.14（c）中的结构，即最后一层完全影响了模型整体的输出，这样就实现了平滑增加新的网络结构。上述的内容都是从生成器的角度来描述的，对判别器而言，基本思路也是一致的，一开始新增加的层对判别器整体影响较小，随着训练的进行，权重 α 的增加才慢慢地增大其对判别器整体的影响，当图像传入判别器时，对于旧的结构，会使用 average pooling 方法将图像大小减半，从而可以直接输入给旧的网络结构。

❑　MSD

接着来讨论 MSD（Minibatch Standard Deviation）方法，MSD 是 PGGAN 论文中提出的一种减缓 GAN 模式崩溃的方法，是对传统的 MD（Minibatch Discrimination）方法的一种改进。对于 GAN 的模式崩溃在前面内容也提及过，这里回忆一下，在传统的 GAN 中，判别器会独立地处理生成器生成的样本，当生成器生成一张图像且判别器给予较高的分数时，生成器就会尝试生成类似的图像。因为对生成器而言，已经有一种图像的损失较低了，此时没有避免"冒险"去生成不同样式的图像引来判别器大的惩罚，所以渐渐地生成器生成的图像就十分相似，生成器的输出都趋向于同一点。而判别器因为是独立处理生成器的样本，所以生成器生成相似度很高的样本对判别器而言是不可知的，它仅知道当前输入的图像是比较真实的，给予高分。这样就导致模式崩溃，生成器渐渐地只生成类似样本，判别器只判断了类似样本，梯度无法进一步下降，GAN 无法很好地收敛。

为了避免这种情况，一个直观的想法就是让判别器不再独立地处理生成样本，而是处理一组生成样本，将样本间的多样性信息作为训练数据的一部分，强行让判别器对于多样性差的样本打低分，从而指导生成器生成更具多样性的样本。具体而言，就是对判别器的后几层的特征信息做处理，将判别器后几层的特征信息记为 x，然后对 x 做一些运算，从而找到样本多样性的度量 y，最后将特征信息 x 与多样性度量 y 连接成一个新的矩阵，作为下一层的输入，此时下一层训练数据中就包含多样性数据了。

MD 方法的基本思路就是这样，强行将样本本身的数据以及多个样本间的差异数据共同作为训练数据，直观表示如图 10.15 所示。

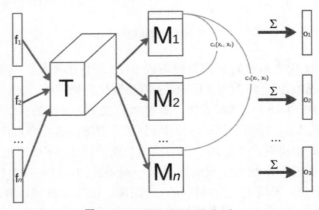

图 10.15　Minibatch Discrimination

图 10.15 中的 $f \in R^A$，表示对应的输入 x_i 在判别器中某一层输出的特征矩阵，这些特征矩阵 f_n 与一个张量 $\mathbf{T} \in R^{A*B*C}$ 相乘，从而获得矩阵 $\mathbf{M}_i \in R^{B*C}$，基于不同的特征矩阵，f 会获得不同的矩阵 $\mathbf{M}$，有了不同的矩阵 $\mathbf{M}$ 后，就可以计算不同样本对应的矩阵的行之间的距离 L，公式为

$$c_b(x_i, x_j) = \exp\left(-\left\|M_{i,b} - M_{j,b}\right\|_L\right)$$

公式中的 b 表示矩阵 $\mathbf{M}$ 中对应的一行，计算出 $c_b(x_i, x_j)$ 后，接着将样本 x_i 与其他样本之间的 $c_b(x_i, x_j)$ 的和作为该样本的最终输出 $o(x_i)$。

$$o(x_i)_b = \sum_{j=1}^{n} c_b(x_i, x_j) \in R$$

$$o(x_i) = [o(x_i)_1, o(x_i)_1, o(x_i)_1, \cdots, o(x_i)_B] \in R^B$$

将每个样本得到的 $o(x_i)$ 进行堆叠就得到了下一层对应的输入 $o(X)$。通过上述运算处理，判别器除利用样本本身的数据外，还会利用同一批其他样本中相对于该样本的差异信息。MD 方法的这种运算操作通常会在判别器的后几层进行。其实 MSD 方法的基本思路也一样，只是计算的方式有所不同。

相对于 MD 方法，PGGAN 论文中提出的 MSD 方法计算更为简单。在 MD 方法中，需要训练出可以将输入特征信息映射成一组统计数据的张量 $\mathbf{T}$，而 MSD 方法免去了这一步，只需计算小批量样本上每个空间位置中每个特征矩阵的标准差，然后对标准差求平均值。该均值就是小批量样本中不同样本的多样性度量 y，将样本本身的信息与多样性度量 y 连接成新的矩阵作为下一层的输入。与 MD 方法相同，MSD 方法同样作用于判别器的后几层。

❑ 卷积操作+上采样

除了上述两种改进方法，PGGAN 使用卷积操作+上采样的方式来代替转置卷积，避免了棋盘效应，这部分内容可以参考 StackGAN 章节关于棋盘效应的介绍。

❑ He Initialization

此外，因为 PGGAN 大量使用 ReLU 作为激活函数，所以使用 He Initialization 方式来初始化模型的参数，He Initialization 方式非常适合初始化 ReLU 网络结构的参数。

在简单讨论 He Initialization 初始化参数的方式前，先讨论一下随机初始化与 Xavier Initialization 初始化这两种方式。随机初始化模型的参数是最常见的一种方式，这种方式可以打破模型参数的对称性，让模型变得可训练。打破模型对称性是很关键的一点，如果将模型参数全都初始化为同一个值，此时模型参数就是对称的，这就造成训练时神经网络中每个节点的输出是相同的，从而导致反向传播计算梯度时，获得的梯度也是相同的，进而每个节点更新后的权重依旧是相同的。这样的结果显然是不合理的，所以最初的做法就是随机初始化神经网络中不同节点的参数权值，让神经网络在训练时，不同的节点可以有不同的输出，从而可以获得不同的梯度，训

练出不同的权重，直到模型收敛。

但随机初始化参数还是有问题的，如果选择的随机分布不恰当，就会导致训练时模型优化陷入困境。具体而言，就是当神经网络的结构更复杂、网络层数更多时，随机初始化参数的方式会让复杂的神经网络结构后几层的输出都接近 0，导致难以获得有效的梯度，让模型的训练陷入困境。

为了避免这个问题，提出了 Xavier Initialization 方法，该初始化参数的方法并不复杂，基本思路是保持输入与输出方差一致，这可以避免复杂模型后几层的输出趋向于 0，具体的做法就是将随机初始化的参数值乘以缩放因子 $\sqrt{\dfrac{1}{\text{layers}_{\text{dims}}[l-1]}}$。但这种方法对 ReLU 函数的效果并不好，当模型中使用 ReLU 作为激活函数后，Xavier Initialization 方法初始化后的模型随着训练的进行，模型的后几层依旧趋近于 0，He Initializer 方法可以解决这个问题。

He Initialization 方法的基本思想是，假设 ReLU 网络中每一层有一半的神经元被激活，另一半为 0，为了保持输入与输出的方差一致，需要在 Xavier Initialization 方法的基础上除以 2。具体的做法就是将随机初始化的参数值乘以缩放因子 $\sqrt{\dfrac{2}{\text{layers}_{\text{dims}}[l-1]}}$。

❑　Pixel Normalization

最后 PGGAN 使用 Pixel Normalization 来代替常见的 BN 或 IN 操作，Pixel Normalization 借鉴了局部响应归一化（Local Response Normalization，LRN）的思想，所以先简单讨论一下 LRN。

LRN 受到了神经生物学中侧抑制（lateral inhibitio）这一概念的启发，所谓侧抑制是指被激活的神经元会抑制相邻的神经元。LRN 以同样的方式来实现局部抑制，这种方式对于 ReLU 网络结构非常有效，可以增加模型的泛化能力，具体公式如下。

$$b_{x,y}^i = \frac{a_{x,y}^i}{k + \alpha \displaystyle\sum_{j=\max(0,i-n/2)}^{\min(N-1,i+n/2)} \left(a_{x,y}^j\right)^2}$$

其中，$a_{x,y}^i$ 表示第 i 个在 (x,y) 位置的卷积核；n 表示同一个位置上相邻的卷积核数量；N 表示卷积核的总数；公式中 k、n、α 是超参数，通常使用验证集来确定一组比较好的值。

PGGAN 为了避免生成器与判别器之间能力差异较大带来的不健康竞争造成的损失信号越界的问题，提出了 Pixel Normalization 方法。该方法使用 LRN 的方式来实现，其具体公式如下。

$$b_{x,y} = \frac{a_{x,y}}{\sqrt{\dfrac{1}{N}\displaystyle\sum_{j=0}^{N-1}\left(a_{x,y}^j\right)^2 + \epsilon}}$$

其中，ϵ 是超参数，这里取值为 10^{-8}；N 表示特征矩阵的个数；$a_{x,y}$ 表示在像素 (x,y) 的位置对应的原始特性向量，$b_{x,y}$ 表示在像素 (x,y) 的位置对应的 pixel normalized 特征向量。

10.3.3　TensorFlow 实现 PGGAN

通过上面对 PGGAN 的讨论，相信大家已经有了一定的理论知识，接着就通过 TensorFlow 来实现一个简单 PGGAN。原始论文中，PGGAN 最终的输出大小为 1024×1024 的高清图像，但这么复杂的模型需要大量的 GPU 算力做支持才能训练出，这里使用同样的方式实现一个可以生成大小为 128×128 的高清图像的 PGGAN，如果算力支持，可以自行叠加网络结构，让 PGGAN 可以生成更高清的图像。

❑　动态添加网络结构

因为 PGGAN 会以平滑过渡的方式动态地添加网络结构，以实现生成高清图像，所以为了方便理解，这里先实现这种动态添加网络结构的逻辑，然后再实现具体的生成器与判别器。

简单思考一下，TensorFlow 本身并没有提供 API 来一步实现动态添加模型结构的功能，所以这个功能需要我们自行实现。其实整体思路也比较简单，使用 for 循环来创建多个 PGGAN 实例，每个实例相对于前一个实例会多出一层结构，在训练具体的 PGGAN 实例时会将此前训练的参数文件加载，训练时，当前 PGGAN 模型实例除了新增的结构，其余的结构都有对应的参数，此时设置一个权重，平滑过渡即可。

首先通过具体的代码来实现这个 for 循环。

```
fl = [1,2,2,3,3,4,4,5,5,6,6]
r_fl = [1,1,2,2,3,3,4,4,5,5,6]
for i in range(FLAGS.flag):
        t = False if (i % 2 == 0) else True
        pggan_checkpoint_dir_write = "./output/{}/model_pggan_{}/{}/".format(FLAGS.OPER_
NAME, FLAGS.OPER_FLAG, fl[i])
        sample_path = "./output/{}/{}/sample_{}_{}".format(FLAGS.OPER_NAME, FLAGS.OPER_
FLAG, fl[i], t)
        #创建目录树
        mkdir_p(pggan_checkpoint_dir_write)
        mkdir_p(sample_path)
        pggan_checkpoint_dir_read = "./output/{}/model_pggan_{}/{}/".format(FLAGS.OPER_
NAME, FLAGS.OPER_FLAG, r_fl[i])
        pggan = PGGAN(batch_size=FLAGS.batch_size,
                   max_iters=FLAGS.max_iters,
                   model_path=pggan_checkpoint_dir_write,
                   read_model_path=pggan_checkpoint_dir_read,
                   data=data_In,
                   sample_size=FLAGS.sample_size,
                   sample_path=sample_path,
                   log_dir=root_log_dir,
```

```
                        learn_rate=FLAGS.learn_rate,
                        lam_gp=FLAGS.lam_gp,
                        lam_eps=FLAGS.lam_eps,
                        PG= fl[i],
                        t=t,
                        use_wscale=FLAGS.use_wscale,
                        is_celeba=FLAGS.celeba)
        pggan.build_model_PGGan()
        pggan.train()
```

上述代码中，通过传入的参数 FLAGS.flag 来判断要循环创建多少个 PGGAN 实例进行训练，参数 t 用于判断是否需要进行平滑过渡。当 t 为 True 时，需要进行平滑过渡，反之则不需要，通常新添加的层第一次训练时需要进行平滑过渡处理，但第二次训练就不必了，因为新添加的层已经作为模型整体的一部分了。

接着创建不同的目录，用于存放不同的参数文件。每个 PGGAN 实例训练完成都会创建相应的参数文件，将当前 PGGAN 模型训练获得的有价值参数存入文件中，当下次创建新的 PGGAN 实例时，会从上一个 PGGAN 实例保存的参数文件中读取参数并赋值给相应的节点。如果当前 PGGAN 有新加入的结构，那么新加入的结构对应的节点是不会有权值的（因为上一次训练时 PGGAN 还没有该结构），此时就相当于在旧的结构基础上添加了新的结构。

fl 列表与 r_fl 列表中的值是比较重要的。以 fl 为例，fl 中有多个重复的值，例如有两个 2，它表示第二层，其作用是，当第二层刚刚加入 PGGAN 模型中时，对应的 t 变量会为 True，即模型训练时会进行平滑过渡处理；当该 PGGAN 实例训练完成时，还有一个 2，此时 t 变量会为 False，即模型训练时不会进行平滑过渡处理。从整体来看，就是某一层刚加入时，模型训练需要平滑过渡处理，当训练完成时，新加入的层会被看作模型的整体，不做平滑过渡处理地再训练一次。r_fl 列表的作用是类似的。

❑ 生成器

实现了动态添加结构后，接着就来实现生成器与判别器，并在其中逐一实现讨论 PGGAN 时提及的改进点。首先来实现生成器，其具体代码如下。

```
def generate(self, z_var, pg=1, t=False, alpha_trans=0.0):
    with tf.variable_scope('generator') as scope:
        de = tf.reshape(Pixl_Norm(z_var), [self.batch_size, 1, 1, int(self.get_nf(1))])
        de = conv2d(de, output_dim=self.get_nf(1), k_h=4, k_w=4, d_w=1, d_h=1, use_
wscale=self.use_wscale, gain=np.sqrt(2)/4, padding='Other', name='gen_n_1_conv')
        de = Pixl_Norm(lrelu(de))
        de = tf.reshape(de, [self.batch_size, 4, 4, int(self.get_nf(1))])
        de = conv2d(de, output_dim=self.get_nf(1), d_w=1, d_h=1, use_wscale=self.use_
wscale, name='gen_n_2_conv')
        de = Pixl_Norm(lrelu(de))
        for i in range(pg - 1):
            # pg - 2 表示倒数第二层
            if i == pg - 2 and t:
```

```
                            #To RGB
                            de_iden = conv2d(de, output_dim=3, k_w=1, k_h=1, d_w=1, d_h=1, use_
wscale=self.use_wscale,
                                            name='gen_y_rgb_conv_{}'.format(de.shape[1]))
                            #上采样，最近邻插值法
                            de_iden = upscale(de_iden, 2)
                    de = upscale(de, 2)
                    de = Pixl_Norm(lrelu(
                        conv2d(de, output_dim=self.get_nf(i + 1), d_w=1, d_h=1, use_wscale=
self.use_wscale, name='gen_n_conv_1_{}'.format(de.shape[1]))))
                    de = Pixl_Norm(lrelu(
                        conv2d(de, output_dim=self.get_nf(i + 1), d_w=1, d_h=1, use_wscale=
self.use_wscale, name='gen_n_conv_2_{}'.format(de.shape[1]))))
                #To RGB
                de = conv2d(de, output_dim=3, k_w=1, k_h=1, d_w=1, d_h=1, use_wscale=self.use_
wscale, gain=1, name='gen_y_rgb_conv_{}'.format(de.shape[1]))
            if pg == 1:
                return de
            if t:
                # 平滑过渡
                de = (1 - alpha_trans) * de_iden + alpha_trans*de
            else:
                de = de
            return de
```

生成器代码虽然比较长，但大多是常见操作。在生成器一开始，就使用 Pixl_Norm()方法处理传入的噪声变量，并将噪声变量重塑成相应的矩阵，Pixl_Norm()方法就是 Pixl Normalization 的具体实现，其用法与 BN 类似，作用于每一层的输出；处理完噪声变量后，则通过 conv2d()方法进行卷积操作，卷积操作后获得的矩阵同样通过 Pixl_Norm()方法处理后，再通过 tf.reshape()方法重塑成指定形状。

接着看到 for 迭代的代码，这是生成器的关键。在 for 迭代逻辑中，其迭代对象是 range(pg-1)，其中 pg 表示生成器中的第几层，for 迭代只迭代处理 pg-1 层的网络结构，即最后一层不在 for 迭代的逻辑中处理。在 for 迭代中，一开始就是 if 判断，为 True 的条件是变量 i 等于 pg-2 且 t 为 True。pg-2 表示倒数第二层，回忆一下前面关于平滑过渡的内容，可知平滑过渡时需要对模型的倒数第二层进行 toRGB 操作，将特征向量转化为相应的 RGB 像素，使用 1×1 大小的卷积核，同时使用最近邻插值法来实现上采样操作，将 toRGB 生成的图像扩大一倍。for 迭代中其他逻辑就是常见的上采样+卷积操作，通过多次 for 迭代，就构成了生成器的主体。

接着对最后一层，同样进行 toRGB 操作，最后一层 toRGB 操作后，并不需要使用最近邻插值法填充生成图像。接着通过两个 if 判断来决定生成器最后的输出：第一个 if 判断，其判断条件为 pg==1，即如果生成器只有一层时，直接返回该层输出的结构；第二个 if 判断，判断条件为 t，回看此前的代码 t = False if (i % 2 == 0) else True，t 用来判断当前的 PGGAN 实例是否需要进行平滑过渡处理，其中 alpha_trans 变量就是平滑过渡时需要使用的权重。

　　生成器中多次使用了 Pixl_Norm()方法，该方法的主要作用就是实现 Pixl Normalization，其具体代码如下。

```python
def Pixl_Norm(x, epsilon=1e-8):
    '''
    Pixl Normalization
    :param x:
    :param epsilon:
    :return:
    '''
    if len(x.shape) > 2:
        axis_ = 3
    else:
        axis_ = 1
    with tf.variable_scope('PixelNorm'):
        return x * tf.rsqrt(tf.reduce_mean(tf.square(x), axis=axis_, keep_dims=
            True) + epsilon)
```

　　❑　判别器

　　至此生成器就完成了，接着来编写判别器。判别器与生成器是互为镜像的，所以判别器会在第一层与第二层进行相反的操作，具体代码如下。

```python
def discriminate(self, conv, reuse=False, pg=1, t=False, alpha_trans=0.01):
    with tf.variable_scope("discriminator") as scope:
        if reuse == True:
            scope.reuse_variables()
        if t:
            # average pooling
            conv_iden = downscale2d(conv)
            #from RGB
            conv_iden = lrelu(conv2d(conv_iden, output_dim= self.get_nf(pg - 2), k_w=
1, k_h=1, d_h=1, d_w=1, use_wscale=self.use_wscale,
                        name='dis_y_rgb_conv_{}'.format(conv_iden.shape[1])))
        # fromRGB
        conv = lrelu(conv2d(conv, output_dim=self.get_nf(pg - 1), k_w=1, k_h=1, d_w=
1, d_h=1, use_wscale=self.use_wscale, name='dis_y_rgb_conv_{}'.format(conv.shape[1])))
        for i in range(pg - 1):
            conv = lrelu(conv2d(conv, output_dim=self.get_nf(pg - 1 - i), d_h=1, d_w=
1, use_wscale=self.use_wscale,
                            name='dis_n_conv_1_{}'.format(conv.shape[1])))
            conv = lrelu(conv2d(conv, output_dim=self.get_nf(pg - 2 - i), d_h=1, d_w=
1, use_wscale=self.use_wscale,
                        name='dis_n_conv_2_{}'.format(conv.shape[1])))
            conv = downscale2d(conv)
            if i == 0 and t:
                conv = alpha_trans * conv + (1 - alpha_trans) * conv_iden
        # MSD
        conv = MinibatchstateConcat(conv)
```

```
        conv = lrelu(
            conv2d(conv, output_dim=self.get_nf(1), k_w=3, k_h=3, d_h=1, d_w=1, use_
wscale=self.use_wscale, name='dis_n_conv_1_{}'.format(conv.shape[1])))
        conv = lrelu(
            conv2d(conv, output_dim=self.get_nf(1), k_w=4, k_h=4, d_h=1, d_w=1, use_
wscale=self.use_wscale, padding='VALID', name='dis_n_conv_2_{}'.format(conv.shape[1])))
        conv = tf.reshape(conv, [self.batch_size, -1])
        output = fully_connect(conv, output_size=1, use_wscale=self.use_wscale, gain=
1, name='dis_n_fully')
        return tf.nn.sigmoid(output), output
```

在判别器的代码中，一开始就通过 t 判断是否需要对输入的数据进行 average pooling 与 fromRGB 操作，其中 downscale2d()方法用于实现 average pooling。如果需要，说明要进行平滑过渡操作，通过 average pooling 与 formRGB 操作获得的数据输入直接作用于第二层。而对于第一层，无论如何都是需要做 formRGB 操作的，将 RGB 数据作为特征向量。接着与生成器类似，同样是一个 for 迭代，迭代对象依旧是第一层到倒数第二层。在 for 迭代中，主要逻辑就是通过 conv2d()方法对数据进行卷积操作，使用 lrelu()方法实现 Leaky ReLU 作为激活函数，然后调用 downscale2d()方法进行 average pooling 操作，随后会进行 if 判断，如果是第一层以及 t 为 True，则执行 if 判断中的平滑过渡的处理逻辑。

通过 for 迭代构建了判别器的主体后，接着使用 MinibatchstateConcat()方法进行 MSD 操作，然后对 MSD 操作的结构进行两次卷积处理，将获得的矩阵传入全连接层，使用 sigmoid 激活函数后获得最终的输出。

在判别器中使用 MinibatchstateConcat()方法实现 MSD 操作，其具体逻辑如下。

```
def MinibatchstateConcat(input, averaging='all'):
    '''
    MSD -->减缓 GAN 模式崩溃现象
    :param input:
    :param averaging:
    :return:
    '''
    s = input.shape
    # 多样性度量
    adjusted_std = lambda x, **kwargs: tf.sqrt(tf.reduce_mean((x - tf.reduce_mean(x,
**kwargs)) **2, **kwargs) + 1e-8)
    vals = adjusted_std(input, axis=0, keep_dims=True)
    if averaging == 'all':
        vals = tf.reduce_mean(vals, keep_dims=True)
    else:
        print ("nothing")
    # tf.tile 铺平给定的张量
    vals = tf.tile(vals, multiples=[s[0], s[1], s[2], 1])
    #连接输入与多样性度量
    return tf.concat([input, vals], axis=3)
```

　　MinibatchstateConcat()方法的代码比较直观，首先根据 MSD 的定义公式编写出对应的方法 adjusted_std，该方法用于计算输入数据的多样性度量，获得多样性度量后，通过 tf.concat()方法将其与输入数据进行连接，返回具有多样性信息以及样本本身信息的数据。

❑　损失函数

　　定义完生成器与判别器后，就可以构建 PGGAN 的整体结构与对应的损失函数了，首先使用生成器与判断器并获得相应的输出，代码如下。

```
self.fake_images = self.generate(self.z, pg=self.pg, t=self.trans, alpha_trans=self.
alpha_tra)
    _, self.D_pro_logits = self.discriminate(self.images, reuse=False, pg = self.pg, t=
self.trans, alpha_trans=self.alpha_tra)
    _, self.G_pro_logits = self.discriminate(self.fake_images, reuse=True,pg= self.pg, t=
self.trans, alpha_trans=self.alpha_tra)
```

　　获得生成器与判别器对应的输出后，就可以定义出生成器与判别器的损失。

```
self.D_loss = tf.reduce_mean(self.G_pro_logits) - tf.reduce_mean(self.D_pro_logits)
self.G_loss = -tf.reduce_mean(self.G_pro_logits)
```

　　对于判别器而言，要最小化判别器损失 D_loss，需要给生成图像打低分，给真实图像打高分。对于生成器而言，要最小化生成器损失 G_loss，需要让自己生成的图像在判别器中获得高分。

　　为了使 PGGAN 模型训练更加稳定，使用 WGN-GP 的梯度惩罚作为判别器损失的约束。

```
# Gradient Penalty
self.differences = self.fake_images - self.images
self.alpha = tf.random_uniform(shape=[self.batch_size, 1, 1, 1], minval=0., maxval=1.)
interpolates = self.images + (self.alpha * self.differences)
_, discri_logits= self.discriminate(interpolates, reuse=True, pg=self.pg, t=self.trans,
alpha_trans=self.alpha_tra)
gradients = tf.gradients(discri_logits, [interpolates])[0]
slopes = tf.sqrt(tf.reduce_sum(tf.square(gradients), reduction_indices=[1, 2, 3]))
self.gradient_penalty = tf.reduce_mean((slopes - 1.) ** 2)
tf.summary.scalar("gp_loss", self.gradient_penalty)
self.D_origin_loss = self.D_loss
# 判别器损失
self.D_loss += self.lam_gp * self.gradient_penalty
```

Gradient Penalty 的逻辑与此前的逻辑类似，不再详细讨论。

❑　训练逻辑

　　为了方便编写训练逻辑，需要将 PGGAN 结构中不同的参数筛选出来，通常在编写具体的结构时，每个节点会有相应的命名，这里通过不同的命名规则来获得相应的节点即可，代码如下。

```
t_vars = tf.trainable_variables()
# 判别器所有节点
self.d_vars = [var for var in t_vars if 'dis' in var.name]
```

```
# 生成器所有节点
self.g_vars = [var for var in t_vars if 'gen' in var.name]
# 模型中不变的旧节点
self.d_vars_n = [var for var in self.d_vars if 'dis_n' in var.name]
self.g_vars_n = [var for var in self.g_vars if 'gen_n' in var.name]
# 模型中新增的节点
self.d_vars_n_read = [var for var in self.d_vars_n if '{}'.format(self.output_size)
            not in var.name]
self.g_vars_n_read = [var for var in self.g_vars_n if '{}'.format(self.output_size)
            not in var.name]
# RGB 对应的节点
self.d_vars_n_2 = [var for var in self.d_vars if 'dis_y_rgb_conv' in var.name]
self.g_vars_n_2 = [var for var in self.g_vars if 'gen_y_rgb_conv' in var.name]
self.d_vars_n_2_rgb = [var for var in self.d_vars_n_2 if '{}'.format(self.output_size)
            not in var.name]
self.g_vars_n_2_rgb = [var for var in self.g_vars_n_2 if '{}'.format(self.output_size)
            not in var.name]
print ("d_vars", len(self.d_vars))
print ("g_vars", len(self.g_vars))
print ("self.d_vars_n_read", len(self.d_vars_n_read))
print ("self.g_vars_n_read", len(self.g_vars_n_read))
print ("d_vars_n_2_rgb", len(self.d_vars_n_2_rgb))
print ("g_vars_n_2_rgb", len(self.g_vars_n_2_rgb))
self.g_d_w = [var for var in self.d_vars + self.g_vars if 'bias' not in var.name]
print ("self.g_d_w", len(self.g_d_w))
```

获得这些节点后，就可以通过相应的优化器来训练生成器与判别器了，这里使用 Adam 优化器，代码如下。

```
# Adam 优化器
opti_D = tf.train.AdamOptimizer(learning_rate=self.learning_rate, beta1=0.0, beta2=0.99).
minimize(self.D_loss, var_list=self.d_vars)
opti_G = tf.train.AdamOptimizer(learning_rate=self.learning_rate, beta1=0.0, beta2=0.99).
minimize(self.G_loss, var_list=self.g_vars)
```

随后定义 Session 对象，编写具体的训练逻辑，代码如下。

```
with tf.Session(config=config) as sess:
    sess.run(init)
    summary_op = tf.summary.merge_all()
    summary_writer = tf.summary.FileWriter(self.log_dir, sess.graph)
    if self.pg != 1 and self.pg != 7:
        if self.trans:
            # restore 获得此前保存的变量
            self.r_saver.restore(sess, self.read_model_path)
            self.rgb_saver.restore(sess, self.read_model_path)
        else:
            self.saver.restore(sess, self.read_model_path)
    step = 0
    batch_num = 0
    while step <= self.max_iters:
```

```
                        # optimization D
                        n_critic = 1
                        if self.pg >= 5:
                                n_critic = 1
                        for i in range(n_critic):
                                sample_z = np.random.normal(size=[self.batch_size, self.
sample_size])
                                if self.is_celeba:
                                        # 要训练的数据
                                        train_list = self.data_In.getNextBatch(batch_num, self.
batch_size)
                                        realbatch_array = self.data_In.getShapeForData(train_
list, resize_w=self.output_size)
                                else:
                                        realbatch_array = self.data_In.getNextBatch(self.batch_
size, resize_w=self.output_size)
                                        realbatch_array = np.transpose(realbatch_array, axes=
[0, 3, 2, 1]).transpose([0, 2, 1, 3])
                                if self.trans and self.pg != 0:
                                        alpha = np.float(step) / self.max_iters
                                        # 低清图像
                                        low_realbatch_array = zoom(realbatch_array, zoom=[1,
0.5, 0.5, 1], mode='nearest')
                                        low_realbatch_array = zoom(low_realbatch_array, zoom=
[1, 2, 2, 1], mode='nearest')
                                        realbatch_array = alpha * realbatch_array + (1 - alpha) *
low_realbatch_array
                                sess.run(opti_D, feed_dict={self.images: realbatch_array,
self.z: sample_z})
                                batch_num += 1
                        # optimization G
                        sess.run(opti_G, feed_dict={self.z: sample_z})
                        summary_str = sess.run(summary_op, feed_dict={self.images: realbatch_
array, self.z: sample_z})
                        summary_writer.add_summary(summary_str, step)
                        summary_writer.add_summary(summary_str, step)
                        # the alpha of fake_in process
                        sess.run(alpha_tra_assign, feed_dict={step_pl: step})
                        if step % 400 == 0:
                                D_loss, G_loss, D_origin_loss, alpha_tra = sess.run([self.
D_loss, self.G_loss, self.D_origin_loss,self.alpha_tra], feed_dict={self.images: realbatch_
array, self.z: sample_z})
                                print("PG %d, step %d: D loss=%.7f G loss=%.7f, D_or loss=
%.7f, opt_alpha_tra=%.7f" % (self.pg, step, D_loss, G_loss, D_origin_loss, alpha_tra))

                                realbatch_array = np.clip(realbatch_array, -1, 1)
                                save_images(realbatch_array[0:self.batch_size], [2, self.
batch_size/2],
                                        '{}/{:02d}_real.jpg'.format(self.sample_path, step))
```

```
                                       if self.trans and self.pg != 0:
                                           low_realbatch_array = np.clip(low_realbatch_array, -1, 1)
                                           save_images(low_realbatch_array[0:self.batch_size],
[2, self.batch_size / 2],
                                                        '{}/{:02d}_real_lower.jpg'.format(self.
sample_path, step))

                                       fake_image = sess.run(self.fake_images,
                                                              feed_dict={self.images: realbatch_
array, self.z: sample_z})
                                       fake_image = np.clip(fake_image, -1, 1)
                                       save_images(fake_image[0:self.batch_size], [2, self.batch_
size/2], '{}/{:02d}_train.jpg'.format(self.sample_path, step))
                               if np.mod(step, 4000) == 0 and step != 0:
                                   self.saver.save(sess, self.gan_model_path)
                           step += 1
                   save_path = self.saver.save(sess, self.gan_model_path)
                   print ("Model saved in file: %s" % save_path)
```

训练相关的代码比较长，但整个逻辑比较简单。首先判断不同的层，从而从不同的参数文件中加载参数到相应的节点上；接着读入训练数据。在 PGGAN 刚开始训练时，结构还不太复杂，此时生成器生成的图像是低像素的，所以判别器在训练时，输入的真实图像数据也要使用模糊图像，而且尺寸与生成器生成的模糊图像尺寸一致。这里使用 scipy.ndimage.interpolation 下的 zoom()方法来实现，zoom()方法可以轻松地缩放数组，处理真实图像数据，将其转变成模糊图像数据。随着训练的进行，清晰图像数据的权重会逐渐逼近于 1，将处理过的真实数据通过 run()方法的 feed_dict 参数传入，对判别器进行优化。当优化 n_critic 次判别器后，就对生成器进行优化，将噪声数据通过 run()方法的 feed_dict 参数传入即可。

其次，每训练 400 轮，就使用当前的生成器来生成一组图像，并通过 save_images()方法将其保存起来。每训练 4000 轮，就使用 server 对象的 save()方法保存 PGGAN 模型。

至此 PGGAN 的主要逻辑就全部实现了，其余细节代码因篇幅有限便不再展示。

10.4 小结

在本章中，我们主要讨论了 StackGAN 与 PGGAN 这两种利用渐进增强思想来生成数据的 GAN 星球，同时因为在编写模型时通常都会涉及通过 TensorFlow 读取数据的操作，所以也简单地讨论了 TensorFlow 中处理数据的方式。当然 GAN 生成高清图像的思想并不只有这一种，例如 BigGAN 就是采用另外的思路来生成高清的图像。

下一章我们将感受特征提取与 GAN 结合使用的魅力。

第 11 章　GAN 进行特征学习

在上一章中，我们讨论了利用渐近增强的思想生成高清图像的 GAN。本章我们将会从另一个角度来讨论 GAN，即 GAN 如何对数据进行特征学习，本章同样会遇到多个不同的星球，如 InfoGAN、VAE-GAN、BiGAN、iGAN 等，这些星球虽然具有不同的风景，但都会从数据中学习相关的特征并加以使用，下面就开始这趟旅行吧。

11.1　近似推断

我们要去的第一个星球就是 InfoGAN，为了更容易地理解 InfoGAN 的核心思想，需要做一些提前的准备，所以我们先来讨论一下深度学习中近似推断的一些思想。

在深度学习中，概率模型是很常见的一种模型，但很多概率模型是难以训练的，本质的原因就是涉及边缘概率$P(x)$，而边缘概率通常是难以计算的。以最简单的概率模型$P(z|x)$为例，从概率生成的角度来看$P(z|x)$，$P(z|x)$表示基于我们当前观察到的数据集 x，可以生成隐变量 z 的概率，也就是构建一个概率模型，通过对抗训练，实现由已有的噪声数据 x 生成可以表示图像的隐变量 z。$P(z|x)$概率模型虽然容易理解，但难以计算，我们可以用贝叶斯公式转换它。

$$P(z|x) = \frac{P(z, x)}{P(x)}$$

要求解$P(z|x)$，需要求解边缘概率$P(x)$，而$P(x)$是难以求解的。当 z 是连续变量时，边缘概率需要对所有可能的 z 求积分，即$P(x) = \int P(z, x) \mathrm{d}z$，这是难以计算的。当 z 是离散变量时，计算的复杂度会随 x 的增加呈指数级增长。当 x 比较大时，也难以计算。

因为$P(x)$难以计算，所以$P(z|x)$也是难以计算的。为了解决这个问题，常见的做法就是通过一个简单的概率分布模型$Q(z|x)$来近似地表示$P(z|x)$，从而将一个复杂的模型转变成我们已知的简单模型。一个关键点是，我们通常会选择一个简单的、已知的概率分布模型来近似当前模型，如高斯分布等，如果依旧选择一个复杂的模型，这种做法就没有意义。

我们有多种具体的做法来实现这一目标，如使用马尔可夫链蒙特卡罗方法（Markov Chain

Monte Carlo, MCMC）对当前复杂的分布进行采样，通过采样获得的分布来近似表示当前概率模型，或者使用变分推断的方法，将整体问题转变成两个分布的优化问题，来实现使用一个简单概率模型近似表示复杂概率模型的目的。

11.1.1 变分推断思想

在前面的内容中，已经了解到概率模型难以训练，其本质的原因就是边缘概率难以计算。那么变分推断法的思想就是构建一个与$P(z|x)$概率模型近似的概率模型$Q(z;v)$，其中v是该模型的显变量，可以通过不断改变v来调整概率模型$Q(z;v)$，使得$Q(z;v)$与$P(z|x)$这两个分布越来越相似。通过变分推断（Variational Inference，VI）的方式，我们将求解概率模型的问题转变成最优化两个分布之间距离的问题，而优化问题常常可以通过神经网络模型来解决。

将求解概率模型问题转变为优化问题的想法是很关键的，既然现在目标已经变成最小化$Q(z;v)$与$P(z|x)$这两个分布之间的距离，那么首先要做的就是定义衡量两分布之间的距离的变量，KL 距离就很适合，定义一下两分布之间的 KL 距离，并简单地推导简化一下。

$$\mathrm{KL}[Q(z;v)||P(z|x)] = E_{Q(z;v)}[\log Q(z;v)] - E_{Q(z;v)}[\log P(z|x)]$$
$$= E_{Q(z;v)}[\log Q(z;v)] - E_{Q(z;v)}[\log P(z,x)] + E_{Q(z;v)}[\log P(x)]$$

因为$P(x)$与$P(z;v)$是无关的，所以$E_{Q(z;v)}[\log P(x)]$可以简化为$\log P(x)$，则上式可以简化为

$$\mathrm{KL}[Q(z;v)||P(z|x)] = E_{Q(z;v)}[\log Q(z;v)] - E_{Q(z;v)}[\log P(z,x)] + \log P(x) = \log P(x) - \mathrm{ELBO}(Q)$$

通过推导，获得了两分布的 KL 距离，在推导过程中，引入 ELBO 的概念。ELBO 通常称为证据下界（Evidence Lower Bound，ELBO），其另一个常用的名字是变分自由能（Variational Free Energy），它的定义公式如下。

$$\mathrm{ELBO}(Q) = E_{Q(z;v)}[\log P(z,x)] - E_{Q(z;v)}[\log Q(z;v)]$$

当然有些文献或书籍将其写成积分的形式，两者是一致的。

至此，我们就获得了$Q(z;v)$分布与$P(z|x)$分布之间的 KL 距离，如果要让分布$Q(z;v)$近似代替$P(z|x)$，当然两分布之间的距离越小越好，即不断通过变量v去调整$Q(z;v)$分布，从而达到最小化两分布之间 KL 距离的目的，最理想的情况就是两分布之间的 KL 距离等于 0，此时两个分布就一样了，当然这种情况比较少，其直观的过程如图 11.1 所示。

从图 11.1 中可以看出，我们假设的分布$Q(z;v)$是图中椭圆范围的区域，接着我们不断调整变量v的值，直到找到v^*使得$Q(z;v)$分布与$P(z|x)$分布的距离最小，此时就可以使用$Q(z;v^*)$来近似

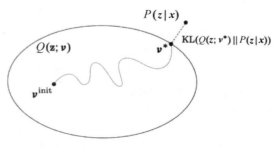

图 11.1　VI turns inference into optimization

代替真实分布$P(z|x)$了。还有个细节需要注意，当我们选定$Q(z;v)$时，可以分为两步，第一步是选择某个简单的概率分布Q，第二步是选择一个起始的变量v^{init}，如果选择比较合理，在优化过程中，难度就会相对小一些。

但我们依旧难以直接计算 KL 距离，从两分布对应 KL 距离的公式就可以看出，KL 距离包含了$P(x)$，这相当于回到一开始的问题。但 ELBO(Q)却不包含难以计算的边缘概率，观察KL 距离的公式$KL[Q(z;v)||P(z|x)] = \log P(x) - ELBO(Q)$，可以发现，当给定数据集$x$后，最小化 KL 距离等价于最大化 ELBO。既然 KL 距离难以计算，那就对 ELBO 进行最大化的操作，从而实现最小化两分布之间的 KL 距离。

将公式转换一下，得到$ELBO(Q) = \log P(x) - KL[Q(z;v)||P(z|x)]$，因为 KL 距离总是大于或等于 0 的，所以$\log P(x)$的下界为$ELBO(Q)$，公式为$\log P(x) \geqslant ELBO(Q)$，即 ELBO 的最大值就是$\log P(x)$，$\log P(x)$、$ELBO(Q)$、KL这三者的关系如图 11.2 所示。

通过上面的讨论，知道了最小化两分布的 KL 距离相当于最大化 ELBO，那么接着就尝试最大化 ELBO，首先我们可对 ELBO 进行进一步地推导，为了简化公式，这里将$Q(z;v)$简化为$Q(z)$，具体推导如下。

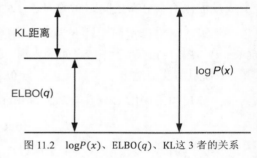

图 11.2　$\log P(x)$、ELBO(q)、KL这 3 者的关系

$$\begin{aligned}
ELBO(Q) &= E_{Q(z;v)}[\log P(z,x)] - E_{Q(z;v)}[\log Q(z;v)] \\
&= E_{Q(z)}[\log P(z,x)] - E_{Q(z)}[\log Q(z)] \\
&= E_{Q(z)}[\log(P(x|z)P(z))] - E_{Q(z)}[\log Q(z)] \\
&= E_{Q(z)}[\log P(x|z)] + E_{Q(z)}[\log P(z)] - E_{Q(z)}[\log Q(z)] \\
&= E_{Q(z)}[\log P(x|z)] - KL[Q(z)||P(z)]
\end{aligned}$$

从推导中可以看出，最大化 ELBO 的本质就是真实分布P中隐变量 z 对已有的观察数据 x 的解释是最佳的，以及隐变量 z 在近似分布Q中的先验概率与在真实分布P中先验概率的 KL 距离是最小的。

11.1.2　平均场

在变分推断中，通常将选择的近似分布称为变分分布，最简单的变分分布就是从平均场变分分布族（Mean-field Variational Family）中选择，从平均场分布族中选择的分布可以保证每个隐变量z都是相互独立的，而且该隐变量只受自己所在分布q的参数影响。有了这些性质，就可以将该分布表示为$Q(z) = \prod_{j}^{m} Q_j(z_j)$。通常复杂的源分布中的隐变量是相互关联的，而我们从平均场分布族中获取的分布的隐变量是相互独立的,这从很大程度上简化了计算,代价就是损失了依赖信息,从而导致变分分布逼近真实分布的效果较差,如图 11.3 所示。

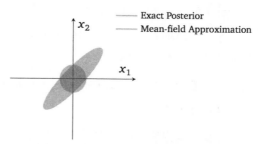

在图 11.3 中,真实分布的后验概率中的x_1与x_2这两个隐变量是相关联的,当使用平均场分布族中的变分分布去近似时,优化后会得到与原始分布有一定差异的分布。平均场是变分分布中一种基础的构造方法,所以有这些缺点,在变分推断中还有各种方法来弥补这些依赖信息。这里不多讨论。

图 11.3　变分分布逼近真实分布效果较差

通常对于平均场分布族的变分分布,使用 Coordinate Ascent Variational Inference(CAVI)方法来解优化问题。CAVI 方法会交替地更新变分分布中每个隐变量,每一次更新都会固定其他隐变量对应的变分分布参数,从而计算当前更新的隐变量对应 Coordinate ascent 公式,CAVI 方法的具体算法如下。

（1）获得真实概率分布模型$P(x, z)$和数据集x。

（2）定义出变分分布$Q(z) = \prod_j^m Q_j(z_j)$。

（3）初始化一个变分分布中的值$Q_j(z_j)$。

（4）固定其他隐变量,更新当前隐变量,更新法则为$Q_j(z_j) \propto \exp\{E_{-j}[\log(z_j, z_{-j}, x)]\}$。

（5）将更新后的变分分布代入 ELBO,最大化 ELBO。

至此完成了平均场变分分布族假设下的变分推断。

值得一提的是,除了从 KL 距离这个角度可以获得 ELBO 证据下界以外,从另一个角度,使用 Jensen's Inequality(Jensen's 不等式)也可以推导出 ELBO,其推导如下。

$$\log P(x) = \log \int_z P(x, z) \mathrm{d}z$$

$$= \log \int_z P(x, z) \frac{Q(z)}{Q(z)}$$

$$= \log \left(E_Q \left[\frac{P(x, z)}{Q(z)} \right] \right)$$

利用 Jensen's Inequality 可得:

$$\log P(x) \geqslant E_Q \left[\log \left(\frac{P(x, z)}{Q(z)} \right) \right]$$

$$= E_Q[\log P(x, z)] - E_Q[\log Q(z)]$$

$$= \mathrm{ELBO}(Q)$$

$\log P(x)$ 比 ELBO(Q) 多出的部分，就是两分布之间的 KL 距离。

到这里变分推断就讨论完成，总结一下，要实现变分推断，可以分为以下 3 步。

（1）已经拥有两部分：已有数据集 x，以及联合分布模型 $P(z,x)$。通常联合分布模型可以从专家已有的经验建模获得。

（2）选择一个与真实分布 $P(z|x)$ 相近的分布 $Q(z;v)$，推导获得 ELBO。

（3）最大化 ELBO。

拓展一些内容，在上面关于 CAVI 方法的内容中，$Q_j(z_j) \propto \exp\{E_{-j}[\log(z_j, z_{-j}, x)]\}$ 更新法则是怎么来的？可以通过推导获得。

首先我们可以计算出最佳变分分布 q 对应的表达式。

$$
\begin{aligned}
Q &= E[P(\cdot)] \\
&= \exp\{\log E[P(\cdot)]\} \\
&\approx \exp\{\log E[P(\cdot)] - \mathrm{Var}(P(\cdot)) \,/\, (2E[P(\cdot)]^2)\} \\
&= \exp\{\log E[P(\cdot)]\} \cdot \exp\{h(P(\cdot))\} \\
&< \exp\{\log E[P(\cdot)]\}
\end{aligned}
$$

在二阶泰勒展开的条件下，$Q = \exp\{\log E[P(\cdot)]\} \cdot \exp\{h(P(\cdot))\}$，且 $Q_j^* = E[P(z_j|z_{-j}, x)]$，可得 Q_j 与对数条件的概率期望的指数比为

$$
Q_j^*(z_j) \propto \exp\{E_{-j}[\log P(z_j|z_{-j}, x)]\}
$$

因为平均场假设的性质，隐变量之间是相互独立的，所以上述公式的右侧期望项可以改写为

$$
\begin{aligned}
E_{-j}[\log P(z_j|z_{-j}, x)] &= E_{-j}\left[\log \frac{P(z_j|z_{-j}, x)}{P(z_{-j})}\right] \\
&= E_{-j}[\log P(z_j, z_{-j}|x)] - E_{-j}[\log P(z_{-j})] \\
&= E_{-j}[\log P(z_j, z_{-j}, x)] - E_{-j}[\log P(z_{-j})] - E_{-j}[\log P(x)]
\end{aligned}
$$

因为 $\log P(x)$ 只与已有数据集 x 相关，对应隐变量 z_j 而言，可以看作一个常数项，而在计算当前隐变量时，其他隐变量都会被固定，此时被固定的隐变量是可以通过联合概率直接计算的，所以其他隐变量对应的期望也可以看作一个常数，由此上式变为如下形式。

$$
E_{-j}[\log P(z_j|z_{-j}, x)] = E_{-j}[\log P(z_j, z_{-j}, x)] - \mathrm{const}
$$

由此就可以逐步优化，从而求得最佳变分分布 Q_j^*。

$$
Q_j^*(z_j) \propto \exp\{E_{-j}[\log P(z_j, z_{-j}, x)] - \mathrm{const}\}
$$

$$Q_j^*(z_j) \propto \exp\{E_{-j}[\log P(z_j, z_{-j}, x)]\}$$

在平均场假设下，ELBO 可以被分解为对每个隐变量的函数，在分解后的 ELBO 中，利用平均场假设带来的性质，可以将 ELBO 中第一项的联合概率对应的期望循环迭代求出，而 ELBO 的第二项分解成了变分分布的期望。所以，当我们最大化变分分布 Q_j 时，也就相当于最大化分解后的 ELBO，最后实现最小化两分布之间 KL 距离的目的。

$$\text{ELBO}(Q) = E_{Q(z)}[\log P(z, x)] - E_{Q(z)}[\log Q(z)]$$

$$\text{ELBO}(Q_j) = E_j\left[E_{-j}[\log P(z_j, z_{-j}, x)]\right] - E_j[\log Q_j(z_j)] + \text{const}$$

11.2　InfoGAN

经过一段时间的跋涉，终于到了第一个目的地 InfoGAN 星球，接着我们就来感受一下 InfoGAN 星球的魅力。

我们知道，对于一些常见的 GAN，通常会使用一组完全随机的变量作为生成器的输入，从而获得对应的输出，生成器通过对抗训练，通常会生成一些有意义的数据，但一个明显的问题就是我们无法直接控制生成器的生成目标。为了控制生成器生成的数据，一个常见的做法就是在训练该 GAN 时添加相应的条件约束，也就是所谓的 CGAN，但这种方式是使用人为加入的标签数据来实现的，我们依旧不清楚生成数据与输入的随机变量之间究竟是什么样的关系。也就是无法直接通过输入给生成器的随机变量来控制生成器的输出，例如修改输入的随机变量中的某个维度，从而实现让生成器生成的图像更大。

为了实现通过输入的随机变量直接控制生成器输出的数据，InfoGAN 引入互信息的概念。互信息可以量化地描述两个事件的相关性，InfoGAN 中使用互信息来量化地描述输入的随机变量与输出的数据之间的关系。首先我们来回忆一下互信息的概率，互信息的公式如下。

$$I(X;Y) = H(X) - H(X|Y)$$

即 X 事件的信息熵减去 Y 事件下 X 事件的信息熵，所谓互信息就是 Y 事件带来的信息能消除多大的不确定性，X 事件与 Y 事件越相关，那么 $I(X;Y)$ 就越大。

在 InfoGAN 中，具体而言，就是从输入给生成器的随机变量 z 中随机地抽取出隐含编码 c(latent code)，希望通过互信息来约束隐含编码与生成数据之间的相关性。当生成器生成的数据与隐含编码 c 之间的互信息越大［即 $I(c; G(z, c))$ 越大］时，说明隐含编码 c 与生成数据之间的关系越大。InfoGAN 的目标之一就是最大化生成器生成数据与隐含编码之间的互信息，这样就可以通过修改随机变量 z 中隐含编码的部分来控制生成器生成的数据了。InfoGAN 的另一个目标当然是让生成器生成真实的数据。

11.2.1　数据特征与互信息

回顾一下前面关于 InfoGAN 的描述，可以发现，InfoGAN 的目的之一就是通过互信息找到可以描述生成器生成的数据的特征信息，通过这些特征信息可以描述出对应的数据。

除 InfoGAN 外，常见的获取数据特征信息的方法就是自编码器。原始数据输入编码器获得一组编码，然后再使用解码器将这组编码还原回数据，计算原始数据与还原数据之间的损失，最小化该损失便可以获得原始数据对应的特征编码。

那么对于 InfoGAN 或自编码器等可以获取数据特征的结构而言，什么样的数据特征才能算是好的数据特征？

一个直观的结论是，如果这些数据特征可以很好地还原原始数据，那么其就是好的数据特征，要还原出原始数据也就说明这些数据特征中包含了原始数据中重要的信息，越多越好，但这个结论并不一定正确。

相对于原始数据而言，对应获取的数据特征的维度往往会少很多，而低维度的编码是较难还原出原始数据的。对于自编码器而言，这造成了通过解码器还原获得的图像通常都会比较模糊，低维度编码难以装入太多信息。

而且一个常见的现象是，我们大多数人都可以分辨出大师所作的绘画作品与小学生的绘画作品在审美上的差异，但我们多数人都难以绘制出大师的画作，就算提供很多大师画作给我们学习借鉴，也难以复现大师级的作品。这说明我们脑中关于画作的特征信息虽然足以让我们分辨出画作的好坏，但却并不足以让我们作画。换种说法就是，好的数据特征并不一定能还原出原始的数据。

通过上面的讨论可以得出一个结论，即好的数据特征并不一定能让我们还原出原始的数据，但却可以让我们轻松地识别出原始的数据。换而言之，好的数据特征应该是原始数据样本中最独特的信息，从而让我们可以依据这些信息识别出原始的数据。

我们可以使用互信息来衡量获得的特征信息是不是原始数据中独特的信息，量化特征信息对原始数据的影响。如果获得的数据特征越独特，那么对原始数据的影响也就越明显，两者的互信息应该就越大。

这里我们使用 X 作为原始数据集，$x \in X$ 作为从该数据集中抽取的数据样本，使用 Z 作为数据特征编码向量的集合，而 $z \in Z$ 表示某个特征编码，$P(z|x)$ 表示原始数据 x 产生对应特征编码的概率分布模型，那么原始数据集 X 与对应特征编码集合 Z 的互信息就可以表示为

$$I(X, Z) = \int_z \int_x P(z|x)P(x) \log \frac{P(z|x)}{P(z)} \, \mathrm{d}x\mathrm{d}z$$

其中 $P(x)$ 表示原始的数据分布，$P(z)$ 表示给定 $P(z|x)$ 后特征编码的分布，那么对于一个好的概率分布模型而言，应该最大化原始数据与特征编码的互信息。

$$P(z|x) = \max I(X, Z)$$

互信息越大，对应的 $\log \dfrac{P(z|x)}{P(z)}$ 应该越大，即 $P(z|x)$ 应该大于 $P(z)$。这说明对于一个 x，概率分布模型可以获得与之一一对应的 z，从而使 $P(z|x)$ 大于 $P(z)$，这样我们就有能力只通过特征编码 z 分辨出原始的数据了。

11.2.2　InfoGAN 数学原理与模型结构

通过前面内容的讨论，已经知道 InfoGAN 相对于传统 GAN 多使用互信息来约束随机变量中的隐含编码与生成数据之间的关系，那么相对于传统的 GAN，InfoGAN 的目标函数就变为如下形式。

$$\min_G \max_D V_1(D, G) = V(D, G) - \lambda I(c; G(z, c))$$

$I(c; G(z, c))$ 越大，说明隐含编码 c 与生成数据的关系越大，隐含编码中保留了越多生成数据中独特的信息，所以在训练 InfoGAN 的过程中，希望最大化 $I(c; G(z, c))$。

但互信息是难以直接计算的，原因是互信息中存在难以计算的边缘概率。

$$\begin{aligned} I(X; Y) &= H(X) - H(X|Y) \\ &= H(X) - \frac{H(X|Y)}{H(X)} \end{aligned}$$

这里使用变分推断的方法来解决互信息难以计算的问题，首先 InfoGAN 中隐含编码与生成数据之间的互信息可以表示为如下形式。

$$I(c; G(z, c)) = H(c) - H(c|G(z, c))$$

接着对 $-H(c|G(z, c))$ 进一步推导，获得其下界。

$$-H(c|G(z, c)) = \int \int P(G(z, c)) P(c|G(z, c)) \log P(c|G(z, c)) \, \mathrm{d}c\mathrm{d}(G(z, c))$$

为了简化公式表示，令 $x = G(z, c)$。

$$\begin{aligned} -H(c|G(z, c)) &= \int \int P(x) P(c|x) \log P(c|x) \, \mathrm{d}c\mathrm{d}x \\ &= \int \int P(x)[-P(c|x) \log Q(c|x) + P(c|x) \log P(c|x) + P(c|x) \log Q(c|x)] \mathrm{d}c\mathrm{d}x \\ &= \int \int P(x)\left[-P(c|x) \log \frac{Q(c|x)}{P(c|x)} + P(c|x) \log Q(c|x)\right] \mathrm{d}c\mathrm{d}x \\ &= \int \int P(x)[\mathrm{KL}(P \parallel Q) + P(c|x) \log Q(c|x)] \mathrm{d}c\mathrm{d}x \end{aligned}$$

因为 $\mathrm{KL}(p \parallel q)$ 恒大于或等于 0，所以获得 $-H(c|G(z, c))$ 的下界。

$$-H\big(c|G(z,c)\big) \geqslant \int\int P(x)P(c|x)\log Q(c|x)\,\mathrm{d}c\mathrm{d}x$$

将积分的形式改写成期望的形式。

$$-H\big(c|G(z,c)\big) \geqslant E_{x\sim G(z,c)}\big[E_{c'\sim P(c|x)}\log Q(c'|x)\big]$$

将获得的下界代入互信息中，获得互信息的下界，这种方法称为变分互信息最大化。

$$I\big(c;G(z,c)\big) = H(c) - H\big(c|G(z,c)\big) \geqslant E_{x\sim G(z,c)}\big[E_{c'\sim P(c|x)}\log Q(c'|x)\big] + H(c)$$

接着我们定义一个函数 $L_I(G,Q) = E_{c\sim P(c),x\sim G(z,c)}[\log Q(c|x)] + H(c)$，因为任意的变量 X、Y 和函数 $f(x,y)$，在一定的条件下有如下规则。

$$E_{x\sim X,y\sim Y|x}[f(x,y)] = E_{x\sim X,y\sim Y|x,x'\sim X|y}[f(x',y)]$$

该规则的具体推导如下：

$$
\begin{aligned}
E_{x\sim X,y\sim Y|x}[f(x,y)] &= \int_x P(x)\int_y P(y|x)f(x,y)\mathrm{d}y\mathrm{d}x \\
&= \int_x \int_y P(x,y)f(x,y)\mathrm{d}y\mathrm{d}x \\
&= \int_x \int_y P(x,y)f(x,y)\int_{x'} P(x'|y)\mathrm{d}x'\mathrm{d}y\mathrm{d}x \\
&= \int_x P(x)\int_y P(y|x)\int_{x'} P(x'|y)f(x',y)\mathrm{d}x'\mathrm{d}y\mathrm{d}x \\
&= E_{x\sim X,y\sim Y|x,x'\sim X|y}[f(x',y)]
\end{aligned}
$$

所以函数 $L_I(G,Q)$，其实就是 $I\big(c;G(z,c)\big)$ 互信息的下界。

$$
\begin{aligned}
L_I(G,Q) &= E_{c\sim P(c),x\sim G(z,c)}[\log Q(c'|x)] + H(c) \\
&= E_{x\sim G(z,c)}\big[E_{c'\sim P(c|x)}[\log Q(c'|x)]\big] + H(c) \\
&\leqslant I\big(c;G(z,c)\big)
\end{aligned}
$$

至此我们定义出了 $L_I(G,Q)$ 去逼近互信息 $I\big(c;G(z,c)\big)$，当两者差距足够小时，就可以使用 $L_I(G,Q)$ 函数直接代替隐含编码 c 与生成器生成数据之间的互信息了。观察 $L_I(G,Q)$ 的表达式，可以发现它还包含边缘概率，即它还是难以直接计算的，但我们可以使用蒙特卡罗模拟（Monte Carlo simulation）方法来近似地表示它。当我们将辅助分布 Q 最大化时，它就会逼近真正的后验分布，此时下界就会变得紧密，即 $E_x\big[D_{\mathrm{KL}}\big(P(\cdot|x)\parallel Q(\cdot|x)\big)\big] \to 0$，并且实现了最大化互信息的目的。

在具体训练 Q 时，使用了 Sleep-Sleep 算法，该算法是 InfoGAN 论文中提出的一种算法，参考了有名的 Wake-Sleep 算法，为了理解 Sleep-Sleep 算法，需要先了解 Wake-Sleep 算法。

Wake-Sleep 算法简称 W-S 算法，由 Hinton 等人在 1995 年提出，目前主要用于训练亥姆霍兹（Helmholtz machine）与深度信任网络（DBN）。该算法受到人脑工作模式的启发，通过一些假设条件简化实际问题后，使用类似人脑的模式来解决这些简化后的问题，在讨论具体的算法前，先理解一下人脑认知事物的过程。

当人在清醒的时候看见一个物体时，大脑会利用其抽象能力将这个物体的大量细节信息转化为可以区别出该物体的独特特征信息。例如看见一只猫，通过观察，猫具有很多信息，但大脑并不会记忆所有的信息，而是将一个独特的、可以识别该物体的信息通过抽象能力抽离出来存入脑中，例如猫通常是有毛的、有软软的身体的。当下次看见类似的物体时，你就知道这是只猫。我们可以将大脑在清醒时候具有的抽象能力看作一个编码器（encoder），该编码器的作用就是将具体的物体带来的大量信息转为低维的、独特的特征信息。

除此之外，当人在睡眠（即非清醒状态）时，抽象能力会变弱，而想象能力会变强，通过清醒时获得的各种低维特征信息，想象能力会将这些低维的特征信息还原成对应的物体。例如你会梦到各种各样的物体，我们可以将大脑在非清醒状态下具有的想象能力看作一个解码器（decoder），该解码器的作用就是将低维的特征编码还原回对应的物体。

而 Wake-Sleep 算法就是模仿人脑在清醒状态与非清醒状态下的特征，Hinton 为了简化具体的问题，提出了两个条件假设。

（1）在清醒状态下，人脑会将具体的事物抽象成低维的特征编码，而此时又会通过想象能力将特征编码复原成具体的物体，从而提升大脑的想象能力。

（2）在非清醒（睡眠）状态下，人脑会将低维的特征编码通过想象能力复原成具体的物体，再通过抽象能力将想象获得的物体抽象成低维特征编码，从而提升大脑的抽象能力。

基于这两个假设就可以构建出 Wake-Sleep 算法的两个状态。

❑ Wake 状态：编码器接收真实的样本数据 x 作为输入，并将其编码为对应的特征向量 $q(z|x)$，随后从中抽取对应特征编码的样本 z'，以该特征编码样本为输入，复原真实的样本数据 x'。通过不断优化编码器的权重，使得复原的数据 x' 与真实的样本数据 x 的损失越小，这一过程训练的是编码器。

❑ Sleep 状态：解码器接收抽象的编码样本 z 作为输入，并将其解码为对应的物体 $P(x|z)$，随后从中抽取一个物体样本 x' 作为编码器的输入，由编码器抽象得到特征编码 z'。通过不断优化解码器的权重，使得获得的特征编码 z' 与输入的编码 z 损失越小，这一过程训练的是解码器。

可以发现这两个状态其实是对称的，通过不同状态下对编码器与解码器的交替训练，最终会让模型具有抽象与想象的能力。

而 InfoGAN 的一部分可以被视为 Helmholtz Machine，$P_G(x|c)$ 是生成分布，对应着想象能

力，$Q(c|x)$是识别分布，对应着抽象能力，可以通过 Wake-Sleep 算法来更新。

在 Wake 状态，增强编码器的能力，即最大化$\log P_G(x|c)$。

$$\max_G E_{x\sim\text{Data},c\sim Q(c|x)}[\log P_G(x|c)]$$

其中x是真实数据，隐含编码c是通过识别分布Q从正式数据x中识别获得的。

在 Sleep 状态下，增强解码器的能力，即最大化$\log Q(c|x)$。

$$\max_Q E_{c\sim P(c),x\sim P_G(x|c)}\log Q(c|x)$$

但 InfoGAN 中与传统的 Wake-Sleep 算法不同的是，当我们在更新$L_I(G,Q)$时，分布 Q 与分布G的更新都在 Sleep 状态，可以从$L_I(G,Q)$的表达式中看出，$L_I(G,Q) = E_{c\sim P(c),x\sim G(z,c)}[\log Q(c|x)] + H(c)$，因为 InfoGAN 还在 Sleep 状态就更新了生成器 G 与识别分布 Q，所以称这种做法为 Sleep-Sleep 算法。

至此 InfoGAN 的数学原理也就讨论完了，总结一下，InfoGAN 为了让随机变量可以控制生成的数据，随机选择隐含编码 c，通过互信息的方式来约束生成器生成数据与隐含编码 c 之间的联系。但直接最大化互信息$I(c;G(z,c))$是比较困难的，因为其存在难以计算的边缘概率，所以使用变分推断的方法构建了一个近似的分布$L_I(G,Q)$来代替难以直接计算的$I(c;G(z,c))$，然后使用蒙特卡洛模拟的方式来计算$L_I(G,Q)$，并通过 Sleep-Sleep 算法来优化$L_I(G,Q)$，从而获得了 InfoGAN 最终的损失函数。

$$\min_{G,Q}\max_D V_1(D,G,Q) = V(D,G) - \lambda L_I(G,Q)$$

只从数据角度讨论 InfoGAN 可能会显得难以理解，所以从模型结构的角度来直观地讨论一下 InfoGAN。InfoGAN 的模型结构比较简单，如图 11.4 所示。

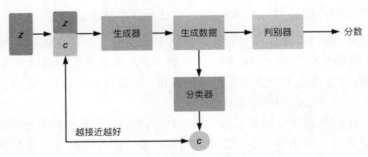

图 11.4　InfoGAN 结构图

从图 11.4 中可以看出，InfoGAN 主要由生成器 G、分类器 Q 与判别器 D 这 3 个网络结构组成。首先输入的随机变量 z 会被分成两部分，一部分依旧是随机变量，另一部分就是隐含编码 c，将这两部分数据传入生成器。生成器获得这些数据后会生成对应的数据，此时生成的数据会分别交由分类器与判别器，分类器会对生成的数据进行分类，将该数据分类到对应的隐含变量上，而判别器则对生成的数据打分。

其中，分类器对应着使用蒙特卡洛模拟方法计算$L_I(G,Q)$，蒙特卡洛模拟方法的基本思想就是产生各种概率分布的随机变量去近似计算当前的分布，而分类器一开始因为没有进行有效的训练，所以会对输入的数据随机进行分类，类似于蒙特卡洛模拟方法中随机产生变量的过程。

从工程角度理解，对分类器 Q 而言，它的目标就是最小化输入的隐含编码 c 与分类器分类出的隐含编码 c 的损失。

从另一个角度来看，生成器可以看作编码器，而分类器可以看作解码器，两者连接在一起就构成类自编码器。与传统自编码器不同的是，传统自编码器会接收真实数据作为输入，获得该数据的特征编码，再通过特征编码还原数据，而 InfoGAN 这个结构其实是接收了特征编码，先生成数据，然后再使用生成的数据还原回特征编码。在 InfoGAN 中，判别器也是必不可少的，如果没有判别器，生成器会倾向于将输入的隐含编码 c 的数据直接写入生成数据中，让分类器直接从中读取即可，即在没有判别器的情况下，生成器与分类器会倾向于形成相互可以读懂的暗语来降低模型的损失，但生成器此时生成的图像很有可能是没有意义的。为了避免这种情况，需要判别器来判断生成器生成的数据是否真实。

同时，为了加快 InfoGAN 的训练，训练分类器时，其实可以与判别器除最后一层外共享参数，分类器的最后一层通过 softmax 函数实现分类，其他层直接使用判别器中的参数，从而让 InfoGAN 的计算量与传统 GAN 相差不多，但却实现了通过隐含编码控制生成数据的效果。

11.2.3 TensorFlow 实现 InfoGAN

通过前面内容的讨论，已经从理论上理解了 InfoGAN，接着就来实现它，对于如何实现一个 GAN 的步骤，相信大家已经很熟悉了。首先来编写生成器与判别器，因为这里使用 fashion-mnist 作为训练集，所以生成器与判别器不需要写多么复杂的结构。首先来实现生成器，代码如下。

```python
def generator(self, z, y, is_training=True, reuse=False):
    with tf.variable_scope("generator", reuse=reuse):
        # 拼接随机噪声与隐含编码
        z = concat([z, y], 1)
        net = tf.nn.relu(bn(linear(z, 1024, scope='g_fc1'), is_training=is_training,
            scope='g_bn1'))
        net = tf.nn.relu(bn(linear(net, 128 * 7 * 7, scope='g_fc2'), is_training=
is_training, scope='g_bn2'))
        net = tf.reshape(net, [self.batch_size, 7, 7, 128])
        net = tf.nn.relu(
            bn(deconv2d(net, [self.batch_size, 14, 14, 64], 4, 4, 2, 2, name='g_
dc3'), is_training=is_training,
                scope='g_bn3'))
        out = tf.nn.sigmoid(deconv2d(net, [self.batch_size, 28, 28, 1], 4, 4, 2,
            2, name='g_dc4'))
        return out
```

在生成器中，一开始会通过 concat()方法将随机噪声与隐含编码链接在一起。在讨论

InfoGAN 理论中，讲解到 InfoGAN 会将随机噪声分成两部分，在实现代码中，为了方便，一开始就将这两部分分开了，然后在训练时合并在一起，组成一个完整的输入。除此之外，生成器中的其他结构都是介绍过多次的常用结构，它由两个线性全连接层与两个转置卷积层构成，因为训练数据简单，转置卷积造成的棋盘效应并不明显。

生成器编写完成后，接着就来编写判别器。

```python
def discriminator(self, x, is_training=True, reuse=False):
    with tf.variable_scope("discriminator", reuse=reuse):
        net = lrelu(conv2d(x, 64, 4, 4, 2, 2, name='d_conv1'))
        net = lrelu(bn(conv2d(net, 128, 4, 4, 2, 2, name='d_conv2'), is_training=is_training, scope='d_bn2'))
        net = tf.reshape(net, [self.batch_size, -1])
        net = lrelu(bn(linear(net, 1024, scope='d_fc3'), is_training=is_training, scope='d_bn3'))
        out_logit = linear(net, 1, scope='d_fc4')
        out = tf.nn.sigmoid(out_logit)
        return out, out_logit, net
```

判别器由两个卷积层与两个全连接层组成。需要注意的是，判别器返回 3 个参数，其中最后一个返回参数为 net，它将判别器倒数第二层的数据返回。

除生成器与判别器外，InfoGAN 还需要使用分类器，分类器的主要作用就是对生成器生成的图像进行分类，通过这种方式希望获得有价值的隐含编码。训练刚开始，分类器必然是随机分配的，这个过程其实就是一个蒙特卡洛模拟的过程，随着训练的进行，分类器对生成图像的分类会越来越准确，背后的机理其实就是最大化隐含编码与生成图像之间的互信息，从而让分类器可以通过生成器图像判断出对应的隐含编码。

简单而言，分类器会根据传入的数据判断该数据对应的隐含编码，然后将分类器获得的隐含编码与生成器获得的真实的隐含编码进行比较，获得两者的损失，最小化这个损失，让分类器随着训练可以获得传入数据对应的真实的隐含编码。

在实现分类器前，有必要先展示隐含编码相关的代码。

```python
self.y_dim = 12 # label + two features
bs = self.batch_size # default: 64
self.y = tf.placeholder(tf.float32, [bs, self.y_dim], name='y')
```

从代码中可知，隐含编码 y 是每一个维度为 12 的矩阵，这 12 维中，前 10 维对应着 Fashion 数据的 10 个分类，后 2 维则是图像中的某些特征信息。

理解了隐含编码具体的结构后，就可以编写分类器了，分类器的具体代码如下。

```python
# 通过分类器来实现对互信息约束的逼近
def classifier(self, x, is_training=True, reuse=False):
    with tf.variable_scope("classifier", reuse=reuse):
        net = lrelu(bn(linear(x, 64, scope='c_fc1'), is_training=is_training, scope='c_bn1'))
```

```
out_logit = linear(net, self.y_dim, scope='c_fc2')
out = tf.nn.softmax(out_logit)
return out, out_logit
```

分类器的实现代码非常简单，其实这只是分类器的最后一层，输出分类器对输入数据类别的判断，通过 softmax()方法来实现分类的逻辑，这种做法可以减少训练 InfoGAN 时的计算量。分类器除了最后一层外，其余网络层都与判别器共用，即参数分享。这其实很直观，因为分类器前几层也是解析传入的图像数据，然后再通过解析好的数据判断传入图像数据对应的隐含编码。

至此，InfoGAN 中 3 个主要的结构都实现了，接着就可以通过这些结构来构建出完整的 InfoGAN 模型了。首先定义一下输入，这对理解后面的代码有所帮助，代码如下。

```
self.batch_size = 64
self.z_dim = 62
self.y_dim = 12  # label+two features
self.c_dim = 1
# some parameters
image_dims = [self.input_height, self.input_width, self.c_dim]
bs = self.batch_size
# 图片
self.inputs = tf.placeholder(tf.float32, [bs] + image_dims, name='real_images')
# 隐含编码
self.y = tf.placeholder(tf.float32, [bs, self.y_dim], name='y')
# 随机噪声
self.z = tf.placeholder(tf.float32, [bs, self.z_dim], name='z')
```

其中 self.inputs 用于接收图片数据，self.y 用于接收隐含编码数据，self.z 用于接收随机噪声数据。

接着通过前面实现的生成器、判别器与分类器等方法来实例化这些结构。

```
#判别器判别真实图像
D_real, D_real_logits, _ = self.discriminator(self.inputs, is_training=True, reuse=False)
# 生成器生成图像
G = self.generator(self.z, self.y, is_training=True, reuse=False)
# 判别器判别生成图像，并获得判别器倒数第二层的数据
D_fake, D_fake_logits, input4classifier_fake = self.discriminator(G, is_training=True,
        reuse=True)
# 传入判别器倒数第二层的数据，获得生成图像的分类
code_fake, code_logit_fake = self.classifier(input4classifier_fake, is_training=True,
        reuse=False)
```

通过上面的代码，我们就获得了生成器生成的图像、判别器对真实图像与生成图像的判断以及分类器对生成图像的分类结果，从而可以定义出相应的损失。先编写判别器与生成器的损失，代码如下。

```
# 判别器的损失
d_loss_real = tf.reduce_mean(tf.nn.sigmoid_cross_entropy_with_logits(logits=D_real_
logits,labels=tf.ones_like(D_real)))
```

```
    d_loss_fake = tf.reduce_mean(tf.nn.sigmoid_cross_entropy_with_logits(logits=D_fake_
logits, labels=tf.zeros_like(D_fake)))
    self.d_loss = d_loss_real + d_loss_fake
    # 生成器的损失
    self.g_loss = tf.reduce_mean(
    tf.nn.sigmoid_cross_entropy_with_logits(logits=D_fake_logits, labels=tf.ones_like(D_fake)))
```

判别器与生成器的损失都使用 tf.nn.sigmoid_cross_entropy_with_logits()方法获得。对判别器而言，它希望自己给真实图像较高的分数，给生成图像较低的分数；但对生成器而言，它希望自己生成的图像可以获得较高的分数。

接着就来定义分类器的损失，因为隐含编码由图像对应的类别（前 10 维）与图像对应的特征（后 2 维）组成，所以分类器的损失也要有分别对应的两部分。

```
    self.len_discrete_code = 10
    # 图像分类对应的损失
    disc_code_est = code_logit_fake[:, :self.len_discrete_code]
    disc_code_tg = self.y[:, :self.len_discrete_code]
    q_disc_loss = tf.reduce_mean(tf.nn.softmax_cross_entropy_with_logits(logits=disc_code_est,
labels=disc_code_tg))
    # 图像特征对应的损失
    cont_code_est = code_logit_fake[:, self.len_discrete_code:]
    cont_code_tg = self.y[:, self.len_discrete_code:]
    q_cont_loss = tf.reduce_mean(tf.reduce_sum(tf.square(cont_code_tg - cont_code_est), axis=1))
    # 分类器整体损失
    self.q_loss = q_disc_loss + q_cont_loss
```

上述代码中，首先从分类器输出的分类结果 code_logit_fake 中获取前 10 维，然后从真实的隐含编码中同样抽取前 10 维，两者做交叉熵损失的运算，获得图像分类对应的损失。同理，图像特征对应的损失也是由分类器输出的后 2 维与真实隐含编码的后 2 维做交叉熵损失的运算获得，将两部分损失相加，就构成了分类器整体的损失。

损失定义完成，就可以通过优化算法对相应的节点进行优化了。

```
    # 获取判别器、生成器、分类器对应的节点
    t_vars = tf.trainable_variables()
    d_vars = [var for var in t_vars if 'd_' in var.name]
    g_vars = [var for var in t_vars if 'g_' in var.name]
    q_vars = [var for var in t_vars if ('d_' in var.name) or ('c_' in var.name) or ('g_'
              in var.name)]
    # 优化器
    with tf.control_dependencies(tf.get_collection(tf.GraphKeys.UPDATE_OPS)):
      self.d_optim = tf.train.AdamOptimizer(self.learning_rate, beta1=self.beta1) \
          .minimize(self.d_loss, var_list=d_vars)
      self.g_optim = tf.train.AdamOptimizer(self.learning_rate * 5, beta1=self.beta1) \
          .minimize(self.g_loss, var_list=g_vars)
      self.q_optim = tf.train.AdamOptimizer(self.learning_rate * 5, beta1=self.beta1) \
          .minimize(self.q_loss, var_list=q_vars)
```

这些逻辑实现后，就可以进行训练了，因为训练的逻辑代码大多比较相似，所以这里只展

示核心部分。

```
# 图像数据
batch_images = self.data_X[idx*self.batch_size:(idx+1) *self.batch_size]
# 图像对应分类的真实标签
batch_labels = self.data_y[idx * self.batch_size:(idx + 1) * self.batch_size]
# 图像特征部分随机生成
batch_codes = np.concatenate((batch_labels, np.random.uniform(-1, 1, size=(self.batch_
                 size, 2))),axis=1)
# 随机噪声
batch_z = np.random.uniform(-1, 1, [self.batch_size, self.z_dim]).astype(np.float32)
# 更新判别器
_, summary_str, d_loss = self.sess.run([self.d_optim, self.d_sum, self.d_loss],feed_
dict={self.inputs: batch_images, self.y: batch_codes,self.z: batch_z})
# 更新生成器与分类器
_, summary_str_g, g_loss, _, summary_str_q, q_loss = self.sess.run(
[self.g_optim, self.g_sum, self.g_loss, self.q_optim, self.q_sum, self.q_loss],feed_
dict={self.inputs: batch_images, self.z: batch_z, self.y: batch_codes})
```

首先准备好每一轮要训练的数据，其中就有一组真实图像的数据 batch_images，这组图像数据中每个图像对应的独热向量标签 batch_labels，即每个图像对应的分类（前 10 维），为了构成 12 维的隐含编码，还通过 np.concatenate()方法链接随机生成的 2 维数据，这样就构成了真实的隐含编码数据，最后还有一个随机生成的噪声数据。在训练的一开始，我们并不知道隐含编码的最后 2 维对应图像中的什么，只有经过了一定的训练，才能知道分类器会让这些特征代表什么。

准备好数据后，将数据通过 run()方法的 feed_dict 参数传入即可。

11.2.4　使用 InfoGAN 生成图像

至此，InfoGAN 就编写完成了，但在开始训练 InfoGAN 前，还希望每一轮训练都会生成相应的图像方便我们观察，这里我们定义 visualize_results()方法来实现这个需求，在 visualize_results()方法中会保存 3 种不同类型的生成图像。

第一种类型的图像代码如下。

```
# choice 方法会随机生成 batch_size 大小的随机数组，数组中每个元素的大小在 0 ~ len_discrete_code
y = np.random.choice(self.len_discrete_code, self.batch_size)
# 生成全零矩阵
y_one_hot = np.zeros((self.batch_size, self.y_dim))
# 构造成独热向量，y 中对应的数在 y_one_hot 对应的位置赋值为 1
y_one_hot[np.arange(self.batch_size), y] = 1
# 随机噪声
z_sample = np.random.uniform(-1, 1, size=(self.batch_size, self.z_dim))
# 保存一张包含所有类型的图片
samples = self.sess.run(self.fake_images, feed_dict={self.z: z_sample, self.y: y_one_hot})
save_images(samples[:image_frame_dim * image_frame_dim, :, :, :], [image_frame_dim,
image_frame_dim],
```

```
        check_folder(self.result_dir + '/' + self.model_dir) + '/' + self.model_name +
'_epoch%03d' % epoch + '_test_all_classes.png')
```

在上述代码中，首先 np.random.choice()方法会根据 self.len_discrete_code 与 self.batch_size 参数生成随机数组，数组的长度为 batch_size，数组中每个元素的大小在 0～len_discrete_code 这个范围。

接着便通过 y 来构成独热向量矩阵，逻辑比较简单，首先构成全零矩阵 y_one_hot，然后以 y 为纵坐标，将 y_one_hot 中对应的位置赋值为 1，这样就构成了随机的独热向量矩阵。举个具体的实例，当 self.batch_size=64，self.y_dim=12 时，np.zeros()会生成(64,12)形状的全零矩阵，而 np.arange(self.batch_size)则会生成 0～63 的一维数组。此时以该一维数组为横坐标，以随机生成的 y 为纵坐标，给对应坐标点赋值为 1，y 的取值范围是 0～10（self.len_discrete_code 的值为 10），此时 y_one_hot 矩阵就变为随机的独热矩阵，矩阵的每一行都对应着某个图像类别。

将该数据传入生成器，并将生成器生成的图像保存到本地，第 24 轮训练后，该逻辑得到的图像如图 11.5 所示。

第二种类型的图像代码如下。

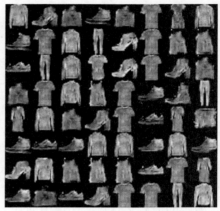

图 11.5　第 24 轮训练输出

```
n_styles = 10    # 必须小于或等于 self.batch_size
np.random.seed()
si = np.random.choice(self.batch_size, n_styles)
for l in range(self.len_discrete_code):
        # 获得顺序独热向量
        y = np.zeros(self.batch_size, dtype=np.int64) + l
        y_one_hot = np.zeros((self.batch_size, self.y_dim))
        y_one_hot[np.arange(self.batch_size), y] = 1
        samples = self.sess.run(self.fake_images, feed_dict={self.z: z_sample, self.y:
          y_one_hot})
        # 随机选 10 个
        samples = samples[si, :, :, :]
        # 每个维度对应一种图片，将生成的图片合成一个大的 all_sample，再通过 save 方法保存
        if l == 0:
                all_samples = samples
        else:
                all_samples = np.concatenate((all_samples, samples), axis=0)
canvas = np.zeros_like(all_samples)
for s in range(n_styles):
        for c in range(self.len_discrete_code):
                canvas[s * self.len_discrete_code + c, :, :, :] = all_samples[c * n_styles +
                s, :, :, :]
save_images(canvas, [n_styles, self.len_discrete_code],
```

```
        check_folder(self.result_dir + '/' + self.model_dir) + '/' + self.model_name +
'_epoch%03d' % epoch + '_test_all_classes_style_by_style.png')
```

上述代码中，首先会随机获得长度为 10 的数组 si，数组中元素的大小在 0～batch_size 之间，然后以类似的方法获得独热向量矩阵，区别在于 y 不再随机生成，而是一个重复的顺序数组，从而获得的读入向量也是顺序的。将这些数据传入生成器获得生成图像，因为生成器会生成一个 batch_size 的图像，这里会通过 si 数组从生成图像中随机获得 10 个小图像，然后将这些小图像拼接在一起。最后将拼接在一起的图像保存到本地。

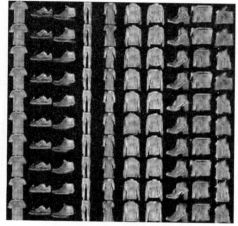

第 24 轮训练后，该逻辑得到的图像如图 11.6 所示。

现在我们已经可以通过控制隐含编码中的前 10 维来控制生成器生成不同类别的图像了，但依旧没有使用到后 2 维，所以接着来使用后 2 维实现第三种类型的图像。

第三种类型的图像代码如下。

图 11.6 第 24 轮训练结果

```
tot_num_samples = min(self.sample_num, self.batch_size)
# np.sqrt 返回非负平方根 np.floor，返回不大于输入参数的最大整数
image_frame_dim = int(np.floor(np.sqrt(tot_num_samples)))
self.len_continuous_code == 2
# np.linspace 在指定的间隔内返回均匀间隔的数字
c1 = np.linspace(-1, 1, image_frame_dim)
c2 = np.linspace(-1, 1, image_frame_dim)
# np.meshgrid 从坐标向量返回坐标矩阵
xv, yv = np.meshgrid(c1, c2)
xv = xv[:image_frame_dim,:image_frame_dim]
yv = yv[:image_frame_dim, :image_frame_dim]
# numpy flatten() 返回一个折叠成一维的数组，其实就是将多维数组每一维首尾链接成一维数组
c1 = xv.flatten()
c2 = yv.flatten()
z_fixed = np.zeros([self.batch_size, self.z_dim])
# 各种维度对生成图片所造成的影响
for l in range(self.len_discrete_code):
    y = np.zeros(self.batch_size, dtype=np.int64) + l
    y_one_hot = np.zeros((self.batch_size, self.y_dim))
    y_one_hot[np.arange(self.batch_size), y] = 1
    y_one_hot[np.arange(image_frame_dim*image_frame_dim), self.len_discrete_code] = c1
    y_one_hot[np.arange(image_frame_dim*image_frame_dim), self.len_discrete_code+1] = c2
    samples = self.sess.run(self.fake_images,
                            feed_dict={ self.z: z_fixed, self.y: y_one_hot})
    save_images(samples[:image_frame_dim * image_frame_dim, :, :, :], [image_frame_
dim, image_frame_dim],check_folder(self.result_dir + '/' + self.model_dir) + '/' + self.
model_name + '_epoch%03d' % epoch + '_test_class_c1c2_%d.png' % l)
```

上述代码中，先使用 np.linspace()方法生成−1 到 1 之间均匀间隔的数组，数组长度为 image_frame_dim，在当前代码环境中 image_frame_dim=8，接着通过 np.meshgrid()方法将数组变成矩阵，再通过 numpy 的 flatten()方法折叠回一维数组，这里同样举一个具体的实例。

首先定义两个简单的变量。

```
In [1]: x = np.arange(-3,3)
In [2]: y = np.arange(0,3)
In [3]: x
Out[3]: array([-3, -2, -1,  0,  1,  2])
In [4]: y
Out[4]: array([0, 1, 2])
```

然后通过 np.meshgrid()方法将两个一维数组转成矩阵。

```
In [5]: xv,yv = np.meshgrid(x,y)
In [6]: xv.shape
Out[6]: (3, 6)
In [7]: xv
Out[7]:
array([[-3, -2, -1,  0,  1,  2],
       [-3, -2, -1,  0,  1,  2],
       [-3, -2, -1,  0,  1,  2]])
In [8]: yv
Out[8]:
array([[0, 0, 0, 0, 0, 0],
       [1, 1, 1, 1, 1, 1],
       [2, 2, 2, 2, 2, 2]])
```

可以发现，xv 矩阵的行向量就是 x 向量，并且重复了 3 次，刚好是 y 向量的长度；类似的，yv 的列向量就是 y 向量，重复了 6 次，刚好是 x 向量的长度，这就是 meshgrid()方法的作用。接着使用 flatten()方法将这些矩阵折叠。

```
In [9]: xv.flatten()
Out[9]:
array([-3, -2, -1,  0,  1,  2, -3, -2, -1,  0,  1,  2, -3, -2, -1,  0,  1,
        2])
In [10]: yv.flatten()
Out[10]: array([0, 0, 0, 0, 0, 0, 1, 1, 1, 1, 1, 1, 2, 2, 2, 2, 2, 2])
```

xv 矩阵与 yv 矩阵通过 flatten()方法被折叠成一维向量，观察可以发现，所谓折叠就是矩阵中的每一行都拼接在一起。

回到生成图像的逻辑，通过 numpy 的 meshgrid()方法与 flatten()方法处理后，获得长度为 batch_size 大小的一维数组 c1 与 c2；然后通过类似的逻辑，获得顺序独热向量矩阵 y_one_hot，并将 c1 与 c2 赋值到 y_one_hot 中作为第 10 维与第 11 维；然后将该 y_one_hot 作为数据输入给生成器，让生成器生成相应的图像，从而观察隐含编码后 2 个维度对生成图像的影响，图像如图 11.7 所示。

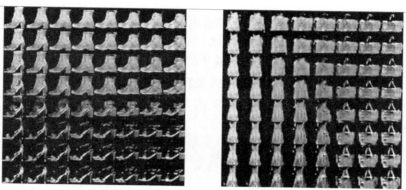

图 11.7   后 2 个维度对生成图像的影响

最后，来看一下 InfoGAN 在训练过程中的损失变化，因为生成器与判别器的结构很常见，其对应的损失变化类似，所以这里简单展示一下分类器的损失变化，分类器的损失由两部分构成。其中图像分类对应的训练损失变化如图 11.8 所示。图像特征对应的训练损失变化如图 11.9 所示。

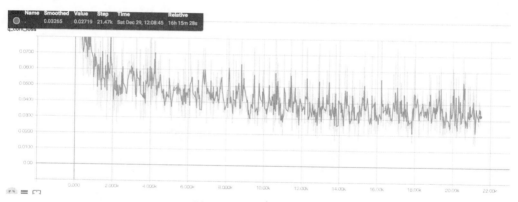

图 11.8   图像分类损失变化

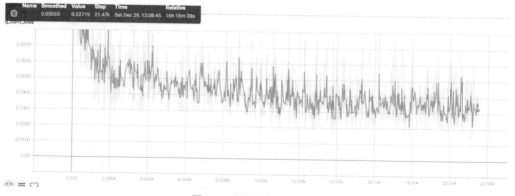

图 11.9   图像特征损失变化

从图 11.8 和图 11.9 可以看出，图像分类的损失随着训练的进行平稳降低，而图像特征的损失变化则起伏较大。造成这种现象的原因是，图像分类使用的真实分类数据与真实图像确实是具有对应关系的，GAN 比较容易学习到其中的关系；而图像特征使用的真实数据是随机生成的，即一开始我们不知道图像特征对应的维度在训练完成后会得到什么结果，从而造成分类器在训练时，图像特征损失有比较大的抖动。

11.3　VAE-GAN

理解了 InfoGAN 后，我们继续踏上旅途，前往 VAE-GAN。VAE-GAN 是结合了 VAE 与 GAN 的一种结构，下面我们从 AutoEncoder(AE)开始讨论与 VAE-GAN 有关的内容。

11.3.1　AutoEncoder 自编码器

在本书前面的内容中，提及了自编码器（AutoEncoder, AE）与变分自编码器（Variational Auto-Encoder, VAE），这里更加系统地来讨论一下 AE 与 VAE。首先看到自编码器，自编码器的简单模型结构如图 11.10 所示。

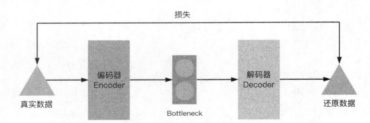

图 11.10　自编码器模型结构

从图 11.10 中可以看出，自编码器主要由两部分构成，分别是编码器（Encoder）与解码器（Decoder），编码器的作用是将传入的数据压缩成 Bottleneck（瓶颈），而解码器的作用是将 Bottleneck 中的数据还原成原始的数据，通过逐像素地比较真实图像与还原图像，可以获得相应的损失，进而通过训练来最小化该损失。

可以看出，自编码器相当于创造了一种新的压缩算法，将原始高维数据中的特征压缩到低维的 Bottleneck 中，或者也可以称为新的特征提取算法。通过这种特征提取算法，获得原始数据中关键的特征，通过这些特征就可以还原回与真实输入图像类似的图像。

需要注意的是，自编码器中，Bottleneck 维度越低，其存储特征信息的能力也就越差，因此，解码器还原图像时，可以使用的信息也就越少。如果输入的原始图像本身具有比较多的细节，而 Bottleneck 维度却比较低，无法存储那么多细节，就会导致解码器还原图像模糊。这是难以避免的，因为 Bottleneck 只能存储一定量的特征，会丢弃原始图像中大量的信息。

　　自编码器虽然结构简单，但却可以用于不同的方面，例如 Google 尝试利用自编码器来减少手机宽带网络的消耗。其直观的做法就是，手机通过宽带访问服务器中的大型资源（例如高清图像）时，原始图像资源会在服务器中通过自编码器中的编码器进行压缩，获得对应的 Bottleneck 向量数据，将 Bottleneck 向量数据通过网络传递到手机端，再通过手机端的解码器将 Bottleneck 解码回原始的图像，如图 11.11 所示。只需请求原始图像 1/4 的像素即可，然后在手机中恢复相应的细节，这种做法可以一定限度地减少手机宽带网络的消耗。

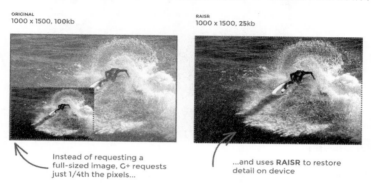

图 11.11　减少手机宽带网络的消耗

　　除此之外，自编码器还可以用于数据噪声去除和数据还原。使用自编码器对图像数据进行噪声去除，这种自编码器称为去噪自编码器（Denoise Auto-Encoder, dAE）。dAE 的原理其实与 AE 完全一样，不同之处在于，我们会对原始图像加上噪声获得有噪声的图像，然后将有噪声的图像交由编码器编码，最后通过解码器解码，此时解码获得的还原图像不与输入图像做对比计算损失，而是与没有加噪声的原始图像做对比来计算损失。这就强迫自编码器必须学会去除图像中的噪声数据，dAE 的简单结构如图 11.12 所示。

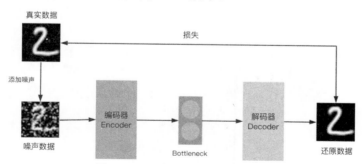

图 11.12　Denoise Auto-Encoder 结构

　　同理，类似的思路还有让自编码器具有修复图像的能力，这种做法通常称为 Neural Inpainting，其原理与 dAE 完全一样，只是使用的训练数据是有缺失块的图像，然后还原的图像与原始没有缺失块的图像进行对比获得损失，Neural Inpainting 效果如图 11.13 所示（图中的结果并不全是 AutoEncoder 的结果）。

图 11.13　Neural Inpainting 效果

11.3.2　变分自编码器

上一节简单地介绍了自编码器，因为不是本章的主要内容，所以很多细节并没有深入，了解自编码有助于理解变分自编码器，从其名称应该就可以猜测到它与变分推断有一定的关系。为了更易理解，这里先从模型的角度来理解变分自编码器，随后再从数学的角度来理解变分自编码器，以及它与变分推断之间的关系。

从模型角度上来看，变分自编码器相对于自编码器而言，仅在 Bottleneck 向量处有所不同，通常一个常见的自编码器的 Bottleneck 是一个向量，而变分自编码器的 Bottleneck 是两个向量，一个表示分布的均值，另一个表示分布的标准差，通过这两个向量就可以定义出一个样本空间，而解码器的输入就是从该样本空间中采样获得。变分自编码器的简单模型结构如图 11.14 所示。

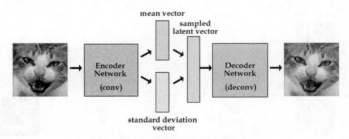

图 11.14　变分自编码器

从图 11.14 中可以看出，原始数据通过编码器网络处理后，会获得均值向量（mean vector）与标准差向量（standard deviation vector），然后从两向量定义出的样本空间中采样出一个样本作为解码器的输入，通过解码器还原数据的原貌。

回顾一下自编码器的内容，自编码器有个明显的缺陷，就是无法"创造"可用的数据，即无法产生不存在的图像。自编码器通过原始数据获得该数据的特征后，使用解码器在这些特征的基础上还原数据,即输入的是什么,通常输出的也是类似的东西。如果我们将其中的解码器单独拿出来使用,传入随机特征,解码器会生成一堆令人无法理解的数据,即无法"创造"可用的数据。而变分自编码器避免了这个问题,通常在我们训练变分自编码器时,会约束均值向量与标准差向量构成的样本空间服从正态分布,即要求均值向量为 0,标准差向量为 1。因为训练时,解码器获得的样本数据都是从服从正态分布的样本空间中获取的,所以当训练结束后,我们就可以从正态分布中采样数据并将它直接交给解码器,让解码器直接生成有意义的数据,只要我们传入的样本所在概率分布与训练 VAE 时样本空间服从的分布一致,解码器就可以生成有意义的数据,可以认为变分自编码器具有"创造"可用数据的能力。

从 VAE 的损失函数中也可以看出这种约束,首先看到其损失函数。

$$\mathcal{L}(\theta, \phi; x) = E_{Q_\phi}[\log P_\theta(x|z)] - D_{\text{KL}}(Q_\phi(z|x)||P_\theta(z))$$

该损失函数由一个期望形式的值与 KL 散度这两个主要部分组成。简单而言,公式中期望形式的部分与自编码器的损失一致,就是变分自编码器原始图像与生成图像的损失;而 KL 散度部分,其目的是约束样本空间服从正态分布,即约束均值向量为 0,标准差向量为 1,从而两向量可以定义出一个标准的正态分布。

但这里其实还有一个重要的问题没有解决,因为变分自编码器涉及采样,即解码器的输入是从样本空间中采样获得的一个样本,正向来看,似乎没什么问题,但在具体训练变分自编码器时,使用反向传播算法进行梯度更新,问题就显现出来了,即采样是一个随机过程,梯度反向传播时,随机过程是无法计算传播梯度的。为了解决这个问题,需要使用 Reparameterization Trick(参数再现技巧)。

首先我们定义从样本空间中采样的样本为 z,如果不做处理,那么 z 就是随机从样本空间中抽取出来的,而样本空间由均值向量 μ 与标准差向量 σ 定义,样本的随机性会导致反向传播算法部分更新均值向量 μ 与标准差向量 σ 的梯度,从而无法训练这两个值。为了解决这个问题,一个做法就是将这个随机性转移到某个我们不关心的向量上,这里具体的做法就是将 z 定义为标准差向量 σ 乘以一个随机向量 ξ 加上均值向量 μ 的值,该随机向量服从标准正态分布,其公式如下。

$$z = \mu + \sigma \odot \xi, \text{其中} \xi \sim \text{N}(0,1)$$

在具体训练的某个时刻,μ 与 σ 都是固定的值,而样本的随机性都转移到随机变量 ξ 上。因为在训练 VAE 时,均值向量 μ 与标准差向量 σ 才是相应训练的值,此时这两个值是固定的,所以可以正常进行梯度反向传播;而随机向量 ξ,它是一个时刻发生变化的随机值,在训练的不同时刻,都会从标准正态分布中采样一个随机值作为 ξ,用于构成样本 z。

简单而言,为了避免 μ 与 σ 是随机值造成梯度无法反向传播的问题,定义出一个服从正态分布的随机向量 ξ,在训练的具体时刻,μ 与 σ 是固定的,而样本 z 不再从样本空间中随机采样,而是由固定的 μ 与 σ 和随机样本 ξ 运算获得的随机值。通过这种方式,将样本的随机性转移到 ξ,而真正需要被训练的 μ 与 σ 是固定值,反向传播可以正常进行,VAE 可以正常训练,Reparameterization

Trick 如图 11.15 所示。

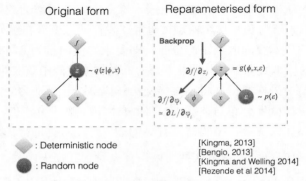

图 11.15　Reparameterization Trick

通过这种方式，将采样的过程分成固定部分与随机部分，而需要训练的参数在固定部分，使得模型可以通过反向传播算法进行梯度更新，并且将 μ 与 σ 整合到模型整体中，不需要单独进行训练，可以说是一个非常巧妙的做法。

至此，我们就从模型的角度理解了 VAE。

11.3.3　数学角度看 VAE

上面我们从模型角度讨论了 VAE，接着我们从数学的角度来讨论一下 VAE，进一步加深对 VAE 的理解。

对于常见的生成模型，它可以通过自己的参数 θ 控制生成的样本，其概率表达式为 $P_\theta(x)$，即 θ 参数下，样本 x 会产生的概率。通常我们可以直接观察一些现有的样本 x，从而利用最大似然估计的思想来求取模型的参数 θ，而 VAE 希望可以通过一组隐变量 z 来控制生成模型生成的样本，我们可以通过如下变化将生成模型 $P_\theta(x)$ 与隐变量 z 联系在一起。

$$\log P_\theta(x) = \log P_\theta(x) \cdot 1 = \log P_\theta(x) \int_z Q_\phi(z|x)\mathrm{d}z$$

其中 $Q_\phi(z|x)$ 表示在样本 x 确定的情况下，z 发生的概率。

这里为何不选择 $Q(z)$ 或 $P(z|x)$ 来做积分呢？原因很简单，不选择 $Q(z)$ 是因为 $Q(z)$ 的取值范围太大，我们不需要整个隐变量的空间，只关心可能生成样本 x 的隐变量；不选择 $P(z|x)$，是因为 P 表示着样本 x 的真实分布，很难获得，我们希望通过自定义的某种分布去逼近这个真实分布，该自定义的分布是我们熟知的、方便计算的，这里我们自定义了概率分布 Q，而且假设它服从高斯分布。

理论上而言，我们自定义的概率分布 Q 可以服从任意概率分布，即任意概率分布都可以作为隐变量的分布，这里之所以假设其服从高斯分布，是因为高斯分布具有良好的可计算性。

回到公式中，我们继续推导变换。

$$\log P_\theta(x) = \log P_\theta(x) \int_z Q_\phi(z|x)\mathrm{d}z$$

$$= \int_z Q_\phi(z|x)\log\frac{P_\theta(x,z)}{P_\theta(z|x)}\mathrm{d}z$$

$$= \int_z Q_\phi(z|x)\left[\log\frac{\log P_\theta(x,z)}{Q_\phi(z|x)} - \log\frac{P_\theta(z|x)}{Q_\phi(z|x)}\right]\mathrm{d}z$$

$$= \int_z Q_\phi(z|x)\log\frac{P_\theta(x,z)}{Q_\phi(z|x)}\mathrm{d}z + \int_z Q_\phi(z|x)\log\frac{Q_\phi(z|x)}{P_\theta(z|x)}\mathrm{d}z$$

$$= \int_z Q_\phi(z|x)\log\frac{P_\theta(x,z)}{Q_\phi(z|x)}\mathrm{d}z + D_{\mathrm{KL}}(Q_\phi(z|x)||P_\theta(z|x))$$

可以发现，上述公式其实就是变分推断的过程，结合前面变分推断的内容，将上面的公式重新整理一下，就可以得到如下表达式。

$$\log P_\theta(x) - D_{\mathrm{KL}}(Q_\phi(z|x)||P_\theta(z|x)) = \int_z Q_\phi(z|x)\log P_\theta(x|z)\mathrm{d}z - D_{\mathrm{KL}}(Q_\phi(z|x)||P_\theta(z))$$

将其写成期望的形式，就获得了 VAE 对应的目标函数。

$$\log P_\theta(x) - D_{\mathrm{KL}}(Q_\phi(z|x)||P_\theta(z|x)) = E_{Q_\phi(z|x)}[\log P_\theta(x|z)] - D_{\mathrm{KL}}(Q_\phi(z|x)||P_\theta(z))$$

其中，

$$\mathcal{L}(\theta,\phi;x) = E_{Q_\phi(z|x)}[\log P_\theta(x|z)] - D_{\mathrm{KL}}(Q_\phi(z|x)||P_\theta(z))$$

因为样本 x 通常是可以观察到的，即 $P_\theta(x)$ 通常是一个确定值，那么想要让生成模型生成与样本 x 相近的数据，就要最小化等式左边的 $D_{\mathrm{KL}}(Q_\phi(z|x)||P_\theta(z|x))$，即最小化自定义的变分分布 $Q_\phi(z|x)$ 与真实后验分布 $(P_\theta(z|x))$ 的距离。理由也很直观，当我们观察样本 x 时，无法得知隐变量 z 在真实分布中对应的概率值，但我们可以得知自定义的变分分布中隐变量 z 的概率值（变分分布服从已知的分布，从而可以计算出具体的值，这里服从高斯分布），所以我们需要最小化变分分布 $Q_\phi(z|x)$ 与真实后验分布 $(P_\theta(z|x))$ 之间的距离，从而可以得到隐变量 z 的值，进而通过隐变量 z 生成与样本 x 近似的数据。

最小化 $D_{\mathrm{KL}}(Q_\phi(z|x)||P_\theta(z|x))$，其实就要最大化等式右半部分，具体如下。

（1）最大化期望 $E_{Q_\phi(z|x)}[\log P_\theta(x|z)]$。

（2）最小化 KL 散度 $D_{\mathrm{KL}}(Q_\phi(z|x)||P_\theta(z))$（KL 恒大于 0）。

对于需要最小化的 KL 散度（$D_{\mathrm{KL}}(Q_\phi(z|x)||P_\theta(z))$）而言，因为我们假设 $Q_\phi(z|x)$ 分布服从高斯分布，所以要最小化该 KL 散度，其实就表示 $(P_\theta(z))$ 也要服从高斯分布，此时两分布相同，

KL 散度为 0。

这里以一维高斯分布为例，简单推导一下，高斯分布的表达式为

$$N(\mu, \sigma) = \frac{1}{\sqrt{2\pi\sigma^2}} e^{\frac{(x-\mu)^2}{2\sigma^2}}$$

将其代入$(\mathrm{KL}(P_1, P_2))$中，则有

$$\mathrm{KL}(P_1, P_2) = \int P_1(x) \log \frac{P_1(x)}{P_2(x)} \mathrm{d}x = \int P_1(x)(\log P_1(x)\mathrm{d}x - \log P_2(x))\mathrm{d}x$$

$$= \int P_1(x) \left(\log\left(\frac{1}{\sqrt{2\pi\sigma^2}} e^{\frac{(x-\mu)^2}{2\sigma^2}} \right) - \log\left(\frac{1}{\sqrt{2\pi\sigma^2}} e^{\frac{(x-\mu)^2}{2\sigma^2}} \right) \right)$$

$$= \int P_1(x) \left(-\frac{1}{2}\log 2\pi - \log\sigma_1 - \frac{(x-\mu_1)^2}{2\sigma_1^2} + \frac{1}{2}\log 2\pi + \log\sigma_2 + \frac{(x-\mu_2)^2}{w\sigma_2^2} \right) \mathrm{d}x$$

$$= \int P_1(x) \left\{ \log\frac{\sigma_2}{\sigma_1} + \left[\frac{(x-\mu_2)^2}{w\sigma_2^2} - \frac{(x-\mu_1)^2}{2\sigma_1^2} \right] \right\} \mathrm{d}x$$

$$= \int \left(\log\frac{\sigma_2}{\sigma_1} \right) P_1(x)\mathrm{d}x + \int \left(\frac{(x-\mu_2)^2}{2\sigma_2^2} \right) P_1(x)\mathrm{d}x - \int \left(\frac{(x-\mu_1)^2}{2\sigma_1^2} \right) P_1(x)\mathrm{d}x$$

$$= \log\frac{\sigma_2}{\sigma_1} + \frac{1}{2\sigma_2^2} \int ((x-\mu_2)^2) P_1(x)\mathrm{d}x - \frac{1}{2\sigma_1^2} \int ((x-\mu_1)^2) P_1(x)\mathrm{d}x$$

$$= \log\frac{\sigma_2}{\sigma_1} + \frac{1}{2\sigma_2^2} \int ((x-\mu_2)^2) P_1(x)\mathrm{d}x - \frac{1}{2}$$

$$= \log\frac{\sigma_2}{\sigma_1} + \frac{1}{2\sigma_2^2} \int ((x-\mu_1+\mu_1-\mu_2)^2) P_1(x)\mathrm{d}x - \frac{1}{2}$$

$$= \log\frac{\sigma_2}{\sigma_1} + \frac{1}{2\sigma_2^2} [\int (x-\mu_1)^2 P_1(x)\mathrm{d}x + \int (\mu_1-\mu_2)^2 P_1(x)\mathrm{d}x + 2\int (x-\mu_1)(\mu_1 -$$

$$\mu_2)] P_1(x)\mathrm{d}x - \frac{1}{2} = \log\frac{\sigma_2}{\sigma_1} + \frac{1}{2\sigma_2^2} [\int (x-\mu_1)^2 P_1(x)\mathrm{d}x + (\mu_1-\mu_2)^2] - \frac{1}{2}$$

$$= \log\frac{\sigma_2}{\sigma_1} + \frac{\sigma_1^2 + (\mu_1-\mu_2)^2}{2\sigma_2^2} - \frac{1}{2}$$

因为一维高斯分布过于简单，适用性并不强，所以通常会假设分布服从多维高斯分布，可以与一维高斯分布类似的方式，将多维高斯分布代入 KL 散度的表示中。

多维高斯分布表达式为

$$P(x_1, x_2, \cdots, x_n) = \frac{1}{\sqrt{2\pi \cdot \det(\sum)}}$$

将其代入 KL 散度中，可以获得如下表达式。

$$D_{\text{KL}}(P_1||P_2) = \frac{1}{2}\left[\log\frac{\det(\Sigma_2\ )}{\det(\Sigma_1\ )} - d + \text{tr}\left(\sum\nolimits_2^{-1}\sum\nolimits_1\ \right) + (\mu_2 - \mu_1)^{\text{T}}\sum\nolimits_2^{-1}(\mu_2 - \mu_1)\right]$$

这里展示了较多的公式推导，为了避免混乱，先简单理清一下，通过前面关于 VAE 内容的讨论，知道了我们的一个目标是最小化 KL 散度 $D_{\text{KL}}(Q_\phi(z|x)||P_\theta(z))$，当变分分布 $Q_\phi(z|x)$ 与真实分布 $P_\theta(z)$ 完全相同时，KL 散度就是最小的。因为我们假设了变分分布 Q 服从高斯分布，那么 KL 最小化真实分布 $P_\theta(z)$ 也应该服从高斯分布，因为一维高斯分布过于简单，所以我们假设变分分布服从的是多维高斯分布，当变分分布 $Q_\phi(z|x)$ 与真实分布 $P_\theta(z)$ 都服从多维高斯分布时，KL 散度最小。将多维高斯分布的表达式代入 KL 散度的表达式中，就可以获得 KL 散度的最小值，从而实现最小化 KL 散度 $D_{\text{KL}}(Q_\phi(z|x)||P_\theta(z))$ 的目标。

有了 KL 散度的表达式后，接着就可以通过神经网络强大的拟合能力根据样本 x 去学习出高斯分布的均值和方差了。这其实就对应着 VAE 中的编码器（Encoder），通过编码器的学习能力获得该高斯分布的均值和方差。

接着看到最大化 $E_{Q_\phi(z|x)}[\log P_\theta(x|z)]$ 这个目标，在上一步最小化 KL 散度的过程中，已经可以通过编码器学习到分布的均值和方差，此时就可以从该均值与方差定义出的分布中采样出样本 z 作为 $P_\theta(x|z)$ 的值，从而求取该期望的最大值，但是采样带来的随机性让模型在具体训练时会遇到梯度无法反向传播的问题。为了解决这个问题，样本 z 不再直接从分布中采样，而是 Reparameterization Trick（参数再现技巧）将采样样本 z 的随机性转移到与模型训练无关的参数上，具体的做法就是引入一个无关的辅助噪声变量 ξ，并且定义出相应的可微函数 $g_\phi(\xi, x)$，样本 z 从 $z \sim Q_\phi(z|x)$ 变为 $z = G_\phi(\xi, x)$，其中 $\xi \sim P(\xi)$。

随后就可以使用蒙特卡罗法（Monte Carlo）进行采样来估计某个函数 $f(x)$ 关于分布 $Q_\phi(z|x)$ 的期望。

$$E_{Q_\phi(z|x^{(i)})}[f(z)] = E_{P(\xi)}\left[f\left(g_\phi(\xi, x^{(i)})\right)\right] \approx \frac{1}{L}\sum_{l=1}^{L}f\left(g_\phi(\xi^{(l)}, x^{(i)})\right),\ \text{其中}\ \xi^{(l)} \sim P(\xi)$$

论文中将之称为 SGVB（Stochastic Gradient Variational Bayes）评估器。

具体到当前这个期望，利用蒙特卡罗方法估计后的表达式为

$$E_{Q_\phi(z|x)}[\log P_\theta(x|z)] = \frac{1}{L}\sum_{l=1}^{L}[\log P_\theta(x^{(i)}, z^{(i,l)})]$$

利用 SGVB 评估器后，$\mathcal{L}(\theta, \phi; x))$ 变为如下形式。

$$\mathcal{L}(\theta, \phi; x) = \frac{1}{L}\sum_{l=1}^{L}\log P_\theta(x^{(i)}|z^{(i,l)}) - D_{\text{KL}}(Q_\phi(z|x^{(i)})||P_\theta(z))$$

其中 $z^{(i,l)} = g_\phi\big(\xi^{(i,l)}, x^{(i)}\big), \xi^{(i,l)} \sim P(\xi)$。

$(\mathcal{L}(\theta, \phi; x))$ 还有另外一种不常用的形式。

$$\mathcal{L}(\theta, \phi; x) = \frac{1}{L}\sum_{l=1}^{L}[\log P_\theta(x^{(i)}, z^{(i,l)}) - \log Q_\phi(z^{(i,l)}|x^{(i)})]$$

同样的，其中 $z^{(i,l)} = g_\phi\big(\xi^{(i,l)}, x^{(i)}\big), \xi^{(i,l)} \sim P(\xi)$。

在对模型进行具体训练时，如果样本量 N 比较大，通常我们会采用 Mini-batch 的方法来进行训练，即一组训练数据喂给模型，此时 $(\mathcal{L}(\theta, \phi; x))$(ELBO) 就可以通过 Mini-batch 进行估计，即给定数据集 $X = (x^{(i)})_{i=1}^{N}$ 的情况，基于 Mini-batch 可以构建出边际似然变分下界的估计。

$$\mathcal{L}(\theta, \phi; X) \approx \widetilde{\mathcal{L}}^M(\theta, \phi; x^M) = \frac{N}{M}\sum_{j=1}^{M}\widetilde{\mathcal{L}}(\theta, \phi; x^{(j)})$$

其中 Mini-batch $X^M = \{x^{(j)}\}_{j=1}^{M}$ 是从数据集 X 中随机抽取的 M 个数据点，只要 Mini-batch 的规模 M 足够大，在每个数据点 x^j 处的采样次数 L 可置为 1，这种方法在论文中被称为 Mini-batch 版的 AEVB 算法（Auto-Encoding VB algorithm），在实际计算时，作者定义 $M = 100$、$L = 1$。

Mini-batch 版的 AEVB 算法具体步骤如下。

（1）初始化 θ 与 ϕ 参数。

（2）重复下面流程。

a．从数据集 X 中随机采样 M 个数据点，记为 X^M。

b．从噪声分布 $P(\xi)$ 中随机采样，采样获得的值记为 ξ。

c．计算使用了 SGVB 后小批量估计器的梯度，$g = \nabla_{\theta,\phi}\widetilde{\mathcal{L}}^M(\theta, \phi; X^M, \xi) + \text{d}$。使用梯度 g 更新参数 θ 与 ϕ，例如使用 SGB 或 Adagrad 算法。

（3）直到 θ 与 ϕ 这两个参数收敛，返回 θ 与 ϕ。

但上面这些其实都是整体的框架，要实现具体的变分自编码器，还需要做出相应的假设，VAE 论文中，作者做出如下假设。

$$P(\xi) = N(\xi; 0, I)$$

$$Q_\phi(z|x) = N(z; \mu, \sigma^2 I)$$

$$P_\theta(z) = N(z; 0, I)$$

$$g_\phi(\xi, x) = \mu + \sigma \odot \xi$$

因为我们将隐变量的先验概率 $P_\theta(z)$ 的均值假设为 0，方差假设为单位矩阵的多维高斯分布，所以对应的 KL 散度就可以简化一下。

原始的多维高斯分布对应的最小化的 KL 散度表达式为

$$D_{\mathrm{KL}}(P_1||P_2) = \frac{1}{2}\left[\log\frac{\det(\Sigma_2 \quad)}{\det(\Sigma_1 \quad)} - d + \mathrm{tr}(\sum_2{}^{-1}\sum_1) + (\mu_2 - \mu_1)^{\mathrm{T}}\sum_2{}^{-1}(\mu_2 - \mu_1)\right]$$

简化后为

$$D_{\mathrm{KL}}(P_1||N(0,I)) = \frac{1}{2}\left[-\log[\det\left(\sum_1\right)] - d + \mathrm{tr}\left(\sum_1\right) + \mu_1^{\mathrm{T}}\mu_1\right]$$

因为还假设了 $q_\phi(z|x) = N(z;\mu,\sigma^2 I)$，即通过 σ 来表示协方差的主对角线，那么 KL 散度可以进一步简化为

$$D_{\mathrm{KL}}(P_1(\mu_1,\sigma_1)||N(0,I)) = \frac{1}{2}\left[-\sum_i\log[(\sigma_1^{(i)})] - d + \sum_i\sigma_1^{(i)} + \mu_1^{\mathrm{T}}\mu_1\right]$$

在具体实现 VAE 时，因为 TensorFlow 等深度学习框架通常采用向量的计算方式，所以还需要对上述 KL 散度进行相应的变化。

$$D_{\mathrm{KL}}(P_1(\mu_1,\sigma_1)||N(0,I)) = \frac{1}{2}\left[-\sum_i\log[(\sigma_1^{(i)})] - d + \sum_i\sigma_1^{(i)} + \mu_1^{\mathrm{T}}\mu_1\right]$$

$$= \sum_{i=0}^{d}\left(-\frac{1}{2}\right)\log[(\sigma_1^{(i)})^2] + \sum_{i=0}^{d}\left(-\frac{1}{2}\right) + \sum_{i=0}^{d}\frac{1}{2}\left[(\sigma_1^{(i)})^2\right] + \sum_{i=0}^{d}\frac{1}{2}[(\mu_1^{(i)})^2]$$

$$= \frac{1}{2}\sum_{i=0}^{d}[(-\log[(\sigma_1^{(i)})^2]) + (\sigma_1^{(i)})^2 + (\mu_1^{(i)})^2 - 1]$$

整理后得到 VAE 最终的目标函数。

$$\mathcal{L}(\theta,\phi;x^{(i)}) \approx \frac{1}{2}\sum_{j=1}^{J}(1 + \log[(\sigma_j^{(i)})^2] - (\mu_j^{(i)})^2 - (\sigma_j^{(i)})^2) + \frac{1}{L}\sum_{l=1}^{L}\log P_\theta(x^{(i)}|z^{(i,l)})$$

其中 $z^{(i,l)} = \mu^{(i)} + \sigma^{(i)}\odot\xi^{(l)}, \xi^{(l)} \sim N(0,I)$

至此 VAE 的数学推导就结束了，其整体结构如图 11.16 所示。

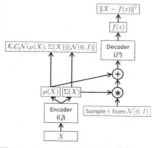

图 11.16　VAE 数学推导整体结构

11.3.4　TensorFlow 实现 VAE

有了上面的理论知识后，我们可以通过 TensorFlow 来实现一个简单的 VAE。在正式编写前，先回忆一下 VAE 的模型结构与相应的数学推导，VAE 主要由两部分构成，分别是编码器与解码器，编码器会接收具体的数据，然后获得相应 Bottleneck（即隐变量z）；从 VAE 的数学推导中已经知道，编码器本质上要做的事情是最小化$D_{KL}(Q_\phi(z|x)||P_\theta(z))$，从而学习到分布的均值$\mu$与标准差$\sigma$，而解码器会获得编码器输出的隐变量$z$，然后将其还原回原始的数据。从隐变量分布中采样隐变量带来的随机性，会导致训练模型时梯度无法反传，为了解决这个问题，使用 reparameterization 方法将采样隐变量的随机性转移到一个无关变量ξ上。

为了简便，依旧使用 fashion 数据集作为 VAE 的训练数据，这样我们可以直接通过 TensorFlow 中 MNIST 下的 input_data 方法读入数据，并且不用设计太过复杂的结构，就可以获得一定的效果。

在一开始，与编写 GAN 的流程类似，我们先来编写 VAE 的编码器与解码器。首先编写 VAE 的编码器，具体代码如下。

```
# 编码器
def encoder(self, x, is_training=True, reuse=False):
    with tf.variable_scope("encoder", reuse=reuse):
        net = lrelu(conv2d(x, 64, 4, 4, 2, 2, name='en_conv1'))
        net = lrelu(bn(conv2d(net, 128, 4, 4, 2, 2, name='en_conv2'), is_training=is_
training, scope='en_bn2'))
        net = tf.reshape(net, [self.batch_size, -1])
        net = lrelu(bn(linear(net, 1024, scope='en_fc3'), is_training=is_training,
                scope='en_bn3'))
        # 获得高斯参数，随后从中分离出均值与标准差即可
        gaussian_params = linear(net, 2 * self.z_dim, scope='en_fc4')
        # 均值
        mean = gaussian_params[:, :self.z_dim]
        # 标准差，标准差必须为正数
        stddev = 1e-6 + tf.nn.softplus(gaussian_params[:, self.z_dim:])
    return mean, stddev
```

VAE 的编码器结构比较简单，一开始使用两层卷积网络来处理传入的图像数据并使用 Leaky Relu 作为激活函数；接着使用两个全连接层来压缩数据中的信息，从而获得 Bottleneck 向量，从中抽取相应的部分作为均值与标准差即可；有了该均值与标准差，就可以定义出相应的分布，当 VAE 训练完成，我们就可以从该分布中随机采样一个隐变量作为解码器的输入，实现数据的生成。

编码器编写完成，接着来编写解码器，解码器的作用是接收隐变量生成对应的数据，因为训练数据使用的是 fashion 的灰度图像，所以解码器只需要生成灰度图像即可，解码器的具体代码如下。

```
# 解码器
def decoder(self, z, is_training=True, reuse=False):
    with tf.variable_scope("decoder", reuse=reuse):
```

```
        net = tf.nn.relu(bn(linear(z, 1024, scope='de_fc1'), is_training=is_training,
            scope='de_bn1'))
        net = tf.nn.relu(bn(linear(net, 128 * 7 * 7, scope='de_fc2'), is_training=
is_training, scope='de_bn2'))
        net = tf.reshape(net, [self.batch_size, 7, 7, 128])
        net = tf.nn.relu(
            bn(deconv2d(net, [self.batch_size, 14, 14, 64], 4, 4, 2, 2, name='de_dc3'),
is_training=is_training,
                scope='de_bn3'))
        #因为生成图像是灰度图，所以图像的数值在 0～1 之间
        out = tf.nn.sigmoid(deconv2d(net, [self.batch_size, 28, 28, 1], 4, 4, 2, 2,
            name='de_dc4'))
        return out
```

解码器的结构同样比较简单，先通过两个全连接层来处理输入的隐变量，将数据扩大，随后使用两层转置卷积网络来实现图像数据的生成器，因为编码器只需生成灰度图像，所以最后一层使用 sigmoid 作为激活函数。

至此就将 VAE 中的编码器与解码器编写完成，接着就来构建整个 VAE 网络，其难点在于构建出 VAE 的目标函数。首先通过 placeholder()方法实例化对应的占位符，用于接收图像输入与解码器采样的隐变量，代码如下。

```
#图像输入
self.inputs = tf.placeholder(tf.float32, [bs] + image_dims, name='real_images')
# 隐变量
self.z = tf.placeholder(tf.float32, [bs, self.z_dim], name='z')
```

接着通过编码器获得 Bottleneck 处分布的均值μ与标准差σ。

```
# encoding
self.mu, sigma = self.encoder(self.inputs, is_training=True, reuse=False)
```

因为直接从隐变量分布中采样会导致梯度无法反向传播，模型无法进行训练，所以使用 Reparameterization Trick 方法将采样的随机性转移到无关变量中，即$z^{(i,l)} = \mu^{(i)} + \sigma^{(i)} \odot \xi^{(l)}$。

```
z = self.mu + sigma * tf.random_normal(tf.shape(self.mu), 0, 1, dtype=tf.float32)
```

通过 Reparameterization Trick 方法获得隐变量z后就可以传入解码器，让解码器还原回原始数据。

```
# 解码器还原数据
out = self.decoder(z, is_training=True, reuse=False)
self.out = tf.clip_by_value(out, 1e-8, 1 - 1e-8)
```

其中，tf.clip_by_value(A, min, max)方法会将传入张量 **A** 中的每个元素的值都压缩到 min 和 max 之间，其中值小于 min 的元素让其等于 min，值大于 max 的元素让其等于 max，也就是将解码器生成的数据中元素的值都压缩到 0～1（1e-8=0.00000001，这是一个非常小的值）。

至此 VAE 模型搭建完成，接着就来定义 VAE 的损失，VAE 的损失整体分为两部分，其表达式如下。

$$\mathcal{L}(\theta, \phi; x^{(i)}) \approx \frac{1}{2} \sum_{j=1}^{J} (1 + \log((\sigma_j^{(i)})^2 - (\mu_j^{(i)})^2 - (\sigma_j^{(i)})^2)) + \frac{1}{L} \sum_{l=1}^{L} \log P_\theta(x^{(i)}|z^{(i,l)})$$

首先来实现 KL 散度的部分。

```
# KL 散度部分表示的损失
KL_divergence = 0.5 * tf.reduce_sum(tf.square(self.mu) + tf.square(sigma) - tf.log(1e-
8 + tf.square(sigma)) - 1, [1])
self.KL_divergence = tf.reduce_mean(KL_divergence)
```

代码比较简单，就是公式中的含义，只是通过 TensorFlow 的方法实现出来而已。

接着来实现边缘概率部分（即期望部分）。

```
# 期望部分表示的损失
marginal_likelihood = tf.reduce_sum(self.inputs * tf.log(self.out) + (1 - self.inputs) *
tf.log(1 - self.out),[1, 2])
self.neg_loglikelihood = -tf.reduce_mean(marginal_likelihood)
```

需要注意的是，这里使用负号，将最大化期望的目标转为最小化该期望。

将两部分相加就获得 ELBO，而模型的梯度就是 ELBO 对应的反方向。

```
ELBO = -self.neg_loglikelihood - self.KL_divergence
self.loss = -ELBO
```

代码编写到这里，你可能会有点乱，那么多负号有什么用？其实可以直接约掉，并不会影响具体的训练，但会影响理解。这里简单地理一下，首先我们知道 VAE 的目标是最小化模型的损失 self.loss，即最小化−ELBO，即最大化 ELBO；而 ELBO 由两部分构成，因为 KL 散度恒大于或等于 0，所以要最大化 ELBO，就需要最小化 self.neg_loglikelihood 与最小化 self.KL_divergence，而 self.neg_loglikelihood = -tf.reduce_mean(marginal_likelihood)，所以最小化 self.neg_loglikelihood 相当于最大化边缘概率 marginal_likelihood，这其实就是最大化期望部分。

损失定义完成，就可以通过相应的优化算法来进行模型的优化了，代码如下。

```
t_vars = tf.trainable_variables()
        with tf.control_dependencies(tf.get_collection(tf.GraphKeys.UPDATE_OPS)):
                self.optim = tf.train.AdamOptimizer(self.learning_rate*5, beta1=self.
beta1).minimize(self.loss, var_list=t_vars)
```

VAE 的模型结构与相应的损失函数都构建完成，可以进行训练了。与训练 GAN 时要分别训练生成器与判别器相比，VAE 只需要对整体进行训练，而且训练时的样本数据需要从高斯分布中采样获得，就算使用了 Reparameterization Trick，其无关变量也是从高斯分布中采样获得的。所以，在具体训练前，需要使用一个从高斯分布中采样的方法，具体代码如下。

```
def gaussian(batch_size, n_dim, mean=0, var=1, n_labels=10, use_label_info=False):
    # 采样多个样本
    if use_label_info:
        if n_dim != 2:
            raise Exception("n_dim must be 2.")
```

```
def sample(n_labels):
    x, y = np.random.normal(mean, var, (2,))
    angle = np.angle((x-mean) + 1j*(y-mean), deg=True)
    label = ((int)(n_labels*angle))//360
    if label<0:
        label+=n_labels
    return np.array([x, y]).reshape((2,)), label
z = np.empty((batch_size, n_dim), dtype=np.float32)
z_id = np.empty((batch_size, 1), dtype=np.int32)
for batch in range(batch_size):
    for zi in range((int)(n_dim/2)):
        a_sample, a_label = sample(n_labels)
        z[batch, zi*2:zi*2+2] = a_sample
        z_id[batch] = a_label
return z, z_id
else:
# 单样本采样
z = np.random.normal(mean, var, (batch_size, n_dim)).astype(np.float32)
return z
```

接着就来编写具体的训练方法，代码如下。

```
def train(self):
    # 初始化全局参数
    tf.global_variables_initializer().run()
    # 从高斯分布中采样，用于生成数据
    self.sample_z = prior.gaussian(self.batch_size, self.z_dim)
    # 模型保存者
    self.saver = tf.train.Saver()
    # summary writer
    self.writer = tf.summary.FileWriter(self.log_dir + '/' + self.model_name,
        self.sess.graph)
    # 判断是否有已存在的模型，有则加载
    could_load, checkpoint_counter = self.load(self.checkpoint_dir)
    if could_load:
        start_epoch = (int)(checkpoint_counter / self.num_batches)
        start_batch_id = checkpoint_counter - start_epoch * self.num_batches
        counter = checkpoint_counter
        print(" [*] Load SUCCESS")
    else:
        start_epoch = 0
        start_batch_id = 0
        counter = 1
        print(" [!] Load failed...")
    # loop for epoch
    start_time = time.time()
    for epoch in range(start_epoch, self.epoch):
        # 获得 batch 大小的数据
        for idx in range(start_batch_id, self.num_batches):
```

```
                        batch_images = self.data_X[idx*self.batch_size:(idx+1) *self.batch_size]
                        batch_z = prior.gaussian(self.batch_size, self.z_dim)
                        # 训练 VAE
                        _, summary_str, loss, nll_loss, kl_loss = self.sess.run([self.optim,
 self.merged_summary_op, self.loss, self.neg_loglikelihood, self.KL_divergence],
                                                        feed_dict={self.inputs: batch_images,
 self.z: batch_z})
                        self.writer.add_summary(summary_str, counter)
                        # 打印训练状态
                        counter += 1
                        print("Epoch: [%2d] [%4d/%4d] time: %4.4f, loss: %.8f, nll: %.8f,
                        kl: %.8f" \
                                % (epoch, idx, self.num_batches, time.time() - start_time,
loss, nll_loss, kl_loss))
                        # 每 300 步保存一次训练结果
                        if np.mod(counter, 300) == 0:
                            samples = self.sess.run(self.fake_images,
                                                feed_dict={self.z: self.sample_z})

                            tot_num_samples = min(self.sample_num, self.batch_size)
                            manifold_h = int(np.floor(np.sqrt(tot_num_samples)))
                            manifold_w = int(np.floor(np.sqrt(tot_num_samples)))
                            save_images(samples[:manifold_h * manifold_w, :, :, :], [manifold_
                            h, manifold_w],
                                        './' + check_folder(self.result_dir + '/' + self.
model_dir) + '/' + self.model_name + '_train_{:02d}_{:04d}.png'.format(
                                            epoch, idx))
                    # 单 epoch 结束后, start_batch_id 设置回 0
                    start_batch_id = 0
                    # 保存模型
                    self.save(self.checkpoint_dir, counter)
                    # 可视化训练结构
                    self.visualize_results(epoch)
            self.save(self.checkpoint_dir, counter)
```

　　训练代码比较长，但逻辑很简单。首先尝试导入模型，如果已经存在模型，那就加载该模型，继续训练；然后是双层 for 迭代，具体的训练就是将 batch 组的原始数据与采样到的样本数据通过 run 方法的 feed_dict 参数传入，每迭代 300 次，就通过当前的解码器获得生成图像。

　　最后来看一下 VAE 的训练状态与训练结果，首先看训练 VAE 过程中损失的变化，如图 11.17 所示。可以看出，VAE 波动比较大，但相对于 GAN 而言，VAE 不需要那么多的计算资源，训练速度比较快。

　　接着看 VAE 训练的结果，如图 11.18 所示。可以看出，与 GAN 相比，VAE 生成的图像有些模糊，这其实是 VAE 中比较严重的问题。

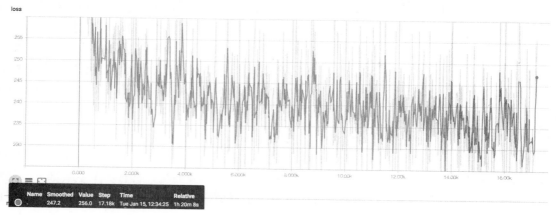

图 11.17 VAE 损失变化

第1轮   第10轮   第19轮

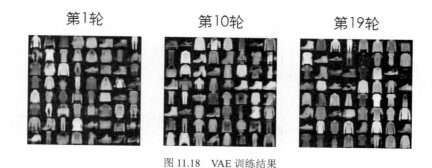

图 11.18 VAE 训练结果

11.3.5 VAE 与 GAN 的结合体 VAE-GAN

通过本书前面的内容，知道了 VAE 与 GAN 都有各自的缺点。对 VAE 而言，单纯地使用它生成图像时，产生的图像比较"规矩"但却比较模糊；而对 GAN 而言，它的训练过程并不稳定，容易发生模式崩溃或梯度消失等问题。为了解决 VAE 与 GAN 各自的问题，是否可以将 VAE 与 GAN 结合使用，发挥两个模型各自的优点以相互弥补各自的缺陷？当然可以，这就是 VAE-GAN，其简单的模型结构如图 11.19 所示。

从 VAE 角度来看，VAE 产生的图像比较模糊，很大一部分原因是，它并不知道怎么才能比较好地定义生成图像与真实图像之间的损失，传统的 VAE 会通过比较生成图像与真实图像像素之间的差，取均值定义出损失，这种方式就导致生成的图像比较模糊。为了解决这个问题，我们可以给 VAE 加上一个判别器，此时 VAE 的解码器生成图像时，不仅要让生成的图像与原始图像之间的损失较小，还需要让生成的图像骗过判别器。加上判别器结构后，判别器就会强迫 VAE 的解码器生成清晰的图像。

从 GAN 角度来看，传统 GAN 的生成器在生成图像时，它会接受判别器的指导，从而随着训练的进行逐步生成逼真的图像。但在单纯的 GAN 结构中，因为生成器与判别器的能力难以均衡，容易造成训练的不稳定，一个原因就是对 GAN 而言，生成器从未见过真实的图像，不清楚真实图像的样子，直接尝试从一堆随机数据中生成图像，此时生成器的能力难以与判别器抗衡，实现对抗，这种情况下，我们通常需要多次调整生成器的参数或经过较长时间的训练，模型才有可能收敛。而给 GAN 加上 VAE 的编码器的作用就是为生成器增加一个损失，即生成图像与真实图像之间的损失，这相当于告诉生成器真实图像的模样，生成器多了一个损失作为指导，在训练时会更加稳定。

有了 VAE 与 GAN 的知识，理解 VAE-GAN 会轻松很多，这里结合图 11.19 所示的 VAE-GAN 结构，简单地从模型的角度讨论一下其损失。对于 VAE-GAN 而言，它有 3 个主要部分，分别是编码器、生成器（解码器）以及判别器。对每个部分而言，其对应的损失都是不相同的，直观如图 11.20 所示。

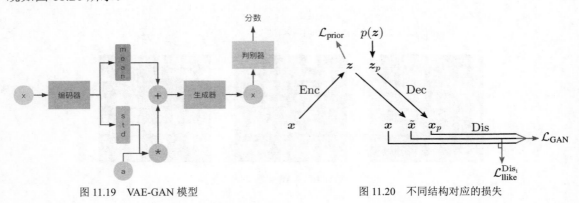

图 11.19　VAE-GAN 模型　　　　　图 11.20　不同结构对应的损失

图 11.20 中，Enc 表示编码器，Dec 表示生成器（解码器），Dis 表示判别器。

对编码器而言，它的损失由两部分构成，分别是 $\mathcal{L}_{\text{prior}}$ 与 $\mathcal{L}_{\text{llike}}^{\text{Dis}_l}$，简单讨论一下这两个变量的函数，通过前面 VAE 的讨论，已经知道 VAE 的目标函数为

$$\mathcal{L}(\theta, \phi; x) = E_{Q_\phi(z|x)}[\log P_\theta(x|z)] - D_{\text{KL}}(Q_\phi(z|x)||P_\theta(z))$$

在 VAE-GAN 论文中，KL 散度的部分通过 $\mathcal{L}_{\text{prior}}$ 表示，即 $\mathcal{L}_{\text{prior}} = D_{\text{KL}}(Q(z|x)||P(z))$，而期望部分使用 $\mathcal{L}_{\text{llike}}^{\text{pixel}}$ 表示。

观察 VAE 目标函数的期望部分，即 $E_{Q_\phi(z|x)}[\log P_\theta(x|z)]$，在训练 VAE 时，我们希望最大化该期望，也就是希望通过隐变量 z 生成真实数据 x 的概率越大，即生成数据与真实数据 x 越像越好，但 VAE 难以衡量真实数据 x 与生成数据之间的差异，从而造成生成数据比较模糊的现象。在 VAE-GAN 中使用判别器来弥补 VAE 这一缺陷，一个重要的改动就是替换 VAE 目标函数的期望部分，使用判别器来传递更具指导意义的损失，其表达式如下。

$$\mathcal{L}_{\text{llike}}^{\text{Dis}_l} = E_{Q(z|x)}[\log P(\text{Dis}_l(x)|z)]$$

其中$\text{Dis}_l(x|z) \sim N(\text{Dis}_l(x)|\text{Dis}_l(\tilde{x}), I)$。

很直观，VAE-GAN 同样希望最大化$\mathcal{L}_{\text{llike}}^{\text{Dis}_l}$期望，即通过隐变量 z 生成的数据在判别器中获得的分数与真实数据获得的分数越接近越好。在具体的工程实现上，可以通过计算生成数据$\tilde{x}$与真实数据x之间距离的方式来定义这种损失，即$||\tilde{x} - x||$，论文中称这种损失为学习相似性（Learned Similarity）。

对生成器而言，它的损失也由多个部分构成，分别是$\text{mathcalL}_{\text{llike}}^{\text{Dis}_l}$、$\log(1 - \text{Dis}(\text{Dec}(z)))$与$\log(1 - \text{Dis}(\text{Dec}(\text{Enc}(x))))$，$\mathcal{L}_{\text{llike}}^{\text{Dis}_l}$表示生成器同样希望最小化通过隐变量生成的数据与真实数据之间的损失，其次生成器还需要接收判别器传递的对抗损失，它希望自己通过随机噪声生成的图像与通过隐变量生成的图像可以获得更高的分数。

对判别器而言，它的损失为$\mathcal{L}_{\text{GAN}}$，表达式如下。

$$\mathcal{L}_{\text{GAN}} = \log(\text{Dis}(x)) + \log(1 - Dis(\text{Dec}(z))) + \log(1 - \text{Dis}(\text{Dec}(\text{Enc}(x))))$$

判别器希望给真实图像打高分，给生成器生成的两种图像打低分。

至此 VAE-GAN 中 3 个主要部分对应的损失就讨论完成，那么训练 VAE-GAN 的算法如下。

（1）初始化编码器 Enc、解码器（生成器）Dec、判别器 Dis 的参数。

（2）重复执行下面的逻辑。

a. 从真实的训练数据集中随机采样真实的样本数据$x_1, x_2, \cdots, x_i$。

b. 通过编码器 Enc 对从真实数据中采样获得的样本进行编码，获得隐变量$\tilde{z}_i = \text{Enc}(x_i)$。

c. 解码器 Dec 利用编码器生成的隐变量生成相应的数据$\tilde{x}_i = \text{Dec}(\tilde{z}_i)$。

d. 编码器直接利用随机采样的噪声数据z_i生成相应的数据$\hat{x}_i = \text{Dec}(z_i)$。

e. 更新编码器 Enc，以最小化通过隐变量生成的样本与真实样本的损失$||\tilde{x} - x||$，以及最小化 KL 散度$D_{\text{KL}}(Q(z|x)||P(z))$。

f. 更新解码器 Dec，以最小化通过隐变量生成的样本与真实样本的损失$||\tilde{x} - x||$，以及最大化生成数据在判别器中获取的分数，即最大化$\text{Dis}(\tilde{x}_i)$和$\text{Dis}(\hat{x}_i)$。

g. 更新判别器 Dis，以最大化真实图像在判别器中获取的分数$\text{Dis}(x_i)$，以及最小化生成数据在判别器中获取的分数，即最小化$\text{Dis}(\tilde{x}_i)$和$\text{Dis}(\hat{x}_i)$。

（3）直到 VAE-GAN 网络收敛。

11.3.6 TensorFlow 实现 VAE–GAN

因为有了 VAE 与 GAN 的相关知识，所以 VAE-GAN 理解起来也显得比较简单。在上一小节中对 VAE-GAN 进行了讨论，接着就通过 TensorFlow 来实现 VAE-GAN。这里以 CelebA 人脸数据集作为训练数据，数据预处理部分的代码不展示，直接看到 VAE-GAN 模型核心部分的代码。

首先要编写的是编码器、生成器与判别器，这些结构此前都编写过，先来编写 VAE-GAN 的编码器，具体代码如下。

```
def Encode(self, x):
    with tf.variable_scope('encode') as scope:
        conv1 = tf.nn.relu(batch_normal(conv2d(x, output_dim=64, name='e_c1'), scope=
        'e_bn1'))
        conv2 = tf.nn.relu(batch_normal(conv2d(conv1, output_dim=128, name='e_c2'),
        scope='e_bn2'))
        conv3 = tf.nn.relu(batch_normal(conv2d(conv2 , output_dim=256, name='e_c3'),
        scope='e_bn3'))
        conv3 = tf.reshape(conv3, [self.batch_size, 256 * 8 * 8])
        fc1 = tf.nn.relu(batch_normal(fully_connect(conv3, output_size=1024, scope=
'e_f1'), scope='e_bn4'))
        z_mean = fully_connect(fc1 , output_size=128, scope='e_f2')
        z_sigma = fully_connect(fc1, output_size=128, scope='e_f3')
        return z_mean, z_sigma
```

编码器的结构比较简单，一开始由 3 个卷积层构成，并通过 BN 层进行批量标准化处理，然后使用 ReLU 作为激活函数，接着通过 tf.reshape() 方法将卷积层处理后的矩阵重塑成相应的形状并交由全连接层，最后再分别通过两个全连接层接收上一个全连接层的输出作为输入，从而获得隐变量所在分布的均值与标准差。

接着将从该均值与标准差定义出的空间中随机采样的隐变量 z 作为生成器的输入，当然在具体获得隐变量时，需要使用 Reparameterization Trick 方法，这里先实现生成器的结构，其具体代码如下。

```
def generate(self, z_var, reuse=False):
    with tf.variable_scope('generator') as scope:
        if reuse == True:
            scope.reuse_variables()
        d1 = tf.nn.relu(batch_normal(fully_connect(z_var , output_size=8*8*256, scope=
'gen_fully1'), scope='gen_bn1', reuse=reuse))
        d2 = tf.reshape(d1, [self.batch_size, 8, 8, 256])
        d2 = tf.nn.relu(batch_normal(de_conv(d2 , output_shape=[self.batch_size, 16,
16, 256], name='gen_deconv2'), scope='gen_bn2', reuse=reuse))
        d3 = tf.nn.relu(batch_normal(de_conv(d2, output_shape=[self.batch_size, 32,
32, 128], name='gen_deconv3'), scope='gen_bn3', reuse=reuse))
        d4 = tf.nn.relu(batch_normal(de_conv(d3, output_shape=[self.batch_size, 64,
64, 32], name='gen_deconv4'), scope='gen_bn4', reuse=reuse))
        d5 = de_conv(d4, output_shape=[self.batch_size, 64, 64, 3], name='gen_deconv5',
d_h=1, d_w=1)
        return tf.nn.tanh(d5)
```

可以发现，生成器的结构也很简单，首先通过全连接层处理输入的数据，然后是多个转置卷积层。当然，为了避免棋盘效应，可以将其修改成缩放卷积的方法，这里为了简便，直接使用转置卷积来实现上采样。

接着来实现一下判别器，其具体代码如下。

```
def discriminate(self, x_var, reuse=False):
    with tf.variable_scope("discriminator") as scope:
        if reuse:
            scope.reuse_variables()
        conv1 = tf.nn.relu(conv2d(x_var, output_dim=32, name='dis_conv1'))
        conv2= tf.nn.relu(batch_normal(conv2d(conv1, output_dim=128, name='dis_
conv2'), scope='dis_bn1', reuse=reuse))
        conv3= tf.nn.relu(batch_normal(conv2d(conv2, output_dim=256, name='dis_
conv3'), scope='dis_bn2', reuse=reuse))
        conv4 = conv2d(conv3, output_dim=256, name='dis_conv4')
        middle_conv = conv4
        conv4= tf.nn.relu(batch_normal(conv4, scope='dis_bn3', reuse=reuse))
        conv4= tf.reshape(conv4, [self.batch_size, -1])
        fl = tf.nn.relu(batch_normal(fully_connect(conv4, output_size=256, scope='dis_
fully1'), scope='dis_bn4', reuse=reuse))
        output = fully_connect(fl , output_size=1, scope='dis_fully2')
        return middle_conv, output
```

判别器使用了多个卷积层对图像数据进行处理，接着使用全连接层将输入压缩，得到最终的分数。

至此 VAE-GAN 的 3 个主要结构就编写完成，接着便调用编写好的这 3 个结构来构建 VAE-GAN 的整体架构。第一步先通过这 3 个结构生成需要的张量。

```
self.channel = 3
self.output_size = data_ob.image_size
self.images = tf.placeholder(tf.float32, [self.batch_size, self.output_size, self.
output_size, self.channel])
# 从高斯分布中随机采样
self.ep = tf.random_normal(shape=[self.batch_size, self.latent_dim])
self.zp = tf.random_normal(shape=[self.batch_size, self.latent_dim])
# 均值与标准差
self.z_mean, self.z_sigm = self.Encode(self.images)
# Reparameterization Trick
self.z_x = tf.add(self.z_mean, tf.sqrt(tf.exp(self.z_sigm)) *self.ep)
# 生成器，传入通过 Reparameterization Trick 的隐变量 z_x
self.x_tilde = self.generate(self.z_x, reuse=False)
# 判别器判别生成图像
self.l_x_tilde, self.De_pro_tilde = self.discriminate(self.x_tilde)
# 生成器，传入高斯分布中随机获得的噪声变量
self.x_p = self.generate(self.zp, reuse=True)
# 判别器(真实图像)
self.l_x,  self.D_pro_logits = self.discriminate(self.images, True)
# 判别器判别生成图像(直接从正态分布中获得的噪声)
_, self.G_pro_logits = self.discriminate(self.x_p, True)
```

上述代码中，一开始通过编码器获得真实图像对应的隐变量所在分布的均值与标准差；然

后通过 Reparameterization Trick 获得一个具体的隐变量，将该隐变量传入生成器；通过生成器获得生成图像，此时将该生成图像直接传递给判别器，获得相应的分数；接着将随机的噪声变量也传递给生成器，让其生成相应的图像数据并交由判别器判别，获得相应的分数，最后还需要将真实图像传递给判别器让其给出分数，其直观的结构如图 11.21 所示。

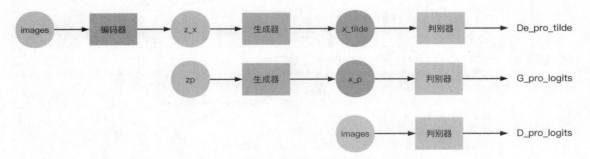

图 11.21　编码器、生成器与判别器之间的关系

接着就来构建相应的损失，首先构建编码器的 KL 散度，它的计算方式与单纯 VAE 中 KL 散度的计算方式相同，其公式如下。

$$D_{KL}(Q(z|x)||P(z)) = \frac{1}{2}\sum_{i=0}^{d}[(-\log[(\sigma_1^{(i)})^2]) + (\sigma_1^{(i)})^2 + (\mu_1^{(i)})^2 - 1]$$

定义一个方法来实现它，并调用该方法获得 KL 散度对应的损失。

```
def KL_loss(self, mu, log_var):
    return -0.5 * tf.reduce_sum(1 + log_var - tf.pow(mu, 2) - tf.exp(log_var))
self.kl_loss = self.KL_loss(self.z_mean, self.z_sigm)
```

随后就来定义 VAE-GAN 中的对抗损失，这里使用交叉熵损失来定义对抗损失，具体代码如下。

```
# D loss
self.D_fake_loss = tf.reduce_mean(tf.nn.sigmoid_cross_entropy_with_logits(labels=tf.
zeros_like(self.G_pro_logits), logits=self.G_pro_logits))
    self.D_real_loss = tf.reduce_mean(tf.nn.sigmoid_cross_entropy_with_logits(labels=tf.
ones_like(self.D_pro_logits) - d_scale_factor, logits=self.D_pro_logits))
    self.D_tilde_loss = tf.reduce_mean(tf.nn.sigmoid_cross_entropy_with_logits(labels=tf.
zeros_like(self.De_pro_tilde), logits=self.De_pro_tilde))
    # G loss
    self.G_fake_loss = tf.reduce_mean(tf.nn.sigmoid_cross_entropy_with_logits(labels=tf.
ones_like(self.G_pro_logits) - g_scale_factor, logits=self.G_pro_logits))
    self.G_tilde_loss = tf.reduce_mean(tf.nn.sigmoid_cross_entropy_with_logits(labels=tf.
ones_like(self.De_pro_tilde) - g_scale_factor, logits=self.De_pro_tilde))
```

对判别器而言，它希望给生成器生成的两种图像打低分，而给真实的图像打高分。对生成器而言，它希望自己生成的图像在判别器中可以获得高分，两者就构成了对抗关系。这时就可以定义出判别器的整体损失了，代码如下。

```
self.D_loss = self.D_fake_loss + self.D_real_loss + self.D_tilde_loss
```

但对编码器与生成器而言，还缺失 $\mathcal{L}_{llike}^{Dis_l}$，即学习相似性损失。通过上一小节的讨论，我们可以通过计算生成数据 $\tilde{x}$ 与真实数据 x 之间距离的方式来定义这种损失，为了减缓 VAE-GAN 训练时不稳定的现象，在具体实现时，还对该损失进行了平滑处理，具体代码如下。

```
def NLLNormal(self, pred, target):
    '''
平滑处理
    '''
    c = -0.5 * tf.log(2 * np.pi)
    multiplier = 1.0 / (2.0 * 1)
    # 生成数据与真实数据之间的距离
    tmp = tf.square(pred - target)
    tmp *= -multiplier
    tmp += c
    return tmp
self.LL_loss = tf.reduce_mean(tf.reduce_sum(self.NLLNormal(self.l_x_tilde, self.l_x),
[1,2,3]))
```

定义好学习相似性损失后，就可以定义出编码器与生成器的整体损失了。

```
#编码器, self.latent_dim 是隐变量 z 的维度
# 4 * 4 *256 是图片对应的不同维度
self.encode_loss = self.kl_loss/(self.latent_dim*self.batch_size) - self.LL_loss /
(4 * 4 * 256)
# 权重
self.gamma = 1e-6
#生成器
self.G_loss = self.G_fake_loss + self.G_tilde_loss - self.gamma*self.LL_loss
```

在生成器中使用 self.gamma 作为权重参数，其目的是平衡对抗损失与学习相似性损失，学习相似性损失会让生成器生成与原始图像相近的规则图像，减缓了生成器生成崩塌的图像问题，而对抗损失会让生成器生成的图像保持多样性。

VAE-GAN 的损失定义完成，就可以通过相应的优化算法来优化结构中的节点参数，以实现最小化损失的目的。首先要获取不同结构中的节点，代码如下。

```
t_vars = tf.trainable_variables()
self.d_vars = [var for var in t_vars if 'dis' in var.name]
self.g_vars = [var for var in t_vars if 'gen' in var.name]
self.e_vars = [var for var in t_vars if 'e_' in var.name]
```

接着定义优化器来更新节点中的值，以实现最小化对应的损失。

```
#for D
trainer_D = tf.train.RMSPropOptimizer(learning_rate=new_learning_rate)
gradients_D = trainer_D.compute_gradients(self.D_loss, var_list=self.d_vars)
opti_D = trainer_D.apply_gradients(gradients_D)
#for G
trainer_G = tf.train.RMSPropOptimizer(learning_rate=new_learning_rate)
gradients_G = trainer_G.compute_gradients(self.G_loss, var_list=self.g_vars)
```

```
opti_G = trainer_G.apply_gradients(gradients_G)
#for E
trainer_E = tf.train.RMSPropOptimizer(learning_rate=new_learning_rate)
gradients_E = trainer_E.compute_gradients(self.encode_loss, var_list=self.e_vars)
opti_E = trainer_E.apply_gradients(gradients_E)
```

上述代码中使用了 RMSprop（Root Mean Square Prop）算法来对 VAE-GAN 的不同结构进行优化。

接着就可以通过 Session 对象来启动具体的算法，训练的具体逻辑如下。

```
with tf.Session(config=config) as sess:
    sess.run(init)
    sess.run(self.training_init_op)
    summary_op = tf.summary.merge_all()
    summary_writer = tf.summary.FileWriter(self.log_dir, sess.graph)
    step = 0
    while step <= self.max_iters:
        # 下一组真实图像数据
        next_x_images = sess.run(self.next_x)
        # 输入数据
        fd ={self.images: next_x_images}
        # 训练编码器
        sess.run(opti_E, feed_dict=fd)
        # 训练生成器
        sess.run(opti_G, feed_dict=fd)
        # 训练判别器
        sess.run(opti_D, feed_dict=fd)
        summary_str = sess.run(summary_op, feed_dict=fd)
        summary_writer.add_summary(summary_str, step)
        new_learn_rate = sess.run(new_learning_rate)
        if new_learn_rate > 0.00005:
            sess.run(add_global)
        if step%200 == 0:
            D_loss, fake_loss, encode_loss, LL_loss, kl_loss, new_learn_rate \
                = sess.run([self.D_loss, self.G_loss, self.encode_loss, self.LL_loss,
self.kl_loss/(self.latent_dim*self.batch_size), new_learning_rate], feed_dict=fd)
            print("Step %d: D: loss = %.7f G: loss=%.7f E: loss=%.7f LL loss=%.7f KL=
%.7f, LR=%.7f" % (step, D_loss, fake_loss, encode_loss, LL_loss, kl_loss, new_learn_rate))
        if np.mod(step , 200) == 1:
            save_images(next_x_images[0:self.batch_size], [self.batch_size/8, 8],
                        '{}/train_{:02d}_real.png'.format(self.sample_path, step))
            sample_images = sess.run(self.x_tilde, feed_dict=fd)
            save_images(sample_images[0:self.batch_size] , [self.batch_size/8, 8], '{}/
train_{:02d}_recon.png'.format(self.sample_path, step))

        if np.mod(step , 2000) == 1 and step != 0:
            self.saver.save(sess , self.saved_model_path)
        step += 1
```

```
save_path = self.saver.save(sess , self.saved_model_path)
print("Model saved in file: %s" % save_path)
```

上述代码的逻辑比较直观，首先获取下一组要训练的真实数据，然后分别交由编码器、生成器与判别器进行训练，将训练的结果记录下来。同时每训练 200 轮就将当前编码器编码获得的隐变量交由当前的生成器生成图像并保存到本地，每训练 2000 轮就保存一下当前训练的模型结构。

当 VAE-GAN 训练完成后，就可以利用训练时保存的模型进行图像生成。

```
def test(self):
    print('test function is running')
    init = tf.global_variables_initializer()
    config = tf.ConfigProto()
    config.gpu_options.allow_growth = True
    with tf.Session(config=config) as sess:
        # Initialzie the iterator
        sess.run(self.training_init_op)
        sess.run(init)
        self.saver.restore(sess, self.saved_model_path)
        next_x_images = sess.run(self.next_x)
        # 真实图像、通过隐变量生成的图像、通过随机变量生成的图像
        real_images, sample_images, fake_images = sess.run([self.images, self.x_tilde,
self.x_p], feed_dict={self.images: next_x_images})
        # 保存图像
        save_images(sample_images[0:self.batch_size], [self.batch_size/8, 8], '{}/train_
{:02d}_{:04d}_con.png'.format(self.sample_path, 0, 0))
        save_images(real_images[0:self.batch_size], [self.batch_size/8, 8], '{}/train_
{:02d}_{:04d}_real.png'.format(self.sample_path, 0, 0))
        save_images(fake_images[0:self.batch_size], [self.batch_size / 8, 8],
                    '{}/train_{:02d}_{:04d}_fake.png'.format(self.sample_path, 0, 0))
```

上述代码中，先加载训练时保存的模型，然后获取一组真实数据后传入生成器，该生成器会通过编码器编码生成的隐变量来生成对应的图像。

简单看一下 VAE-GAN 生成的结果，如图 11.22 所示。图中，从左到右分别是真实图像、通过隐变量生成的图像以及通过随机变量生成的图像。

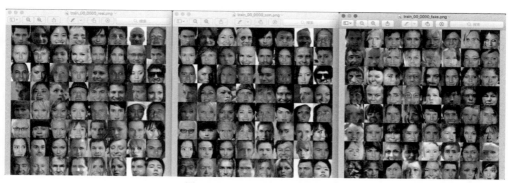

图 11.22　VAE-GAN 生成结果

11.4　小结

在本章中，我们讨论了特征提取与 GAN 的关系，主要讨论了 InfoGAN 与 VAE-GAN 这两种结构，同时为了比较全面地理解 VAE-GAN，还讨论了自编码器（AE）以及变分自编码器（VAE）的内容，特征提取在 GAN 中还可以有很多其他运用，这里只抛砖引玉地讨论了其中一些内容。

第 12 章   GAN 在 NLP 中的运用

前面章节讨论的内容大多集中于如何使用 GAN 处理图像，虽然 GAN 常用于处理图像数据，但这并不表明 GAN 不能处理其他数据或运用到其他领域。本章尝试讨论 GAN 在 NLP 中的运用，主要讨论 NLP 中文本生成的任务，我们的飞船会经过 SeqGAN、MaskGAN 等相关的星球。为了比较深刻地理解这些星球的结构与原理，本章还会简单地讨论强化学习的内容，作为去这些星球前了解的背景知识。

12.1   GAN 在文本生成中遇到的困境

一开始，先简单思考一下，怎么训练一个简单的可以生成有意义语句的模型？由于神经网络具有拟合任意函数的能力，它可以将生成有意义语句的模型看作一个函数，具有一定的数据后，就可以训练出一个神经网络逼近这个函数，从而获得一个可以生成语句的模型。

假设现在想实现一个 ChatBot（聊天机器人），我们首先定义一个神经网络结构，然后获取大量的对话数据交由该网络去训练，因为句子数据是具有时序性的，所以通常使用 RNN、LSTM 或 GRU 作为该神经网络的基本结构。为了实现 ChatBot，常用序列到序列（Sequence to Sequence，Seq2Seq）模型，而 Seq2Seq 模型其实就是编码器（Encoder）与解码器（Decoder）构建的结构，只是因为 Encoder 与 Decoder 采用了多个 LSTM 或 GRU 等善于处理具有时序性数据的结构，所以将这种 Encoder-Decoder 构成的结构称为 Seq2Seq，如图 12.1 所示。

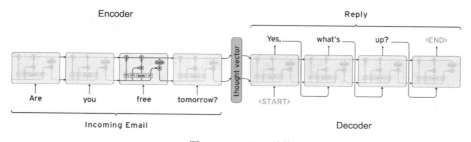

图 12.1   Seq2Seq 结构

从图 12.1 中可以看出，模型整体分为两部分：一部分是 Encoder，它由多个 LSTM 构成，其主要作用是接收输入语句并将其编码为输入句子对应的 thought vector；另一部分是 Decoder，它同样由多个 LSTM 构成，其主要作用是接收 Encoder 输出的 thought vector，然后将其解码为要返回的语句，这条语句通常就是输入语句的回答。例如，输入语句为 Are you free tomorrow?，通过 Encoder 编码为对应的 thought vector，然后 Decoder 获得该 thought vector 并将其解码，获得 Yes, what's up?，这就是典型的 Seq2Seq 网络结构。

可以发现，Seq2Seq 就是特殊的 Encoder-Decoder 结构（Encoder 与 Decoder 都使用了 LSTM 等结构），这里不过多讨论 Seq2Seq 的细节。当我们将对话数据喂给 Seq2Seq 结构并训练模型至收敛后，就获得了一个 ChatBot。但因为语言本身的复杂性，如一词多义、歧义语句等，通过这种相对简单的方式实现的 ChatBot 无法达到非常好的效果。语言数据不像图像数据，图像数据局部出现问题时，对人类而言无伤大雅，感觉没有什么特别大的不妥；而生成的语言数据如果局部出现了一些问题，那么生成的数据就没有什么意义了。

比如，使用最大似然估计来进行 Seq2Seq 结构的训练，当 Seq2Seq 获得一句话生成的对应输出时，可以比较输出语句与正确语句的最大似然估计，通过最小化两者的损失来让 Seq2Seq 达到收敛的状态。但因为语言数据本身的复杂性，这种粗暴的方法会带来很多问题。比如 Seq2Seq 获得 How are you?这句输入，训练数据中对应的答案为 I am good，那么此时 ChatBot 通过训练后，可以回答 I am Jobn，而不会回答 Not bad。对人类而言，Not bad 显然是比 I am Jobn 更好的回答，但通过最大似然估计方式训练的 ChatBot 不这样认为，因为正确答案 I am good 与输出答案 I am Jobn 有两个单词相同，相对与 Not bad，显然前两者之间的损失更小，但事实却相反。

为了提升 ChatBot 的能力，最简单的方法就是让 ChatBot 与真人进行聊天，然后真人对 ChatBot 的回答进行评分，ChatBot 回答得好，就给予高分，回答得不好就给予低分，如图 12.2 所示。

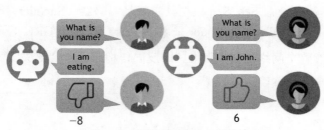

图 12.2　人工评分 ChatBot 回答

其实也可以把人看作一个函数，而且是一个已经训练好的函数（正常人在正常的语言环境中生活了很多年）。此时通过人这个函数就可以对 ChatBot 进行评分，将上面流程抽象成模型结构，直观如图 12.3 所示。

ChatBot 的目标就是让分数最大化。

通常要通过这种方式训练出一个可用的 ChatBot 需要大量的交互,需要大量的人员花费大量的时间来与 ChatBot 交互,这显然是不可行的,所以需要找到一种方法来代替人这个函数。仔细观察图 12.3 的抽象模型结构,其实可以发现,ChatBot 与 Human 函数其实就是相互博弈的过程,所以可以很自然地想到引入 GAN 的思想,即 ChatBot 中使用生成器来生成语句,然后通过判别器给生成的语句打分,ChatBot 整体的目标就是要最大化获得的分数,而判别器的目标就是尽量给有意义的语句打高分,给无意义的语句打低分。相对于 Human 函数,判别器需要提前使用真实数据进行训练,从而对"好语句"有个概念。引入 GAN 结构后的模型结构如图 12.4 所示。

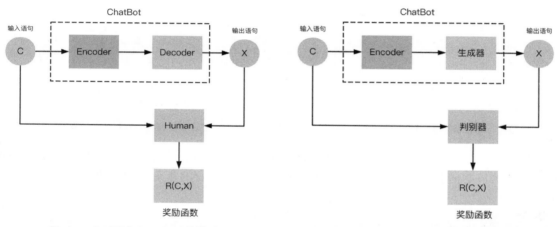

图 12.3　人工评分 ChatBot 回答模型　　　　　图 12.4　引入 GAN 结构

引入了 GAN 结构后,整个模型似乎就变得可以训练了,即避免了使用最大似然估计的问题也避免了需要大量人力的问题,通过 GAN 的思想,让两者对抗学习,相互收敛,但很遗憾,这个网络结构依旧无法训练。图 12.5 将 ChatBot 中生成语句并交给判别器的细节展示了出来。

从图 12.5 中可以发现,因为 ChatBot 在生成语句时,文本数据是离散形式的,所以需要进行采样操作。这就导致整个网络结构不可微,即反向传播时,梯度无法反传,无法更新网络节点中的参数,具体如图 12.6 所示。

文本数据离散化的形式导致了整个网络结构无法训练,这种情况其实在本书前面的内容中也出现过,如 InfoGAN 为了避免采样造成的梯度无法反传的问题,使用了 Reparameterization Trick 参数重现的方法将采样的随机性转移到无关变量中。

解释一下采样与微分之间的关系,所谓微分简单理解就是对参数进行微小的变动,然后观察进行这些微小的改动后,模型整体的变化。但如果模型结构涉及了采样的操作,因为采样的结果是随机的,所以微小地改动模型的某些参数带来的整体的变化也是随机的,也就是说采样给模型带来的不确定性造成模型整体不可微。

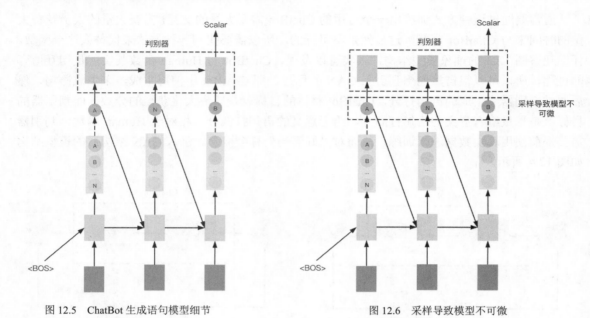

图 12.5　ChatBot 生成语句模型细节　　　　　图 12.6　采样导致模型不可微

　　需要注意的是，文本数据离散化是导致 GAN 在 NLP 任务上难以训练的原因，但并不是 NLP 任务的核心问题，NLP 任务的核心问题依旧是语言本身的复杂性带来的困难。

12.2　GAN 生成离散数据的方法

　　目前有 3 种常见的方法用来解决文本数据离散化问题，让 GAN 可以运用在 NLP 的文本生成等任务上。

　　（1）判别器直接获取生成器的输出。

　　（2）使用 Gumbel-softmax 代替 softmax。

　　（3）通过强化学习来绕过采样带来的问题。

　　下面分别来讨论这些方法。

12.2.1　判别器直接获取生成器的输出

　　第一种方法最为直观，既然生成器在生成语句的过程中会涉及采样过程，而采样过程会导致模型整体无法训练，那么最简单的做法就是不采样了，将生成器生成的数据直接作为判别器的输入，整体结构如图 12.7 所示。

这种方法虽然简单，但依旧存在问题。前面我们讨论过，生成器在生成语句时，需要进行采样，所谓的采样通常就是将一系列充满小数的分布（通常由 softmax 生成）转为独热向量（one-hot Vector）的形式，即从概率不同的备选结果中，选出可能性最大的结果，采样过程如图 12.8 所示。

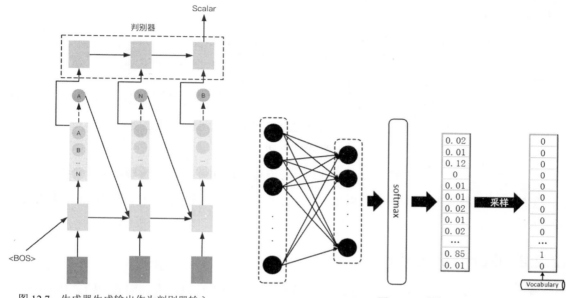

图 12.7　生成器生成输出作为判别器输入　　　　　　图 12.8　采样

生成网络生成的数据是离散分布的，而不是具体的某个词，通过采样的方式来获得某个具体的词，多次进行这样的操作后，就生成了一个句子，接着将这个句子对应的向量输入判别器。此时如果直接将生成器生成的数据输入判别器，绕过采样操作，这样虽然可以避免采样带来的梯度无法反传的问题，但生成的数据与真实数据差异太大。传统 GAN 中的判别器可以很轻易地分辨出生成的数据与真实的数据，因为此时生成的数据是离散的向量，而真实的数据是独热向量，判别器很容易就可以分辨两者的差异，此时 GAN 也是难以训练的。从数学上解释，因为 JS 散度在面对两个完全没有重叠的分布时，恒为log2，即$JSD(P||Q) = \log 2$，生成器无论怎么改变，判别器输出生成分布与真实分布的距离一直为log2，此时判别器是无法给生成器指导的，生成器的训练是没有意义的，从而 GAN 整体是难以收敛的。

通过在本书第 9 章的讨论，我们已经知道，JS 散度面临的这些问题可以通过 WGAN 来避免。WGAN 利用 EM 距离来衡量两个分布的差异，当两个分布之间没有任何重叠时，依旧可以很好地表现出两个分布的差异，并且可以更加明显地描述出两个分布相互之间的变化过程，简单而言，可以直观地描述出生成分布逐渐靠近真实分布的这个过程。

为了避免 JS 散度带来的问题，我们可以构建 WGAN，利用 EM 距离来衡量生成分布与真实分布，此时 WGAN 的生成器依旧生成离散的分布，判别器依旧直接接受离散的分布。虽然生成数据与真实数据有较大的差异，但因为使用的是 EM 距离，所以判别器可以给生成器有意义的指导信息，从而让生成器生成的分布逐步逼近真实分布。

同理，既然 WGAN 可以有一定的效果，那么 WGAN-GP、SN-GAN 等 GAN 结构也同样可以作用于当前任务。图 12.9 是利用 WGAN-GP 来生成语句的结果（来源：*Improved Training of Wasserstein GANs*）。

```
Busino game camperate spent odea    Solice Norkedin pring in since
In the bankaway of smarling the     ThiS record ( 31. ) UBS ) and Ch
SingersMay , who kill that imvic    It was not the annuas were plogr
Keray Pents of the same Reagun D    This will be us , the ect of DAN
Manging include a tudancs shat "    These leaded as most-worsd p2 a0
His Zuith Dudget , the Denmbern     The time I paidOa South Cubry i
In during the Uitational questio    Dour Fraps higs it was these del
Divos from The ' noth ronkies of    This year out howneed allowed lo
She like Monday , of macunsuer S    Kaulna Seto consficutes to repor
```

图 12.9　WGAN-GP 生成效果

从图 12.9 可以看出，虽然生成了一些语句，但这些语句并不十分通顺，其意义也不明确。

虽然通过这种简单的改变可以生成一些看起来比较正常的语句，但这些生成的语句依旧有比较大的缺点。

12.2.2　Gumbel-softmax

第二种方法是使用 Gumbel-softmax。与将生成器的输出直接作为判别器的输入从而绕过采样的方式不同，Gumbel-softmax 方法尝试定义出一种新的 softmax 函数，新的 softmax 函数既可以实现传统 softmax 的功能又可以实现采样的功能，首先看采样的具体实例，如图 12.10 所示。

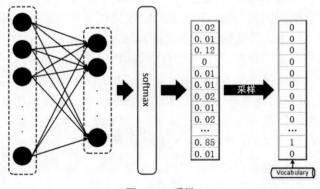

图 12.10　采样

仔细观察，采样操作就是使用 argmax()函数获取 softmax 函数输出离散分布中的最大值，然后再将结果转换为独热向量的形式，公式如下。

$$y = one\_hot(\text{argmax}(\text{softmax}(G(z))))$$

在使用传统 GAN 生成文本时，采样导致整个模型结构不可微，造成梯度无法反向传播；

而不采样的话，生成器生成数据所在的分布与真实分布之间又没有重叠部分，导致 JS 散度恒为 log2。既然如此，不如构造一个函数来模拟采样的效果，从而同时避免采样以及 JS 散度恒为 log2 的问题。Gumbel-softmax 就是一个具有采样效果的特殊 softmax 函数，其形式如下。

$$y = \text{softmax}\left(\frac{1}{\tau(h+g)}\right)$$

在讲解 Gumbel-softmax 前，先了解一下 Gumbel 分布。Gumbel 分布是一种极值型分布，即取该分布中最大的值作为该分布的代表。举一个简单的例子，假设你每天都需要对自己做 10 次心率测试，每次测量都会得到一个随机的心率值，如果选择 10 次中最大的心率值作为当天心率的测量值，每天这样重复操作获得相应的心率值，此时它的概率分布就是 Gumbel 分布。

Gubmel-softmax 就是在 softmax 的基础上利用 Gumbel 实现对分布采样的效果，利用 Gubmel-softmax 代替 softmax+采样绕开了采样带来的问题又满足了采样的效果。

观察 Gumbel-softmax 的公式：$y = \text{softmax}\left(\frac{1}{\tau(h+g)}\right)$，其关键之处在于逆温参数$\tau$(inverse temperature parameter)。当$\tau \to 0$，Gubmel-softmax 返回的分布等同于$one\_hot(argmax\ (softmax(x)))$返回的分布，即$\tau$越接近 0，Gubmel-softmax 结果与对普通 softmax 函数的运算结果进行采样并转为独热向量的结果相似；而当$\tau \to \infty$时，Gubmel-softmax 的返回结果等同于均匀分布，如图 12.11 所示。

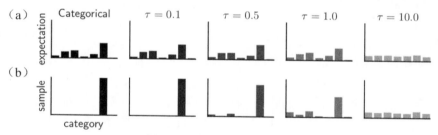

图 12.11　Gubmel-sofrmax 返回结果

在 GAN 生成文字的模型中使用 Gubmel-softmax 时，通常会将逆温参数τ作为模型的超参数，在模型训练的开始，赋予一个较大的值，随着训练的继续，逐渐将其减小，让逆温参数τ接近于 0，达到采样的效果。这样生成模型生成的数据与真实数据就类似了，不会让判别器一眼就分辨出真实数据与生成数据。

在相应的论文中，给出了使用 Gubmel-softmax 的 GAN 进行文本生成的实验结果，在实验中，该 GAN 会生成长度固定为 12 的无上下文连续的序列，如图 12.12 所示。

从图 12.12 可以看出，使用了 Gubmel-softmax 的 GAN 在这种简单的文本生成任务中还是可以获得一些效果的，相较于利用最大似然估计的结果会好一些。

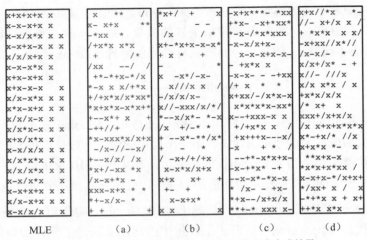

图 12.12　使用 Gubmel-softmax 的 GAN 的文本生成结果

　　但无论是让判别器直接获取生成器的输出，还是利用 Gumbel-softmax，都难以胜任比较复杂的文本生成任务，下面接着就来讨论 GAN 如何利用强化学习的方式实现比较复杂的文本生成。为了便于理解，我们先来简单地讨论强化学习的一些概念。

12.3　强化学习简述

　　仔细观察人类学习的过程，虽然目前我们依旧无法得知人在学习时，大脑究竟做了什么，但可以发现我们在与外界进行不同的交互时学习到不同的行为。在某个外界环境下，当我们做出适当的行为时，会获得相应的"奖励"，而做出不好的行为时，会受到"惩罚"。比如在上课时，我们认真听课的行为会受到老师的鼓励，而交头接耳、无精打采的行为会受到老师的责罚。通常我们希望得到更多奖励且尽量避免惩罚，从而让自己可以更好地适应当前的环境。当我们构建某种模型进行强化学习（Reinforcement Learning，RL）的训练时，其实就是在模拟这个过程。

　　在讨论强化学习前，需要理清强化学习中常见的概念。

- ❑　智能体（agent）：有时也称代理，在任意时刻 t，智能体都会获取此时它对当前环境的观察（observiation）信息。
- ❑　动作（action）：智能体的动作或行为，这个动作可以是连续的，比如跑步，也可以是离散的，比如下象棋，不同的动作通常会使用不同的强化学习算法来处理。
- ❑　环境（environment）：智能体会在这个环境做各种动作。在任意时刻 t，环境都会有自己的一个状态（state），每当环境中的智能体执行了某个动作后，环境的状态都会发生改变。

❑　观察（observation）：智能体所看到的环境信息。如家居机器人，它所观察的环境信息只能是它自身拥有的传感器所获得的信息，而并不是整体的环境信息。它通常不等同于环境本身，但在某些特定的任务情景下，智能体观察到的环境信息可以等同于环境本身，即所谓的"上帝视角"。

❑　状态（state）：状态有两种，分别是智能体的状态和环境的状态，当智能体执行了不同的动作后自身会转为不同的状态，而智能体执行的动作也会让环境产生奖励，从而改变环境的状态。

❑　奖励（reward）：在任何时刻，智能体执行了某个动作后，智能体所在的环境会给予其一个反馈，这种反馈是当下这一时刻的，是瞬时的。反馈可以是正反馈，也可以是负反馈，但我们通常都将其称为奖励，如果是负反馈则用奖励为负来表示。

通常将同一时刻下的状态（state）与动作（action）称为一个 step，将智能体整个活动过程（一系列完整的动作）称为 episode。

在强化学习中，通常会控制智能体执行相应的动作，从而获得环境的奖励，其目标就是找到一组动作使得从环境中获取的奖励最大。可以看出，在强化学习中，智能体做出的动作获得的对应奖励是有导向性。强化学习中环境反馈的奖励与监督学习中使用的正确标签具有相似的作用，都在引导模型。

从图 12.13 可以直观地看出强化学习中这几种概念的关系。

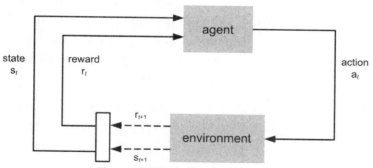

图 12.13　强化学习的概念之间的关系

智能体会根据自身观察到的信息产生动作，动作作用于环境，环境的状态就会改变，并且返回相应的奖励。智能体多次尝试与环境交互，找到可以获得最多奖励的动作策略。

12.3.1　强化学习算法

目前强化学习有多种主流算法，本小节简单讨论一下，让读者有个简单的框架。这里将强化学习中多种算法按不同的分类简单讨论，不涉及其中细节，为了简明，下面使用强化学习的缩写 RL 来表示强化学习。

　　首先，我们可以将这些 RL 算法分为理解环境与不理解环境两大类。先讨论理解环境的 RL 算法，所谓理解环境，即智能体会尝试理解自身所处的环境，将复杂的环境抽象成自身可利用的简易 Model，智能体理解了所在环境即表明它可以使用自己获得的 Model 去代替当前所处的环境，通常这类方法也称为 Model-Based RL。相对的，不理解环境的 RL 算法，即智能体不会尝试理解自身所处的环境，智能体观察到什么就是什么，并不会尝试对当前环境进行建模，这类方法也称为 Model-Free RL。两类方法的优缺点其实比较明显，Model-Based RL 更接近人类，我们人类有自己的一套价值观，这其实就是我们脑中训练出的模型。我们接受教育、阅读书籍、与周围的环境交互等行为塑造了这个模型，此后便以该模型为基准去与环境交互。但 Model-Based RL 计算量较大，整体模型难收敛。相对的，Model-Free RL 因为省去了对周围环境建模的步骤，其计算量以及训练难度相对较小。

　　值得提及的是，Model-Based RL 根据环境构建出来的模型不仅可以使用于现实环境中，而且在虚拟环境中也一样起作用。因为具有抽象的环境模型，Model-Based RL 也具有所谓的"想象能力"，Model-Based RL 中的智能体可以通过模型带来的想象力去预判后面会发生的情况，然后再选择这些预判的情况中最好的那种情况。而 Model-Free RL 中的智能体就只能一步步与环境交互获得反馈，然后根据反馈获取下一步行动。

　　除了上面这种分类方式外，另一种分类方式就是将 RL 算法分为基于概率的强化学习算法（Policy-Based RL）与基于价值的强化学习算法（Value-Based RL）。Policy-Based RL 是 RL 算法中最直接的一种，它会计算输出智能体下一步要执行的不同动作对应的概率，然后选择其中一种动作来执行。需要注意，这里并不会只选择概率最高的动作来执行，智能体所有可能的动作都有可能被执行，无论这个动作对应的概率是多少，即如果某个动作的概率最高，智能体下一步选择执行的动作也不一定是它。与 Policy-Based RL 输出不同动作的概率不同，Value-Based RL 输出的是不同动作的价值，然后坚定地执行价值最高的动作。

　　后面要详细介绍的 Policy Gradients 方法属于 Policy-Based RL 这个分类，相对于其他强化学习算法，这是一个比较简单基础的算法，而知名的 Q-Learning、Sarsa 等算法属于 Value-Based RL 这个分类。两种类别中不同的 RL 算法分别有着自己的优势与劣势，所以就出现了 Actor-Critic 等方法，这类方法结合了两种方法的优势。以 Actor-Critic 方法为例，在该方法中 Actor 会基于概率做出动作，而 Critic 会输出 Actor 做出该动作的价值，通过这种方法，Actor-Critic 方法就在原有的 Policy Gradients 方法上加快了学习过程。

12.3.2　Policy Gradient

　　有了前面对强化学习的了解，接着就可以比较详细地讨论 Policy Gradient（策略梯度）了。在讨论前，回忆一下 RL 的基本目标：帮智能体寻找一种行为策略，让智能体在当前所处的环境中可以获得最大的奖励。所谓行为策略即一组动作与对应的观察信息，为了方便理解相应的数学表达式，这里先定义一些符号。

- ❑ a_t：智能体在当前时刻 t 下要执行的动作。
- ❑ s_t：当前的环境在当前时刻 t 下的状态。
- ❑ o_t：智能体在当前时刻 t 下观察获得的信息。
- ❑ $r(s_t, a_t)$：智能体在当前时刻 t 下获得的奖励。
- ❑ $\xi(a_t|o_t)$：智能体在当前时刻 t 下的动作策略。
- ❑ $p(s_{t+1}|s_t, a_t)$：当前环境因智能体的动作而改变状态的状态转移概率。

最后再定义一种动作策略，即某一组动作及其对应的观察信息，定义为 $\tau = o_1, a_1, \cdots, o_N, a_N$。

为了方便后续的推导，这里假设智能体在当前环境观察到的信息 o_t 与当前状态下环境的所有信息 s_t 相等，即 $o_t = s_t$，$\xi(a_t|o_t) = \xi(a_t|s_t)$。

有了上面的定义，可以很直观地将 RL 的基本目标通过数学公式来表示。

$$\theta^* = \mathrm{argmax}_\theta E_{\tau \sim P_\theta(\tau)}\left[\sum_t r(s_t, a_t)\right]$$

上式很直观，即找到一组参数 θ，使得所有时刻下智能体获得的总奖励最大。需要注意，智能体采取的动作策略来源于模型 $P_\theta(\tau)$，即 $\tau \sim P_\theta(\tau)$。简而言之，需要找到一组参数 θ，使得智能体动作策略 $P_\theta(\tau)$ 最优，从而实现获得总奖励最大的目标。

复杂函数最优问题的一个直观想法就是使用梯度下降的方式逐步获得函数的次优解或最优解。

$$gradient = \nabla_\theta E_{\tau \sim P_\theta(\tau)}\left[\sum_t r(s_t, a_t)\right]$$

但上式是无法直接求导获得梯度的，一个原因就是求导的对象 θ 涉及采样。而 Policy Gradient 就是解决这个问题的一种思路，Policy Gradient 算法的核心是通过无偏采样的形式获得函数的期望，同时不可导的函数转为可导的函数，从而可以使用梯度下降的思路去优化函数。

下面就来简单地推导一下 Policy Gradient 算法。首先定义 $R(\theta)$ 为期望奖励（Excepted Reward），公式如下。

$$R(\theta) = E_{\tau \sim P_\theta(\tau)}\left[\sum_t r(s_t, a_t)\right] = \int P_\theta(\tau) r(\tau) \mathrm{d}(\tau)$$

Policy Gradient 的目标就是最大化 $R(\theta)$，上式中，$P_\theta(\tau)$ 表示某种动作策略出现的概率，$r(\tau)$ 表示奖励的总和，即 $r(\tau) = \sum_t r(s_t, a_t)$，那么 $\int P_\theta(\tau) r(\tau) \mathrm{d}(\tau)$ 就表示智能体执行某种动作策略后得到的总奖励。

要最大化 $R(\theta)$，常见的做法是求函数的导数，公式如下。

$$\nabla_\theta R(\theta) = \nabla_\theta \int P_\theta(\tau) r(\tau) \mathrm{d}(\tau) = \int r(\tau) \nabla_\theta P_\theta(\tau) \mathrm{d}(\tau)$$

观察上式可知，参数 θ 只与 $P_\theta(\tau)$ 有关，而与奖励函数 $r(\tau)$ 是无关的，所以只需要推导 $P_\theta(\tau)$ 的导数。

$$\nabla_\theta P_\theta(\tau) = P_\theta(\tau) \frac{\nabla_\theta P_\theta(\tau)}{P_\theta(\tau)} = P_\theta(\tau) \nabla_\theta \log(P_\theta(\tau))$$

上式通过 $\frac{\mathrm{d}\log(f(x))}{\mathrm{d}x} = \frac{1}{f(x)} \frac{\mathrm{d}f(x)}{\mathrm{d}x}$ 规则，将 log 引入了 $\nabla_\theta P_\theta(\tau)$，因为 $P_\theta(\tau) = P_\theta(s_1, a_1, \cdots, s_t, a_t) = P(s_1) \prod_t \xi_\theta(a_t|s_t) P(s_{t+1}|s_t, a_t)$，将其转化为 log 的形式是为了方便后面计算，将连乘转为连加。

从 $P_\theta(\tau) = P(s_1) \prod_t \xi_\theta(a_t|s_t) P(s_{t+1}|s_t, a_t)$ 可以看出，一组动作出现的概率跟环境初始的状态 s_1、不同状态间的转换概率 $P(s_{t+1}|s_t, a_t)$ 以及当前时刻下智能体根据当前环境要执行的动作 $\xi_\theta(a_t|s_t)$ 有关。这里其实还有个隐藏条件，即智能体导致环境状态转换的过程服从马尔科夫过程（Markov Process），类似于自然语言处理中的词袋模型（Bag of keypoints, BoW）。这里假设下一时刻环境的状态 s_{t+1} 仅与上一个时刻环境的状态 s_t 相关，与之前环境的状态无关，这样 $P(s_{t+1}|s_t, a_t)$ 才成立，不然当前时刻的环境状态与之前所有时刻的环境状态都有关，就需要写成 $P(s_{t+1}|s_1, a_1, \ldots, s_t, a_t)$，这种表达方式几乎是不可运算的。

回到 $P_\theta(\tau) \nabla_\theta \log(P_\theta(\tau))$ 公式，为了方便进一步推导，这里先将 $\log(P_\theta(\tau))$ 展开一下。

$$\log(P_\theta(\tau)) = \log P(s_1) + \sum_t \log \xi_\theta(a_t|s_t) + \sum_t \log P(s_{t+1}|s_t, a_t)$$

将展开后的 $\log(P_\theta(\tau))$ 代入求导表达式中，因为是对 θ 求导，而 $\log P(s_1)$ 与 $\sum_t \log P(s_{t+1}|s_t, a_t)$ 与求导对象 θ 无关，所以其求导后值为 0，代入后，公式如下。

$$\nabla_\theta P_\theta(\tau) = P_\theta(\tau) \nabla_\theta \log(P_\theta(\tau))$$

$$= P_\theta(\tau) \left(\nabla_\theta \sum_t \log \xi_\theta(a_t|s_t) \right)$$

$$= P_\theta(\tau) \left(\sum_t \nabla_\theta \log \xi_\theta(a_t|s_t) \right)$$

将上面的表达式直接代入 $\nabla_\theta R(\theta)$，其形式如下。

$$\nabla_\theta R(\theta) = \int \nabla_\theta P_\theta(\tau) r(\tau) \mathrm{d}(\tau)$$

$$= \int P_\theta(\tau) \left(\sum_t \nabla_\theta \log \xi_\theta(a_t|s_t) \right) \left(\sum_t r(s_t, a_t) \right) \mathrm{d}(\tau)$$

将积分的形式写成数学期望的形式，让整个表达式更简洁。

$$\nabla_\theta R(\theta) = E_{\tau \sim P_\theta(\tau)} \left[\left(\sum_t \nabla_\theta \log \xi_\theta(a_t|s_t) \right) \left(\sum_t r(s_t, a_t) \right) \right]$$

至此，就推导出了 Policy Gradient 最原始的表达式了，但它并不能直接使用。在实际使用 Policy Gradient 时，常用的方式是通过多次采样获得的平均值来代替表达式中的数学期望。

$$\nabla_\theta R(\theta) \approx \frac{1}{N} \sum_{i=1}^{N} \left[\left(\sum_t \nabla_\theta \log \xi_\theta(a_{i,t}|s_{i,t}) \right) \left(\sum_t r(s_{i,t}, a_{i,t}) \right) \right]$$

为了方便理解，替换一下表达方式，将上式进一步简化，使用x_i表示所有时刻t下智能体执行的动作，即$x_i = \sum_t a_{i,t}$，使用c_i表示所有时刻t下环境的状态，即$c_i = \sum_t s_{i,t}$，简化后的表达式为

$$\nabla_\theta R(\theta) \approx \frac{1}{N} \sum_{i=1}^{N} r(c_i, x_i) \nabla_\theta \log \xi_\theta(x_i|c_i)$$

然后就可以通过 REINFORCE 算法来计算梯度，更新模型参数，获得最优的动作策略。

- ❑ 第一步，智能体根据当前的动作策略执行动作，获得 N 个样本。
- ❑ 第二步，有了样本后，通过上面的表达式可以计算出$\nabla_\theta R(\theta)$。
- ❑ 第三步，更新模型参数$\theta_{t+1} \leftarrow \theta_t + \alpha \nabla_\theta R(\theta)$。
- ❑ 第四步，重复第一步，直到模型收敛。

Policy Gradient 中还需要强调的是，每一次参数优化都需要智能体根据当前的动作策略完整地与周围环境交互一次，即从θ_t转为θ_{t+1}需要智能体经过一轮完整的互动。

依旧以 Chatbot 为例，如图 12.14，通过 Policy Gradient 来训练 Chatbot。

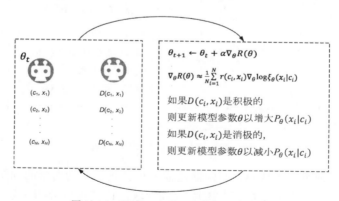

图 12.14 通过 Policy Gradient 训练 Chatbot

从图中可以看出，每次更新参数θ，都需要 Chatbot 与人进行一次完整的交互。其中 Chatbot 本身相当于智能体，而人相当于 Chatbot 所处的环境，一次完整的交互后，通过相应的公式，

采样计算出对应的值，对模型的参数进行更新。

12.3.3　GAN+RL 作用于文本生成

回到一开始的问题，当我们通过 GAN 来处理 NLP 任务时，会遇到文本数据离散化导致梯度无法反向传播的问题。除了上面讨论的两种方法，还可以使用强化学习来解决这个问题。

回到一开始的 Chatbot 情景，我们将 GAN 中的判别器作为强化学习中的环境，其会给予智能体反馈相应的奖励$R(a, s)$，此时生成器的目的就是增加判别器可以反馈的奖励，让自身获得的奖励最大化。可以，看出生成器就相当于强化学习中的智能体，此时通过强化学习的方式，我们就可以通过 Policy Gradient 的方式来运算整个网络的梯度，避免文本数据离散化带来的问题。此时 GAN 与传统的 RL 网络接近，但与传统 RL 网络不同的地方是，它还会更新判别器的参数，即相当于更新奖励函数。

GAN 利用 RL 的方式来实现 Chatbot 这个 NLP 任务，其生成器的训练流程就是传统 RL 的训练流程，只是将奖励函数替换成了判别器函数，这里以D来表示判别器，通过 Policy Gradient 方式来更新模型参数。

$$\nabla_\theta R(\theta) \approx \frac{1}{N}\sum_{i=1}^{N} D(c_i, x_i)\nabla_\theta \log \xi_\theta(x_i|c_i)$$

很简单，就是通过判别器D替换了奖励函数，如图 12.15 所示：

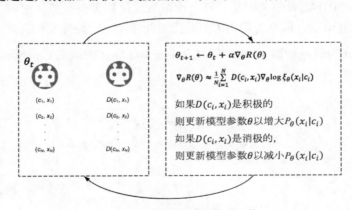

图 12.15　判别器 D 替换奖励函数

但上面流程只是训练了生成器，判别器还需要单独训练。判别器的训练方式也很常见，将生成器生成的语句与真实世界中的语句都喂给判别器，让其可以分辨出生成数据与真实数据，对好有一个评判标准。

至此，通过 RL 中 Policy Gradient 的方式来计算模型整体的梯度，绕开了文本数据离散化带来的问题，让 GAN 可以正常地作用于序列数据生成的 NLP 任务。

在结束本节前，讨论一下最大似然与 Policy Gradient 之间的关系，回忆一下最大似然的目标函数。

$$\frac{1}{N}\sum_{i=1}^{N} \log P_\theta(x_i|c_i)$$

仔细观察 Policy Gradient 表达式$\frac{1}{N}\sum_{i=1}^{N}\left[\left(\sum_t \nabla_\theta \log\xi_\theta(a_{i,t}|s_{i,t})\right)\left(\sum_t r(s_{i,t},a_{i,t})\right)\right]$，如果将其中奖励函数部分遮盖，该表达式就变成了最大似然估计的目标函数。这说明，Policy Gradient 的思想就是利用奖励函数来实现采样得到智能体最优的行为或动作，接着将这些采样得到的最优行为或动作作为标签，然后进行常见的有监督学习。

12.4　SeqGAN

有了上面的讨论作为背景知识，我们就可以乘坐飞船前往具体的星球了，首先要去的是 Sequence Generative Adversarial Nets（SeqGAN）。我们从其结构开始讨论，然后了解其中的一些细节，最后通过 TensorFlow 将其实现。

12.4.1　SeqGAN 结构与算法

通过前面的讨论，我们已经了解 GAN 无法直接生成文本数据，因为文本数据是离散的，我们介绍了多种方法，而 SeqGAN 就是利用 GAN+RL 的方法来实现序列数据的生成。所谓序列数据就是一组数据中的数据元素其前后顺序是有意义的，文本数据只是序列数据的一种。SeqGAN 模型的简单结构如图 12.16 所示。

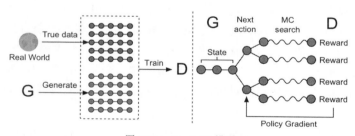

图 12.16　SeqGAN 模型

从图中可以看出，当我们训练判别器时，会使用真实世界中获得的真实序列数据以及生成器生成的序列数据，此时判别器会分辨获得的序列数据是来自真实世界的数据还是生成器生成的数据。对于生成器而言，生成器会尝试生成离散的序列数据，以文本数据为例，在每一次训练时，生成器都会尝试生成一个词对应的概率分布向量，这个词的概率分布向量会与前面已经生成的词的概率分布向量连接成一个句子。将目光重新放到 SeqGAN 图中的生成器的部分，在图中，生成器 G 已经生成的词构成了已有状态（State），而此时生成器 G 要生成下一个词，即获取当前的状态，然后将生成的数据交给判别器，让判别器判别生成的数据是否足够真实。但对判别器而言，它希望获得的是一个完整的句子序列，而不只是句子的部分，避免结构上存在明显的差异，让判别器可以轻易分辨出生成的序列数据与真实数据。为了避免这种情况，SeqGAN 中采用蒙特卡罗搜索的方式来，从已有的状态（State）推导采样出未来的状态，从而让生成器可以向判别器输出一个完整的句子序列，这种采样策略被称为 rollout policy。而判别器获得一个完整的序列数据后，会计算出奖励（Reward），因为生成器生成的是离散类型的数据，所以 SeqGAN 利用 Policy Gradient 算法将判别器的奖励传递给生成器，实现对生成器的指导。至此 SeqGAN 实现了对判别器 D 与生成器 G 的对抗训练，在训练生成器 G 时利用了 RL 中的 Policy Gradient 算法。

通过上面的对 SeqGAN 模型的描述，已经可以直观地理解 SeqGAN 模型的原理了。接着我们从强化学习角度来描述一下 SeqGAN 模型的结构。

SeqGAN 要实现生成逼真序列数据的目的，首先需要从真实世界中获取一组序列数据，并将其转换为概率分布的形式。以文本数据为例，我们从真实世界中获得了真实的文本数据，但原始的文本数据是难以使用于训练 SeqGAN 的，我们需要对其进行转换，将其转换为概率分布的形式，这种形式其实也是生成器生成数据的形式。通常可以使用 RNN、LSTM、GRU 等神经网络来将序列数据转换为概率分布的形式，具体而言就是一个概率矩阵，其中每一行代表这个句子中的一个词，整个矩阵表示整个句子。接着就是训练一个参数 θ 的生成器 G_θ 来生成序列数据 $y_{1:T} = (y_1, y_2, \cdots, y_t, y_T)$。从强化学习的角度来看，在 t 时刻，状态（State）可以定义为生成器已经生成的序列 $(y_1, y_2, \cdots, y_{t-1})$，当前的状态是由历史状态"叠加"构成的。t 时刻下生成器会生成该时刻的词对应的概率分布向量，生成该概率分布向量可以看作此时刻智能体（agent，即生成器 G）要执行的动作；智能体执行了某个动作从而产生了新的状态，此时不同时刻下的状态就会构成一个完整的序列数据，这个序列数据可以看作一种动作策略。此时判别器会根据这个动作策略计算出奖励，而生成器的目标就是从判别器中获得最大的奖励。为了避免生成的序列数据与真实的序列数据在结构上有较大的差异，生成器需要利用蒙特卡罗搜索的方式从已有的状态推导采样出未来的状态，从而构成一个完整的序列，再交由判别器。利用生成对抗的思想，让生成器与判别器对抗，直到模型收敛，此时生成器就可以生成逼真的序列数据了。

生成器生成序列数据时，从判别器中获取的奖励值 R_θ 可以通过如下公式表示。

$$R_\theta = \frac{1}{N} \sum_{i=1}^{N} D(s_{1:t-1} + y^i), y^i \in MC_\theta(s_{1:t-1}; N)$$

假设生成器要生成的序列数据总长度为 T，公式中 $s_{1:t-1}$ 表示生成器已经生成的部分序列数据，在 RL 表示为当前状态，因为当前状态是由过去所有的状态构成的，下一个动作发生在此状态的基础之上。生成器生成新的序列数据，是基于此前训练获得的模型参数的，所以生成新的概率分布数据也可以称为基于此前生成的概率分布数据。生成了当前时刻 t 的概率分布数据后，通过蒙特卡罗搜索方法推导采样出 N 种后续的序列，虽然生成器是逐个生成序列数据的，但判别器以完整的序列数据为打分对象。

在 SeqGAN 具体的训练过程中，在训练新一代的判别器前，当代的生成器 G 都会根据当代判别器 D 返回的奖励不断优化自身的参数，其传递梯度的方式就是利用 Policy Gradient 算法，利用数学公式表示如下。

$$\theta_{next} \leftarrow \theta_{now} + \eta \nabla R_{\theta_{now}}$$

奖励对应的公式为

$$\nabla R_\theta = \frac{1}{T}\sum_{t=1}^{T}\left(\frac{1}{N}\sum_{i=1}^{N} D(s_{1:t-1} + y_i)\nabla \log P_\theta(y_i|s_{1:t-1})\right)$$

这里定义变量 x_i，当 y_i 是 x_i 的子集且 $y_i + s_{1:t-1}$ 等于 x_i 时，上式可以简化为如下形式。

$$\nabla R_\theta = \frac{1}{N}\sum_{i=1}^{N} D(x_i)\nabla \log P_\theta(x_i), y_i \subset x_i 且 y_i + s_{1:t-1} = x_i$$

通过这种方式训练生成器，直到当代的判别器无法分辨出生成序列数据与真实序列数据的差异时，才训练新一代的判别器。

在具体的实现过程中，为了提高 SeqGAN 中对抗训练的效率，一开始会先对生成器与判别器进行预训练。具体而言，就是将真实数据作为输入训练生成器，让生成器生成的数据与真实数据做比较，计算其交叉熵损失，相当于在训练一开始就给生成器指明了大致的方向，让其知道生成什么样的数据才是比较逼真的；而判别器的预训练过程就是将此时生成器生成的数据输入给判别器，从而让判别器在一开始就明白什么样的数据是生成数据。

SeqGAN 中使用了卷积神经网络（CNN）作为判别器 D 的主体结构。在前面的内容中介绍过，CNN 结构通常用于处理图像这类二维数据，为何 CNN 也可以处理序列数据分类任务呢？回忆一下本书关于 CNN 的内容，CNN 的应用一般要求其处理的对象有局部相关性，比如在处理图像时，图像中相邻的像素都是具有相关性的，而一些序列数据也是具有局部相关性的特征的，如文本数据。对于文本分类任务，CNN 中的一个卷积核则表示一个关键词或关键短语，卷积核扫描文本数据的过程，其实就是匹配这些关键词或关键短语的过程，CNN 相当于在低维向量空间中实现了 N-Gram（N 元词袋模型）。

最后来看一下训练 SeqGAN 的具体算法，我们定义生成器为 G_θ，rollout policy 为 G_β，判别器为D_ϕ，真实世界的序列数据集$S = X_{1:T}$，SeqGAN 训练算法如下。

（1）随机初始化G_θ、D_ϕ中的权重参数θ、ϕ。

（2）在序列数据集S上使用最大似然估计法来训练G_θ。

（3）将预训练G_θ得到的权重参数θ复制给权重参数ϕ。

（4）通过G_θ生成负面样本数据（生成的序列数据）来预训练判别器。

（5）预训练判别器时，最小化其交叉熵损失。

（6）重复下面的步骤

❑　对生成器而言

a．循环训练生成器，让生成器生成序列数据$Y_{1:T} = (y_1, \cdots, y_T) \sim G_\theta$。

b．将生成的数据交给判别器，获得相应的奖励。

c．使用 Policy Gradient 算法更新生成器的权重参数。

❑　对判别器而言

a．利用生成器生成的负面样本数据与真实世界的序列数据集S来训练判别器。

b．训练生成器与判别器完成后，依旧将权重参数θ复制给权重参数ϕ，直到模型收敛。

12.4.2　Highway Network

在 SeqGAN 中，判别器使用了 CNN 结构并在此基础增加了 Highway Network 结构，所以这里来简单地讨论一下 Highway Network 结构。

当深度学习运用于一些复杂的任务时，需要比较深的网络结构，此时深层神经网络可能出现梯度消失的问题。在本书前面的内容中，介绍了可以使用残差网络来让浅层神经网络中的部分数据直接传输到深层神经网络结构中。而 Highway Network 结构的作用与残差网络相同，只是在实现上，Highway Network 受 LSTM 的启发，增加了阀门参数，通过阀门参数来控制多少数据需要经过当前层非线性变化，以及多少数据可以进入"高速公路"直接传递给深层网络结构。

一个普通的神经网络，其隐藏层可以通过下面公式进行表示（为了简便忽略了偏置）。

$$y = H(x, \boldsymbol{W}_H)$$

其中，$\boldsymbol{W}_H$表示隐藏层的权重，对于 Highway Network 结构而言，其在普通神经网络中增加了两个非线性层，一个是变换门（transform gate, T），一个是直通门（carry gate, C）。简单而言，变换门 T 用于表示输入信息中需要进行非线性变换的信息量，而直通门 C 表示原始输入信息中要保留的信息量。因此普通神经网络的公式可以修改为如下公式，来表示 Highway

Network 结构。

$$y = H(x, \boldsymbol{W}_H) \cdot T(x, \boldsymbol{W}_T) + x \cdot C(x, \boldsymbol{W}_C)$$

其中，$T = \mathrm{sigmoid}(\boldsymbol{W}x + \boldsymbol{b})$，通常为了方便运行，会定义 $C = 1 - T$，则上式简化为

$$y = H(x, \boldsymbol{W}_H) \cdot T(x, \boldsymbol{W}_T) + x \cdot (1 - T(x, \boldsymbol{W}_T))$$

明白了 Highway Network 的数学原理，就可以通过 TensorFlow 将其简单地实现。

```
def highway(input_,size,num_layers=1,bias = -2.0,f = tf.nn.relu,scope='Highway'):
    """
    Highway Network
    t = sigmoid(Wy + b)
    z = t * g(Wy + b) + (1 - t) * y
    其中g是非线性，t是变换门，(1 - t)是直通门
    """
    with tf.variable_scope(scope):
        for idx in range(num_layers):
            g = f(linear(input_,size,scope = 'highway_lin_%d' % idx))

            t = tf.sigmoid(linear(input_,size,scope='highway_gate_%d' % idx) + bias)

            output = t * g + (1. - t) * input_
            input_ = output

    return output
```

对于浅层神经网络，Highway Network 结构对模型整体的收敛是没有什么益处的，但当神经网络结构变深后，使用 Highway Network 结构的神经网络就更容易收敛，如图 12.17 所示。

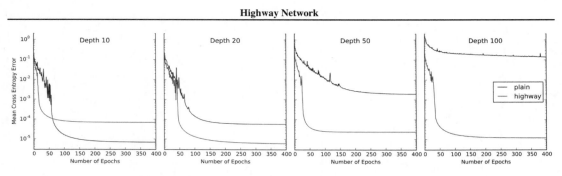

图 12.17　使用 Highway Network 结构的神经网络更容易收敛

简而言之，残差网络与 Highway Network 这两种结构都能让一部分数据跳过某些层的处理，直接传递到更深的层中，只是 Highway Network 结构可以通过门机制来控制直接通向更深层网络中的数据量。

12.4.3　SeqGAM 生成器与 rollout 结构的实现

在上面的讨论中，我们已经在理论上比较了解 SeqGAN，接着就来尝试通过 TensorFlow 实现一个简易的 SeqGAN 结构，我们从 SeqGAN 的生成器开始实现。

回顾一下前面对 SeqGAN 算法中生成器训练的讨论，首先 SeqGAN 中的生成器会使用真实数据进行预训练，然后再与判别器进行对抗训练，因为其生成的是离散型的序列数据，所以利用 Policy Gradient 算法进行梯度的反向传播。这里我们就来实现一下这些逻辑，首先定义一个 Generator 类，其中分别定义 3 个方法用于构建 Generator 的网络，Generator 类的骨架代码如下。

```python
class Generator(object):

    def __init__(self,config):
        ...

    '''
    构建生成器的输入
    '''
    def build_input(self,name):
        ...


    '''
    生成器预训练结构，使用交叉损失进行训练
    '''
    def build_pretrain_network(self):
        ...


    '''
    生成器对抗训练结构，使用 Policy Gradient 反向传播奖励
    '''
    def build_adversarial_network(self):
        ...


    '''
    利用生成器生成样例序列数据
    '''
    def build_sample_network(self):
        ...


    '''
    构建完整的生成器
```

```
    '''
    def build(self):
        self.build_pretrain_network()
        self.build_adversarial_network()
        self.build_sample_network()


    def generate(self,sess):
        # 生成样例序列数据
        return sess.run(self.sample_word_list_reshpae)
```

其中，build_pretrain_network()方法用于定义生成器预训练时的网络结构，build_adversarial_network()方法用于定义生成器对抗训练时的网络结构，而 build_sample_network()方法则尝试使用当代生成器生成一些样例数据。接着逐个来实现这些方法的代码，首先实现 build_pretrain_network()方法。

```
    '''
    生成器预训练结构，使用交叉损失进行训练
    '''
    def build_pretrain_netword(self):
        """
        建立预训练网络，使用 MLE 交叉熵损失
        """
        self.build_input(name='pretrain')
        self.pretrained_loss = 0.0
        with tf.variable_scope('teller'):
            with tf.variable_scope("lstm"):
                """
                构建 LSTM 结构
                num_units: int, LSTM 单元中的单元数
                num_units 这个参数的大小就是 LSTM 输出结果的维度
                例如 num_units=128，那么 LSTM 网络最后输出就是一个 128 维的向量
                state_is_tuple: 如果为 True, 接受并返回的状态是二元组 c_state 和 m_state
                如果为 False, 则它们沿列轴连接。后一种行为很快就会被弃用
                """
                lstm1 = tf.nn.rnn_cell.LSTMCell(self.hidden_dim,state_is_tuple=True)
            with tf.variable_scope("embedding"):
                # 输入的词向量，其实是一个句子的编码
                word_emb_W = tf.get_variable("word_emb_W",[self.num_emb,self.emb_dim],"float32",self.initializer)
            with tf.variable_scope("output"):
                # output 的权重矩阵
                output_W = tf.get_variable("output_W",[self.emb_dim,self.num_emb],"float32",self.initializer)

                '''
                通过 tf.nn.embedding_lookup 找到原始输入 word_emb_W(句子句子) 中某个词的编码
                然后通过 LSTM 获得对应的离散分布输出
                这种方式使得句子中词汇的离散分布与前面词汇有关联（因为隐藏信息接收了主线的处理等）
                '''
```

```
        with tf.variable_scope("lstm"):
            # 循环生成 sequence_length 长度的句子对应的概率分布，并计算交叉熵损失
            '''
            利用 LSTM 来生成词汇，每一个训练都再利用 LSTM 生成词汇
            LSTM 会输出两种信息，一种是主线信息 cell_state，另一种是隐含信息 h_state
            这里的 output 标识隐含信息，每一个 LSTM 单元都会输出一次，即 h_t
            而 state 表示主线信息，一开始的时候，主线当然为空
            此时空的主线信息与输入 lstm1_in 一同作用,会产生当前这个cell的output(隐含信息)

            在生成下一个隐藏信息时，当前的隐藏信息也是会被输入的
            其实，在__cell__方法中并没有要求传入上一个隐藏信息的变量
            这是因为，隐藏信息的数据就在 LSTM 的结构中，当 LSTM 重复被调用时
            此时已经在使用上一个时间节点产生的隐藏信息了

            '''
            for j in range(self.sequence_length):
                # embedding_lookup 搜索，搜索句子中的开头
                # 从输入的 word_emb_W 句子编码中找到对应词的编码
                if j==0:
                    lstm1_in = tf.nn.embedding_lookup(word_emb_W,self.start_
token) # self.start_token 句子起始标识
                else:
                    lstm1_in = tf.nn.embedding_lookup(word_emb_W,self.input_
seqs_pre[:,j-1])

                if j == 0:
                    # j 为 0，说明句子是空的，所以调用 zero_state
                    # 通过 zero_state 得到一个全 0 的初始状态
                    # 形状为(batch_size, state_size)
                    state = lstm1.zero_state(self.batch_size,tf.float32)
                # 当前 LSTM 元素输入的内容与状态，输出经过该 LSTM 元素处理后的内容与状态
                # 利用 LSTM 根据当前的输入生成词汇的概率分布
                '''
                __call__被调用了
                    __call__(
                        inputs,
                        state,
                        scope=None,  每个 cell 可选择的范围
                        *args,
                        **kwargs
                    )
                '''
                # 当前变量作用域可以用 tf.get_variable_scope()进行检索
                output,state = lstm1(lstm1_in,state,scope=tf.get_variable_scope())
                # 矩阵 a 乘以矩阵 b
                logits = tf.matmul(output,output_W)
                # 计算 LSTM 输出的概率分布与真实数据概率分布的交叉熵损失
                # 同时做 softmax 处理
```

```
                              pretrained_loss_t = tf.nn.sparse_softmax_cross_entropy_with_
logits(logits= logits,labels=self.input_seqs_pre[:,j])
                              # multiply 矩阵间元素相乘
                              pretrained_loss_t = tf.reduce_sum(tf.multiply(pretrained_loss_t,
self.input_seqs_mask[:,j]))

                              self.pretrained_loss += pretrained_loss_t
                              word_predict = tf.to_int32(tf.argmax(logits,1))

                    self.pretrained_loss /= tf.reduce_sum(self.input_seqs_mask)
                    self.pretrained_loss_sum = tf.summary.scalar("pretrained_loss",self.
pretrained_loss)
```

在上面的代码中，首先通过不同的变量空间名称定义了不同的结构，如 LSTM 变量空间中利用了 LSTMCell()方法创建 LSTM 元素，通常一个完整的 LSTM 结构由多个 LSTM 元素构成；embedding 变量空间中通过 get_variable()方法获取名为 word_emb_W 的变量，用于表示句子对应的词嵌套表示（概率分布表示）。get_variable()方法通常用于获取共享变量，如果获取的变量不存在，则调用 self.initializer 对应的方法进行初始化，该变量对应的方法如下。

```
self.initializer = tf.random_normal_initializer(mean=0,stddev=0.1)
```

因为我们要生成的是序列数据，通常序列数据由其中多个元素组成。接着就在 LSTM 变量空间中编写一个 for 循环来生成句子中对应元素的概率分布，在循环一开始，即 j 为 0 的情况下，调用了 tf.nn.embedding_lookup()方法，该方法的主要作用是选取传入张量里索引对应的元素，这里的调用形式如下。

```
tf.nn.embedding_lookup(word_emb_W,self.start_token)
```

上述代码表示从 word_emb_W 中选取 self.start_token 索引对应的值，因为 word_emb_W 是句子对应的概率分布表示，而 self.start_token 是句子起始标识，所以通过 tf.nn.embedding_lookup()方法找到了句子中第一个元素对应的概率分布表示。如果 j 不等于 0，则依旧从 word_emb_W 中获取对应元素的概率分布表示。

获得了概率分布表示后，还需要获得主线状态（cell state），当 j 为 0 时，即 LSTM 结构的开始，主线状态无法从更前面的 LSTM 元素获得，索引主线状态也初始为 0，随后就一直从前一个 LSTM 元素获取，如图 12.18 所示。

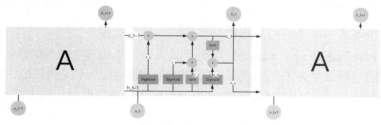

图 12.18　LSTM 结构

我们在第 7 章讨论过 LSTM，这里为了理解代码，简单结合其结构来看看，从输入部分看，LSTM 元素获取了 3 中不同的输入，分别是 c_{t-1}、h_{t-1}、x_t，输出 h_t 与 c_t，其结构与代码中的逻辑是对应，具体的代码如下。

```
output,state = lstm1(lstm1_in,state,scope=tf.get_variable_scope())
```

从输入角度来看，lstm1_in、state、scope 分别对应了 x_t、c_{t-1}、h_{t-1}，其中 state 在 LSTM 结构中一开始为 0。scope 参数表示当前元素使用的参数，这里利用 tf.get_variable_scope()方法获得当前 LSTM 变量空间的参数，这样就相当于重复使用 LSTM 变量空间中的参数了。

从输出角度看，output、state 分别对应了 h_t 与 c_t，state 变量在下一次 for 循环中会作为新的输入，如此往返训练。

每一次 for 循环得到 output 后，就会与输出层权重矩阵 output_W 做矩阵乘法运算获得 logits，随后调用 tf.nn.sparse_softmax_cross_entropy_with_logits()方法，来计算输出的概率分布与真实数据的概率分布的交叉熵损失，并同时对结果做 softmax 运算。在该方法中，logits 的形状为[batch_size, num_classes]，而 labels 的形状为[batch_size, 1]，通常每个 label 的取值是[0, num_classes)中的离散值，即 logits 是哪一类就标对应的 label，这里通过参数 j 来选取出与当前 logits 对应的 label。

计算出交叉熵损失后，调用 tf.multiply()方法获得此轮循环的损失，累加所有轮的损失并取平均，获得了最终的预训练损失。

简单而言，就是利用了 LSTM 的迭代更新函数，通过输入词的表示与上一个 LSTM 元素的隐藏层参数h_{t-1}获得当前新的h_t，公式为

$$h_t = g(h_{t-1}, x_t)$$

其中，g 为迭代更新函数，x_t为输入的词。

此外还通过 softmax 函数将h_t转换为概率分布表示，公式如下。

$$P(y_t | x_1, \cdots, x_t) = z(h_t) = \text{softmax}(c + V h_t)$$

其中，c 为偏置值，V 为权重矩阵。

获得了 LSTM 输出对应的概率分布表示后，就与真实的概率分布做交叉熵运算，通过多次循环，累加 LSTM 结构中元素对应的交叉熵，最后取其平均值作为最终的损失。

至此预训练部分就结束了，其中很多代码细节在注释中也有详细的解释。

接着来编写 build_adversarial_network()方法，该方法用于构建对抗训练时生成器的结构。其实预训练生成器的目标就是为了让生成器可以在对抗训练时有个不错的开始，既然要让预训练发挥作用，生成器生成对抗的结构必然要共享预训练时生成器的参数，该方法的具体代码如下。

```
'''
生成器对抗训练结构，使用 Policy Gradient 反向传播奖励
'''
def build_adversarial_network(self):
    """
```

```
建立生成对抗网络
定义了生成器对抗过程的网络结构，和预训练过程共享参数，因此你可以发现代码基本上是一样的
只不过在对抗过程中的损失函数是 Policy Gradient 的损失函数，即 -log(p(xi) * v(xi))
"""
self.build_input(name='adversarial')
self.softmax_list_reshape = []
self.softmax_list = []

with tf.variable_scope('teller'):
    tf.get_variable_scope().reuse_variables()
    with tf.variable_scope("lstm"):
        lstm1 = tf.nn.rnn_cell.LSTMCell(self.hidden_dim, state_is_tuple=True)
    with tf.variable_scope("embedding"):
        word_emb_W = tf.get_variable("word_emb_W", [self.num_emb, self.emb_
dim], "float32", self.initializer)
    with tf.variable_scope("output"):
        output_W = tf.get_variable("output_W", [self.emb_dim, self.num_emb],
"float32", self.initializer)

    with tf.variable_scope("lstm"):
        for j in range(self.sequence_length):
            tf.get_variable_scope().reuse_variables()
            if j==0:
                lstm1_in = tf.nn.embedding_lookup(word_emb_W,self.start_
                token)
            else:
                lstm1_in = tf.nn.embedding_lookup(word_emb_W,self.input_
seqs_adv[:,j-1])

            if j == 0:
                state = lstm1.zero_state(self.batch_size, tf.float32)

            output, state = lstm1(lstm1_in, state, scope=tf.get_variable_
            scope())

            logits = tf.matmul(output,output_W)
            # softmax 压缩成 0~1 之间的离散分布
            softmax = tf.nn.softmax(logits)
            self.softmax_list.append(softmax) # seqs * batch * emb_size

    self.softmax_list_reshape = tf.transpose(self.softmax_list,perm=[1,0,2])
# batch * seqs * emb_size
    self.pgen_loss_adv = - tf.reduce_sum(
        tf.reduce_sum(
            tf.one_hot(tf.to_int32(tf.reshape(self.input_seqs_adv,[-1])),
self.num_emb,on_value=1.0,off_value=0.0)
                * tf.log(tf.clip_by_value(tf.reshape(self.softmax_list_reshape,
[-1,self.num_emb]),1e-20,1.0)),1
            ) * tf.reshape(self.rewards,[-1]))
```

从该方法的代码中可以看出，其主体结构与预训练时定义的主体结构是类似的，主要的差

别在于获得损失的方式，在 build_adversarial_network()方法中使用了 Policy Gradient 方法来获得损失，这里简单讨论一下。

首先回顾一下 Policy Gradient 的数学表达式。

$$\nabla_\theta R(\theta) \approx \frac{1}{N} \sum_{i=1}^{N} \left[\left(\sum_t \nabla_\theta \log \xi_\theta(a_{i,t}|s_{i,t}) \right) \left(\sum_t r(s_{i,t}, a_{i,t}) \right) \right]$$

结合 Policy Gradient 的数学表达式观察代码，可以发现，在对 LSTM 进行 for 循环处理时，我们将获得的 logits 通过 softmax 处理后加入到 softmax_list 中，当循环结束后，这其实就获得了所有时刻下的 $\xi_\theta(a_{i,t}|s_{i,t})$，即 $\sum_t \xi_\theta(a_{i,t}|s_{i,t})$)。从强化学习角度来看，某个时刻的 $\xi_\theta(a_{i,t}|s_{i,t})$ 表示当前时刻的环境 s_t 下，智能体执行某个动作 a_t 其对应策略 $\xi(*)$ 带来的结果。结合 LSTM 角度来看，就是 LSTM 元素在此前训练的基础上，输出的元素 h_t，只经过了 softmax 处理。

当 for 循环处理完后，通过 tf.transpose()方法对 softmax_list 进行转置处理。因为 softmax_list 是三维矩阵，所以需要 tf.transpose 的第二个参数 perm=[0,1,2]，其中 0 代表三维数组的高（即为二维数组的个数），1 代表二维数组的行，2 代表二维数组的列。tf.transpose(x, perm=[1,0,2]) 代表将三维矩阵的高和行进行转置。

经过这些处理后，就可以通过 Policy Gradient 来定义损失了，为了方便直观地理解，将 Policy Gradient 定义损失的代码整理成如下形式。

```
self.pgen_loss_adv = \
            - tf.reduce_sum(
                tf.reduce_sum(
                    # 将输入的数据转为 one_hot 与 softmax_list_reshape 相乘
                    # 相当于一个映射过程，获取对应维度的 softmax_list_reshape
                    # 这样的操作对应着获取不同时刻 t 下的 ξθ(ai,t|si,t)
                    tf.one_hot(
                        tf.to_int32(
                            tf.reshape(self.input_seqs_adv,[-1])
                        ),
                        self.num_emb,on_value=1.0,off_value=0.0
                    )
                    *
                    tf.log(
                        tf.clip_by_value(
                            tf.reshape(
                                self.softmax_list_reshape,
                                [-1,self.num_emb]
                            ),
                            1e-20,
                            1.0
                        )
                    ),
```

```
                    1 # reduce_sum 矩阵的某一维度
                )
                *
                tf.reshape(self.rewards,[-1])# self.rewards 奖励，来自于判别器 D 的反馈
            )
```

这样对比着 Policy Gradient 数学公式就比较直观了，首先看 tf.one_hot()方法与 tf.log()方法处，因为 softmax_list_reshape 变量是所有时刻下的$\xi_\theta(a_{i,t}|s_{i,t})$，即$\sum_t \xi_\theta(a_{i,t}|s_{i,t})$)。但我们需要先对$\xi_\theta(a_{i,t}|s_{i,t})$进行 log 运算后，再进行累加操作，所有这里需要先通过 tf.one_hot()方法获取输入数据的 one_hot 表示，再与 softmax_list_reshape 相乘，这相当于做了映射操作。tf.log()方法处理后的 softmax_list_reshape 中对应 one_hot 向量中 1 的部分被取出，然后调用 tf.reduce_sum()方法进行累加，这样便实现了$\sum_t \nabla_\theta \log \xi_\theta(a_{i,t}|s_{i,t})$，接着获取判别器返回的奖励，这样就实现了$\sum_t r(s_{i,t}, a_{i,t}))$，将两者相乘并累加，最终实现了 Policy Gradient。

至此生成器的 build_adversarial_network()方法也简单介绍完了，因为代码逻辑比较复杂，建议多看一下源代码，加深理解。随后来实现 build_sample_network()方法，有了前面两个方法的讨论，该方法就清晰得多，其代码如下。

```
'''
利用生成器生成样例序列数据
'''
def build_sample_network(self):

    self.build_input(name='sample')
    self.sample_word_list = []
    with tf.variable_scope('teller'):
        tf.get_variable_scope().reuse_variables()
        with tf.variable_scope("lstm"):

            lstm1 = tf.nn.rnn_cell.LSTMCell(self.hidden_dim,state_is_tuple=True)
        with tf.variable_scope("embedding"):

            word_emb_W = tf.get_variable("word_emb_W", [self.num_emb, self.emb_
dim], "float32", self.initializer)
        with tf.variable_scope("output"):

            output_W = tf.get_variable("output_W", [self.emb_dim, self.num_emb],
"float32", self.initializer)


        with tf.variable_scope("lstm"):

            for j in range(self.sequence_length):

                if j==0:
```

```
                                    lstm1_in = tf.nn.embedding_lookup(word_emb_W,self.start_token)
                        else:
                                    lstm1_in = tf.nn.embedding_lookup(word_emb_W,sample_word)


                        if j==0:

                                    state = lstm1.zero_state(self.batch_size,tf.float32)

                        output,state = lstm1(lstm1_in,state,scope=tf.get_variable_scope())

                        logits = tf.matmul(output,output_W)
                        # softmax 采用结果
                        logprob = tf.log(tf.nn.softmax(logits))
                        # 获得采样
                        sample_word = tf.reshape(tf.to_int32(tf.multinomial(logprob,1)),
shape=[self.batch_size])

                                    # 生成一个词对应的概率,并将其加入到 sample 这个 list 中,最终构成句子
                                    self.sample_word_list.append(sample_word)
                  # 获得相应的概率
                        self.sample_word_list_reshpae = tf.transpose(tf.squeeze(tf.stack(self.
sample_word_list)),perm=[1,0])
```

　　build_sample_network()方法主要利用生成器的结构来生成样例序列数据,其核心部分与前两个方法类似,不再详细讨论。这里看方法中后面几句代码。

```
    logprob = tf.log(tf.nn.softmax(logits))
    sample_word = tf.reshape(tf.to_int32(tf.multinomial(logprob,1)),shape=[self.batch_size])
    self.sample_word_list.append(sample_word)
```

　　在 TensorFlow 中,想要对序列模型(如 RNN、LSTM 等)进行采样,可以将输出的结果进行 softmax,获得 softmax 层的结果后,通过简单的 log 运算,再利用 tf.multinomial()方法来实现,最终获得一个样本;然后将其加入到 self.sample_word_list 列表中,当整个 for 完成后,self.sample_word_list 列表就形成了由样本构成的一句话,即生成的样例句子。

　　至此生成器中主要的方法就讨论结束了。

　　接着将注意力转到 rollout policy 算法上。在前面介绍 SeqGAN 时已经提及,SeqGAN 中生成器可以根据此前已有的状态生成下一个状态,但 SeqGAN 的判别器却要接收完整的句子序列,这是为了避免真实句子序列与生成器句子序列在结构上就存在较大的差异,导致其可以轻易判别句子的真假的情况,所以当生成器生成下个状态后,通常会通过蒙特卡罗搜索的方式来采样获得完整的句子序列,这种方式在 SeqGAN 中被称为 rollout policy。通常我们需要构建一个神经网络来实现 rollout—policy,这里可以直接使用生成器来作为这个神经网络,即利用生成器网络来实现采样。具体就是将生成器网络的参数共享出来,这里我们创建一个名为 rollout.py 的文件来实现这个逻辑,该文件的代码如下。

```
    import tensorflow as tf
    class rollout():
```

```
        """rollout policy"""

    def __init__(self,config):
        self.sequence_length = config.sequence_length
        self.hidden_dim = config.hidden_dim
        self.num_emb = config.num_emb
        self.emb_dim = config.emb_dim
        self.batch_size = config.gen_batch_size
        self.start_token = config.start_token
        self.pred_seq = tf.placeholder(tf.int32,[None,self.sequence_length],name='pred_
seq_rollout')
        self.sample_rollout_step = []


        with tf.variable_scope('teller'):
            tf.get_variable_scope().reuse_variables()
            with tf.variable_scope("lstm"):
                lstm1 = tf.contrib.rnn.BasicLSTMCell(self.hidden_dim)
            with tf.variable_scope("embedding"):
                word_emb_W = tf.get_variable("word_emb_W", [self.num_emb, self.emb_
dim], tf.float32)
            with tf.variable_scope("output"):
                output_W = tf.get_variable("output_W", [self.emb_dim, self.num_emb],
                tf.float32)


            zero_state = lstm1.zero_state([self.batch_size],tf.float32)

            start_token = tf.constant(self.start_token,dtype=tf.int32,shape=[self.
            batch_size])

            for step in range(1,self.sequence_length):
                if step % 5 == 0:
                        print("Rollout step: {}".format(step))

                sample_rollout_left = tf.reshape(self.pred_seq[:,0:step],shape=[self.
batch_size,step])

                sample_rollout_right = []

                # 根据传入的 step 进行操作,当 i<step 时,更新网络隐藏节点,这些是已有的状态
                # 当 i>step 时,进行采样,从而构建完整的句子序列
                for j in range(step):
                    if j==0:
                            lstm1_in = tf.nn.embedding_lookup(word_emb_W,start_token)
                    else:
                            tf.get_variable_scope().reuse_variables()
                            lstm1_in = tf.nn.embedding_lookup(word_emb_W,self.pred_
                            seq[:,j-1])
```

```
                            with tf.variable_scope("lstm"):
                                if j==0:
                                        output,state = lstm1(lstm1_in,zero_state,scope=tf.
get_variable_scope())
                                else:
                                        output,state = lstm1(lstm1_in,state,scope=tf.get_
variable_scope())

                        for j in range(step,self.sequence_length):
                            if j==step:
                                lstm1_in = tf.nn.embedding_lookup(word_emb_W,self.pred_
seq[:,j-1])
                            else:
                                # stop_gradient 停止计算节点的梯度
                                lstm1_in = tf.nn.embedding_lookup(word_emb_W,tf.stop_
gradient(sample_word))

                            with tf.variable_scope("lstm"):
                                output ,state = lstm1(lstm1_in,state,scope=tf.get_variable_
                                scope())
                                logits = tf.matmul(output,output_W)
                                log_probs = tf.log(tf.nn.softmax(logits))
                                sample_word = tf.to_int32(tf.squeeze(tf.multinomial(log_
                                probs,1)))
                                sample_rollout_right.append(sample_word)

                        sample_rollout_right = tf.transpose(tf.stack(sample_rollout_right))
                        sample_rollout = tf.concat([sample_rollout_left,sample_rollout_
right],axis=1)

                        self.sample_rollout_step.append(sample_rollout)
```

　　从代码中可以看出，其通过参数命名空间的方式使用了生成器网络结构的参数，本质而言，就是利用生成器来实现 rollout policy，这里部分代码与生成器结构的代码类似，不再详细讨论。主要关注其中的双层 for 循环结构，之所以使用双层 for 循环，是因为每个序列中的每个时间点都可能需要进行数据采样。

```
for step in range(1,self.sequence_length):
    if step % 5 == 0:
        print("Rollout step: {}".format(step))

    sample_rollout_left = tf.reshape(self.pred_seq[:,0:step],shape=[self.batch_size,step])
    sample_rollout_right = []

    # 已知的状态 State，不需进行采样操作，直接获取相应的值
    for j in range(step): ...
    # 未知的状态 State，需要进行采样操作
    for j in range(step,self.sequence_length):...
```

假设要生成的序列数据长度为 20，当前的状态 State 为 5，这就说明 0～4 的状态是已知的状

态，不再需要进行采样，只需要将 0～4 对应位置的序列数据传入网络中，获得相应的 State 即可。

```
# 已知的状态 State，不需进行采样操作，直接获取相应的值
for j in range(step):
        if j==0:
                lstm1_in = tf.nn.embedding_lookup(word_emb_W,start_token)
        else:
                tf.get_variable_scope().reuse_variables()
                lstm1_in = tf.nn.embedding_lookup(word_emb_W,self.pred_
                seq[:,j-1])

        with tf.variable_scope("lstm"):
                if j==0:
                        output,state= lstm1(lstm1_in,zero_state,scope=tf.get_
variable_scope())
                else:
                        output,state = lstm1(lstm1_in,state,scope=tf.get_
variable_scope())
```

从代码中可以看出，多次使用 embedding_lookup()方法获取相应未知的序列数据，然后传入 lstm 网络获得该位置对应的状态 State。

得到已知的状态 State 后，接着需要经过一层 for 循环来获得 5～19 位置的状态，因为 5～19 还未生成，所有需要进行蒙特卡罗采样，其简单实现如下。

```
with tf.variable_scope("lstm"):
        output ,state = lstm1(lstm1_in,state,scope=tf.get_variable_scope())
        logits = tf.matmul(output,output_W)
        log_probs = tf.log(tf.nn.softmax(logits))
        # 进行采样
        sample_word = tf.to_int32(tf.squeeze(tf.multinomial(log_probs,1)))
        sample_rollout_right.append(sample_word)
```

采样的过程其实依旧是将输出结果进行 softmax，获得了 softmax 层的结果后，通过简单的 log 运算，再利用 tf.multinomial()方法来获得一个样本，然后将获取的样本存入 sample_rollout_right 列表中。

通过上面两个 for 循环，我们就得到了 0～4 位置的状态和 5～19 位置的状态，接着只需要将两者拼接起来构成一个完整的句子序列即可，代码如下。

```
sample_rollout_right = tf.transpose(tf.stack(sample_rollout_right))
        # 拼接已知 State 和采样获得的 State
        sample_rollout = tf.concat([sample_rollout_left,sample_rollout_
        right],axis=1)
        self.sample_rollout_step.append(sample_rollout)
```

12.4.4   SeqGAN 中目标 LSTM 与判别器的实现

了解了 SeqGAN 中生成器与 rollout 的具体细节后，接着来看一下 SeqGAN 中目标 LSTM

与判别器。

什么是目标 LSTM？在 SeqGAN 结构中，我们知道判别器除了要接收生成器生成的句子序列还需要接收真实世界的句子序列，但在真实世界中，句子通常处于原始的未编码状态，为了将其编码为相应的序列数据，就需要一个已经训练好的神经网络。该神经网络的作用是读取真实的数据，然后将其编码为序列数据并交由判别器去判别，因为生成器中主要使用 LSTM 结构，所以该网络通常也需要使用 LSTM 结构，构成与生成器类似的神经网络。需要注意的是，在 SeqGAN 训练过程中，目标 LSTM 是一个已经训练好的网络，不必再次训练，使用时只需要将它对应的网络参数加载回神经网络中即可，其目的是编码真实世界中的数据，交由判别器判别。下面就来编写目标 LSTM 的网络结构，将相关代码写到 target_lstm.py 文件中，定义 TARGET_LSTM 类为目标 LSTM。

虽然在 TensorFlow 中创建了 LSTM cell（LSTM 单元）的封装方法，可以方便我们快速构建 LSTM，但其封装层次较高，我们无法控制 LSTM 中每一次迭代的过程，而这里需要对 LSTM 进行相关的控制，所有需要我们自己编写一个 LSTM cell 来实现循环将真实数据编码为序列数据的需求。因为 TARGET_LSTM 代码比较长，这里将其拆分解释，先看其 __init__ 方法，具体代码如下。

```python
class TARGET_LSTM(object):
    '''
    目标 LSTM
    '''
    def __init__(self, config, params):
        self.num_emb = config.num_emb
        self.batch_size = config.gen_batch_size
        self.emb_dim = config.emb_dim
        self.hidden_dim = config.hidden_dim
        self.sequence_length = config.sequence_length
        self.start_token = tf.constant([config.start_token] * self.batch_size, dtype=
        tf.int32)
        self.g_params = []
        self.temperature = 1.0
        self.params = params

        tf.set_random_seed(66)

        with tf.variable_scope('generator'):
            self.g_embeddings = tf.Variable(self.params[0]) # 生成器中的词嵌套使用
            tf.Variable 变量
            self.g_params.append(self.g_embeddings)
            # 将 h_tm1 映射到 h_t，用于生成器
            self.g_recurrent_unit = self.create_recurrent_unit(self.g_params)
            # 将 h_t 映射到 o_t（输出 token 令牌的映射概率，即文字的离散概率[softmax 处理后的离散分布]）
            self.g_output_unit = self.create_output_unit(self.g_params)

        # placeholder definition 占位符
```

```
        self.x = tf.placeholder(tf.int32, shape=[self.batch_size, self.sequence_
length]) # sequence of tokens generated by generator

        # processed for batch 对batch 进行处理
        self.processed_x = tf.transpose(tf.nn.embedding_lookup(self.g_embeddings,
self.x), perm=[1, 0, 2])  # seq_length x batch_size x emb_dim

        # initial states 初始状态
        self.h0 = tf.zeros([self.batch_size, self.hidden_dim])
        self.h0 = tf.stack([self.h0, self.h0])

        '''
        通过 TensorArray 来存储数据，方便后面的读写操作
        tensor 数组的大小是支持动态扩增的
        '''
        gen_o = tensor_array_ops.TensorArray(dtype=tf.float32, size=self.sequence_length,
                                    dynamic_size=False, infer_shape=True)
        gen_x = tensor_array_ops.TensorArray(dtype=tf.int32, size=self.sequence_length,
                                    dynamic_size=False, infer_shape=True)
        # g recurrence 循环
        def _g_recurrence(i, x_t, h_tm1, gen_o, gen_x):
            h_t = self.g_recurrent_unit(x_t, h_tm1)  # 隐藏记忆元组
            o_t = self.g_output_unit(h_t)  # batch x vocab , logits not prob
            log_prob = tf.log(tf.nn.softmax(o_t))
            next_token = tf.cast(tf.reshape(tf.multinomial(log_prob, 1), [self.batch_
size]), tf.int32)
            # 选出单词
            x_tp1 = tf.nn.embedding_lookup(self.g_embeddings, next_token)  # batch x emb_dim
            # 将新的数据写入 gen_o 这个 TensorArray
            # 调用 TensorArray 类下的 write 方法，完成写入，主要有赋值操作
            gen_o = gen_o.write(i, tf.reduce_sum(tf.multiply(tf.one_hot(next_token,
self.num_emb, 1.0, 0.0),
                                                        tf.nn.softmax(o_t)),
1))  # [batch_size] , prob
            gen_x = gen_x.write(i, next_token)  # indices, batch_size
            return i + 1, x_tp1, h_t, gen_o, gen_x

        '''
        control_flow_ops.while_loop()方法用于创建一个循环
        '''
        _, _, _, self.gen_o, self.gen_x = control_flow_ops.while_loop(
            # 因为只需要使用 i 这个参数，其他参数都随意命名
            cond=lambda i, _1, _2, _3, _4: i < self.sequence_length,
            body=_g_recurrence,
            loop_vars=(tf.constant(0, dtype=tf.int32), # 循环次数 i
                    tf.nn.embedding_lookup(self.g_embeddings, self.start_token),
                    self.h0,
                    gen_o,
                    gen_x)
```

```
            )
        self.gen_x = self.gen_x.stack()  # seq_length x batch_size
        self.gen_x = tf.transpose(self.gen_x, perm=[1, 0])  # batch_size x seq_length

        # supervised pretraining for generator
        g_predictions = tensor_array_ops.TensorArray(
            dtype=tf.float32, size=self.sequence_length,
            dynamic_size=False, infer_shape=True)

        ta_emb_x = tensor_array_ops.TensorArray(
            dtype=tf.float32, size=self.sequence_length)
        ta_emb_x = ta_emb_x.unstack(self.processed_x)

        def _pretrain_recurrence(i, x_t, h_tm1, g_predictions):
            h_t = self.g_recurrent_unit(x_t, h_tm1)
            o_t = self.g_output_unit(h_t)
            g_predictions = g_predictions.write(i, tf.nn.softmax(o_t))  # batch x vocab_size
            x_tp1 = ta_emb_x.read(i)
            return i + 1, x_tp1, h_t, g_predictions

        _, _, _, self.g_predictions = control_flow_ops.while_loop(
            cond=lambda i, _1, _2, _3: i < self.sequence_length,
            body=_pretrain_recurrence,
            loop_vars=(tf.constant(0, dtype=tf.int32),
                        tf.nn.embedding_lookup(self.g_embeddings, self.start_token),
                        self.h0, g_predictions))

        self.g_predictions = tf.transpose(
            self.g_predictions.stack(), perm=[1, 0, 2])  # batch_size x seq_length x
            vocab_size

        # pretraining loss    to_int32 将张量转换为 int32 类型
        self.pretrain_loss = -tf.reduce_sum(
            tf.one_hot(tf.to_int32(tf.reshape(self.x, [-1])), self.num_emb, 1.0, 0.0)
            * tf.log(
                tf.reshape(self.g_predictions, [-1, self.num_emb]))) / (self.sequence_
length * self.batch_size)

        self.out_loss = tf.reduce_sum(
            tf.reshape(
                -tf.reduce_sum(
                    tf.one_hot(tf.to_int32(tf.reshape(self.x, [-1])), self.num_emb,
                    1.0, 0.0) * tf.log(
                        tf.reshape(self.g_predictions, [-1, self.num_emb])), 1
                ), [-1, self.sequence_length]
            ), 1
        )  # batch_size
```

从代码的简要注释中可以看出，其主要逻辑就是使用 TensorFlow 的 control_flow_ops.while_loop()方法创建了一个循环，根据相应的条件循环调用_g_recurrence()方法生成长度为 sequence_length 的序列数据。这里简单介绍一下 control_flow_ops.while_loop()方法，其通常会使用 cond、body 与 loop_vars 这 3 个参数，其中 cond 用来定义循环的条件，body 用来定义循环时指定的主体，cond 与 body 传入的都是函数的内存地址（可以理解为函数的"指针"），而 loop_vars 用来定义函数要使用的参数变量，cond、body 定义的函数都会接收 loop_vars 定义的变量。通常而言，cond 定义的函数只会使用 loop_vars 中的个别参数变量，作为循环的结束条件，loop_vars 的大部分参数则用于 body 定义的函数。

TensorFlow 中，循环的执行流程通常如下。

（1）初始化参数列表。

（2）参数列表传给 cond 函数，返回 True -> 执行循环体（步骤 3），返回 False -> 退出循环。

（3）执行循环体，返回新的参数列表。

再回看上述代码，其循环部分如下：

```
_, _, _, self.gen_o, self.gen_x = control_flow_ops.while_loop(
            # 因为只需要使用 i 这个参数，其他参数都随意命名
            cond=lambda i, _1, _2, _3, _4: i < self.sequence_length,
            body=_g_recurrence,
            loop_vars=(tf.constant(0, dtype=tf.int32), # 循环次数 i
                       # tf.nn.embedding_lookup() 用法主要是选取一个张量中索引对应的元素
                       tf.nn.embedding_lookup(self.g_embeddings, self.start_token),
                       self.h0,
                       gen_o,
                       gen_x)
            )
```

其中，cond 参数定义了一个匿名函数，并且只使用了 loop_vars 中第一个参数；而 body 则定义为_g_recurrence 函数，该函数的作用是创建 LSTM cell，其中主要调用了 create_recurrent_unit()方法来创建 LSTM cell，以及调用 create_output_unit()方法来创建 LSTM cell 的输出。先看 create_recurrent_unit()方法，具体代码如下。

```
    def create_recurrent_unit(self, params):
        '''
        创建 LSTM 中重复的单元，即一个时间轴上位于中间的这些单元
        :param params:
        :return:
        '''
        # 输入、隐藏 tensor 的权重与偏差
        self.Wi = tf.Variable(self.params[1])
        self.Ui = tf.Variable(self.params[2])
        self.bi = tf.Variable(self.params[3])

        self.Wf = tf.Variable(self.params[4])
```

```python
        self.Uf = tf.Variable(self.params[5])
        self.bf = tf.Variable(self.params[6])

        self.Wog = tf.Variable(self.params[7])
        self.Uog = tf.Variable(self.params[8])
        self.bog = tf.Variable(self.params[9])

        self.Wc = tf.Variable(self.params[10])
        self.Uc = tf.Variable(self.params[11])
        self.bc = tf.Variable(self.params[12])

    params.extend([
        self.Wi, self.Ui, self.bi,
        self.Wf, self.Uf, self.bf,
        self.Wog, self.Uog, self.bog,
        self.Wc, self.Uc, self.bc])

    def unit(x, hidden_memory_tm1):
        '''
        LSTM 中的一个单元，由多个门构成
        :param x: 上一个时间节点下对应单元的输出
        :param hidden_memory_tm1: 当前时间节点下对应单元隐藏矩阵参数
        :return:
        '''
        # tf.unstack 方法将传入的矩阵拆分
        previous_hidden_state, c_prev = tf.unstack(hidden_memory_tm1)

        # 输入门
        i = tf.sigmoid(
            tf.matmul(x, self.Wi) +
            tf.matmul(previous_hidden_state, self.Ui) + self.bi
        )

        # 遗忘门
        f = tf.sigmoid(
            tf.matmul(x, self.Wf) +
            tf.matmul(previous_hidden_state, self.Uf) + self.bf
        )

        # 输出门
        o = tf.sigmoid(
            tf.matmul(x, self.Wog) +
            tf.matmul(previous_hidden_state, self.Uog) + self.bog
        )

        # 新的记忆单元
        c_ = tf.nn.tanh(
            tf.matmul(x, self.Wc) +
            tf.matmul(previous_hidden_state, self.Uc) + self.bc
```

```
                )

                #最终的记忆单元
                c = f * c_prev + i * c_

                # 当前隐藏状态
                current_hidden_state = o * tf.nn.tanh(c)
                # tf.stack 方法将传入的矩阵拼接
                return tf.stack([current_hidden_state, c])
        return unit
```

该方法的主要逻辑就是定义输入门、遗忘门与输出门等门结构来构建 LSTM cell，代码中有具体的注释，不再细谈。接着看 create_output_unit()方法的代码。

```
    # 创建 LSTM 单元的输出
    def create_output_unit(self, params):
        self.Wo = tf.Variable(self.params[13])
        self.bo = tf.Variable(self.params[14])
        params.extend([self.Wo, self.bo])

        def unit(hidden_memory_tuple):
            hidden_state, c_prev = tf.unstack(hidden_memory_tuple)
            # hidden_state : batch x hidden_dim
            logits = tf.matmul(hidden_state, self.Wo) + self.bo
            # output = tf.nn.softmax(logits)
            return logits

        return unit
```

该方法的逻辑就是获得 LSTM cell 的输出。

至此目标 LSTM 就构建完成，回看一下，其实就是通过 TensorFlow 的循环来构建 LSTM 结构，从而实现对 LSTM 中每个 LSTM cell 的控制，进而实现了将真实世界的数据编码为序列数据的目的。

接着我们来实现一下 SeqGAN 中的判别器，其采用了 CNN 的结构来构建判别器的神经网络，CNN 结构我们已经比较熟悉了，有差异的地方在于，判别器的 CNN 结构采用了 highway 结构，从而保证深层网络结构中有足够的数据细节用于训练，其具体代码如下。

```
class Discriminator(object):
    """
    使用 CNN 来实现文本分类
    具体使用了嵌入层、卷积层、最大池化层与 softmax 层
    """

    def __init__(self,config):
        self.sequence_length = config.sequence_length
        self.num_classes = config.num_classes
        self.vocab_size = config.vocab_size
        self.filter_sizes = config.dis_filter_sizes
```

451

```
            self.num_filters = config.dis_num_filters
            self.vocab_size = config.vocab_size
            self.dis_learning_rate = config.dis_learning_rate
            self.embedding_size = config.dis_embedding_dim
            self.l2_reg_lambda = config.dis_l2_reg_lambda
            self.input_x = tf.placeholder(tf.int32,[None,self.sequence_length],name='input_x')
            self.input_y = tf.placeholder(tf.int32,[None,self.num_classes],name='input_y')
            self.dropout_keep_prob = tf.placeholder(tf.float32,name='dropout_keep_prob')
            # Keeping track of l2 regularization loss (optional)
            self.l2_loss = tf.constant(0.0)

    def build_discriminator(self):
        with tf.variable_scope('discriminator'):
            with tf.name_scope('embedding'):
                self.W = tf.Variable(tf.random_normal([self.vocab_size,self.embedding_
size],-1.0,1.0),name='W')
                self.embedded_chars = tf.nn.embedding_lookup(self.W,self.input_x)
                # batch * seq * emb_size
                self.embedded_chars_expanded = tf.expand_dims(self.embedded_chars,-1)
                # batch * seq * emb_size * 1

            pooled_outputs = []
            for filter_size,num_filter in zip(self.filter_sizes,self.num_filters):
                with tf.name_scope('conv_maxpool-%s' % filter_size):
                    filter_shape = [filter_size,self.embedding_size,1,num_filter]
                    W = tf.Variable(tf.truncated_normal(filter_shape,stddev=0.1),
                    name="W")
                    b = tf.Variable(tf.constant(0.1,shape=[num_filter]),name='b')
                    conv = tf.nn.conv2d(
                        self.embedded_chars_expanded,
                        W,
                        strides = [1,1,1,1],
                         padding = 'VALID',
                         name='conv'
                    )
                    h = tf.nn.relu(tf.nn.bias_add(conv,b),name='relu') # batch *
seq - filter_size + 1 * 1 * num_filter
                    pooled = tf.nn.max_pool(
                        h,
                        ksize = [1,self.sequence_length - filter_size + 1,1,1],
                        strides = [1,1,1,1],
                        padding = 'VALID',
                        name = 'pool'
                    )  # batch * 1 * 1 * num_filter

                    pooled_outputs.append(pooled)


            num_filters_total = sum(self.num_filters)
```

```
                    self.h_pool = tf.concat(pooled_outputs,3)
                    self.h_pool_flat = tf.reshape(self.h_pool,[-1,num_filters_total]) # batch
* sum_num_fiters

              with tf.name_scope('highway'):
                    # 高速公路类似残差网络，其目的是保存大部分信息，让网络深层的结构有更多的信息
                    self.h_highway = highway(self.h_pool_flat,self.h_pool_flat.get_
shape()[1],1,0)

              with tf.name_scope("dropout"):
                    # dropout
                    self.h_drop = tf.nn.dropout(self.h_highway,self.dropout_keep_prob)

              with tf.name_scope("output"):
                    W = tf.Variable(tf.truncated_normal([num_filters_total,self.num_
classes],stddev = 0.1),name="W")
                    b = tf.Variable(tf.constant(0.1,shape=[self.num_classes]),name='b')
                    self.l2_loss += tf.nn.l2_loss(W)
                    self.l2_loss += tf.nn.l2_loss(b)
                    self.scores = tf.nn.xw_plus_b(self.h_drop,W,b,name='scores') # batch
* num_classes
                    self.ypred_for_auc = tf.nn.softmax(self.scores)
                    self.predictions = tf.argmax(self.scores,1,name='predictions')


              with tf.name_scope("loss"):
                    losses = tf.nn.softmax_cross_entropy_with_logits(logits=self.scores,
labels=self.input_y)
                    # 损失函数中加入了正则项
                    self.loss = tf.reduce_mean(losses) + self.l2_reg_lambda + self.l2_loss

          self.params = [param for param in tf.trainable_variables() if 'discriminator'
          in param.name]
          d_optimizer = tf.train.AdamOptimizer(self.dis_learning_rate)
          grads_and_vars = d_optimizer.compute_gradients(self.loss,self.params,aggregation_
          method=2)
          self.train_op = d_optimizer.apply_gradients(grads_and_vars)
```

从代码中可以看出，使用了 tf.nn.conv2d()方法来构建卷积层、使用了 tf.nn.max_pool()方法来构建最大池化层；然后就是一些常见的操作，并使用了 highway 与 dropout，不再细讲；最后在定义损失时加入了 L2 正则项，对损失进行了约束。至此判别器的构建也就完成了。

12.4.5　SeqGAN 中生成器与判别器预训练

构建了 SeqGAN 中主要的几个结构后，就可以来编写训练逻辑了。首先要做的是对生成器与判别器进行预训练，让生成器与判别器有一定的基础后，再进行对抗训练。在编写预训练逻辑前，先实例化 SeqGAN 的主要结构，具体代码如下。

```
config_train = training_config() # 训练的参数
config_gen = generator_config() # 生成器的参数
config_dis = discriminator_config() # 判别器的参数

# 构建生成器
generator = Generator(config=config_gen)
generator.build()
# rollout policy
rollout_gen = rollout(config=config_gen)

# 构建目标 LSTM
target_params = pickle.load(open('save/target_params.pkl','rb'),encoding='iso-8859-1')
target_lstm = TARGET_LSTM(config=config_gen, params=target_params)

# 构建判别器
discriminator = Discriminator(config=config_dis)
discriminator.build_discriminator()
```

接着需要实例化数据加载器，代码如下。

```
gen_data_loader = Gen_Data_loader(config_gen.gen_batch_size)
likelihood_data_loader = Gen_Data_loader(config_gen.gen_batch_size)
dis_data_loader = Dis_dataloader(config_dis.dis_batch_size)
```

所谓数据加载器，顾名思义，用来加载数据用于生成器或判别器的训练，先编写判别器的数据加载器 Dis_dataloader，该类具有 3 个方法，代码如下。

```
class Dis_dataloader():
    '''
    Discriminator 数据生成器，用于
    Discriminator 的训练
    '''
    def __init__(self,batch_size):
        self.batch_size = batch_size
        self.sentences = np.array([])
        self.labels = np.array([])

    def load_train_data(self,positive_file,negative_file):...

    def next_batch(self):...

    def reset_pointer(self):...
```

其中 load_train_data()方法用于加载数据，next_batch()方法用于获取下一组数据，reset_pointer()方法将读取数据的指针调整回初始位置。先看加载数据的方法。

```
    def load_train_data(self,positive_file,negative_file):
        positive_examples = []
        negative_examples = []
        with open(positive_file) as fin:
            for line in fin:
                line = line.strip().split()
```

```
                    parse_line = [int(x) for x in line]
                    positive_examples.append(parse_line)


        with open(negative_file) as fin:
            for line in fin:
                line = line.strip().split()
                parse_line = [int(x) for x in line]
                if len(parse_line) == 20:
                    negative_examples.append(parse_line)

        self.sentences = np.array(positive_examples + negative_examples)

        positive_labels = [[0,1] for _ in positive_examples]
        negative_labels = [[1,0] for _ in negative_examples]

        self.labels = np.concatenate([positive_labels,negative_labels],0)

        # 随机打乱数据: 如果给np.random.permutation方法传入一个矩阵, 它会返回一个洗牌后的矩阵副本
        shuffle_indices = np.random.permutation(np.arange(len(self.labels)))
        self.sentences = self.sentences[shuffle_indices]
        self.labels = self.labels[shuffle_indices]

        # 切分数据
        self.num_batch = int(len(self.labels)/self.batch_size)
        self.sentences = self.sentences[:self.batch_size * self.num_batch]
        self.labels = self.labels[:self.batch_size * self.num_batch]

        self.sentences_batches = np.split(self.sentences,self.num_batch,0)
        self.labels_batches = np.split(self.labels,self.num_batch,0)
        # 读取指针
        self.pointer = 0
```

从代码中可以看出，首先会通过 open()方法将对应的数据读入，分别为正面数据本身、正面数据标签、负面数据本身、负面数据标签；然后将其转为 narray 对象并利用 numpy 中相应的方法对其进行数据打乱操作，接着将数据切分，并将读取指针 self.pointer 置零。

相对于 load_train_data()方法本身，next_batch()方法与 reset_pointer()方法的逻辑就简单很多，代码如下。

```
    def next_batch(self):
        ret = self.sentences_batches[self.pointer],self.labels_batches[self.pointer]
        self.pointer = (self.pointer + 1) % self.num_batch
        return ret

    def reset_pointer(self):
        self.pointer = 0
```

next_batch()方法就是获取读取指针处的数据，并将读取指针 self.pointer 移动相应的位置；

而 reset_pointer()方法就是重置这个指针的位置。

　　判别器数据加载器相关的方法编写完成，接着就来看生成器的数据加载器，同样也是 3 个主要的方法，具体代码如下。

```
    def create_batches(self,data_file):
        self.token_stream = []
        with open(data_file,'r') as f:
            for line in f:
                line = line.strip().split()
                parse_line = [int(x) for x in line]
                if len(parse_line) == 20:
                    self.token_stream.append(parse_line)


        self.num_batch = int(len(self.token_stream) / self.batch_size)
        # 截取刚刚好的 batch
        self.token_stream = self.token_stream[:self.num_batch * self.batch_size]
        # 使用 np 的 split 函数切分 batch
        self.sequence_batch = np.split(np.array(self.token_stream),self.num_batch,0)
        self.pointer= 0


    def next_batch(self):
        ret = self.sequence_batch[self.pointer]
        self.pointer = (self.pointer + 1) % self.num_batch
        return ret

    def reset_pointer(self):
        self.pointer = 0
```

　　其中 next_batch()方法与 reset_pointer()方法和判别器的类似，而 create_batches()方法主要是获取一组数据用于生成器训练。

　　明白生成器与判别器的数据加载器，便于理解生成器与判别器的预训练过程。先讨论生成器的预训练过程，其代码如下。

```
sess = tf.Session()
sess.run(tf.global_variables_initializer())
# 生成数据存入 positive_file 正面(积极)文件中，调用的是 target_lstm 来生成目标序列
generate_samples(sess,target_lstm,config_train.batch_size,config_train.generated_num,
config_train.positive_file)
gen_data_loader.create_batches(config_train.positive_file) # 加载正面文件中的数据

log = open('save/experiment-log.txt','w')
print('Start pre-training generator....')

log.write('pre-training...\n')
```

```
for epoch in range(config_train.pretrained_epoch_num):
    # 重置指针，让其指回开头，此时后面的训练就会使用到前面 target_lstm 存储的数据
    gen_data_loader.reset_pointer()

    # 预训练，给予真实的数据，让生成器有个好的开始
    for it in range(gen_data_loader.num_batch):
        batch = gen_data_loader.next_batch() # 获得下一 batch 的数据，用于预训练生成器

        # 预训练 G
        _,g_loss = sess.run([gen_pre_update,generator.pretrained_loss],feed_dict={
            generator.input_seqs_pre:batch, # 输入的真实数据
            generator.input_seqs_mask:np.ones_like(batch) # 真实数据的 ont-hot 矩阵
        })

    # 存储当前生成器生成的数据，并计算与目标 target_lstm 生成的原始数据的差异
    if epoch % config_train.test_per_epoch == 0:
        # 进行测试，通过 Generator 产生一批序列，将生成的序列存如 eval_file 评测文件中
generate_samples(sess,generator,config_train.batch_size,config_train.generated_num,config_train.eval_file)
        # 创建这批序列的 data-loader
        likelihood_data_loader.create_batches(config_train.eval_file)
        # 使用 oracle 计算交叉熵损失 nll
        test_loss = target_loss(sess,target_lstm,likelihood_data_loader)
        # 打印并写入日志
        print('pre-train ',epoch, ' test_loss ',test_loss)
        buffer = 'epoch:\t' + str(epoch) + '\tnll:\t' + str(test_loss) + '\n'
        log.write(buffer)
```

代码中关键步骤都有相关的注释，简单讨论一下，在生成器预训练前，先通过 generate_samples() 方法与 gen_data_loader.create_batches() 方法将正面数据载入。注意 generate_samples() 方法中使用了 target_lstm，即通过目标 LSTM 将真实世界中的数据编码为相应的序列数据，用于生成器的预训练。

接着定义双层 for 循环，外面一层表示训练了多少轮，里面一层表示每一轮要训练多少组数据，在每一轮开始都调用 reset_pointer() 重置数据读取器的指针，然后在里面一层的循环中，每一层循环都调用 gen_data_loader.next_batch() 方法获取真实的序列数据用于生成器的训练。生成器通过真实世界的正面数据训练后，就有了一个好的基础，在后面对抗训练时，才不会像无头苍蝇一样，随机地去生成，而是有了一个大致的方向。具体的训练代码如下。

```
# 预训练 G
_,g_loss = sess.run([gen_pre_update,generator.pretrained_loss],feed_dict={
    generator.input_seqs_pre:batch, # 输入的真实数据
    generator.input_seqs_mask:np.ones_like(batch) # 真实数据的 ont-hot 矩阵
})
```

从 sess.run() 方法传入的参数可以看出，训练的目的就是获得生成器的梯度及其预训练损失。生成器的预训练损失在生成器类的预训练方法中已经定义了，所以这里展示一下其梯度的

定义，具体代码如下。

```
# 构建优化器进行预训练
pretrained_optimizer = tf.train.AdamOptimizer(config_train.gen_learning_rate)
# 要进行梯度更新的对象，即这些对象的值会减去梯度这个参数
var_pretrained = [v for v in tf.trainable_variables() if 'teller' in v.name] # 获
取 teller 标签对应的变量
gradients, variables = zip(
    # minimize() = compute_gradients() + apply_gradients() 拆分成计算梯度和应用梯度两个步骤
    # 在后面调用 apply_gradients()应用梯度前，使用 clip_by_global_norm()对梯度进行裁剪
    *pretrained_optimizer.compute_gradients(generator.pretrained_loss, var_list=var_
pretrained))
# 梯度裁剪，让权重更新限制在一个合理的范围
gradients, _ = tf.clip_by_global_norm(gradients, config_train.grad_clip)
# 应用梯度
gen_pre_update = pretrained_optimizer.apply_gradients(zip(gradients, variables))
```

代码的逻辑比较简单，首先通过命名空间获取 teller 所在空间的变量，然后就可以计算梯度了，这里将梯度的计算拆分为计算梯度和应用梯度两个步骤来进行，目的就是对超出范围的梯度做裁剪，获得一个在合理范围内的梯度，具体细节在第 7 章有相应的讲解，所以这里就不再细讲。

至此预训练生成器的主要逻辑就讨论结束，当然为了直观地看到训练的过程，每训练一定次数会将相应的日志写入本地，方便查看。

与生成器预训练逻辑类似，判别器的预训练代码如下。

```
# 预训练，让判别器知道什么样的数据是差的
print('Start pre-training discriminator...')
for t in range(config_train.dis_update_time_pre):
    print("Times: " + str(t))
    # 生成数据存入 negative_file 负面(消极)数据文件中，调用的是 generator 生成器
generate_samples(sess,generator,config_train.batch_size,config_train.generated_num,config_
train.negative_file)
    # 判别器的数据加载器从 negative_file 负面数据文件中获取训练数据
dis_data_loader.load_train_data(config_train.positive_file,config_train.negative_file)
    for _ in range(config_train.dis_update_time_pre):
        # 判别器数据加载器重置指针，让其可以获取前面的负面文件数据
        dis_data_loader.reset_pointer()
        for it in range(dis_data_loader.num_batch):
            # 判别器是 CNN
            x_batch,y_batch = dis_data_loader.next_batch()
            feed_dict = {
                discriminator.input_x : x_batch,
                discriminator.input_y : y_batch,
                # dropout
                discriminator.dropout_keep_prob : config_dis.dis_dropout_keep_prob
            }
            _ = sess.run(discriminator.train_op,feed_dict)
```

从代码中可以看出，训练判别器时使用生成器生成的数据，generate_samples()方法传入的是 generator 并且使用的是负面数据。与生成器不同，生成器预训练的目的是让生成器有个好的开始，而判别器预训练的目的是让判别器知道什么样的数据是生成的。判别器的预训练逻辑其实就是训练 CNN 文本分类器，具体细节不多讨论。

至此 SeqGAN 预训练的部分就完成了。

12.4.6 SeqGAN 对抗训练

SeqGAN 预训练完成后，就可以来实现 SeqGAN 的对抗训练了，先从比较复杂的生成器开始。在训练生成器时，生成器会生成样本数据，并且通过 rollout policy 采样获得未知的样本数据，从而拼接成一个完整的序列数据交由判别器，获得判别器返回的奖励作为梯度，然后使用 Policy Gradient 算法对生成器参数进行更新，其具体代码如下。

```
# 创建对抗训练的损失
train_adv_opt = tf.train.AdamOptimizer(config_train.gen_learning_rate)
gradients, variables = zip(*train_adv_opt.compute_gradients(generator.gen_loss_adv,
var_list=var_pretrained))
# 对对抗损失进行剪切
gradients, _ = tf.clip_by_global_norm(gradients, config_train.grad_clip)
train_adv_update = train_adv_opt.apply_gradients(zip(gradients, variables))

# Initialize global variables of optimizer for adversarial training 初始化优化器全局变
量，以便进行对抗训练
uninitialized_var = [e for e in tf.global_variables() if e not in tf.trainable_variables()]
init_vars_uninit_op = tf.variables_initializer(uninitialized_var)
sess.run(init_vars_uninit_op)

# 开始对抗训练
for total_batch in range(config_train.total_batch):
    for iter_gen in range(config_train.gen_update_time):
        # 生成器生成一个样例
        samples = sess.run(generator.sample_word_list_reshpae)
        # 将样例构成序列数据的第一个开头（下标为 0），将其作为训练数据，交由生成器去生成序列数据的样本
        feed = {'pred_seq_rollout:0':samples}
        reward_rollout = []
        # 循环逻辑，让生成器循环生成序列数据，循环的次数就是序列数据的长度
        for iter_roll in range(config_train.rollout_num):
            rollout_list = sess.run(rollout_gen.sample_rollout_step,feed_dict=feed)
            # np.vstack，垂直（按照行顺序）地把数组给堆叠起来
            rollout_list_stack = np.vstack(rollout_list)
            # 将 rollout policy 算法生成的数据传入判别器，获得奖励
            reward_rollout_seq = sess.run(discriminator.ypred_for_auc,feed_dict={
                discriminator.input_x:rollout_list_stack,discriminator.dropout_keep_prob:1.0
            })
            # 传入生成器生成的样例数据，获得奖励
```

```
            reward_last_tok = sess.run(discriminator.ypred_for_auc,feed_dict={
                discriminator.input_x:samples,discriminator.dropout_keep_prob:1.0
            })
            # 拼接两者，构造总奖励(生成器生成样例的奖励，以及 rollout policy 采样获得样例的奖励)
            reward_allseq = np.concatenate((reward_rollout_seq,reward_last_tok),axis=0)[:,1]
            reward_tmp = []
            for r in range(config_gen.gen_batch_size):
                reward_tmp.append(reward_allseq[range(r,config_gen.gen_batch_size *
config_gen.sequence_length,config_gen.gen_batch_size)])

            reward_rollout.append(np.array(reward_tmp))
        # 计算奖励，横向累加 reward_rollout，然后再除以其个数
        rewards = np.sum(reward_rollout,axis = 0) / config_train.rollout_num
        # 生成器获得 sample 作为输入数据、获得奖励作为梯度
        _,gen_loss = sess.run([train_adv_update,generator.gen_loss_adv],feed_dict=
{generator.input_seqs_adv:samples,generator.rewards:rewards})
```

　　仔细看到代码中的训练部分，首先通过生成器的 sample_word_list_reshpae()方法获得生成的样本数据；然后在第二层 for 循环中，利用 rollout policy 算法采样获得剩余样本数据；将生成器生成的样本数据与 rollout policy 算法采样获得的样本分别传递给判别器，从而分别获得相应的奖励；将两个奖励通过 concatenate()方法拼接，从而获得一个总奖励。代码的逻辑似乎与此前提及的逻辑有些出入？不应该是先将生成器生成的数据与采样获得的数据拼接成完整的序列数据，再交由判别器判断吗？虽然代码中将两者分开了使用，但因为我们编写时，生成器的神经网络与 rollout 对应的神经网络共享相同的参数，并且都在代码中实现了将生成数据与采样获得的数据分开处理的逻辑，所以此时的使用方式就相当于将生成器生成样本与 rollout policy 算法采样获得的样本先拼接，再交由判别器获得奖励。

　　通过判别器获得了序列数据的总奖励后，就可以计算出生成器的对抗损失了，具体的计算方式就是 Policy Gradient。至此生成器对抗训练的逻辑就完成了。

　　接着是判别器对抗训练的逻辑，其代码如下。

```
# 开始对抗训练
for total_batch in range(config_train.total_batch):
    # 一些省略的代码
        ...

    for _ in range(config_train.dis_update_time_adv):
        # 生成器生成数据，存入 negative_file 中
        generate_samples(sess,generator,config_train.batch_size,config_train.generated_
num,config_train.negative_file)
        # 判别器数据加载器分别加载正面数据 positive_file 与负面数据 negative_file
        dis_data_loader.load_train_data(config_train.positive_file,config_train.
            negative_file)

        for _ in range(config_train.dis_update_time_adv):
            # 重置指向
```

```
dis_data_loader.reset_pointer()
# 训练判别器
for it in range(dis_data_loader.num_batch):
        x_batch,y_batch = dis_data_loader.next_batch()
        feed = {
                discriminator.input_x:x_batch,
                discriminator.input_y:y_batch,
                discriminator.dropout_keep_prob:config_dis.dis_dropout_keep_prob
        }
        _ = sess.run(discriminator.train_op,feed)
```

判别器的训练逻辑比较简单，首先通过生成器生成样例数据，将这些数据存入文件中，作为判别器的负面数据来使用，接着调用 load_train_data() 方法加载正面数据与负面数据用于判别器的训练。

这样 SeqGAN 的主要结构与主要逻辑就编写完成了，接着准备一些数据简单运行一下，这里将一组组由数字组成的序列作为真实世界的数据，形式如下。

```
4703 2040 3035 641 3735 552 1612 2945 3460 3187 3729 3277 778 3023 396 728 3709 719
2361 4177
3099 3075 1766 2223 1016 491 2904 4678 4913 1529 2500 4723 4000 2297 776 1359 2368
2563 1130 2512
925 3918 3069 551 2191 1355 4152 1040 1522 3344 3154 3543 2361 1504 2842 4458 1529
1069 461 4388
```

通过这种方式就可以简单检验一下我们编写的 SeqGAN。

12.5 MaskGAN

在前面的内容中，我们介绍了 SeqGAN 是利用 RL+GAN 的思想实现生成序列数据的目标。但 SeqGAN 在生成真实的文本时，效果并不理想，因为 SeqGAN 模型容易遇到模式崩溃（Mode Collapse）与难训练的问题。具体而言，首先 SeqGAN 的判别器会对整个序列数据进行判别从而获得奖励，而每个序列数据重复出现的概率比较低，GAN 难以从这些数据中学到足够的信息，从而导致 GAN 生成样本多样性不足，即出现模式崩溃；其次 GAN 训练时，生成器与判别器能力难以平衡导致训练不稳定，这也降低了 SeqGAN 生成文本数据的效果。为了尝试解决这些问题，MaskGAN 出现了。

12.5.1 MaskGAN 结构与算法

为了解决 SeqGAN 面临的问题，MaskGAN 尝试增加 GAN 训练时可以获得的信息量，具体的做法就是不让生成器直接生成完整的序列数据，而是生成真实序列数据中缺失的部分，其他已有的部分不再生成。以句子数据为例，对于真实世界中的一个句子，将其中的部分词汇去除，然后交由生成器训练，生成器的目标就是将句子中缺失的词汇补充完整，将补充完整的句子数据再交由判别器去判别。

这种做法很直观，生成器不再需要生成完整的句子，而是从已有的缺失句子中生成词汇，这种方式增加了生成器可以获取的信息量，同时降低了其生成任务的难度。这种方式其实也决定了生成器要使用 Seq2Seq 的网络结构，生成器先接收缺失的序列数据，然后生成补充完整后的序列数据，其模型具体结构如图 12.19 所示。

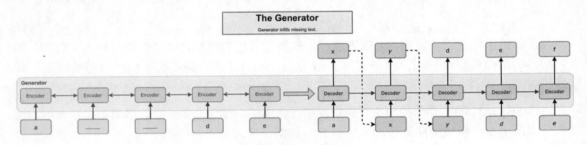

图 12.19　MaskGAN 生成器结构

从上图中可以看出，生成器接收缺失的序列数据，然后对该数据进行补全。需要注意，解码器（Decoder）生成的数据并不是每一个都作为当前元素的下一个元素，这取决于下一个元素是否是缺失的。这一点很重要，因为对于序列数据而言，一个错误的元素可能会导致整个序列数据的错误，所以缺失序列数据中已有的部分不会使用解码器生成的数据代替，而是直接使用原有的数据。

类似的，MaskGAN 的判别器也采用 Seq2Seq 结构，当多个序列数据输入判别器时，判别器会输出每个序列数据为真的概率。

其次，相对于 SeqGAN 采用 Policy Gradient 而言，MaskGAN 使用 Actor-Critic，这在前面讨论强化学习算法的小节中有所提及。Policy Gradients 属于基于策略的强化学习算法（Plicy-Based RL），相对的还有基于价值的强化学习算法（Value-Based RL），两种方法各有优劣，从而出现了 Actor-Critic 这种综合两种方法优势的算法。在 Actor-Critic 算法中，Actor（演员）会基于概率做出某个动作，而 Critic（评论家）会基于 Actor 做出的动作给出价值打分。

通常我们会使用一个神经网络来拟合 Actor 所表示的函数，该神经网络会接收当前环境的状态作为输入，输出具体的动作，而我们的目的就是训练这个神经网络，让其可以获得更高的奖励。

类似的，我们也会使用一个神经网络来拟合 Critic，它会对 Actor 做出的动作评分。这里会涉及 Q-Value 的概念，Q-Value 通常用于表示某种状态下智能体采取某种动作的优劣，Q-Value 本身也是一个未知的函数，通过神经网络去近似地表示它，这个神经网络就被称为 Critic。

Actor-Critic 的核心理念就是让 Actor 根据 Critic 的评分来做调整，Critic 就相当于 Actor 的老师，只是这个老师比较奇怪，他不会指导你如何做才能更好，只会给你的做法打分，让你自己去摸索好的做法。在 Actor-Critic 训练的一开始，Actor 会随机地做出不同的动作，Critic 同样也是随机地给予评分，而由于奖励的存在，Critic 的评分会越来越准确，从而导致 Actor 执行的动作越来越好。与 Policy Gradient 相比，一个主要区别在于引入了基于价值的机制，让 Actor-Critic 可以单步更新，不需要等智能体与环境完成一轮交互后再更新网络结构，而是智能体每做一个动作获得反馈后，就可以单步更新网络结构。

这里简单地讨论一下 Actor-Critic 的训练步骤。

（1）Actor 根据当前环境的状态做出一个动作。

（2）Critic 根据当前环境的状态和 Actor 做出的动作对 Actor 评分。

（3）Actor 根据 Critic 的评分调整自己的策略，目的是最大化 Critic 的评分。

（4）Critic 根据当前环境所在的系统给出的奖励和其他评论家的评分来调整自己的评分策略。

理解了 MaskGAN 采用 "填词" 的方式增加额外的信息以及使用 Actor-Critic 算法后，简单地推导一下其数学公式，公式推导的细节需要一定的强化学习知识，这并不是本书的重点，所以这里主要从大体上讨论 MaskGAN 的数学公式。

首先定义 $x = (x_1, \cdots, x_T)$ 为完整的序列数据，定义 $m = (m_1, \cdots, m_T)$ 为缺失数据，也称为 Masked Token，其中 m_i 为 0 或 1，0 表示该位置的词被 "挖掉" 了，即序列数据中的缺失部分，1 表示有词的部分，由此我们可以获得生成器与判别器的表达式。

首先，生成器会将序列上的分布分解成有序的条件序列。

$$P(\hat{x}_1, \cdots, \hat{x}_T | m(x)) = \prod_{t=1}^{T} P(\hat{x}_t | \hat{x}_1, \cdots, \hat{x}_{t-1}, m(x))$$

其中 $\hat{x}_{1:t-1}$ 表示此前已经生成填上的词，通过 $\hat{x}_t$ 部分与 $\hat{x}_{1:t-1}$ 就可以计算出生成当前词 $\hat{x}_t$ 的概率。在具体的实现上，如果当前时间节点下已经存在词汇，则直接使用真实的词，从而得到生成器的表达式。

$$G(x_t) = P(\hat{x}_t | \hat{x}_1, \cdots, \hat{x}_{t-1}, m(x))$$

判别器与生成器具有相同的架构，只是 Seq2Seq 输出部分输出的内容不同，判别器会接收生成器生成的填充序列。需要注意的是，判别器也需要传入缺失序列 m(x)，不然会由于缺失上下文信息而部分判断生成器生成的填充序列与真实序列直接的差别，判别器公式如下。

$$D_\phi(\tilde{x}_t | \tilde{x}_{0:T}, m(x)) = P(\tilde{x}_t = x_t^{real} | \tilde{x}_{0:T}, m(x))$$

从上面的讨论中，已经知道 Actor-Critic 是单步更新的，定义 r_t 为 MaskGAN 单步更新的奖励，则 r_t 等于判别器输出的对数值，公式如下。

$$r_t = \log D_\phi(\tilde{x}_t|\tilde{x}_{0:T}, m(x))$$

则总的奖励则为当前时刻到序列数据结束 T 时单步奖励的和。

$$R_t = \sum_{s=t}^{T} \gamma^s r_s$$

其中 γ 表示序列数据中每个位置的折扣因子。

　　与 SeqGAN 类似，MaskGAN 中生成器的目标同样是最大化总奖励，我们通过更新生成器的参数 θ，利用梯度上升算法来让 $E_{G(\theta)}[R]$ 增大，利用 REINFORCE 算法（这是一类算法）可以获得无偏估计 $\nabla_\theta E_G[R_t] = R_t \nabla_\theta \log G_\theta(\hat{x}_t)$，接着可以使用 Critic 产生的 baseline b_t 来降低梯度的方差，则更新梯度的公式变为

$$\nabla_\theta E_G[R_t] = (R_t - b_t)\nabla_\theta \log G_\theta(\hat{x}_t)$$

其中 G_θ 表示生成 $\hat{x}_t$ 的概率函数，R_t 表示判别器在当前的状态下采取 $\hat{x}_t$ 这个动作会得到的奖励，而 b_t 是为了避免 MaskGAN 在强化学习训练过程中产生的梯度方差太大，从而将奖励减去 baseline。

　　在代码实现上，Critic 产生的 b_t 由神经网络来拟合，我们在 MaskGAN 代码实现中使用了判别器网络中的前半部分来拟合估计 b_t。

　　获得了 R_t 的梯度表达式后，由此可以获得总奖励 $(R = \sum_{t=1}^{T} R_t)$ 的梯度表达式，即生成器完整的梯度表达式。

$$E_{G(\theta)}[R] = E_{\hat{x}_t \sim G}\left[\sum_{t=1}^{T} ((R_t - b_t)\nabla_\theta \log G_\theta(x_t))\right]$$

$$= E_{\hat{x}_t \sim G}\left[\sum_{t=1}^{T} \left(\left(\sum_{s=t}^{T} \gamma^s r_s - b_t\right)\nabla_\theta \log G_\theta(\hat{x}_t)\right)\right]$$

　　由公式可以看出，生成器生成 x_t 将取决于判别器在未来给出的奖励，而 γ 折扣因子的作用则是降低生成器在某个单独的时间节点上获得过多的奖励。简单而言，生成器利用判别器产生的奖励来更新自己的网络结构。

　　最后，与传统的 GAN 一样，判别器将根据梯度进行更新，其目的是通过训练可以正确地区分生成数据与真实数据，公式如下。

$$\nabla_\phi \frac{1}{m}\sum_{i=1}^{m}[\log D(x^i)] + \log[1 - D(G(z^i))]$$

　　至此 MaskGAN 的结构与算法就讨论结束了。

12.5.2　TensorFlow 实现 MaskGAN 的生成器与判别器

有了 MaskGAN 的理论基础后，就可以使用 TensorFlow 实现 MaskGAN 结构了，在 MaskGAN 中，生成器与判别器都采用 Seq2Seq 结构，这里对于 Seq2Seq 的编码器与解码器都采用 LSTM 来作为其基础结构。

在 MaskGAN 中，生成器与判别器的网络结构是类似的，这里先实现生成器 Seq2Seq 中的编码器，代码如下。

```
def gen_encoder(hparams, inputs, targets_present, is_training, reuse=None):
    #使用与编码器相同的的变量
    if FLAGS.seq2seq_share_embedding:
        with tf.variable_scope('decoder/rnn'):
            embedding = tf.get_variable('embedding',
                                        [FLAGS.vocab_size, hparams.gen_rnn_size])

    with tf.variable_scope('encoder', reuse=reuse):
        # 使用 LSTM 结构
        def lstm_cell():
            return tf.contrib.rnn.BasicLSTMCell(
                hparams.gen_rnn_size,
                forget_bias=0.0,
                state_is_tuple=True,
                reuse=reuse)

        attn_cell = lstm_cell
        if is_training and hparams.gen_vd_keep_prob < 1:

            def attn_cell():
                # 在 LSTM Cell 外加一层 dropout 增加随机性，即正则化
                return variational_dropout.VariationalDropoutWrapper(
                    lstm_cell(), FLAGS.batch_size, hparams.gen_rnn_size,
                    hparams.gen_vd_keep_prob, hparams.gen_vd_keep_prob)
        # tf.contrib.rnn.MultiRNNCell 获得多层 Cell 的叠加
        cell = tf.contrib.rnn.MultiRNNCell(
            [attn_cell() for _ in range(hparams.gen_num_layers)],
            state_is_tuple=True)

        # 起始状态
        initial_state = cell.zero_state(FLAGS.batch_size, tf.float32)

        # 真实的完整输入
        real_inputs = inputs
        # 对完整输入挖空，让 GAN 进行 "完形填空" m(x)
        masked_inputs = transform_input_with_is_missing_token(
            inputs, targets_present)
```

```
with tf.variable_scope('rnn') as scope:
    hidden_states = []

    # Split the embedding into two parts so that we can load the PTB
    # weights into one part of the Variable.
    # 将 embedding 变量分为两部分，一部分通过 embedding 获取，另一部分通过 missing_embedding 获取
    if not FLAGS.seq2seq_share_embedding:
        embedding = tf.get_variable('embedding',
                                        [FLAGS.vocab_size, hparams.gen_rnn_size])
    missing_embedding = tf.get_variable('missing_embedding',
                                            [1, hparams.gen_rnn_size])
    embedding = tf.concat([embedding, missing_embedding], axis=0)


    real_rnn_inputs = tf.nn.embedding_lookup(embedding, real_inputs)
    masked_rnn_inputs = tf.nn.embedding_lookup(embedding, masked_inputs)


    state = initial_state

    def make_mask(keep_prob, units):
        random_tensor = keep_prob

        # tf.stack()是一个矩阵拼接的函数
        random_tensor += tf.random_uniform(
            tf.stack([FLAGS.batch_size, 1, units]))
        # tf.floor(x, name=None)是向下取整，例如，3.6=>3.0；
        return tf.floor(random_tensor) / keep_prob

    if is_training:
        output_mask = make_mask(hparams.gen_vd_keep_prob, hparams.gen_rnn_size)

    hidden_states, state = tf.nn.dynamic_rnn(
        cell, masked_rnn_inputs, initial_state=state, scope=scope)
    if is_training:
        hidden_states *= output_mask


    final_masked_state = state


    real_state = initial_state
    _, real_state = tf.nn.dynamic_rnn(
        cell, real_rnn_inputs, initial_state=real_state, scope=scope)
    final_state = real_state

return (hidden_states, final_masked_state), initial_state, final_state
```

　　从代码中可以看出，编码器使用与解码器相同的变量命名空间，即共享解码器的参数权重。使用 tf.contrib.rnn.BasicLSTMCell()方法构建基本的 LSTM Cell，然后在 LSTM Cell 外加了一层 DropOut 操作，其目的是增加 LSTM Cell 的随机性，让整个网络结构具有更好的泛化能力；接

着调用 tf.contrib.rnn.MultiRNNCell() 将刚刚获得的 LSTM Cell 传入，构成一个多层的 LSTM 网络，增加解码器网络的复杂度，让其有能力处理复杂的序列数据。

在解码器的一开始，使用 zero_state() 方法将 LSTM 中的状态初始化为全 0 数组，然后将真实完整的序列数据与经过挖空处理的缺失序列数据输入给 LSTM，从而获得相应的状态序列（state token）。

其中使用 transform_input_with_is_missing_token() 方法实现完整数据的挖空处理。

```
def transform_input_with_is_missing_token(inputs, targets_present):
  # tf.constant 生成给定值的常量
  input_missing = tf.constant(
      FLAGS.vocab_size,
      dtype=tf.int32,
      shape=[FLAGS.batch_size, FLAGS.sequence_length])


  # 第 0 个输入将始终存在 MaskGAN 中
  zeroth_input_present = tf.constant(True, tf.bool, shape=[FLAGS.batch_size, 1])

  # 输入当前掩码
  inputs_present = tf.concat(
      [zeroth_input_present, targets_present[:, :-1]], axis=1)

  '''
  tf.where(condition, x=None, y=None, name=None)
  condition,x,y 相同维度, condition 是 bool 型值, 即 True 或 False
  返回值是对应元素, condition 中元素为 True 的元素替换为 x 中的元素, 为 False 的元素替换为 y 中对应元素
  '''
  transformed_input = tf.where(inputs_present, inputs, input_missing)
  # 挖空后的句子
  return transformed_input
```

该方法主要使用 tf.where() 方法实现挖空序列数据的操作，该方法会根据 condition 参数的 bool 类型矩阵，其中 True 的位置使用 x 矩阵中对应位置的值，False 的位置使用 y 矩阵中对应位置的值，而 y 我们传入的就是 input_missing，即挖空的标识矩阵。该方法的具体效果如下，当我们传入真实的序列数据 inputs = [a, b, c, d] 时，如果 inputs_present = [1, 1, 0, 1]，则输出的内容为 transformed_input = [a, b, <missing>, d]。

接着来编写解码器的结构，其代码如下。

```
def gen_decoder(hparams,
                inputs,
                targets,
                targets_present,
                encoding_state,
                is_training,
                is_validating,
                reuse=None):
```

467

```
gen_decoder_rnn_size = hparams.gen_rnn_size

targets = tf.Print(targets, [targets], message='targets', summarize=50)
if FLAGS.seq2seq_share_embedding:
  with tf.variable_scope('decoder/rnn', reuse=True):
    embedding = tf.get_variable('embedding',
                                [FLAGS.vocab_size, hparams.gen_rnn_size])

with tf.variable_scope('decoder', reuse=reuse):
  # 构建 LSTM
  def lstm_cell():
    return tf.contrib.rnn.BasicLSTMCell(
        gen_decoder_rnn_size,
        forget_bias=0.0,
        state_is_tuple=True,
        reuse=reuse)

  attn_cell = lstm_cell
  if is_training and hparams.gen_vd_keep_prob < 1:

    def attn_cell():
      # LSTM Cell 外嵌 Dropout，增加随机性
      return variational_dropout.VariationalDropoutWrapper(
          lstm_cell(), FLAGS.batch_size, hparams.gen_rnn_size,
          hparams.gen_vd_keep_prob, hparams.gen_vd_keep_prob)
  # 构建多层 Cell 结构
  cell_gen = tf.contrib.rnn.MultiRNNCell(
      [attn_cell() for _ in range(hparams.gen_num_layers)],
      state_is_tuple=True)

  # 隐藏的编码器状态
  hidden_vector_encodings = encoding_state[0]

  # 从编码器中获得的最终状态元组
  state_gen = encoding_state[1]

  if FLAGS.attention_option is not None:
    (attention_keys, attention_values, _,
     attention_construct_fn) = attention_utils.prepare_attention(
        hidden_vector_encodings,
        FLAGS.attention_option,
        num_units=gen_decoder_rnn_size,
        reuse=reuse)

  def make_mask(keep_prob, units):
    random_tensor = keep_prob

    random_tensor += tf.random_uniform(tf.stack([FLAGS.batch_size, units]))
    return tf.floor(random_tensor) / keep_prob
```

```
if is_training:
  output_mask = make_mask(hparams.gen_vd_keep_prob, hparams.gen_rnn_size)

# 生成序列数据 (将缺失的数据补全)
with tf.variable_scope('rnn'):
  sequence, logits, log_probs = [], [], []

  if not FLAGS.seq2seq_share_embedding:
    embedding = tf.get_variable('embedding',
                                  [FLAGS.vocab_size, hparams.gen_rnn_size])
  # 通过 word embedding matrix 作为 Softmax_W 的 matrix
  softmax_w = tf.matrix_transpose(embedding)
  softmax_b = tf.get_variable('softmax_b', [FLAGS.vocab_size])

  rnn_inputs = tf.nn.embedding_lookup(embedding, inputs)

  # 每个时间点
  rnn_outs = []

  fake = None
  for t in xrange(FLAGS.sequence_length):
    if t > 0:
      tf.get_variable_scope().reuse_variables()

    # 将序列数据传入解码器
    if t == 0:
      # 在一开始的时候, 输入的总是真实数据
      rnn_inp = rnn_inputs[:, t]


    # 如果真实的输入数据存在, 则读取真实的输入数据, 如果不存在, 则读取前面生成的数据
    else:
      real_rnn_inp = rnn_inputs[:, t]

      if is_validating or FLAGS.gen_training_strategy == 'cross_entropy':
        rnn_inp = real_rnn_inp
      else:
        fake_rnn_inp = tf.nn.embedding_lookup(embedding, fake)
        # 序列数据中缺失的部分使用 fake data, 其余部分使用 real data
        rnn_inp = tf.where(targets_present[:, t - 1], real_rnn_inp,
                             fake_rnn_inp)

    # RNN
    rnn_out, state_gen = cell_gen(rnn_inp, state_gen)

    if FLAGS.attention_option is not None:
      rnn_out = attention_construct_fn(rnn_out, attention_keys,
                                          attention_values)
```

469

```
        if is_training:
            rnn_out *= output_mask

        rnn_outs.append(rnn_out)
        if FLAGS.gen_training_strategy != 'cross_entropy':
            logit = tf.nn.bias_add(tf.matmul(rnn_out, softmax_w), softmax_b)

            # Output for Decoder
            # If input is present:    Return real at t+1
            # If input is not present:  Return fake for t+1
            # 如果本来就有真实的编码，则使用 Real Token，如果是空缺的，才使用 Fake Token
            real = targets[:, t]

            categorical = tf.contrib.distributions.Categorical(logits=logit)
            if FLAGS.use_gen_mode:
                fake = categorical.mode()
            else:
                fake = categorical.sample()
            log_prob = categorical.log_prob(fake)
            output = tf.where(targets_present[:, t], real, fake)

        else:
            real = targets[:, t]
            logit = tf.zeros(tf.stack([FLAGS.batch_size, FLAGS.vocab_size]))
            log_prob = tf.zeros(tf.stack([FLAGS.batch_size]))
            output = real

        # Add to lists
        sequence.append(output)
        log_probs.append(log_prob)
        logits.append(logit)

    if FLAGS.gen_training_strategy == 'cross_entropy':
        logits = tf.nn.bias_add(
            tf.matmul(
                tf.reshape(tf.stack(rnn_outs, 1), [-1, gen_decoder_rnn_size]),
                softmax_w), softmax_b)
        logits = tf.reshape(logits,
                            [-1, FLAGS.sequence_length, FLAGS.vocab_size])
    else:
        logits = tf.stack(logits, axis=1)

    return (tf.stack(sequence, axis=1), logits, tf.stack(log_probs, axis=1))
```

在解码器的代码中，一开始以同样的方式构建多层的 LSTM Cell 网络结构。不同的是，对于编码器而言，多层 LSTM 的网络结构初始状态的值为 0，而解码器的初始状态是编码器的最终状态。接着就是将编码器的状态输出为最终的序列数据。

需要注意的是，解码器在不同时间点下，如果该时间点下存在真实的输入数据，则使用真实的数据,如果该时间点下是挖空的,即不存在真实数据,则将上一个时间点生成的数据输入,这点与 MaskGAN 生成器的逻辑是一致的。

实现了由编码器与解码器构成的 Seq2Seq 结构后,就可以定义出生成器了,其代码如下。

```python
def generator(hparams,
              inputs,
              targets,
              targets_present,
              is_training,
              is_validating,
              reuse=None):
    """Define the Generator graph."""
    with tf.variable_scope('gen', reuse=reuse):
        encoder_states, initial_state, final_state = gen_encoder(
            hparams, inputs, targets_present, is_training=is_training, reuse=reuse)
        stacked_sequence, stacked_logits, stacked_log_probs = gen_decoder(
            hparams,
            inputs,
            targets,
            targets_present,
            encoder_states,
            is_training=is_training,
            is_validating=is_validating,
            reuse=reuse)
        return (stacked_sequence, stacked_logits, stacked_log_probs, initial_state,
                final_state, encoder_states)
```

其实就是调用了编码器与解码器对应的方法,生成器生成的序列数据就是解码器的最终输出。

判别器的整体结构与生成器类似,都是 Seq2Seq 的网络结构,只是判别器输出的是分数,用于判断输入数据的真假,其代码如下。

```python
def discriminator(hparams,
                  inputs,
                  targets_present,
                  sequence,
                  is_training,
                  reuse=None):
    if FLAGS.dis_share_embedding:
        # 判别器与生成器要共享模型的编码参数,就需要要求其具有的维度
        assert hparams.dis_rnn_size == hparams.gen_rnn_size, (
            '如果共享生成器与判别器的 embedding, 它们必须具有相同的维度')
        with tf.variable_scope('gen/decoder/rnn', reuse=True):
            embedding = tf.get_variable('embedding',
                                        [FLAGS.vocab_size, hparams.gen_rnn_size])
    else:
        with tf.variable_scope('dis/decoder/rnn', reuse=reuse):
            embedding = tf.get_variable('embedding',
```

```
                                          [FLAGS.vocab_size, hparams.dis_rnn_size])

  # 缺失数据的输入 m(x)
  masked_inputs = transform_input_with_is_missing_token(inputs, targets_present)


  # 判别器的 Seq2Seq 结构
  with tf.variable_scope('dis', reuse=reuse):
    encoder_states = dis_encoder(
        hparams,
        masked_inputs,
        is_training=is_training,
        reuse=reuse,
        embedding=embedding)
    # 判别器的解码器输出预测分数
    predictions = dis_decoder(
        hparams,
        sequence,
        encoder_states,
        is_training=is_training,
        reuse=reuse,
        embedding=embedding)

  return predictions
```

12.5.3 TensorFlow 实现 MaskGAN 的 Actor-Critic 与目标函数

通过 Seq2Seq 结构实现 MaskGAN 的生成器与判别器后，就可以实现 Actor-Critic 了，Actor 的动作就是生成器在序列数据缺失部分生成的元素，所以我们只需要构建 Critic 网络结构。Critic 可以直接使用判别器的前半部分实现，即判别器的编码器，代码如下。

```
def critic_seq2seq_vd_derivative(hparams, sequence, is_training, reuse=None):
  assert FLAGS.discriminator_model == 'seq2seq_vd'
  sequence = tf.cast(sequence, tf.int32)

  if FLAGS.dis_share_embedding:
    assert hparams.dis_rnn_size == hparams.gen_rnn_size, (
        'If you wish to share Discriminator/Generator embeddings, they must be'
        ' same dimension.')
    with tf.variable_scope('gen/decoder/rnn', reuse=True):
      embedding = tf.get_variable('embedding',
                                  [FLAGS.vocab_size, hparams.gen_rnn_size])
  else:
    with tf.variable_scope('dis/decoder/rnn', reuse=True):
      embedding = tf.get_variable('embedding',
                                  [FLAGS.vocab_size, hparams.dis_rnn_size])

  with tf.variable_scope(
```

```
              'dis/decoder/rnn/multi_rnn_cell', reuse=True) as dis_scope:
        # LSTM Cell
        def lstm_cell():
          return tf.contrib.rnn.BasicLSTMCell(
              hparams.dis_rnn_size,
              forget_bias=0.0,
              state_is_tuple=True,
              reuse=True)

      attn_cell = lstm_cell
      if is_training and hparams.dis_vd_keep_prob < 1:

        def attn_cell():
          # 在 LSTM Cell 外加一层 dropout，增加随机性
          return variational_dropout.VariationalDropoutWrapper(
              lstm_cell(), FLAGS.batch_size, hparams.dis_rnn_size,
              hparams.dis_vd_keep_prob, hparams.dis_vd_keep_prob)

      cell_critic = tf.contrib.rnn.MultiRNNCell(
          [attn_cell() for _ in range(hparams.dis_num_layers)],
          state_is_tuple=True)

  # 初始化 Critic 的结构，zero_state() 初始为全 0 的状态
  with tf.variable_scope('critic', reuse=reuse):
    state_dis = cell_critic.zero_state(FLAGS.batch_size, tf.float32)

    def make_mask(keep_prob, units):
      random_tensor = keep_prob

      random_tensor += tf.random_uniform(tf.stack([FLAGS.batch_size, units]))
      return tf.floor(random_tensor) / keep_prob

    if is_training:
      output_mask = make_mask(hparams.dis_vd_keep_prob, hparams.dis_rnn_size)

    with tf.variable_scope('rnn') as vs:
      values = []

      rnn_inputs = tf.nn.embedding_lookup(embedding, sequence)

      for t in xrange(FLAGS.sequence_length):
        if t > 0:
          tf.get_variable_scope().reuse_variables()

        if t == 0:
          rnn_in = tf.zeros_like(rnn_inputs[:, 0])
        else:
          rnn_in = rnn_inputs[:, t - 1]
        rnn_out, state_dis = cell_critic(rnn_in, state_dis, scope=dis_scope)
```

```
        if is_training:
            rnn_out *= output_mask

        value = tf.contrib.layers.fully_connected(rnn_out, 1, scope=vs)

        values.append(value)
    values = tf.stack(values, axis=1)
    return tf.squeeze(values, axis=2)
```

从代码中可以看出，Critic 的结构与判别器中编码器部分类似，只是最后一层使用了全连接结构，获取每个时间节点下的评分 value，并最终使用 tf.stack()方法与 tf.squeeze()方法获得要输出的分数，为了方便使用，将该方法再封装一下，代码如下。

```
def create_critic(hparams, sequence, is_training, reuse=None):
"""创建由 FLAGS 和 hparams(超参数)指定的 Critic 模型"""
    if FLAGS.baseline_method == 'critic':
        if FLAGS.discriminator_model == 'seq2seq_vd':
            values = critic_vd.critic_seq2seq_vd_derivative(
                hparams, sequence, is_training, reuse=reuse)
        else:
            raise NotImplementedError
    else:
        raise NotImplementedError
    return values
```

至此，MaskGAN 的主要结构就定义完成，接着来实现一下 MaskGAN 的目标函数，这里主要通过 TensorFlow 实现如下公式。

$$E_{G(\theta)}[R] = E_{\hat{x}_t \sim G} \left[\sum_{t=1}^{T} \left(\left(\sum_{s=t}^{T} \gamma^s r_s - b_t \right) \nabla_\theta \log G_\theta(\hat{x}_t) \right) \right]$$

先来回顾一下，生成器的目的是最大化总奖励R_t，总奖励R_t由单步奖励r_t构成，而r_t来自于判别器，公式如下。

$$r_t = \log D_\phi(\tilde{x}_t | \tilde{x}_{0:T}, m(x))$$

接着就通过 TensorFlow 来实现一下。

```
def calculate_reinforce_objective(hparams,
                                  log_probs,
                                  dis_predictions,
                                  present,
                                  estimated_values=None):

    # 生成器最终的目标函数
    final_gen_objective = 0.
    # 折扣因子 r
    gamma = hparams.rl_discount_rate
    eps = 1e-7
```

```
# 生成器奖励的 log 对象
eps = tf.constant(1e-7, tf.float32)
dis_predictions = tf.nn.sigmoid(dis_predictions)
rewards = tf.log(dis_predictions + eps)

# 只作用在缺失的元素上，具体的做法依旧是使用 tf.where() 方法来进行 mask 操作
zeros = tf.zeros_like(present, dtype=tf.float32)
log_probs = tf.where(present, zeros, log_probs)
# 奖励
rewards = tf.where(present, zeros, rewards)


rewards_list = tf.unstack(rewards, axis=1)
log_probs_list = tf.unstack(log_probs, axis=1)
missing = 1. - tf.cast(present, tf.float32)
missing_list = tf.unstack(missing, axis=1)

# 将所有时间节点的奖励累积
cumulative_rewards = []
for t in xrange(FLAGS.sequence_length):
  cum_value = tf.zeros(shape=[FLAGS.batch_size])
  for s in xrange(t, FLAGS.sequence_length):
    cum_value += missing_list[s] * np.power(gamma, (s - t)) * rewards_list[s]
  cumulative_rewards.append(cum_value)
cumulative_rewards = tf.stack(cumulative_rewards, axis=1)

if FLAGS.baseline_method == 'critic':

  # critic loss，只在 missing tokens 上计算
  critic_loss = create_critic_loss(cumulative_rewards, estimated_values,
                                   present)

  # 通过 estimated_values(Critic 产生的结果) 来得到 baselines
  baselines = tf.unstack(estimated_values, axis=1)

  # 计算
  advantages = []
  for t in xrange(FLAGS.sequence_length):
    log_probability = log_probs_list[t]
    cum_advantage = tf.zeros(shape=[FLAGS.batch_size])

    for s in xrange(t, FLAGS.sequence_length):
      cum_advantage += missing_list[s] * np.power(gamma,(s - t)) * rewards_list[s]
    # (R_t - b_t)
    cum_advantage -= baselines[t]
    # 裁剪 advantages.
    cum_advantage = tf.clip_by_value(cum_advantage, -FLAGS.advantage_clipping,
                                     FLAGS.advantage_clipping)
```

```
        advantages.append(missing_list[t] * cum_advantage)
        final_gen_objective += tf.multiply(
            log_probability, missing_list[t] * tf.stop_gradient(cum_advantage))

    maintain_averages_op = None
    baselines = tf.stack(baselines, axis=1)
    advantages = tf.stack(advantages, axis=1)

else:
    raise NotImplementedError

return [
    final_gen_objective, log_probs, rewards, advantages, baselines,
    maintain_averages_op, critic_loss, cumulative_rewards
]
```

在该方法中，一开始定义了生成器目标函数、折扣因子、奖励等对象，接着通过循环获得所有时间点的奖励并累积起来，然后通过 create_critic_loss()方法获得 Critic 的损失，该损失只是序列数据中缺失部分的损失，然后通过 Critic 产生的结果 estimated_values 计算获得 baselines，即b_t，随后就可以计算$R_t - b_t$，从而获得生成器的目标函数，具体代码如下。

```
cum_advantage -= baselines[t]
cum_advantage = tf.clip_by_value(cum_advantage, -FLAGS.advantage_clipping,FLAGS.
advantage_clipping)
advantages.append(missing_list[t] * cum_advantage)
final_gen_objective += tf.multiply(log_probability, missing_list[t] * tf.stop_gradient
                    (cum_advantage))
```

12.5.4　TensorFlow 实现 MaskGAN 的结构与训练逻辑

定义好 MaskGAN 主要结构后，就可以通过这些结构来构建完整的 MaskGAN 了。因为 MaskGAN 本身具有比较复杂的结构，所以训练时依旧先进行预训练，再进行对抗训练。

一开始，先将前面实现的结构实例化，代码如下。

```
# 生成器生成数据
(fake_sequence, fake_logits, fake_log_probs, fake_gen_initial_state,
 fake_gen_final_state, _) = model_construction.create_generator(
    hparams,
    inputs,
    targets,
    present,
    is_training=is_training,
    is_validating=False)
# 生成器生成用于评测的数据
(_, eval_logits, _, eval_initial_state, eval_final_state,
 _) = model_construction.create_generator(
    hparams,
```

```
        inputs,
        targets,
        present,
        is_training=False,
        is_validating=True,
        reuse=True)


    # 判别器判别生成数据的分值
    fake_predictions = model_construction.create_discriminator(
        hparams,
        fake_sequence,
        is_training=is_training,
        inputs=inputs,
        present=present)
    # 判别器判别真实数据的分值
    real_predictions = model_construction.create_discriminator(
        hparams,
        real_sequence,
        is_training=is_training,
        reuse=True,
        inputs=inputs,
        present=present)

    # 创建 Critic 实例
    if FLAGS.baseline_method == 'critic':
        est_state_values = model_construction.create_critic(
            hparams, fake_sequence, is_training=is_training)
    else:
        est_state_values = None
```

上面代码中，实例化了生成器、判别器以及 Critic 网络，接着就可以定义相应的损失。因为生成器与判别器都需要先进行预训练再进行对抗训练，所以就需要分别定义出预训练的损失以及对抗训练时的损失，这里直接使用交叉熵损失来作为两个结构预训练的损失，代码如下。

```
# 判别器预训练损失 - 交叉熵损失
[dis_loss, dis_loss_fake, dis_loss_real] = model_losses.create_dis_loss(
    fake_predictions, real_predictions, present)

# 生成器预训练损失 - 只计算缺失 Tokens 的交叉熵损失
fake_cross_entropy_losses = model_losses.create_masked_cross_entropy_loss(
    targets, present, fake_logits)
```

在代码中，我们分别定义了判别器与生成器的预训练损失以及对抗损失。对判别器而言，其预训练的目的是让判别器在一开始就知道真实数据与生成数据的差别，create_dis_loss 方法的具体代码如下。

```
def create_dis_loss(fake_predictions, real_predictions, targets_present):
    """计算判别器预训练损失"""
```

```
    missing = tf.cast(targets_present, tf.int32)
    missing = 1 - missing
    missing = tf.cast(missing, tf.bool)

    real_labels = tf.ones([FLAGS.batch_size, FLAGS.sequence_length])
    # 使用交叉熵损失
    dis_loss_real = tf.losses.sigmoid_cross_entropy(
        real_labels, real_predictions, weights=missing)
    dis_loss_fake = tf.losses.sigmoid_cross_entropy(
        targets_present, fake_predictions, weights=missing)

    dis_loss = (dis_loss_fake + dis_loss_real) / 2.
    return dis_loss, dis_loss_fake, dis_loss_real
```

　　相对于判别器的预训练而言，生成器在预训练过程中并不会对整个结构进行计算，它只会计算缺失部分的损失，create_masked_cross_entropy_loss 方法的具体代码如下。

```
def cross_entropy_loss_matrix(gen_labels, gen_logits):
    """计算生成器的交叉熵损失"""
    cross_entropy_loss = tf.nn.sparse_softmax_cross_entropy_with_logits(
        labels=gen_labels, logits=gen_logits)
    return cross_entropy_loss


def create_masked_cross_entropy_loss(targets, present, logits):
    """生成器，只计算缺失序列数据的损失"""
    cross_entropy_losses = losses.cross_entropy_loss_matrix(targets, logits)

    # 全 0 矩阵
    zeros_losses = tf.zeros(
        shape=[FLAGS.batch_size, FLAGS.sequence_length], dtype=tf.float32)

    missing_ce_loss = tf.where(present, zeros_losses, cross_entropy_losses)

    return missing_ce_loss
```

　　从代码中可以看出，计算缺失序列数据损失的方式很直观，先计算生成器整体的交叉熵损失，然后构造一个全 0 矩阵，利用 tf.where 方法将缺失序列数据的部分给"切割"出来。

　　至此，预训练的损失就定义完成，接着来定义生成器与判别器在对抗训练时的损失，代码如下。

```
# 判别器奖励损失
avg_log_perplexity = model_losses.calculate_log_perplexity(
     eval_logits, targets, present)

# 生成器强化学习的损失
[fake_RL_loss, fake_log_probs, fake_rewards, fake_advantages,
fake_baselines, fake_averages_op, critic_loss, cumulative_rewards
] = model_losses.calculate_reinforce_objective(
```

```
hparams, fake_log_probs, fake_predictions, present, est_state_values)
```

对于判别器而言，在对抗训练时判别器可以获得每一步对应的奖励，其对应公式如下。

$$r_t = \log D_\phi(\tilde{x}_t | \tilde{x}_{0:T}, m(x))$$

而生成器则利用 Actor-Critic 方法来获得，calculate_reinforce_objective()方法在上一节有所讨论，这些不再赘述。

损失定义完成，接着就可以定义具体的更新操作，代码如下。

```
## 生成器训练操作
# 1.交叉熵损失
if FLAGS.gen_training_strategy == 'cross_entropy':
    gen_loss = tf.reduce_mean(fake_cross_entropy_losses)
    [gen_train_op, gen_grads,
    gen_vars] = model_optimization.create_gen_train_op(
        hparams, learning_rate, gen_loss, global_step, mode='MINIMIZE')

# 2.使用强化学习
elif FLAGS.gen_training_strategy == 'reinforce':
    gen_loss = fake_RL_loss
    [gen_train_op, gen_grads,
    gen_vars] = model_optimization.create_reinforce_gen_train_op(
        hparams, learning_rate, gen_loss, fake_averages_op, global_step)

## 判别器训练操作
dis_train_op, dis_grads, dis_vars = model_optimization.create_dis_train_op(
 hparams, dis_loss, global_step)

## Critic 网络训练操作
if critic_loss is not None:
    [critic_train_op, _, _] = model_optimization.create_critic_train_op(hparams, critic_
loss, global_step)
    dis_train_op = tf.group(dis_train_op, critic_train_op)
```

代码的逻辑都比较清晰，调用了对应的方法完成更新梯度的操作，这里具体看一下create_gen_train_op()方法，该方法的代码如下。

```
def create_gen_train_op(hparams, learning_rate, gen_loss, global_step, mode):
    """生成器训练操作"""
    del hparams
    with tf.name_scope('train_generator'):
        if FLAGS.generator_optimizer == 'sgd':
            gen_optimizer = tf.train.GradientDescentOptimizer(learning_rate)
        elif FLAGS.generator_optimizer == 'adam':
            gen_optimizer = tf.train.AdamOptimizer(learning_rate)
        else:
            raise NotImplementedError
        gen_vars = [
            v for v in tf.trainable_variables() if v.op.name.startswith('gen')
```

```
]
print('Optimizing Generator vars.')
for v in gen_vars:
  print(v)
if mode == 'MINIMIZE':# 最小化梯度
  gen_grads = tf.gradients(gen_loss, gen_vars)
elif mode == 'MAXIMIZE': # 最大化梯度
  gen_grads = tf.gradients(-gen_loss, gen_vars)
else:
  raise ValueError("Must be one of 'MINIMIZE' or 'MAXIMIZE'")
gen_grads_clipped, _ = tf.clip_by_global_norm(gen_grads,
                                              FLAGS.grad_clipping)
gen_train_op = gen_optimizer.apply_gradients(
    zip(gen_grads_clipped, gen_vars), global_step=global_step)
return gen_train_op, gen_grads_clipped, gen_vars
```

从代码中可以看出，通过传参，可以选择使用 SGD 算法还是 Adam 算法进行梯度更新，同样通过传参可以控制是最小化梯度还是最大化梯度。类似的，这里调用 clip_by_global_norm()方法对梯度进行裁剪，裁剪后的梯度再通过 apply_gradients()方法运用到具体的模型结构上。

最后只需要通过 sess.run()方法调用上面定义好的方法，并传入具体的数据就可以进行训练了，这里不再展示其细节，至此 MaskGAN 就可以进行训练了。

12.6　小结

在本章中，我们讨论了利用 GAN 来实现自然语言处理（NLP）中文本生成相关的内容。因为文本数据并不是像图像数据那样是连续的，所以直接使用 GAN 来生成文本数据的话，会存在梯度无法反传的问题，进而导致生成器模型无法得到有效的训练。

接着我们讨论了强化学习的一些基本内容，并发现使用强化学习可以让 GAN 绕开离散数据梯度无法反传的问题，这里我们主要讨论了 SeqGAN 以及 MaskGAN 这两个利用 GAN+RL 实现文本生成的网络结构。强化学习是一个单独的领域，本书对于很多相关的细节并没有详尽地讨论，更多地只是介绍了本章需要使用的一些知识。